普通高等教育信息与电子技术类系列教材

# 电工电子学

（第三版）

魏 红 张 畅 编著

科 学 出 版 社

北 京

## 内 容 简 介

本书是对电工电子技术传统经典内容进行精炼、优化编写而成的。着重于基本概念、基本原理和基本电路的分析和应用，力求突出基础性、应用性、实用性和先进性。

全书共14章，包括电工技术和电子技术两大部分内容。前7章电工技术部分介绍电路的基本概念、电路分析方法、交流电路、电路的暂态分析、变压器、电动机、电气自动控制；后7章电子技术部分介绍常用半导体器件、基本放大电路、集成运算放大器、直流电源、数字电路基础、逻辑门和组合逻辑电路、触发器和时序逻辑电路。

本书可作为高等院校非电专业本科生电工电子学课程的教材，也可作为高职高专、成人教育的教材，还可供相关领域的工程技术人员自学和参考。

**图书在版编目（CIP）数据**

电工电子学/魏红，张畅编著. —3版. —北京：科学出版社，2020.2
普通高等教育信息与电子技术类系列教材
ISBN 978-7-03-064246-2

Ⅰ. ①电… Ⅱ. ①魏…②张… Ⅲ. ①电工学-高等学校-教材 ②电子学-高等学校-教材 Ⅳ. ①TM1 ②TN01

中国版本图书馆CIP数据核字（2020）第013821号

责任编辑：赵丽欣 / 责任校对：王万红
责任印制：吕春珉 / 封面设计：东方人华平面设计部

科学出版社 出版
北京东黄城根北街16号
邮政编码：100717
http：//www.sciencep.com
三河市骏杰印刷有限公司印刷
科学出版社发行 各地新华书店经销
*
2010年2月第一版 2021年3月第十二次印刷
2016年6月第二版 开本：787×1092 1/16
2020年2月第三版 印张：24
字数：592 000

**定价：59.00元**
（如有印装质量问题，我社负责调换〈骏杰〉）
销售部电话 010-62136230 编辑部电话 010-62134021

# 前　言

电工电子技术发展迅速、应用广泛，不仅为人们的物质文化生活提供优越的条件，也为科学创新和社会发展进步提供卓越的技术支撑，掌握电工电子技术的初步知识成为非电类各专业学生的基本技能要求。因此，为适应新时期人才培养的需求，各高校非电类工科专业均开设了电工电子学类课程，也有部分理科专业和经济管理类专业开设了类似课程。

本书的编写是在研究电工电子技术发展概况和电工电子类课程现状的基础上，参考教育部制定的电工电子学教学基本要求，结合我校多年来课程改革的探索与研究完成的。本书按照电工电子学课程改革和发展趋势进行知识精炼和内容编排，重点放在与电工电子技术有关的基本理论、基本知识和基本技能，以及各非电类专业的一般岗位对电工电子知识的实际需要，对经典内容进行了精炼、优化，使其符合加强基础、面向工程的教学思路，力求做到文字精炼、概念清晰、重点突出、深入浅出。

本书系统地介绍了电工电子学的基本内容。绪论部分介绍了电工电子技术发展概况和本课程设置意义；第1～7章电工技术部分介绍电路的基本概念、电路的分析方法、交流电路、电路的暂态分析、变压器、电动机、电气自动控制；第8～14章电子技术部分介绍常用半导体器件、基本放大电路、集成运算放大器、直流电源、数字电路基础、逻辑门和组合逻辑电路、触发器和时序逻辑电路。

电工电子类课程适用对象众多，不同专业对于教学内容有不同的要求，也有不同的教学课时要求。教师可以根据实际情况调整教学内容和讲授顺序。本书各章均设置了习题，并提供了参考答案，学生可以自行检测学习效果。学习过程中如有疑问，可以发邮件至1572036070@qq.com进行交流。

限于编者水平，书中难免存在不足之处，敬请读者批评指正。

编　者

2019年11月

# 目　录

# 绪　　论

电的应用是这个时代的特征。人们衣食住行的基本条件、现代科学技术的发展以及工农业生产都离不开电能和电气设备。电工电子学是研究电磁现象及其应用的学科，也是研究电能及电气设备在工程技术领域中应用的技术，分为电工技术和电子技术两部分。

## 0.1　电工电子技术发展概况

现代社会一切新的科学技术无不与电有着密切的关系。而人类对电磁规律及其应用的探索和研究历史久远，经历了认识发现电磁现象，到探索电磁规律，再加以利用等几个阶段。

### 0.1.1　对电磁现象的初步认识和利用

电磁现象是自然界物质普遍存在的物理属性，人们很早就认识了电和磁。在中国，古籍中曾有“慈石召铁”和“琥珀拾芥”的记载，东汉时期的《论衡》一书中曾有关于静电的记载。中国古代人们利用天然磁石指示南北的特性做成了早期的定向仪——司南。之后为了在航海中辨识方向，在11世纪发明了指南针。

在西方，希腊的哲学家泰利斯在公元前600年左右就知道琥珀的摩擦会吸引绒毛或木屑，这种现象称为静电（static electricity）。而英文中的电（electricity）在古希腊文的意思就是“琥珀”。

对电的认识首先是对雷电现象及摩擦产生的电现象进行研究。18世纪时西方开始探索电的种种现象。富兰克林提出了电流这一术语，通过实验证明天空的闪电和摩擦产生的电荷是相通的。富兰克林制造出了世界上第一个避雷针。

### 0.1.2　电工技术的发展

电工技术的发展主要是从18世纪末库仑建立库仑定律开始的。1785—1789年，库仑用扭秤测量静电力和磁力，导出著名的库仑定律。库仑定律使电磁学的研究从定性进入定量阶段，是电磁学史上一块重要的里程碑。

1799年，意大利物理学家伏特将含食盐水的湿抹布，夹在银和锌的圆形板中间，堆积成圆柱状，制造出世界上最早的电池——伏特电池。这是历史上的神奇发明之一。化学电池的发明揭开了人类利用电能的序幕。

1826年，德国科学家欧姆提出了经典电磁理论中著名的欧姆定律。欧姆定律及其公式的发现，给电学的计算带来了很大的方便。为纪念欧姆的重要贡献，人们将电阻的单位定为欧姆。欧姆独创地运用库仑的方法制造了电流扭力秤，用来测量电流强度，引

入和定义了电动势、电流强度和电阻的精确概念。

1820年，丹麦物理学家奥斯特在实验中观察到电流对磁针有力的作用，发现了电流磁效应，揭开了电学理论新的一页。

1820—1827年，法国化学家安培对电磁作用进行研究，成就卓著。他发现了电磁学中的基本原理，如安培定律、安培定则等。

1831年，法拉第发现了电磁感应现象，制造出世界上第一台发电机。1866年，德国人西门子制成世界上第一台工业用发电机。

1833年，楞次建立楞次定律。其后，他致力于电动机与发电机的转换性研究，用楞次定律解释了其转换原理，阐明了电机的可逆性。1844年，楞次在研究任意个电动势和电阻的并联时，得出了分路电流的定律。

1834年，雅可比制造出世界上第一台电动机，从而证明了实际应用电能的可能性。

在电热方面，1843年楞次在不知道焦耳发现电流热作用定律（1841年）的情况下，独立地发现了这一定律。

1845年，基尔霍夫建立了电压定律（KVL）和电流定律（KCL），解决了电器设计中电路方面的难题。

19世纪末，发明了三相同步发电机、三相变压器、三相异步电动机。特别是三相交流电机和交流变压器的研制成功为远距离输电和三相供电系统的建立创造了条件，也为各种一次能源（如水力、火力、核能、太阳能和风力等）转换为电能（二次能源）奠定了基础。

### 0.1.3 电子技术的发展

电子技术是在19世纪末才发展起来的一门学科，是研究电子器件的应用科学。

起初的电能应用仅限于电气照明和电动机。1835—1838年，各种电报机陆续进入商业应用，开启了现代电子工业进程。

1876年，美国的贝尔实验室试验电话成功。1877年，爱迪生改进了贝尔的电话，并使之投入实际使用，大大推进了通信技术的应用和发展。

19世纪物理学发展最伟大的成果是麦克斯韦建立的电磁场理论，将电学、磁学、光学统一起来，为物理学树起了一座丰碑。1865年他预言了电磁波的存在，1888年德国物理学家赫兹用实验验证了电磁波的存在。造福于人类的无线电技术，就是以电磁场理论为基础发展起来的。1895年，意大利发明家马可尼和俄国物理学家波波夫分别应用电磁波理论进行了无线通信实验，开启了无线电通信的时代。

1904年，英国物理学家弗莱明利用热电子效应研制成电子二极管（真空管），用于无线电检波和整流。1906年，美国发明家德福雷斯制成电子三极管，用于检测无线电信号和放大微弱电信号，使电子技术得到了迅猛的发展。

1948年，美国贝尔实验室发明了半导体三极管（晶体三极管）。晶体管与电子管相比具有体积小、重量轻、功耗低、寿命长等优点。这种半导体器件以及其后研制出的场效应晶体管很快被用于通信、电视、计算机等领域，开始了电子技术的新时代——信息电子技术。

1957年，第一只晶闸管诞生，开启了电子器件发展的另一个方向——大功率半导体器件，即电力电子器件。利用电力电子器件能够很方便地实现交直流电能之间的转换以及各种电压、频率的交流电能的转换，从而产生了新兴学科——电力电子技术。

1958年，美国德州仪器公司首次将晶体管、电阻、电容制作在一块半导体硅片上，封装在一个管壳内，构成基本完整的单片功能电路，第一个集成电路（IC）就此问世。集成电路是微电子技术的核心。随着集成电路制造工艺和材料的发展，相继研制出小规模集成电路、中规模集成电路、大规模集成电路和超大规模集成电路。集成电路广泛地应用于计算机、无线电通信和其他专用的电子设备。由于微电子技术的发展，使集成电路的规模更大、功能更强，特大规模集成电路（ULSIC）、巨大规模集成电路（GSIC）也已面世应用。

1946年，美国的ENIAC成为世界公认的第一台电子计算机。1954年，贝尔实验室用晶体管取代电子管，制成了晶体管计算机——第二代计算机。1964年，诞生了中小规模集成电路计算机——第三代计算机。1971年，大规模集成电路计算机——第四代计算机问世。随后，1974年微型计算机（微处理器）问世，1980年起美国Intel公司推出通用型单片机以及个人计算机，20世纪90年代因特网（Internet）广泛应用……

伴随着以半导体、集成电路、计算机和因特网为核心的电子技术的发展，现代电子技术派生出许多新兴交叉技术：以集成电路为核心器件发展起来的微电子技术以及纳米电子技术；以电力电子器件为基础，由电力学、电子学和控制理论交叉而形成的电力电子技术；还有融合了机械技术、微电子技术、信息技术的机械电子技术，以及光子技术和电子技术相结合而成的光电子技术。

### 0.1.4　电工电子技术的应用

电工电子技术的发展，使其广泛地渗透到各行各业，对社会经济的发展及人类生活水平提高起着极其重要的促进作用。

在工农业生产中，电能是主要的动力和能源，电工电子技术也是行业现代化进程中所依赖的关键技术。在机械加工、测量与控制、交通运输及通信等领域，电工电子技术更是起到举足轻重的作用。在人类日常生活中，电工电子技术的成果也给人们的生活带来了极大的便利，并且丰富了人们的精神生活。

电工电子技术与自动控制、信息科学、半导体电子学和微电子学、计算机技术、激光技术以及核科学和航天技术等新兴尖端科学技术的突飞猛进关系密切。未来还会在开拓新科学技术领域及促进新学科发展中发挥更大的作用。

## 0.2　为什么要学习电工电子学

电能的应用范围极其广泛，现代科学技术无不与电有着密切的关系。电工电子学是一门基础性、应用性很强的课程，更具有一定的先进性。无论将来是从事其他工程领域或科学领域的工作，还是现在接受高等教育，学习一些电工电子技术的相关知识都十分必要。

通过电工电子学课程的学习，可以系统地了解电工电子技术的应用领域和发展概况，具备一定的用电知识，对电能的产生以及应用方法、电能传输的一些规律、常见电气设备使用方法及安全用电规则等有一个基本的认识。

可以获得电工电子技术的基本理论、基本知识和基本技能，为今后的专业课程学习做好必要的知识储备，也做好理工科思维能力的训练。

可以获得各种实验技能和提高创新意识，培养分析问题和解决问题能力，培养一定的工程素质，为今后毕业后从事科技创新积蓄才能。

可以了解电工电子技术最新发展和工程应用，拓展自身的知识面和开阔视野，有助于本专业领域工程设计工作。

## 0.3 电工电子学主要内容和学习方法

电工电子学由电工技术和电子技术两部分组成。电工技术研究的是电能在技术领域的应用，包括电能的产生、传输、分配和转换，其主要内容有电路的基本概念、电路的分析方法、交流电路、电路的暂态分析、变压器、电动机、电气自动控制。电子技术研究的是电子器件的应用，包括信息的采集、存储、传输和变换，其主要内容有半导体器件、分立元件放大电路、集成运算放大器、直流电源、数字电路基础、逻辑门和组合逻辑电路、触发器和时序逻辑电路。

电工电子学也可以按模块分为电路理论、电机与控制、模拟电子技术、数字电子技术四个部分。电路理论和电机与控制组成了电工技术的内容，模拟电子技术和数字电子技术组成了电子技术的内容。

电路理论部分的研究对象是从实体抽象出的电路模型。分析方法是从共性中发现个性，理论要严密，计算要求精确。电路理论以分析电路中的电磁现象，研究电路的基本规律及电路的分析方法为主要内容，由电路的基本概念基本定律、稳态电路的分析、暂态电路的分析组成。稳态电路包括了直流电路、单相交流电路、三相交流电路和非正弦交流电路。

电机与控制部分的研究对象是具有不同特点的电器、电机以及具有不同功能的电路实体。分析方法是从特性中发现共性。电机与控制涉及到磁路与变压器、电动机、控制电器与电气自动控制电路等内容。

模拟电子技术部分的研究对象是各种电子器件以及具有不同功能的电路。分析方法是管为路用，以路为主，重点放在基本电路上，分立电路为基础，集成电路为重点，分立为集成服务。由于组成电路的半导体器件性能参数的分散性和对温度的敏感性，模拟电路的分析是在满足实际工程性能要求的情况下合理“估算”的。模拟电路处理的是模拟信号，即连续性的信号，包含分立元件放大电路、集成运算放大器、直流稳压电源等内容。

数字电子技术部分研究的是电路的输出和输入之间的逻辑关系，即电路的逻辑功能，需要运用数制与码制、逻辑代数等分析和设计工具。数字电路主要内容包括数字电路基础、逻辑门和组合逻辑电路、触发器和时序逻辑电路。

# 第 1 章　电路的基本概念

## 1.1　电路的作用和组成

电路是由各种电路元件相互连接而构成的电流的通路。电路的种类繁多，用途各异。

### 1.1.1　电路的作用

1. 电路能够实现电能的传输和转换

这一类电路的典型应用是电力系统。其电路示意图如图 1.1.1 所示。

电源可以将机械能、水能、热能、原子能等形式的能量转换为电能并输出，通过中间环节供给负载。电源有多种形式，如发电机、电池等。中间环节包括变压器、输电线、开关等其他设备。负载是用电设备，如电灯、电动机、电炉等，它们又分别将电能转换成光能、机械能和热能。

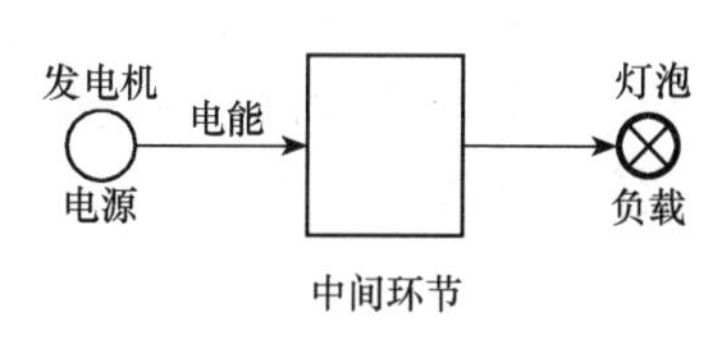

图 1.1.1　电能的传输和转换

这一类电路的作用主要是以较高的效率传输电能和分配电能，一般电压较高，电流和功率较大，习惯上常称为“强电”电路。

2. 电路能够实现信号的传递和处理

以收音机电路为例，其电路示意图如图 1.1.2 所示。

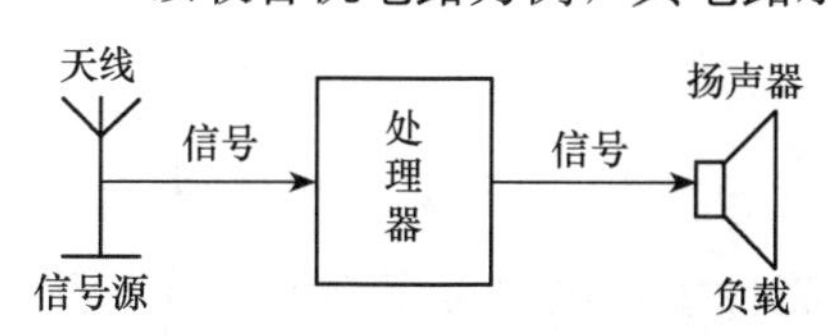

图 1.1.2　信号的传递和处理

收音机的天线将接收到的电磁波转换成相应的电信号，再经放大和处理，最后由扬声器还原出语音信号。天线在这里起到一个信号源的作用，相当于图 1.1.1 中的电源，但不同于产生电能的一般电源，其主要作用是产生电压信号和电流信号。这里的中间环节含有导线和放大器等。扬声器是接受和转换信号的设备，也就是负载。

这一类电路的作用主要是尽可能准确地传递和处理信号，通常电压较低，电流和功率较小，习惯上常称为“弱电”电路。

### 1.1.2　电路的组成

实际电路是为了某一目的需要而将实际电路元件相互连接而成。不论其结构和作用如何，均可看成由实际的电源、负载和中间环节（传输和转换电能与传递和处理电信号）三个基本部分组成。

实际电路元件的电磁性质比较复杂，难以用简单的数学关系表达它的物理特性。为了便于对实际电路进行分析，可将实际电路元件理想化（或称模型化），即在一定条件下突出其主要的电磁性质，忽略其次要因素，将其近似地看做理想电路元件。例如白炽灯主要作用是消耗电能，呈现电阻特性，而产生的磁场很微弱，因而将其近似地看做纯电阻元件。理想电路元件是对实际电路元件的科学抽象。实际上是一种数学模型。理想电路元件中主要有电阻元件、电容元件、电感元件和电源元件等。由一些理想电路元件组成的电路，就是实际电路的电路模型。最简单的电路如图 1.1.3 所示。它由电源和负载组成。中间环节是连接导线。这里电源是泛指的，既可以是一般电源也可以是信号源；负载也是泛指的，既可以是一般用电设备，也可以是传输和处理信号的某些装置。联结导线的电阻忽略不计，予以理想化。

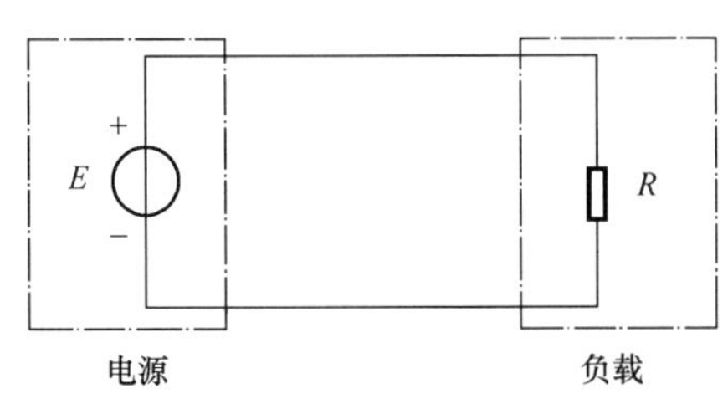


图 1.1.3　电路模型示例

电路分析中，把作用在电路上的电源或信号源的电压或电流称为激励，也叫做输入，它推动电路工作。把由于激励在电路各部分产生的电压和电流称为响应，也叫做输出。所谓电路分析，就是在已知电路结构和元件参数的条件下，讨论电路的激励与响应之间的关系。

## 1.2　电路的基本物理量

为了定量描述电路的电磁过程和状态，引入了电流、电压、电动势、电荷、磁链、能量、电功率等物理量。下面介绍几个基本物理量。

### 1.2.1　电流及其参考方向

电流是由电荷有规则的定向流动形成的。电流也称电流强度，等于单位时间内通过导体某截面的电量，用字母 $i$ 表示，即

$$i=\frac{\mathrm{d}q}{\mathrm{d}t} \tag{1.2.1}$$

在国际单位制中，电流 $i$ 的单位是 A（安培），简称安；电量 $q$ 的单位是 C（库仑）；时间 $t$ 的单位是 s（秒）。

电流的大小和方向如果都不随时间变化，则为直流电流，用大写字母 $I$ 表示；如果都随时间变化，则为交流电流，用小写字母 $i$ 表示。

习惯上，将正电荷移动的方向规定为电流的实际方向。但在电路分析时，电流的实际方向有时难以确定，因而可以任意选定一个方向作为电流的参考方向（也称为正方向），并在电路中用箭头标出，如图 1.2.1 所示，然后根据所假定的电流参考方向列写电路方程求解。所选的电流的参考方向并不一定与电流的实际方向一致，如果计算结果为正，表示电流的实际方向与参考方向相同；如果计算结果为负，则表示电流的实际方向与参考方向相反。这样电流的值就有正有负，是个代数量。交流

电流的实际方向是随时间而变的，因此也必须规定电流的参考方向，如果某一时刻电流为正值，即表示在该时刻电流的实际方向和参考方向相同；如果为负值，则相反。因此在电路分析时设定电流参考方向是不可缺少的。在未标明参考方向的情况下，电流的正负是毫无意义的。

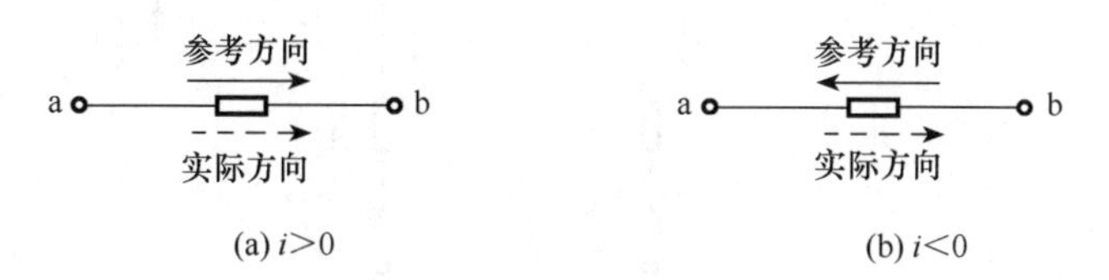


图 1.2.1　电流的参考方向

电流的参考方向除了用箭头表示以外，还可用双下标表示。例如，$I_{ab}$ 表示电流由 a 点流向 b 点，即电流的参考方向是由 a 点指向 b 点。

### 1.2.2　电压和电动势及其参考方向

电场力把单位正电荷从电路中一点移到另一点所作的功，叫做这两点间的电压，即

$$u=\frac{\mathrm{d}W}{\mathrm{d}q} \tag{1.2.2}$$

在国际单位制中，电压的单位是 V（伏特），简称伏；功的单位是 J（焦耳）。直流电压用大写字母 $U$ 表示，交流电压用小写字母 $u$ 表示。电压是标量，但在分析电路时，和电流一样，也具有方向，电压的实际方向规定为由高电位端指向低电位端。

与电流的参考方向类似，可以任意选取电压的参考方向。当实际方向与参考方向相同时，电压为正值，如图 1.2.2（a）所示；当实际方向与参考方向相反时，电压为负值，如图 1.2.2（b）所示。

图 1.2.2　电压的参考方向

电压的参考方向也可以用参考极性表示，在电路图上用“＋、－”号表示，“＋”表示高电位端，“－”表示低电位端。当电压值为正时，该电压的实际极性与参考极性相同；电压值若为负，该电压的实际极性与参考极性相反。可见，在没有设定参考方向时，电压的正负也是没有意义的。

电压参考方向除用箭头、正负号表示外，还可用双下标表示，例如用 $U_{ab}$ 表示两点间的电压，它的参考方向是由 a 指向 b，也就是说 a 点的参考极性为“＋”，b 点的参考极性为“－”。

电动势描述了电源中外力做功的能力，它的大小等于外力在电源内部克服电场力把单位正电荷从负极移到正极所做的功。它的实际方向是在电源内部由负极指向正极，如图 1.2.3 所示，电动势的单位为 V。

一个元件或者一段电路中电流和电压的参考方向是可以任意设定的，二者可以一致，也可以不一致。当电流和电压的参考方向一致时，称为关联参考方向，如图 1.2.4（a）、（b）所示；两者相反时称为非关联参考方向，如图 1.2.4（c）、（d）所示。

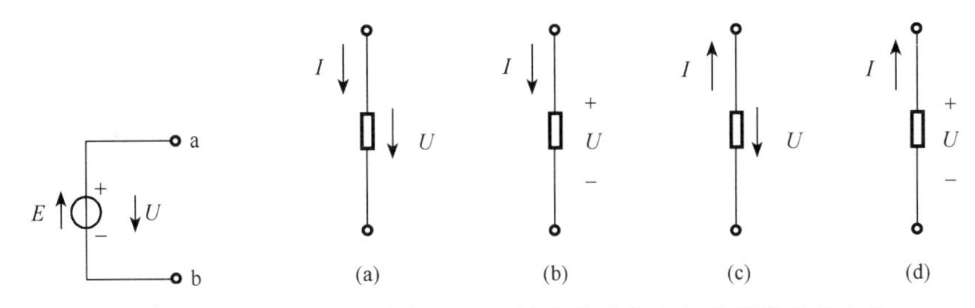


图 1.2.3　电压和电动势参考方向

图 1.2.4　关联参考方向与非关联参考方向

在电路中，负载上一般设定为关联参考方向。电源上设定为非关联参考方向。值得注意的是，由于关联参考方向是针对某一具体元件或一段电路而言的，在谈到这一问题时，必须说明在哪一个元件或哪一段电路上电压和电流为关联或非关联参考方向。

在电路分析中，除了电压，还经常使用电位的概念。

在电路中任选一点作为参考点，电路中某一点沿任一路径到参考点的电压就叫做该点的**电位**。电位用 $V$ 表示。a 点的电位记作 $V_a$。参考点的电位称为参考电位。通常设参考电位为零，即零电位点。用接地符号“⊥”表示。所谓接地，并不一定真与大地相连。

参考点确定后，电路中各点的电位也确定了。由于各点的电位是相对于参考点而言的。当参考点改变后，各点的电位也将发生改变，但任意两点间的电压值是不会随参考点的改变而改变。也就是说，电路中各点电位的高低是相对的，而两点间的电压值是绝对的。因此在电路分析中，参考点确定之后就不再改变。

在电路分析中，特别是在电子电路中，运用电位的概念分析计算，往往可以使问题简化。在电子电路中一般都把电源、信号输入和信号输出的公共端接在一起作为参考点。习惯上电源符号省去不画，标出电位的极性和数值，忽略电源的内阻，其电位数值为电源的电动势。这样就不必画出完整的闭合电路，可以使电路图简化。如图 1.2.5 所示，该电路中有 a，b，c，e 四个结点，$V_a$ 已知，$V_e$ 为零，只需测得 $V_b$，$V_c$ 便可得出任两点间的电压和电流 $I_B$，$I_C$。

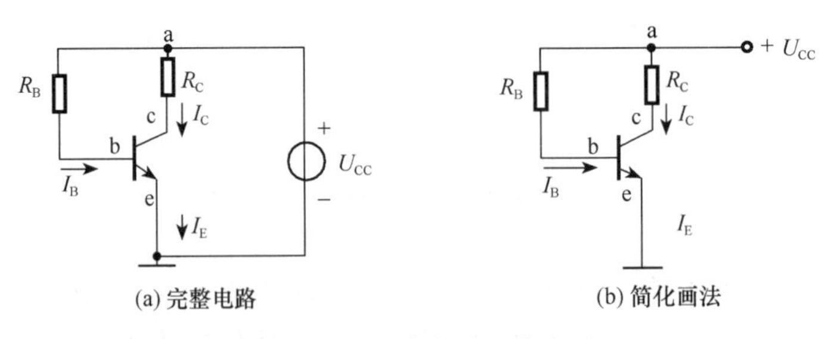


图 1.2.5　电路中的电位应用

### 1.2.3　电功率

在电路中，有的元件吸收电能，并将电能转换成其他形式的能量；有的元件是将其他形式的能量转换成电能，即元件向电路提供电能。电功率简称为功率，它描述电路元件中电能变换的速度，其值为单位时间内元件所吸收或输出的电能，即

$$p=\frac{\mathrm{d}W}{\mathrm{d}t}=ui \tag{1.2.3}$$

在直流情况下为

$$P=UI \tag{1.2.4}$$

在国际单位制中，功率的单位为 W（瓦特），简称瓦。

功率的定义可推广到任何一段电路，而不局限于一个元件。

在电压和电流的关联参考方向下，计算出的功率为正值，表示该元件吸收功率；若为负值，则表示输出功率。若在非关联参考方向下，则相反。

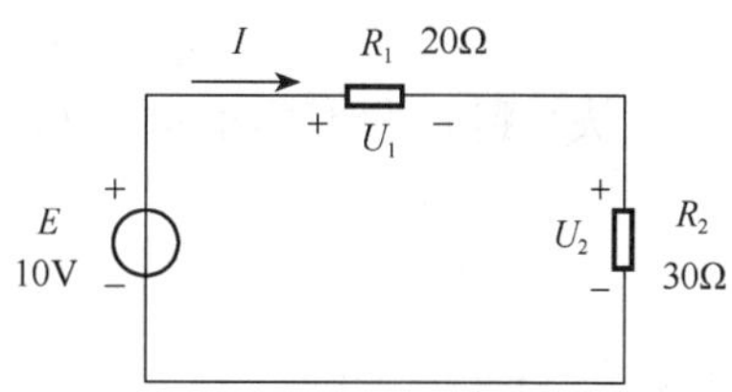

图 1.2.6　例 1.2.1 的电路

**【例 1.2.1】** 确定图 1.2.6 所示电路中各元件上的电流、电压和功率，并指出是吸收功率还是输出功率。

**解：**

$$I=\frac{E}{R_1+R_2}=\frac{10}{20+30}=0.2(\mathrm{A})$$

$$U_1=R_1I=20\times0.2=4(\mathrm{V})$$

$$U_2=R_2I=30\times0.2=6(\mathrm{V})$$

$$P_E=-EI=-10\times0.2=-2(\mathrm{W})\quad 输出功率$$

$$P_1=U_1I=4\times0.2=0.8(\mathrm{W})\quad 吸收功率$$

$$P_2=U_2I=6\times0.2=1.2(\mathrm{W})\quad 吸收功率$$

## 1.3　电路元件

电路中的每种元件都有其特定的电磁性质，分别用特定的符号和参数表征。根据能量特性，电路元件分为无源元件和有源元件。基本的无源元件有电阻、电容和电感元件，有源元件有独立电源和受控电源。

### 1.3.1　电阻元件

反映电能消耗的电路参数叫电阻。实际元件的电阻特性在电路中用电阻元件模拟，电阻元件也简称为电阻。电阻元件的电路符号如图 1.3.1 所示。

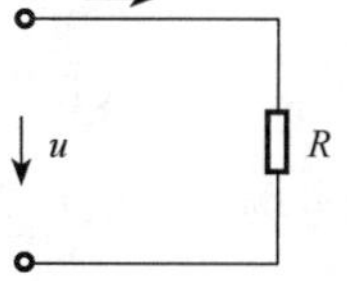

图 1.3.1　电阻元件

电阻元件上电压和电流之间的关系称为伏安特性。如果电阻元件的伏安特性曲线在 $u$-$i$ 平面上是一条通过坐标原点的直线，则电阻元件称为线性电阻元件；如果不是通过原点的直线，则称为非线性电阻元件。

在关联参考方向下，线性电阻元件两端的电压 $u$ 和流过它的电流 $i$ 之间的关系遵循欧姆定律

$$u = iR \tag{1.3.1}$$

式中，$R$ 为元件的电阻，是一个与电压、电流无关的常数。

电阻元件的特性也可以用另外一个参数 $G$ 表示，称为电导。电阻与电导的关系为

$$R = \frac{1}{G} \tag{1.3.2}$$

在国际单位制中，电阻的单位是 Ω（欧姆），简称欧。电导的单位是 S（西门子）。

电阻元件要消耗电能，是一个耗能元件。电阻吸收（消耗）的功率为

$$p = ui = Ri^2 = \frac{u^2}{R} \tag{1.3.3}$$

从 0 到 $t$ 的时间内，电阻元件吸收的能量为

$$W = \int_0^t p\,\mathrm{d}t = \int_0^t Ri^2\,\mathrm{d}t \tag{1.3.4}$$

### 1.3.2　电容元件

电容元件简称为电容。电容元件的电路符号如图 1.3.2 所示。

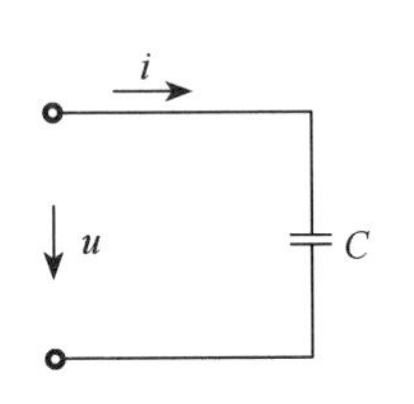


图 1.3.2　电容元件

对于电容元件，在任一时刻它所存储的电荷与其端电压之间的关系称为库伏特性。如果一个电容元件的库伏特性曲线在 $u$-$q$ 平面上为一条通过原点的直线，则称该电容元件为线性电容元件。如果一个电容元件的库伏特性曲线不是 $u$-$q$ 平面上一条通过原点的直线，则称该电容元件为非线性电容元件。

线性电容元件库伏特性的数学表达式为

$$q = Cu \tag{1.3.5}$$

式中，$C$ 为元件的电容，是一个与电荷、电压无关的常数，单位为 F（法拉）。由于法拉的单位太大，实际中常采用 μF（微法）或 pF（皮法）：$1\mathrm{F} = 10^6\mu\mathrm{F} = 10^{12}\mathrm{pF}$。

电容元件的特性是由库伏特性描述的。但在电路分析中，往往更感兴趣的是电容元件的伏安特性关系。当电容元件两端的电压发生变化时，所存储的电荷也相应地变化，这时将有电荷在电路中流动而形成电流。

在电容电压和电流为关联参考方向时，由电流的定义，得

$$i = \frac{\mathrm{d}q}{\mathrm{d}t} = C\frac{\mathrm{d}u}{\mathrm{d}t} \tag{1.3.6}$$

式（1.3.6）表明，在任一时刻流过线性电容元件的电流与其端电压对时间的变化率成正比。对于恒定电压，电容的电流为零。所以电容元件对直流电路而言相当于开路。

当电容元件上的初始电压为零时，则有

$$u = \frac{1}{C}\int_0^t i\,\mathrm{d}t \tag{1.3.7}$$

电容元件是一个储能元件，当电容的两端电压为 $u$ 时，它所储存的电场能（量）为

$$W = \int_0^t ui\,\mathrm{d}t = \int_0^u Cu\,\mathrm{d}u = \frac{1}{2}Cu^2 \tag{1.3.8}$$

### 1.3.3　电感元件

电感元件简称电感。电感元件的电路符号如图 1.3.3 所示。

对于电感元件，在任一时刻它的磁链与它的电流之间的关系称为韦安关系。如果一个电感元件的韦安特性曲线在 $i$-$\psi$ 平面上是一条通过原点的直线，则称该电感元件为线性电感元件。如空心线圈的电感就是线性电感。如果一个电感元件的韦安特性曲线不是 $i$-$\psi$ 平面上一条通过原点的直线，则称该电感元件为非线性电感元件。例如铁心线圈（线圈中放入铁磁物质）的电感就是非线性电感。

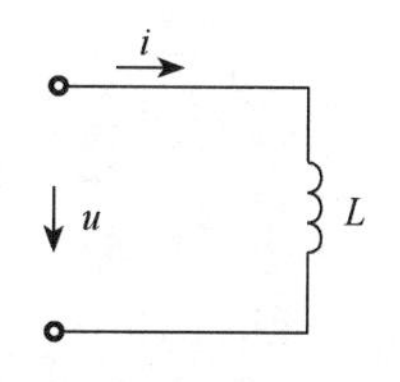

图 1.3.3　电感元件

线性电感元件韦安特性的数学表达式为

$$\psi = Li \tag{1.3.9}$$

式中，$L$ 为元件的电感，是一个与磁链、电流无关的常数，单位为 H（亨利）。

电感元件的特性是由韦安特性描述的。但在电路分析中，更感兴趣的是电感元件的伏安关系。当通过电感元件的电流发生变化时，磁链也相应发生变化，此时电感线圈内将产生感应电动势 $e$，通常规定感应电动势 $e$ 的参考方向与磁场线的参考方向符合右手螺旋定则，在此规定下，便可得到自感电动势的表达式为

$$e = -\frac{\mathrm{d}\psi}{\mathrm{d}t} = -L\frac{\mathrm{d}i}{\mathrm{d}t} \tag{1.3.10}$$

因此，电感线圈两端的电压为

$$u = -e = L\frac{\mathrm{d}i}{\mathrm{d}t} \tag{1.3.11}$$

式（1.3.11）表明，任一时刻电感元件的电压取决于该时刻电流的变化率。对于恒定电流，电感元件的端电压为零，所以电感元件对直流电路而言相当于短路。

当电感元件上初始电流为零时，有

$$i = \frac{1}{L}\int_0^t u\,\mathrm{d}t \tag{1.3.12}$$

电感元件是一个储能元件。当流过电感元件的电流为 $i$ 时，它所储存的磁场能（量）为

$$W = \int_0^t ui\,\mathrm{d}t = \int_0^i Li\,\mathrm{d}i = \frac{1}{2}Li^2 \tag{1.3.13}$$

### 1.3.4　独立电源

能够独立向外电路提供能量的电源称为独立电源，如蓄电池、发电机、稳压电源和信号源等。电源向电路提供电压或电流，信号源向电路提供信号电压或信号电流，独立电源按照其特性的不同可以分为电压源和电流源。

#### 1. 理想电源

理想电源是实际电源的理想化模型。理想电源分为理想电压源和理想电流源两种。

理想电压源能向负载提供一个恒定值的电压——直流电压 $U_{\mathrm{s}}$ 或按某一特定规律随

时间变化的交流电压 $u_s$（其幅值、频率不变），因此又称为恒压源，如图 1.3.4 所示。恒压源有两个重要特点：一是恒压源两端的电压与流过电源的电流无关；二是恒压源输出电流的大小取决于恒压源所联结的外电路。

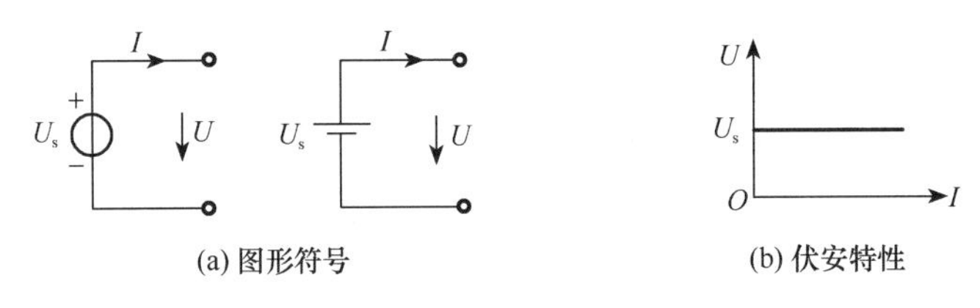


图 1.3.4　理想电压源

理想电流源能向负载提供一个恒定值的电流——直流电流 $I_s$ 或按某一特定规律随时间变化的交流电流 $i_s$（其幅值、频率不变），因此又称为恒流源，如图 1.3.5 所示。恒流源有两个重要特点：一是恒流源输出电流与恒流源的端电压无关；二是恒流源的端电压取决于与恒流源相联结的外电路。

图 1.3.5　理想电流源

2. 实际电源

一个实际的电源一般不具有理想电源的特性，实际电源不仅产生电能，同时本身还要消耗电能，因此实际电源的电路模型通常由表征产生电能的电源元件和表征消耗电能的电阻元件组合而成。

电压源模型是用理想电压源与电阻串联来表示实际电源，如图 1.3.6 所示，其中 $U_s$ 是一个理想电压源的输出电压，其数值等于实际电源的电动势；$R_0$ 为电源的内阻。可见，实际电压源的输出电压 $U$ 与输出电流 $I$ 有关。

$$U = U_s - R_0 I \tag{1.3.14}$$

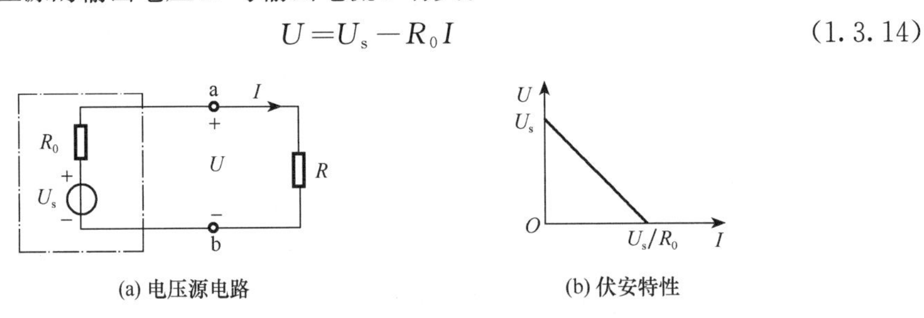


图 1.3.6　实际电源的电压源模型

电流源模型是用理想电流源与电阻并联表示实际电源，如图 1.3.7 所示。其中，$I_s$ 是理想电流源的输出电流，$R_0$ 是电源的内阻。可见，实际电流源的输出电流 $I$ 与电源端电压 $U$ 有关。

$$I = I_s - \frac{U}{R_0} \tag{1.3.15}$$

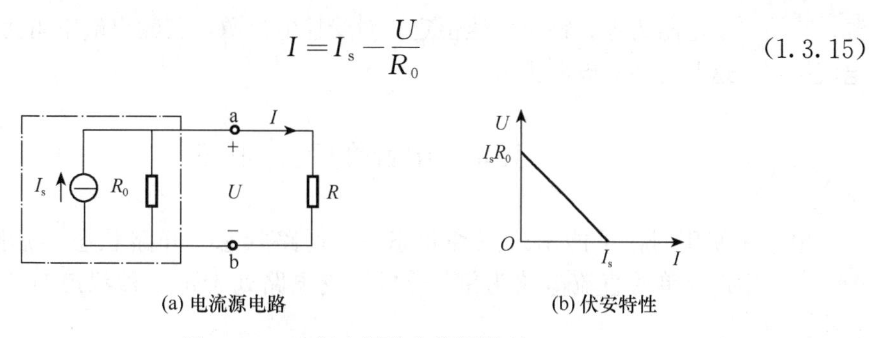

(a) 电流源电路　　(b) 伏安特性

图 1.3.7　实际电源的电流源模型

### 1.3.5　受控电源

上面讨论的独立电源，其源电压和源电流不受电路中其他部分电压或电流的影响。电路中还有另外一种电源，电压源的电压和电流源的电流，是受电路中其他部分的电压或电流控制的，这种电源称为受控电源。

受控电源有受控电压源和受控电流源之分。受控电压源和受控电流源又可分为是受电压控制的还是受电流控制的两种。所以，受控电源又可分为电压控制电压源（VCVS）、电流控制电压源（CCVS）、电压控制电流源（VCCS）和电流控制电流源（CCCS）四种类型。

四种理想受控电源的模型如图 1.3.8 所示，图中用菱形符号表示受控电源，以与独立电源区别。$U_1$、$I_1$ 称为控制量，$\mu$、$g$、$r$、$\beta$ 称为控制系数。其中 $\mu$ 和 $\beta$ 无量纲，$g$ 具有电导的量纲，$r$ 具有电阻的量纲。若控制系数为常数，控制量与被控制量成正比，这种受控电源称为线性受控源。

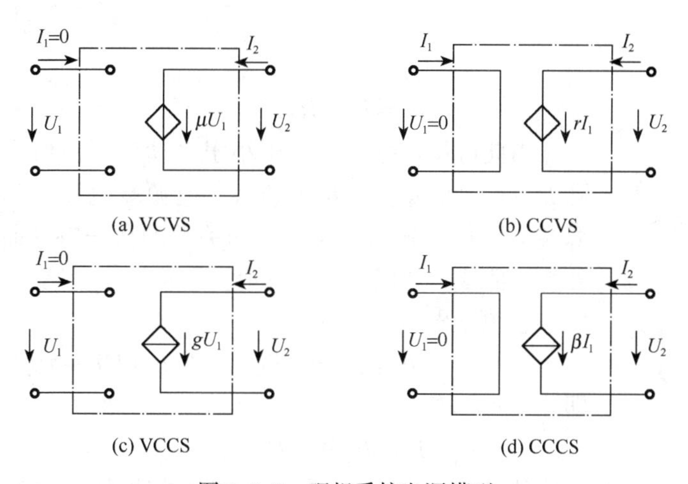


图 1.3.8　理想受控电源模型

理想受控电源是指它的控制端（输入端）和受控端（输出端）都是理想的。在控制端，当控制量为电压时，受控源的输入电阻为无穷大（$I_1=0$），当控制量为电流时，受控源的输入电阻为零（$U_1=0$），可见控制端消耗的功率为零。在受控端，对受控电压

源，其输出端电阻为零，输出电压恒定。对受控电流源，其输出端电阻为无穷大，输出电流恒定。这些与独立电源类似。

# 1.4 电路的工作状态

电路在使用时，可能出现三种状态，即通路状态、开路状态和短路状态。现以图 1.4.1 中最简单的直流电路为例，分析讨论电路处于这三种状态时的电流、电压和功率。

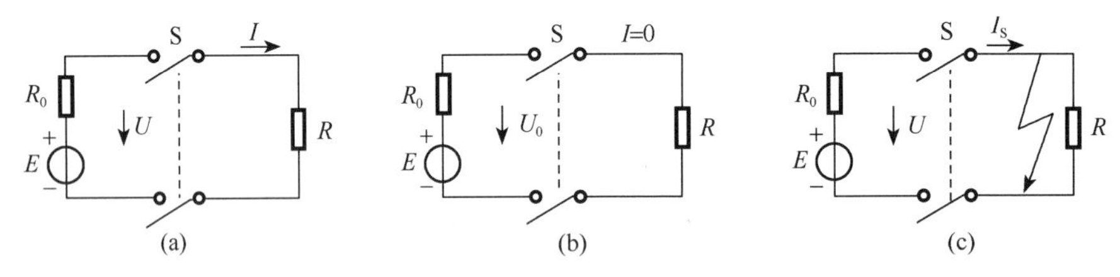


图 1.4.1 电路的有载、开路和短路状态

## 1.4.1 通路状态

将图 1.4.1（a）中的开关 S 合上，电源与负载接通，电路则处于通路状态，或称为电源的有载状态。电路中的电流为

$$I=\frac{E}{R_0+R} \tag{1.4.1}$$

式中，$E$ 为电源电动势；$R_0$ 为电源内阻。$E$ 和 $R_0$ 一般为定值。

负载电阻两端的电压为

$$U=RI$$

则有

$$U=E-R_0I \tag{1.4.2}$$

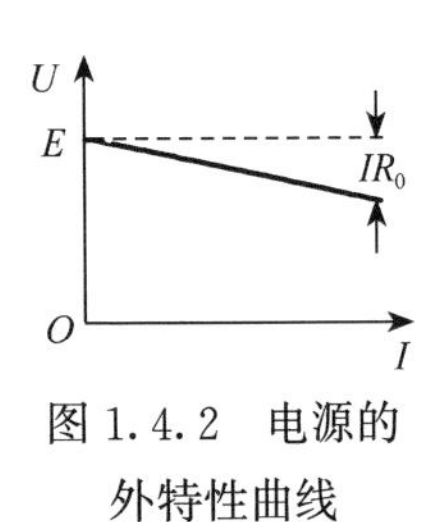


图 1.4.2 电源的外特性曲线

由此可见，电源端电压小于电动势，差值为电源内阻电压降 $R_0I$。电流愈大，$R_0I$ 愈大，电源端电压下降愈多。表示电源端电压 $U$ 与输出电流 $I$ 之间关系的伏安特性曲线称为电源的外特性曲线，如图 1.4.2 所示。

电源输出的功率为

$$P=UI=(E-R_0I)I=EI-R_0I^2 \tag{1.4.3}$$

即

$$P=P_E-\Delta P$$

式中，$P_E=EI$ 是电源产生的功率；$\Delta P=R_0I^2$ 是电源内部损耗在内阻 $R_0$ 上的功率。在一个电路中，电源产生的功率之和等于电路中所消耗的功率之和。

电气设备的电压、电流、功率都有规定的使用数据。这些数据称为电气设备的额定值。如额定电压、额定电流、额定功率分别用 $U_N$、$I_N$ 和 $P_N$ 表示。可见，额定值就是电气设备在给定的工作条件下正常运行的允许值。额定值通常在铭牌上标出，也可在产品目录中查到。

实际使用中，电压、电流和功率的实际值不一定等于它们的额定值，因而一定要注意它的额定值，以免出现不正常的情况和发生事故。通常当电路中的实际值等于额定值时，电器设备的工作状态称为额定状态，即满载；当实际功率或电流大于额定值时，称为过载；小于额定值时，称为欠载。

**【例 1.4.1】** 图 1.4.3 所示电路中，已知各元件的端电压和通过的电流。

1）试指出：哪些元件是电源？哪些元件是负载？

2）检验功率的平衡关系。

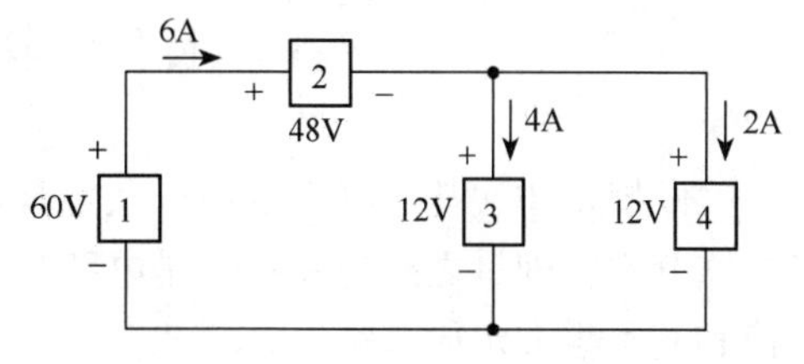


图 1.4.3　例 1.4.1 的电路

**解：** 1）在所有元件中，只有 1 号元件电流是从其高电位端流出，可见该元件是电源元件，输出功率，其余的元件均为负载，吸收功率。

2）1 号元件输出功率为

$$P_1 = 60 \times 6 = 360(\text{W})$$

其余的元件吸收功率为

$$P_2 + P_3 + P_4 = 48 \times 6 + 12 \times 4 + 12 \times 2 = 288 + 48 + 24 = 360(\text{W})$$

两者功率平衡。

### 1.4.2　开路状态

在图 1.4.1（b）所示电路中，当开关断开时，电路则处于开路状态，即空载状态，开路时外电路的电阻对电源来说等于无穷大，因此电路中电流为零。此时负载上的电压、电流和功率都为零。电源端电压为

$$U = E - R_0 I = E$$

此时的端电压叫做电源的开路电压，用 $U_o$ 表示。

$$U = U_o = E \tag{1.4.4}$$

开路时，因电流为零，电源不输出功率。

### 1.4.3　短路状态

在图 1.4.1（c）所示电路中，当由于某种原因而使电源两端直接搭接时，电路处于短路状态。短路时，外电路的电阻对电源来讲为零。电源自成回路，电流不再流经负载，其电流为

$$I = \frac{E}{R_0}$$

因为 $R_0$ 很小，所以电流很大，此时的电流叫做电源的短路电流。用 $I_s$ 表示，有

$$I = I_s = \frac{E}{R_0} \tag{1.4.5}$$

短路电流远远超过电源和导线的额定电流。如不及时切断，将引起电源损坏。因此在电路中必须加短路保护。

短路时由于外电路的电阻为零，所以电源的端电压也为零，即 $U=0$；电源无电压输出，自然也就无功率输出了，即 $P=0$。短路后负载上的电压、电流和功率都为零。这时电源的电动势全部降到内阻上。短路时电源所产生的电能全被内阻所消耗。

$$P_E=\Delta P=R_0 I^2$$

## 1.5　电路的基本定律

欧姆定律、基尔霍夫定律以及焦耳定律（$p=ui$）是电路的基本定律。它们揭示了电路基本物理量之间的关系，是电路分析计算的基础和依据。在本节中主要说明欧姆定律和基尔霍夫定律。

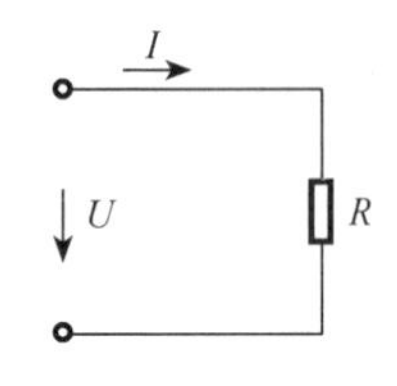


图 1.5.1　欧姆定律

### 1.5.1　欧姆定律

对一个线性电阻元件而言，流过电阻的电流与电阻两端的电压成正比，这就是欧姆定律。在图 1.5.1 所示标定的电压、电流参考方向下，欧姆定律可用下式表示。

$$R=\frac{U}{I} \tag{1.5.1}$$

式中，$R$ 即为该段电路的电阻。

由式（1.5.1）可见，当所加电压 $U$ 一定时，电阻 $R$ 愈大，则电流 $I$ 愈小。显然，电阻具有对电流起阻碍作用的物理性质。

根据选择的电压和电流的参考方向的不同，在欧姆定律的表达式中可带有正号和负号。在关联参考方向下，则有

$$U=RI \tag{1.5.2}$$

在非关联参考方向下，则有

$$U=-RI \tag{1.5.3}$$

因此，应用欧姆定律时会出现两对正负号：一对由电压和电流的参考方向得到的；另一对是由电压和电流的实际数值得出。

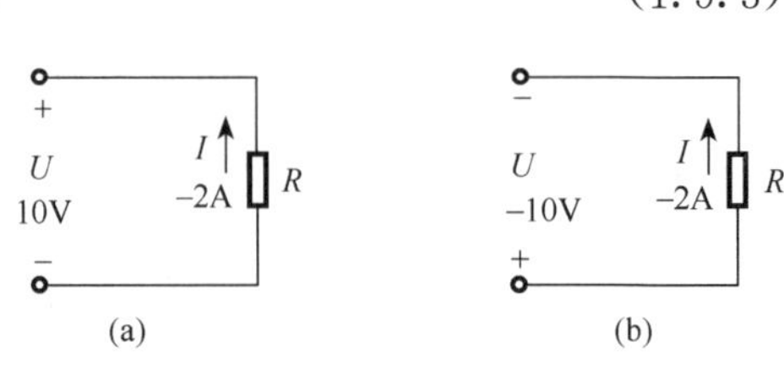


图 1.5.2　例 1.5.1 的电路

**【例 1.5.1】** 应用欧姆定律求图 1.5.2 电路中的电阻 $R$。

**解**：对于图 1.5.2（a），有

$$R=-\frac{U}{I}=-\frac{10}{-2}=5(\Omega)$$

对于图 1.5.2（b），有

$$R=\frac{U}{I}=\frac{-10}{-2}=5(\Omega)$$

**【例 1.5.2】** 一段含源支路 ab 如图 1.5.3 所示。已知 $U_{ab}=5\text{V}$，$U_{s1}=6\text{V}$，$U_{s2}=14\text{V}$，$R_1=2\Omega$，$R_2=3\Omega$，电流的参考方向如图所示，求 $I$。

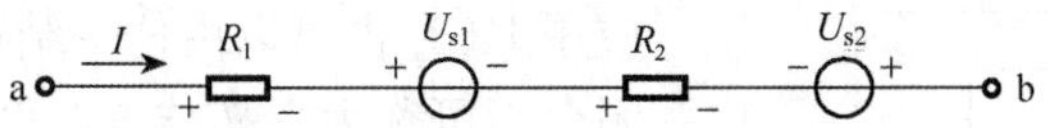

图 1.5.3　例 1.5.2 的电路

**解**：这是一段含源支路，可从列出 $U_{ab}$ 的表达式着手，从 a 到 b 的电压降 $U_{ab}$ 应等于由 a 到 b 路径上全部电压降的代数和，根据电路中所给出的电流参考方向，采用关联参考方向标出各电阻元件上电压降的参考极性，再由各电压的正、负极性，不难得到

$$U_{ab}=R_1I+U_{s1}+R_2I-U_{s2}$$

则有

$$I=\frac{U_{ab}+U_{s2}-U_{s1}}{R_1+R_2}=\frac{5+14-6}{2+3}=2.6(\mathrm{A})$$

### 1.5.2　基尔霍夫定律

首先结合图 1.5.4 所示电路，介绍几个电路术语。

电路中通过同一电流的分支称为**支路**，图 1.5.4 中有 ab、adb、acb 三条支路。

电路中三条或三条以上的支路相联结的点称为**结点**，图 1.5.4 中有 a 和 b 两个结点。

电路中由支路构成的任何闭合路径称为**回路**，图 1.5.4 中有 adba、adbca、abca 三个回路。

内部不含支路的回路称为**网孔**，图 1.5.4 中有 adba 和 abca 两个网孔。

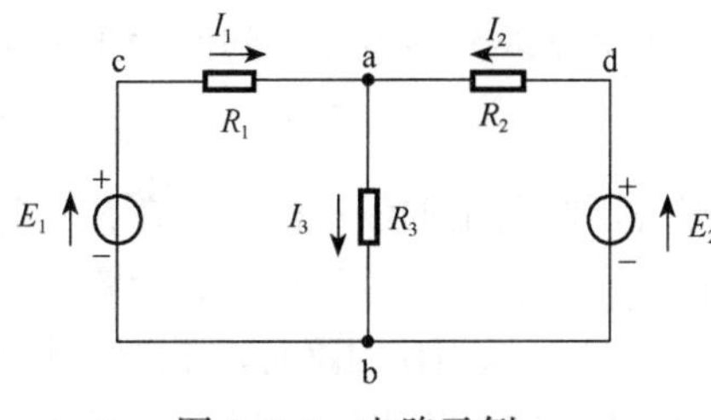

图 1.5.4　电路示例

基尔霍夫定律包括基尔霍夫电流定律和基尔霍夫电压定律。

#### 1. 基尔霍夫电流定律

基尔霍夫电流定律又称基尔霍夫第一定律，简记为 KCL，它描述了电路中结点处各支路电流之间的约束关系，其表达式为

$$\sum I=0 \tag{1.5.4}$$

即对电路中的任何一个结点，其任一时刻的电流的代数和等于零。换句话说，对任一结点，在任一时刻，流出该结点的电流之和等于流入该结点的电流之和。电流定律体现的是电流的连续性。

KCL 运用在结点时，首先应指定每一支路电流的参考方向。根据各支路电流的参考方向，确定各电流的正负号。如果规定流入结点的电流取正号，那么流出结点的电流就取负号，反之亦然。图 1.5.4 所示电路中，对结点 a 可以写出

$$I_1+I_2-I_3=0$$

或

$$I_3-I_1-I_2=0$$

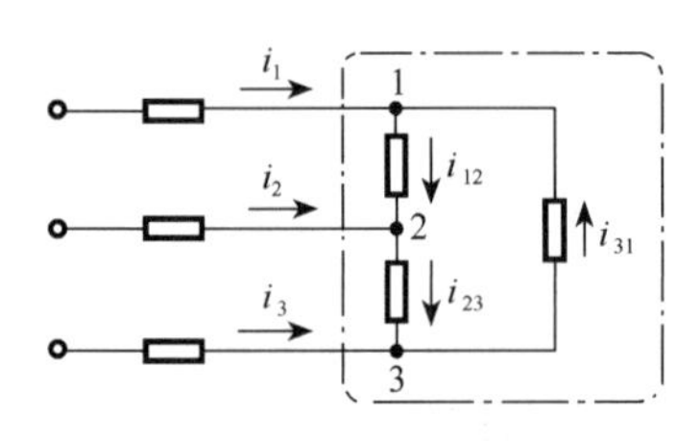

图 1.5.5　基尔霍夫电流定律的推广

应用 KCL 也可以由任一结点推广到任一闭合面，这一闭合面可称为广义结点。例如，图 1.5.5 所示的电路中，虚线表示的闭合面内有三个结点 1、2、3。根据电流的参考方向，对结点写出电流方程

$$i_1 = i_{12} - i_{31}$$

$$i_2 = i_{23} - i_{12}$$

$$i_3 = i_{31} - i_{23}$$

将上面三个式子相加，则有

$$i_1 + i_2 + i_3 = 0$$

或

$$\sum i = 0$$

可见，在任一瞬间，通过任一闭合面的电流的代数和也恒等于零。

2. 基尔霍夫电压定律

基尔霍夫电压定律又称基尔霍夫第二定律，简记为 KVL，它描述了一个回路中各支路电压或元件电压之间的约束关系。其表达式为

$$\sum U = 0 \qquad (1.5.5)$$

即对于电路中的任一回路，在任一时刻，按一定方向沿着回路循行一周，回路中所有支路电压或元件电压的代数和为零。

KVL 运用在回路时，应首先设定回路的循行方向，并标出各支路或元件上电流、电压的参考方向。当回路内每段电压的参考方向与回路的循行方向一致时取正号，相反时取负号。

如对图 1.5.4 中 adbca 回路以顺时针方向为循行方向，应用 KVL，如图 1.5.6 所示，可以得出

$$-U_1 + U_2 + U_3 - U_4 = 0$$

即

$$U_1 - U_2 - U_3 + U_4 = 0$$

如果各支路是由电阻和恒压源所构成，用电动势 $E_1$、$E_2$ 代替 $U_1$、$U_2$，运用欧姆定律，可以把基尔霍夫电压定律改写为

$$E_1 - E_2 - I_1R_1 + I_2R_2 = 0$$

或

$$E_1 - E_2 = I_1R_1 - I_2R_2$$

即

$$\sum E = \sum IR \qquad (1.5.6)$$

这是基尔霍夫电压定律在电路中的另一种表达式，即任一回路内，电阻上电压降的代数和等于电动势的代数和。其中，电流参考方向与回路循行方向一致时，该电流在电阻上所产生的电压降取正号，不一致时，取负号；凡电动势参考方向与循行方向一致者取正号，不一致者取负号。

KVL 定律是应用于一个闭合回路的，但也可以推广应用于假想回路或回路的一部分。

**【例 1.5.3】** 写出图 1.5.7 所示电路中电压 $U$ 的表达式。

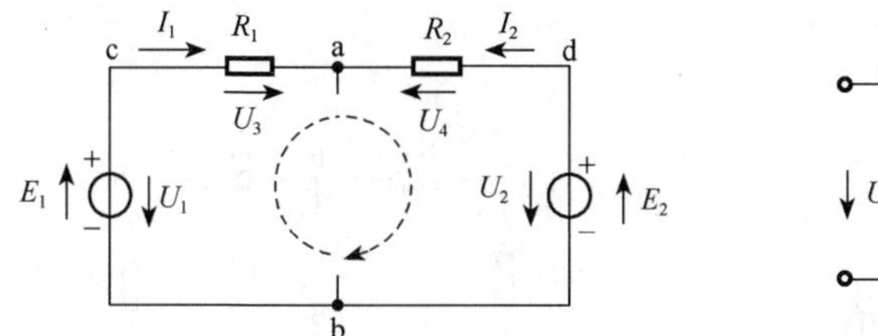


图 1.5.6　基尔霍夫电压定律

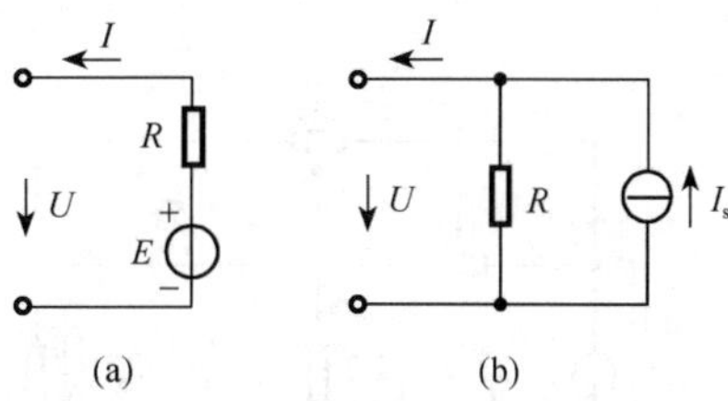


图 1.5.7　例 1.5.3 的电路

**解：** 首先列出有部分电路构成的广义回路的 KVL 方程，然后求出 $U$。

对图 1.5.7（a）可以列出

$$-RI+E-U=0 \quad 即 \quad U=E-RI$$

对图 1.5.7（b）选择电阻 R 支路列写 KVL 方程。

由 KCL，得

$$I_R=I_s-I$$

因此有

$$R(I_s-I)-U=0$$

即

$$U=RI_s-RI$$

## 习　　题

1.2.1　题图 1.01 中，五个元件代表电源或负载。电压和电流的参考方向如图所示。通过测量得知：$I_1=-4A$，$I_2=6A$，$I_3=10A$，$U_1=140V$，$U_2=-90V$，$U_3=60V$，$U_4=-80V$，$U_5=30V$，试标出各电流的实际方向和各电压的实际极性，并指出哪些元件是电源，哪些元件是负载？

1.2.2　题图 1.02 电路中，已知 ab 段产生电功率 500W，其他三段消耗电功率分别为 50W，400W，50W，电流的参考方向图中已标出。

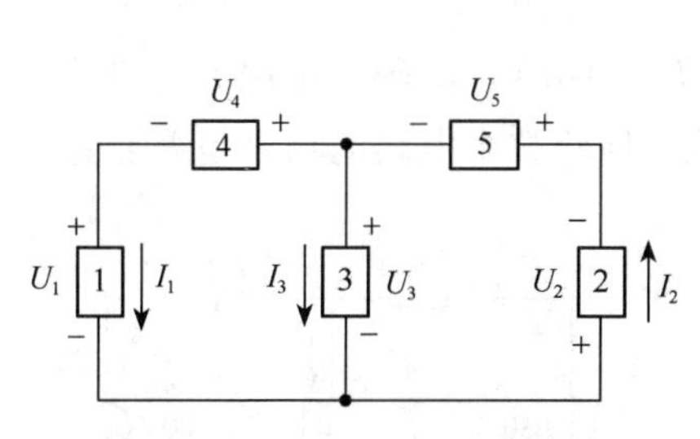


题图 1.01　题 1.2.1 的电路

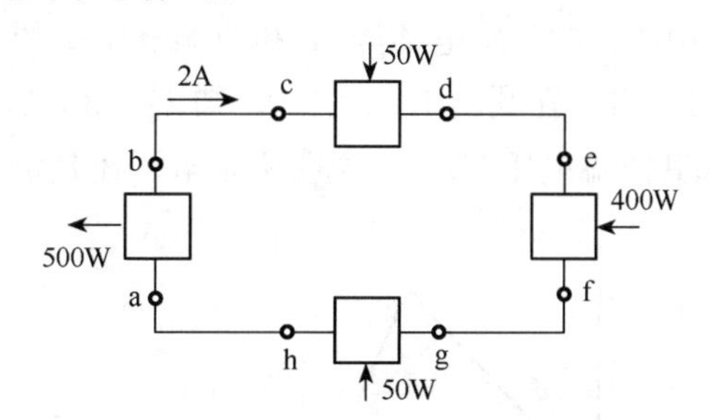


题图 1.02　题 1.2.2 的电路

（1）标出各段电路两端电压的极性；

（2）算出各段电压 $U_{ab}$，$U_{cd}$，$U_{ef}$，$U_{gh}$。

1.2.3　计算题图 1.03 电路中的电位 $V_1$、$V_2$、$V_3$ 的值。

1.2.4　求题图 1.04 所示电路中开关 S 闭合和断开两种情况下 a、b、c 三点的电位。

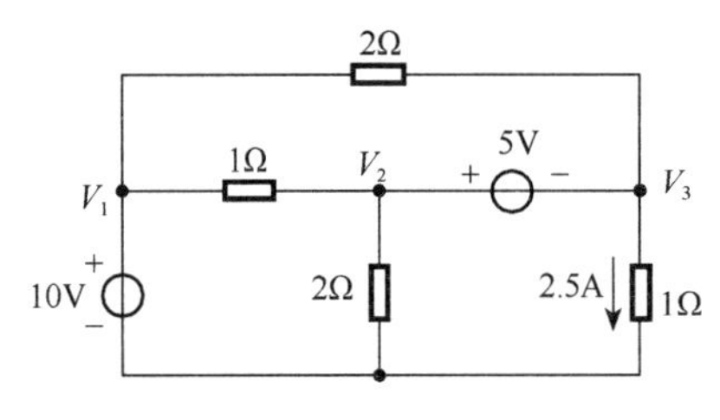


题图 1.03　题 1.2.3 的电路

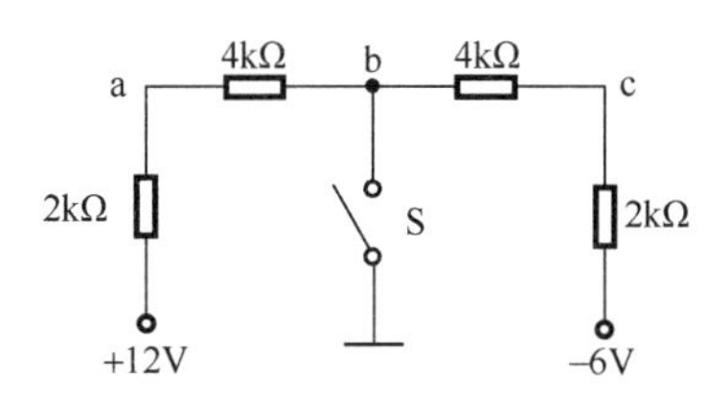


题图 1.04　题 1.2.4 的电路

1.2.5　求题图 1.05 所示电路中 A 点的电位。

1.2.6　在题图 1.06 电路中，在开关 S 断开和闭合的两种情况下，试求 A 点的电位。

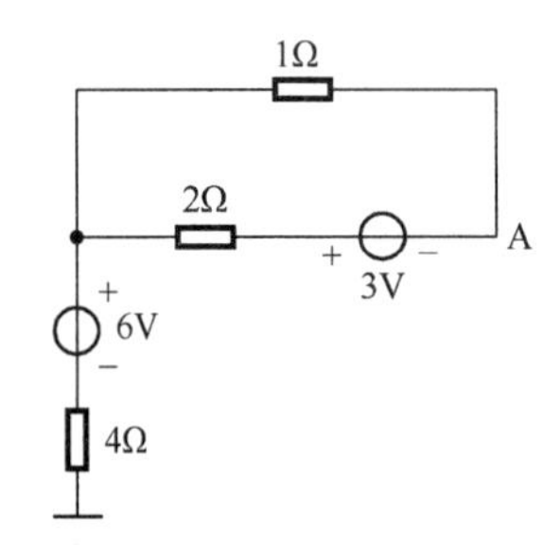


题图 1.05　题 1.2.5 的电路

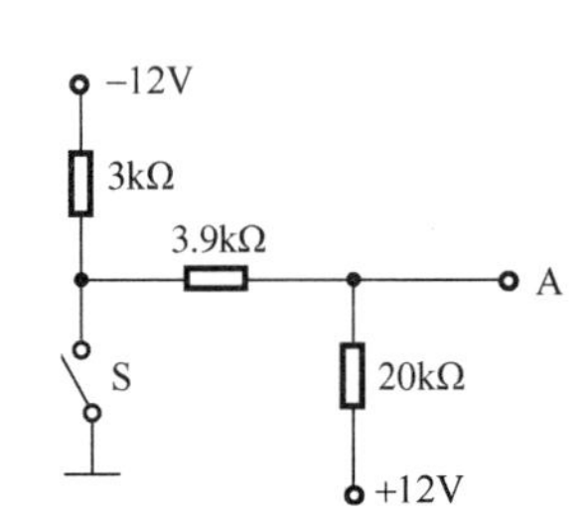


题图 1.06　题 1.2.6 的电路

1.3.1　在指定的电压和电流参考方向下，写出题图 1.07 中各电压与电流的关系式。

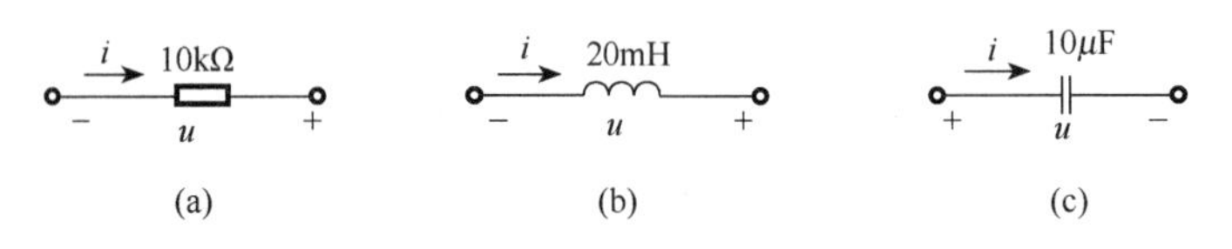


题图 1.07　题 1.3.1 的电路

1.3.2　有一电感元件，$L=0.2\text{H}$，通过的电流 $i$ 的波形如题图 1.08 所示，求电感元件中产生的自感电动势 $e_L$ 和两端电压 $u$ 的波形。

1.4.1　在题图 1.09 中，已知 $I_1=3\text{mA}$，$I_2=1\text{mA}$，试确定电路元件 3 中的电流 $I_3$ 和其两端电压 $U_3$，并说明它是电源还是负载。检验整个电路的功率是否平衡。

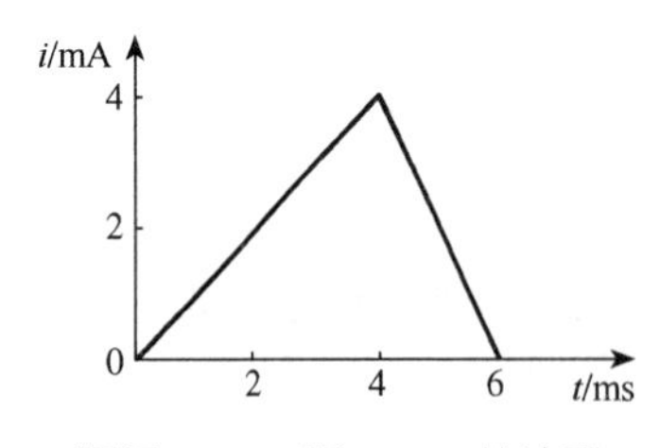


题图 1.08　题 1.3.2 的波形

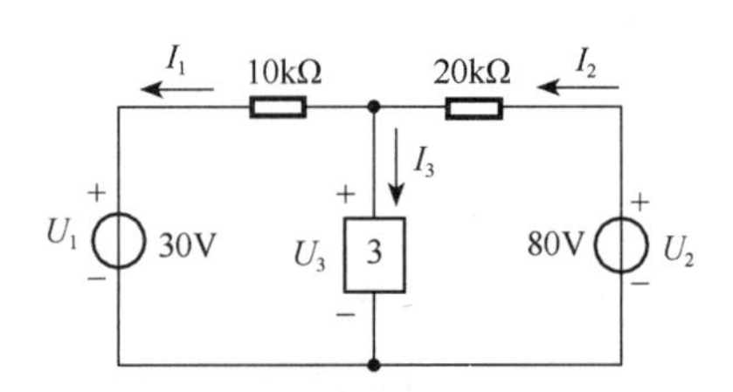


题图 1.09　题 1.4.1 的电路

1.4.2　计算题图 1.10 电路中电阻 $R$ 的值，并验证各元件所输出电功率的代数和为零。

1.4.3　一直流发电机，额定功率 $P_N=10kW$，额定电压 $U_N=220V$，内阻 $R_0=0.6\Omega$，负载电阻 $R=10\Omega$，如题图 1.11 所示。试求：

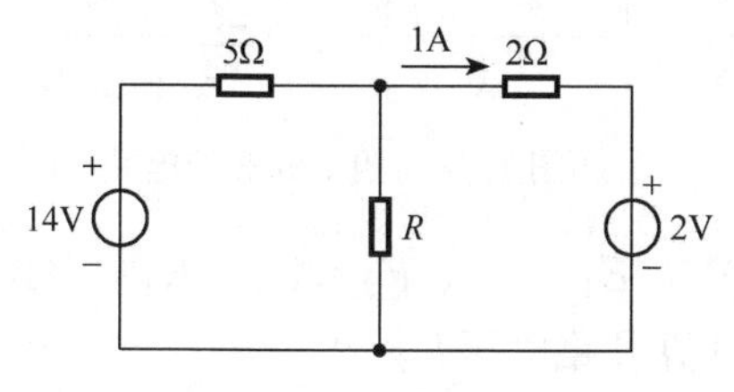


题图 1.10　题 1.4.2 的电路

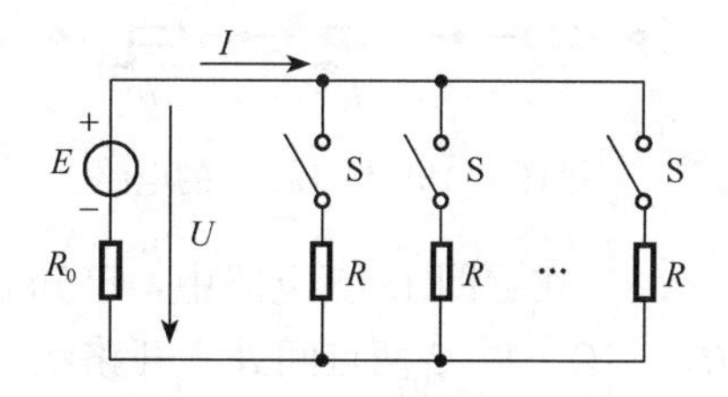


题图 1.11　题 1.4.3 的电路

(1) 发电机的额定电流和电动势；

(2) 当发电机带一个负载时，发电机的电流、端电压和输出功率；

(3) 当发电机带五个同样负载时，发电机的电流，端电压和输出功率。

1.4.4　一电器的额定功率 $P_N=1W$，额定电压 $U_N=100V$。今要接到 200V 的直流电源上，问应选下列电阻中的哪一个与之串联，才能使该电器在额定电压下工作。

(1) 电阻值 5kΩ，额定功率 2W；

(2) 电阻值 10kΩ，额定功率 0.5W；

(3) 电阻值 20kΩ，额定功率 0.25W；

(4) 电阻值 10kΩ，额定功率 2W。

1.4.5　在题图 1.12 的两个电路中，要在 12V 的直流电源上使 6V，50mA 的电珠正常发光，应该采用哪一个联结电路？

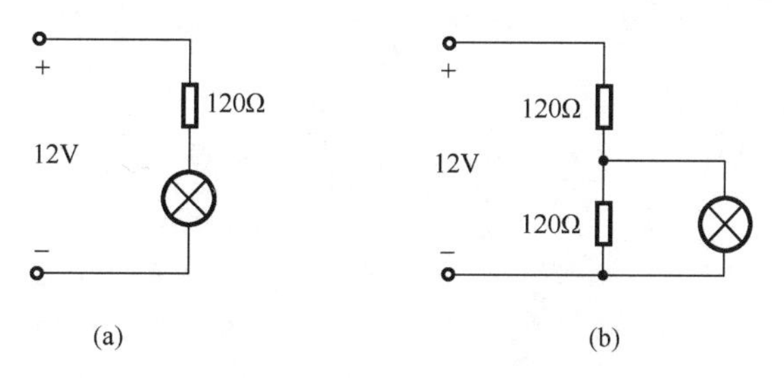


题图 1.12　题 1.4.5 的电路

1.4.6　有一直流电源，其额定功率 $P_N=200W$，额定电压 $U_N=50V$，内阻 $R_0=0.5\Omega$，负载电阻 $R$ 可以调节，其电路如图 1.4.1 所示。试求：

(1) 额定工作状态下的电流及负载电阻；

(2) 开路状态下的电源端电压；

(3) 电源短路状态下的电流。

1.5.1　在题图 1.13 电路中，已知 $I_1=0.01\mu A$，$I_2=0.3\mu A$，$I_5=9.61\mu A$，试求电流 $I_3$、$I_4$ 和 $I_6$。

1.5.2　求题图 1.14 电路中的 $I$、$U_{ab}$、$U_{ac}$。

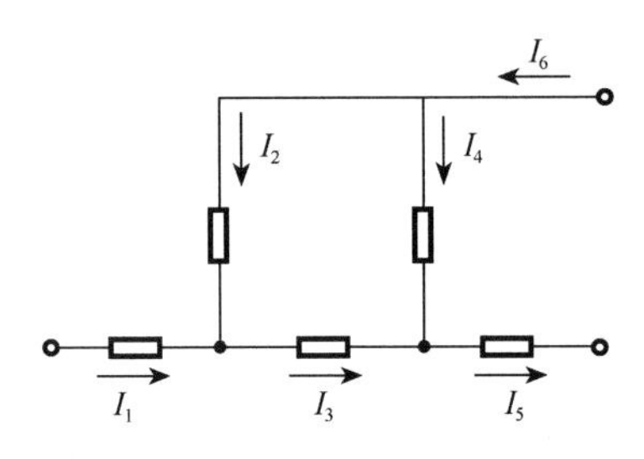


题图 1.13　题 1.5.1 的电路

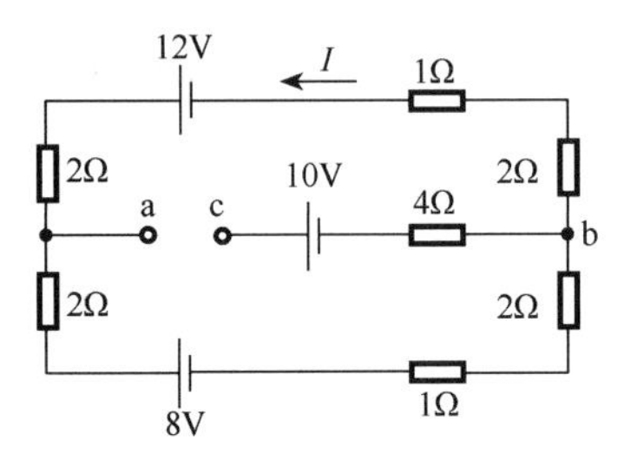


题图 1.14　题 1.5.2 的电路

1.5.3　在题图 1.15 电路中，已知 $U_1=10\text{V}$，$E_1=4\text{V}$，$E_2=2\text{V}$，$R_1=4\Omega$，$R_2=2\Omega$，$R_3=5\Omega$，1、2 两点间处于开路状态，试计算开路电压 $U_2$。

1.5.4　题图 1.16 电路中，已知 $E_2=3\text{V}$，$R_1=R_2=R_5=1\Omega$，$R_3=4\Omega$，$R_4=2\Omega$，$I_1=4\text{A}$，$I_4=3\text{A}$，求 $E_1$ 和 $R_X$。

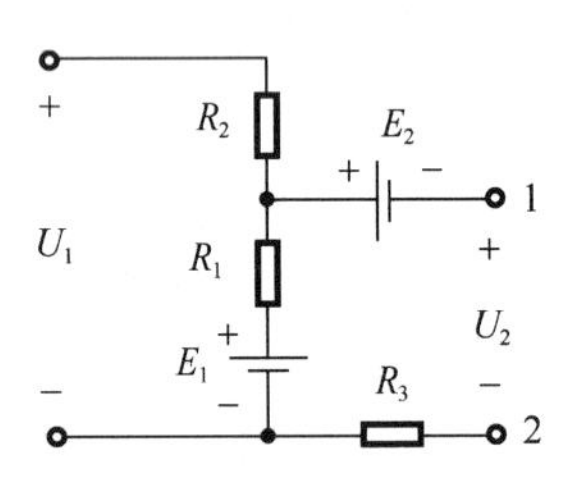


题图 1.15　题 1.5.3 的电路

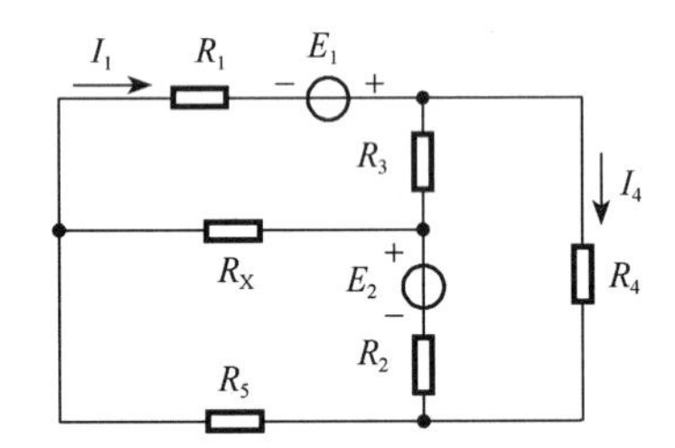


题图 1.16　题 1.5.4 的电路

# 第 2 章　电路分析方法

电路分析是指在已知电路结构和元件参数的条件下，求解电路中的基本物理量。实际电路的结构有多种型式。最简单的电路只有一个回路，即单回路电路；有的电路虽然有多个回路，但能够通过电阻串并联的方法化简为单回路电路，这些都称为简单电路。而有的多回路电路则不能通过电阻串并联的方法化简为单回路电路，这种电路称为复杂电路。

一般来说，分析和计算电路的基本定律是欧姆定律、基尔霍夫定律。但对于结构复杂的电路，分析和计算往往极为烦琐。因此，要根据电路的结构特点寻找简便的方法。本章以直流电路为例，介绍几种分析复杂电路的方法。这些分析方法同样适用于分析交流电路。

## 2.1　电阻网络的等效变换

为了简化复杂电路的分析和计算，在电路分析中常用到等效变换的方法将复杂电路变换为简单电路。所谓等效，是对外部电路而言的，即用化简后的电路代替原复杂电路后，它对外电路的作用效果不变。

### 2.1.1　电阻的串并联等效变换

在电路中，串联和并联是电阻常见的两种联结方式。在进行电路分析时，往往用一个等效电阻代替，从而达到简化电路组成、减少计算量的目的。

(1) 电阻的串联

如果电路中有两个或多个电阻顺序联结，流过同一个电流，则称这种电阻的联结法为电阻的串联。图 2.1.1 (a) 所示电路为两个电组串联的电路。对电路运用基尔霍夫电压定律（KVL）可得

$$U=U_1+U_2$$

应用欧姆定律，有

$$U=R_1I+R_2I=(R_1+R_2)I=RI$$

令

$$R=R_1+R_2 \tag{2.1.1}$$

则

$$U=RI$$

$R$ 称为 $R_1$ 与 $R_2$ 两个电阻串联的等效电阻。等效电路如图 2.1.1 (b) 所示。

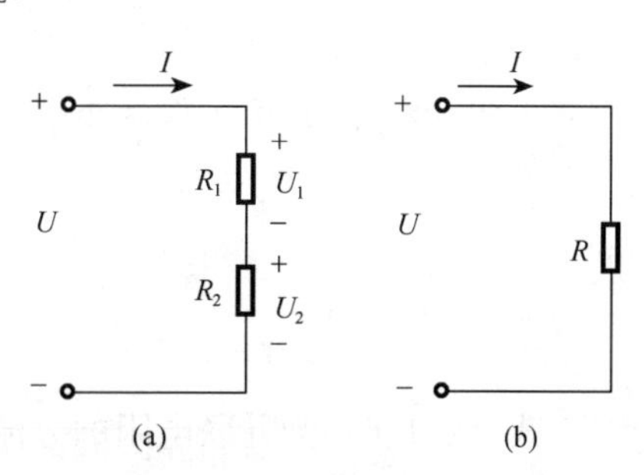

图 2.1.1　电阻的串联及等效电路

图 2.1.1 (a) 电路中，可求得两个串联电阻上的电压分别为

$$
\begin{cases}
U_1=\dfrac{R_1}{R_1+R_2}U \\
U_2=\dfrac{R_2}{R_1+R_2}U
\end{cases}
\tag{2.1.2}
$$

式（2.1.2）称为串联电阻的分压公式。可见，串联电阻上电压的分配与电阻成正比。

如果电路中有 $n$ 个电阻串联，则等效电阻为

$$R=\sum_{k=1}^{n}R_k \tag{2.1.3}$$

电阻串联的应用很多。例如，当某负载的额定电压低于电源电压时，通常采用与负载串联一个电阻，以降落一部分电压。有时为了限制在负载中通过大的电流，与负载串联一个限流电阻。在需要调节电路中的电流时，可以在电路中串联一个变阻器进行调节。在需要调节输出电压时，也可以通过改变串联电阻的大小实现。

（2）电阻的并联

如果电路中有两个或多个电阻联结在两个公共结点之间，这样的联结法称为电阻的并联。并联的电阻承受的是同一个电压。图 2.1.2（a）所示为两个电阻并联的电路。

在图 2.1.2（a）电路中，根据 KCL，通过并联电路的总电流是各并联电路中电流的代数和，即

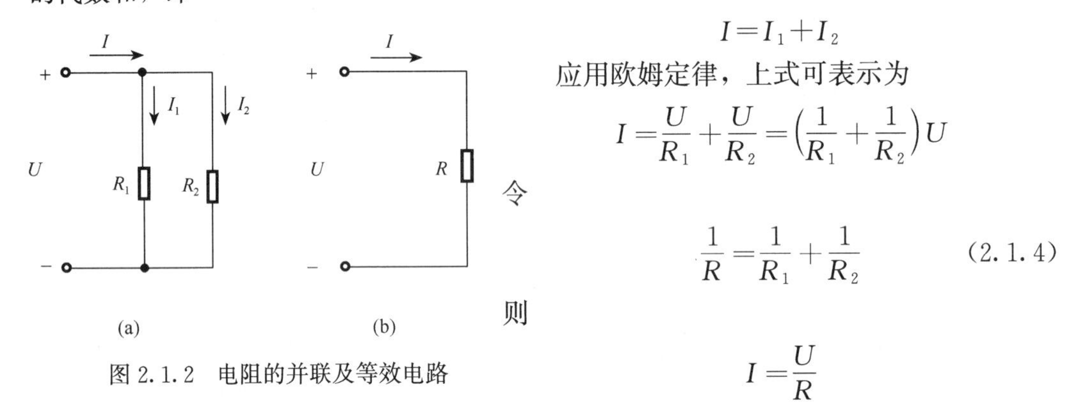


图 2.1.2　电阻的并联及等效电路

$$I=I_1+I_2$$

应用欧姆定律，上式可表示为

$$I=\frac{U}{R_1}+\frac{U}{R_2}=\left(\frac{1}{R_1}+\frac{1}{R_2}\right)U$$

令

$$\frac{1}{R}=\frac{1}{R_1}+\frac{1}{R_2} \tag{2.1.4}$$

则

$$I=\frac{U}{R}$$

$R$ 称为 $R_1$ 与 $R_2$ 两个并联电阻的等效电阻，它的倒数等于各个并联电阻倒数的总和。等效电路如图 2.1.2（b）所示。两个电阻并联通常记为 $R_1//R_2$，其等效电阻可表示为

$$R=R_1//R_2=\frac{R_1R_2}{R_1+R_2} \tag{2.1.5}$$

由式（2.1.5）可求得两个电阻并联时，每个电阻上的电流分别为

$$
\begin{cases}
I_1=\dfrac{R}{R_1}I=\dfrac{R_2}{R_1+R_2}I \\
I_2=\dfrac{R}{R_2}I=\dfrac{R_1}{R_1+R_2}I
\end{cases}
\tag{2.1.6}
$$

式（2.1.6）为并联电阻的分流公式。可见，并联电阻上电流的分配与电阻成反比。

如果电路中有 $n$ 个电阻并联，则等效电阻为

$$R=\frac{1}{\sum_{k=1}^{n}\frac{1}{R_k}} \tag{2.1.7}$$

当负载在并联运行时，它们处于同一电压之下，可以认为任何一个负载的工作情况基本上不受其他负载的影响。并联负载愈多，总电阻愈小，电路中的总电流和总功率愈大，但每个负载上的电流和功率却保持基本不变。

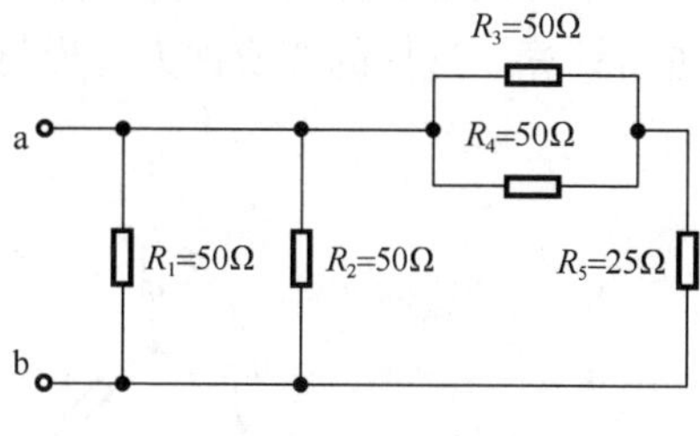

图 2.1.3　例 2.1.1 的电路图

**【例 2.1.1】** 电路如图 2.1.3 所示，各电阻阻值在图中标出。求 a、b 之间的等效电阻 $R_{ab}$。

**解：** 图 2.1.3 所示的电路中各电阻之间既有串联，也有并联，所以需要利用电阻的串联或并联等效电阻逐步变换，最后求出 ab 端的等效电阻。

首先将 $R_3$ 与 $R_4$ 两个并联电阻进行等效变换并用 $R_6$ 表示，等效电路如图 2.1.4（a）所示。等效电阻 $R_6$ 为

$$R_6=R_3//R_4=\frac{R_3R_4}{R_3+R_4}=\frac{50\times 50}{50+50}=25(\Omega)$$

再将 $R_6$ 与 $R_5$ 两个串联电阻进行等效变换并用 $R_7$ 表示，等效电路如图 2.1.4（b）所示。等效电阻 $R_7$ 为

$$R_7=R_6+R_5=25+25=50(\Omega)$$

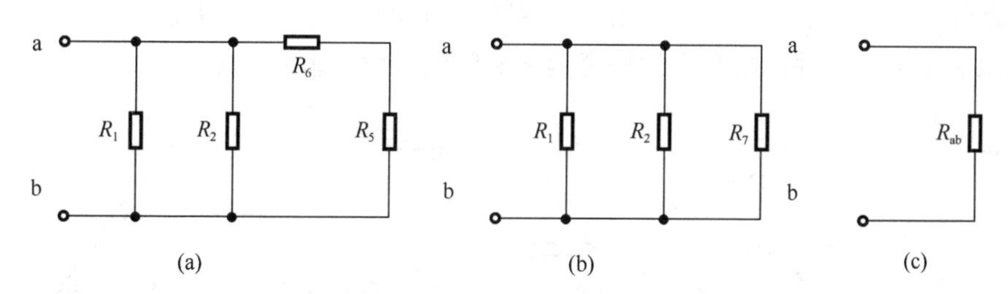

图 2.1.4　例 2.1.1 的等效电路

最后将 $R_1$、$R_2$ 与 $R_7$ 三个并联电阻进行等效变换，等效电路如图 2.1.4（c）所示。等效电阻 $R_{ab}$ 为

$$R_{ab}=\frac{1}{\frac{1}{R_1}+\frac{1}{R_2}+\frac{1}{R_7}}=\frac{1}{\frac{1}{50}+\frac{1}{50}+\frac{1}{50}}=\frac{50}{3}(\Omega)$$

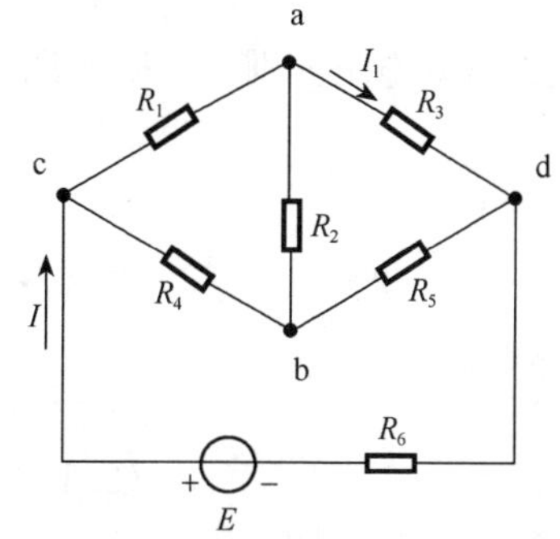

图 2.1.5　具有星形-三角形联结的电路

### 2.1.2　电阻星形与三角形联结的等效变换

在分析和计算电路时，将串联及并联的电阻变换为等效电阻极为简便。但是在有些电路中，电阻的联结既不属于电阻的串联，也不属于电阻的并联，如图 2.1.5 所示的电路。此时无法用串、并联的公式进行等效化简。

分析这类电路，可发现存在如下的典型联结：即星形联结（Y或T联结），或三角形联结（△联结或Π联结），如图2.1.6所示。当它们被接在复杂的电路中，在一定的条件下可以等效互换，经过等效变换可使整个电路简化，从而能够利用电阻串并联方法进行计算。这样的变换称为星形与三角形联结的等效变换（Y-△等效变换）。

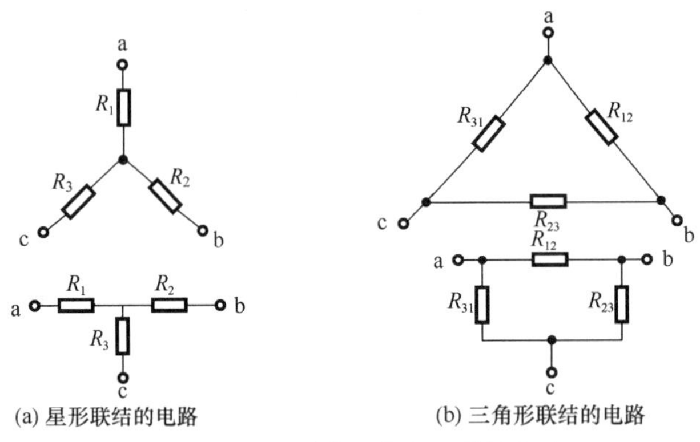


图2.1.6　两种典型的电阻联结电路

电阻Y-△等效变换的条件是要求它们端点的伏安特性关系完全相同，即对应端流入（或流出）的电流相等，对应端之间的电压也相等。电路经过等效变换后，不影响其余未经变换部分的电压和电流。

在图2.1.7所示的星形和三角形两种联结电路中，等效变换的条件是：对应端流入或流出的电流（$I_a$、$I_b$、$I_c$）一一相等，对应端间的电压（$U_{ab}$、$U_{bc}$、$U_{ca}$）也一一相等。如果满足上述条件，则对应的任意两端之间的等效电阻必然相等。

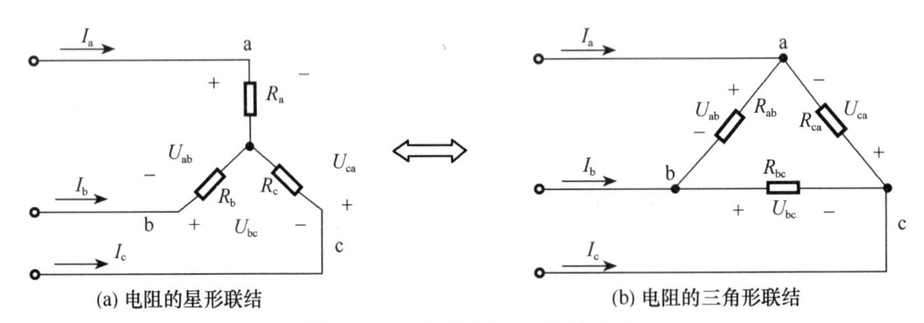


图2.1.7　电阻的Y-△等效变换

假设某一对应端（如c）开路，其他两端（a和b）之间的等效电阻分别为（$R_a+R_b$）和$\frac{R_{ab}(R_{ca}+R_{bc})}{R_{ab}+R_{bc}+R_{ca}}$，两者应相等，即

$$R_a+R_b=\frac{R_{ab}(R_{ca}+R_{bc})}{R_{ab}+R_{bc}+R_{ca}} \tag{2.1.8}$$

同理可得

$$R_b+R_c=\frac{R_{bc}(R_{ca}+R_{ab})}{R_{ab}+R_{bc}+R_{ca}} \tag{2.1.9}$$

$$R_c+R_a=\frac{R_{ca}(R_{ab}+R_{bc})}{R_{ab}+R_{bc}+R_{ca}} \tag{2.1.10}$$

联立上述三式，可解得将星形联结等效电路变换为三角形联结时各电阻的关系式

$$\begin{cases} R_{ab} = \dfrac{R_a R_b + R_b R_c + R_c R_a}{R_c} \\ R_{bc} = \dfrac{R_a R_b + R_b R_c + R_c R_a}{R_a} \\ R_{ca} = \dfrac{R_a R_b + R_b R_c + R_c R_a}{R_b} \end{cases} \tag{2.1.11}$$

同理，可得三角形联结等效变换为星形联结时各电阻的关系式

$$\begin{cases} R_a = \dfrac{R_{ab} R_{ca}}{R_{ab} + R_{bc} + R_{ca}} \\ R_b = \dfrac{R_{bc} R_{ab}}{R_{ab} + R_{bc} + R_{ca}} \\ R_c = \dfrac{R_{ca} R_{bc}}{R_{ab} + R_{bc} + R_{ca}} \end{cases} \tag{2.1.12}$$

由式（2.1.11）可知，将星形联结等效变换为三角形联结时，若 $R_a = R_b = R_c = R_Y$ 时，有 $R_{ab} = R_{bc} = R_{ca} = R_\triangle$，并且有

$$R_\triangle = 3R_Y \tag{2.1.13}$$

同样，由式（2.1.12）可知，将三角形联结等效变换为星形联结时，若 $R_{ab} = R_{bc} = R_{ca} = R_\triangle$ 时，有 $R_a = R_b = R_c = R_Y$，并且有

$$R_Y = \frac{1}{3} R_\triangle \tag{2.1.14}$$

**【例 2.1.2】** 在图 2.1.5 所示电路中，已知 $R_1 = 8\Omega$，$R_2 = 4\Omega$，$R_3 = 4\Omega$，$R_4 = 4\Omega$，$R_5 = 5\Omega$，$R_6 = 1\Omega$，$E = 12V$。试用电阻Y-△等效变换的方法计算电流 $I$ 和 $I_1$。

**解：** 图 2.1.5 所示的电路中 $R_1$、$R_2$、$R_3$ 三个电阻有一个公共端点 a，为星形联结；$R_1$、$R_2$、$R_4$ 三个电阻分别结在 a、b、c 三端之间，为三角形联结。若要求出电流 $I$，则需求出 c、d 之间的等效电阻，必须进行Y-△等效变换。

变换的方式有两种。一是将 $R_1$、$R_2$、$R_3$ 的星形联结电阻变成三角形联结，如图 2.1.8（a）所示。另一种方法是将 $R_1$、$R_2$、$R_4$ 的三角形联结电阻变成星形联结，如图 2.1.8（b）所示。

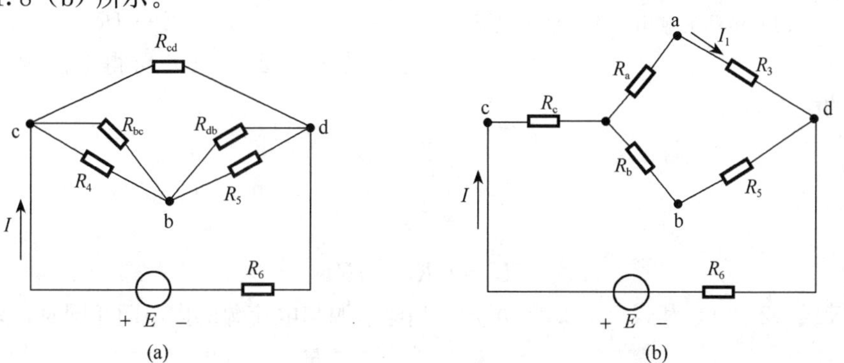


图 2.1.8　例 2.1.2 电阻的星形与三角形联结

因为要求电流 $I$ 和 $I_1$，$I_1$ 所在支路不能进行等效变换，所以将 a、b、c 三端之间成三角形联结的电阻等效变换为星形联结，如图 2.1.8（b）所示。

应用式（2.1.12）得

$$R_a=\frac{R_2R_1}{R_2+R_4+R_1}=\frac{4\times 8}{4+4+8}=2(\Omega)$$

$$R_b=\frac{R_4R_2}{R_2+R_4+R_1}=\frac{4\times 4}{4+4+8}=1(\Omega)$$

$$R_c=\frac{R_1R_4}{R_2+R_4+R_1}=\frac{8\times 4}{4+4+8}=2(\Omega)$$

进一步求出 c、d 之间的等效电阻

$$R_{cd}=R_c+(R_a+R_3)//(R_b+R_5)=2+\frac{(2+4)\times(1+5)}{(2+4)+(1+5)}=5(\Omega)$$

于是，可以求出电流 $I$

$$I=\frac{E}{R_{cd}+R_6}=\frac{12}{5+1}=2(\mathrm{A})$$

再利用分流公式（2.1.6）求出电流 $I_1$

$$I_1=\frac{1+5}{(2+4)+(1+5)}\times 2=1(\mathrm{A})$$

## 2.2　电源的等效变换

实际电源可以用电压源和电流源两种不同的电路模型表示，如图 2.2.1 所示。如果不考虑实际电源的内部特性，而只考虑其外部特性（电源输出的电压和电流的关系，即电源的伏安特性），那么当电压源和电流源具有相同的外特性时，它们相互间是等效的，可以进行等效变换。

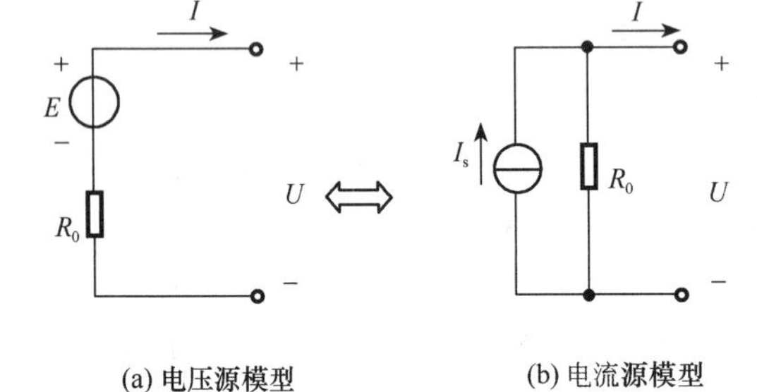


图 2.2.1　电压源和电流源的等效变换

由图 2.2.1（a）可得电压源输出电压和电流的关系为

$$U=E-IR_0 \tag{2.2.1}$$

由图 2.2.1（b）可得电流源输出电压和电流的关系为

$$I=I_s-\frac{U}{R_0} \tag{2.2.2}$$

或写成

$$U=I_sR_0-IR_0 \tag{2.2.3}$$

比较式（2.2.1）和式（2.2.3）可知，当电压源与电流源的内电阻相同时，只要满足

$$E=I_sR_0 \text{ 或 } I_s=\frac{E}{R_0} \tag{2.2.4}$$

图 2.2.1 中两个电源的输出电压和输出电流分别相等，这时电压源和电流源对外电路是等效的。

由此得到一个结论：电压源和电流源之间存在着等效变换的关系，即可以将电压源模型变换成等效电流源模型或做相反的变换，如图 2.2.1 所示。这种等效变换在进行复杂电路的分析、计算时，往往会带来很大的方便。

需要注意的是：

1）电压源和电流源的等效关系是只对外电路而言的，也就是当它们分别接入相同的负载电阻时，两个电源的输出电压和输出电流分别相等。这时电源的输出功率也一定相等。至于电源内部，则是不等效的，因变换前后，两电源内电路的电压、电流和功率等都不相同。

例如，当 $R_L$ 为无穷大时，电源输出电流为零，电压源的内阻 $R_0$ 中不损耗功率，而电流源的内阻 $R_0$ 中则损耗功率。

2）理想电压源和理想电流源之间不能进行变换，因为它们本身之间不存在等效的关系。对理想电压源（$R_0=0$），其短路电流为无穷大，对理想电流源（$R_0$ 为无穷大），其开路电压 $U_o$ 为无穷大，都不能得到有限的数值，故两者之间不存在等效变换的条件。

3）在上述变换中应保持电压源极性和电流源电流方向在变换前后对外电路等效，即电流源 $I_s$ 的方向和电压源 $E$ 的方向一致。如图 2.2.2 所示。

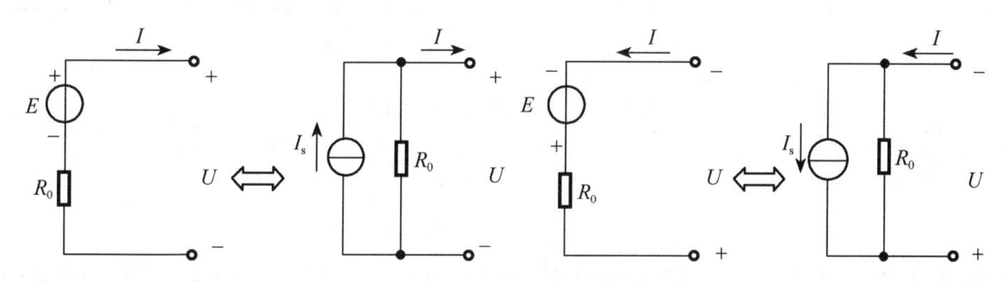

图 2.2.2　电源的参考方向与等效变换

4）等效变换可以推广到理想电压源和某个电阻串联的电路，或理想电流源和某个电阻并联的电路，而不限于电源内阻 $R_0$。

理想电压源与任何一条支路（电流源或电阻）并联后，其等效电源仍为电压源；而理想电流源与任何一条支路（电压源或电阻支路）串联后，其等效电源仍为电流源，如图 2.2.3 所示。

5）只有电压相等的电压源才允许并联，只有电流相等的电流源才允许串联。

**【例 2.2.1】** 利用电压源与电流源等效变换的方法求图 2.2.4（a）所示电路中 ab 两端之间的短路电流 $I_{sc}$ 和开路电压 $U_{abo}$。

**解：** 把与理想电压源并联的电阻（7Ω）及与理想电流源串联的电阻（5Ω）去掉。电路变为图 2.2.4（b）。再将图 2.2.4（b）中电压源等效变换为电流源。电路变为图 2.2.4（c）。

两个电流源并联，可以等效成一个电流源，电路变为图 2.2.4（d）。于是可得

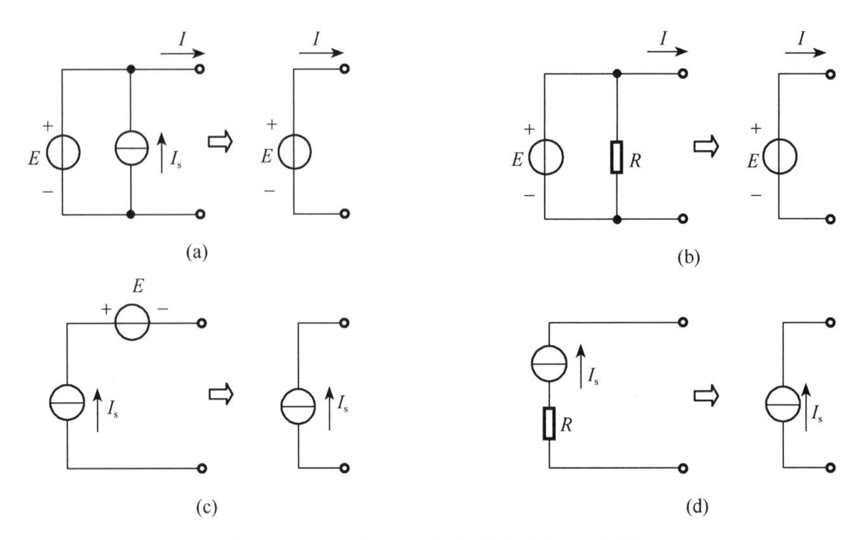


图 2.2.3 电源与一条支路的串联和并联

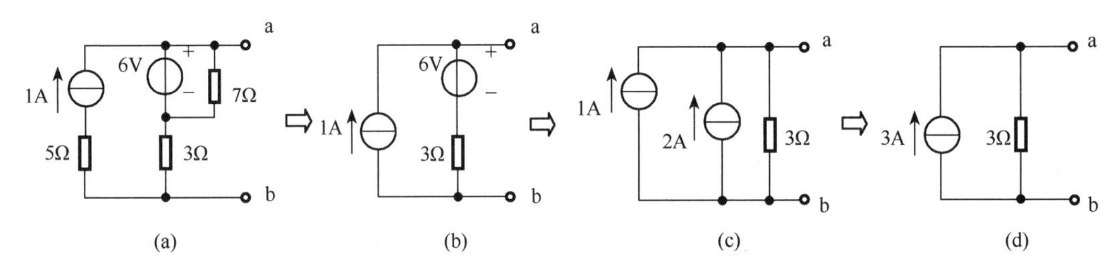


图 2.2.4 例 2.2.1 的电路图

$$I_{sc}=3(\text{A})$$

$$U_{abo}=I_sR_0=3\times 3=9(\text{V})$$

**【例 2.2.2】** 在图 2.2.5 所示电路中，理想电压源与理想电流源相连，试讨论它们的工作状态。

**解：** 理想电压源的端电压为定值，电流由外电路决定；而理想电流源的电流为定值，端电压由外电路决定。因此，图 2.2.5 所示电路中，理想电压源的电流决定于理想电流源的电流 $I$，理想电流源的端电压决定于理想电压源的电压 $U$。

在图 2.2.5（a）中，电流流出电压源的正端，故电压源发出功率 $P=UI$，处于电源状态；而电流源两端电压与电流实际方向相同，所以电流源吸收功率 $P=UI$，处于负载状态，电路功率平衡。

在图 2.2.5（b）中，电流流入电压源的正端，故电压源吸收功率 $P=UI$，处于负载状态；而电流源两端电压与电流实际方向相反，所以电流源处于电源状态，发出功率 $P=UI$，电路功率平衡。

**【例 2.2.3】** 一直流发电机的 $E=230\text{V}$，内阻 $R_0=1\Omega$。当 $R_L=22\Omega$ 时，用电源的两种模型分别求负载的电压和电流，并计算电源内部的损耗功率和内阻的压降。电路如图 2.2.6 所示。

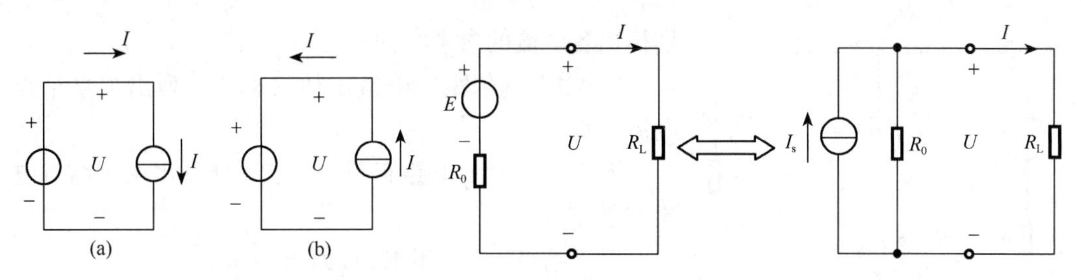


图 2.2.5　例 2.2.2 的电路图　　图 2.2.6　例 2.2.3 的电路图

**解：** 1）由电源等效变换原理，先求出电流源电路的参数。

$$R_0=1(\Omega)$$

$$I_s=\frac{E}{R_0}=\frac{230}{1}=230(\mathrm{A})$$

2）计算负载上的电压 $U$ 和电流 $I$。

在电压源电路中，有

$$I=\frac{E}{R_0+R_L}=\frac{230}{22+1}=10(\mathrm{A})$$

$$U=R_LI=22\times10=220(\mathrm{V})$$

在电流源电路中，有

$$I=\frac{R_0}{R_0+R_L}I_s=\frac{1}{22+1}\times230=10(\mathrm{A})$$

$$U=R_LI=22\times10=220(\mathrm{V})$$

3）计算内阻压降和电源内部损耗的功率。

在电压源电路中，有

$$U_{R_0}=R_0I=1\times10=10(\mathrm{V})$$

$$\Delta P_0=R_0I^2=1\times10^2=100(\mathrm{W})$$

在电流源电路中，有

$$U_{R_0}=U=220(\mathrm{V})$$

$$\Delta P_0=\frac{U^2}{R_0}=\frac{220^2}{1}=48400(\mathrm{W})=4.84(\mathrm{kW})$$

由此可见，电压源和电流源对外电路是等效的，对电源内部是不等效的。

## 2.3　支路电流法

支路电流法是以支路电流为未知量，直接利用基尔霍夫电流定律和基尔霍夫电压定律分别对电路中的结点和回路列出独立方程，并使独立方程数与支路电流数相等，通过解方程组得支路电流，进而求出电路中的其他物理量。

下面以图 2.3.1 所示的电路为例说明支路电流法的解题步骤。

1）确定待求支路电流数，标出支路电流的参考方向。

图 2.3.1 所示电路中，支路数 $b=3$，有 3 个待求支路电流 $I_1$、$I_2$、$I_3$，在图中分

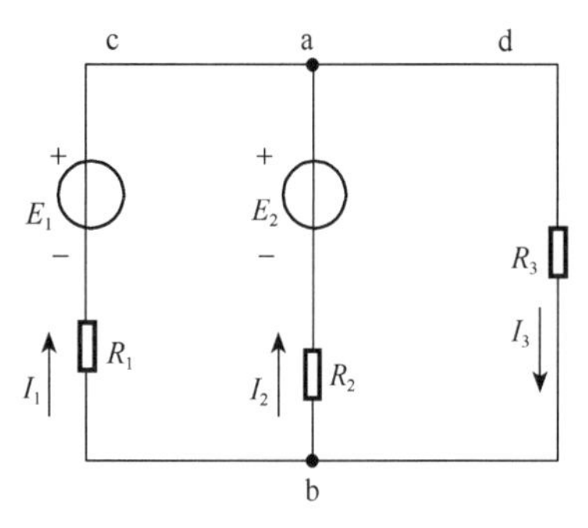

图 2.3.1　支路电流法例图

别标出各电流的参考方向。

2）根据基尔霍夫电流定律（KCL）列出独立结点电流方程。

图 2.3.1 所示电路有两个结点，能列出两个结点电流方程。

对于结点 a，应用 KCL 列出

$$I_1+I_2=I_3 \tag{2.3.1}$$

对于结点 b，应用 KCL 列出

$$I_3=I_1+I_2 \tag{2.3.2}$$

显然，式（2.3.1）和式（2.3.2）完全相同，故其中只有一个方程是独立的。因此，对于具有两个结点的电路，应用基尔霍夫电流定律只能列出一个独立结点电流方程。

一般地，对于具有 $n$ 个结点的电路，可以列出 $n-1$ 个独立结点电流方程。

3）根据基尔霍夫电压定律（KVL）列出独立回路电压方程。

图 2.3.1 所示电路有 3 个回路，应用 KVL 能列出 3 个回路电压方程。

沿回路 cabc 的电压方程为

$$E_1-E_2=I_1R_1-I_2R_2 \tag{2.3.3}$$

沿回路 adba 的电压方程为

$$E_2=I_2R_2+I_3R_3 \tag{2.3.4}$$

沿回路 cadbc 的电压方程为

$$E_1=I_1R_1+I_3R_3 \tag{2.3.5}$$

上面 3 个回路方程中的任何一个都可以由其他两个方程推导而得，因而只有两个方程是独立的。在选择回路时，若包含有其他回路电压方程未用过的新支路，则列出的方程是独立的。简单而稳妥的办法是按网孔（单孔回路）列电压方程。

对于 $n$ 个结点 $b$ 条支路的电路，待求支路电流有 $b$ 个，独立电流方程有 $n-1$ 个，所需独立电压方程为 $b-(n-1)$ 个。可以证明：具有 $n$ 个结点 $b$ 条支路的电路其网孔数目等于 $b-(n-1)$ 个。

在列回路电压方程时应注意，当电路中存在理想电流源时，可设电流源的端电压为未知量列入相应的电压方程，或避开电流源所在支路列回路电压方程。如果电路中含有受控源时，应将受控源的控制量用支路电流表示，暂时将受控源视为独立电源。

4）求解联立独立方程组，得到待求支路电流。

**【例 2.3.1】** 在图 2.3.1 所示电路中，设 $E_1=36\text{V}$，$E_2=18\text{V}$，$R_1=2\Omega$，$R_2=3\Omega$，$R_3=6\Omega$，求各支路电流。

**解：** 应用 KCL 和 KVL 列出独立方程

$$\begin{cases} I_1+I_2=I_3 \\ 2I_1-3I_2=36-18 \\ 3I_2+6I_3=18 \end{cases}$$

联立方程，解得

$$I_1=6\text{A}，I_2=-2\text{A}，I_3=4\text{A}$$

所得解 $I_2$ 中的负号表示其实际方向与参考方向相反。

**【例 2.3.2】** 电路如图 2.3.2 所示。已知 $U_s=6\text{V}$，$I_s=6\text{A}$，$R_1=1\Omega$，$R_2=2\Omega$。用支路电流法计算各支路电流。

**解**：选定各支路电流的参考方向如图 2.3.2 所示。

图中有 3 条支路，但恒流源支路的电流为已知，所以只需列 2 个独立方程即可求解。先列结点 a 的 KCL 方程

$$I_1+6=I_2$$

因为恒流源支路电流已知，避开它所在支路再列回路的 KVL 方程

$$I_1+2I_2=6$$

联立方程，解得

$$I_1=-2\text{A}，I_2=4\text{A}$$

**【例 2.3.3】** 用支路电流法求图 2.3.3 所示电路中各支路电流。已知 $E_1=34\text{V}$，$R_1=3\Omega$，$R_2=10\Omega$，$R_3=2\Omega$，$I_2=gU_1$，$g=2$。

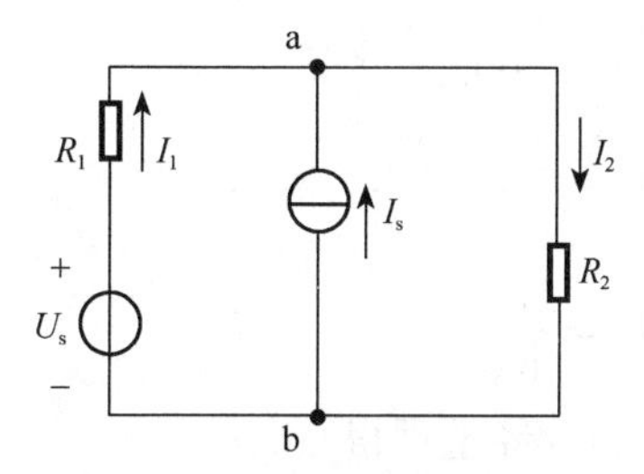

图 2.3.2　例 2.3.2 电路

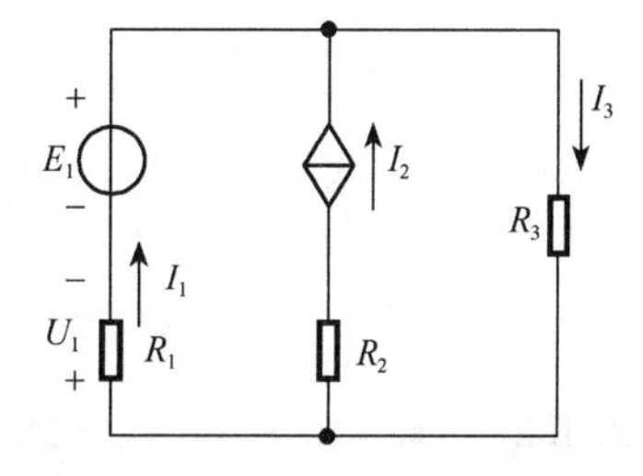

图 2.3.3　例 2.3.3 的电路图

**解**：图 2.3.3 电路中含电压控制电流源（VCCS），先将其视为独立电流源。受控源的控制量为 $U_1=R_1I_1$，所以受控源的电流 $I_2$ 可以用未知电流 $I_1$ 表示：

$$I_2=gU_1=2R_1I_1=6I_1$$

这样，再应用 KCL、KVL 列出两个独立方程即可。

$$I_1+I_2=I_3$$

$$3I_1+2I_3=34$$

以上三个方程联立，可解得

$$I_1=2(\text{A})，I_2=12(\text{A})，I_3=14(\text{A})$$

支路电流法是求解复杂电路最基本、最直接的方法。电路中支路数多时，所需方程的个数较多，求解不方便。

## 2.4　结点电压法

一般复杂电路，均可采用支路电流法求解。但对于支路数或回路数较多，而结点数较少的电路，如果用结点电压法求解则较为简便。

运用结点电压法首先要在电路中确定结点电压。其方法是：任选电路中某一结点为零电位参考点（用⊥表示），其他结点至参考点的电压称为结点电压。结点电压的参考方向是从结点指向参考点。

结点电压法就是以电路中结点电压为未知变量列方程，然后求出结点电压。再由结点电压求出各支路电流。这种方法特别适用于计算具有两个结点的电路。

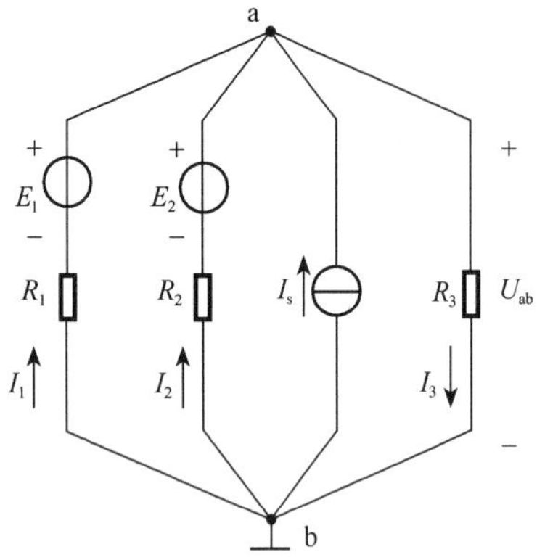

图 2.4.1　结点电压法例图

下面以图 2.4.1 所示电路为例说明结点电压法的具体步骤。

图 2.4.1 所示电路具有 4 条支路，电流分别为 $I_1$、$I_2$、$I_s$、$I_3$，仅有两个结点两个结点 a 和 b，设其中一个结点 b 为参考点，则结点 a 到结点 b 的电压 $U_{ab}$ 为未知变量，参考方向由 a 指向 b。

对于结点 a 应用 KCL 可得

$$I_1+I_2+I_s=I_3 \tag{2.4.1}$$

应用 KVL 列方程，将各支路电流用结点电压表示：

$$U_{ab}=E_1-I_1R_1,\ I_1=\frac{E_1-U_{ab}}{R_1} \tag{2.4.2}$$

$$U_{ab}=E_2-I_2R_2,\ I_2=\frac{E_2-U_{ab}}{R_2} \tag{2.4.3}$$

$$U_{ab}=I_3R_3,\ I_3=\frac{U_{ab}}{R_3} \tag{2.4.4}$$

将式（2.4.2）～式（2.4.4）代入式（2.4.1），经整理得

$$U_{ab}=\frac{\dfrac{E_1}{R_1}+\dfrac{E_2}{R_2}+I_s}{\dfrac{1}{R_1}+\dfrac{1}{R_2}+\dfrac{1}{R_3}} \tag{2.4.5}$$

式（2.4.5）一般可写为

$$U_{ab}=\frac{\sum\dfrac{E}{R}+\sum I_s}{\sum\dfrac{1}{R}} \tag{2.4.6}$$

式（2.4.6）为具有两个结点电路的结点电压公式，此公式又称弥尔曼定理。公式中，分母为各支路的电导之和，各项均为正值；分子各项为含源支路电流的代数和，取值可正可负，当 $E$ 和 $I_s$ 的正方向指向结点（即图 2.4.1 中的 a 点）时取正，否则取负。

**【例 2.4.1】** 用结点电压法计算例 2.3.1 中各支路电流。

**解：** 根据式（2.4.6）弥尔曼定理，有

$$U_{ab}=\frac{\dfrac{E_1}{R_1}+\dfrac{E_2}{R_2}}{\dfrac{1}{R_1}+\dfrac{1}{R_2}+\dfrac{1}{R_3}}=\frac{\dfrac{36}{2}+\dfrac{18}{3}}{\dfrac{1}{2}+\dfrac{1}{3}+\dfrac{1}{6}}=24(\mathrm{V})$$

由结点电压 $U_{ab}$ 可分别计算出各支路电流：

$$I_1=\frac{E_1-U_{ab}}{R_1}=\frac{36-24}{2}=6(\mathrm{A})$$

$$I_2=\frac{E_2-U_{ab}}{R_2}=\frac{18-24}{3}=-2(\mathrm{A})$$

$$I_3=\frac{U_{ab}}{R_3}=\frac{24}{6}=4(\mathrm{A})$$

可见，用结点电压法求解所得结果与例 2.3.1 用支路电流法结果相同。

**【例 2.4.2】** 电路如图 2.4.2 所示，$E_1=50\mathrm{V}$，$E_2=30\mathrm{V}$，$I_{s1}=7\mathrm{A}$，$I_{s2}=2\mathrm{A}$，$R_1=2\Omega$，$R_2=3\Omega$，$R_3=5\Omega$，试求结点电压 $U_{ab}$ 和各元件的功率。

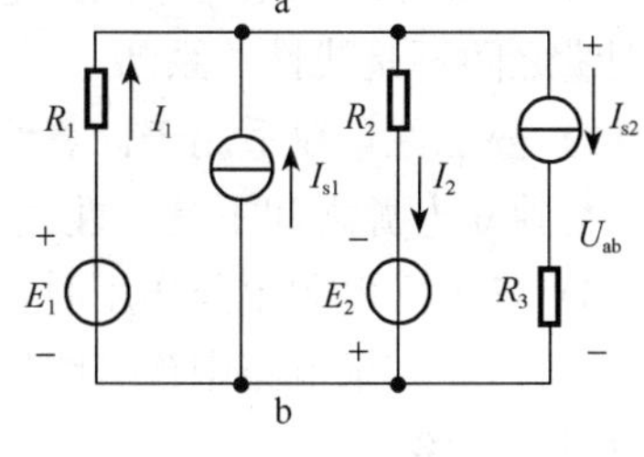


图 2.4.2　例 2.4.2 电路

**解**：1）应用弥尔曼定理求结点电压 $U_{ab}$。

$$U_{ab}=\frac{\dfrac{E_1}{R_1}+I_{s1}-\dfrac{E_2}{R_2}-I_{s2}}{\dfrac{1}{R_1}+\dfrac{1}{R_2}}=24(\mathrm{V})$$

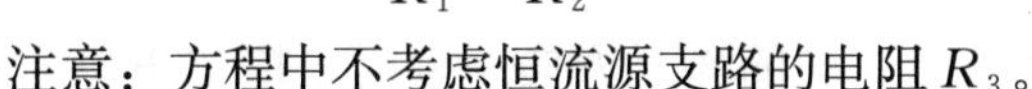
注意：方程中不考虑恒流源支路的电阻 $R_3$。

2）应用欧姆定律求各支路电流。

$$I_1=\frac{E_1-U_{ab}}{R_1}=\frac{50-24}{2}=13(\mathrm{A})$$

$$I_2=\frac{U_{ab}+E_2}{R_2}=\frac{24+30}{3}=18(\mathrm{A})$$

3）求功率。

理想电源发出功率为

$$P_{E_1}=E_1I_1=50\times 13=650(\mathrm{W})$$

$$P_{E_2}=E_2I_2=30\times 18=540(\mathrm{W})$$

$$P_{I_{s1}}=U_{I_{s1}}I_{s1}=U_{ab}I_{s1}=24\times 7=168(\mathrm{W})$$

$$P_{I_{s2}}=U_{I_{s2}}I_{s2}=-(U_{ab}-I_{s2}R_3)I_{s2}=-14\times 2=-28(\mathrm{W})$$

各电阻消耗的功率为

$$P_1=I_1^2R_1=13^2\times 2=338(\mathrm{W})$$

$$P_2=I_2^2R_2=18^2\times 2=972(\mathrm{W})$$

$$P_3=I_{s2}^2R_3=2^2\times 5=20(\mathrm{W})$$

功率平衡关系为

$$P_{E_1}+P_{E_2}+P_{I_{s1}}+P_{I_{s2}}=P_1+P_2+P_3$$

## 2.5　叠加原理

叠加原理是指在多个独立电源共同作用的线性电路中，任一支路中的电流（或电压）等于各个独立电源分别单独作用时在该支路中产生的电流（或电压）的代数和。它是分析线性电路的基本原理。所谓线性电路，就是由线性元件组成并满足线性性质的电

路。所谓各个电源分别单独作用，是指当某一个电源起作用时，将其他独立电源的作用视为零（称为除源）。对于理想电压源来说，除源时电压为零，相当于“短路”；对于理想电流源来说，除源时电流为零，相当于“开路”。

应用叠加原理分析电路时，应保持电路的结构不变，即在考虑某一电源单独作用时，将其他电源的作用视为零，而电源的内阻应保留。

用叠加原理分析复杂电路，就是把一个多电源的电路化为几个单电源电路分别进行分析。

用叠加原理分析电路时，应注意以下几点：

1）叠加原理只适用于线性电路，而不适用于非线性电路，因为在非线性电路中各物理量之间不是线性关系。

2）叠加原理仅适用于计算线性电路中的电流或电压，而不能用来计算功率，因为功率与独立电源之间不是线性关系。例如，$P_1=I_1^2R_1=(I_1'+I_1'')^2R_1\neq I_1'^2R_1+I_1''^2R_1$。

3）各独立电源单独作用时，其余独立源均视为零（电压源用短路代替，电流源用开路代替）。如果电路中含有线性受控源，则应把受控源保留在电路中，而不能将其视为短路或开路。

4）各分量叠加是代数量叠加，当分量与总量的参考方向一致时，取“+”号；与参考方向相反时，取“−”号。

下面以图 2.5.1 所示电路为例说明叠加原理。

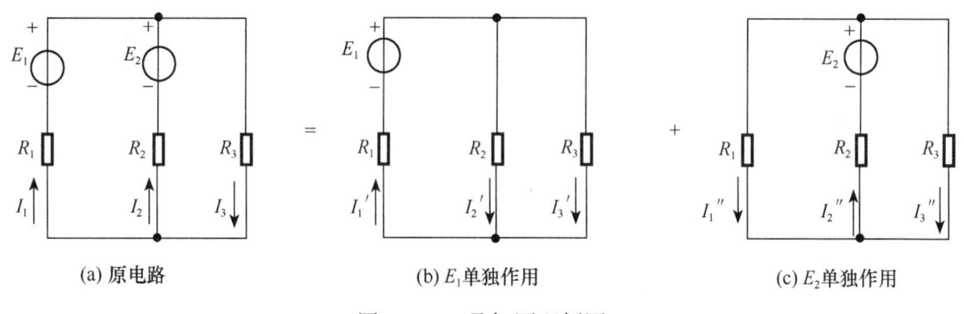


图 2.5.1　叠加原理例图

图 2.5.1（a）所示电路中有两个电源共同作用，根据叠加原理可以分为 $E_1$ 单独作用和 $E_2$ 单独作用的两个电路，如图 2.5.1（b）和（c）所示。

由图 2.5.1（b）求出 $I_1'$：

$$I_1'=\frac{E_1}{R_1+R_2//R_3}=\frac{R_2+R_3}{R_1R_2+R_2R_3+R_3R_1}E_1$$

由图 2.5.1（c）求出 $I_1''$：

$$I_1''=\frac{R_3}{R_1+R_3}\frac{E_2}{R_2+R_1//R_3}=\frac{R_3}{R_1R_2+R_2R_3+R_3R_1}E_2$$

则原电路中电流 $I_1$ 可表示为

$$I_1=I_1'-I_1'' \tag{2.5.1}$$

$$I_1=\left(\frac{R_2+R_3}{R_1R_2+R_2R_3+R_3R_1}\right)E_1-\left(\frac{R_3}{R_1R_2+R_2R_3+R_3R_1}\right)E_2$$

式（2.5.1）中 $I_1''$ 取负号是因为在图 2.5.1（c）中 $I_1''$ 的参考方向与原电路中 $I_1$ 的参考方向相反。

同理，可以求出 $I_2'$、$I_3'$：

$$I_2=-I_2'+I_2'' \tag{2.5.2}$$

$$I_3=I_3'+I_3'' \tag{2.5.3}$$

图 2.5.1（b）中 $I_2'$ 的参考方向与原电路图中 $I_2$ 的参考方向相反，故它在式（2.5.2）中取负号。

**【例 2.5.1】** 用叠加原理求例 2.3.1 中各支路电流。

**解：** 根据例 2.3.1 所给参数，由图 2.5.1（b）求出

$$I_1'=9\text{A},I_2'=6\text{A},I_3'=3\text{A}$$

由图 2.5.1（c）求出

$$I_1''=3\text{A},I_2''=4\text{A},I_3''=1\text{A}$$

所以，由叠加原理可得

$$I_1=I_1'-I_1''=9-3=6(\text{A})$$
$$I_2=-I_2'+I_2''=-6+4=-2(\text{A})$$
$$I_3=I_3'+I_3''=3+1=4(\text{A})$$

计算结果与用支路电流法求出的结果一致。

**【例 2.5.2】** 用叠加原理求图 2.5.2（a）所示电路中的电压 $U_{ab}$，已知 $I_s=3\text{A}$，$U_s=6\text{V}$，$R_1=2\Omega$，$R_2=2\Omega$，$R_3=1\Omega$，$R_4=3\Omega$，$R_5=3\Omega$。

**解：** 图 2.5.2 所示电路中有两个电源共同作用，根据叠加原理可以分为 $U_s$ 单独作用和 $I_s$ 单独作用的两个电路。电压源单独作用时，将电流源视为开路，电路如图 2.5.2（b）所示；当电流源单独作用时，将电压源视为短路，电路如图 2.5.2（c）所示。

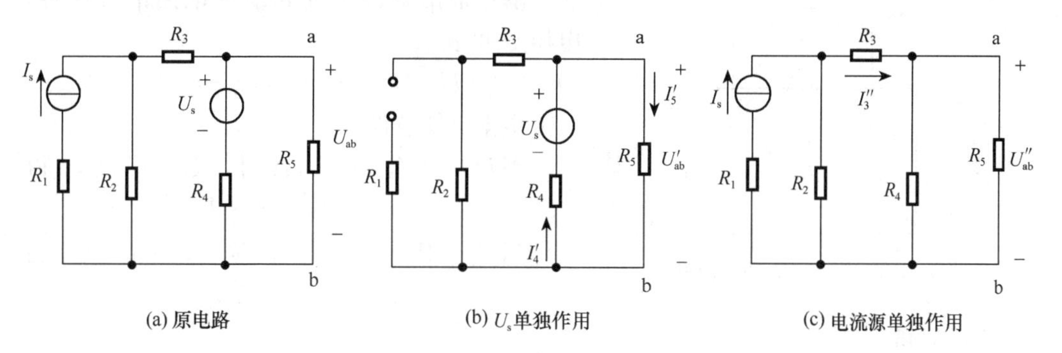


图 2.5.2　例 2.5.2 的电路图

在图 2.5.2（b）中，先求出电流 $I_4'$：

$$I_4'=\frac{U_s}{R_4+(R_2+R_3)//R_5}=\frac{6}{3+\dfrac{(2+1)\times 3}{(2+1)+3}}=\frac{4}{3}(\text{A})$$

利用反比分流公式，求出电流 $I_5'$：

$$I_5'=\frac{R_2+R_3}{(R_2+R_3)+R_5}I_4'=\frac{2+1}{2+1+3}\times\frac{4}{3}=\frac{2}{3}(\text{A})$$

从而得到

$$U'_{ab}=I'_5R_5=\frac{2}{3}\times3=2(\mathrm{V})$$

在图 2.5.2（c）中，先求出 $I''_3$：

$$I''_3=\frac{R_2}{R_2+(R_3+R_4//R_5)}I_s=\frac{2}{2+\left(1+\frac{3\times3}{3+3}\right)}\times3=\frac{4}{3}(\mathrm{A})$$

从而得出

$$U''_{ab}=I''_3(R_4//R_5)=\frac{4}{3}\times\frac{3\times3}{3+3}=2(\mathrm{V})$$

所以当两个电源共同作用时，所求电压为

$$U_{ab}=U'_{ab}+U''_{ab}=2+2=4(\mathrm{V})$$

如果只有一个激励（电源）作用于线性电路，那么激励增大 $K$ 倍时，其响应（电路中的电压或电流）也增大 $K$ 倍，即电路的响应与激励成正比。这一特性称为线性电路的齐次性或比例性。

线性电路的齐次性是比较容易验证的。在电压源激励时，其值扩大 $K$ 倍后，可等效成 $K$ 个原来电压源串联的电路；在电流源激励时，电流源输出电流扩大 $K$ 倍后，可等效成 $K$ 个电流源相并联的电路。然后应用叠加定理，其响应也增大 $K$ 倍，因此线性电路的齐次性结论成立。

**【例 2.5.3】** 图 2.5.3 所示线性无源网络 N，已知当 $U_s=1\mathrm{V}$，$I_s=2\mathrm{A}$ 时，$U=-1\mathrm{V}$；当 $U_s=2\mathrm{V}$，$I_s=-1\mathrm{A}$ 时，$U=5.5\mathrm{V}$。试求 $U_s=-1\mathrm{V}$，$I_s=-2\mathrm{A}$ 时，电阻 $R$ 上的电压。

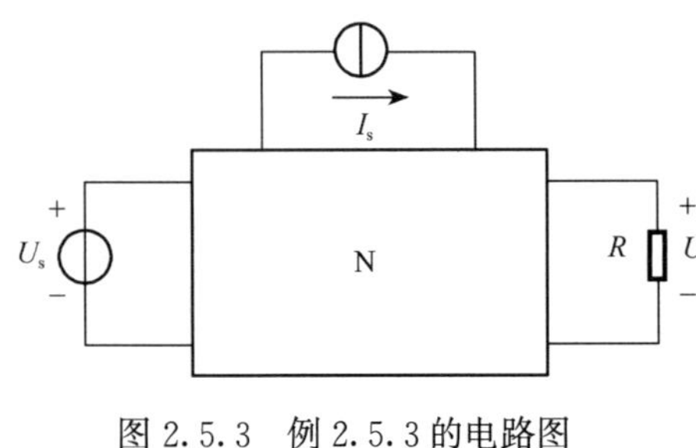


图 2.5.3　例 2.5.3 的电路图

**解：** 根据叠加原理和线性电路的齐次性，电压 $U$ 可表示为

$$U=U'+U''=K_1U_s+K_2I_s$$

根据已知条件：

当 $U_s=1\mathrm{V}$，$I_s=2\mathrm{A}$ 时，$U=-1\mathrm{V}$，得

$$K_1+2K_2=-1$$

当 $U_s=2\mathrm{V}$，$I_s=-1\mathrm{A}$ 时，$U=5.5\mathrm{V}$，得

$$2K_1-K_2=5.5$$

求解后得

$$K_1=2,\ K_2=-1.5$$

因此，当 $U_s=-1\mathrm{V}$，$I_s=-2\mathrm{A}$ 时，电阻 $R$ 上输出电压为

$$U=K_1U_s+K_2I_s=2\times(-1)+(-1.5)\times(-2)=1(\mathrm{V})$$

## 2.6　等效电源定理

在电路中，具有两个接线端的部分电路称为二端网络。二端网络内部含有电源的，称为有源二端网络，内部不含电源的，称为无源二端网络。如图 2.6.1 所示。通常，一个无

源二端网络可以等效为一个电阻。而有源二端网络，无论它的内部结构多么复杂，就其对外部电路的作用来说，都只相当于一个电源，它不仅产生电能，本身还消耗电能，在对外部等效的条件下，可以用一个等效电源表示，这就是等效电源定理的主要思想。

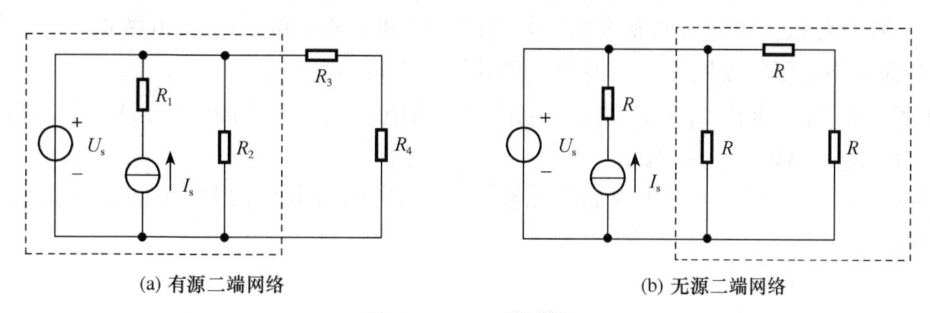


图 2.6.1　二端网络

由于实际电源有电压源和电流源两种形式，所以线性有源二端网络既可以等效为电压源，也可以等效为电流源，前者称为戴维南定理，后者则称为诺顿定理。等效电源定理是分析计算复杂电路的重要方法之一。

## 2.6.1　戴维南定理

戴维南定理：任何一个线性有源二端网络（常用 N 表示）都可以用一个电动势为 $E$、内阻为 $R_0$ 的等效电压源代替，如图 2.6.2 所示。图中 N 为线性有源二端网络，$R_L$ 为待求支路。图 2.6.2（b）中的电压源串联电阻电路称为戴维南等效电路。

等效电压源的电动势 $E$ 就是有源二端网络的开路电压 $U_{oc}$，即将负载断开后 a、b 两端之间的电压，等效电压源的内阻 $R_0$ 就是有源二端网络内部所有独立电源除源后 a、b 两端之间的等效电阻 $R_{ab}$，如图 2.6.3 所示。除源是指将原有源二端网络内所有电源的作用视为零，即将理想电压源视为短路、理想电流源视为开路。

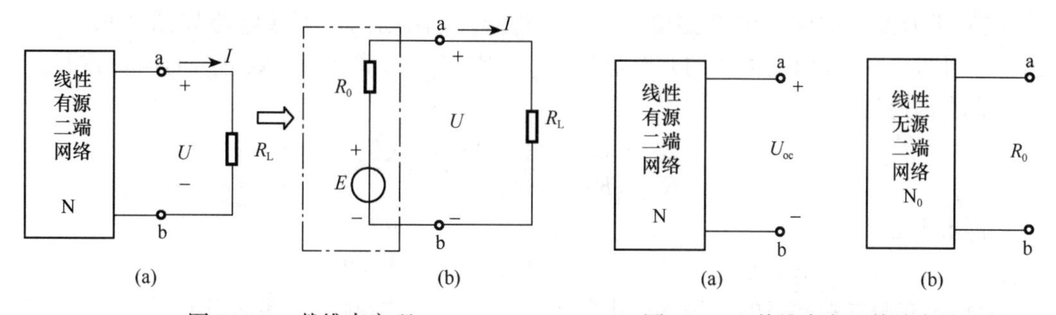


图 2.6.2　戴维南定理　　图 2.6.3　戴维南定理等效参数示例

在电路分析中，若只需计算某一支路的电流和电压，应用戴维南定理就十分方便。将待求支路划出，其余电路变为一个有源二端网络，根据戴维南定理将其等效为一个电压源，如图 2.6.2（b）所示。求出等效电压源的电动势 $E$ 和内阻 $R_0$，则待求支路电流为

$$I=\frac{E}{R_0+R_L} \tag{2.6.1}$$

用戴维南定理分析电路的具体步骤如下：

1）将待求支路划出，确定有源二端网络的 a 与 b，求有源二端网络的开路电压（注意二端网络开路电压的方向）；

2）求有源二端网络的除源后的等效电阻；

3）画出有源二端网络的戴维南等效电路，将划出的支路接在 a、b 两端，电动势的极性根据开路电压的极性确定，由此电路计算待求量。

**【例 2.6.1】** 求图 2.3.1 电路中电阻 $R_3$ 的电流 $I_3$。已知 $E_1=36\text{V}$，$E_2=18\text{V}$，$R_1=2\Omega$，$R_2=3\Omega$，$R_3=6\Omega$。

**解：** 图 2.3.1 电路可以画成如图 2.6.4（a）所示，图中虚线框中的部分就是有源二端网络。

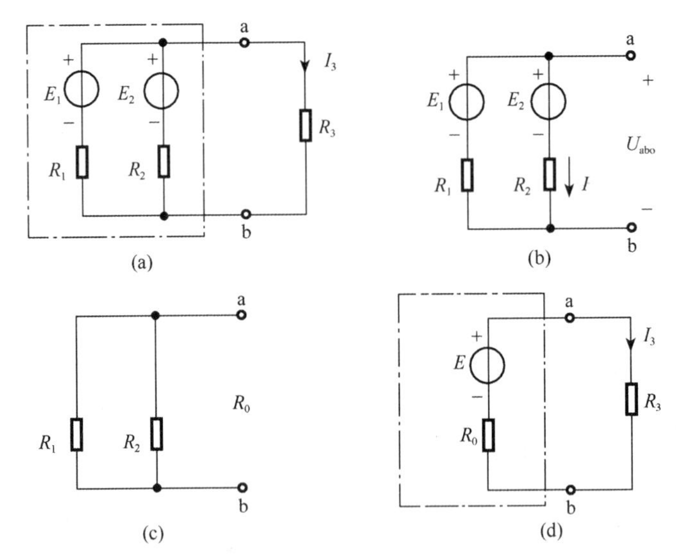


图 2.6.4　例 2.6.1 的电路图

1）求有源二端网络的开路电压 $U_{abo}$。将 $R_3$ 支路划出，等效电路如图 2.6.4（b）所示。可求出 a、b 两端之间的开路电压 $U_{abo}$，则 $U_{abo}$ 为戴维南等效电路的电动势 $E$。

先求出电流 $I$：

$$I=\frac{E_1-E_2}{R_1+R_2}=\frac{36-18}{2+3}=3.6(\text{A})$$

再求出 $E$：

$$E=U_{abo}=E_2+IR_2=18+3.6\times 3=28.8(\text{V})$$

2）求有源二端网络的除源等效电阻 $R_0$。将有源二端网络内部理想电压源短路，得到无源二端网络，等效电路如图 2.6.4（c）所示。a、b 之间的等效电阻为

$$R_0=R_1//R_2=\frac{R_1R_2}{R_1+R_2}=1.2(\Omega)$$

3）画出有源二端网络的戴维南等效电路，将划出的 $R_3$ 支路接在 a、b 两端，如图 2.6.4（d）所示。由图 2.6.4（d）求出电流：

$$I_3=\frac{E}{R_0+R_3}=\frac{28.8}{1.2+6}=4(\text{A})$$

用戴维南定理解出的 $I_3$ 与之前支路电流法（例 2.3.1）等分析方法得到的结果一致，说明经等效变换后，外部电路的电压和电流并不改变。

**【例 2.6.2】** 在图 2.6.5（a）所示桥式电路中，设 $U_s=12\text{V}$，$R_1=10\Omega$，$R_2=2\Omega$，$R_3=5\Omega$，$R_4=10\Omega$，中间支路是一检流计，其内阻为 $R_g=10\Omega$。求流过检流计的电流 $I_g$。

**解：** 图 2.6.5（a）电路中有六条支路，若用支路电流法求解，则需列出六个独立方程，计算比较烦琐。现采用戴维南定理求解。

图 2.6.5（a）可以画成图 2.6.5（b）所示电路，图中虚线框中的部分就是有源二端网络。

1）求 a、b 两端之间的开路电压 $U_{abo}$（即戴维南等效电路的电动势 $E$）。

将 $R_g$ 支路移出，如图 2.6.5（c）所示。可求出 a、b 两端之间的开路电压 $U_{abo}$。

在图 2.6.5（c）中，先求出 $I_2$ 和 $I_4$：

$$I_2=\frac{U_s}{R_1+R_2}=\frac{12}{10+2}=1(\text{A})$$

$$I_4=\frac{U_s}{R_3+R_4}=\frac{12}{5+10}=0.8(\text{A})$$

然后可以得到

$$E=U_{abo}=I_2R_2-I_4R_4=1\times2-0.8\times10=-6(\text{V})$$

2）求有源二端网络的除源等效电阻 $R_0$。

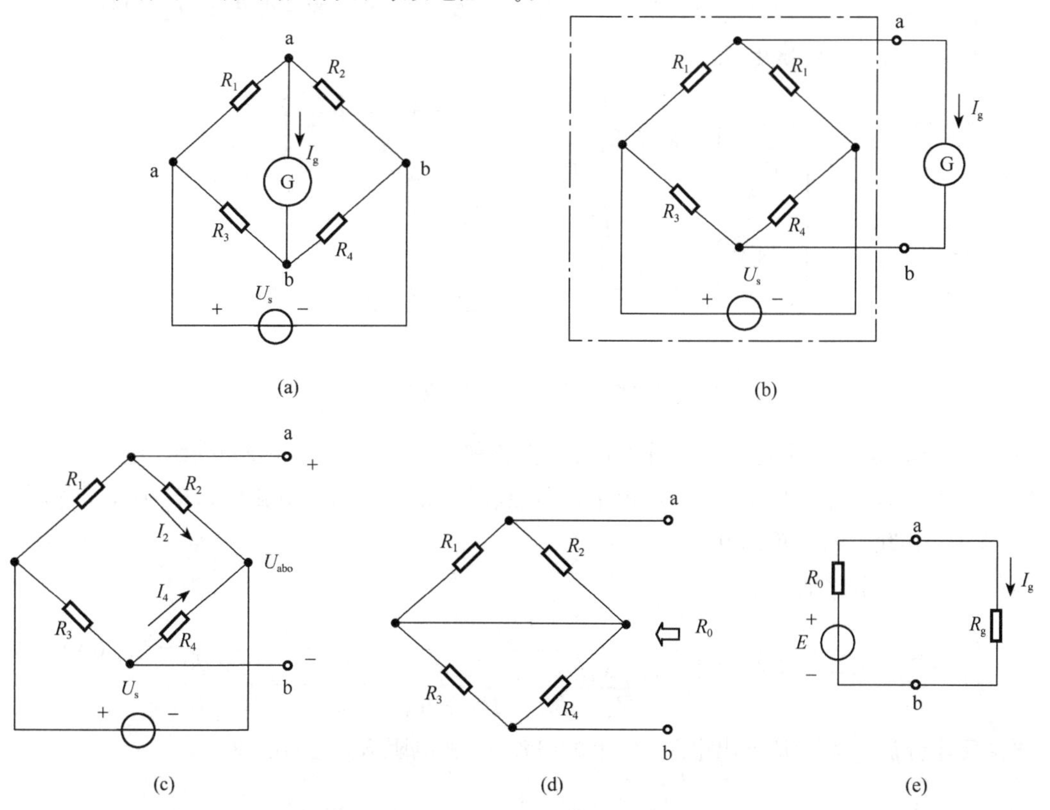


图 2.6.5 例 2.6.2 的电路图

将有源二端网络内部理想电压源短路，得到无源二端网络，如图 2.6.5（d）所示，可以求得 a、b 两端之间的等效电阻

$$R_0=(R_1//R_2)+(R_3//R_4)=\frac{R_1R_2}{R_1+R_2}+\frac{R_3R_4}{R_3+R_4}=\frac{10\times 2}{10+2}+\frac{5\times 10}{5+10}=5(\Omega)$$

3）根据戴维南定理，原电路等效为如图 2.6.5（e）所示电路，由图 2.6.5（e）求出电流：

$$I_g=\frac{E}{R_0+R_g}=\frac{-6}{5+10}=-0.4(\mathrm{A})$$

### 2.6.2　诺顿定理

任何一个线性有源二端网络（N）都可以用一个电流为 $I_s$、内阻为 $R_0$ 的等效电流源代替，如图 2.6.6 所示。等效电流源的电流 $I_s$ 就是有源二端网络的短路电流 $I_{sc}$，等效电流源的内阻 $R_0$ 就是有源二端网络除源后两端之间的等效电阻，这就是诺顿定理。诺顿定理是等效电源定理的另一种形式。

等效电源的电流 $I_s$ 和内阻 $R_0$ 确定后，由图 2.6.6（b）可得待求支路电流

$$I=\frac{R_0}{R_0+R_L}=I_s \tag{2.6.2}$$

**【例 2.6.3】** 用诺顿定理计算例 2.6.2 电路中流过检流计的电流 $I_g$。

**解：** 与戴维南定理解题过程类似，分别求有源二端网络的短路电流 $I_{sc}$ 和除源后的等效电阻，再求出待求电流 $I_g$。

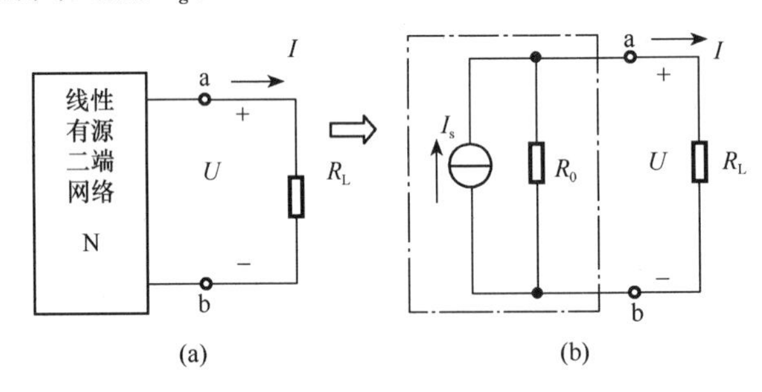


图 2.6.6　诺顿定理

1）求等效电源的电流 $I_s$。首先将 $R_g$ 支路移出，并将 a、b 两端短接，电路变为如图 2.6.7（a）所示。因 a、b 两点短接，所以在图 2.6.7（a）电路中，$R_1$ 和 $R_3$ 并联，$R_2$ 和 $R_4$ 并联，然后再串联。

先求出总电路电流 $I$：

$$I=\frac{U_s}{(R_1//R_3)+(R_2//R_4)}=\frac{U_s}{\dfrac{R_1R_3}{R_1+R_3}+\dfrac{R_2R_4}{R_2+R_4}}=\frac{12}{\dfrac{10\times 5}{10+5}+\dfrac{2\times 20}{2+10}}=2.4(\mathrm{A})$$

再由反比分流关系分别求出电阻 $R_1$ 上的电流 $I_1$ 和电阻 $R_2$ 上的电流 $I_2$。

$$I_1=\frac{R_3}{R_1+R_3}I=\frac{5}{10+5}\times 2.4=0.8(\mathrm{A})$$

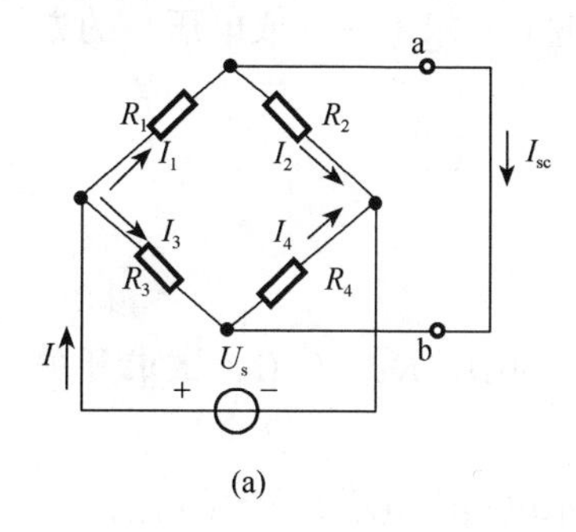

(a)

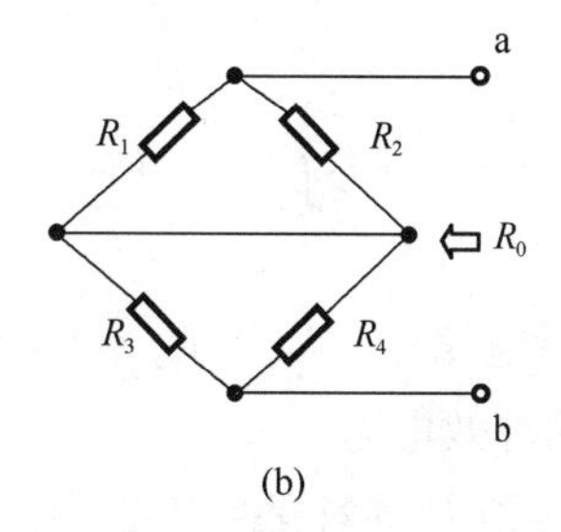

(b)

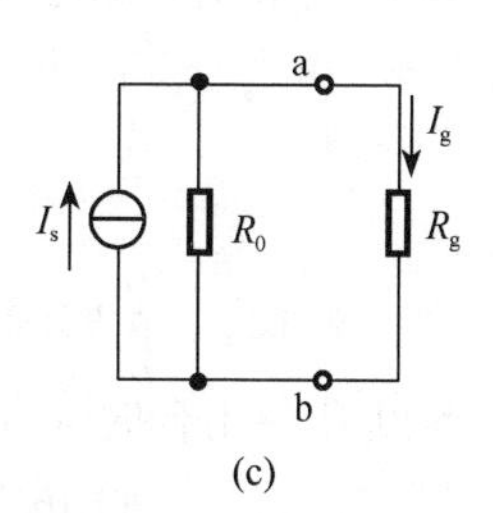

(c)

图 2.6.7　例 2.6.3 的电路图

$$I_2=\frac{R_4}{R_2+R_4}I=\frac{10}{2+10}\times 2.4=2(\text{A})$$

最后利用 KCL 求 ab 之间的短路电流 $I_{sc}$，即等效电源的电流

$$I_s=I_{sc}=I_1-I_2=0.8-2=-1.2(\text{A})$$

2）求等效电源的内阻 $R_0$。将有源二端网络内部理想电压源短路，得到无源二端网络，如图 2.6.7（b）所示，可以求得 a、b 两端之间的等效电阻 $R_0$ 为

$$R_0=(R_1//R_2)+(R_3//R_4)=\frac{R_1R_2}{R_1+R_2}+\frac{R_3R_4}{R_3+R_4}=\frac{10\times 2}{10+2}+\frac{5\times 10}{5+10}=5(\Omega)$$

3）画出诺顿定理等效电路，如图 2.6.7（c）所示，求检流计中的电流：

$$I_g=\frac{R_0}{R_0+R_g}I_s=\frac{5}{5+10}\times(-1.2)=-0.4(\text{A})$$

在实际应用中，若有源二端网络太复杂或内部结构参数未知，可以用实验的方法测出开路电压 $U_{oc}$ 和短路电流 $I_{sc}$，如图 2.6.8（a）和图 2.6.8（b）所示，则等效电阻

$$R_0=\frac{U_{oc}}{I_{sc}} \tag{2.6.3}$$

这种求等效电阻的方法称为短路电流法。

若有源二端网络不允许短路（如内阻很小），则可以先测出开路电压 $U_{oc}$，再接入适当电阻 $R_L$，测出 $R_L$ 上的电压 $U_L$，电路如图 2.6.8（c）所示，则等效电阻

$$R_0=\left(\frac{U_{oc}}{U_L}-1\right)R_L \tag{2.6.4}$$

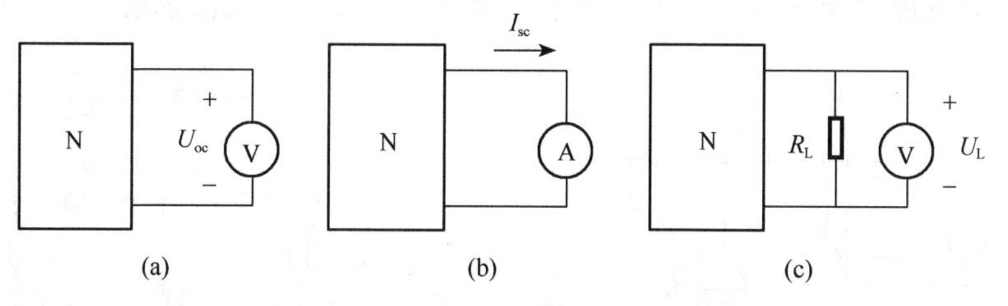


图 2.6.8　实验法测等效电源内阻 $R_0$

当有源二端网络内部含受控源时，等效电源定理依然成立，仍可以进行等效变换。但应注意，受控源的控制量将随二端网络对外电路开路或短路有相应的改变。在求等效

电阻时，不能利用串并联公式，而必须采用施加电压（或电流）求电流（或电压）的方法，或采用短路电流法。

## 习　题

2.1.1　在题图 2.01 所示电路中，$R_1=R_2=R_3=R_4=30\Omega$，$R_5=60\Omega$，试求开关 S 断开和闭合时 a 和 b 之间的等效电阻。

2.1.2　利用电阻的星形-三角形等效变换求题图 2.02 所示电路中电压源支路的电流 $I$。

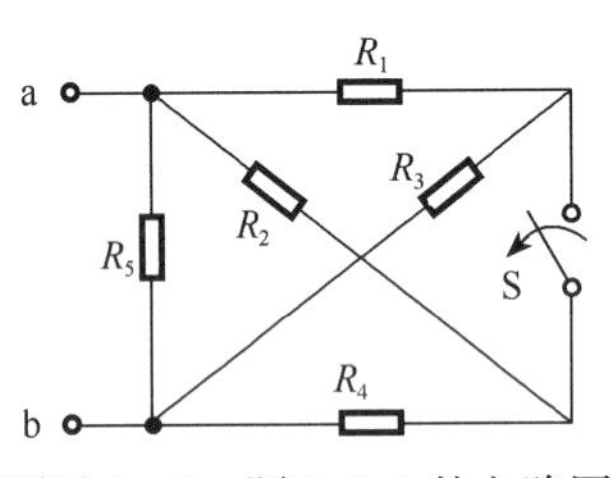


题图 2.01　题 2.1.1 的电路图

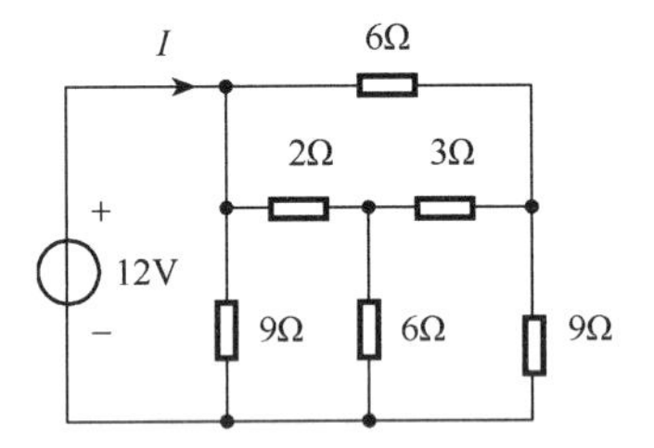


题图 2.02　题 2.1.2 的电路图

2.2.1　用电源等效变换法求题图 2.03 所示电路中 6Ω 电阻中的电流 $I$。

2.2.2　用电源等效变换法求题图 2.04 所示电路中 4Ω 电阻中的电流 $I$。

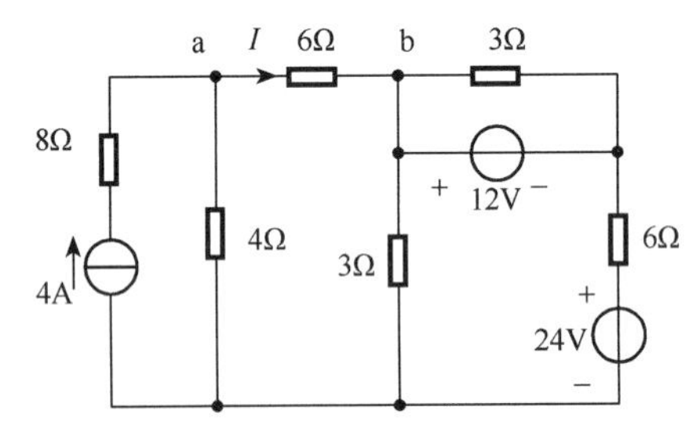


题图 2.03　题 2.2.1 的电路图

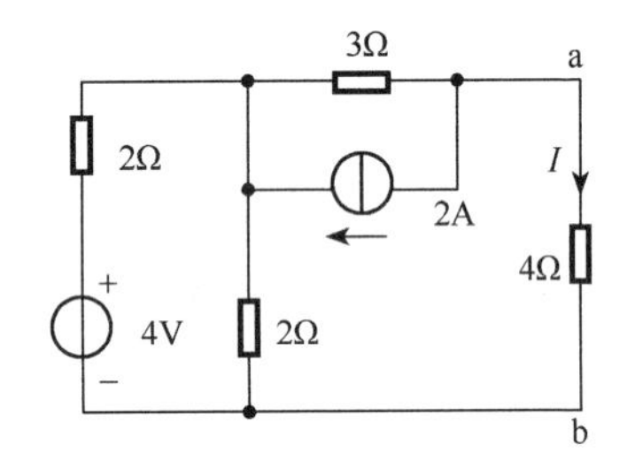


题图 2.04　题 2.2.2 的电路图

2.2.3　在题图 2.05 所示的电路中，已知 $E_1=12\text{V}$，$E_2=6\text{V}$，$R_1=6\Omega$，$R_2=3\Omega$，$R_3=1\Omega$，$I_s=2\text{A}$，用电源等效变换法求电阻 $R_3$ 中的电流 $I$。

2.3.1　在题图 2.06 所示电路中，已知 $R_1$、$R_2$、$R_3$、$R_4$、$R_5$、$R_6$、$U_{s1}$、$U_{s2}$、$I_s$ 均为常数，各支路电流参考方向如图所示。试列出用支路电流法求解时所需独立方程。

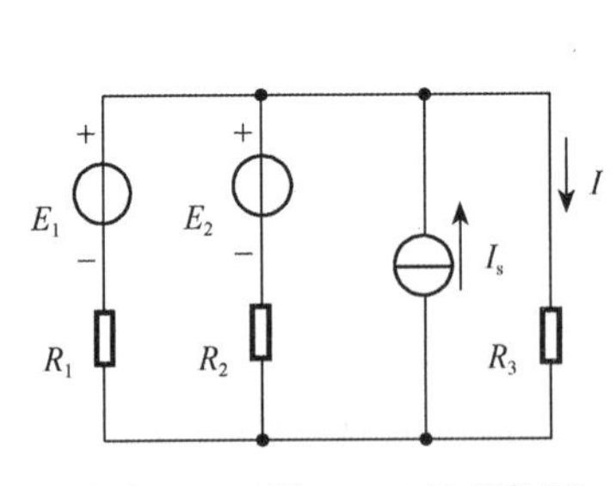


题图 2.05　题 2.2.3 的电路图

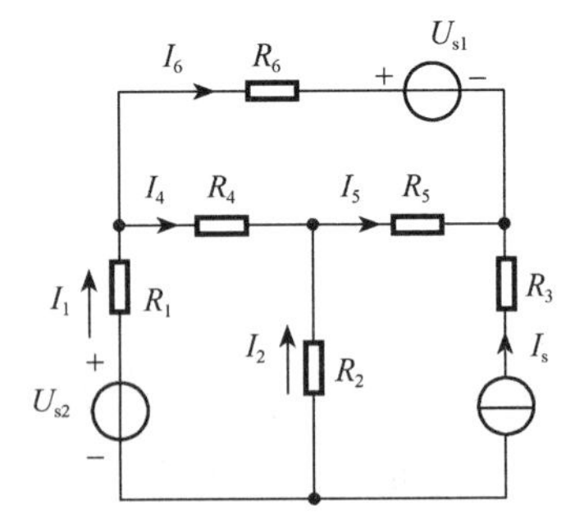


题图 2.06　题 2.3.1 的电路图

2.3.2　电路如题图 2.07 所示，已知 $U_{s1}=24V$，$U_{s2}=16V$，$I_s=1A$，$R_1=R_2=8\Omega$，$R_3=4\Omega$。试用支路电流法求各支路电流。

2.3.3　电路如题图 2.08 所示，用支路电流法求 5Ω 电阻中的电流。

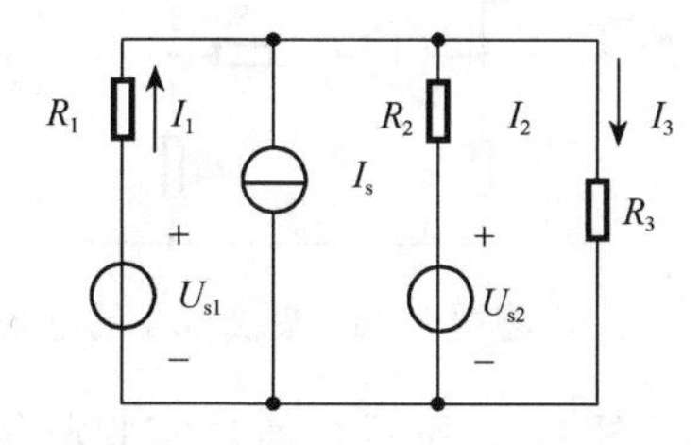

题图 2.07　题 2.3.2 的电路图

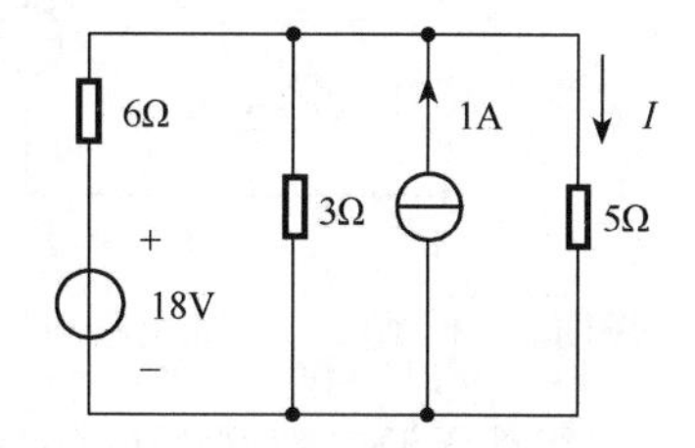

题图 2.08　题 2.3.3 的电路图

2.3.4　用支路电流法求题图 2.09 所示电路中电阻 $R_2$ 中的电流 $I_2$。

2.4.1　用结点电压法求题图 2.07 所示电路中各支路电流。

2.4.2　电路如题图 2.10 所示，a、b 两结点间含电流源支路，$U_s=50V$，$I_{s1}=7A$，$I_{s2}=2A$，$R_1=2\Omega$，$R_2=3\Omega$，$R_3=6\Omega$，试求结点电压 $U_{ab}$。

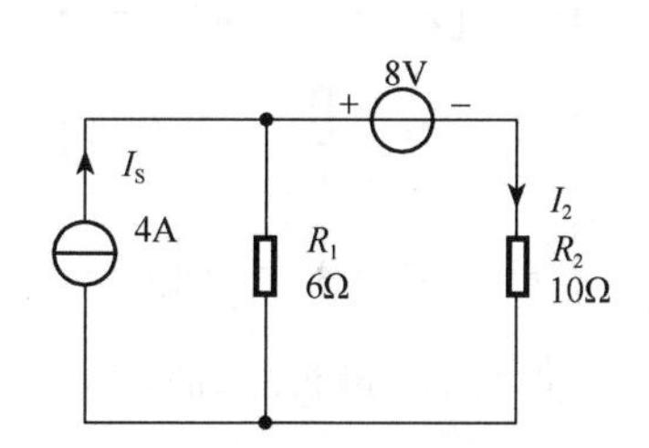

题图 2.09　题 2.3.4 的电路图

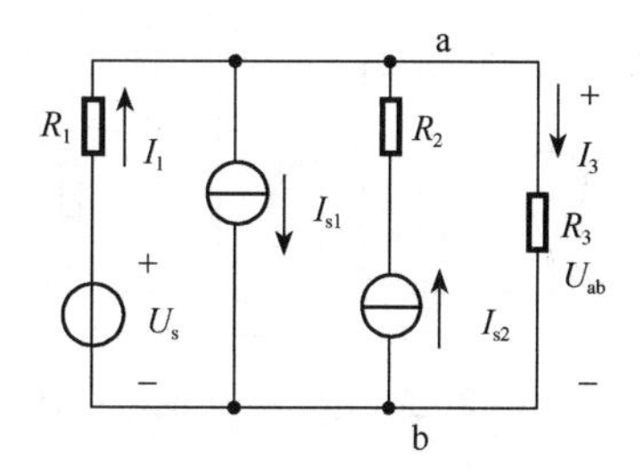

题图 2.10　题 2.4.2 的电路图

2.5.1　已知 $U_s=6V$，$I_s=0.3A$，$R_1=60\Omega$，$R_2=40\Omega$，$R_3=30\Omega$，$R_4=20\Omega$。用叠加原理计算题图 2.11 所示电路中 $R_2$ 中的电流 $I_2$。

2.5.2　电路如题图 2.12 所示。已知 $I_s=2A$，$U_s=6V$，$R_1=R_2=3\Omega$，$R_3=R_4=6\Omega$，用叠加原理求 a、b 两点之间电压 $U_{ab}$。

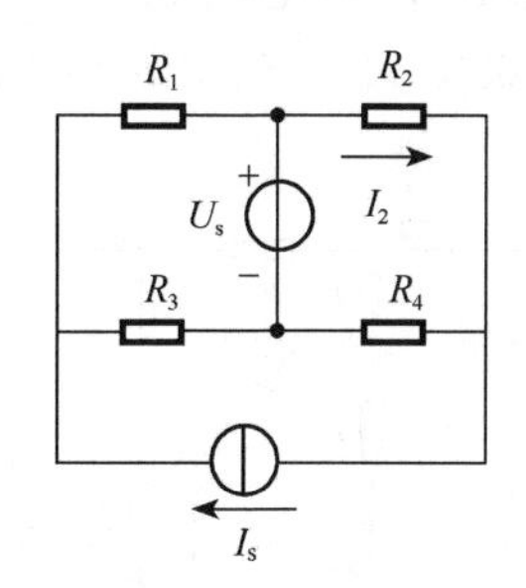

题图 2.11　题 2.5.1 的电路图

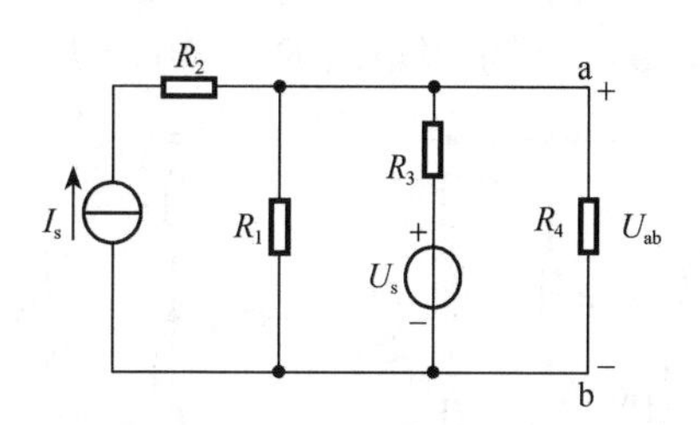

题图 2.12　题 2.5.2 的电路图

2.5.3　用叠加原理求题图 2.13 所示电路中 a、b 两点之间电压 $U_{ab}$。

2.5.4　电路如题图 2.14 所示。已知 $R_1=6\Omega$，$R_2=12\Omega$，$R_3=8\Omega$，$R_4=4\Omega$，$R_5=1\Omega$，$I_s=3A$，$U_s=12V$。试用叠加原理求电路中流经 $R_3$ 的电流 $I$。

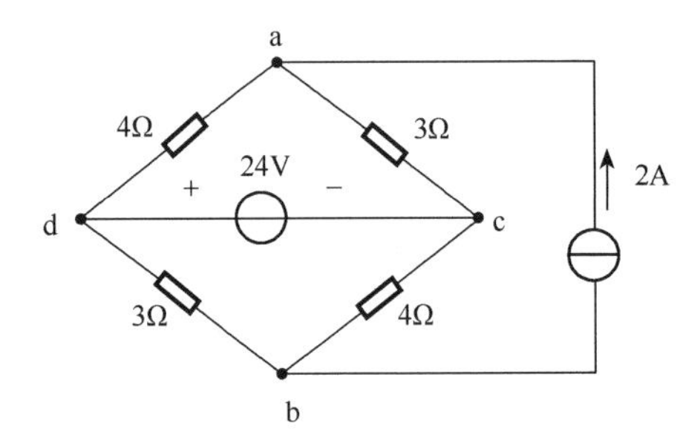


题图 2.13　题 2.5.3 的电路图

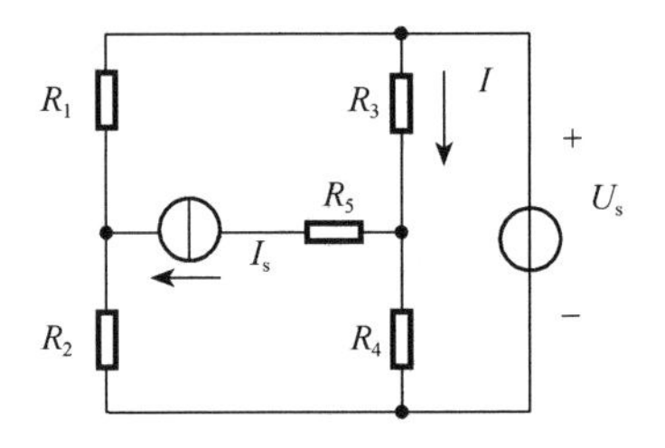


题图 2.14　题 2.5.4 的电路图

2.5.5　线性无源二端网络 N 组成的电路如题图 2.15 所示，通过实验测得：$U_s=5\text{V}$ 时，$I=2\text{A}$。若将 $U_s$ 增加到 10V 时，电流 $I$ 是多少？

2.5.6　在题图 2.16 所示电路中，当 $U_s=24\text{V}$ 时，$U_{ab}=8\text{V}$。试用叠加原理求 $U_s=0$ 时的 $U_{ab}$。

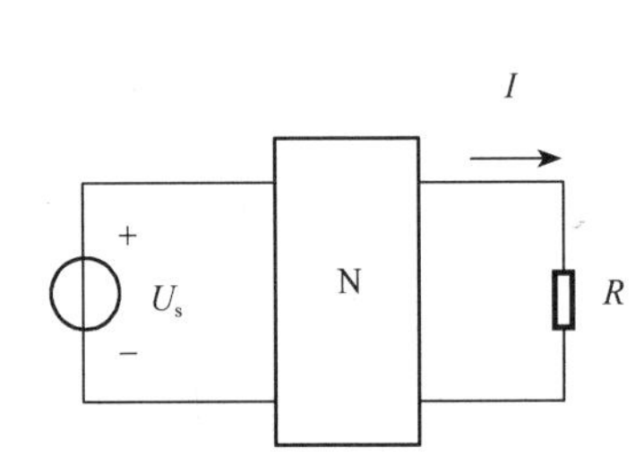


题图 2.15　题 2.5.5 的电路图

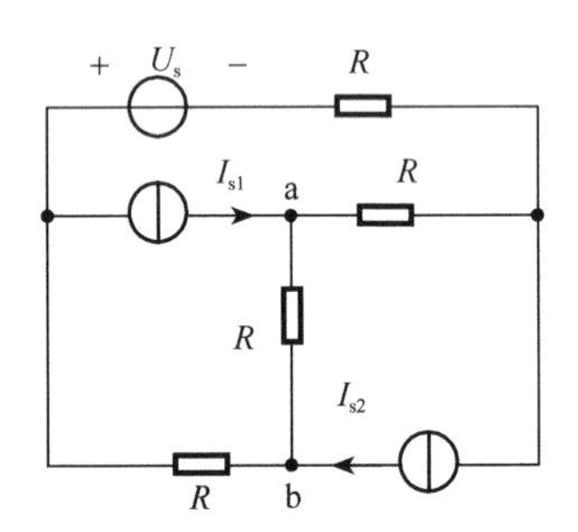


题图 2.16　题 2.5.6 的电路图

2.6.1　用戴维南定理求题图 2.03 电路中 6Ω 电阻的电流 $I$。

2.6.2　用戴维南定理求题图 2.04 所示电路中 4Ω 电阻的电流 $I$。

2.6.3　用诺顿定理求题图 2.11 电路中电流 $I_2$。

2.6.4　用诺顿定理求题图 2.12 所示电路中电阻 $R_4$ 的电流。

2.6.5　电路如题图 2.17 所示。已知 $R_1=R_2=6\Omega$，$R_3=R_4=7\Omega$，$R_5=4\Omega$，$R_6=8\Omega$，$R_7=3\Omega$，$I_s=4\text{A}$，$U_{s1}=10\text{V}$，$U_{s2}=22\text{V}$。求流经电阻 $R_7$ 的电流 $I$。

2.6.6　电路如题图 2.18 所示。已知 $R_1=3\Omega$，$R_2=6\Omega$，$R_3=4\Omega$，$R_4=2\Omega$，$I_s=1\text{A}$，$U_s=9\text{V}$。求流经电阻 $R_3$ 的电流 $I$。

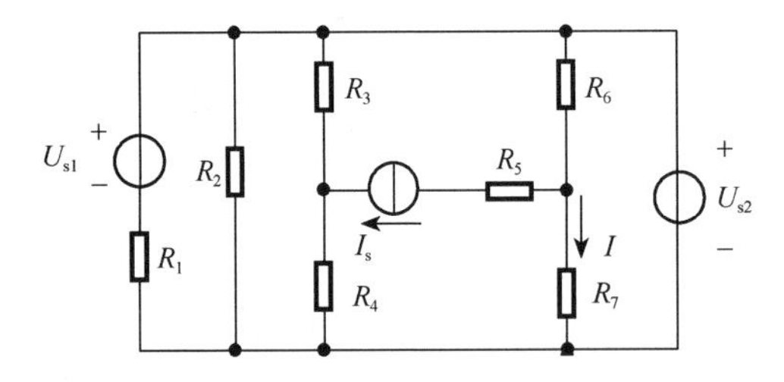


题图 2.17　题 2.6.5 的电路图

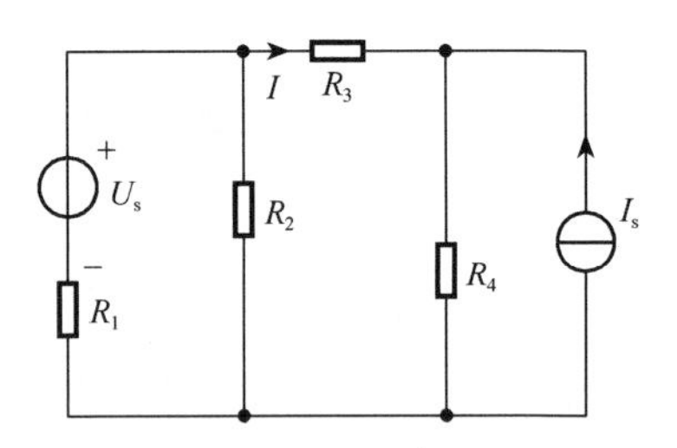


题图 2.18　题 2.6.6 的电路图

# 第3章　交流电路

交流电路中的电压和电流在大小和方向上是随着时间做周期性变化的。生产上和日常生活中所使用的交流电，一般是指正弦交流电。交流电比直流电具有更为广泛的应用，这主要是因为：从电能的产生、输送和使用上，交流电都比直流电优越；交流发电机比直流发电机结构简单、效率高、价格低和维护方便；现代的电能几乎都是以交流的形式产生的；利用变压器可灵活地将交流电压升高或降低，因而又具有输送经济、控制方便和使用安全的特点；由于半导体整流技术的发展，在需要直流电的地方，可以通过整流设备把交流电变为直流电。在电子技术中，测试设备中常用的信号发生器输出的是频率可调的正弦信号。无线电通信和广播所用的“载波”是高频正弦波。因此，交流电路是电工学中很重要的一个部分。电路的基本分析方法对直流电路和交流电路都是适用的。但交流电是随时间变化的，交流电路中具有一些直流电路所没有的物理现象。所以研究交流电路比研究直流电路复杂些，因此在本章的学习中首先要建立交流的概念。

## 3.1　正弦交流电的基本概念

### 3.1.1　正弦交流电的三要素

直流电路中的电压和电流的大小和方向是不随时间变化的，其波形是一条直线，如图3.1.1所示。

正弦电压和电流是随时间按照正弦规律变化的，称之为正弦交流电，其波形如图3.1.2所示，正弦电压和电流等物理量都称为正弦量，其表达式为

$$u = U_m \sin(\omega t + \varphi_u) \tag{3.1.1}$$

$$i = I_m \sin(\omega t + \varphi_i) \tag{3.1.2}$$

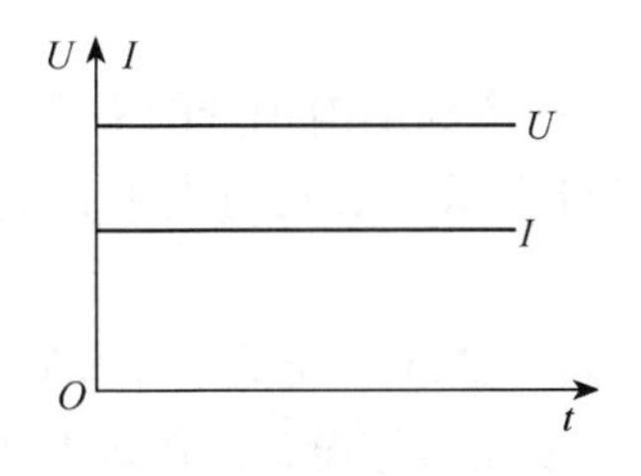


图3.1.1　直流电的波形

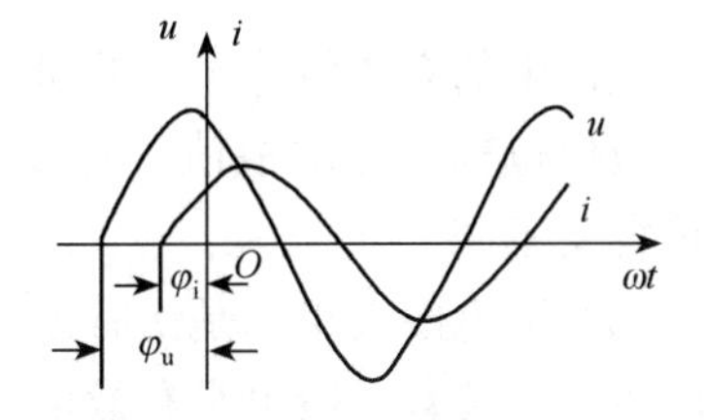


图3.1.2　正弦交流电的波形

式中，$u$ 和 $i$ 表示正弦量在任一瞬间的数值，称为瞬时值；$U_m$、$I_m$ 表示正弦量在变化过程中出现的最大瞬时值，称为幅值或最大值；$\omega$ 称为角频率；$\varphi_u$、$\varphi_i$ 称为初相位。幅值、角频率、初相位反映了正弦量的大小、变化的快慢和初始值等正弦特征，因

而幅值、角频率、初相位称为正弦量的三要素。

下面讨论三要素以及相关量。

### 1. 瞬时值、幅值和有效值

正弦量在任一瞬间的数值称为瞬时值，用小写字母 $u$、$i$ 表示，其中最大的瞬时值称为幅值或最大值，用带下标 m 的大写字母 $U_m$、$I_m$ 表示。瞬时值和幅值都是表征正弦量大小的物理量。但是瞬时值是变化的，不能直接表示正弦量的大小，而幅值虽然是一个定值，但在一个周期内只出现两次，也不能直接表示正弦量的大小，因而通常用有效值表示正弦量的大小。

有效值是从电流热效应的角度规定的。设一个交流电流 $i$ 和某个直流电流 $I$ 分别通过阻值相同的电阻$R$，并且在相同的时间内（如一个周期 $T$）产生的热量相等，则这个直流电流 $I$ 的数值叫做交流电流$i$ 的有效值。按此定义有

$$\int_0^T R_i^2 \mathrm{d}t = RI^2 T$$

即

$$I = \sqrt{\frac{1}{T}\int_0^T i^2 \mathrm{d}t} \tag{3.1.3}$$

对于正弦电流 $i = I_m \sin(\omega t + \varphi_i)$ 的有效值为

$$\begin{aligned} I &= \sqrt{\frac{1}{T}\int_0^T [I_m \sin(\omega t + \varphi_i)]^2 \mathrm{d}t} \\ &= \sqrt{\frac{1}{T}\int_0^T \frac{1}{2} I_m^2 [1 - \cos 2(\omega t + \varphi_i)] \mathrm{d}t} \\ &= \frac{I_m}{\sqrt{2}} \end{aligned} \tag{3.1.4}$$

同理，正弦电压和正弦电动势的有效值为

$$U = \frac{U_m}{\sqrt{2}} \tag{3.1.5}$$

$$E = \frac{E_m}{\sqrt{2}} \tag{3.1.6}$$

可见，交流电的有效值等于它的瞬时值的平方在一个周期内积分的平均值再取平方根，所以有效值也称为方均根值。有效值用大写字母表示。虽然与表示直流的字母相同，但物理含义不同。

通常说的交流电的大小都是指有效值。如交流电压 220V，交流电流 5A。交流电压表和交流电流表的读数一般也是有效值。交流电机、变压器等设备的额定电压都是指有效值。

**【例 3.1.1】** 有一耐压为 250V 的电容器，能否用在交流电压为 220V 的电路中?

**解：** 电路中交流电压的最大值为

$$U_m = \sqrt{2} \times 220 = 311(\mathrm{V})$$

由于超过了电容的耐压，因此该电容器不能用在220V的交流电路中。

2. 周期、频率和角频率

正弦量重复变化一次所需要的时间称为周期，用$T$表示，单位为s（秒）。每秒内重复变化的次数称为频率，用$f$表示，单位为Hz（赫兹）。

周期与频率互为倒数关系，即

$$f=\frac{1}{T} \tag{3.1.7}$$

我国电厂生产的交流电频率为50Hz，这一频率称为工业标准频率，简称工频。

正弦量每重复变化一次，相当于变化了$2\pi$弧度。为了避免与机械角度混淆，这里称为电角度。正弦量每秒变化$f$次，则每秒变化的电角度为$2\pi f$弧度，即每秒变化的弧度数称为正弦量的角频率或电角速度，单位为rad/s（弧度/秒）。

$$\omega=2\pi f=\frac{2\pi}{T} \tag{3.1.8}$$

可见，周期、频率、角频率是反映正弦量变化快慢的。知其一可求其二，在绘制正弦量波形时，可用$t$作横坐标，也可用$\omega t$作横坐标。

3. 相位、初相位和相位差

在正弦量的表达式$u=U_m\sin(\omega t+\varphi_u)$，$i=I_m\sin(\omega t+\varphi_i)$中，$(\omega t+\varphi_u)$和$(\omega t+\varphi_i)$都是随时间变化的电角度，称为正弦量的相位或相位角，它反映了正弦量的变化进程。相位的单位是弧度，也可用度。

$t=0$时的相位叫做正弦量的初相位或初相位角。初相位确定了正弦量在$t=0$时刻的值，即初始值。初相位与计时起点的选择有关，计时起点不同，正弦量的初相位就不同，正弦量的初始值也就不同。

在同一个交流电路中，电压$u$和电流$i$的频率是相同的，但初相位不一定相同。两个同频率正弦量的相位之差称为相位差，用$\varphi$表示，如图3.1.3所示。

图3.1.3中两正弦量的相位差为

$$\varphi=(\omega t+\varphi_u)-(\omega t+\varphi_i)=\varphi_u-\varphi_i \tag{3.1.9}$$

式(3.1.9)表明，两个同频率正弦量之间的相位之差并不随时间改变，它等于两者的初相位之差。当计时起点改变时，正弦量的相位和初相位跟着改变，但两者之间的相位差保持不变。

图3.1.3所示的电压$u$和电流$i$的初相位不同，所以它们的变化步调也不同，这种情况叫做不同相。当$\varphi>0$时，在相位上电压超前电流$\varphi$角；当$\varphi<0$时，在相位上电压滞后电流$\varphi$角；当$\varphi=0$时，称电压与电流同相；当$\varphi=\pm180°$时，称电压与电流反向；当$\varphi=\pm90°$时，称电压与电流正交。应当注意，只有同频率的正弦量才可以比较相位。

**【例3.1.2】** 已知电压$u_1=14\sin(\omega t+60°)$，$u_2=10\sin(\omega t-30°)$，$u_3=18\sin(\omega t+30°)$，单位均为V，试画出它们的波形并比较它们的关系。

**解**：电压 $u_1$、$u_2$、$u_3$ 是同频率的正弦量，它们的波形如图 3.1.4 所示，其中，$\varphi_1=60°$，$\varphi_2=-30°$，$\varphi_3=30°$。

$u_1$ 与 $u_2$ 的相位差为 $\varphi_1-\varphi_2=60°-(-30°)=90°$，$u_1$ 超前 $u_2$ 90°；$u_1$ 与 $u_3$ 的相位差为 $\varphi_1-\varphi_3=60°-30°=30°$，$u_1$ 超前 $u_3$ 30°；$u_2$ 与 $u_3$ 的相位差为 $\varphi_2-\varphi_3=-30°-30°=-60°$，$u_2$ 滞后 $u_3$ 60°。

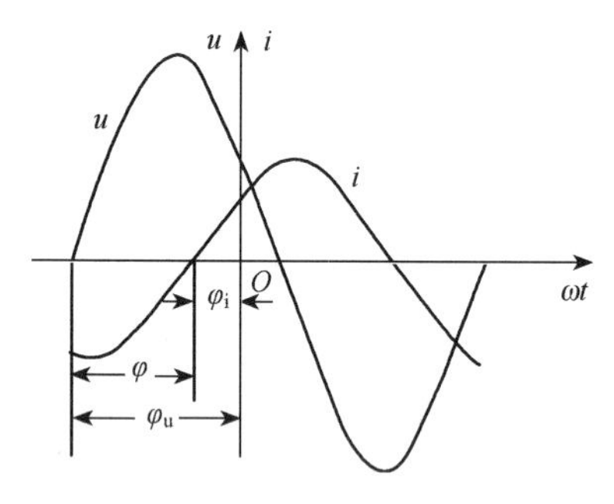


图 3.1.3 初相不等的正弦量

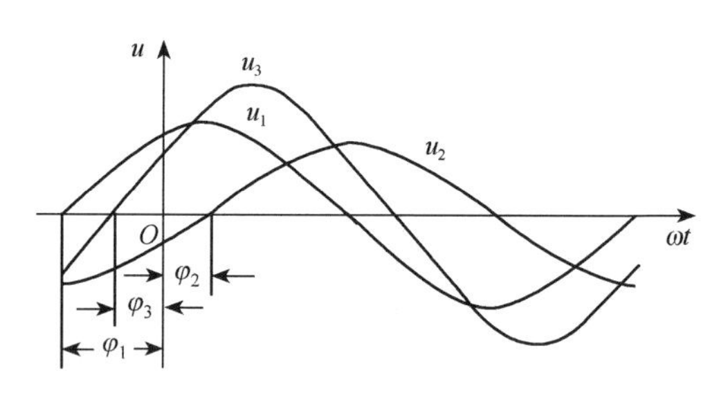


图 3.1.4 例 3.1.2 的波形

### 3.1.2 正弦交流电的表示法

1. 瞬时值表示法

正弦量有多种表示方法，前面介绍了三角函数表示法，如：$u=U_m\sin(\omega t+\varphi_u)$；$i=I_m\sin(\omega t+\varphi_i)$ 和波形图表示法，如图 3.1.2 所示。

三角函数表示法和波形图表示法能完整和准确地表示正弦量的特征，而且波形图表示法能直观地表示正弦量的变化过程，特别是便于比较几个正弦量之间的相位关系。它们都是瞬时值表示法。

在分析正弦交流电路时，经常会遇到同频率正弦量的运算。如果用三角函数式进行计算，虽然运算结果准确，但计算过程非常烦琐；用正弦波形合成的方法，既烦琐也不准确。为了方便地分析计算正弦交流电路，引入了正弦量的另一种表示法——相量表示法。

2. 相量表示法

正弦量的相量表示法的实质是用复数表示正弦量，它简化了正弦量之间的运算问题，是分析正弦交流电路的有利工具。

正弦量由幅值、角频率、初相位三要素来确定。而平面坐标内的一个旋转矢量可以表示出正弦量的三要素，因此旋转矢量可以表示正弦量。

设一旋转矢量 $A$ 的长度等于正弦量的幅值 $U_m$，其初始位置（$t=0$ 时的位置）与横轴正方向之间的夹角等于正弦量的初相位 $\varphi$，并以正弦量的角频率 $\omega$ 的角速度作逆时针旋转，则这样一个旋转矢量任一时刻在纵轴上的投影就是相应正弦量的该时刻的瞬时值。例如图 3.1.5 中用旋转矢量表示正弦量 $u=U_m\sin(\omega t+\varphi)$ 时，在 $t=0$ 时，$u(0)=U_m\sin\varphi$；在 $t=t_1$ 时，$u(t_1)=U_m\sin(\omega t_1+\varphi)$。可见，任何一个正弦量都可以用一个相应的旋转矢量表示。

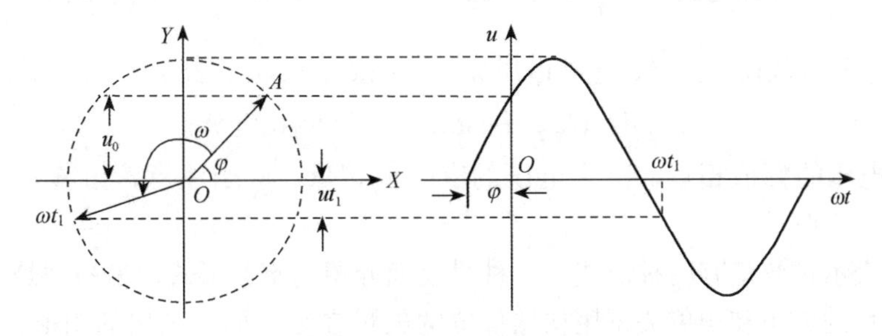


图 3.1.5 正弦量的旋转矢量表示法

在数学上，矢量可以用复数表示，因而矢量表示的正弦量也可用复数表示。这时直角坐标要改为复数坐标，横轴为实轴，单位为+1，纵轴为虚轴，单位为+j。实轴与虚轴所构成的平面称为复平面。

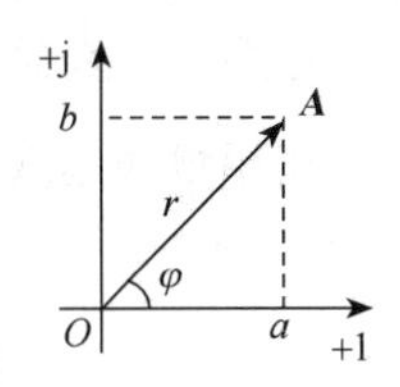


图 3.1.6 矢量的复数表示法

复平面内有一矢量 $\mathbf{A}$，其实部为 $a$，虚部为 $b$，如图 3.1.6 所示。它可用下面复数式表示。

$$\mathbf{A}=a+\mathrm{j}b \tag{3.1.10}$$

由图 3.1.6 可见：

$$r=|\mathbf{A}|=\sqrt{a^2+b^2} \tag{3.1.11}$$

$$\varphi=\arctan\frac{b}{a} \tag{3.1.12}$$

式中，$r$ 表示复数的大小，称为复数的模；$\varphi$ 表示复数与实轴正方向间的夹角，称为复数的幅角。由 $a=\mathrm{r}\cos\varphi$，$b=\sin\varphi$ 可以写出复数形式的三角函数式：

$$\mathbf{A}=r\cos\varphi+\mathrm{j}\sin\varphi \tag{3.1.13}$$

由欧拉公式，$\mathrm{e}^{\mathrm{j}\varphi}=\cos\varphi+\mathrm{j}\sin\varphi$ 可得到复数形式的指数式：

$$\mathbf{A}=r\mathrm{e}^{\mathrm{j}\varphi} \tag{3.1.14}$$

并可写成其极坐标式：

$$\mathbf{A}=r\angle\varphi \tag{3.1.15}$$

这几种复数形式是可以相互转换的。复数的加减运算可用三角函数式，乘除运算可用指数式或极坐标式。

复数具有模和幅角两个要素。它可以与正弦量的幅值（有效值）和初相位相对应，而确定一个正弦量需要幅值、角频率、初相位三个要素，在线性电路中，如果电路的激励都是频率相同的正弦量，则电路中各部分的响应也都是与激励同频率的正弦量，所以这里将频率作为已知量看待。只需确定它们的幅值（有效值）和初相位两个量。

为了把表示正弦量的复数与其他复数区别开来，把表示正弦量的复数称为相量，并在大写字母上加“·”。这样，表示正弦电压 $u=U_{\mathrm{m}}\sin(\omega t+\varphi)$ 的相量为

$$\dot{U}_{\mathrm{m}}=U_{\mathrm{m}}(\cos\varphi+\mathrm{j}\sin\varphi)=U_{\mathrm{m}}\mathrm{e}^{\mathrm{j}\varphi}=U_{\mathrm{m}}\angle\varphi \tag{3.1.16}$$

实际应用中，交流电的大小多用有效值表示，正弦量的有效值为幅值的$\frac{1}{\sqrt{2}}$，因而可使有效值等于复数的模。这样，正弦电压 $u=U_m\sin(\omega t+\varphi)=\sqrt{2}U\sin(\omega t+\varphi)$ 可表示为

$$\dot{U}=U(\cos\varphi+\mathrm{j}\sin\varphi)=U\mathrm{e}^{\mathrm{j}\varphi}=U\angle\varphi \tag{3.1.17}$$

这里 $\dot{U}_m$ 为电压的幅值相量，$\dot{U}$ 为电压的有效值相量。应当注意，相量只是表示正弦量，而不等于正弦量。

用相量表示正弦量有两种形式，一种是上面介绍的复数形式，另一种是相量图。按照各个正弦量的大小和相位关系用初始位置的矢量在复平面上画出的图形称为相量图。图 3.1.7 画出了$\dot{I}_1=I_1\angle\varphi_1$ 和 $\dot{I}_2=I_2\angle\varphi_2$ 的相量图。

习惯上，在画相量图时，不再画出复平面而将相量图简化成图 3.1.8 所示。

在相量表达式中，常会遇到相量乘 j 或−j，例如 j$\dot{I}$、−j$\dot{I}$。

由于
$$\mathrm{e}^{\pm\mathrm{j}90^\circ}=\cos 90^\circ\pm\mathrm{j}\sin 90^\circ=\pm\mathrm{j}$$

即
$$\mathrm{j}\dot{I}=\mathrm{e}^{+\mathrm{j}90^\circ}I\mathrm{e}^{\mathrm{j}\varphi}=I\mathrm{e}^{\mathrm{j}(\varphi+90^\circ)},\quad -\mathrm{j}\dot{I}=\mathrm{e}^{-\mathrm{j}90^\circ}I\mathrm{e}^{\mathrm{j}\varphi}=I\mathrm{e}^{\mathrm{j}(\varphi-90^\circ)} \tag{3.1.18}$$

所以任何相量乘上+j 后，就表示把相量逆时针旋转 90°；相量乘上−j 后，表示把相量顺时针旋转 90°。在图 3.1.9 中，j$\dot{I}$ 比 $\dot{I}$ 超前 90°，−j$\dot{I}$ 比 $\dot{I}$ 滞后 90°。所以 j 称为旋转 90°的算子。

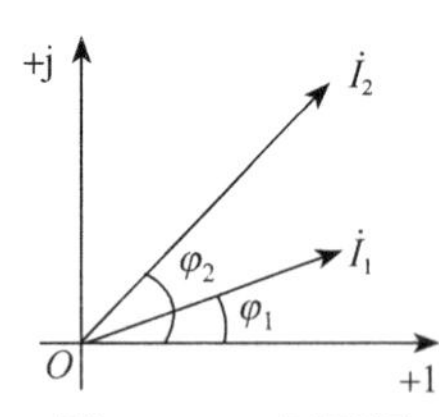

图 3.1.7　相量图

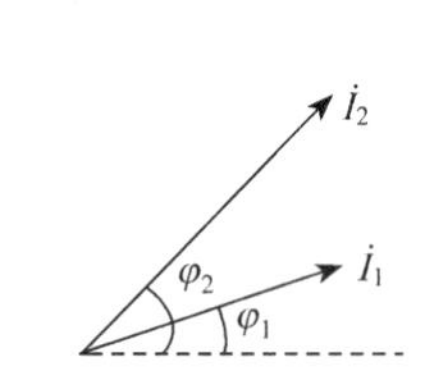

图 3.1.8　相量图习惯画法

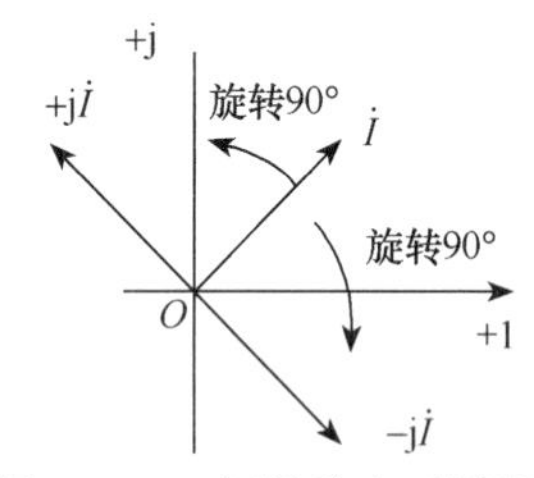

图 3.1.9　相量乘±j 的图示

同理，$\mathrm{e}^{\mathrm{j}\omega t}$ 就是一个旋转因子。任一相量乘上它，就表示该相量以角速度 $\omega$ 沿逆时针方向在复平面中旋转。

$$\dot{I}_m\mathrm{e}^{\mathrm{j}\omega t}=I_m\mathrm{e}^{\mathrm{j}\varphi}\mathrm{e}^{\mathrm{j}\omega t}=I_m\mathrm{e}^{\mathrm{j}(\omega t+\varphi)}=I_m\cos(\omega t+\varphi)+\mathrm{j}I_m\sin(\omega t+\varphi) \tag{3.1.19}$$

从这一表达式中也可看出，相量不等于正弦量，正弦量只是相量表达式中的虚部。因此，相量只是正弦量的一种表示方法，并且只有正弦量可用相量表示。

交流电同直流电一样遵循电路的基本定律，瞬时值可以直接进行加减，应用基尔霍夫定律可写为

$$\sum i(t)=0 \tag{3.1.20}$$

$$\sum u(t)=0 \tag{3.1.21}$$

但用相量表示时，就应同时考虑大小和相位两方面的关系，写为

$$\sum \dot{I}=0 \tag{3.1.22}$$

$$\sum \dot{U}=0 \tag{3.1.23}$$

必须注意：它们的幅值（或有效值）不能直接进行加减。

# 3.2 单一参数的正弦交流电路

电路的基本参数有电阻$R$、电感$L$和电容$C$。本节分析单一参数交流电路。

### 3.2.1 纯电阻交流电路

图3.2.1 (a) 是一个线性电阻元件的交流电路，电压与电流的参考方向如图所示。

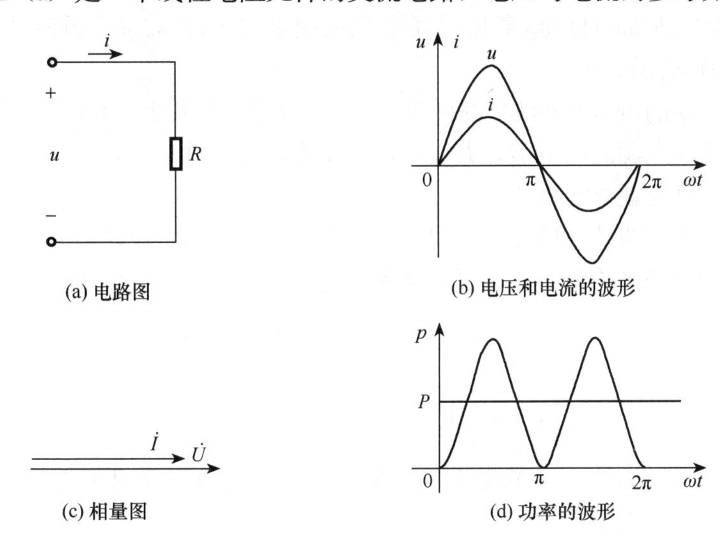


图3.2.1 电阻元件的交流电路

为分析方便，设电流为参考正弦量，即

$$i = I_{\mathrm{m}}\sin\omega t$$

则有

$$u = Ri = RI_{\mathrm{m}}\sin\omega t = U_{\mathrm{m}}\sin\omega t \tag{3.2.1}$$

可见，电阻上的电流$i$与它两端的电压$u$是同频率同相位的正弦量，如图3.2.1 (b) 所示。其大小关系为

$$U_{\mathrm{m}} = RI_{\mathrm{m}} \quad 或 \quad \frac{U_{\mathrm{m}}}{I_{\mathrm{m}}} = \frac{U}{I} = R \tag{3.2.2}$$

若用相量表示，则有

$$\dot{U} = U\mathrm{e}^{\mathrm{j}0^\circ} \qquad \dot{I} = I\mathrm{e}^{\mathrm{j}0^\circ}$$

$$\frac{\dot{U}}{\dot{I}} = \frac{U\mathrm{e}^{\mathrm{j}0^\circ}}{I\mathrm{e}^{\mathrm{j}0^\circ}} = \frac{U}{I}\mathrm{e}^{\mathrm{j}0^\circ} = R$$

即

$$\dot{U} = R\dot{I} \tag{3.2.3}$$

同理

$$\dot{U}_{\mathrm{m}} = R\dot{I}_{\mathrm{m}}$$

上两式就是电阻元件伏安关系的相量形式，其相量图如图3.2.1 (c) 所示。

交流电路的电压和电流是随时间变化的，故电阻所消耗的功率也随时间变化。在任一瞬间，电压瞬时值与电流瞬时值的乘积称为瞬时功率，用小写字母$p$表示，即

$$
\begin{aligned}
p &= ui \\
&= U_m I_m \sin\omega t \sin\omega t \\
&= 2UI\sin^2\omega t \\
&= \frac{1}{2}U_m I_m(1-\cos 2\omega t) \\
&= UI(1-\cos 2\omega t)
\end{aligned} \tag{3.2.4}
$$

由此可见，电阻元件的瞬时功率由两部分组成：第一部分是常数 $UI$；第二部分是幅值为 $UI$，并以 $2\omega$ 的角频率随时间变化的交变量 $UI\cos 2\omega t$。瞬时功率 $p$ 的波形如图 3.2.1（d）所示。

由瞬时功率 $p$ 的表达式和波形图可知，除了过零点外，其余时间均为正值。即 $p \geqslant 0$。这说明电阻元件从电源取用电能，并将电能转换为热能，这是一种不可逆的能量转换过程。所以电阻元件是耗能元件。

瞬时功率只能说明功率的变化情况，实用意义不大。通常所说电路的功率是指瞬时功率在一个周期内的平均值，称为平均功率，用大写字母 $P$ 表示。即

$$
\begin{aligned}
P &= \frac{1}{T}\int_0^T p\,\mathrm{d}t = \frac{1}{T}\int_0^T UI(1-\cos 2\omega t)\,\mathrm{d}t \\
&= UI = RI^2 = \frac{U^2}{R}
\end{aligned} \tag{3.2.5}
$$

通常电气设备所标的功率都是平均功率。由于平均功率反映了电路实际消耗的功率，所以又称为有功功率。

**【例 3.2.1】** 交流电压 $u=311\sin\omega t\,\mathrm{V}$，作用在 $10\Omega$ 电阻两端，$u$、$i$ 为关联参考方向，试写出电流的瞬时值表达式，并求平均功率。

**解：** 电压有效值为　$U=\frac{U_m}{\sqrt{2}}=\frac{311}{\sqrt{2}}=220(\mathrm{V})$

电流有效值为　$I=\frac{U}{R}=\frac{220}{10}=22(\mathrm{A})$

纯电阻电路中，电压与电流同相位。

$$i=22\sqrt{2}\sin\omega t(\mathrm{A})$$

其平均功率为　$P=UI=220\times 22=4840(\mathrm{W})$

### 3.2.2　纯电感交流电路

图 3.2.2（a）所示为一电感元件的交流电路。在图示的关联参考方向下，有

$$u=L\frac{\mathrm{d}i}{\mathrm{d}t}$$

设电流为参考正弦量，即

$$i=I_m\sin\omega t$$

则有

$$
\begin{aligned}
u &= L\frac{\mathrm{d}(I_m\sin\omega t)}{\mathrm{d}t}=\omega L I_m\cos\omega t \\
&= \omega L I_m\sin(\omega t+90^\circ)=U_m\sin(\omega t+90^\circ)
\end{aligned} \tag{3.2.6}
$$

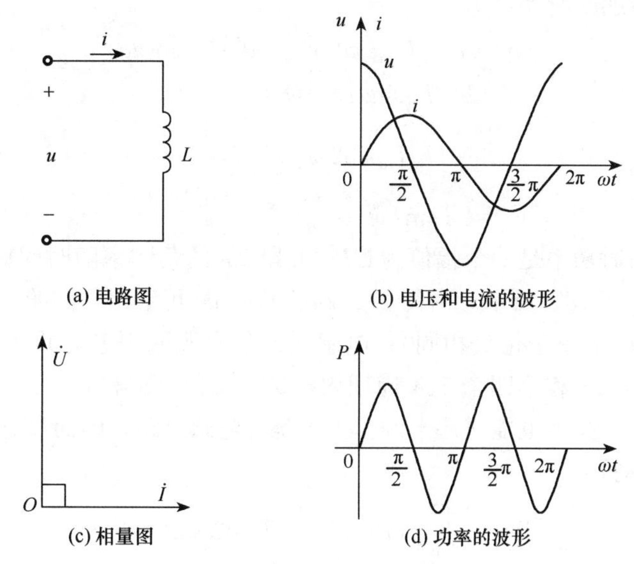


(a) 电路图 (b) 电压和电流的波形

(c) 相量图 (d) 功率的波形

图 3.2.2 电感元件的交流电路

可见，电压和电流是同频率的正弦量，其波形如图 3.2.2（b）所示。它们之间的相位关系为电压超前电流 90°，大小关系为

$$U_{\mathrm{m}}=\omega L I_{\mathrm{m}} \text{ 或 } \frac{U_{\mathrm{m}}}{I_{\mathrm{m}}}=\frac{U}{I}=\omega L \tag{3.2.7}$$

当电感电压一定时，$\omega L$ 越大，流过电感的电流越小，可见 $\omega L$ 具有阻碍交流电流的性质。因而称之为感抗，单位为 Ω（欧姆），用 $X_{\mathrm{L}}$ 表示，即

$$X_{\mathrm{L}}=\omega L=2\pi f L \tag{3.2.8}$$

感抗 $X_{\mathrm{L}}$ 与电感 $L$、频率 $f$ 成正比。在电压 $U$ 和电感 $L$ 一定的条件下，电流 $I$ 和感抗 $X_{\mathrm{L}}$ 随频率变化的曲线如图 3.2.3 所示。频率越高，感抗越大。若 $f \to \infty$，则 $X_{\mathrm{L}} \to \infty$，电感可视为开路；而对于直流电，由于 $f=0$，故 $X_{\mathrm{L}}=0$，电感可视为短路。

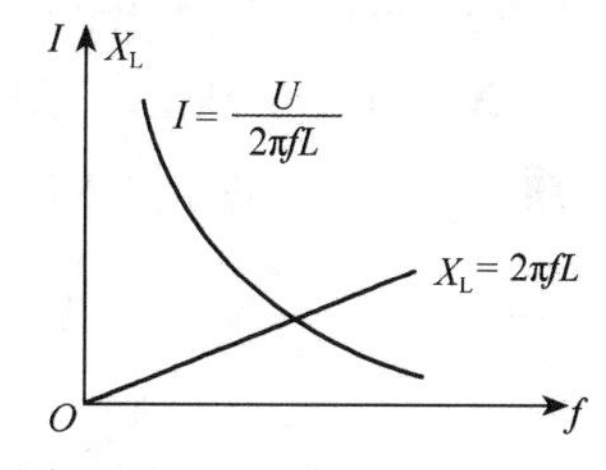


图 3.2.3 $X_{\mathrm{L}}$ 和 $I$ 与 $f$ 的关系

应当注意，感抗只是电感电压与电流的幅值或有效值之比，而不是瞬时值之比，这与电阻电路不同。若用相量表示电感电压与电流的关系，则有

$$\dot{U}=U \mathrm{e}^{\mathrm{j} 90^{\circ}}, \quad \dot{I}=I \mathrm{e}^{\mathrm{j} 0^{\circ}}$$

$$\frac{\dot{U}}{\dot{I}}=\frac{U \mathrm{e}^{\mathrm{j} 90^{\circ}}}{I \mathrm{e}^{\mathrm{j} 0^{\circ}}}=\frac{U}{I} \mathrm{e}^{\mathrm{j} 90^{\circ}}=\mathrm{j} \omega L=\mathrm{j} X_{\mathrm{L}}$$

即

$$\dot{U}=\mathrm{j} \omega L \dot{I}=\mathrm{j} X_{\mathrm{L}} \dot{I} \tag{3.2.9}$$

同理

$$\dot{U}_{\mathrm{m}}=\mathrm{j} \omega L \dot{I}_{\mathrm{m}}$$

上两式是电感电压和电流关系的相量形式，它反映了电感电压与电流的大小及相位关系。电压和电流的相量图如图 3.2.2（c）所示。

电感电路吸收的瞬时功率为

$$\begin{aligned}p &= ui = U_m \sin(\omega t + 90^\circ) I_m \sin\omega t \\ &= U_m I_m \sin\omega t \cos\omega t \\ &= \frac{1}{2} U_m I_m \sin 2\omega t \\ &= UI \sin 2\omega t\end{aligned} \tag{3.2.10}$$

由此可见，瞬时功率是一个幅值为 $UI$，并以 $2\omega$ 的角频率随时间而变化的交变量。其波形图如图 3.2.2（d）所示。由图 3.2.2（b）、（d）可看出，在第一个和第三个 1/4 周期内，$p$ 为正值（$u$ 和 $i$ 正负相同）；电感元件从电源取用电能并转换为磁场能量储存于其磁场中；第二个和第四个 1/4 周期内，$p$ 为负值（$u$ 和 $i$ 一正一负），电感元件将储存的磁场能量转换为电能送还电源。由于是纯电感电路，因而没有能量消耗，这一点也可由平均功率验证。

$$P = \frac{1}{T}\int_0^T p\,\mathrm{d}t = \frac{1}{T}\int_0^T UI \sin 2\omega t\,\mathrm{d}t = 0 \tag{3.2.11}$$

这就说明，电感在电路中不消耗功率，它只与电源间有能量的互换。这一能量的转换过程是可逆的。这种能量互换的规模，用无功功率 $Q$ 衡量，它规定为瞬时功率的幅值，即

$$Q = UI = I^2 X_L = \frac{U^2}{X_L} \tag{3.2.12}$$

无功功率的量纲与有功功率相同，但意义不同。有功功率是实际消耗的功率，无功功率是电感与电源之间交换的功率。为了区别起见，其单位不用 W（瓦），而用 var（无功伏安），简称乏。

**【例 3.2.2】** 一个 0.35H 的电感接于电源电压为 $u = 310\sin(314t + 30^\circ)$ V 的电路中，求 $X_L$、$Q$、$i$ 和 $\dot{I}$。

**解：**

$$X_L = \omega L = 314 \times 0.35 = 110(\Omega)$$

$$U = \frac{U_m}{\sqrt{2}} = \frac{310}{\sqrt{2}} = 220(\mathrm{V})$$

$$\dot{I} = \frac{\dot{U}}{\mathrm{j}X_L} = \frac{220\angle 30^\circ}{110\angle 90^\circ} = 2\angle -60^\circ\ (\mathrm{A})$$

$$i = 2\sqrt{2}\sin(314t - 60^\circ)(\mathrm{A})$$

$$Q = I^2 X_L = 2^2 \times 110 = 440(\mathrm{var})$$

### 3.2.3 纯电容交流电路

图 3.2.4（a）所示为一电容元件的交流电路。

在图示的关联参考方向下，有

$$i = C\frac{\mathrm{d}u}{\mathrm{d}t}$$

设电压为参考正弦量，即

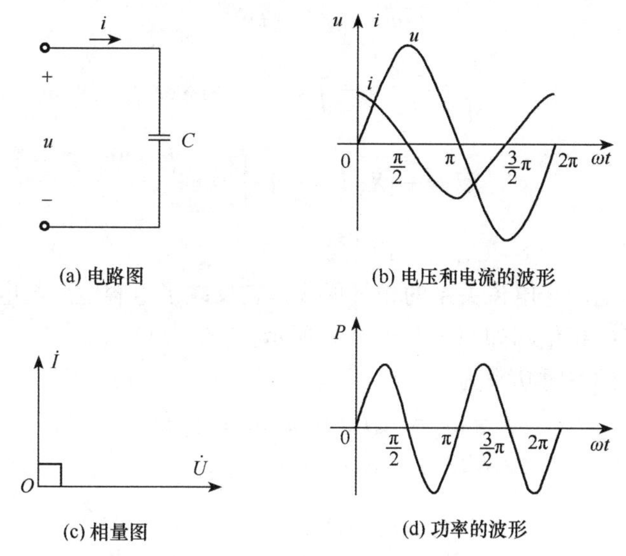


图 3.2.4　电容元件的交流电路

$$u = U_{\mathrm{m}} \sin\omega t$$

则有

$$i = C\frac{\mathrm{d}(U_{\mathrm{m}}\sin\omega t)}{\mathrm{d}t} = \omega C U_{\mathrm{m}} \cos\omega t$$
$$= \omega C U_{\mathrm{m}} \sin(\omega t + 90°) = I_{\mathrm{m}} \sin(\omega t + 90°) \quad (3.2.13)$$

可见，电流和电压是同频率的正弦量，其波形如图 3.2.4（b）所示。它们之间的关系如下。

1）相位关系：电压滞后电流 90°。

2）大小关系为

$$I_{\mathrm{m}} = \omega C U_{\mathrm{m}} \quad 或 \quad \frac{U_{\mathrm{m}}}{I_{\mathrm{m}}} = \frac{U}{I} = \frac{1}{\omega C} \quad (3.2.14)$$

当电压一定时，$\frac{1}{\omega C}$越大，电流越小。可见$\frac{1}{\omega C}$具有阻碍交流电流的性质，因而称之为容抗，单位为 Ω（欧姆），用 $X_{\mathrm{C}}$ 表示，即

$$X_{\mathrm{C}} = \frac{1}{\omega C} = \frac{1}{2\pi f C} \quad (3.2.15)$$

容抗 $X_{\mathrm{C}}$ 与电容 $C$、频率 $f$ 成反比。在电压 $U$ 和电容 $C$ 一定的条件下，电流 $I$ 和容抗 $X_{\mathrm{C}}$ 随频率变化的曲线如图 3.2.5 所示。频率越高，容抗越小，若 $f \to \infty$，则 $X_{\mathrm{C}} = 0$，电容可视为短路，所以电容元件对高频电流呈现的容抗小；而对于直流电，由于 $f = 0$，则 $X_{\mathrm{C}} \to \infty$，电容可视为开路。

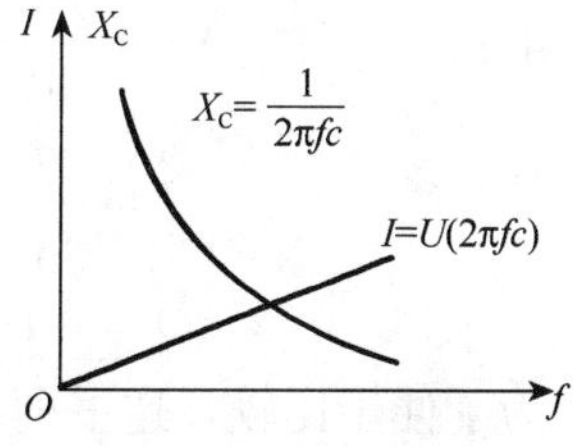


图 3.2.5　$X_{\mathrm{C}}$ 和 $I$ 与 $f$ 的关系

同样要注意的是，容抗只是电容电压与电流的幅值或有效值之比，而不是瞬时值之比。若用相量表示电容电压与电流的关系，则有

$$\dot{U}=U\mathrm{e}^{\mathrm{j}0^\circ}\qquad \dot{I}=I\mathrm{e}^{\mathrm{j}90^\circ}$$

$$\frac{\dot{U}}{\dot{I}}=\frac{U\mathrm{e}^{\mathrm{j}0^\circ}}{I\mathrm{e}^{\mathrm{j}90^\circ}}=\frac{U}{I}\mathrm{e}^{\mathrm{j}90^\circ}=-\mathrm{j}X_C$$

即

$$\dot{U}=-\mathrm{j}X_C\dot{I}=-\mathrm{j}\frac{\dot{I}}{\omega C}=\frac{\dot{I}}{\mathrm{j}\omega C} \tag{3.2.16}$$

同理

$$\dot{U}_m=-\mathrm{j}X_C\dot{I}_m$$

上两式是电容电压与电流关系的相量形式，它反映了电容电压与电流的大小及相位关系。电压和电流的相量图如图 3.2.4（c）所示。

电容电路吸收的瞬时功率为

$$\begin{aligned}p&=ui=U_mI_m\sin\omega t\sin(\omega t+90^\circ)\\&=U_mI_m\sin\omega t\cos\omega t\\&=\frac{1}{2}U_mI_m\sin2\omega t\\&=UI\sin2\omega t\end{aligned} \tag{3.2.17}$$

由此可见，瞬时功率是一个幅值为 $UI$，并以 $2\omega$ 为角频率随时间而变化的交变量。其波形如图 3.2.4（d）所示。由图 3.2.4（b）、（d）可看出，在第一个和第三个 1/4 周期内，$p$ 为正值（$u$ 和 $i$ 的正负相同），电容元件从电源取用电能并转换为电场能量储存于其电场中；在第二个和第四个 1/4 周期内，$p$ 为负值（$u$ 和 $i$ 一正一负），电容元件将储存的电场能量转换为电能送还电源。

电容元件交流电路的平均功率为

$$P=\frac{1}{T}\int_0^T p\,\mathrm{d}t=\frac{1}{T}\int_0^T UI\sin2\omega t\,\mathrm{d}t=0 \tag{3.2.18}$$

可见，电容元件与电感元件一样也是不消耗功率，只与电源间有能量的互换。为了与电感元件电路的无功功率相比较，应当设电流为参考正弦量，即 $i=I_m\sin\omega t$；由于电容电路电压滞后电流 90°，则有 $u=U_m\sin(\omega t-90^\circ)$。于是得出瞬时功率 $p=ui=-UI\sin2\omega t$。

由无功功率是瞬时功率的幅值的定义，得到电容元件电路的无功功率为

$$Q=-UI=-X_CI^2=-\frac{U^2}{X_C} \tag{3.2.19}$$

由此可见，在同一电路中，电容性元件无功功率取负值，电感性元件无功功率取正值。

**【例 3.2.3】** 有一纯电容元件 $C=20\mu F$ 接在 $f=50Hz$，$U=220V$ 的交流电源上，试求容抗 $X_C$、电流 $I$ 和无功功率 $Q$。

**解：**

$$X_C=\frac{1}{2\pi fC}=\frac{1}{2\times3.14\times50\times20\times10^{-6}}=159(\Omega)$$

$$I=\frac{U}{X_C}=\frac{220}{159}=1.38(\mathrm{A})$$

$$Q=-UI=-220\times1.38=-304(\mathrm{var})$$

为了便于比较，这里列出三种基本电路的基本性质以及电压、电流和功率的关系，如表 3.2.1 所示。

**表 3.2.1 纯电阻、纯电感、纯电容电路的基本性质**

| 类别 | 纯电阻电路 | 纯电感电路 | 纯电容电路 |
|---|---|---|---|
| 阻抗 | $R$ | $X_L=\omega L$ | $X_C=\dfrac{1}{\omega C}$ |
| 伏安特性 | $u=Ri$ | $u=L\dfrac{di}{dt}$ | $i=C\dfrac{du}{dt}$ |
| 有效值 | $U=RI$ | $U=X_L I$ | $U=X_C I$ |
| 相量式 | $\dot{U}=R\dot{I}$ | $\dot{U}=jX_L\dot{I}$ | $\dot{U}=-jX_C\dot{I}$ |
| 相位关系 | 电压与电流同相 | 电压超前于电流 90° | 电压滞后于电流 90° |
| 相量图 | $\dot{I}$ $\dot{U}$ | $\dot{U}$ $O$ $\dot{I}$ | $\dot{I}$ $O$ $\dot{U}$ |
| 有功功率 | $P=UI$ | $P=0$ | $P=0$ |
| 无功功率 | $Q=0$ | $Q=UI$ | $Q=-UI$ |

# 3.3 简单单相正弦交流电路的计算

前面介绍了单一参数的交流电路，下面在此基础上分析由 $R$、$L$、$C$ 组成的简单的串并联电路。

## 3.3.1 *R*、*L*、*C* 串联交流电路

$R$、$L$、$C$ 串联交流电路如图 3.3.1（a）所示，选取电流为参考正弦量，即

$$i=I_m\sin\omega t$$

则

$$u_R=U_{Rm}\sin\omega t$$
$$u_L=U_{Lm}\sin(\omega t+90°)$$
$$u_C=U_{Cm}\sin(\omega t-90°)$$

(a) 电路图

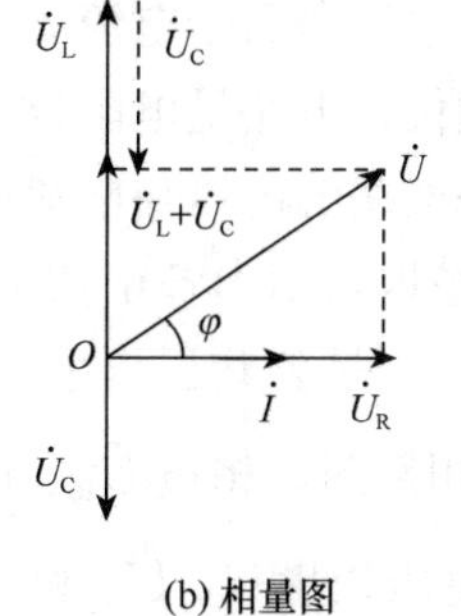


(b) 相量图

图 3.3.1 $R$、$L$、$C$ 串联交流电路

同频率的正弦量相加，仍是同频率的正弦量，由 KVL 可得

$$u=u_R+u_L+u_C=U_m\sin(\omega t+\varphi) \tag{3.3.1}$$

$$\begin{aligned}\dot{U} &= \dot{U}_{R} + \dot{U}_{L} + \dot{U}_{C} \\ &= R\dot{I} + jX_{L}\dot{I} - jX_{C}\dot{I} \\ &= [R + j(X_{L} - X_{C})]\dot{I} \\ &= (R + jX)\dot{I} \\ &= Z\dot{I}\end{aligned} \tag{3.3.2}$$

式中，$Z=R+jX=R+j(X_{L}-X_{C})$。

式（3.3.2）形式上与直流电路的欧姆定律相似，因而可看作欧姆定律在交流电路中的相量表达式。其中，$Z$ 称为阻抗（复数阻抗），其实部 $R$ 为电阻，虚部 $X$ 为电抗。阻抗的单位为 Ω（欧姆），它是一个复数，但不表示正弦量，用不加点的大写字母 $Z$ 表示。阻抗的模 $|Z|$ 称为阻抗模，幅角 $\varphi$ 称为阻抗角，它们分别为

$$|Z| = \sqrt{R^{2} + X^{2}} = \sqrt{R^{2} + (X_{L} - X_{C})^{2}} \tag{3.3.3}$$

$$\varphi = \arctan\frac{X}{R} = \arctan\frac{X_{L} - X_{C}}{R} \tag{3.3.4}$$

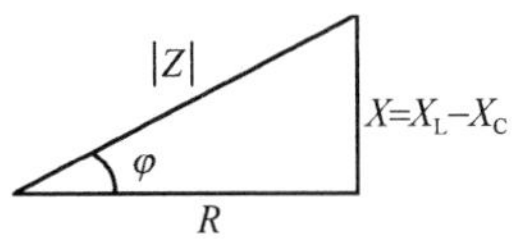

图 3.3.2　阻抗三角形

可见，$|Z|$ 与 $R$、$X$ 之间有直角三角形的关系，如图 3.3.2 所示，称为阻抗三角形。

若把 $\dot{U}=U\angle\varphi_{u}$，$\dot{I}=I\angle\varphi_{i}$ 代入式（3.3.2），得到

$$Z = \frac{\dot{U}}{\dot{I}} = \frac{U\angle\varphi_{u}}{I\angle\varphi_{i}} = \frac{U}{I}\angle\varphi_{u} - \varphi_{i} = |Z|\angle\varphi \tag{3.3.5}$$

即

$$|Z| = \frac{U}{I}$$

$$\varphi = \varphi_{u} - \varphi_{i}$$

可见，阻抗模反映了电压与电流的大小关系，为电压与电流的有效值之比；阻抗角反映了电压与电流之间的相位关系，为电压与电流之间的相位差。$\varphi$ 角的大小是由电路参数所决定的。

当 $X_{L}>X_{C}$ 时，$X>0$，$\varphi>0$，电压超前于电流 $\varphi$ 角，电路呈电感性；当 $X_{L}<X_{C}$ 时，$X<0$，$\varphi<0$，电压滞后于电流 $\varphi$ 角，电路呈电容性；当 $X_{L}=X_{C}$ 时，$X=0$，$\varphi=0$，电压与电流同相位，电路呈电阻性。

$R$、$L$、$C$ 串联电路的电压与电流的关系除了用上述相量式计算外，还可用相量图计算。相量图能清楚地表示出各正弦量的关系。对串联电路而言，由于电流贯穿整个电路与各元件发生联系，是公共正弦量，所以选取电流相量为参考相量。根据各相量与参考相量的关系画出相量图，相量 $\dot{U}_{R}$、$\dot{U}_{L}$、$\dot{U}_{C}$ 相加即可得出电源电压 $u$ 的相量 $\dot{U}$，见图 3.3.1（b）。由电压相量 $\dot{U}$、$\dot{U}_{R}$ 和（$\dot{U}_{L}+\dot{U}_{C}$）所组成的直角三角形，叫做电压三角形。由该三角形可以方便地找出电压电流的相位关系和有效值的大小关系。

$$\begin{aligned}U &= \sqrt{U_{R}^{2} + (U_{L} - U_{C})^{2}} = \sqrt{(RI)^{2} + (X_{L}I - X_{C}I)^{2}} \\ &= I\sqrt{R^{2} + (X_{L} - X_{C})^{2}} = I|Z|\end{aligned} \tag{3.3.6}$$

$$\varphi = \arctan\frac{U_L - U_C}{U_R} = \arctan\frac{X_L I - X_C I}{RI} = \arctan\frac{X_L - X_C}{R}$$

以上结果与用相量计算法所得结果一致。

对 $R$、$L$、$C$ 串联交流电路而言，$i = I_m \sin\omega t$，$u = U_m \sin(\omega t + \varphi)$。电路的瞬时功率为

$$p = ui = U_m I_m \sin(\omega t + \varphi)\sin\omega t = UI\cos\varphi - UI\cos(2\omega t + \varphi) \tag{3.3.7}$$

电路的平均功率（即有效功率）为

$$\begin{aligned} P &= \frac{1}{T}\int_0^T p\,dt = \frac{1}{T}\int_0^T [UI\cos\varphi - UI\cos(2\omega t + \varphi)]dt \\ &= UI\cos\varphi \end{aligned} \tag{3.3.8}$$

实际上，该电路只有电阻元件消耗能量，电路有功功率为

$$P = P_R = U_R I$$

由电压三角形得到 $$U_R = U\cos\varphi$$

即有 $$P = UI\cos\varphi$$

由此可见，$R$、$L$、$C$ 串联交流电路的有功功率与电阻元件电路的有功功率不同，它不仅与电压、电流有效值的乘积有关，而且与电压电流相位差的余弦有关。这是由于电路中电压与电流不同相出现了相位差的缘故。$\cos\varphi$ 称为交流电路的功率因数。由 $-90° \leqslant \varphi \leqslant 90°$，得 $0 \leqslant \cos\varphi \leqslant 1$。

电感、电容元件不耗能，但要储存或放出能量，与电源之间进行能量的互换，电压 $\dot{U}_L$ 和 $\dot{U}_C$ 相位相反表明，电感元件吸收能量时，电容元件恰好放出能量；电感元件放出能量时，电容元件恰好吸收能量。所以，电感元件的无功功率 $Q_L$ 与电容元件的无功功率 $Q_C$ 的符号相反。因此，$R$、$L$、$C$ 串联电路的无功功率为

$$Q = Q_L - Q_C = U_L I - U_C I = (U_L - U_C)I$$

由电压三角形得到 $$U_L - U_C = \sin\varphi$$

所以 $$Q = UI\sin\varphi \tag{3.3.9}$$

正弦交流电路中电压与电流有效值的乘积，一般情况下不等于有功功率 $P$ 或无功功率 $Q$。把它们的乘积叫做视在功率，用 $S$ 表示，即

$$S = UI \tag{3.3.10}$$

为了与有功功率和无功功率区别，视在功率的单位用伏安 V·A（伏安）或 kV·A（千伏安）表示。

交流电气设备是按照规定的额定电压 $U_N$ 和额定电流 $I_N$ 设计和使用的，两者的乘积叫做额定视在功率，通常也称之为额定容量。

有功功率 $P$、无功功率 $Q$ 和视在功率 $S$ 之间的关系也可用功率三角形表示，如图 3.3.3 所示。

$$\begin{cases} S = \sqrt{P^2 + Q^2} \\ P = UI\cos\varphi = S\cos\varphi \\ Q = UI\sin\varphi = S\sin\varphi \end{cases} \tag{3.3.11}$$

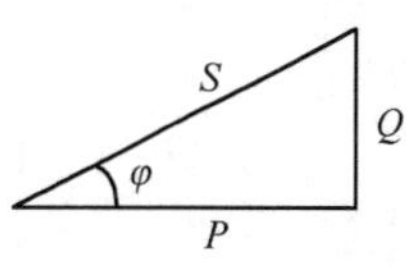

图 3.3.3 功率三角形

可见

$$\varphi=\arctan\frac{Q}{P}=\arctan\frac{(U_{\mathrm{L}}-U_{\mathrm{C}})I}{U_{\mathrm{R}}I}$$

$$=\arctan\frac{U_{\mathrm{L}}-U_{\mathrm{C}}}{U_{\mathrm{R}}}=\arctan\frac{X_{\mathrm{L}}-X_{\mathrm{C}}}{R}$$

因此，对 $R$、$L$、$C$ 串联电路而言，其功率三角形、电压三角形、阻抗三角形是相似三角形。

**【例 3.3.1】** 电感线圈与电容器串联接到 800Hz 的信号源上，信号源的输出电压为 1V。设线圈的电感量为 8mH，其串联等效电阻为 2Ω，电容器的电容量为 5μF，试求电路的电流及线圈与电容器上的电压、电路的有功功率 $P$ 和无功功率 $Q$。

**解：** 设 $\dot{U}=U\angle 0^\circ=1\angle 0^\circ$ V

$$Z_1=R+\mathrm{j}\omega L=2+\mathrm{j}2\times 3.14\times 800\times 8\times 10^{-3}=2+\mathrm{j}40.2=40.2\angle 87.2^\circ\ (\Omega)$$

$$Z_2=-\mathrm{j}\frac{1}{\omega C}=-\mathrm{j}\frac{1}{2\times 3.14\times 800\times 5\times 10^{-6}}=-\mathrm{j}39.8=39.8\angle -90^\circ\ (\Omega)$$

电路的电流为

$$\dot{I}=\frac{\dot{U}}{Z_1+Z_2}=\frac{1\angle 0^\circ}{2+\mathrm{j}40.2-\mathrm{j}39.8}=\frac{1\angle 0^\circ}{2.04\angle 11.3^\circ}=0.49\angle -11.3^\circ\ (\mathrm{A})$$

线圈上的电压为

$$\dot{U}_1=Z_1\dot{I}=40.2\angle 87.2^\circ\times 0.49\angle -11.3^\circ=19.7\angle 75.9^\circ\ (\mathrm{V})$$

电容器上的电压为

$$\dot{U}_2=Z_2\dot{I}=39.8\angle -90^\circ\times 0.49\angle -11.3^\circ=19.5\angle -101.3^\circ\ (\mathrm{V})$$

$$\varphi=\varphi_{\mathrm{u}}-\varphi_{\mathrm{i}}=0^\circ-(-11.3^\circ)=11.3^\circ$$

$$P=UI\cos\varphi=1\times 0.49\times\cos 11.3^\circ=0.48(\mathrm{W})$$

$$Q=UI\sin\varphi=1\times 0.49\times\sin 11.3^\circ=0.96(\mathrm{var})$$

**【例 3.3.2】** $R$、$C$ 串联电路中，外加交流电压的频率为 1000Hz，$U=10$V，$C=1\mu$F，$R=100\Omega$。试求电流及电容与电阻上的电压。

**解：** 以电流 $\dot{I}$ 为参考相量，画出相量图如图 3.3.4 所示。

$$X_{\mathrm{C}}=\frac{1}{\omega C}=\frac{1}{2\times 3.14\times 10^3\times 1\times 10^{-6}}=159(\Omega)$$

$$U=\sqrt{U_{\mathrm{R}}^2+U_{\mathrm{C}}^2}=\sqrt{(RI)^2+(X_{\mathrm{C}}I)^2}=\sqrt{R^2+X_{\mathrm{C}}^2}$$

$$I=\frac{U}{\sqrt{R^2+X_{\mathrm{C}}^2}}=\frac{10}{\sqrt{100^2+159^2}}=0.0532(\mathrm{A})$$

$$U_{\mathrm{R}}=RI=100\times 0.0532=5.32(\mathrm{V})$$

$$U_{\mathrm{C}}=X_{\mathrm{C}}I=159\times 0.0532=8.47(\mathrm{V})$$

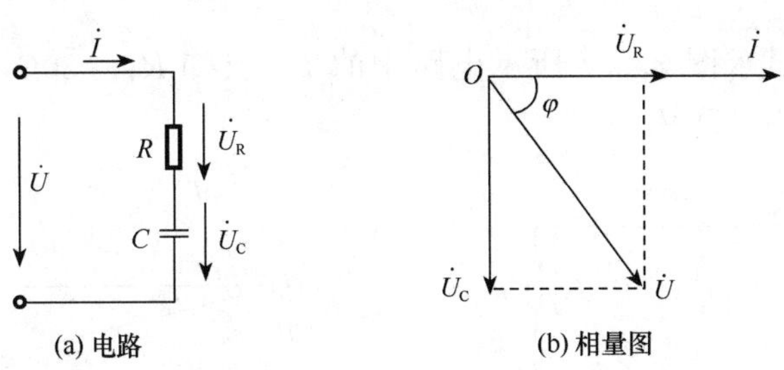


图 3.3.4　例 3.3.2 的电路和相量图

### 3.3.2　阻抗的串联和并联

在 $R$、$L$、$C$ 串联交流电路中，当采用复阻抗计算电路的总阻抗时，与电阻电路串并联形式相似。图 3.3.5 为 $n$ 个复阻抗串联电路。由 KVL 得到

$$\begin{aligned}\dot{U}&=\dot{U}_1+\dot{U}_2+\cdots+\dot{U}_n=Z_1\dot{I}+Z_2\dot{I}+\cdots+Z_n\dot{I}\\&=(Z_1+Z_2+\cdots+Z_n)\dot{I}=Z\dot{I}\end{aligned}\tag{3.3.12}$$

即

$$Z=Z_1+Z_2+\cdots+Z_n=\sum_{k=1}^{n}Z_k\qquad(k=1,\ 2,\ \cdots,\ n)\tag{3.3.13}$$

由此可见，$n$ 个复阻抗串联，其总复阻抗等于各个串联复阻抗之和。

$$Z=\sum_{k=1}^{n}Z_k=\sum_{k=1}^{n}R_k+\mathrm{j}\sum_{k=1}^{n}X_k=|Z|\,\mathrm{e}^{\mathrm{j}\varphi}$$

其中，

$$|Z|=\sqrt{\left(\sum_{k=1}^{n}R_k\right)^2+\left(\sum_{k=1}^{n}X_k\right)^2}$$

$$\varphi=\arctan\frac{\sum\limits_{k=1}^{n}X_k}{\sum\limits_{k=1}^{n}R_k}$$

图 3.3.6 为 $n$ 个复阻抗并联的电路。由 KCL 得到

$$\begin{aligned}\dot{I}&=\dot{I}_1+\dot{I}_2+\cdots+\dot{I}_n=\frac{\dot{U}}{Z_1}+\frac{\dot{U}}{Z_2}+\cdots+\frac{\dot{U}}{Z_n}\\&=\dot{U}\left(\frac{1}{Z_1}+\frac{1}{Z_2}+\cdots+\frac{1}{Z_n}\right)=\dot{U}\,\frac{1}{Z}\end{aligned}\tag{3.3.14}$$

即

$$\frac{1}{Z}=\frac{1}{Z_1}+\frac{1}{Z_2}+\cdots+\frac{1}{Z_n}=\sum_{k=1}^{n}\frac{1}{Z_k}\qquad(k=1,\ 2,\ \cdots,\ n)\tag{3.3.15}$$

由此可见，$n$ 个复阻抗并联，其总复阻抗的倒数等于各个复阻抗倒数之和。

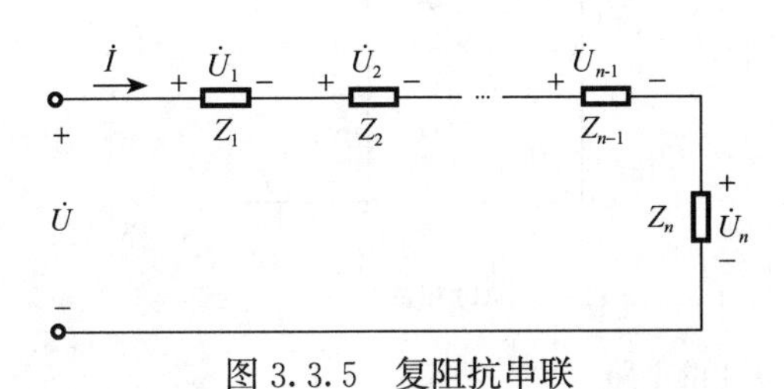


图 3.3.5　复阻抗串联

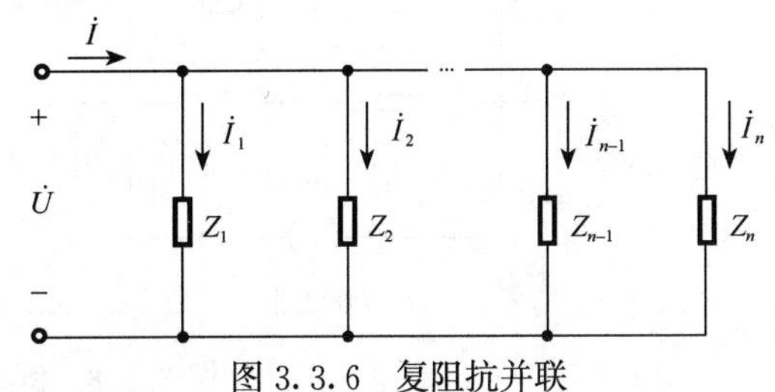


图 3.3.6　复阻抗并联

【**例 3.3.3**】 试求图 3.3.7 所示电路中的 $\dot{I}$。已知 $R_1=30\Omega$，$R_2=60\Omega$，$X_L=40\Omega$，$X_C=80\Omega$，$U=220\text{V}$。

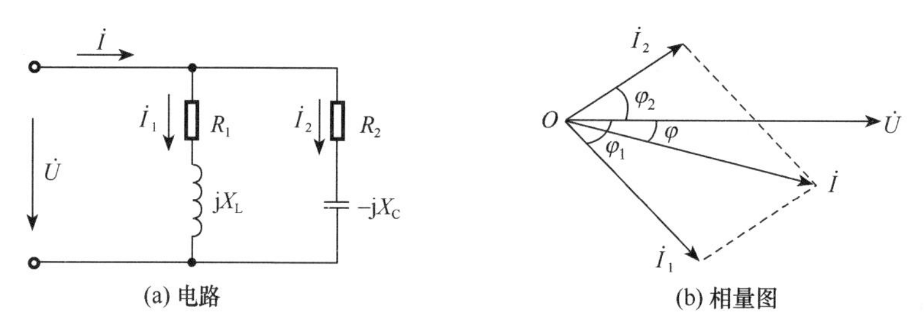


(a) 电路　　(b) 相量图

图 3.3.7　例 3.3.3 的电路

**解**：（1）解法一：由支路电流求总电流

设 $\dot{U}=220\angle 0°$ V，$RL$ 支路阻抗为 $Z_1=30+\text{j}40=50\angle 53.1°$（Ω），$RC$ 支路阻抗为 $Z_2=60-\text{j}80=100\angle -53.1°$（Ω），故

$$\dot{I}=\frac{\dot{U}}{Z_1}=\frac{220\angle 0°}{50\angle 53.1°}=4.4\angle -53.1°\ (\text{A})$$

$$\dot{I}_2=\frac{\dot{U}}{Z_2}=\frac{220\angle 0°}{100\angle -53.1°}=2.2\angle 53.1°\ (\text{A})$$

$$\begin{aligned}\dot{I}&=\dot{I}_1+\dot{I}_2=4.4\angle -53.1°+2.2\angle 53.1°\\&=2.64-\text{j}3.52+1.32+\text{j}1.76\\&=3.96-\text{j}1.76=4.33\angle -24°\ (\text{A})\end{aligned}$$

（2）解法二：由并联等效阻抗求总电流

$$\begin{aligned}Z&=\frac{Z_1Z_2}{Z_1+Z_2}=\frac{50\angle 53.1°\times 100\angle -53.1°}{30+\text{j}40+60-\text{j}80}\\&=\frac{5000\angle 0°}{90-\text{j}40}=\frac{5000\angle 0°}{98.5\angle -24°}=50.76\angle 24°\ (\Omega)\end{aligned}$$

$$\dot{I}=\frac{\dot{U}}{Z}=\frac{220\angle 0°}{50.76\angle 24°}=4.33\angle -24°\ (\text{A})$$

【**例 3.3.4**】 图 3.3.8（a）所示电路中，已知电压表 $V_1$ 和 $V_2$ 的读数（为正弦值的有效值），试求电压表 $V_0$ 的读数。

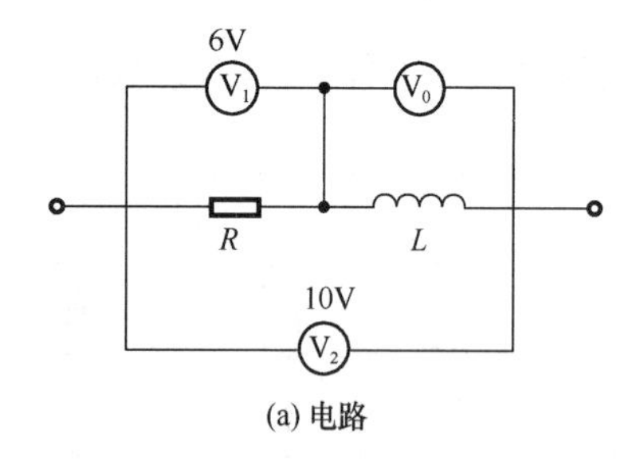


(a) 电路

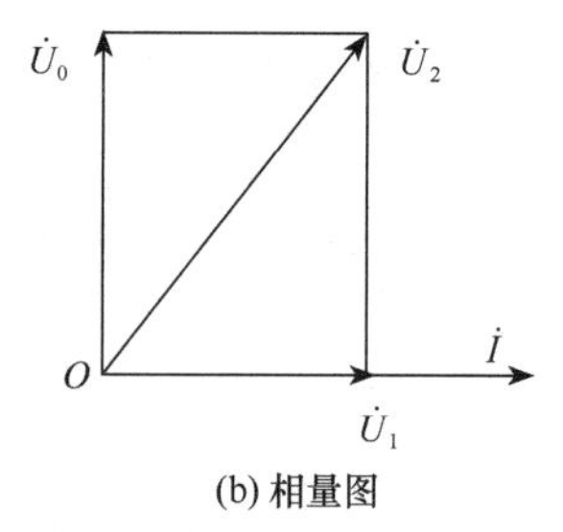


(b) 相量图

图 3.3.8　例 3.3.4 的电路

**解**：电路中流过电阻和电感的电流为同一电流，故以该电流 $\dot{I}$ 为参考相量，作出相量图如图 3.3.8（b）所示。

由电压三角形得到

$$U_0=\sqrt{U_2^2-U_1^2}=\sqrt{10^2-6^2}=8(\mathrm{V})$$

## 3.4　交流电路中的谐振

在含有电感和电容元件的交流电路中，电路两端的电压和电路中电流一般是不同相的。当两者同相时，则称电路发生了谐振现象。谐振现象在电子技术中有很大的应用价值，但谐振又有可能破坏系统的正常工作，因此对谐振现象的研究有实际意义。按发生谐振的电路的不同，可分为串联谐振和并联谐振。

### 3.4.1　串联谐振

在图 3.3.1 所示的 $R$、$L$、$C$ 串联电路中，若 $X_\mathrm{L}=X_\mathrm{C}$ 时，则

$$\varphi=\arctan\frac{X_\mathrm{L}-X_\mathrm{C}}{R}=0$$

电路两端电压与电流同相，电路呈电阻性，也就是电路发生谐振现象，并称为串联谐振。可见，串联谐振的基本条件是 $X_\mathrm{L}=X_\mathrm{C}$，即

$$\omega L=\frac{1}{\omega C} \tag{3.4.1}$$

谐振角频率为

$$\omega_0=\frac{1}{\sqrt{LC}} \tag{3.4.2}$$

谐振频率为

$$f_0=\frac{1}{2\pi\sqrt{LC}} \tag{3.4.3}$$

可见，谐振频率只与电路参数 $L$ 和 $C$ 有关。当电源频率与电路参数满足式（3.4.3）时，电路就发生串联谐振。当电源频率 $f$ 一定时，改变 $L$ 或 $C$ 的大小可以使电路发生谐振；当 $L$ 和 $C$ 一定时，改变电源的频率 $f$ 可以使电路发生谐振。

串联谐振时电路有以下主要特点：

1）电压与电流同相位，电路呈电阻性。

2）电路阻抗模 $|Z|=\sqrt{R^2+(X-X_\mathrm{C})^2}=R$，具有最小值。在电压一定时，电流达到最大值，$I=I_0=\dfrac{U}{R}$。

3）谐振时，电感端电压 $\dot{U}_\mathrm{L}$ 与电容端电压 $\dot{U}_\mathrm{C}$ 大小相等，相位相反，互相抵消，对整个电路不起作用。电阻电压 $\dot{U}_\mathrm{R}$ 就等于电源电压 $\dot{U}$。此时，电源不再向它们提供无功功率，能量互换只发生在电感与电容之间。

把谐振时 $U_\mathrm{L}$ 或 $U_\mathrm{C}$ 与 $U$ 的比值称为电路的品质因数，用 $Q$ 表示，即

$$Q=\frac{U_\mathrm{L}}{U}=\frac{U_\mathrm{C}}{U}=\frac{\omega_0 L}{R}=\frac{1}{\omega_0 CR} \tag{3.4.4}$$

可见在 $X_L=X_C>R$ 即 $Q>1$ 时，电感或电容上的电压将大于电源电压。这种特性是 $R$、$L$、$C$ 串联谐振电路所特有的，因此串联谐振又称为电压谐振。电压过高会击穿电感线圈和电容器的绝缘层，因此电力工程上应避免发生串联谐振。在无线电技术中常利用串联谐振，通常情况下，串联谐振电路实际上由电感线圈和电容器组成，电路的电阻就是电感线圈的电阻，满足 $X_L \gg R$，电路的品质因数 $Q$ 的数值比较高，一般可达几十到几百范围内。当电路发生谐振时，$U_L=U_C=I_0X_C=QU$，线圈与电容器上的电压是电源电压的 $Q$ 倍。例如，在接收机里，天线收到各种不同频率的信号，调节可变电容器（见图 3.4.1）来选择所需的频率信号，使电路在该频率上谐振，电流最大，$U_C$ 最高，而其他频率的信号未达到谐振状态，电流极小，这样就完成了选择信号和抑制干扰的作用。

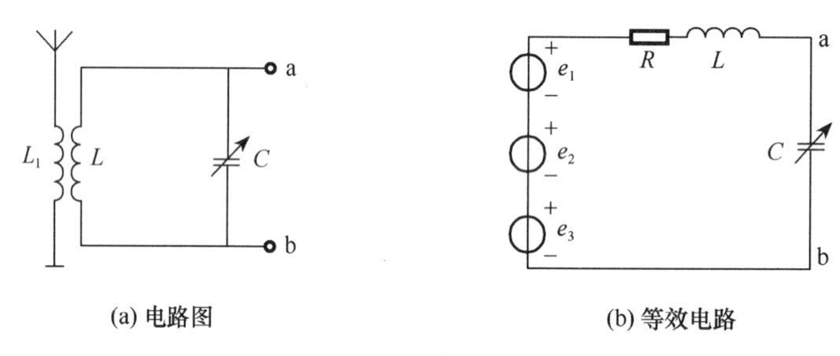


图 3.4.1　接收机输入电路

串联谐振电路中电流随频率变化的曲线称为电流谐振曲线，如图 3.4.2 所示。在谐振点，电路的电流最大，$I=I_0$；偏离谐振点，$I<I_0$；当电路的电流为 $I=\frac{I_0}{\sqrt{2}}$ 时，谐振曲线所对应的上下限频率 $f_H$ 和 $f_L$ 之间的宽度称为电路的通频带 $f_{BW}$。可以证明，通频带与品质因数的关系为 $f_{BW}=f_H-f_L=\frac{f_0}{Q}$，因此，$Q$ 越大，通频带宽度越小，谐振曲线越尖锐，电路对频率的选择性越好。

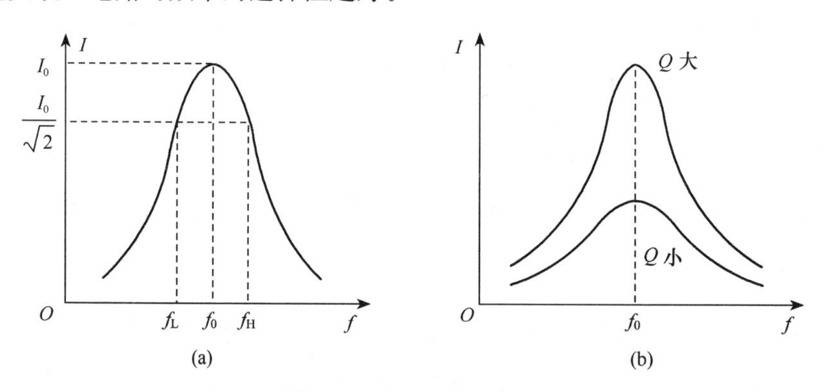


图 3.4.2　电流谐振曲线

### 3.4.2　并联谐振

图 3.4.3 是电感线圈和电容器并联的电路。其中，$L$ 是线圈的电感，$R$ 是线圈的电

阻。电路的等效阻抗为

$$Z=\frac{\frac{1}{\mathrm{j}\omega C}(R+\mathrm{j}\omega L)}{\frac{1}{\mathrm{j}\omega C}+(R+\mathrm{j}\omega L)}=\frac{R+\mathrm{j}\omega L}{1+\mathrm{j}\omega RC-\omega^2 LC} \tag{3.4.5}$$

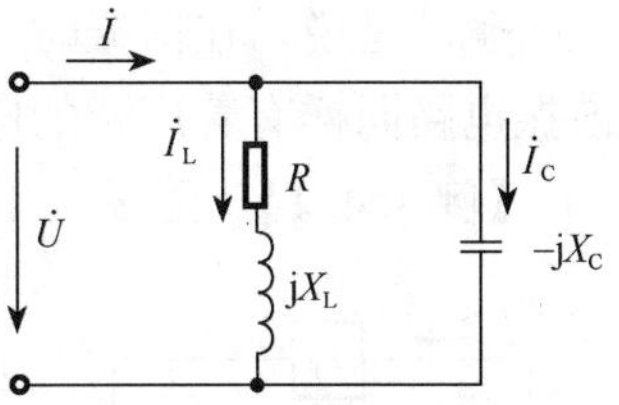

图 3.4.3　并联谐振电路

通常情况下线圈的电阻很小，谐振时满足 $\omega L \gg R$，因此式（3.4.5）可写为

$$Z\approx\frac{\mathrm{j}\omega L}{1+\mathrm{j}\omega RC-\omega^2 LC}=\frac{1}{\frac{RC}{L}+\mathrm{j}\left(\omega C-\frac{1}{\omega L}\right)} \tag{3.4.6}$$

谐振时，电压与电流同相位，电路呈电阻性，式（3.4.6）的虚部为零，即

$$\omega C-\frac{1}{\omega L}=0$$

则

$$\omega_0\approx\frac{1}{\sqrt{LC}}\text{ 或 }f=f_0\approx\frac{1}{2\pi\sqrt{LC}}$$

可见，并联谐振频率与串联谐振频率近于相等。并联谐振时电路有以下主要特点：

1）电压与电流同相位，电路呈电阻性。

2）电路阻抗模 $|Z|=\frac{1}{\frac{RC}{L}}=\frac{L}{RC}$ 具有最大值。

3）在电压一定时，电流达到最小值 $I=I_0\frac{U}{\frac{L}{RC}}=\frac{U}{|Z_0|}$。

4）谐振时，电感支路的无功电流与电容支路的无功电流大小相等，相位相反。

若 $2\pi f_0 L \gg R$，谐振时各并联支路的电流为

$$I_{\mathrm{L}}=\frac{U}{\sqrt{R^2+(2\pi f_0 L)^2}}\approx\frac{U}{2\pi f_0 L}$$

$$I_C=\frac{U}{\frac{1}{2\pi f_0 C}}$$

而谐振时

$$|Z_0|=\frac{L}{RC}=\frac{2\pi f_0 L}{R 2\pi f_0 C}\approx\frac{(2\pi f_0 L)^2}{R}$$

因而有

$$2\pi f_0 L\approx\frac{1}{2\pi f_0 C}\ll\frac{(2\pi f_0 L)^2}{R}$$

比较 $I_0$、$I_{\mathrm{L}}$、$I_{\mathrm{C}}$ 的表达式，可得 $I_{\mathrm{L}}\approx I_{\mathrm{C}}\gg I_0$，电感支路和电容支路中的电流将远大于电路总电流，因而，并联谐振也称为电流谐振。

电路谐振时，$I_{\mathrm{C}}$ 或 $I_{\mathrm{L}}$ 与总电流 $I_0$ 的比值为电路的品质因数。

$$Q=\frac{I_{\mathrm{L}}}{I_0}=\frac{2\pi f_0 L}{R}=\frac{\omega_0 L}{R}=\frac{1}{\omega_0 CR} \tag{3.4.7}$$

也就是说，在谐振时支路电流 $I_L$ 或 $I_C$ 是总电流 $I_0$ 的 $Q$ 倍。在电子技术中，并联谐振电路同样有着广泛的应用。

**【例 3.4.1】** 图 3.4.4 电路中，正弦电压源的电压 $U_s=1V$，频率为 50Hz，发出的平均功率 $P=0.1W$，整个电路的功率因数为 1。已知 $Z_1$ 和 $Z_2$ 吸收的平均功率相等，$Z_2$ 的功率因数为 0.5（$\varphi_2>0$），求电流 $I$，复阻抗 $Z_1$ 和 $Z_2$。

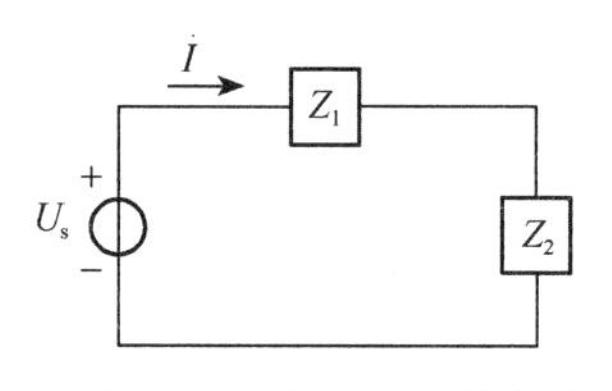

图 3.4.4　例 3.4.1 的电路

**解：**

$$I=\frac{P}{U_s\cos\varphi}=\frac{0.1}{1\times 1}=0.1(\text{A})$$

$$P=I^2R=I^2(R_1+R_2)$$

由题意 $Z_1$ 和 $Z_2$ 吸收功率相等，则有

$$R_2=R_2=\frac{P}{2I^2}=\frac{0.1}{2\times 0.1\times 0.1}=5(\Omega)$$

由阻抗三角形

$$|Z_2|=\frac{R_2}{\cos\varphi_2}=\frac{5}{0.5}=10(\Omega)$$

$$X_2=\sqrt{|Z_2|^2-R_2^2}=\sqrt{10^2-5^2}=8.66(\Omega)$$

由题意 $\varphi_2>0$，故 $Z_2=R_2+jX_2=5+j8.66(\Omega)$。

由题意电路功率因数为 1，呈纯电阻性，即电路为串联谐振状态，可见 $Z_1$ 一定是电容性阻抗，并且其容抗的大小等于 $Z_2$ 的感抗。即

$$Z_1=5-j8.66(\Omega)$$

## 3.5　交流电路的功率因数

交流电路中的有功功率一般不等于电源电压 $U$ 和总电流 $I$ 的乘积，它还与电压与电流间的相位差有关，即

$$P=UI\cos\varphi$$

由此可见，在一定的电压和电流的条件下，负载获得的有功功率的大小取决于功率因数 $\cos\varphi$ 的大小，而功率因数取决于负载本身的参数。在工农业生产和日常生活中大量使用的是可以等效看成由电阻串联电感组成的电感性负载（如异步电动机、日光灯等），它们除消耗有功功率之外，还取用大量的无功功率，所以功率因数较低。当电路的功率因数太低时，会引起下述两方面的问题。

（1）降低了电源设备的利用率

电源设备的额定容量为 $S=UI$，所输出的有功功率为 $P=UI\cos\varphi$，显然功率因数 $\cos\varphi$ 越高，电源发出的有功功率越大，设备容量的利用率越高；反之，功率因数越低，电源发出的有功功率越小，设备容量的利用率越低。

（2）增加了供电线路上的功率损耗

由 $I=\dfrac{P}{U\cos\varphi}$ 可知，电流 $I$ 与功率因数 $\cos\varphi$ 成反比，若线路上的电阻为 $r$，则线路

上的功率损耗为

$$\Delta P = I^2 r = \left(\frac{P}{U\cos\varphi}\right)^2 r = \frac{P^2}{U^2} r \frac{1}{\cos^2\varphi} \tag{3.5.1}$$

功率损耗 $\Delta P$ 与功率因数 $\cos\varphi$ 的平方成反比，在 $P$ 和 $U$ 一定的情况下，功率因数 $\cos\varphi$ 越低，电流 $I$ 就越大，功率损耗也就越大。

由此可见，提高功率因数能使电源设备的容量得到充分利用，并减小功率损耗，对国民经济的建设与发展有着重要的意义。

提高电路功率因数的措施必须满足：一是不影响原有负载的工作状态；二是所增加的设备器件不能增加额外的功率消耗。常用的方法是给电感性负载并联合适的电容器，利用电容性无功功率补偿原有负载取用的电感性无功功率，使负载所需的无功功率不再全部来自电源，而是部分的来自电路本身，即可减少电源与负载间的能量互换，使电路总无功功率减小，从而提高电路的功率因数。

如图 3.5.1 所示，在并联电容前，电路总电流就是负载电流 $\dot{I}_1$，电路的功率因数就是负载的功率因数 $\cos\varphi_1$，并联电容后，电路总电流 $\dot{I} = \dot{I}_1 + \dot{I}_C$，电路的功率因数为 $\cos\varphi$，可见，并联电容后，电路总电流减小，且 $\varphi < \varphi_1$，使 $\cos\varphi > \cos\varphi_1$，电路的功率因数提高了。

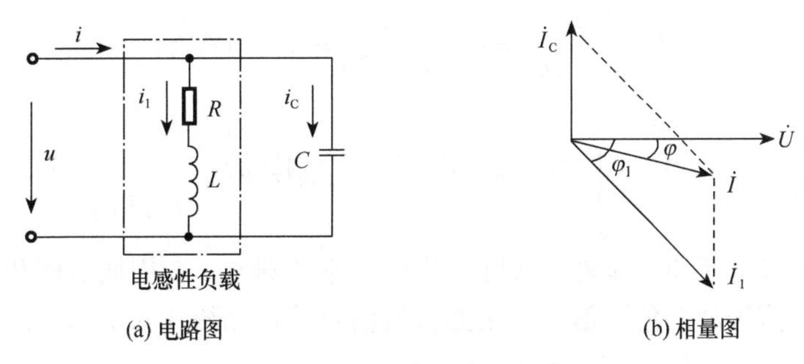


图 3.5.1　功率因数的提高

应当注意：并联电容后，整个电路的功率因数提高了，但电感性负载的本身功率因数没有改变，即负载的工作状态没有发生任何变化，电路的有功功率并没有改变，因为电容器是不消耗功率的。由相量图可知

$$\begin{aligned} I_C &= I_1 \sin\varphi_1 - I\sin\varphi \\ &= \left(\frac{P}{U\cos\varphi_1}\right)\sin\varphi_1 - \left(\frac{P}{U\cos\varphi}\right)\sin\varphi \\ &= \frac{P}{U}(\tan\varphi_1 - \tan\varphi) \end{aligned} \tag{3.5.2}$$

由
$$I_C = \frac{U}{X_C} = U\omega C$$

即
$$U\omega C = \frac{P}{U}(\tan\varphi_1 - \tan\varphi)$$

$$C = \frac{P}{\omega U^2}(\tan\varphi_1 - \tan\varphi)$$

$$= \frac{P}{2\pi f U^2}(\tan\varphi_1 - \tan\varphi) \qquad (3.5.3)$$

**【例 3.5.1】** 有一电感性负载接到 50Hz，220V 的交流电源上工作时，其功率 $P=100\text{kW}$，功率因数 $\cos\varphi_1=0.8$，试问应并联多大的电容才能使电路的功率因数提高到 0.95；功率因数提高前后电源输出的电流各为多少？

**解：** $\cos\varphi_1=0.8$，$\cos\varphi=0.95$，则 $\tan\varphi_1=0.75$，$\tan\varphi=0.329$，所需电容值为

$$C = \frac{P}{2\pi f U^2}(\tan\varphi_1 - \tan\varphi)$$

$$= \frac{100\times10^3\times(0.75-0.329)}{2\times3.14\times50\times220^2}$$

$$= 2770(\mu\text{F})$$

功率因数提高前电源输出电流为

$$I_1 = \frac{P}{U\cos\varphi_1} = \frac{100\times10^3}{220\times0.8} = 568.18(\text{A})$$

功率因数提高后电源输出电流为

$$I = \frac{P}{U\cos\varphi} = \frac{100\times10^3}{220\times0.95} = 478.47(\text{A})$$

## 3.6 非正弦交流电路

除了正弦交流电压和电流外，实际工作中还常遇到非正弦周期电压和电流，如矩形波信号、锯齿波信号、三角波信号、全波整流信号等，如图 3.6.1 所示。

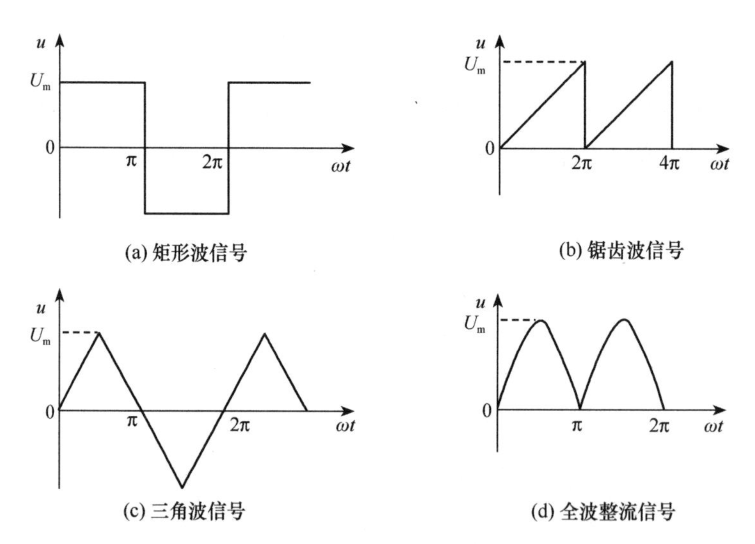


图 3.6.1　非正弦周期电压

分析非正弦周期信号线性电路时，首先要对激励进行分析，主要是用傅里叶级数将非正弦激励分解为恒定分量和一系列不同频率的正弦量之和，然后，分别求出直流和不同频率分量单独作用于电路所产生的响应，再利用线性电路的叠加原理，将电压、电流的瞬时值叠加得到电路的实际响应。这种分析方法也称为谐波分析法，它的实质就是把计算非正弦周期信号电路的问题化成计算一系列正弦信号电路的问题。

由数学知识可知，一个非正弦周期函数 $f(t)$，若满足狄里克雷条件，则 $f(t)$ 可展开成傅里叶级数

$$\begin{aligned} f(t) &= A_0 + A_{1\mathrm{m}}\sin(\omega t+\varphi_1) + A_{2\mathrm{m}}\sin(2\omega t+\varphi_2)+\cdots \\ &= A_0 + \sum_{k=1}^{\infty} A_{k\mathrm{m}}\sin(k\omega t+\varphi_k) \end{aligned} \tag{3.6.1}$$

式中，$A_0$ 为恒定分量或直流分量，$A_{1\mathrm{m}}\sin(\omega t+\varphi_1)$ 的频率与 $f(t)$ 的频率相同，称为基波或一次谐波，其余各项频率为 $f(t)$ 频率的整数倍，称为高次谐波，如 $k=2$，3，…的各项，分别称为二次谐波、三次谐波等。由于傅里叶级数的收敛性质，一般来说，谐波的次数越高，其幅值越小，因而在工程近似计算时只取前几项，次数很高的谐波可以忽略。

电工电子技术中所遇到的各种非正弦周期信号都满足狄里克雷条件，因而图 3.6.1 所示信号的傅里叶级数展开式如下。

(1) 对矩形波电压信号

$$u(t) = \frac{4U_\mathrm{m}}{\pi}\left(\sin\omega t + \frac{1}{3}\sin 3\omega t + \frac{1}{5}\sin 5\omega t + \cdots\right) \tag{3.6.2}$$

(2) 对锯齿波电压信号

$$u(t) = U_\mathrm{m}\left(\frac{1}{2} - \frac{1}{\pi}\sin\omega t - \frac{1}{2\pi}\sin 2\omega t - \frac{1}{3\pi}\sin 3\omega t - \cdots\right) \tag{3.6.3}$$

(3) 对三角波电压信号

$$u(t) = \frac{8U_\mathrm{m}}{\pi^2}\left(\sin\omega t - \frac{1}{9}\sin 3\omega t + \frac{1}{25}\sin 5\omega t - \cdots\right) \tag{3.6.4}$$

(4) 对全波整流电压信号

$$u(t) = \frac{2U_\mathrm{m}}{\pi}\left(1 - \frac{2}{3}\cos 2\omega t - \frac{2}{15}\cos 4\omega t - \cdots\right) \tag{3.6.5}$$

其他常见的非正弦周期信号的傅里叶级数展开式，可查阅有关的书籍或手册。

非正弦周期信号在一个周期内的平均值就是它的直流分量。上半周期与下半周期对称的信号的平均值等于零。

非正弦周期信号有效值的定义和正弦量有效值的定义相同，可参照式 (3.1.3) 导出，以电压为例，有

$$\begin{aligned} U &= \sqrt{\frac{1}{T}\int_0^T u^2\,\mathrm{d}t} = \sqrt{\frac{1}{T}\int_0^T \left[U_0 + \sum_{k=1}^{\infty} U_{k\mathrm{m}}\sin(k\omega t+\varphi_k)\right]^2 \mathrm{d}t} \\ &= \sqrt{U_0^2 + \sum_{k=1}^{\infty}\frac{1}{2}U_{k\mathrm{m}}^2} = \sqrt{U_0^2 + U_1^2 + U_2^2 + \cdots} \end{aligned} \tag{3.6.6}$$

同理可得 $$I=\sqrt{I_0^2+I_1^2+I_2^2+\cdots} \tag{3.6.7}$$

可见，非正弦周期电压或电流的有效值等于其傅里叶级数中各个电压分量或电流分量有效值平方和的平方根值。

非正弦交流电路中的平均功率的计算公式为

$$\begin{aligned}P&=\frac{1}{T}\int_0^T p\,\mathrm{d}t=\frac{1}{T}\int_0^T ui\,\mathrm{d}t\\&=U_0I_0+U_1I_1\cos\varphi_1+U_2I_2\cos\varphi_2+\cdots\\&=P_0+\sum_{k=1}^{\infty}P_k=P_0+P_1+P_2+\cdots\end{aligned} \tag{3.6.8}$$

可见，非正弦交流电路中的平均功率为直流和各次谐波分量所产生的平均功率之和。

**【例 3.6.1】** 在图 3.6.2 所示的电阻、电感和电容元件串联的电路中，已知 $R=10\Omega$，$L=0.05\mathrm{H}$，$C=22.5\mu\mathrm{F}$，电源电压为 $u=40+180\sin\omega t+60\sin(3\omega t+45°)(\mathrm{V})$，基波频率 $f=50\mathrm{Hz}$，试求电路电流 $i$ 和平均功率 $P$。

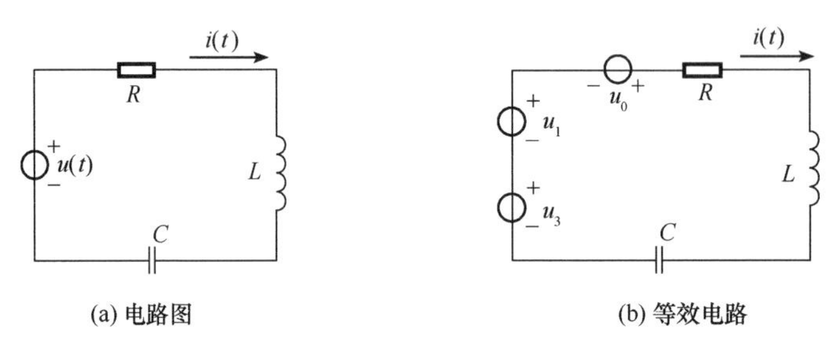


图 3.6.2 例 3.6.1 的电路

**解：** 非正弦周期电压由三个分量组成，可看成三个独立的电源串联起来共同作用于电路，因而用叠加原理对三个分量分别进行计算。

当直流分量 $U_0$ 单独作用时，由于电容相当于开路，则有

$$I_0=0$$

$$P_0=U_0I_0=0$$

当基波 $u_1$ 单独作用时，有

$$Z_1=R+\mathrm{j}\left(\omega L-\frac{1}{\omega C}\right)=10+\mathrm{j}\left(314\times0.05-\frac{1}{314\times22.5\times10^{-6}}\right)=126\angle-85.3°\ (\Omega)$$

$$\dot{I}_{1\mathrm{m}}=\frac{\dot{U}_{1\mathrm{m}}}{Z_1}=\frac{180\angle0°}{126\angle-85.3°}=1.43\angle85.3°\ (\mathrm{A})$$

$$i_1=1.43\sin(\omega t+85.3°)(\mathrm{A})$$

$$P_1=U_1I_1\cos\varphi_1=\frac{180}{\sqrt{2}}\times\frac{1.43}{\sqrt{2}}\times\cos(-85.3°)=10.55(\mathrm{W})$$

当三次谐波 $u_3$ 单独作用时，有

$$\begin{aligned}Z_3&=R+\mathrm{j}\left(3\omega L-\frac{1}{3\omega C}\right)=10+\mathrm{j}\left(3\times314\times0.05-\frac{1}{3\times314\times22.5\times10^{-6}}\right)\\&=10\angle0°\ (\Omega)\end{aligned}$$

$$\dot{I}_{3m}=\frac{\dot{U}_{3m}}{Z_3}=\frac{60\angle 45^\circ}{10\angle 0^\circ}=6\angle 45^\circ\ (\text{A})$$

$$i_3=6\sin(3\omega t+45^\circ)\text{A}$$

$$P_3=U_3I_3\cos\varphi_3=\frac{60}{\sqrt{2}}\times\frac{6}{\sqrt{2}}\times\cos 0^\circ=180(\text{W})$$

用叠加原理求得电路电流为

$$i=I_0+i_1+i_3=1.43\sin(\omega t+85.3^\circ)+6\sin(3\omega t+45^\circ)(\text{A})$$

电路的平均功率为

$$P=P_0+P_1+P_3=0+10.55+180=190.55(\text{W})$$

## 3.7　三相交流电路

人们日常生活和工作中普遍使用的交流电源是三相交流电源，由三相交流电源供电的电路称为三相交流电路。

### 3.7.1　三相电源

三相交流发电机的结构示意图如图 3.7.1 所示。其主要部件为电枢和磁极。

电枢是固定的，又称为定子。定子的槽内分别装有相同的绕组 $UU_1$，$VV_1$，$WW_1$，始端为 U、V、W，末端为 $U_1$、$V_1$、$W_1$，它们在空间位置上互差 120°，这样的绕组也称为对称三相绕组。

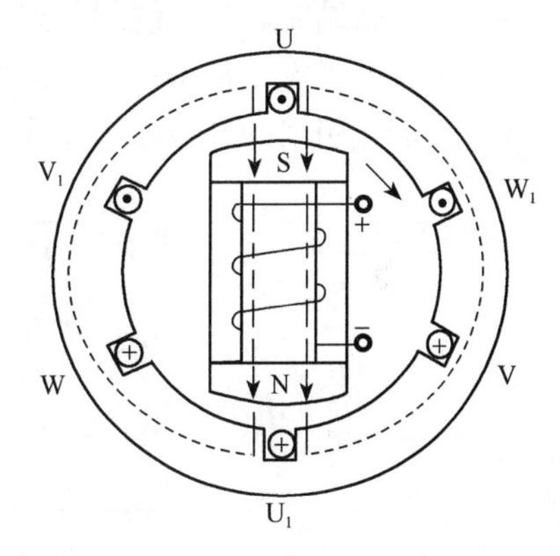

图 3.7.1　三相交流发电机的结构图

磁极是转动的，又称转子。磁极上绕有励磁绕组，由直流电流励磁，选择合适的磁极形状和励磁绕组布置，可使空气隙中的磁感应强度按正弦规律分布。

当发电机正常运转时，定子三相绕组依次被磁力线切割，产生频率相同、幅值相等、相位互差 120°的正弦感应电动势 $e_U$、$e_V$ 和 $e_W$，电动势的参考方向为末端指向始端。若转子顺时针转动，磁力线依次切割 $UU_1$ 绕组、$VV_1$ 绕组、$WW_1$ 绕组，三相绕组的电动势每隔 120°依次出现最大值 $E_m$，如以 $e_U$ 为参考正弦量，则三相电动势的表达式为

$$\begin{cases}e_U=E_m\sin\omega t\\ e_V=E_m\sin(\omega t-120^\circ)\\ e_W=E_m\sin(\omega t-240^\circ)=E_m\sin(\omega t+120^\circ)\end{cases}\tag{3.7.1}$$

它们的相量表达式为

$$\begin{cases}\dot{E}_U=E\angle 0^\circ\\ \dot{E}_V=E\angle -120^\circ\\ \dot{E}_W=E\angle 120^\circ\end{cases}\tag{3.7.2}$$

把这种频率相同、幅值相等、相位互差 120°的电动势称为对称三相电动势。对称三相电动势的相量图和正弦波形如图 3.7.2 所示。

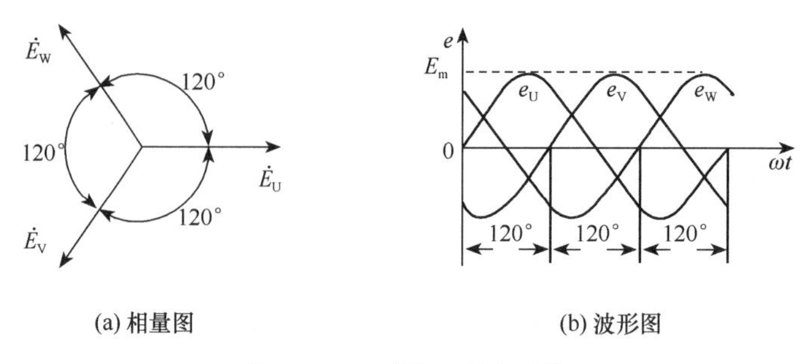


图 3.7.2　对称三相电动势

三相电动势出现最大值的先后顺序称为三相电源的相序，显然这里的相序是 U→V→W。对称三相电动势的瞬时值或相量之和为零，即

$$\begin{cases} e_U + e_V + e_W = 0 \\ \dot{E}_U + \dot{E}_V + \dot{E}_W = 0 \end{cases} \tag{3.7.3}$$

三相发电机对外供电时，其三相绕组有两种接线方式，即星形（Y）联结和三角形（△）联结。在 380V/220V 的低压供电系统中，通常主要采用星形联结。如图 3.7.3 所示，星形联结时，三个绕组的末端 $U_1$、$V_1$、$W_1$ 连接在一起，即图中的 N 点，这一点称为中点或零点，从中点引出的导线称为中线或零线；三个绕组的始端 U、V、W 为端点，从端点引出的导线称为相线或端线，俗称相线。

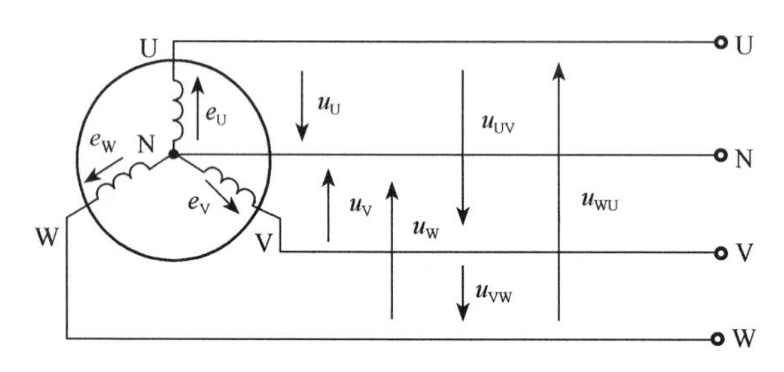


图 3.7.3　三相电源的星形联结

就星形供电方式而言，引出三根相线和一根中线的星形联结称为三相四线制；引出三根相线的星形联结称为三相三线制。

三相四线制供电方式可以向用户提供两种电压。一种是每相绕组两端的电压，即每根相线与中线之间的电压，称为相电压，如图 3.7.3 中的 $u_U$、$u_V$、$u_W$；另一种是每两相绕组始端之间的电压，即相线与相线之间的电压称为线电压，如图 3.7.3 中的 $u_{UV}$、$u_{VW}$、$u_{WU}$。由 KVL 可得

$$\begin{cases} u_{UV} = u_U - u_V \\ u_{VW} = u_V - u_W \\ u_{WU} = u_W - u_U \end{cases} \tag{3.7.4}$$

因为各个电压都是同频率的正弦量，则用相量表示。

$$\begin{cases}\dot{U}_{UV}=\dot{U}_U-\dot{U}_V\\ \dot{U}_{VW}=\dot{U}_V-\dot{U}_W\\ \dot{U}_{WU}=\dot{U}_W-\dot{U}_U\end{cases} \tag{3.7.5}$$

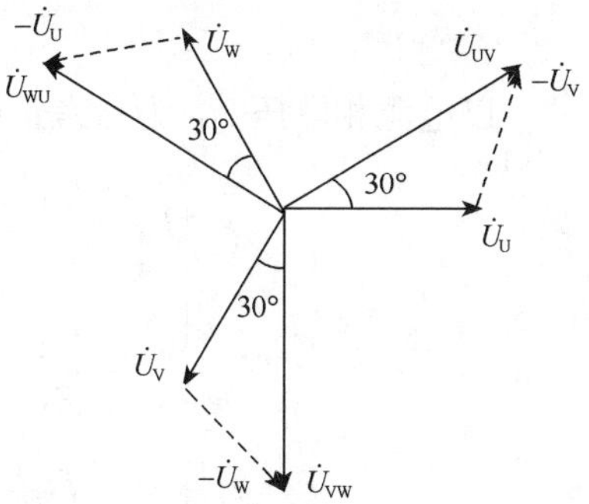

因为三相绕组的电动势是对称的，所以三相绕组的相电压也是对称的，其有效值用 $U_p$ 表示，即$U_U=U_V=U_W=U_p$，以 $\dot{U}_U$ 为参考相量，画出各电压的相量如图 3.7.4 所示。

图 3.7.4　三相电源相电压与线电压的相量图

由图可知，线电压也是频率相同、幅值相等、相位互差 120°的三相对称电压，在相位上比相应的相电压超前 30°，其有效值用 $U_l$ 表示，即 $U_{UV}=U_{VW}=U_{WU}=U_l$。线电压与相电压的大小关系由相量图容易求得。

$$\frac{1}{2}U_{UV}=U_U\cos30^\circ=\frac{\sqrt{3}}{2}U_U$$

$$U_{UV}=\sqrt{3}U_U$$

即

$$U_l=\sqrt{3}U_p \tag{3.7.6}$$

我国通用的低压供电线路的相电压 $U_p=220\text{V}$，线电压 $U_l=\sqrt{3}U_p=380\text{V}$。

### 3.7.2　三相负载的联结

由三相电源供电的负载称为三相负载。当各相负载阻抗相等时，即各相负载的阻抗模与阻抗角相等时，称为对称三相负载，否则称为不对称三相负载。三相负载的联结也有星形和三角形两种方式，究竟采用哪一种联结方式，应根据电源电压和负载额定电压的大小决定。原则上，应使负载承受的电源电压等于负载的额定电压。

1. 三相负载的星形联结

采用星形三相四线制联结时，三相负载的三个末端联结在一起，接到电源的中线上，三相负载的三个始端分别接到电源的三根相线上，如图 3.7.5 所示。

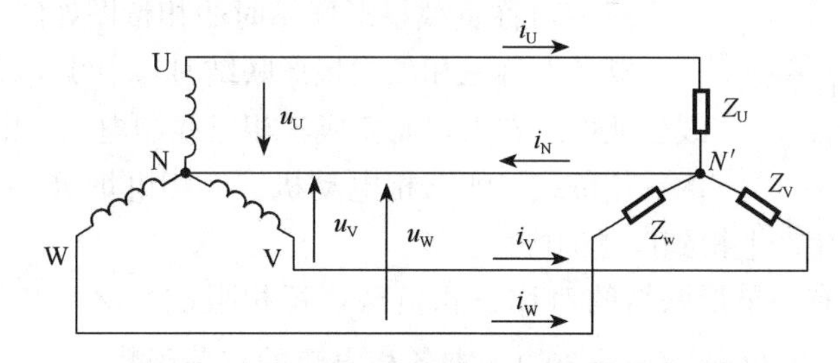


图 3.7.5　负载星形联结的三相四线制电路

可见，采用这种联结时，每相负载上的电压就是电源的相电压。电路中流过每相负载的电流叫做相电流 $I_p$，流过相线的电流叫做线电流 $I_l$。显然，负载星形联结时，线电流等于相电流，即

$$I_l = I_p \tag{3.7.7}$$

以电源相电压 $\dot{U}_U$ 为参考正弦量，则

$$\begin{cases} \dot{I}_U = \dfrac{\dot{U}_U}{Z_U} = \dfrac{U_U \angle 0^\circ}{|Z_U| \angle \varphi_U} = I_U \angle -\varphi_U \\ \dot{I}_V = \dfrac{\dot{U}_V}{Z_V} = \dfrac{U_V \angle -120^\circ}{|Z_V| \angle \varphi_V} = I_V \angle -120^\circ - \varphi_V \\ \dot{I}_W = \dfrac{\dot{U}_W}{Z_W} = \dfrac{U_W \angle 120^\circ}{|Z_W| \angle \varphi_W} = I_W \angle 120^\circ - \varphi_W \end{cases} \tag{3.7.8}$$

式中，每相负载中的电流有效值为

$$I_U = \frac{U_U}{|Z_U|},\ I_V = \frac{U_V}{|Z_V|},\ I_W = \frac{U_W}{|Z_W|} \tag{3.7.9}$$

各项负载的电压与电流的相位差为

$$\varphi_U = \arctan\frac{X_U}{R_U},\ \varphi_V = \arctan\frac{X_V}{R_V},\ \varphi_W = \arctan\frac{X_W}{R_W} \tag{3.7.10}$$

式中，$R_U$、$R_V$ 和 $R_W$ 为各项负载的等效电阻；$X_U$、$X_V$ 和 $X_W$ 为各项负载的等效电抗。

中线的电流为

$$\dot{I}_N = \dot{I}_U + \dot{I}_V + \dot{I}_W \tag{3.7.11}$$

（1）对称三相负载的星形联结

如果负载对称，即 $Z_U = Z_V = Z_W = Z = |Z| \angle \varphi$ 时，因为负载相电压是对称的。所以负载电流也是对称的。

$$I_U = I_V = I_W = I_p = \frac{U_p}{|Z|}$$

$$\varphi_U = \varphi_V = \varphi_W = \varphi = \arctan\frac{X}{R}$$

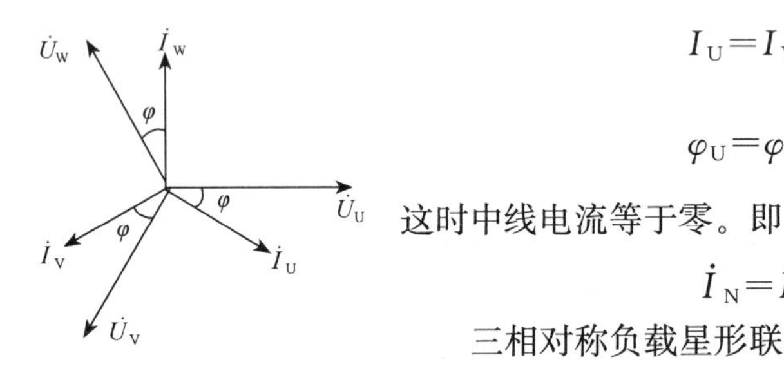


图 3.7.6　三相对称负载星形联结时的相量图

这时中线电流等于零。即

$$\dot{I}_N = \dot{I}_U + \dot{I}_V + \dot{I}_W = 0$$

三相对称负载星形联结时的相量图如图 3.7.6 所示。

既然对称三相负载星形联结时，中线中没有电流通过，中线也就可以省去，而变成三相三线制电路。由于工农业生产上的三相负载（如三相电动机、三相电炉等）一般都是对称的，所以三相三线制在生产上得到广泛的应用。

**【例 3.7.1】** 有一星形联结的对称三相负载，每相阻抗为 $Z = 45 \angle 30^\circ \Omega$，电源电压对称，设 $u_{UV} = 380\sqrt{2}\sin(\omega t + 30^\circ)$，求各相电流的三角函数式。

**解：** 因为电源与负载均对称，所以各相电流也对称，只需计算一相电流，另外两相电流可利用对称关系求得。现计算 U 相。

由式（3.7.6）可知，$U_U = \dfrac{U_{UV}}{\sqrt{3}} = \dfrac{380}{\sqrt{3}} = 220\text{V}$，$u_U$ 比 $u_{UV}$ 滞后 30°，即

$$u_U = 220\sqrt{2}\sin\omega t\,(\text{V})$$

$$\dot{I}_U = \frac{\dot{U}_U}{Z_U} = \frac{220\angle 0°}{45\angle 30°} = 4.9\angle -30°\ (\text{A})$$

U 相电流的三角函数式为 $i_U = 4.9\sqrt{2}\sin(\omega t - 30°)$，根据对称关系可直接得到其他两相电流

$$i_V = 4.9\sqrt{2}\sin(\omega t - 120° - 30°) = 4.9\sqrt{2}\sin(\omega t - 150°)\,(\text{A})$$

$$i_W = 4.9\sqrt{2}\sin(\omega t + 120° - 30°) = 4.9\sqrt{2}\sin(\omega t + 90°)\,(\text{A})$$

(2) 不对称三相负载的星形联结

**【例 3.7.2】** 图 3.7.7 中，电源电压对称，每相电压 $U_p = 220\text{V}$，负载为电灯组，电灯的额定电压为 220V，在额定电压下其电阻分别为 $R_U = 5\Omega$，$R_V = 10\Omega$，$R_W = 20\Omega$，试求

1) 负载相电压，负载电流与中线电流；

2) 在仅 U 相短路和 U 相短路且中线断开两种情况下的负载电压；

3) 在仅 U 相断开和 U 相与中线均断开两种情况下的负载电压。

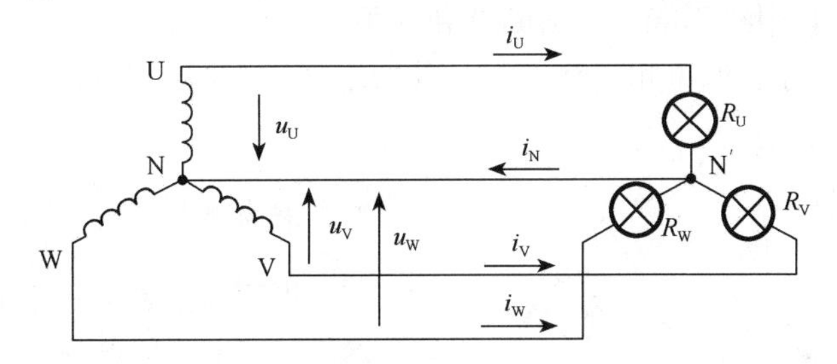


图 3.7.7 例 3.7.2 的电路

**解：** 1) 在负载不对称而有中线的情况下，负载相电压仍是对称的，忽略传输中的损耗，负载相电压与电源相电压相等，其有效值为 220V。

$$\dot{I}_U = \frac{\dot{U}_U}{R_U} = \frac{220\angle 0°}{5} = 44\angle 0°\ (\text{A})$$

$$\dot{I}_V = \frac{\dot{U}_V}{R_V} = \frac{220\angle -120°}{10} = 22\angle -120°\,(\text{A})$$

$$\dot{I}_W = \frac{\dot{U}_W}{R_W} = \frac{220\angle 120°}{20} = 11\angle 120°\ (\text{A})$$

$$\begin{aligned}\dot{I}_N &= \dot{I}_U + \dot{I}_V + \dot{I}_W = 44\angle 0° + 22\angle -120° + 11\angle 120° \\ &= 44 + (-11 - \text{j}18.9) + (-5.5 + \text{j}9.45) \\ &= 27.5 - \text{j}9.45 = 29.1\angle -19°\ (\text{A})\end{aligned}$$

2) 当 U 相短路时，其短路电流很大，将 U 相中的熔断器熔断，而 V 相和 W 相不受影响，其相电压仍为 220V。

当 U 相短路且中线断开时，此时负载中性点 N′与 U 短接，V 相负载 $R_V$ 接于 U、V 两点间，W 相负载 $R_W$ 接于 W、U 两点间，可见这时负载 $R_V$ 与 $R_W$ 的相电压为电源的线电压，为 380V，均超过了它们的额定电压，这是不允许的。

3）当 U 相断开时，V 相和 W 相不受影响，其相电压仍为 220V。

当 U 相断开及中线均断开时，V 相负载与 W 相负载串联承受线电压 380V，V 相负载的端电压为

$$U_{R_V}=\frac{R_V}{R_V+R_W}U_{VW}=\frac{10}{10+20}\times 380=126.7(\mathrm{V})$$

W 相负载的端电压为

$$U_{R_W}=\frac{R_W}{R_V+R_W}U_{VW}=\frac{20}{10+20}\times 380=253.3(\mathrm{V})$$

这时，V 相负载电压低于额定电压，灯光很暗，且因 W 相负载电压高于额定电压，会发生负载被烧毁的现象，使 V 相负载也不能工作。

通过以上的分析可知：

1）负载不对称而又没有中线时，负载的相电压就不对称，有的相电压过高，有的相电压过低，因此不能正常工作，甚至会造成事故，所以三相负载的相电压必须对称。

2）中线的作用就在于使星形联结的不对称负载的相电压对称，因此不对称负载时不能没有中线，而且中线不能接入熔断器和开关。

3）对照明负载或其他单相负载而言，其功率和用电时间不可能完全相同，故照明电路必须用三相四线制。

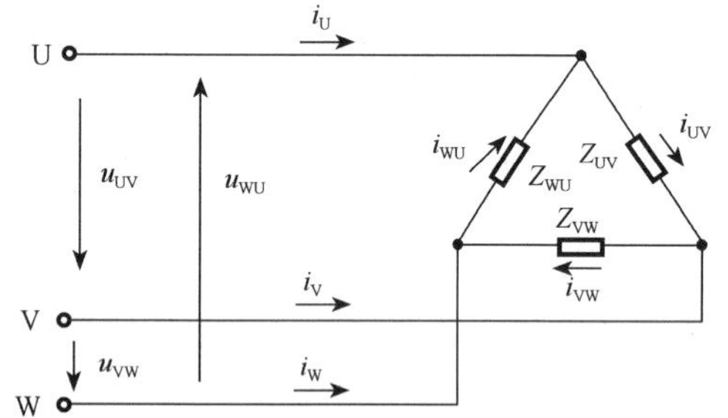


图 3.7.8　负载三角形联结的三相电路

### 2. 三相负载的三角形联结

三角形联结就是把三相负载依次首尾相连接，然后将三个连接点分别接到三相电源的三根相线上，如图 3.7.8 所示。显然，这种连接方法只能是三相三线制。

由图 3.7.8 可见，负载三角形联结时，每相负载上的相电压就是电源相应的线电压。因此，不论负载对称与否，它们的相电压总是对称的。即

$$U_{UV}=U_{VW}=U_{WU}=U_l=U_p \tag{3.7.12}$$

负载三角形联结时，相电流不等于线电流，以电源线电压 $\dot{U}_{UV}$ 为参考正弦量 $\dot{U}_{UV}=U_{UV}\angle 0^\circ$，$\dot{U}_{VW}=U_{VW}\angle -120^\circ$，$\dot{U}_{WU}=U_{WU}\angle 120^\circ$，各相负载相电流为

$$\begin{cases}\dot{I}_{UV}=\dfrac{\dot{U}_{UV}}{Z_{UV}}=\dfrac{U_{UV}\angle 0^\circ}{|Z_{UV}|\angle\varphi_{UV}}=I_{UV}\angle -\varphi_{UV}\\ \dot{I}_{VW}=\dfrac{\dot{U}_{VW}}{Z_{VW}}=\dfrac{U_{VW}\angle -120^\circ}{|Z_{VW}|\angle\varphi_{VW}}=I_{VW}\angle -120^\circ-\varphi_{VW}\\ \dot{I}_{WU}=\dfrac{\dot{U}_{WU}}{Z_{WU}}=\dfrac{U_{WU}\angle 120^\circ}{|Z_{WU}|\angle\varphi_{WU}}=I_{WU}\angle 120^\circ-\varphi_{WU}\end{cases} \tag{3.7.13}$$

式（3.7.13）中每相负载中的相电流有效值为

$$I_{UV}=\frac{\dot{U}_{UV}}{|Z_{UV}|},\ I_{VW}=\frac{U_{VW}}{|Z_{VW}|},\ I_{WU}=\frac{U_{WU}}{|Z_{WU}|} \tag{3.7.14}$$

各项负载的电压与电流的相位差为

$$\varphi_{UV}=\arctan\frac{X_{UV}}{R_{UV}},\ \varphi_{VW}=\arctan\frac{X_{VW}}{R_{VW}},\ \varphi_{WU}=\arctan\frac{X_{WU}}{R_{WU}} \tag{3.7.15}$$

由基尔霍夫定律可知线电流为

$$\begin{cases}\dot{I}_U=\dot{I}_{UV}-\dot{I}_{WU}\\ \dot{I}_V=\dot{I}_{VW}-\dot{I}_{UV}\\ \dot{I}_W=\dot{I}_{WU}-\dot{I}_{VW}\end{cases} \tag{3.7.16}$$

如果负载对称，即 $Z_{UV}=Z_{VW}=Z_{WU}=Z=|Z|\angle\varphi$ 时，因为线电压是对称的。由图3.7.9的相量图可知，相电流与线电流也是对称的，线电流在相位上滞后相电流30°。

$$I_{UV}=I_{VW}=I_{WU}=I_p=\frac{U_p}{|Z|}$$

$$\varphi_{UV}=\varphi_{VW}=\varphi_{WU}=\varphi=\arctan\frac{X}{R}$$

线电流与相电流的大小关系由相量图容易求得

$$\frac{1}{2}I_U=I_{UV}\cos30°=\frac{\sqrt{3}}{2}I_{UV}$$

$$I_U=\sqrt{3}I_{UV} \tag{3.7.17}$$

即对称三相负载的三角形联结时线电流与相电流的大小关系为

$$I_1=\sqrt{3}I_p$$

**【例3.7.3】** 图3.7.10中，电源为星形联结，相电压 $U_{PS}=220V$，负载为三角形联结的对称负载，$|Z|=19\Omega$，求负载的相电压和相电流，电源的线电压和线电流。

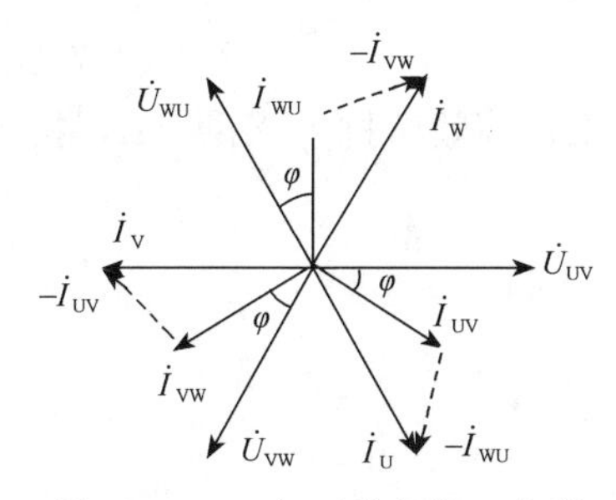


图3.7.9 三相对称负载三角形联结时的相量图

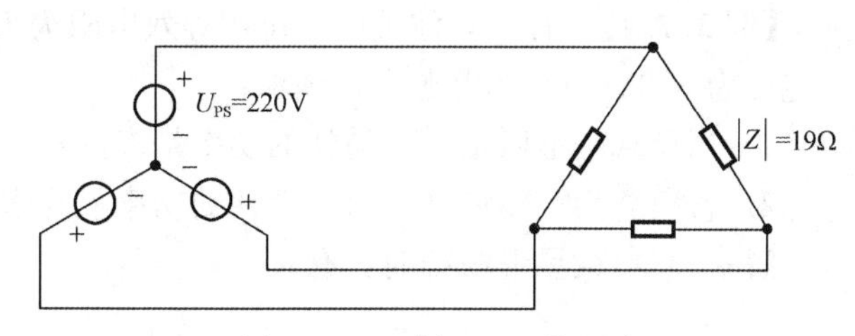


图3.7.10 例3.7.3的电路

**解：** 电源为星形联结，故其线电压为

$$U_{lS}=\sqrt{3}U_{PS}=\sqrt{3}\times220=380(V)$$

负载为三角形联结，其相电压等于电源线电压，$U_p=U_{lS}=380V$，则负载相电流为

$$I_p=\frac{U_p}{|Z|}=\frac{380}{19}=20(A)$$

电源线电流为

$$I_l = \sqrt{3} I_p = \sqrt{3} \times 20 = 34.6(\text{A})$$

### 3.7.3　三相功率

三相电路的有功功率等于各相有功功率之和，即

$$P = P_U + P_V + P_W = U_U I_U \cos\varphi_U + U_V I_V \cos\varphi_V + U_W I_W \cos\varphi_W \tag{3.7.18}$$

如果负载对称，即

$$U_U = U_V = U_W = U_p,\ I_U = I_V = I_W = I_p,\ \varphi_U = \varphi_V = \varphi_W = \varphi$$

则有

$$P = 3U_p I_p \cos\varphi \tag{3.7.19}$$

式中，$U_p$ 和 $I_p$ 为相电压与相电流的有效值；$\varphi$ 是相电压 $U_p$ 与相电流 $I_p$ 之间的相位差。

当对称负载是星形联结时，有

$$U_P = \frac{U_l}{\sqrt{3}},\ I_p = I_l$$

当对称负载是三角形联结时，有

$$U_p = U_l,\ I_p = \frac{I_l}{\sqrt{3}}$$

将上述关系式代入式（3.7.19），可见无论对称负载为星形联结还是三角形联结，总有

$$P = \sqrt{3} U_l I_l \cos\varphi \tag{3.7.20}$$

应注意，式（3.7.20）中的 $\varphi$ 角仍为相电压与相电流之间的相位差。

同理可得三相无功功率和视在功率

$$Q = 3U_p I_p \sin\varphi = \sqrt{3} U_l I_l \sin\varphi \tag{3.7.21}$$

$$S = 3U_p I_p = \sqrt{3} U_l I_l \tag{3.7.22}$$

**【例 3.7.4】** 有一对称负载，每相等效电阻为 $R=6\Omega$，等效感抗为 $X_L=8\Omega$，接于线电压为 380V 的三相电源上，试求：

1）当负载星形联结时，消耗的功率是多少？

2）若负载为三角形联结时，消耗的功率又为多少？

**解：** 1）负载星形联结时，有

$$I_l = I_p = \frac{U_p}{|Z|} = \frac{\frac{U_l}{\sqrt{3}}}{\sqrt{R^2 + X_L^2}} = \frac{\frac{380}{\sqrt{3}}}{\sqrt{6^2 + 8^2}} = 22(\text{A})$$

由阻抗三角形，$\cos\varphi = \dfrac{R}{|Z|} = \dfrac{6}{\sqrt{6^2+8^2}} = 0.6$

$$P = \sqrt{3} U_l I_l \cos\varphi = \sqrt{3} \times 380 \times 22 \times 0.6 \approx 8.7(\text{kW})$$

2）负载三角形联结时，有

$$I_l = \sqrt{3} I_p = \sqrt{3}\ \frac{U_P}{|Z|} = \frac{\sqrt{3} \times 380}{\sqrt{6^2 + 8^2}} = 65.8(\text{A})$$

$$\cos\varphi=\frac{R}{|Z|}=0.6$$

$$P=\sqrt{3}U_1I_1\cos\varphi=\sqrt{3}\times380\times65.8\times0.6\approx26(\mathrm{kW})$$

## 习　题

3.1.1　已知某负载的电流和电压的有效值和初相位分别是2A，$-30°$；36V，$45°$；频率均为50Hz。

(1) 写出它们的瞬时值表达式；

(2) 画出它们的波形图；

(3) 指出它们的幅值、角频率及二者之间的相位差。

3.1.2　试写出表示 $u_A=220\sqrt{2}\sin314t\,\mathrm{V}$，$u_B=220\sqrt{2}\sin(314t-120°)$ V 和 $u_C=220\sqrt{2}\sin(314t+120°)$ V 的相量，并画出相量图。

3.1.3　已知 $A=8+\mathrm{j}6$，$B=8\underline{/45°}$。求：

(1) $A+B$；

(2) $A-B$；

(3) $A\times B$；

(4) $A\div B$。

3.1.4　题图3.01所示的是时间 $t=0$ 时电压和电流的相量图，并已知 $U=220\mathrm{V}$，$I_1=10\mathrm{A}$，$I_2=5\sqrt{2}\,\mathrm{A}$，试分别用三角函数式和复数式表示各正弦量。

3.1.5　已知正弦电流 $i_1=2\sqrt{2}\sin(100\pi t+60°)$ A，$i_2=3\sqrt{2}\sin(100\pi t+30°)$ A，试用相量法求 $i=i_1+i_2$。

3.2.1　有一电感器，电阻可忽略不计，电感 $L=0.2\mathrm{H}$。把它接到220V的工频交流电源上工作，求电感器的电流和无功功率。若把它改接到100V的另一交流电源上工作时，测得电流为0.8A，此电源的频率是多少？

3.2.2　已知一电容器的电容量 $C=2\mu\mathrm{F}$，加在电容两端的电压为10V，初相位为60°，角频率为 $10^6\,\mathrm{rad/s}$，电容器可看成是理想的。试求流过电容器的电流、无功功率，写出电流瞬时值表达式并画出相量图。

3.2.3　题图3.02所示电路中，已知 $R=100\Omega$，$L=31.8\mathrm{mH}$，$C=318\mu\mathrm{F}$。求电源的频率和电压分别为50Hz、100V和1000Hz、100V的两种情况下，开关S合向a、b、c位置时电流表的读数，并计算各元件中的有功功率和无功功率。

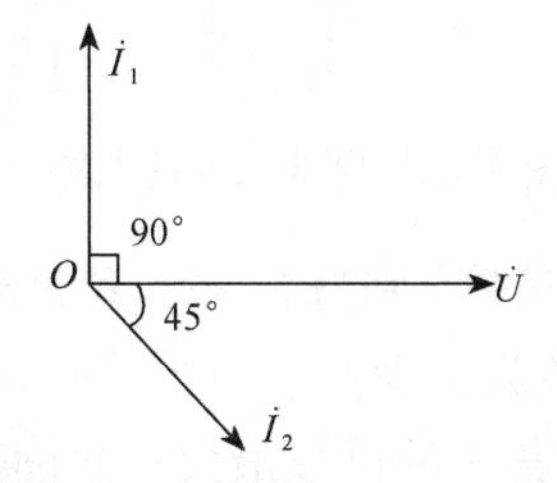


题图3.01　题3.1.4的相量图

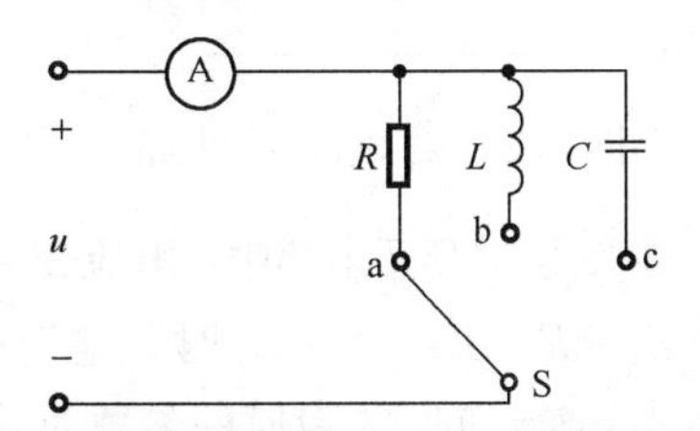


题图3.02　题3.2.3的电路

3.2.4　在题图3.03电路中，已知 $i_1=I_{m1}\sin(\omega t-60°)$ A，$i_2=I_{m2}\sin(\omega t+120°)$ A，$i_3=I_{m3}\sin(\omega t+30°)$ A，$u=U_m\sin(\omega t+30°)$ A。试判别各支路是什么元件？

3.3.1　在串联交流电路中，下列三种情况下电路中的 $R$ 和 $X$ 各为多少？指出电路的性质和电压对电流的相位差。

（1）$Z=(6+j8)\Omega$；

（2）$\dot{U}=50\angle 30°$V，$\dot{I}=2\angle 30°$A；

（3）$\dot{U}=100\angle -30°$V，$\dot{I}=4\angle 40°$A。

3.3.2　一个电感线圈，接于频率为50Hz，电压为220V的交流电源上，通过的电流为10A，消耗有功功率为200W，求此线圈的电阻和电感。

3.3.3　日光灯管与镇流器串联接到交流电压上，可看作为 $R$、$L$ 串联电路，如已知某灯管的等效电阻 $R_1=280\Omega$，镇流器的电阻和电感分别为 $R_2=20\Omega$ 和 $L=1.65$H，电源电压 $U=220$V，电源频率为50Hz。试求电路中的电流和灯管两端与镇流器上的电压，这两个电压加起来是否等于220V？

3.3.4　题图3.04所示电路中，已知 $U=220$V，$\dot{U}_1$ 超前于 $\dot{U}$ 90°，超前于 $\dot{I}$ 30°，求 $U_1$ 和 $U_2$。

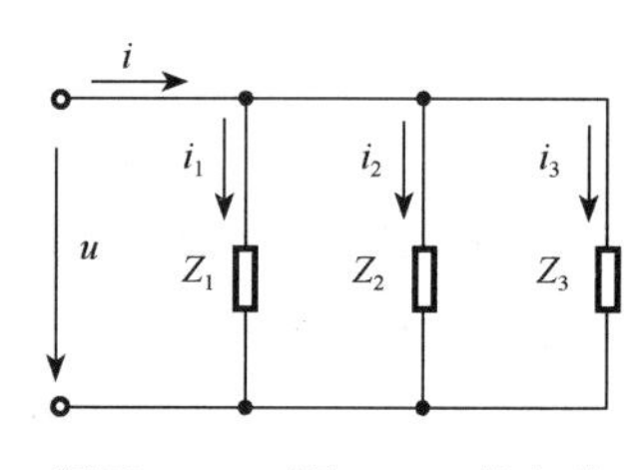

题图3.03　题3.2.4的电路

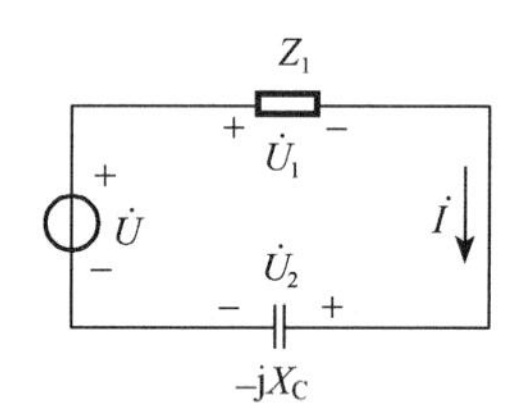

题图3.04　题3.3.4的电路

3.3.5　在题图3.05所示电路中，已知 $\dot{I}=5\angle 0°$A，$\dot{U}=(55-j75)$V，$U_1=50$V，求 $X_{C2}$、$R_2$。

3.3.6　电路如题图3.06所示，$Z_1=(2+j2)\Omega$，$Z_2=(3+j3)\Omega$，$\dot{I}_s=5\angle 0°$ A。求各支路电流 $\dot{I}_1$、$\dot{I}_2$ 和理想电流源的端电压 $\dot{U}$。

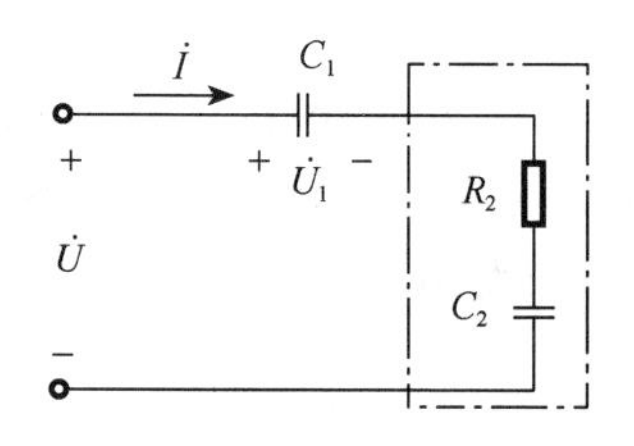

题图3.05　题3.3.5的电路

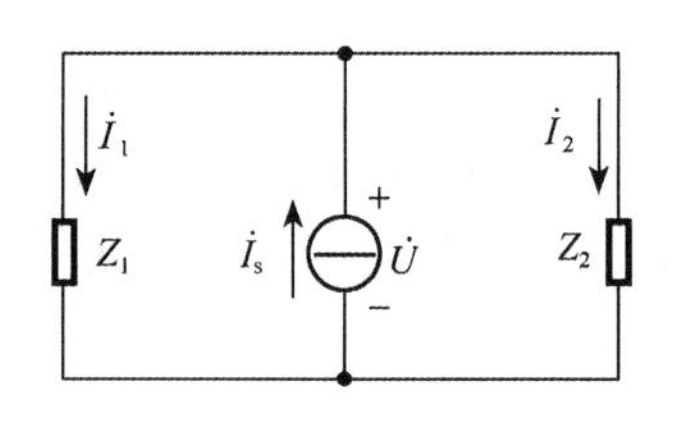

题图3.06　题3.3.6的电路

3.3.7　题图3.07所示电路中，电流表 $A_1$ 和 $A_2$ 的读数分别为 $I_1=3$A 和 $I_2=4$A，试问：

（1）设 $Z_1=R$，$Z_2=-jX_C$ 时，电流表A的读数为多少？

（2）设 $Z_1=R$，问 $Z_2$ 为何种参数时才能使电流表A的读数最大？此读数为多少？

（3）设 $Z_1=jX_L$，问 $Z_2$ 为何种参数时，才能使电流表A的读数最小？此读数为多少？

3.3.8 题图 3.08 所示电路中，$U=220\text{V}$，S闭合时，$U_{\text{R}}=80\text{V}$，$P=320\text{W}$；S断开时，$P=405\text{W}$，电路为电感性，求 $R$、$X_{\text{L}}$ 和 $X_{\text{C}}$。

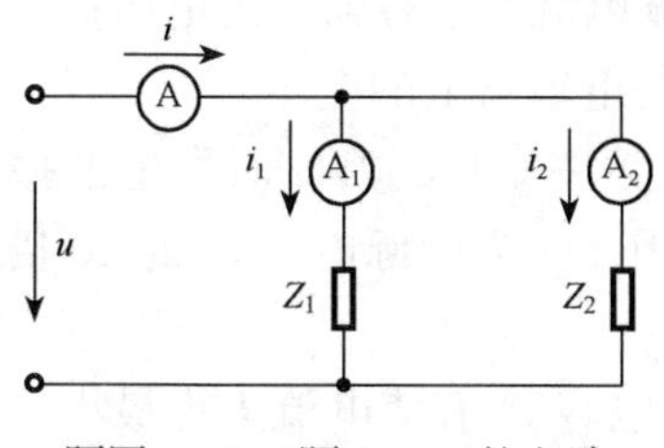


题图 3.07 题 3.3.7 的电路

题图 3.08 题 3.3.8 的电路

3.3.9 题图 3.09 所示电路中，已知 $I_{\text{C}}=I_{\text{R}}=10\text{A}$，$U=100\text{V}$，$U$ 与 $I$ 同相位，试求 $I$、$R$、$X_{\text{C}}$ 和 $X_{\text{L}}$。

3.3.10 题图 3.10 所示电路中，已知 $U=220\text{V}$，$R_1=10\Omega$，$X_{\text{L}}=10\sqrt{3}\,\Omega$，$R_2=20\Omega$，试求各个电流和平均功率。

3.3.11 题图 3.11 电路中，已知 $R_1=3\Omega$，$X_{\text{L1}}=4\Omega$，$R_2=8\Omega$，$X_{\text{L2}}=6\Omega$，$u=220\sqrt{2}\sin314t$，试求 $i_1$、$i_2$ 和 $i$。

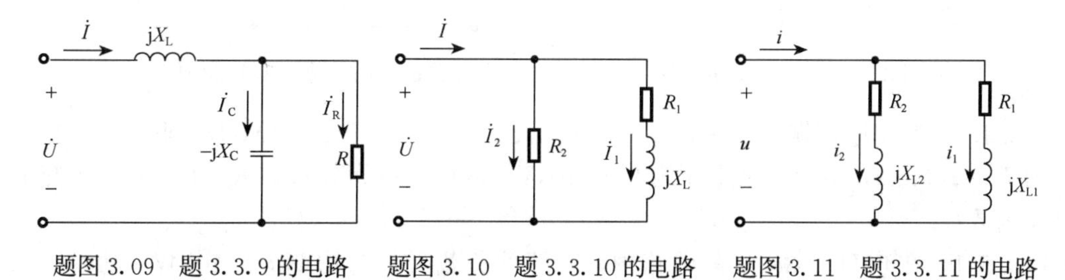


题图 3.09 题 3.3.9 的电路 题图 3.10 题 3.3.10 的电路 题图 3.11 题 3.3.11 的电路

3.3.12 在题图 3.12 所示的各电路中，除 $A_0$ 和 $V_0$ 外，其余电流表和电压表的读数在图上都已标出（都是正弦量的有效值），试求电流表 $A_0$ 或电压表 $V_0$ 的读数。

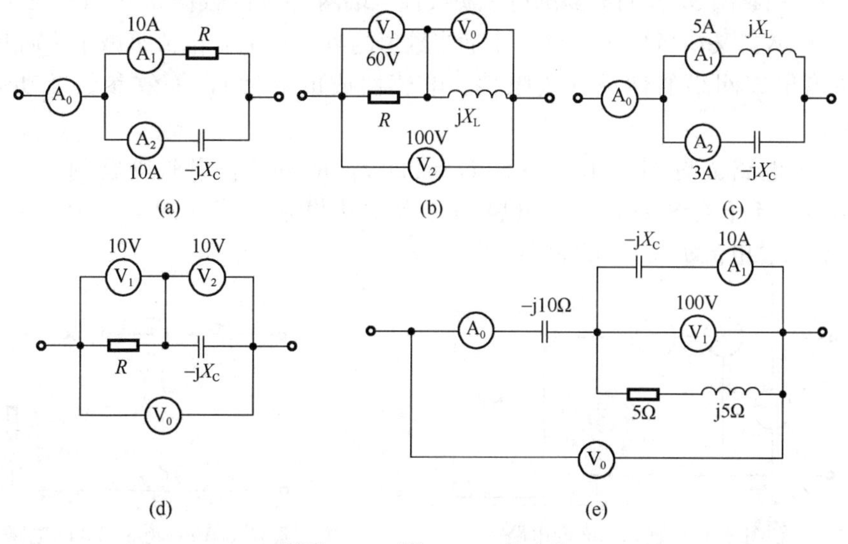


题图 3.12 题 3.3.12 的电路

3.4.1　现将一电感 $L=4\text{mH}$，电阻 $R=100\Omega$ 的电感线圈与电容 $C=160\text{pF}$ 的电容器串联，接在 $U=1\text{V}$ 的电源上。

（1）当 $f_0=200\text{kHz}$ 时电路发生谐振，求谐振电流与电容器上的电压；

（2）当频率偏离谐振点+10%时，再求电流与电容器上的电压。

3.4.2　有一 $R$、$L$、$C$ 串联电路，它在电源频率 $f=500\text{Hz}$ 时发生谐振，谐振时电流 $I_0=0.2\text{A}$，容抗 $X_C=314\Omega$，并测得电容电压 $U_C$ 为电源电压 $U$ 的 20 倍。试求该电路的电阻 $R$ 和电感 $L$。

3.4.3　题图 3.13 电路中，$R_1=5\Omega$，如调节电容 $C$ 值使电流 $I$ 为最小，并在此时测得 $I_1=10\text{A}$，$I_2=6\text{A}$，$U_Z=113\text{V}$，电路总功率 $P=1140\text{W}$，求阻抗 $Z$。

3.4.4　题图 3.14 电路中，$L=40\mu\text{H}$，$C=40\text{pF}$，$Q=60$，谐振时电流为 $I_0=0.3\text{mA}$，试求谐振时电路两端的电压 $U_0$。

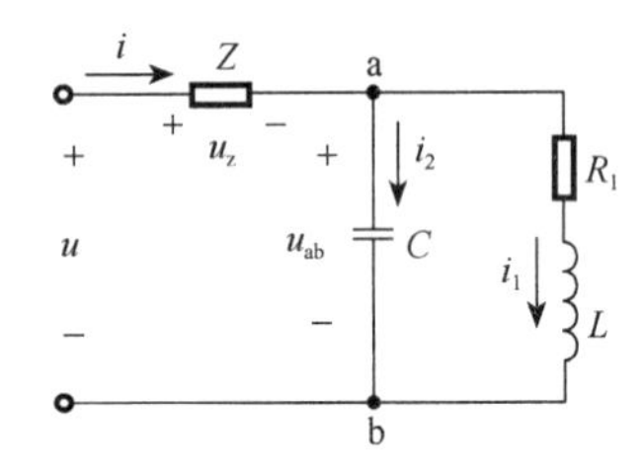


题图 3.13　题 3.4.3 的电路

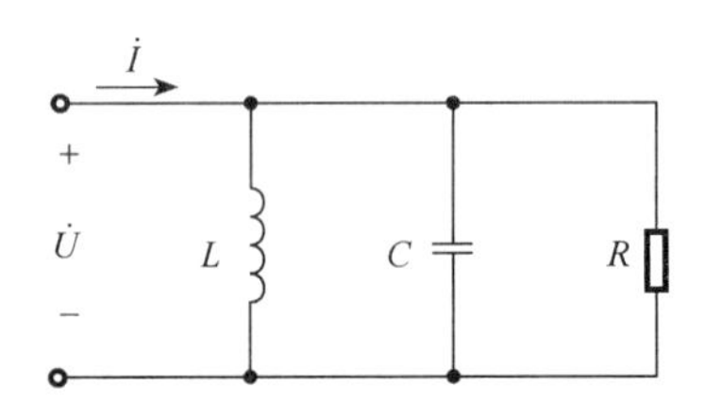


题图 3.14　题 3.4.4 的电路

3.4.5　在串联谐振电路中，信号源电压 $U_s=1\text{V}$，频率 $f=1\text{MHz}$，电路的谐振电流为 $I_0=100\text{mA}$，电容两端电压为 $U_C=100\text{V}$。求电路中元件参数 $R$、$L$、$C$ 和电路的品质因数 $Q$。

3.5.1　在 50Hz、380V 的电路中，一感性负载吸收的功率 $P=20\text{kW}$，功率因数 $\cos\varphi_1=0.6$。若要使功率因数提高到 $\cos\varphi=0.9$，求在负载的端口上应并接多大的电容，并比较并联前后的各功率。

3.5.2　用题图 3.15 的电路测得无源线性二端网络 N 的数据如下：$U=220\text{V}$，$I=5\text{A}$，$P=500\text{W}$。又知当与 N 并联一个适当数值的电容 $C$ 后，电流 $I$ 减小，而其他读数不变。试确定该网络的性质（电阻性、电感性或电容性），等效参数及功率因数。$f=50\text{Hz}$。

3.5.3　电路如题图 3.16 所示，$U=220\text{V}$，$R$ 和 $X_L$ 串联支路的 $P_1=726\text{W}$，$\cos\varphi_1=0.6$。当开关 S 闭合后，电路的总有功功率增加了 74W，无功功率减小了 168var，试求总电流 $I$ 及 $Z_2$ 的大小和性质。

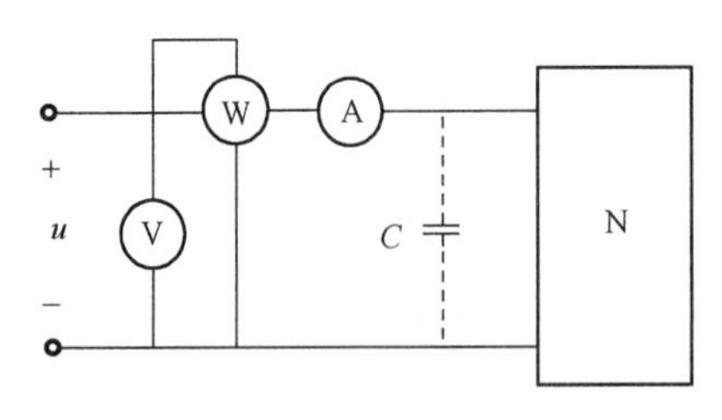


题图 3.15　题 3.5.2 的电路

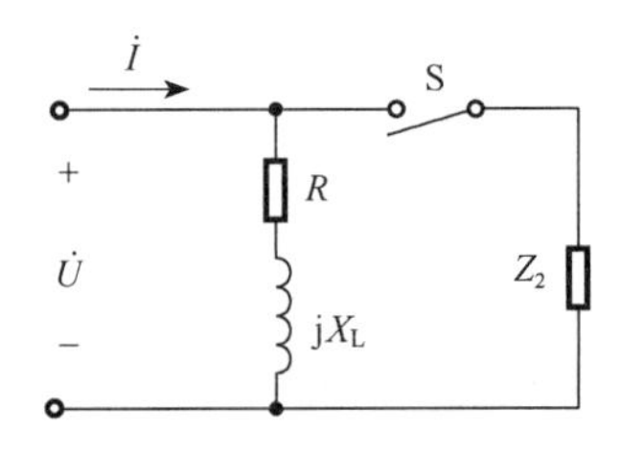


题图 3.16　题 3.5.3 的电路

3.5.4　有一电动机，其输入功率为1.21kW，接在$f=50Hz$、$U=220V$的交流电源上，通入电动机的电流为11A，试计算电动机的功率因数，如果要把电路的功率因数提高到0.91，应该和电动机并联多大电容的电容器？并联电容器后，电动机的功率因数、电动机中的电流、线路电流及电路的有功功率和无功功率有无改变？

3.6.1　题图3.17电路中，$R=2000\Omega$，$L=1mH$，$C=1000pF$，$\omega=10^6 rad/s$，$u_i=7.85+10\sin\omega t+3.33\sin 3\omega t$，求$u_o$。

3.6.2　在题图3.18电路中，直流理想电流源的电流$I_s=2A$，交流理想电压源的电压$u_s=12\sqrt{2}\sin 314t V$，此频率时的$X_C=3\Omega$，$X_L=6\Omega$，$R=4\Omega$。求通过电阻$R$的电流瞬时值、有效值和$R$中消耗的有功功率。

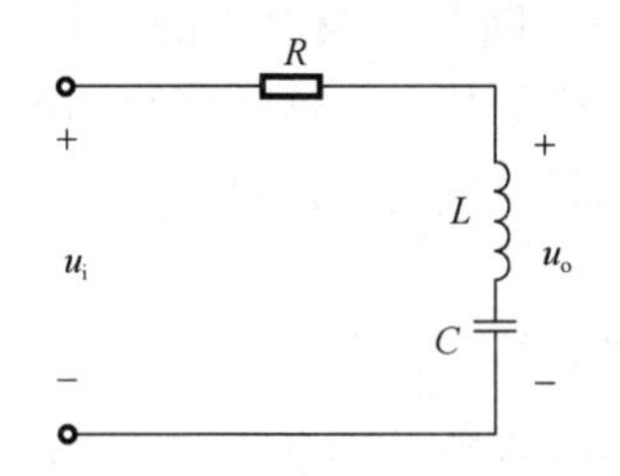

题图3.17　题3.6.1的电路

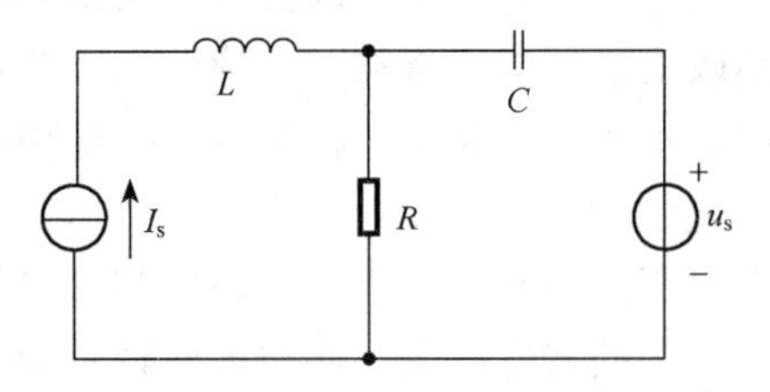

题图3.18　题3.6.2的电路

3.7.1　有一台三相电阻炉，每相电阻为14Ω，接于线电压为380V的对称三相电源上，试求联结成星形和三角形两种情况下负载的线电流和有功功率。

3.7.2　有一台三相电阻加热炉，功率因数等于1，星形联结，另有一台三相交流电动机，功率因数等于0.8，三角形联结，共同由线电压为380V的三相电源供电，如题图3.19所示，它们消耗的有功功率分别为75kW和36kW。求电源的线电流。

3.7.3　题图3.20所示电路中，电源线电压$U_l=380V$，各相负载的阻抗值均为10Ω。

(1) 三相负载是否对称？

(2) 试求各相电流，并用相量图计算中线电流；

(3) 试求三相平均功率$P$。

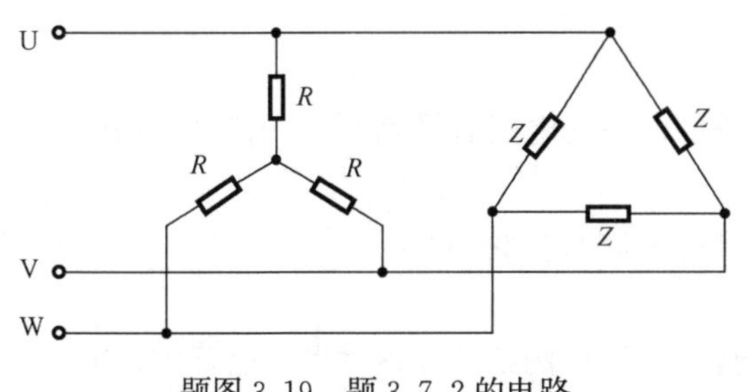

题图3.19　题3.7.2的电路

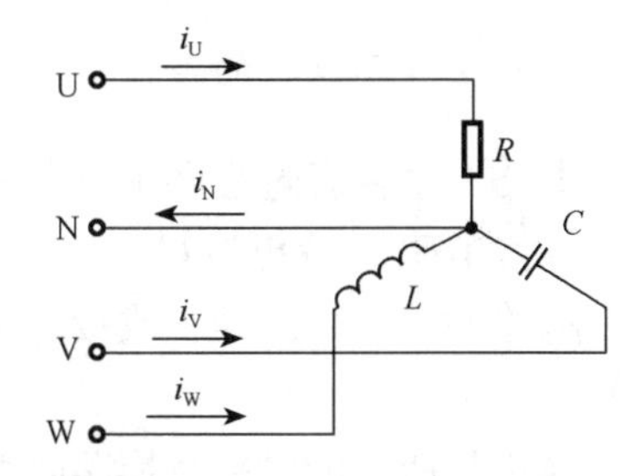

题图3.20　题3.7.3的电路

3.7.4　某三相负载，额定相电压为220V，每相负载的电阻为4Ω，感抗为3Ω，接于线电压为380V的对称三相电源上，试问该负载应采用什么联结方式？负载的有功功率、无功功率和视在功率是多少？

# 第 4 章　电路的暂态分析

前面几章分析讨论的电路，不论是直流电路还是交流电路，都是工作在稳定的状态。在直流电路中，电压和电流等物理量都是不随时间变化的。而在正弦交流电路中，电压、电流都是时间的正弦函数，它们都周期性地重复所发生的过程。电路的这种工作状态称为稳定状态，简称稳态。

当电路的工作条件发生改变时，例如，电路的接通、断开以及电路的参数、结构、电源突然改变等，电路将从一种稳定状态变化到另一种稳定状态。这种变化的过程是一个暂时的、不稳定的状态，称为暂态。这种变化不是瞬间完成的，需要一定的时间，所以也称为过渡过程。

暂态过程的时间一般很短暂，但其影响却是不可忽视的。在电工和电子技术中常常利用暂态过程的特性解决一些技术问题。例如，用电路的暂态过程可以实现振荡信号的产生、信号波形的变换、电子继电器的延时动作、晶闸管的触发控制、电动机的起动等。另外，暂态过程中还可能出现不利于电路工作的情况。例如，某些电路在接通或断开时会产生过高的电压和过大的电流，这种电压和电流称之为过电压和过电流。暂态过程中产生的过电压可能击穿电气设备的绝缘，过电流可能产生过大的机械力或引起电气设备和器件的局部过热，从而使其遭受机械损坏和热损坏。

对电路的暂态过程进行分析，就是要研究在暂态过程中，电路各部分电压、电流随时间变化的规律，以及与电路参数的关系。本章主要分析 $RC$ 和 $RL$ 一阶线性电路的暂态过程。

## 4.1　换 路 定 则

### 1. 产生暂态过程的条件

电路产生暂态过程必须具备一定的条件。一是电路有换路存在；二是电路中存在储能元件（电感 $L$ 或电容 $C$）。

电路的接通、断开、改接、电源或电路参数的改变等所有电路状态的改变，统称为换路。

并不是所有的电路在换路时都产生暂态过程。例如，在线性电阻电路中，电路换路时，电路中的电压、电流等物理量不需要经过时间过渡就能达到新的稳定状态，没有暂态过程。换路只是产生暂态过程的外因，产生暂态过程的内因是电路中存在储能元件——电感和电容。电感和电容上会有一定的储能，由于能量不能突变，能量的储存和释放都需要一定的时间，否则意味着无穷大功率的存在，即 $\frac{\mathrm{d}W}{\mathrm{d}t}\rightarrow\infty$。显然，无穷大的功率是不存在的。既然功率是有限的，能量只能作连续变化。电路中电容元件储存的电

场能为 $W_E=\frac{1}{2}Cu_C^2$，电感元件储存的磁场能为 $W_{AL}=\frac{1}{2}Li_L^2$。当换路时，电能不能突变，这反映在电容元件上的电压 $u_C$ 不能突变；磁能不能突变，这反映在电感元件上的电流 $i_L$ 不能突变。因而电容上的电压和电感中的电流从一个稳定数值变化到另一个稳定数值时需要一个过渡过程。

2. 换路定则

当电路换路时，储能元件中的能量是不能突变的，只能逐渐变化，因而电容元件上的电压 $u_C$ 和电感元件上的电流 $i_L$ 不能突变，它们都是时间的连续函数。在换路前后的瞬间，电感元件中的电流和电容元件两端的电压应该分别相等，不产生突变。这就是换路定则。

设换路发生在 $t=0$ 时刻，用 $t=0_-$ 表示换路前的终了瞬间，$t=0_+$ 表示换路后的初始瞬间，如果用 $u_C(0_-)$ 和 $u_C(0_+)$ 分别表示换路前后瞬间电容元件两端的电压，$i_L(0_-)$ 和 $i_L(0_+)$ 分别表示换路前后瞬间电感元件中的电流，则换路定则可用如下数学表达式表示：

$$u_C(0_+)=u_C(0_-) \tag{4.1.1}$$

$$i_L(0_+)=i_L(0_-) \tag{4.1.2}$$

换路定则反映了换路时电路中的能量守恒关系，它仅适用于换路瞬间，且只对 $u_C$ 和 $i_L$ 具有约束作用。电路中其他电压、电流不受换路定则约束，因此可以发生突变。

在分析电路的暂态过程时，常常要确定电路的初始值。电路暂态过程的初始瞬间是 $t=0_+$ 时刻，根据换路定则可确定 $t=0_+$ 时电路中的电压值和电流值，即暂态过程的初始值。确定各个电压和电流初始值的方法是：先由换路前($t=0_-$)的电路求出 $u_C(0_-)$ 和 $i_L(0_-)$，再根据换路定则确定换路后电容电压的初始值 $u_C(0_+)$ 和电感电流的初始值 $i_L(0_+)$，然后由换路后($t=0_+$)的电路再求出其他电压和电流的初始值。

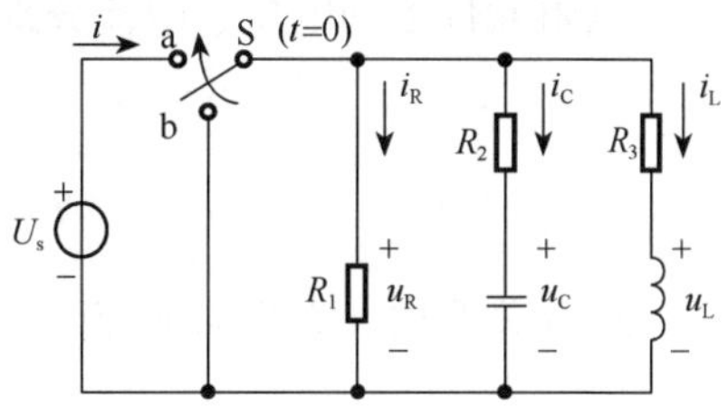

**【例 4.1.1】** 电路如图 4.1.1 所示。$t=0$ 时开关 S 由 b 点投向 a 点。已知 $U_s=12\text{V}$，$R_1=2\Omega$，$R_2=6\Omega$，$R_3=3\Omega$，换路前电路已处于稳态。求换路瞬间各元件上的电压和电流。

图 4.1.1　例 4.1.1 的电路图

**解：** 已知换路前开关位于 b 点且电路已处于稳态，故电容元件两端的电压、电感元件中的电流为零，即

$$u_C(0_-)=0$$

$$i_L(0_-)=0$$

于是，根据图 4.1.1 电路得到电容中的电流、电感两端的电压为

$$i_C(0_-)=0$$

$$u_L(0_-)=0$$

电阻元件上的电流、电压分别为

$$i_R(0_-)=0$$

$$u_R(0_-)=0$$

在 $t=0$ 时刻，开关 S 由 b 点投向 a 点，这时电路与直流电源接通。根据换路定则可得

$$u_C(0_+)=u_C(0_-)=0$$

$$i_L(0_+)=i_L(0_-)=0$$

由换路后电路可得

$$i_C(0_+)=\frac{U_s-u_C(0_+)}{R_2}=\frac{12-0}{6}=2(\mathrm{A})$$

$$u_L(0_-)=U_s-i_L(0_+)R_3=12-0=12(\mathrm{V})$$

$$u_R(0_+)=U_s=12(\mathrm{V})$$

$$i_R(0_+)=\frac{U_s}{R_1}=\frac{12}{2}=6(\mathrm{A})$$

**【例 4.1.2】** 电路仍如图 4.1.1 所示，电路参数不变。$t=0$ 时开关 S 由 a 点投向 b 点，且换路前电路已处于稳态。求换路瞬间各元件上的电压及各支路中的电流。

**解：** 已知换路前开关 S 在 a 点，且电路已处于稳态，由于电容元件对于直流相当于开路、电感元件对于直流相当于短路，所以电容中的电流、电感两端的电压为零，即

$$i_C(0_-)=0$$

$$u_L(0_-)=0$$

因此，电容两端的电压为

$$u_C(0_-)=U_s-i_C(0_-)R_2=12-0=12(\mathrm{V})$$

电感中的电流为

$$i_L(0_-)=\frac{U_s}{R_3}=\frac{12}{3}=4(\mathrm{A})$$

电阻元件上的电压、电流分别为

$$u_R(0_-)=12(\mathrm{V})$$

$$i_R(0_-)=\frac{U_s}{R_1}=\frac{12}{2}=6(\mathrm{A})$$

当开关 S 由 a 点投向 b 点时，根据换路定则，可得

$$u_C(0_+)=u_C(0_-)=12(\mathrm{V})$$

$$i_L(0_+)=i_L(0_-)=4(\mathrm{A})$$

于是，由换路后的电路可得

$$i_C(0_+)=\frac{0-u_C(0_+)}{R_2}=\frac{0-12}{6}=-2(\mathrm{A})$$

$$u_L(0_-)=0-i_L(0_+)R_3=0-4\times 3=-12(\mathrm{V})$$

$$u_R(0_+)=0$$

$$i_R(0_+)=0$$

通过对上述两例的分析，可以将换路瞬间电路各元件的电流、电压变化规律总结

如下：

1）在直流电路中，若在换路前电路已处于稳态，则电容电流为零，相当于开路；电感两端电压为零，相当于短路。

2）换路瞬间电容两端的电压不能突变，但其中电流可以突变；电感中的电流不能突变，但其端电压可以突变；电阻元件中的电流和端电压均可以突变。

3）储能元件没有初始储能时，即 $u_C(0_-)=0$、$i_L(0_-)=0$ 时，换路后的瞬间，电容元件相当于短路，电感元件相当于开路；当储能元件有初始储能时，即 $u_C(0_-)=U_0$、$i_L(0_-)=I_0$ 时，换路后的瞬间，电容元件可看成一个电压为 $U_0$ 的恒压源，电感元件可看成一个电流为 $I_0$ 的恒流源。

3. 暂态分析的基本概念

在电路分析中，通常将电路从电源（包括信号源）输入的信号统称为激励。激励有时又称输入。电路在外部激励作用下，或者在内部储能的作用下所产生的电压或电流称为响应。响应有时又称输出。分析电路的暂态过程就是根据激励，求电路的响应。按照产生响应的原因，可将响应分为零输入响应、零状态响应和全响应。

（1）零输入响应

电路发生换路前，内部储能元件中已储有原始能量。换路时，外部激励等于零，仅由内部储能元件中所储存的能量引起的响应，称为零输入响应。

（2）零状态响应

在换路时储能元件原始储能为零的情况下，由外激励的作用所引起的响应，称为零状态响应。

（3）全响应

电路中的储能元件中存在原始能量，且又有外部激励，这种情况下引起的电路响应称为全响应。对线性电路而言，全响应＝零输入响应＋零状态响应。

分析暂态过程的基本方法是经典法，即利用欧姆定律和基尔霍夫定律列出以时间为自变量的微分方程，然后根据已知的初始条件求解。只含有一个储能元件或可等效为一个储能元件的线性电路，其暂态过程可以用一阶微分方程描述，这种电路称为一阶电路。需用二阶微分方程来描述的，称为二阶电路。

## 4.2　一阶 *RC* 电路的暂态分析

本节用经典法讨论一阶 *RC* 电路的暂态过程，分别分析一阶 *RC* 电路的零状态响应、零输入响应和全响应。

### 4.2.1　*RC* 电路的零状态响应

零状态响应是电路没有初始储能，仅由外界激励产生的响应。*RC* 电路的零状态响应，研究的就是电容元件充电过程中电路中电压和电流的变化规律，如图 4.2.1 所示。

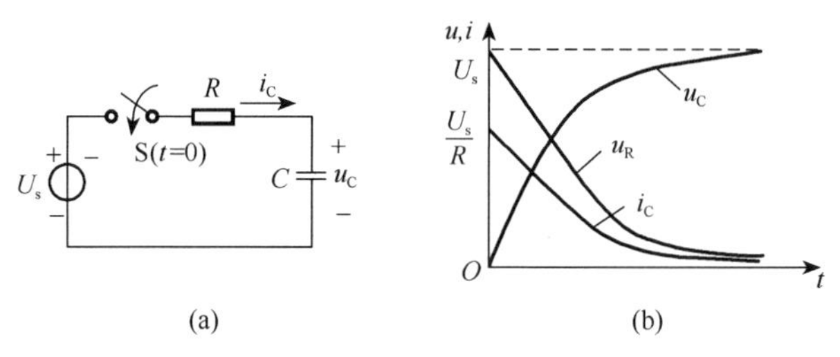


图 4.2.1　RC 电路的零状态响应

在图 4.2.1（a）中，开关 S 闭合前，电容器中无初始储能，即 $u_C(0_-)=0$，这种情况称为电路的零初始状态，简称零状态。

$t=0$ 时开关 S 闭合，发生换路。直流电源与 $RC$ 电路接通并通过电阻 $R$ 对电容 $C$ 充电。这时电路中发生的暂态过程称为零状态响应。

对电路图 4.2.1（a），可列出其回路电压方程式为

$$Ri_C+u_C=U_s$$

由于电容上的电流为

$$i_C=C\frac{\mathrm{d}u_C}{\mathrm{d}t}$$

所以有

$$RC\frac{\mathrm{d}u_C}{\mathrm{d}t}+u_C=U_s \tag{4.2.1}$$

式（4.2.1）是一阶常系数非齐次线性微分方程。解此方程可以得到电容电压 $u_C$。从数学分析可知，式（4.2.1）的解 $u_C(t)$（称为全解）由特解 $u'_C$ 和通解 $u''_C$ 两部分组成，即

$$u_C(t)=u'_C+u''_C \tag{4.2.2}$$

特解 $u'_C$ 是满足式（4.2.1）的任何一个解。因为稳态值总是满足式（4.2.1）的，通常取电路的稳态值作为特解，所以特解也称为稳态分量（又称强制分量），它由电路变化过程结束以后的值确定，即

$$u'_C=u'_C(t)\big|_{t\to\infty}=u_C(\infty) \tag{4.2.3}$$

式（4.2.3）中的 $u_C(\infty)$ 是充电过程结束时电容电压的稳态值，数值上等于电源电压值 $U_s$。

$u''_C$ 为式（4.2.1）对应的齐次方程，即式（4.2.4）的解。

$$RC\frac{\mathrm{d}u_C}{\mathrm{d}t}+u_C=0 \tag{4.2.4}$$

式（4.2.4）解的形式是

$$u''_C=A\mathrm{e}^{pt} \tag{4.2.5}$$

其中，$A$ 为待定系数，$p$ 为齐次方程对应的特征方程 $RCp+1=0$ 的根，即

$$p=-\frac{1}{RC}=-\frac{1}{\tau} \tag{4.2.6}$$

式 (4.2.6) 中 $\tau=RC$，$\tau$ 具有时间的量纲 (秒)①，称为 $RC$ 电路的时间常数。

可见 $u''_C$ 是一个时间的指数函数。从电路来看，它只是在变化过程中出现的，随时间变化，所以通常称 $u''_C$ 为暂态分量 (又称自由分量)。

因此，式 (4.2.1) 的全解为

$$u_C(t)=u'_C+u''_C=u_C(\infty)+A\mathrm{e}^{-\frac{t}{\tau}} \tag{4.2.7}$$

式 (4.2.7) 中常数 $A$ 可由初始值确定。在 $t=0_+$ 时

$$u_C(0_+)=u_C(\infty)+A$$

所以

$$A=u_C(0_+)-u_C(\infty)$$

将 $A$ 代入式 (4.2.7) 可得

$$u_C(t)=u_C(\infty)+[u_C(0_+)-u_C(\infty)]\mathrm{e}^{-\frac{t}{\tau}} \tag{4.2.8}$$

在图 4.2.1 (a) 所示电路中，由换路定则可求出，$u_C(0_+)=u_C(0_-)=0$，$u_C(\infty)=U_s$，所以电容两端电压的零状态响应为

$$\begin{aligned}u_C(t)&=u_C(\infty)+[u_C(0_+)-u_C(\infty)]\mathrm{e}^{-\frac{t}{\tau}}\\&=U_s+(0-U_s)\mathrm{e}^{-\frac{t}{RC}}\\&=U_s(1-\mathrm{e}^{-\frac{t}{RC}})\end{aligned} \tag{4.2.9}$$

暂态过程中电容元件的电压包含两个分量：一是到达稳态时的电压 $U_s$，为稳态分量；二是仅存于暂态过程中的 $(-U_s\mathrm{e}^{-\frac{t}{RC}})$，为暂态分量。暂态分量存在时间的长短取决于时间常数 $\tau$。

$RC$ 电路的时间常数 $\tau$ 是由电路参数决定的，所以它反映了动态电路的固有特性。因为 $\tau=RC$，所以 $R$ 和 $C$ 的值直接决定了电路暂态过程的长短，$\tau$ 值越大，变化的速度越慢，暂态过程所需时间越长。这一点可以从物理概念上理解：外加电压一定时，电阻 $R$ 越大，充电电流越小，因此充电时间越长；而电容 $C$ 越大，充到同样的电压所需的电荷就越多，因此充电时间就越长。所以，改变 $R$ 或 $C$ 的数值，都可以改变时间常数的大小，即改变电容充电的速度。图 4.2.2 给出了不同时间常数下 $u_C$ 变化的规律。

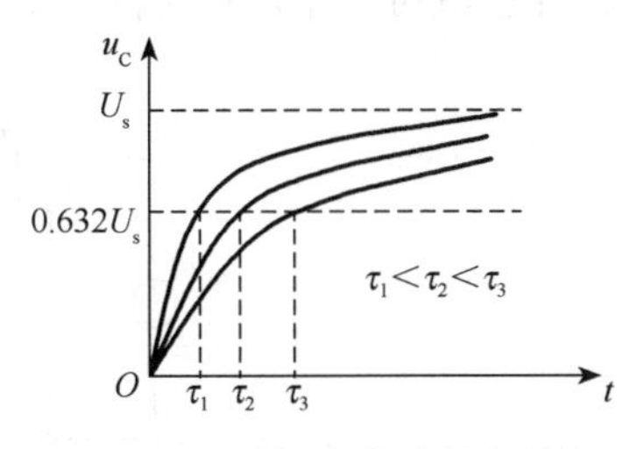

图 4.2.2　时间常数对暂态过程的影响

根据式 (4.2.9)，理论上，电容电压 $u_C$ 按指数规律变化，必须经过无限长时间，电容器的充电过程才能结束，电路才能达到新的稳定状态，即 $t\to\infty$ 时，$u_C=U_s$。实际上，当 $t=1\tau$ 时，充电电压 $u_C$ 为

$$u_C=U_s(1-\mathrm{e}^{-1})=0.632U_s$$

也就是说，当 $t=1\tau$ 时，电容上的电压已上升到电源电压的 63.2%。表 4.2.1 给

① $\tau$ 的单位是欧·法=欧$\frac{库}{伏}$=$\frac{欧·安·秒}{伏}$=秒。

出了其他时刻电容电压 $u_C$ 的值。

由表 4.2.1 中数据可知，当经过（3～5）$\tau$ 时，电容上的电压已上升到电源电压的 95%～99.3%。工程上一般认为，电路换路后经过（3～5）$\tau$，暂态过程基本结束，电路已到达新的稳态，由此引起的计算误差不大于 5%。

**表 4.2.1　换路后各时刻 $u_C$ 的值**

| $t$ | $1\tau$ | $2\tau$ | $3\tau$ | $4\tau$ | $5\tau$ | $6\tau$ |
| --- | --- | --- | --- | --- | --- | --- |
| $u_C$ | $0.632U_s$ | $0.865U_s$ | $0.950U_s$ | $0.982U_s$ | $0.993U_s$ | $0.998U_s$ |

根据电容元件上电压、电流的关系和电路的基本定律，可求得电路中电容元件的电流和电阻元件两端的电压。

电容元件的充电电流为

$$i_C(t)=C\frac{\mathrm{d}u_C}{\mathrm{d}t}=\frac{U_s}{R}\mathrm{e}^{-\frac{t}{RC}} \tag{4.2.10}$$

电阻元件两端的电压为

$$u_R(t)=Ri=U_s\mathrm{e}^{-\frac{t}{RC}} \tag{4.2.11}$$

$u_C$、$u_R$、$i_C$ 随时间变化的曲线如图 4.2.1（b）所示。由此可得，电容上的电压随时间按指数规律变化。变化的起点是初始值 0，变化的终点是稳态值 $U_s$，变化的速度仍取决于时间常数 $\tau$。而 $u_R$、$i_C$ 均随时间按指数规律逐渐衰减至零。

### 4.2.2　*RC* 电路的零输入响应

零输入响应是指换路后的电路中无激励，即输入信号为零时，仅由储能元件所储存的能量产生的响应。*RC* 电路的零输入响应，实质上就是指具有一定原始能量的电容元件在放电过程中所产生的响应，此时电路中电压和电流的变化规律如图 4.2.3 所示。

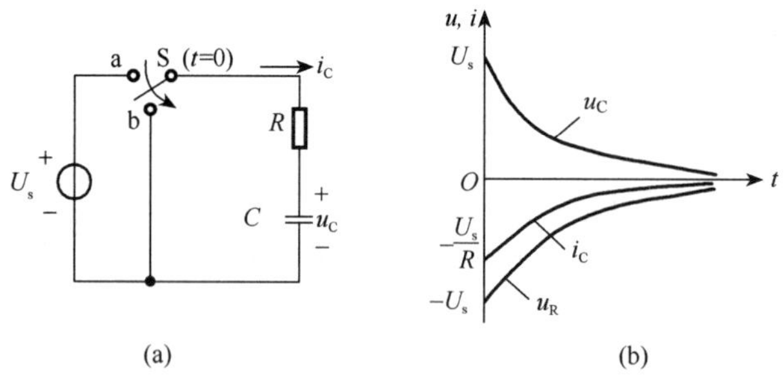


图 4.2.3　*RC* 电路的零输入响应

在图 4.2.3（a）所示电路中，开关合在 a 点时电容已充电到 $U_s$，且电路已处于稳态，即 $u_C(0_-)=U_s$。

在 $t=0$ 时将开关投向 b 点，这时电容通过电阻 $R$ 放电。此时电路中的输入信号为零，即零输入，换路后电路中的响应是由电容的初始储能引起的，因此，称这时电路中的暂态过程为零输入响应。

对电路图 4.2.3（a），可列出换路后回路电压方程

$$Ri_C+u_C=0$$

因为 $i_C = C\dfrac{du_C}{dt}$，所以

$$RC\frac{du_C}{dt} + u_C = 0 \tag{4.2.12}$$

这是一个一阶的常系数齐次微分方程，从数学分析可知，该方程的通解为

$$u_C(t) = Ae^{pt} \tag{4.2.13}$$

式（4.2.13）与式（4.2.5）完全一样。因此，式（4.2.12）的通解为

$$u_C(t) = [u_C(0_+) - u_C(\infty)]\,e^{-\frac{t}{\tau}} \tag{4.2.14}$$

在图 4.2.3（a）所示电路中，由换路定则可求出 $u_C(0_+) = u_C(0_-) = U_S$，换路后达到稳态时，电容放电结束，$u_C(\infty) = 0$，电路的时间常数 $\tau = RC$。所以电容两端电压的零状态响应为

$$u_C(t) = u_C(0_+)e^{-\frac{t}{\tau}} = U_s e^{-\frac{t}{RC}} \tag{4.2.15}$$

式（4.2.15）说明，电容上的电压随时间按指数规律变化，变化的速度取决于时间常数 $\tau$。

根据电容元件上电压、电流的关系和电路的基本定律，可求得电路中电容元件的电流和电阻元件两端的电压。

电容元件的放电电流为

$$i_C(t) = C\frac{du_C}{dt} = -\frac{U_s}{R}e^{-\frac{t}{RC}} \tag{4.2.16}$$

电阻元件两端的电压为

$$u_R(t) = Ri = -U_s e^{-\frac{t}{RC}} \tag{4.2.17}$$

$u_C$、$u_R$、$i_C$ 随时间变化的曲线如图 4.2.3（b）所示。电容上的电压由初始值 $U_s$ 按指数规律变化到新的稳态值 0。$u_R$、$i_C$ 随时间按指数规律也逐渐衰减至零。

### 4.2.3　*RC* 电路的全响应

所谓全响应，是指既有初始储能又有外界激励产生的响应。*RC* 电路的全响应是指电源激励和电容元件的初始电压均不为零时的响应。对应着电容从一种储能状态转换到另一种储能状态的过程，如图 4.2.4 所示。

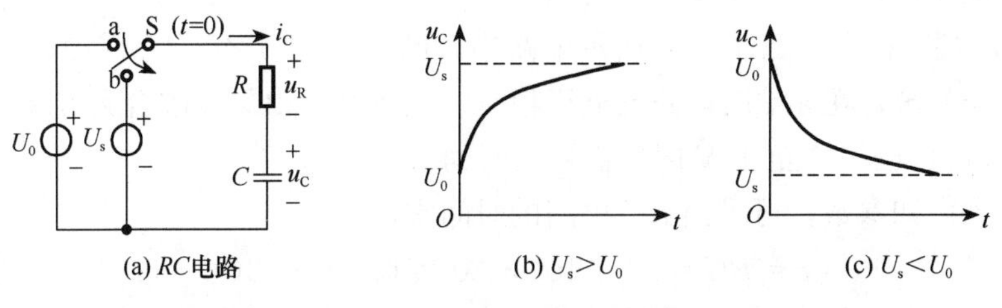


图 4.2.4　*RC* 电路的全响应

在图 4.2.4（a）所示电路中，开关 S 处于位置 a 时，电容充电到 $U_0$，即 $u_C(0_-) = U_0$。当 $t=0$ 时，将开关 S 投向位置 b，*RC* 电路与 $U_0$ 断开，同时接通激励源 $U_s$，该电路的

响应是由储能元件和激励 $U_s$ 共同作用的结果，因此称为电路的全响应。换路后到达稳态时 $u_C(\infty)=U_s$。

电容上电压的初始值为

$$u_C(0_+)=u_C(0_-)=U_0$$

换路后的回路电压方程式为

$$R_{i_C}+u_C=U_s$$

此式与零状态响应回路电压方程相同，所以换路后的微分方程同零状态响应，即

$$RC\frac{du_C}{dt}+u_C=U_s$$

其通解与式（4.2.8）相同，代入初始条件 $u_C(0_+)=u_C(0_-)=U_0$，得

$$\begin{aligned}u_C(t)&=u_C(\infty)+[u_C(0_+)-u_C(\infty)]e^{-\frac{t}{\tau}}\\&=U_s+(U_0-U_s)e^{-\frac{t}{RC}}\end{aligned} \tag{4.2.18}$$

此式中第一项是常量，它是电容电压的稳态值 $u_C(\infty)$，因此也称为全响应的稳态分量，而第二项是按指数规律衰减的，只存在于暂态过程中，因之称为全响应的暂态分量，由此也可把全响应写为

全响应＝稳定分量＋暂态分量

式（4.2.18）又可写为

$$u_C(t)=U_0e^{-\frac{t}{RC}}+U_s(1-e^{-\frac{t}{RC}}) \tag{4.2.19}$$

此式前一项是零输入响应，后一项是零状态响应。可见，一阶 $RC$ 电路的全响应是零输入响应和零状态响应的叠加，即

全响应＝零输入响应＋零状态响应

$u_C$ 随时间的变化曲线如图 4.2.4（b）和图 4.2.4（c）所示。电容上的电压仍随时间按指数规律变化，变化的起点是初始值 $U_0$，变化的终点是稳态值 $U_s$，变化速度仍取决于电路的时间常数 $\tau$，$\tau=RC$。当 $U_s>U_0$ 时，电容充电，$u_C$ 随时间按指数规律由 $U_0$ 增加到 $U_s$；当 $U_s<U_0$ 时，电容放电，$u_C$ 随时间按指数规律由 $U_0$ 衰减到 $U_s$。

以上所分析的电路都是只含一个电源、一个电容的简单电路。对于复杂的 $RC$ 电路，分析其暂态过程时，可以应用戴维南定理，将除电容 $C$ 外的部分电路等效为一个含有内阻的电压源，再用经典法进行分析。

**【例 4.2.1】** 在图 4.2.4（a）所示电路中，已知 $U_0=15\text{V}$，$U_s=10\text{V}$，$R=10\text{k}\Omega$，$C=20\mu\text{F}$。开关 S 合在 a 端时电路已处于稳态。现将开关由 a 端改合到 b 端。求换路瞬间的电容电流以及 $u_C$ 降至 12V 时所需要的时间。

**解：** 根据已知参数，可求出 $RC$ 电路的时间常数

$$\tau=RC=10\times10^3\times20\times10^{-6}=0.2(\text{s})$$

由式（4.2.18）知，电容两端电压为

$$u_C(t)=U_s+(U_0-U_s)e^{-\frac{t}{RC}}=10+5e^{-5t}(\text{V})$$

从而得到电容上的电流为

$$i_C(t)=C\frac{du_C}{dt}=-\frac{U_0-U_s}{R}e^{-5t}=-0.5e^{-5t}(\text{mA})$$

所以，换路瞬间的电容电流为 $i_C$（$0_+$）$=0.5$mA。

由 $u_C(t)$ 表达式可计算出当 $u_C$ 降至 12V 时所需要的时间 $t$。

由
$$12=10+5e^{-5t}$$
得
$$t=0.183\text{s}$$

### 4.2.4　*RC* 微分电路和积分电路

在电子电路中，经常会用到矩形脉冲电压，如图 4.2.5 所示。$t_p$ 为脉冲宽度，$U$ 为脉冲幅度，$T$ 为脉冲周期。当矩形脉冲电压作用于 *RC* 电路时，若选取不同的时间常数和输出端，将产生不同的输出波形，从而构成输出电压和输入电压之间的特定关系，即微分关系和积分关系。

1. *RC* 微分电路

在图 4.2.6 所示 *RC* 串联电路中，输入电压 $u_i$ 为矩形脉冲，脉冲宽度为 $t_p$，脉冲幅度为 $U_s$。电阻 $R$ 两端电压为输出电压，即 $u_o(t)=u_R(t)$。

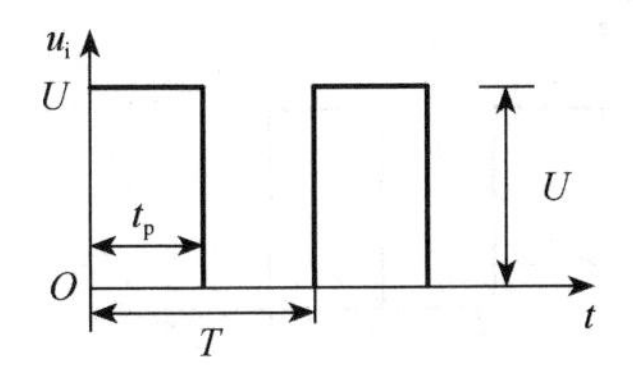

图 4.2.5　矩形脉冲电压

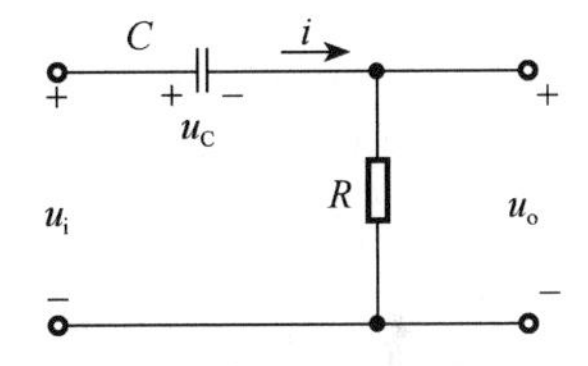

图 4.2.6　*RC* 微分电路

在 $t=0$ 时，输入矩形脉冲由零跃变到 $U_s$，电容器充电；在 $t\geqslant t_1$ 时，输入矩形脉冲由 $U_s$ 跃变到零，电容器经电阻 $R$ 放电。$u_i(t)$ 和 $u_o(t)$ 的波形如图 4.2.7 所示。

当电路的时间常数很小，使 $\tau\ll t_p$ 时，电容器充放电速度很快。充电时，$u_C$ 很快增长到 $U_s$，输出电压 $u_o$ 很快衰减至零，这样在电阻两端就输出一个正尖脉冲；放电时，$u_C$ 很快由 $U_s$ 衰减至零，输出电压 $u_o$ 也由 $-U_s$ 很快衰减至零，这样在电阻两端就输出一个负尖脉冲。

由于 $\tau\ll t_p$，电容器充放电速度很快，电阻上的电压 $u_o$ 很小，除去电容充电和放电这段极短的时间外，可以认为电容上的电压接近输入电压，即

$$u_i=u_C+u_R\approx u_C$$

此时输出电压为

$$u_o(t)=Ri=RC\frac{du_C}{dt}\approx RC\frac{du_i}{dt}\qquad(4.2.20)$$

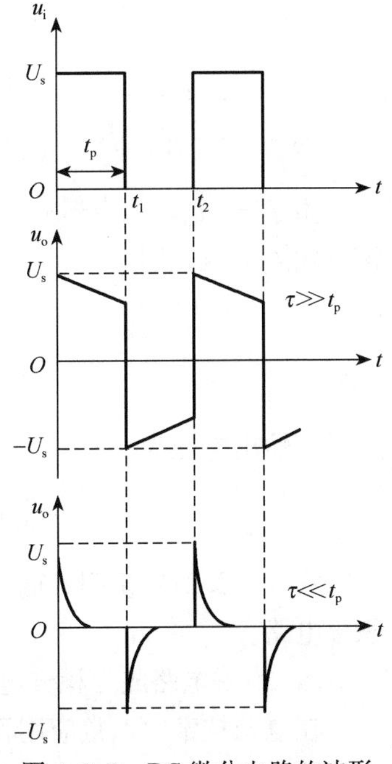

图 4.2.7　*RC* 微分电路的波形

式（4.2.20）说明，输出电压 $u_o$ 近似与输入电压 $u_i$ 成微分关系，所以该电路称为微分电路。

$RC$ 串联电路成为微分电路的必要条件是：①$\tau \ll t_p$；②从电阻两端输出。

在电子技术中，常应用微分电路把矩形脉冲变成尖脉冲作为触发信号，用来触发触发器、晶闸管等。

### 2. RC 积分电路

如果将图 4.2.6 所示电路中电阻和电容的位置对调，则变为如图 4.2.8 所示的积分电路，此时电容两端电压为电路的输出电压，即 $u_o(t)=u_C(t)$。电路的输入电压 $u_i$ 为矩形脉冲，脉冲宽度为 $t_p$，脉冲幅度为 $U_s$。

在 $t=0$ 时，输入矩形脉冲由零跃变到 $U_s$，电容器充电；在 $t=t_1$ 时，输入矩形脉冲由 $U_s$ 跃变到零，电容器经电阻 $R$ 放电。当电路的时间常数很大，使 $\tau \gg t_p$ 时，电容器充放电速度很缓慢。充电时，$u_C$ 增长缓慢，还未增长到 $U_s$，输入脉冲又由 $U_s$ 跃变到零，电容器经电阻 $R$ 放电，$u_C$ 缓慢减小。这样在电容两端就输出一个锯齿波信号。$u_i(t)$ 和 $u_o(t)$ 的波形如图 4.2.9 所示。

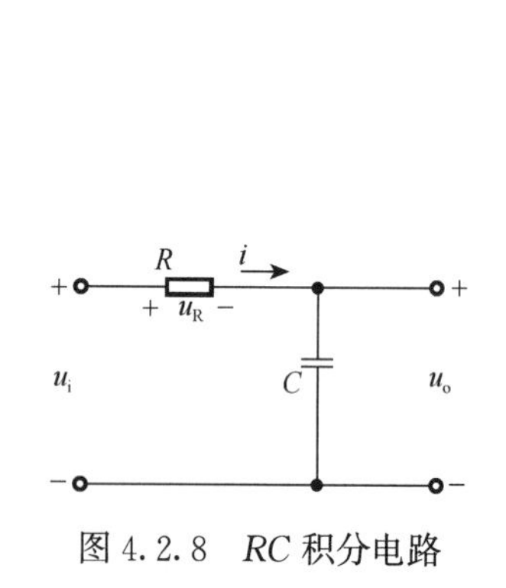


图 4.2.8　$RC$ 积分电路

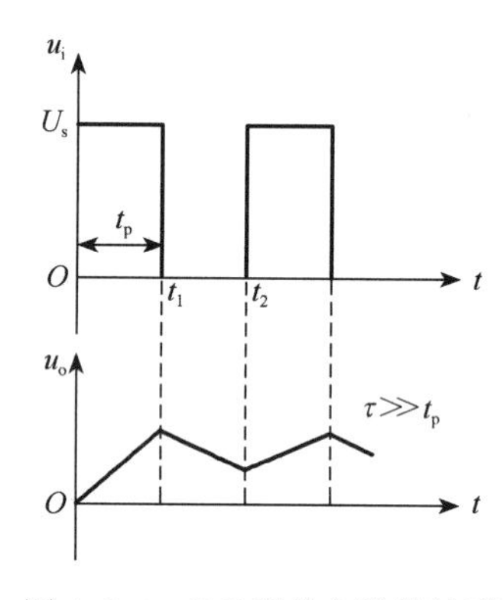


图 4.2.9　$RC$ 积分电路的波形

由于 $\tau \gg t_p$，电容器充放电速度缓慢，电容上的电压很小，可以认为电阻上的电压接近输入电压，即

$$u_i = u_R + u_o \approx u_R = Ri$$

$$i \approx \frac{u_i}{R}$$

此时，输出电压为

$$u_o(t) = u_C(t) = \frac{1}{C}\int i\,\mathrm{d}t \approx \frac{1}{RC}\int u_i\,\mathrm{d}t \tag{4.2.21}$$

式（4.2.21）说明，输出电压 $u_o$ 近似与输入电压 $u_i$ 成积分关系，所以该电路称为积分电路。

$RC$ 串联电路成为积分电路的必要条件是：①$\tau \gg t_p$；②从电容两端输出。

在电子技术中，常应用积分电路把矩形脉冲变换成锯齿波，作为扫描信号。$RC$ 微分电路和积分电路实质上都是电容器的充放电电路。

# 4.3 一阶 $RL$ 电路的暂态分析

电工技术中，$RL$ 串联电路是一种常用电路，如电动机励磁绕阻、电磁铁、电磁继电器等电磁元器件都可等效为 $RL$ 的串联电路。因 $L$ 是储能元件，所以，上述电磁元件在换路时也可能会产生暂态过程。下面分析一阶 $RL$ 电路的暂态过程。

## 4.3.1 *RL* 电路的零状态响应

图 4.3.1 (a) 所示电路是一个 $RL$ 串联电路。换路前电感中的电流为零，即 $i_L(0_-)=0$。设在 $t=0$ 时开关 S 闭合，则换路后 $RL$ 电路与直流电源接通，所以电路中电流、电压的响应是零状态响应。根据换路定则，换路后 $t=0_+$ 瞬间 $i_L(0_+)=i_L(0_-)=0$。

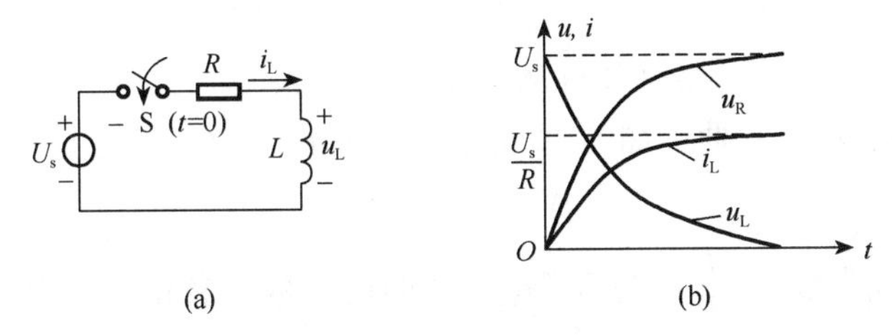


图 4.3.1 $RL$ 电路的零状态响应

根据图 4.3.1（a）所示电路，可列出开关 S 闭合后暂态过程的回路电压方程

$$Ri_L+u_L=U_s$$

由于电感上的电压为

$$u_L=L\frac{di_L}{dt}$$

所以有

$$Ri_L+L\frac{di_L}{dt}=U_s$$

上式可以变换成如下形式：

$$\frac{L}{R}\frac{di_L}{dt}+i_L=\frac{U_s}{R} \tag{4.3.1}$$

式（4.3.1）是一阶常系数非齐次线性微分方程，与式（4.2.1）形式完全相同。比较两式，可以得出式（4.3.1）的解为

$$i_L(t)=i_L(\infty)+[i_L(0_+)-i_L(\infty)]e^{-\frac{t}{\tau}} \tag{4.3.2}$$

式中，$i_L(0_+)=0$，是电感上电流的初始值；$i_L(\infty)=\dfrac{U_s}{R}$，是换路后到达稳态时电感上的电流；$\tau=\dfrac{L}{R}$具有时间的量纲（秒）①，是一阶 $RL$ 电路的时间常数。所以

① $\tau$ 的单位是$\dfrac{亨}{欧}=\dfrac{欧·秒}{欧}$=秒。

$$i_{\mathrm{L}}(t)=i_{\mathrm{L}}(\infty)+[i_{\mathrm{L}}(0_{+})-i_{\mathrm{L}}(\infty)]\mathrm{e}^{-\frac{t}{\tau}}$$
$$=\frac{U_{\mathrm{s}}}{R}+\left(0-\frac{U_{\mathrm{s}}}{R}\right)\mathrm{e}^{-\frac{R}{L}t}$$
$$=\frac{U_{\mathrm{s}}}{R}(1-\mathrm{e}^{-\frac{R}{L}t}) \tag{4.3.3}$$

由式（4.3.3）可得，电感上电流的变化规律与电容上电压的变化规律是相同的，都是随时间按指数规律变化。曲线如图 4.3.1（b）所示。由初始值 $i_{\mathrm{L}}(0_{+})=0$ 按指数规律变化到新的稳态值 $i_{\mathrm{L}}(\infty)=\frac{U_{\mathrm{s}}}{R}$，变化的速度取决于时间常数 $\tau$。

由式（4.3.3）可以得出电感的电压和电阻上的电压分别为

$$u_{\mathrm{L}}(t)=L\frac{\mathrm{d}i_{\mathrm{L}}}{\mathrm{d}t}=U_{\mathrm{s}}\mathrm{e}^{-\frac{R}{L}t} \tag{4.3.4}$$

$$u_{\mathrm{R}}(t)=Ri_{\mathrm{L}}=U_{\mathrm{s}}(1-\mathrm{e}^{-\frac{R}{L}t}) \tag{4.3.5}$$

$i_{\mathrm{L}}(t)$、$u_{\mathrm{R}}(t)$、$u_{\mathrm{L}}(t)$ 曲线如图 4.3.1（b）所示。$i_{\mathrm{L}}(t)$、$u_{\mathrm{R}}(t)$、$u_{\mathrm{L}}(t)$ 随时间按指数规律变化。

*RL* 电路的时间常数 $\tau=\frac{L}{R}$，与 *RC* 电路的时间常数意义相似，*RL* 电路暂态过程的长短同样取决于 $\tau$ 的大小。$\tau$ 越大，时间越长；$\tau$ 越小，时间越短。理论上，当 $t$ 趋近于无穷时，电路才达到新的稳定状态。而实际上，一般认为换路后（3～5）$\tau$ 时，*RL* 电路的暂态过程已经结束，电路已达到新的稳定状态了。

### 4.3.2 *RL* 电路的零输入响应

在图 4.3.2（a）所示电路中，换路前开关 S 置于 a 点，*RL* 电路已与直流电源接通，故 $i_{\mathrm{L}}(0_{-})=\frac{U_{\mathrm{s}}}{R}$，这时电感中具有初始储能。设在 $t=0$ 时，将开关 S 投向 b 点，产生换路，电感 $L$ 经电阻 $R$ 形成一回路。换路后，电路的外部激励为零，在电感初始储能的作用下产生暂态过程，直到储能全部消耗在电阻上为止，电路中电流、电压的响应是零输入响应。

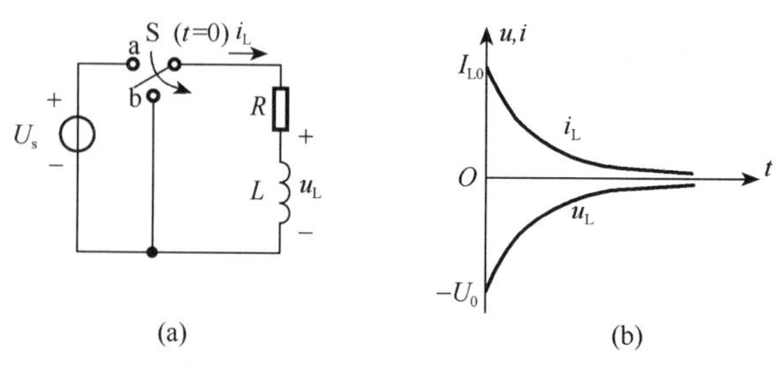


图 4.3.2　*RL* 电路的零输入响应

由图 4.3.2（a）所示电路，列换路后电路的回路电压方程

$$Ri_{\mathrm{L}}+u_{\mathrm{L}}=0$$

由于电感上的电压为

$$u_L = L\frac{di_L}{dt}$$

所以

$$\frac{L}{R}\frac{di_L}{dt} + i_L = 0 \tag{4.3.6}$$

此方程与 $RC$ 电路的零输入响应的微分方程形式相同，参照式（4.2.12）的解法及结果，可求得

$$i_L(t) = [i_L(0_+) - i_L(\infty)]e^{-\frac{t}{\tau}} \tag{4.3.7}$$

式中，$i_L(0_+) = i_L(0_-) = \frac{U_s}{R} = I_0$，是电感上电流的初始值；$i_L(\infty) = 0$，是换路后到达稳态时电感上的电流；$\tau = \frac{L}{R}$是一阶 $RL$ 电路的时间常数。所以

$$i_L(t) = i_L(0_+)e^{-\frac{t}{\tau}} = \frac{U_s}{R}e^{-\frac{R}{L}t} = I_0 e^{-\frac{R}{L}t} \tag{4.3.8}$$

由式（4.3.8）可得，电感上电流的衰减规律与电容上电压的衰减规律是相同的，都是随时间按指数规律变化。曲线如图 4.3.2（b）所示。由初始值 $i_L(0_+) = \frac{U_s}{R}$按指数规律变化到新的稳态值 $i_L(\infty) = 0$。变化的速度取决于时间常数 $\tau$，电路的时间常数 $\tau = \frac{L}{R}$。

由式（4.3.8）可以得出电感两端的电压为

$$u_L(t) = L\frac{di}{dt} = -U_s e^{-\frac{R}{L}t} \tag{4.3.9}$$

$i_L(t)$、$u_L(t)$曲线如图 4.3.2（b）所示。$i_L(t)$、$u_L(t)$随时间按指数规律变化。

$RL$ 串联电路实际为电感线圈的电路模型。在图 4.3.2（a）中，若用开关将线圈从电源断开而未加以短路，则由于这时电流变化率$\frac{di}{dt}$很大，将在线圈两端产生非常大的感应电动势，这个感应电动势可能将开关两触点间的空气击穿而造成电弧，这种状况会造成设备的损坏和人员的伤害。所以，在将线圈从电源断开的同时，必须将其短路或接入一个低值泄放电阻。

下面讨论具有初始储能的 $RL$ 电路零输入响应的两种情况：$RL$ 电路的短路与断路。

#### 1. $RL$ 电路的短路

实际电感线圈的电路通常等效成一个电阻 $R$ 与电感 $L$ 串联的支路，电阻 $R$ 为线圈的电阻，数值很小。在图 4.3.2（a）所示电路中，换路后 $RL$ 电路被短接，所以电路的时间常数 $\tau = \frac{L}{R}$很大，$i_L$ 衰减缓慢，即暂态过程缓慢。为加快暂态过程，通常接电阻 $R_1$，一般取 $R_1 = R$。如图 4.3.3（a）所示。

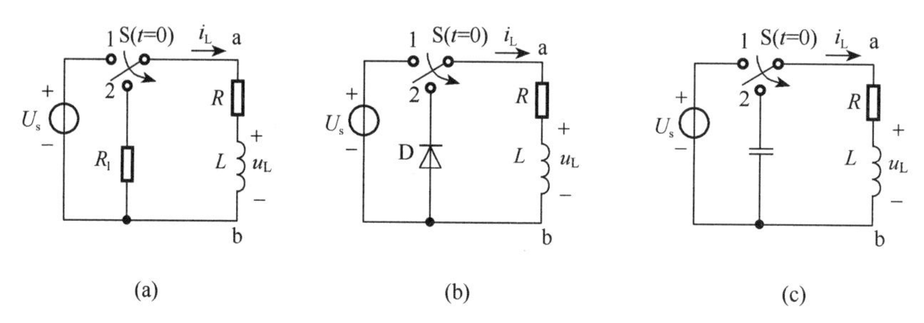


图 4.3.3 避免过电压的 *RL* 电路

在图 4.3.3（a）所示电路中，换路后 $\tau=\dfrac{L}{R+R_1}$，于是式（4.3.8）变为

$$i_L(t)=\frac{U_s}{R}e^{-\frac{R+R_1}{L}t} \tag{4.3.10}$$

$$u_L(t)=L\frac{di}{dt}=-\frac{R+R_1}{R}U_s e^{-\frac{R+R_1}{L}t} \tag{4.3.11}$$

2. *RL* 电路的断路

在图 4.3.2（a）所示电路中，如果将线圈从电源断开而未加以短路，则视为 $R_1\to\infty$，由式（4.3.11）可知，换路后瞬间电感线圈两端电压为

$$u_L(0_+)=-\frac{R+R_1}{R}U_s\to\infty \tag{4.3.12}$$

这样在开关的触头之间产生很高的电压（过电压），开关之间的空气将发生电离而形成电弧，致使开关被烧坏。同时，过电压也可能将电感线圈的绝缘层击穿。为避免过电压造成的损害，可在线圈两端并接一个低值电阻（称泄放电阻），加速线圈放电的过程，如图 4.3.3（a）所示。也可用二极管代替电阻提供放电回路，如图 4.3.3（b）所示。或在线圈两端并联电容，以吸收一部分电感释放的能量，如图 4.3.3（c）所示。

### 4.3.3 *RL* 电路的全响应

在图 4.3.4 所示的电路中，电源电压为 $U_s$，设在 $t=0$ 时开关 S 闭合，发生换路。换路前，电路已处于稳态，电感上已有储能，电流为 $i_L(0_-)=\dfrac{U_s}{R+R_1}=I_0$。

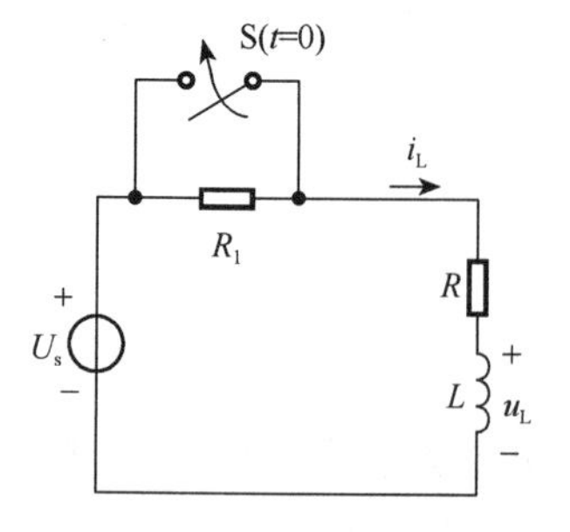


图 4.3.4 *RL* 电路的全响应

开关 S 闭合时，同图 4.3.1（a）所示电路一样，为 *RL* 串联电路。换路后到达稳态时，$i_L(\infty)=\dfrac{U_s}{R}$。

开关 S 闭合后暂态过程的回路电压方程为

$$Ri_L+u_L=U_s$$

此式与零状态响应回路电压方程相同，所以换路后的微

分方程同零状态响应，即

$$Ri_{\mathrm{L}}+L\frac{\mathrm{d}i}{\mathrm{d}t}=U_{\mathrm{s}}$$

上式也可变换成如下形式：

$$\frac{L}{R}\frac{\mathrm{d}i_{\mathrm{L}}}{\mathrm{d}t}+i_{\mathrm{L}}=\frac{U_{\mathrm{s}}}{R}$$

其通解与式（4.3.2）相同，代入初始条件 $i_{\mathrm{L}}(0_+)=i_{\mathrm{L}}(0_-)=\dfrac{U_{\mathrm{s}}}{R+R_1}=I_0$，得

$$\begin{aligned}i_{\mathrm{L}}(t)&=i_{\mathrm{L}}(\infty)+[i_{\mathrm{L}}(0_+)-i_{\mathrm{L}}(\infty)]\mathrm{e}^{-\frac{t}{\tau}}\\&=\frac{U_{\mathrm{s}}}{R}+\left(I_0-\frac{U_{\mathrm{s}}}{R}\right)\mathrm{e}^{-\frac{R}{L}t}\end{aligned}\tag{4.3.13}$$

式中，$i_{\mathrm{L}}(0_+)=i_{\mathrm{L}}(0_-)=\dfrac{U_{\mathrm{s}}}{R+R_1}=I_0$，是电感上电流的初始值；$i_{\mathrm{L}}(\infty)=\dfrac{U_{\mathrm{s}}}{R}$，是换路后到达稳态时电感上的电流；$\tau=\dfrac{L}{R}$是一阶 $RL$ 电路的时间常数。式（4.3.13）表明，一阶 $RL$ 电路的全响应是稳态分量和暂态分量之和。式（4.3.13）还可写为

$$i_{\mathrm{L}}(t)=I_0\mathrm{e}^{-\frac{R}{L}t}+\frac{U_{\mathrm{s}}}{R}(1-\mathrm{e}^{-\frac{R}{L}t})\tag{4.3.14}$$

显然，此结果为零输入和零状态响应的叠加。

与 $RC$ 电路一样，若分析复杂的 $RL$ 电路的暂态过程，可应用戴维南定理，将除电感 $L$ 外的电路等效为一个含有内阻的电压源，再用经典法进行分析。

**【例 4.3.1】** 已知两电感电流的变化规律分别为：$i_{\mathrm{L1}}(t)=5(1-\mathrm{e}^{-2t})\mathrm{A}$，$i_{\mathrm{L1}}(t)=5(1-\mathrm{e}^{-5t})\mathrm{A}$，试问哪个电流增长得快？当 $t=0.15\mathrm{s}$ 时，它们已增长到多少？

**解**：由已知电流 $i_{\mathrm{L1}}$ 和 $i_{\mathrm{L2}}$ 的表达式可知其时间常数分别为 $\tau_1=0.5\mathrm{s}$，$\tau_2=0.2\mathrm{s}$，由于 $\tau_1>\tau_2$，所以 $i_{\mathrm{L1}}$ 增长得慢，$i_{\mathrm{L2}}$ 增长得快。

当 $t=0.15\mathrm{s}$ 时，两电感电流分别增长到

$$i_{\mathrm{L1}}(t)=5(1-\mathrm{e}^{-2t})=1.3(\mathrm{A})$$

$$i_{\mathrm{L1}}(t)=5(1-\mathrm{e}^{-5t})=2.64(\mathrm{A})$$

## 4.4　一阶线性电路暂态分析的三要素法

通过对 $RC$ 电路和 $RL$ 电路暂态过程的分析可知，一阶线性电路的全响应可表述为零输入响应和零状态响应之和，也可表述为稳态分量和暂态分量之和。对一阶线性电路而言，只要电路中电压或电流的初始值、稳态值和时间常数确定了，电路的暂态响应也就确定了。

暂态过程中的电压和电流都是按指数规律变化的，在它的初始值、稳态值及时间常数确定后，就能写出相应的解析表达式。参照式（4.2.18）和式（4.3.13），如写成一般表达式，则为

$$f(t)=f(\infty)+[f(0_+)f(\infty)]\mathrm{e}^{-\frac{t}{\tau}} \tag{4.4.1}$$

式（4.4.1）是稳态分量和暂态分量两部分的叠加。此式中响应的初始值 $f(0_+)$、稳态值 $f(\infty)$和时间常数 $\tau$ 称为一阶电路的三要素。该表达式称为一阶电路任意响应的三要素法一般表达式，即三要素公式。因此，只要确定初始值、稳态值和时间常数这三个要素，就可利用此式方便地求出一阶电路中的任意响应。

这种利用三要素来得出一阶线性微分方程全解的方法即所谓的三要素法。而前述通过微分方程求解的方法一般称作经典法。三要素法在分析一阶电路的暂态过程时，可以避免求解微分方程而使分析简便，并且物理概念清晰，是分析一阶电路常用的方法。

三要素法分析电路的暂态过程求解步骤如下。

（1）求初始值 $f(0_+)$

一阶电路响应的初始值 $i_L(0_+)$和 $u_C(0_+)$ 必须在换路前 $t=0_-$ 的等效电路图中进行求解，然后根据换路定则得出 $i_L(0_+)$和 $u_C(0_+)$；如果是其他各量的初始值，则应根据 $t=0_+$ 的等效电路图进行求解。

（2）求稳态值 $f(\infty)$

一阶电路响应的稳态值均应根据换路后重新达到稳态时的等效电路图进行求解。

（3）求时间常数 $\tau$

一阶电路的时间常数 $\tau$ 应在换路后 $t\geqslant 0$ 时的等效电路中求解。当电路为 $RC$ 一阶电路时，时间常数 $\tau=R_0C$；若为 $RL$ 一阶电路，则 $\tau=\dfrac{L}{R_0}$。求解时，首先将 $t\geqslant 0$ 时的等效电路除源（所有电压源短路，所有电流源开路处理），然后让储能元件断开，并把断开处看作无源二端网络的两个对外引出端，对此无源二端网络求出其入端电阻 $R_0$。

（4）写出响应的表达式

将上述求得的三要素代入式（4.4.1），即可求得一阶电路任意响应。

**【例 4.4.1】** 电路如图 4.4.1（a）所示。已知 $U_s=12\mathrm{V}$，$R_1=3\mathrm{k}\Omega$，$R_2=6\mathrm{k}\Omega$，$C=20\mu\mathrm{F}$，$t=0$ 时开关闭合。换路前电路已处于稳态。求换路后电容上的电压 $u_C$。

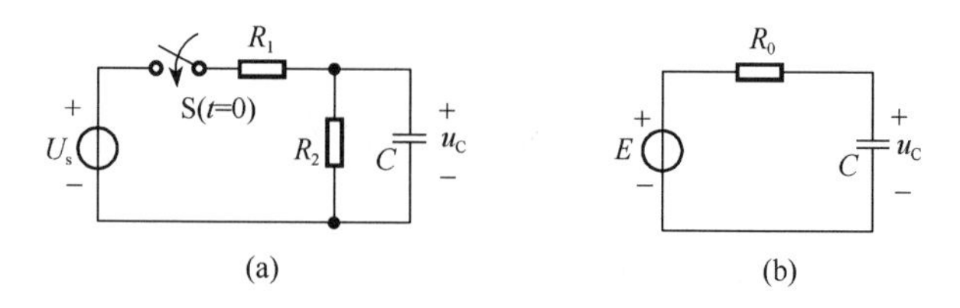


图 4.4.1　例 4.4.1 的电路图

**解：** 本题采用三要素法来求解。

1）求初始值 $u_C(0_+)$。由已知条件，换路前电路已处于稳态，故

$$u_C(0_-)=0$$

根据换路定则，可得电容上电压的初始值

$$u_C(0_+)=u_C(0_-)=0$$

2）求稳态值 $u_C(\infty)$。换路后达到稳态时，有

$$u_C(\infty)=\frac{R_2}{R_1+R_2}U_s=\frac{6}{3+6}\times 12=8(\text{V})$$

3）求时间常数 $\tau$。由图 4.4.1（a）知，电阻 $R_1$ 和 $R_2$ 都在换路后的电路中，因此时间常数与 $R_1$ 和 $R_2$ 都有关。可用戴维南定理把电容 $C$ 以外的有源二端网络化为一个等效电压源，则图 4.4.1（a）所示电路等效成图 4.4.1（b）所示电路，其中等效电阻为

$$R_0=\frac{R_1R_2}{R_1+R_2}=\frac{3\times 6}{3+6}=2(\text{k}\Omega)$$

等效电动势 $E$ 为

$$E=\frac{R_2}{R_1+R_2}U_s=\frac{6}{3+6}\times 12=8(\text{V})$$

由图 4.4.1（b）得出时间常数

$$\tau=R_0C=2\times 10^3\times 20\times 10^{-6}=40\times 10^{-3}(\text{s})$$

4）求 $u_C$。将上述求得的三要素代入三要素公式（4.4.1），可求得 $u_C$。

$$\begin{aligned}u_C(t)&=u_C(\infty)+[u_C(0_+)-u_C(\infty)]\text{e}^{-\frac{t}{\tau}}\\&=8+(0-8)\text{e}^{-\frac{t}{40\times 10^{-3}}}\\&=8(1-\text{e}^{-25t})(\text{V})\end{aligned}$$

**【例 4.4.2】** 电路如图 4.4.2（a）所示。已知 $U_s=12\text{V}$，$R_1=3\text{k}\Omega$，$R_2=6\text{k}\Omega$，$C_1=40\mu\text{F}$，$C_2=20\mu\text{F}$，$C_3=20\mu\text{F}$，$t=0$ 时开关闭合。换路前电路已处于稳态。求换路后电路中的电流 $i$、$i_1$ 和 $i_2$。

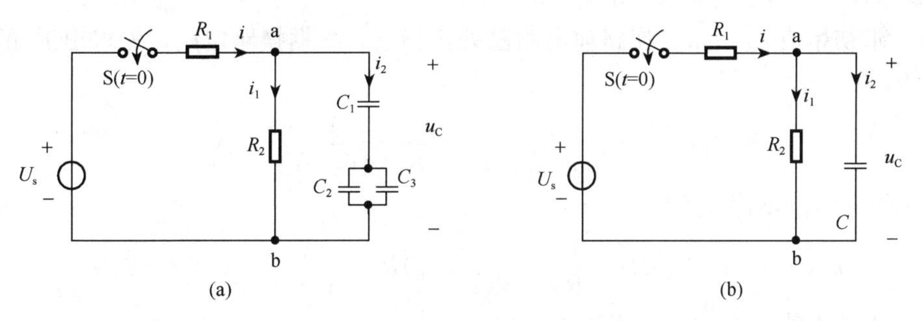


图 4.4.2　例 4.4.2 电路图

**解：** 欲求电流 $i$、$i_1$ 和 $i_2$，应先求出 a、b 两端点之间的电压 $u_C$。可将 a、b 之间的电容等效为

$$C=\frac{C_1(C_2+C_3)}{C_1+(C_2+C_3)}=20(\mu\text{F})$$

等效电路如图 4.4.2（b）所示。图 4.4.2（b）的电路及参数与图 4.4.1（a）的电路及参数完全相同，可利用例 4.4.1 的结果，$u_C(t)=8$（$1-\text{e}^{-25t}$）V，求出各电流分别为

$$i(t)=\frac{U_s-u_C}{R_1}=1.33+2.67\text{e}^{-25t}(\text{mA})$$

$$i(t)=\frac{U_C}{R_2}=1.33(1-e^{-25t})(mA)$$

$$i_2(t)=i(t)-i_1(t)=4e^{-25t}(mA)$$

通过用三要素法对上述两例的分析可以看出，在用三要素法求解一阶 $RC$ 电路时应注意以下几点：

1）根据换路定则，换路前后瞬间电容上的电压保持不变。因此，电容上电压的初始值 $u_C(0_+)$应由换路前瞬间的值 $u_C(0_-)$确定。其他物理量的初始值则由 $u_C(0_+)$求出。

2）若 $u_C(0_-)=U_0\neq 0$，电容元件用恒压源代替，其值等于 $U_0$，若 $u_C(0_-)=0$，电容元件视为短路。若 $i_L(0_-)=I_0\neq 0$，电感元件用恒流源代替，其值等于 $I_0$，若 $i_L(0_-)=0$，电感元件视为开路。

3）电容上电压的稳态值 $u_C(\infty)$由换路后到达稳态时的电路求得。对于直流信号来说，稳态时电容相当于开路。

4）在一阶 $RC$ 电路中，时间常数 $\tau=RC$，但是其中的电阻 $R$ 和电容 $C$ 是指换路后的等效值。如果换路后的电路中含有多个电阻或电容，应采用适当的方法化简，求出等效电阻、电容，然后计算时间常数。

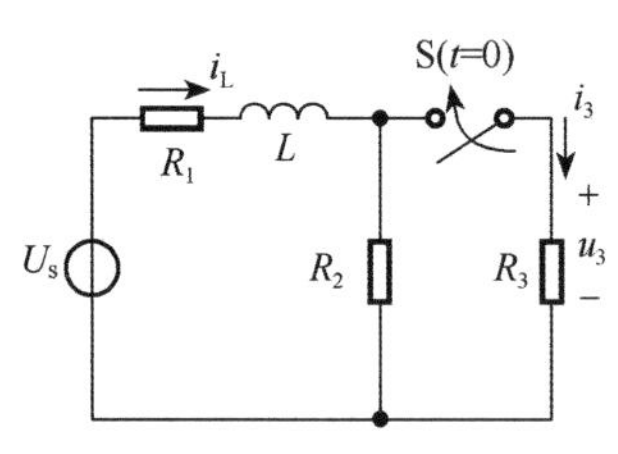

图 4.4.3　例 4.4.3 的电路图

**【例 4.4.3】** 电路如图 4.4.3 所示。已知 $U_s=12V$，$R_1=6\Omega$，$R_2=6\Omega$，$R_3=3\Omega$，$L=1H$，$t=0$ 时开关闭合。换路前电路已处于稳态。求换路后电路中 $R_3$ 两端的电压 $u_3$。

**解：** 本题采用三要素法来求解。

1）求初始值 $u_3(0_+)$。换路前电路已处于稳态，根据换路定则，先求出 $i_L$ 的初始值 $i_L(0_+)$：

$$i_L(0_+)=i_L(0_-)=\frac{U_s}{R_1+R_2}=\frac{12}{6+6}=1(A)$$

再由 $i_L(0_+)$求出 $u_3(0_+)$：

$$u_3(0_+)=i_3(0_+)R_3=\frac{R_2}{R_2+R_3}i_L(0_+)R_3=\frac{6}{6+3}\times 1\times 3=2(V)$$

2）求稳态值 $u_3(\infty)$。先求出 $i_L(\infty)$：

$$i_L(\infty)=\frac{U_s}{R_1+(R_2//R_3)}=\frac{U_s}{R_1+\frac{R_2R_3}{R_2+R_3}}=\frac{12}{6+\frac{6\times 3}{6+3}}=1.5(A)$$

再得出

$$u_3(\infty)=i_3(\infty)R_3=\frac{R_2}{R_2+R_3}i_L(\infty)R_3=\frac{6}{6+3}\times 1.5\times 3=3(V)$$

3）求时间常数 $\tau$：

$$\tau=\frac{L}{R_0}=\frac{L}{R_1+\frac{R_2R_3}{R_2+R_3}}=\frac{1}{6+\frac{6\times 3}{6+3}}=\frac{1}{8}(s)$$

4）求 $u_3$。将上述求得的三要素代入三要素公式，可求得 $u_3$。

$$u_3(t)=3+(2-3)e^{-8t}=3-e^{-8t}(\mathrm{V})$$

**【例 4.4.4】** 在图 4.4.4 所示电路中，虚线框起来的部分为电机的励磁绕组电路，$R_f$ 是调节励磁电流用的。已知 $U_s=220\mathrm{V}$，$R_f=30\Omega$，$R=80\Omega$，$L=10\mathrm{H}$，开关断开电源时与泄放电阻 $R_1$ 接通。试求：

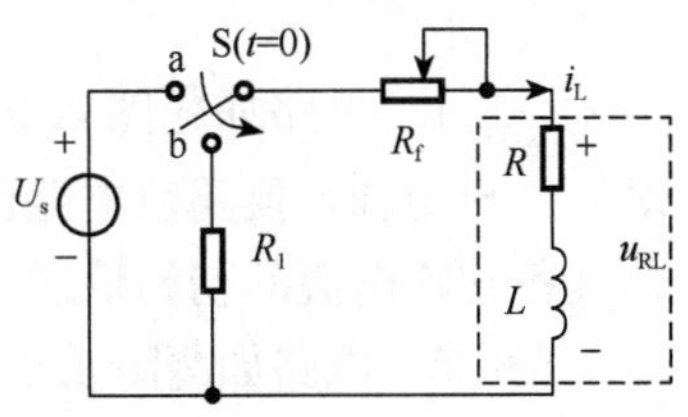


图 4.4.4　例 4.4.4 的电路图

1）若 $R_1=500\Omega$，试求开关 S 由 a 合向 b 瞬间线圈两端的电压 $u_{RL}$。

2）为了使电路断开时绕组上的电压不超过 220V，电阻 $R_1$ 的数值应是多大？

3）写出 2）中 $u_{RL}$ 随时间变化的表示式。

4）根据 2）中所选用的电阻 $R_1$，试求开关接通 $R_1$ 后经过多长时间，线圈才能将所储的磁能放出 95%？

**解：**换路前，线圈中的电流为

$$i_L(0_-)=\frac{U_s}{R+R_f}=\frac{220}{80+30}=2(\mathrm{A})$$

1）开关 S 由 a 合向 b 接通 $R_1$ 瞬间，根据换路定则，$i_L(0_+)=i_L(0_-)=2\mathrm{A}$，据此可求出此时线圈两端的电压为

$$u_{RL}(0_+)=(R_f+R_1)i_L(0_+)=(30+500)\times 2=1060(\mathrm{V})$$

2）要使电路断开时绕组上的电压不超过 220V，即要求 $u_{RL}(0_+)\leqslant 220\mathrm{V}$，故

$$(R_f+R_1)i_L(0_+)\leqslant 220$$
$$(30+R_1)\times 2\leqslant 220$$

所以

$$R_1\leqslant 80(\Omega)$$

3）因为 $u_{RL}(t)=-i_L(t)\ (R_f+R_1)$，可利用三要素法先求出 $i_L(t)$。

$i_L$ 的初始值 $i_L(0_+)=i_L(0_-)=2\mathrm{A}$，稳态值 $i_L(\infty)=0\mathrm{A}$，时间常数

$$\tau=\frac{L}{R_0}=\frac{L}{R_1+R_f+R}=\frac{10}{80+30+80}=\frac{1}{19}(\mathrm{s})$$

代入三要素公式，得

$$i_L(t)=2e^{-19t}(\mathrm{A})$$

按 $R_1=80\Omega$ 计算，$u_{RL}(t)=-i_L(t)(R_f+R_1)=-220e^{-19t}(\mathrm{V})$

4）设磁能泄放掉 95%时的 $i_L$ 为 $i$，则

$$\frac{1}{2}Li^2=(1-0.95)\frac{1}{2}Li_L^2(0_+)$$

$$i=0.446(\mathrm{A})$$

代入 $i_L(t)$ 的表达式

$$0.446=2e^{-19t}$$

可求出　$t=0.078(\mathrm{s})$

开关接通 $R_1$ 后经过 0.078s，线圈才能将所储的磁能放出 95%。

## 习　　题

4.1.1　电路如题图 4.01 所示。已知 $I_s=20\text{mA}$，$R_1=R_3=2\text{k}\Omega$，$R_2=1\text{k}\Omega$，$t=0$ 时开关 S 闭合，换路前电路已处于稳态。求换路后电阻、电容和电感元件上电压的初始值及各支路电流的初始值。

4.1.2　电路如题图 4.02 所示。已知 $U_s=18\text{V}$，$R=2\text{k}\Omega$，$C=1\text{F}$，$L=1\text{H}$，换路前电路已处于稳态，$t=0$ 时开关 S 闭合。求换路后电容和电感元件上电压、电流的初始值。

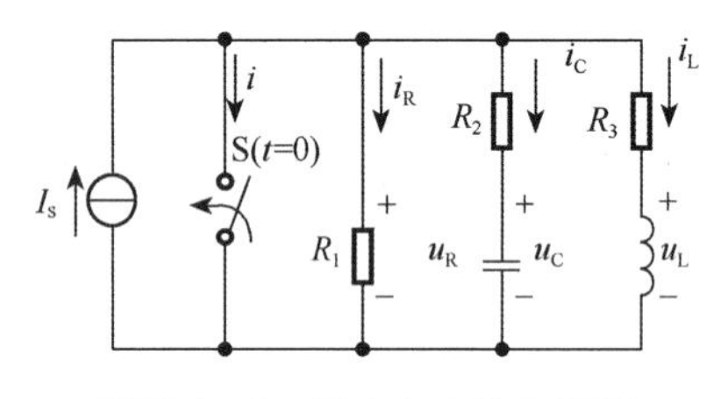


题图 4.01　题 4.1.1 的电路图

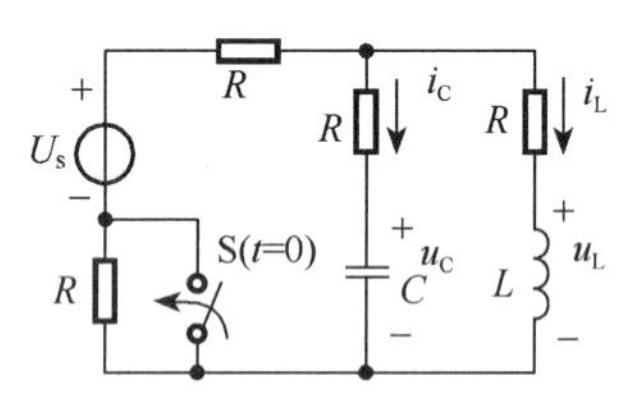


题图 4.02　题 4.1.2 的电路图

4.1.3　电路如题图 4.03 所示。已知 $U_s=28\text{V}$，$R_1=4\Omega$，$R_2=6\Omega$，$R_3=8\Omega$，换路前电路已处于稳态，$t=0$ 时开关 S 闭合。求换路后电容和电感元件上电压、电流的初始值。

4.1.4　电路如题图 4.04 所示。已知 $I_s=4\text{A}$，$R_1=10\Omega$，$R_2=5\Omega$，换路前电路已处于稳态。$t=0$ 时开关 S 闭合。求换路后电容和电感元件上电压、电流的初始值。

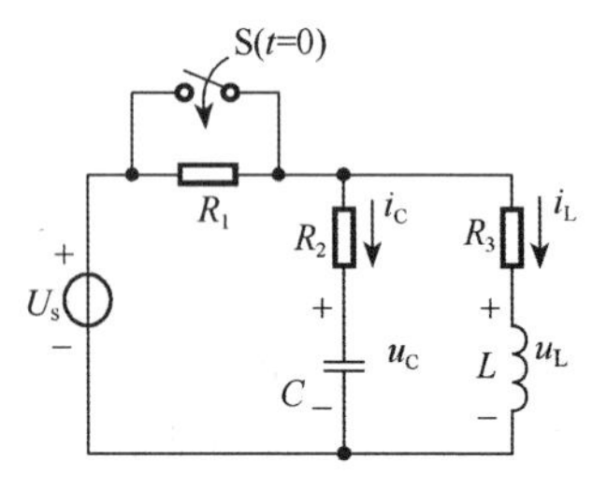


题图 4.03　题 4.1.3 的电路图

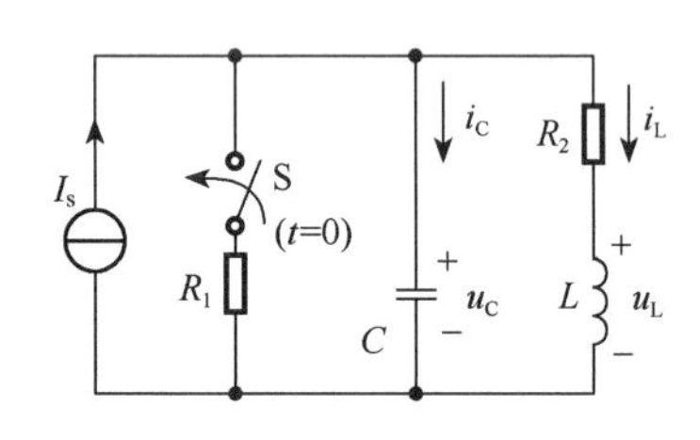


题图 4.04　题 4.1.4 的电路图

4.2.1　电路如题图 4.05 所示，已知 $U_s=28\text{V}$，$R_1=R_2=R_3=R_4=100\Omega$，$C=0.1\mu\text{F}$。求开关 S 接通和断开两种情况下的时间常数。

4.2.2　已知某 $RC$ 电路在换路后的电容电压 $u_C$ 和电流 $i_C$ 的波形图如题图 4.06 所示。试求：

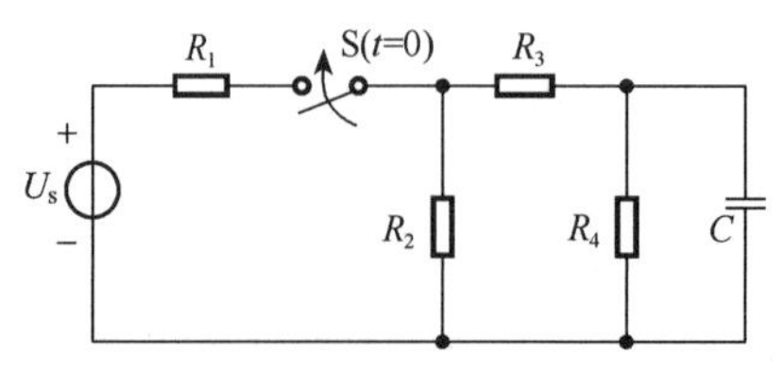


题图 4.05　题 4.2.1 的电路图

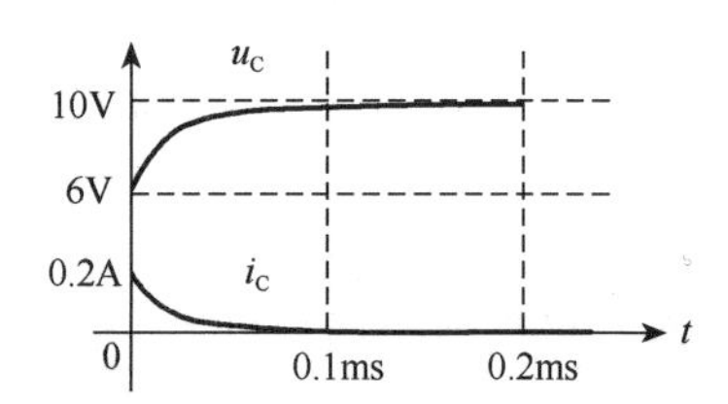


题图 4.06　题 4.2.2 的波形图

（1）电容电压 $u_C$、电流 $i_C$ 的初始值和稳态值；

（2）由电容电压 $u_C$ 和电流 $i_C$ 的波形图是否可以判断其响应的类型？

（3）若已知电路的时间常数 $\tau=0.02\text{ms}$，写出电容电压 $u_C$ 和电流 $i_C$ 的表达式。

4.3.1　已知两电感电流的变化规律分别为：$i_{L1}(t)=5(1-e^{-0.8t})$ A，$i_{L2}(t)=5(1-e^{-0.4t})$ A，当它们都增长到 2A 时，各需要多长时间？

4.4.1　电路如题图 4.07 所示。已知 $U_s=8\text{V}$，$R_1=1\text{k}\Omega$，$R_2=3\text{k}\Omega$，$C=500\mu\text{F}$，$t=0$ 时开关 S 闭合，且换路前电路已处于稳态。求换路后 $u_C$ 和 $i$。

4.4.2　电路如题图 4.08 所示。已知 $U_s=9\text{V}$，$R_1=15\Omega$，$R_2=25\Omega$，$C=0.8\text{F}$，$t=0$ 时开关 S 闭合，且换路前电路已处于稳态。求换路后 $u_C$。

4.4.3　电路如题图 4.09 所示。已知 $U_s=24\text{V}$，$R_1=3\text{k}\Omega$，$R_2=R_3=6\text{k}\Omega$，$C=250\mu\text{F}$，换路前电路已处于稳态，$t=0$ 时开关 S 断开。求换路后 $u_C$ 和 $i$。

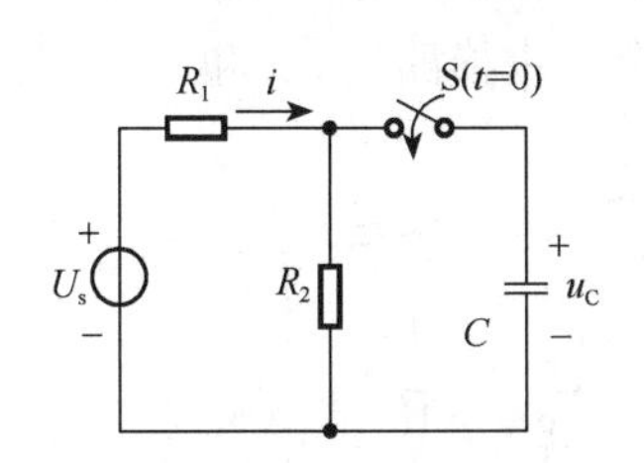


题图 4.07　题 4.4.1 的电路图

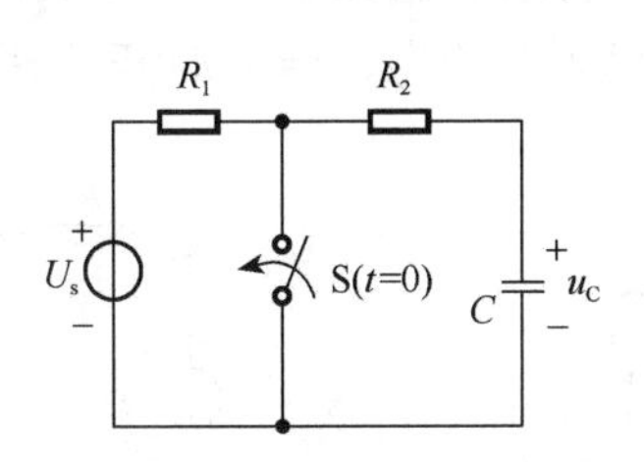


题图 4.08　题 4.4.2 的电路图

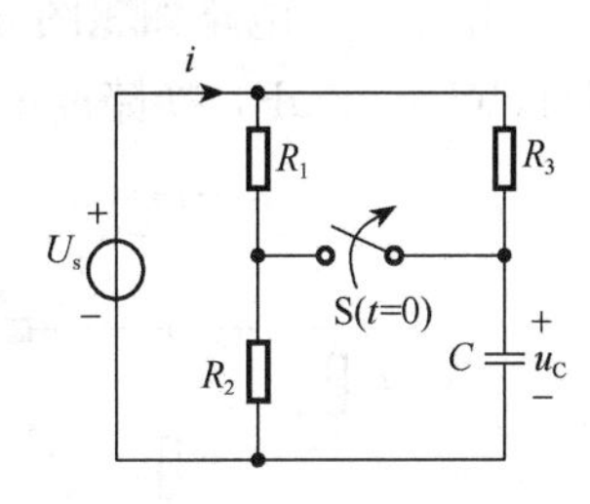


题图 4.09　题 4.4.3 的电路图

4.4.4　电路如题图 4.10 所示。已知 $U_s=24\text{V}$，$R_1=1\text{k}\Omega$，$R_2=2\text{k}\Omega$，$R_3=3\text{k}\Omega$，$C=500\mu\text{F}$。$t=0$ 时开关 S 闭合。求 $u_o(t)$ 并画出波形。

4.4.5　电路如题图 4.11（a）所示。已知 $R_1=R_2=50\text{k}\Omega$，$C=400\mu\text{F}$，$u_i(t)$波形如图 4.11（b）所示。求 $u_C(t)$并画出波形。

4.4.6　电路如题图 4.12 所示。已知 $U_s=20\text{V}$，$R_1=5\Omega$，$R_2=R_3=10\Omega$，$L=1\text{H}$，换路前电路已处于稳态，$t=0$ 时开关 S 闭合。求开关闭合后的 $u_R$ 和 $i_L$。

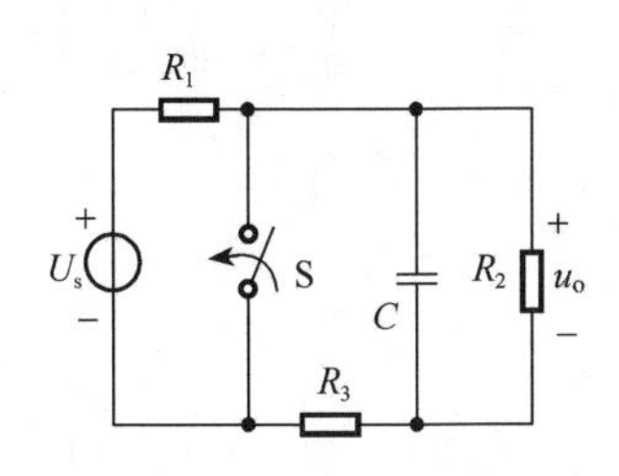


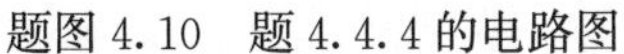

题图 4.10　题 4.4.4 的电路图

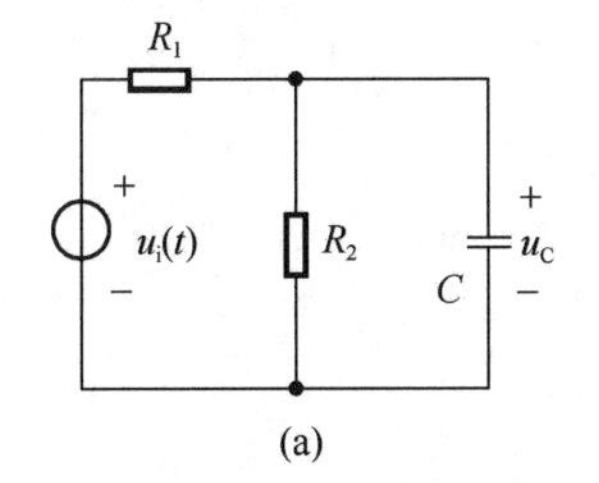


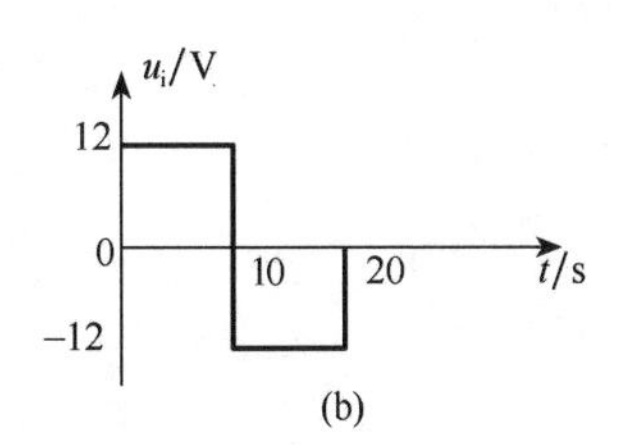


题图 4.11　题 4.4.5 的电路及波形图

4.4.7　电路如题图 4.13 所示。已知 $U_s=16\text{V}$，$R_1=8\Omega$，$R_2=12\Omega$，$R_3=24\Omega$，$L=2\text{mH}$，换路前电路已处于稳态，$t=0$ 时开关 S 闭合。求换路后 $i_L$、$u_L$ 和 $i_3$。

4.4.8　直流电动机的励磁绕组可等效为如题图 4.14 所示电路中的 $RL$ 串联支路。$t=0$ 时开关 S 断开。求：

（1）要使电源断开瞬间绕组上的电压不超过 250V，应并多大的泄放电阻 $R_1$？

（2）开关断开后经过多长时间才能使电流衰减到初始值的 5%？

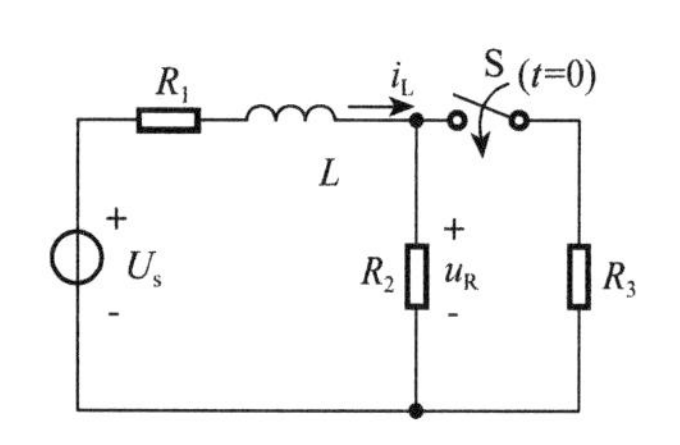


题图 4.12　题 4.4.6 的电路图

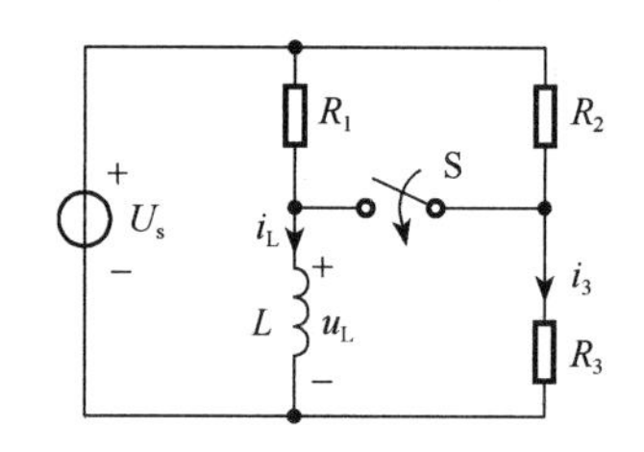


题图 4.13　题 4.4.7 的电路图

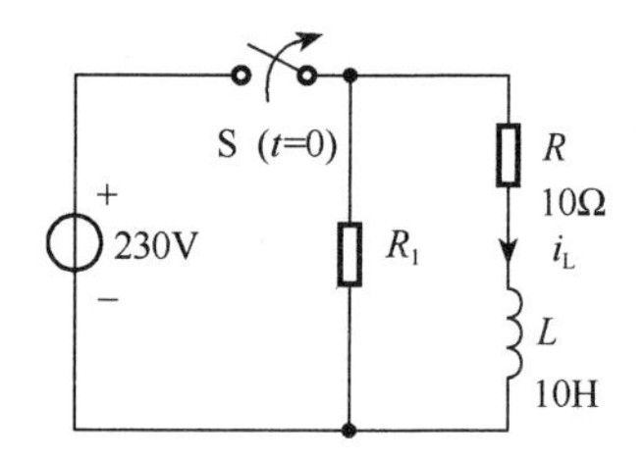


题图 4.14　题 4.4.8 的电路图

4.4.9　电路如题图 4.15 所示。已知 $U_s=12\text{V}$，$R_1=R_2=R_3=4\text{k}\Omega$，$L=5\text{H}$，换路前电路已处于稳态，$t=0$ 时开关 S 闭合。求换路后开关上的电流 $i$ 和电感上的电流 $i_L$。

4.4.10　电路如题图 4.16 所示。已知 $U_s=8\text{V}$，$R_1=R_2=1\text{k}\Omega$，$R_3=2\text{k}\Omega$，$L=2\text{H}$，$C=500\mu\text{F}$，换路前电路已处于稳态，$t=0$ 时开关 S 闭合。求换路后 $u_C$ 和 $i_L$。

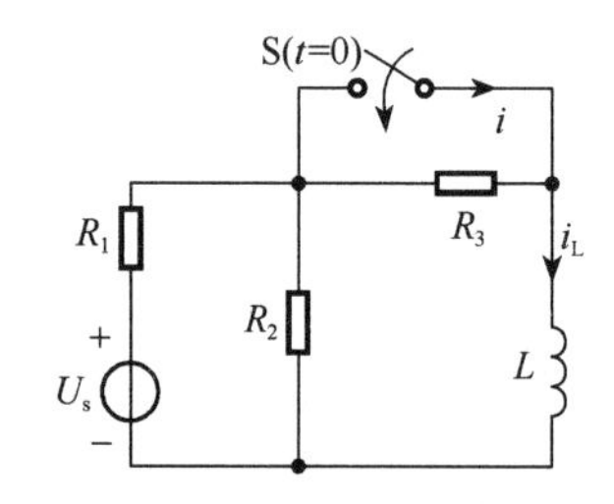


题图 4.15　题 4.4.9 的电路图

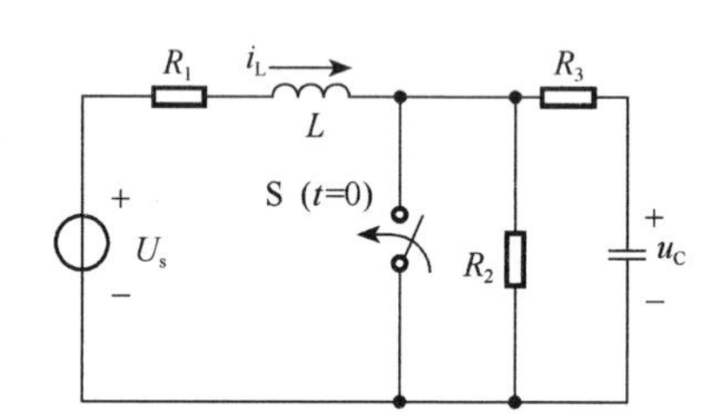


题图 4.16　题 4.4.10 的电路图

# 综合练习一

## 一、单项选择题

1. 设60W和100W的电灯在220V电压下工作时的电阻分别为$R_1$和$R_2$，则$R_1$和$R_2$的关系为（　　）。

A. $R_1>R_2$　　B. $R_1=R_2$　　C. $R_1<R_2$　　D. 不能确定

2. 理想电流源的外接电阻逐渐增大，则它的端电压（　　）。

A. 逐渐升高　　B. 逐渐降低　　C. 先升高后降低　　D. 恒定不变

3. 图p1.01电路中，电流$I$的值为（　　）。

A. 1A　　B. 2A　　C. 3A　　D. 4A

4. 图p1.02电路中，A点的电位$V_A$应是（　　）。

A. $-30$V　　B. $-20$V　　C. $-10$V　　D. 10V

图 p1.01

图 p1.02

5. 对于有6条支路4个结点的电路，基尔霍夫电压定律可列的独立方程数为（　　）个。

A. 2　　B. 3　　C. 4　　D. 5

6. 电感元件的正弦交流电路中，表达式正确的是（　　）。

A. $\frac{u}{i}=X_L$　　B. $\frac{\dot{U}}{\dot{I}}=X_L$　　C. $\frac{U}{I}=jX_L$　　D. $\frac{U}{I}=X_L$

7. 在$RLC$串联的正弦交流电路中，当$X_L=X_C$时，电路呈现的性质为（　　）。

A. 电阻性　　B. 电感性　　C. 电容性　　D. 不能确定

8. 三相交流电路中，负载对称指的是（　　）。

A. $\varphi_a=\varphi_b=\varphi_c$　　B. $|Z_a|=|Z_b|=|Z_c|$

C. $Z_a=Z_b=Z_c$　　D. $Z_a=Z_b$或$Z_a=Z_c$

9. 通常交流仪表测量的交流电流、电压值是（　　）。

A. 平均值　　B. 瞬时值　　C. 幅值　　D. 有效值

10. 三相四线制电路中负载是对称的，已知$I_A=I_B=I_C=10$A，则中线电流$I_N$为（　　）A。

A. 0　　B. 5　　C. 10　　D. 30

11. 关于换路，下列说法正确的是（　　）。

A. 电容元件上的电流不能跃变　　B. 电感元件上的电流不能跃变

C. 电容元件上的电压能跃变　　D. 电感元件上的电流能跃变

12. $RC$ 电路对电容充电时，电容充电前没有储能，经过一个时间常数的时间，电容两端电压可以达到稳态值的（　　）倍。

A. 0.368　　B. 0.632　　C. 0.5　　D. 0.75

## 二、正误判断题

1. 实际电压源和电流源的内阻为零时，即为理想电压源和电流源。（　　）
2. 电源内部的电流方向总是由电源负极流向电源正极。（　　）
3. 大负载是指在一定电压下，向电源吸取电流大的设备。（　　）
4. 正弦量可以用相量表示，因此可以说，相量等于正弦量。（　　）
5. 正弦交流电路的视在功率等于有功功率和无功功率之和。（　　）
6. 在感性负载两端并电容就可提高电路的功率因数。（　　）
7. 三相电源向电路提供的视在功率为：$S=S_A+S_B+S_C$。（　　）
8. 一阶 $RC$ 放电电路，换路后的暂态过程与 $R$ 有关，$R$ 越大，暂态过程越长。（　　）

## 三、分析计算题

1. 求图 p1.03 所示电路中 A、B 两点的电位。如果将 A、B 两点直接连接或接一电阻，对电路工作有无影响？

2. 将图 p1.04 所示电路 AB 两端变换为电压源电路。

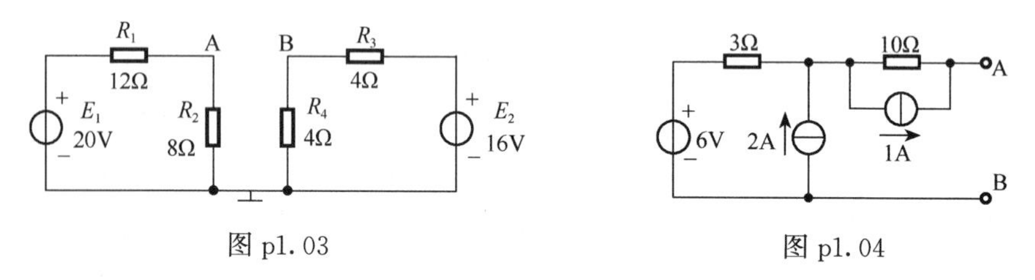


图 p1.03　　图 p1.04

3. 应用叠加原理求图 p1.05 所示电路中的电流 $I$。

4. 用戴维南定理求图 p1.06 所示电路中的电流 $I$。

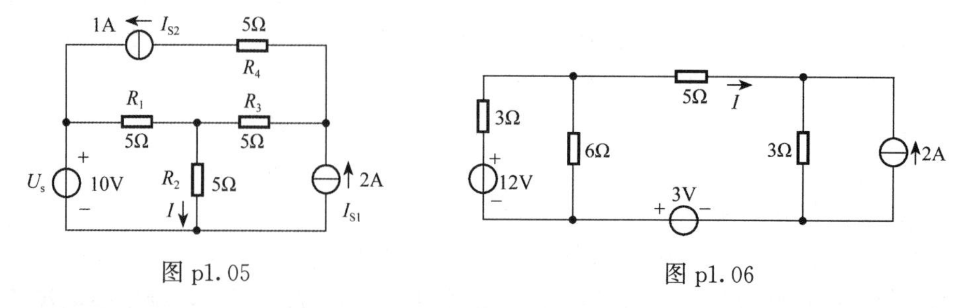


图 p1.05　　图 p1.06

5. 图 p1.07 中无源二端网络为两个元件串联的等效电路，已知无源二端网络输入端的电压和电流分别为 $u=200\sqrt{2}\sin(314t+20°)$ V 和 $i=4.4\sqrt{2}\sin(314t-33°)$ A，求

二端网络中两个元件的参数，二端网络的有功功率、无功功率和视在功率。

6. 图 p1.08 所示电路原已稳定，已知：$R_1=R_2=R_3=1\text{k}\Omega$，$C=20\mu\text{F}$，$U_s=30\text{V}$，$t=0$ 时将开关 S 闭合。求经过 50ms 后电容器的电压 $u_C$ 值。

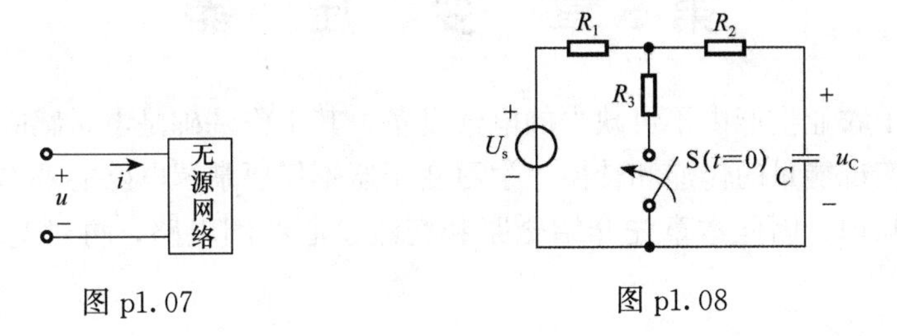


图 p1.07　　图 p1.08

## 参考答案

### 一、单项选择题

| 1 | 2 | 3 | 4 | 5 | 6 | 7 | 8 | 9 | 10 | 11 | 12 |
|---|---|---|---|---|---|---|---|---|---|---|---|
| A | A | B | B | B | D | A | C | D | A | B | B |

### 二、正误判断题

| 1 | 2 | 3 | 4 | 5 | 6 | 7 | 8 |
|---|---|---|---|---|---|---|---|
| 错 | 错 | 对 | 错 | 错 | 错 | 错 | 错 |

### 三、分析计算题

1. $V_A=8\text{V}$，$V_B=8\text{V}$。

由于 A、B 两点电位相等，故将 A、B 两点直接连接或接一电阻，对电路工作没有影响。

2. 电压源电路如图解 p1.01 所示。

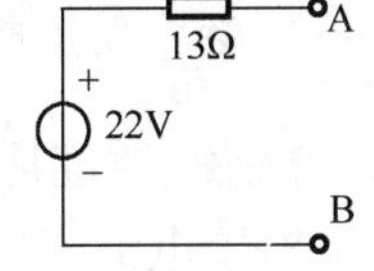


图解 p1.01

3. 当电压源单独作用时 $I_1=1\text{A}$，电流源 $I_{S1}$ 单独作用时 $I_2=1\text{A}$，电流源 $I_{S2}$ 单独作用时 $I_3=-0.5\text{A}$，故 $I=I_1+I_2+I_3=1.5\text{A}$。

4. $E=U_{0C}=5\text{V}$，$R_0=5\Omega$，$I=0.5\text{A}$。

5. $Z=\dfrac{\dot{U}}{\dot{I}}=(30+\text{j}40)\Omega=R+\text{j}X_L$，故二端网络为电阻与电感串联的等效电路，其中 $R=30\Omega$，$X_L=40\Omega$，$L=\dfrac{X_L}{\omega}=0.127\text{H}$，$P=580.8\text{W}$，$Q=773\text{var}$，$S=968\text{VA}$。

6. $u_C(0_+)=30\text{V}$，$u_C(\infty)=15\text{V}$，$\tau=0.03\text{s}$，$u_C(t)=15+15\text{e}^{-33.3t}\text{V}$。当 $t=50\text{ms}$ 时，$u_C=17.83\text{V}$。

# 第5章　变　压　器

变压器是工农业生产中不可缺少的电气设备，其工作基础是电磁感应，是利用电与磁的相互作用实现能量的传递和转换。学习变压器不仅要掌握电路的基本理论，还应具备磁路的基本知识，因此本章先介绍磁路和交流铁心线圈电路，再对变压器进行分析讨论。

## 5.1　磁　　路

变压器、电动机以及继电器接触器等控制电器的内部结构都有铁心和线圈，其目的都是为了当线圈通有较小电流时，能在铁心内部产生较强的磁场，使线圈上感应出电动势或者对线圈产生电磁力。铁心的磁导率比周围空气或其他物质的磁导率高得多，磁通的绝大部分经过铁心形成闭合通路，磁通的闭合路径称为磁路，如图 5.1.1 所示。可以说磁路是封闭在一定范围里的磁场，所以描述磁场的物理量也适用于磁路。

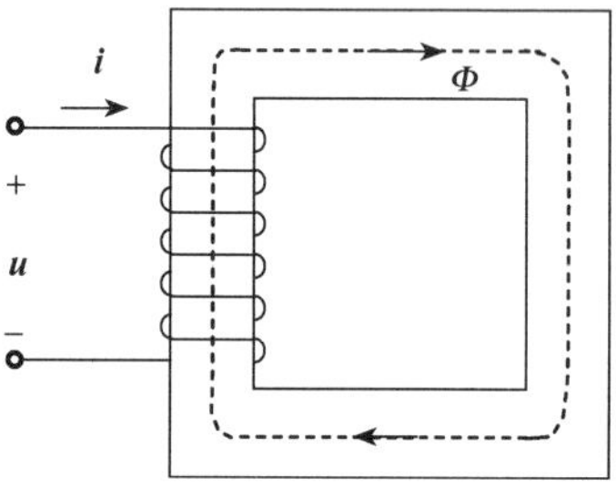

图 5.1.1　磁路

### 5.1.1　磁场的基本物理量

磁场的特性可以用以下几个基本物理量表示。

*1. 磁感应强度*

磁感应强度是表示磁场内某点的磁场强弱和方向的物理量，是个矢量，用符号 $B$ 表示。

对于电流产生的磁场，磁感应强度的方向和电流方向满足右手螺旋定则，其大小可用式（5.1.1）表示

$$B = F/lI \tag{5.1.1}$$

式（5.1.1）中 $F$ 表示磁通势，$l$ 表示磁路平均长度，$I$ 表示电流。感应强度的单位是特斯拉（T）即韦伯/米$^2$。

如果磁场内各点磁感应强度大小相等，方向相同，这样的磁场称为均匀磁场。

*2. 磁通*

磁感应强度 $B$ 与垂直于磁场方向面积 $S$ 的乘积，称为通过该面积的磁通。用符号 $\Phi$ 表示，单位是 Wb（韦伯）。在均匀磁场中

$$\Phi = BS \qquad 或 \qquad B = \frac{\Phi}{S} \tag{5.1.2}$$

如果不是均匀磁场，式（5.1.2）则取 $B$ 的平均值。

由式（5.1.2）可知，磁感应强度 $B$ 在数值上可看作是单位面积上所通过的磁通，故又称为磁通密度。

3. 磁导率

磁导率是衡量物质导磁能力的物理量，用 $\mu$ 表示，单位是亨/米（H/m）。

真空的磁导率用 $\mu_0$ 表示。实验测得 $\mu_0=4\pi\times10^{-7}\,\text{H/m}$ 为一常数，所以其他物质的磁导率和它比较是很方便的。任一种物质的磁导率 $\mu$ 和真空的磁导率 $\mu_0$ 的比值称为相对磁导率 $\mu_r$，可用式（5.1.3）表示。

$$\mu_r=\frac{\mu}{\mu_0} \tag{5.1.3}$$

自然界的所有物质按磁导率的大小，大体上可分为磁性材料和非磁性材料。表 5.1.1 给出几种常用磁性材料的磁导率。

**表 5.1.1 几种常用磁性材料的磁导率**

| 材料名称 | 铸铁 | 硅钢片 | 镍锌铁氧体 | 锰锌铁氧体 | 坡莫合金 |
|---|---|---|---|---|---|
| 相对磁导率 $\mu_r$ | 200～400 | 7000～10000 | 10～1000 | 300～5000 | $2\times10^4\sim2\times10^5$ |

4. 磁场强度

在任何磁介质中，磁场中某点的磁感应强度 $B$ 与同一点的磁导率 $\mu$ 的比值称为该点的磁场强度，用符号 $H$ 表示，单位是安/米（A/m）。

$$H=B/\mu \tag{5.1.4}$$

磁场强度也是矢量，是为方便计算磁场引入的物理量，通过它确定磁场与电流之间的关系。

### 5.1.2 磁性材料的磁性能

磁性材料又称铁磁材料，主要是指铁、镍、钴及其合金，它们具有下列性能。

1. 高导磁性

磁性材料的磁导率很高，$\mu\gg\mu_0$，两者之比可达数百到数万，即磁性材料具有被强烈磁化的特性。

当把磁性材料放在磁场强度为 $H$ 的磁场内时，磁性材料就会被磁化，这是由其内部的结构决定的。磁性材料是由许多小磁畴组成的，在没有外磁场作用时，小磁畴排列无序，对外部不显示磁性。在外磁场作用下，一些小磁畴就会顺向外磁场方向而形成规则的排列，此时磁性材料对外显示出磁性。随着外磁场的增强，大量磁畴都转到与外磁场相同的方向，这样便产生了一个很强的与外磁场同方向的磁化磁场，使磁性材料内的磁感应强度大大增强。磁性材料的磁化如图 5.1.2 所示。

磁性材料的高导磁性能被广泛应用于电工设备中，如在电机、变压器及各种铁磁元件

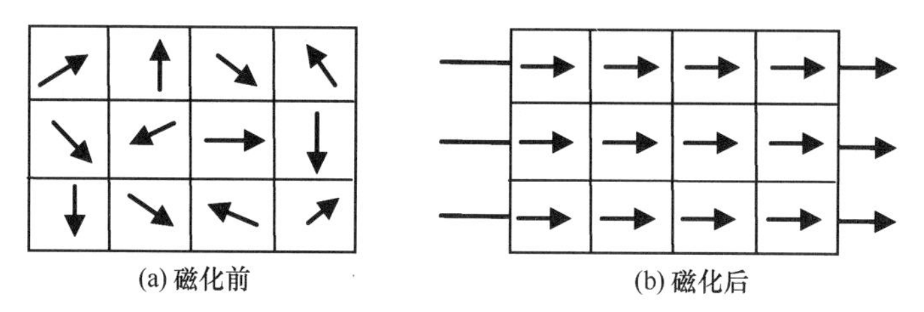


图 5.1.2　磁性材料的磁化

的线圈中都放有用铁磁材料做成的铁心。由于高导磁性，在具有闭合铁心的线圈中通入不大的励磁电流，便可产生足够大的磁通和磁感应强度，这就解决了既要磁通大、又要励磁电流小的矛盾。利用这一性质，可使同一容量的电机的重量和体积大大减轻和减小。

2. 磁饱和性

磁性材料由于磁化所产生的磁化磁场不会随着外磁场的增强而无限地增强。当外磁场增大到一定程度时，磁性物质的全部磁畴的磁场方向都转向与外部磁场方向一致，磁化磁场的磁感应强度将趋向某一定值。各种磁性材料的磁化曲线（$B$-$H$ 曲线）是用实验方法测验出来的，如图 5.1.3 所示。其中 $B_J$ 是磁场内磁性物质的磁化磁场的磁感应强度曲线，$B_0$ 是磁场内不存在磁性物质时的磁感应强度直线，$B$ 是 $B_J$ 曲线和 $B_0$ 直线的纵坐标相加即磁场的 $B$-$H$ 磁化曲线。当 $H$ 比较小时，$B$ 与 $H$ 近似成正比地增加，当 $H$ 增加到一定值后，$B$ 的增加趋缓，最后趋于磁饱和。

根据式（5.1.4）知 $\mu=B/H$，由于 $B$ 与 $H$ 不成正比，所以磁性材料的 $\mu$ 值不是常数，而是随 $H$ 而变。$\mu$-$H$ 曲线如图 5.1.4 所示。

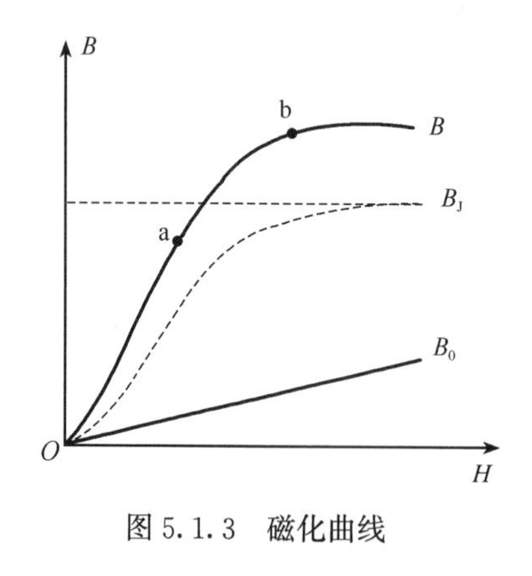


图 5.1.3　磁化曲线

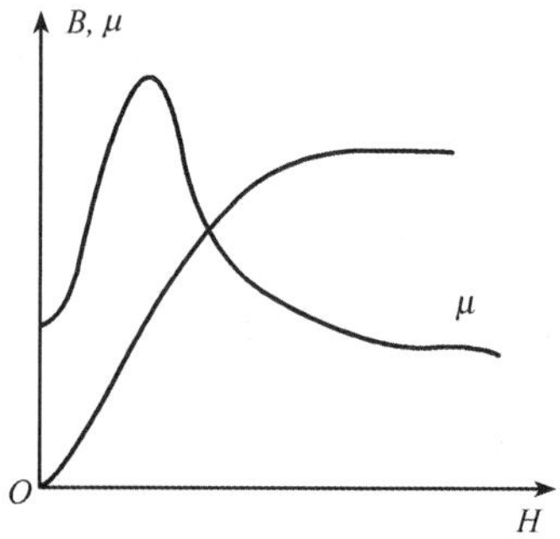

图 5.1.4　$B$ 和 $\mu$ 与 $H$ 的关系

由于磁通 $\Phi$ 与 $B$ 成正比，产生磁通的励磁电流 $I$ 与 $H$ 成正比，因此在存在磁性物质的情况下，$\Phi$ 与 $I$ 也不成正比。

3. 磁滞性

磁性材料被磁化时，磁感应强度滞后于磁场强度变化的性质称为磁性材料的磁滞性。

当铁心线圈中通入交流电时，铁心就受到交变磁化。磁性材料在交变磁场中反复磁化，其 $B$-$H$ 关系曲线是一条回形闭合曲线，称为磁滞回线。如图 5.1.5 所示。

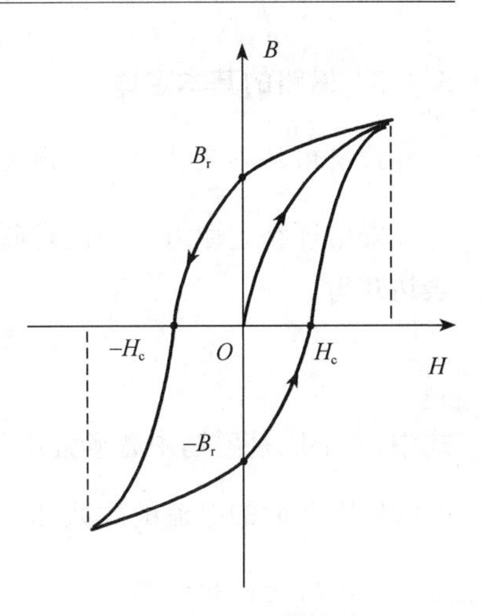

图 5.1.5 磁滞回线

由图可见，当磁场强度 $H$ 减小到 0 时 $B$ 并未回到零值，此时的 $B_r$ 称为剩磁感应强度，简称剩磁。例如，永久磁铁的磁性就是由剩磁产生的；自励直流发电机的磁极，为了使电压能建立，也必须具有剩磁。

若要去掉剩磁，应改变线圈中励磁电流的方向，使铁磁材料反向磁化。当磁场强度为 $-H_c$ 时 $B=0$，$H_c$ 称为矫顽磁力。

磁性物质不同，其磁滞回线和磁化曲线也不同。图 5.1.6 给出了几种常见磁性物质的磁化曲线（由实验测得）。图 5.1.6 中曲线 a、b、c 分别是铸铁、铸钢和硅钢片的磁化曲线。这三条曲线均分为两段，下段 $H$ 从 $0\sim10^3$ A/m，上段 $H$ 从 $(1\sim10)\times10^3$ A/m。

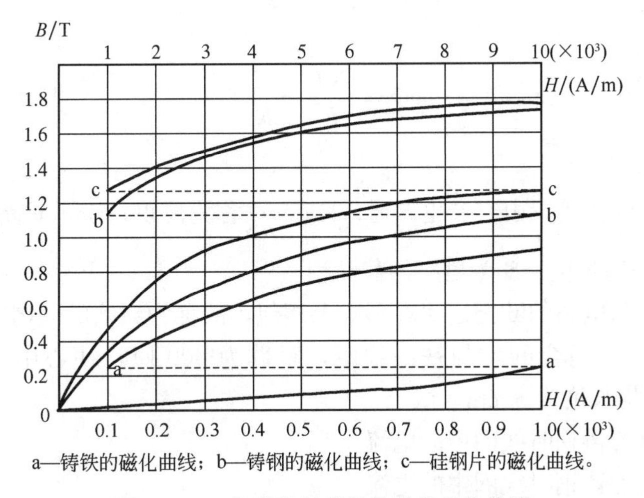

a—铸铁的磁化曲线；b—铸钢的磁化曲线；c—硅钢片的磁化曲线。

图 5.1.6 几种常见磁性物质的磁化曲线

按磁性物质的磁性能，磁性材料可分为三种类型。

（1）硬磁材料（永磁材料）

其磁滞回线很宽，$B_r$ 和 $H_c$ 都很大，如钴钢、铝镍钴合金等，常用来制造永久磁铁。

（2）软磁材料

其磁滞回线很窄，$B_r$ 和 $H_c$ 很小，如铸铁、硅钢、坡莫合金、铁氧体等，常用来制造电机、变压器等的铁心。

（3）矩磁物质

其磁滞回线接近矩形，$B_r$ 大，$H_c$ 小，如镁锰铁氧体及某些铁镍合金等，在电子技术和计算机中，可用作记忆元件和逻辑元件。

### 5.1.3　磁路的基本定律

1. 安培环路定律（全电流定律）

安培环路定律可用来确定磁场与电流之间的关系，是计算磁路的基本公式。其数学表达式为

$$\oint H\mathrm{d}l = \sum I \tag{5.1.5}$$

式中，$\oint H\mathrm{d}l$ 是磁场中磁场强度矢量 $H$ 沿任何闭合曲线 $l$ 的线积分；$\sum I$ 是穿过该闭合曲线所围曲面的电流的代数和。

2. 磁路的欧姆定律

磁路欧姆定律是分析磁路的基本定律。以图 5.1.1 铁心线圈为例。媒质是均匀的，磁导率为 $\mu$，根据式（5.1.5）得

$$NI = Hl = \frac{B}{\mu}l = \frac{\Phi}{\mu S}l \quad (N\text{ 为线圈匝数}) \tag{5.1.6}$$

因此，有

$$\Phi = \frac{NI}{\dfrac{l}{\mu S}} = \frac{F}{R_{\mathrm{m}}} \tag{5.1.7}$$

式中，$F=NI$ 为磁通势，由它产生磁通；$R_{\mathrm{m}}=\dfrac{l}{\mu S}$ 称为磁阻，表示磁路对磁通的阻碍作用；$l$ 为磁路的平均长度；$S$ 为磁路的截面积。

式（5.1.7）与电路的欧姆定律在形式上相似，故称为磁路的欧姆定律。

**【例 5.1.1】**　一闭合的均匀铁心线圈，匝数为 600 匝，铁心中的磁感应强度为 0.8T，磁路的平均长度为 55cm，试求：

1）铁心材料为铸铁时线圈中的电流；

2）铁心材料为铸钢时线圈中的电流。

**解：** 1）查图 5.1.6 铸铁材料的磁化曲线，当 $B=0.8\mathrm{T}$ 时，磁场强度 $H=5700\mathrm{A/m}$，则

$$I = \frac{Hl}{N} = \frac{5700 \times 0.55}{600} = 5.23(\mathrm{A})$$

2）查图 5.1.6 铸钢材料的磁化曲线，当 $B=0.8\mathrm{T}$ 时，磁场强度 $H=400\mathrm{A/m}$，则

$$I = \frac{Hl}{N} = \frac{400 \times 0.55}{600} = 0.37(\mathrm{A})$$

由例 5.1.1 可见，如果要得到相等的磁感应强度，采用磁导率高的铁心材料，可以降低线圈电流，减少用铜量。

**【例 5.1.2】**　有一线圈匝数为 1500 匝，套在铸钢制成的闭合铁心上，铁心的截面积为 $10\mathrm{cm}^2$，长度为 75cm，试问：

1）如果要在铁心中产生 0.001Wb 的磁通，线圈中应通入多大的直流电流？

2）若线圈中通入 2.5A 电流，则铁心中的磁通多大？

**解**：1）铁心中的磁感应强度为

$$B=\frac{\Phi}{S}=\frac{0.001}{10\times10^{-4}}=1(\mathrm{T})$$

查铸钢材料的磁化曲线，当 $B=1\mathrm{T}$ 时，磁场强度 $H=700\mathrm{A/m}$，线圈中通入的电流为

$$I=\frac{Hl}{N}=\frac{700\times0.75}{1500}=0.35(\mathrm{A})$$

2）当线圈中通入 2.5A 电流时，有

$$H=\frac{IN}{l}=\frac{2.5\times1500}{0.75}=5000(\mathrm{A/m})$$

查铸钢磁化曲线，当 $H=5000\mathrm{A/m}$ 时，磁感应强度 $B=1.6\mathrm{T}$，铁心中的磁通为

$$\Phi=BS=1.6\times0.001=0.0016(\mathrm{Wb})$$

## 5.2 交流铁心线圈电路

铁心线圈可通入直流电，也可通入交流电来励磁，变压器、交流电动机及各种交流电器的线圈都是通入交流电励磁的。本节中仅介绍交流铁心线圈电路。

### 5.2.1 电磁关系

图 5.2.1 是交流铁心线圈电路，线圈的匝数为 $N$。当在线圈两端加上交流电压 $u$ 时，就有交流电流 $i$ 通过，磁通势产生的磁通 $iN$ 绝大部分通过铁心而闭合，这部分磁通称为主磁通或工作磁通 $\Phi$。此外还有很少的部分磁通经过空气或其他导磁物质而闭合，这部分磁通称为漏磁通 $\Phi_\sigma$。由于电流 $i$ 是交变的，主磁通 $\Phi$ 和漏磁通 $\Phi_\sigma$ 也是交变的，这两个磁通在线圈中产生两个感应电动势，即主磁电动势 $e$ 和漏磁电动势 $e_\sigma$。电流 $i$ 和主磁通 $\Phi$ 的参考方向、两个电动势与主磁通 $\Phi$ 的参考方向之间均符合右手螺旋法则，电流 $i$ 方向与 $u$ 的参考方向一致，因而 $u$，$i$，$e$ 的参考方向一致。其电磁关系表示如下：

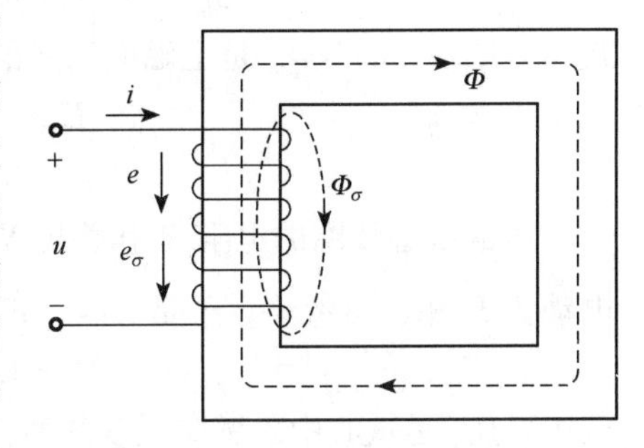

图 5.2.1 交流铁心线圈电路

$$u\rightarrow i(Ni)\begin{cases}\nearrow \Phi\rightarrow e=-N\dfrac{\mathrm{d}\Phi}{\mathrm{d}t}\\ \searrow \Phi_\sigma\rightarrow e_\sigma=-N\dfrac{\mathrm{d}\Phi_\sigma}{\mathrm{d}t}=-L_\sigma\dfrac{\mathrm{d}i}{\mathrm{d}t}\end{cases}$$

因为漏磁通 $\Phi_\sigma$ 的磁路大部分在空气中，空气的磁导率为常数，励磁电流 $i$ 与漏磁通 $\Phi_\sigma$ 之间可以认为呈线性关系，与励磁线圈的漏磁通相对应的漏电感 $L_\sigma=N\Phi_\sigma/I=$ 常数，由漏磁通 $\Phi_\sigma$ 产生的感应电动势 $e_\sigma=-L_\sigma(\mathrm{d}i/\mathrm{d}t)$。

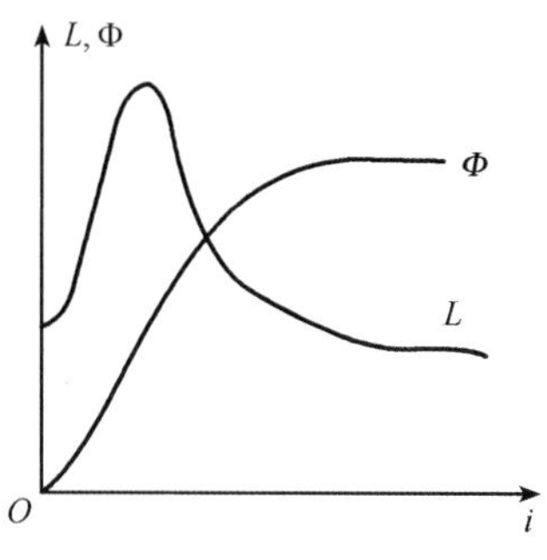

图 5.2.2　F 和 L 与 i 的关系

而主磁通 $\Phi$ 主要经过由铁磁材料组成的磁路，其磁导率不是常数，铁心线圈中的电流 $i$ 与主磁通 $\Phi$ 之间不存在线性关系，因而铁心线圈的主磁电感 $L$ 不是一个常数（如图 5.2.2 所示），故主磁通 $\Phi$ 产生的感应电动势不能用 $e=-L(\mathrm{d}i/\mathrm{d}t)$ 表示。

### 5.2.2　电压与电流关系

由图 5.2.1，根据基尔霍夫电压定律，交流铁心线圈的电压、电流关系为

$$u+e_\sigma+e=Ri$$

或

$$u=Ri-e_\sigma-e=Ri+L_\sigma\frac{\mathrm{d}i}{\mathrm{d}t}+(-e)=u_R+u_\sigma+u' \tag{5.2.1}$$

式中，$R$ 是线圈内阻。

当 $u$ 是正弦电压时，其他各电压、电流、电动势可视作正弦量，则电压、电流关系的相量式为

$$\dot{U}=R\dot{I}+(-\dot{E}_\sigma)+(-\dot{E})=R\dot{I}+\mathrm{j}X_\sigma\dot{I}+(-\dot{E})=\dot{U}_R+\dot{U}_\sigma+\dot{U}' \tag{5.2.2}$$

设主磁通 $\Phi=\Phi_\mathrm{m}\sin\omega t$，则

$$e=-N\frac{\mathrm{d}\Phi}{\mathrm{d}t}=-N\frac{\mathrm{d}}{\mathrm{d}t}(\Phi_\mathrm{m}\sin\omega t)=-N\omega\Phi_\mathrm{m}\cos\omega t$$
$$=2\pi fN\Phi_\mathrm{m}\sin(\omega t-90^\circ)=E_\mathrm{m}\sin(\omega t-90^\circ) \tag{5.2.3}$$

式中，$E_\mathrm{m}=2\pi fN\Phi_\mathrm{m}$ 是主磁电动势的幅值，其有效值为

$$E=\frac{E_\mathrm{m}}{\sqrt{2}}=\frac{2\pi fN\Phi_\mathrm{m}}{\sqrt{2}}=4.44fN\Phi_\mathrm{m} \tag{5.2.4}$$

通常铁心线圈的电阻 $R$ 和感抗 $X_\sigma$（或漏磁通 $\Phi_\sigma$）较小，其电压降也较小，与主磁电动势 $E$ 相比可忽略，于是 $\dot{U}\approx-\dot{E}$，故有

$$U\approx E=4.44fN\Phi_\mathrm{m}=4.44fNB_\mathrm{m}S \tag{5.2.5}$$

式中，$B_\mathrm{m}$ 是铁心中磁感应强度的最大值，$S$ 是铁心截面积。由式（5.2.5）可得

$$\Phi_\mathrm{m}\approx\frac{U}{4.44fN} \tag{5.2.6}$$

式（5.2.6）说明，当外加电压及其频率不变，且线圈匝数 $N$ 一定时，主磁通的最大值几乎是不变的（恒磁通原理）。

### 5.2.3　功率关系

交流铁心线圈中，功率损耗有铜损和铁损两种。

1. 铜损

在交流铁心线圈中，线圈电阻上的功率损耗称铜损，用 $\Delta P_\mathrm{Cu}$ 表示。

$$\Delta P_\mathrm{Cu}=RI^2$$

式中，$R$ 是线圈的电阻，$I$ 是线圈中电流的有效值。

2. 铁损

在交流铁心线圈中，处于交变磁通下的铁心内的功率损耗称铁损，用 $\Delta P_{Fe}$ 表示。它与铁心内磁感应强度的最大值 $B_m$ 的平方成正比。铁损由磁滞和涡流产生。

（1）磁滞损耗

由磁滞所产生的能量损耗称为磁滞损耗（$\Delta P_h$）。单位体积内的磁滞损耗正比于磁滞回线的面积和磁场交变的频率 $f$。

磁滞损耗转化为热能，引起铁心发热。为减少磁滞损耗，应选用磁滞回线狭小的磁性材料制作铁心。变压器和电机中使用的硅钢等材料的磁滞损耗较低。

（2）涡流损耗

交变磁通在铁心内产生感应电动势和感应电流，这种感应电流具有水旋涡形式，称为涡流。涡流在垂直于磁通的平面内环流。由涡流所产生的功率损耗称为涡流损耗（$\Delta P_e$）。

涡流损耗也会引起铁心发热。为减少涡流损耗，多数交流电器设备的铁心都采用硅钢片叠成，硅钢片表面涂有绝缘漆，片与片之间相互绝缘。用硅钢片叠起来制成的铁心，能把涡流限制在许多狭窄的截面之中，同时硅钢片具有较大的电阻率，因而限制了涡流的大小，降低了能量的损耗。

综上所述，铁心线圈交流电路的功率损耗（有功功率）为

$$P = UI\cos\varphi = \Delta P_{Cu} + \Delta P_{Fe} = RI^2 + \Delta P_h + \Delta P_e \tag{5.2.7}$$

**【例 5.2.1】** 某一交流铁心线圈工作在电压 $U=220\text{V}$，频率 $f=50\text{Hz}$ 的电源上。测得电流 $I=2\text{A}$，消耗的功率 $P=88\text{W}$。为了求出此时的铁损，把线圈电压改接成直流 12V 电源，测得电流值是 1A。试计算线圈的铜损、铁损和功率因数。

**解：** 由直流电压和电流求得线圈的电阻为

$$R = \frac{U}{I} = \frac{12}{1} = 12(\Omega)$$

由交流电流求得线圈的铜损耗为

$$\Delta P_{Cu} = RI^2 = 12 \times 2^2 = 48(\text{W})$$

由有功功率和铜损耗求得线圈的铁损耗为

$$\Delta P_{Fe} = P - \Delta P_{Cu} = 88 - 48 = 40(\text{W})$$

由式（5.2.7）求出功率因数为

$$\cos\varphi = \frac{P}{UI} = \frac{88}{220 \times 2} = 0.2$$

## 5.3 变 压 器

变压器是根据电磁感应原理制成的一种电气设备，具有变换电压、变换电流和变换阻抗的功能，因而在电力系统的输电、配电以及电子线路中传递信号、阻抗匹配等方面得到广泛的应用。

### 5.3.1 变压器的结构

变压器的主要组成部分是铁心和绕组，一般结构如图 5.3.1 所示。

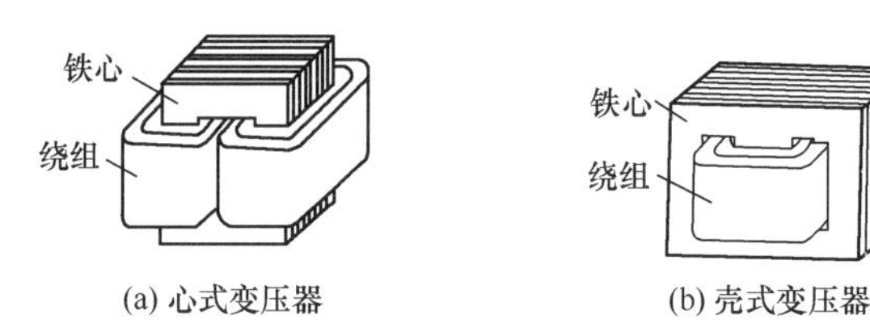


图 5.3.1 变压器的铁心结构

铁心的作用是构成变压器的磁路，是用导磁性能好的铁磁材料制成，即用很小的励磁电流产生很强的磁场，以减小变压器体积，通常用硅钢片叠成，可减小铁心损耗。按铁心的构造变压器可分为心式和壳式两种。图 5.3.1（a）为心式铁心的变压器，其绕组套在铁心柱上，制造工艺比较简单，容量较大的变压器多为这种结构。图 5.3.1（b）为壳式铁心的变压器，铁心大部分在绕组外面，散热性能较好，但制造工艺较复杂，常用于小容量的变压器中。

绕组是变压器的电路部分。与电源相联的绕组称为一次绕组（也叫原绕组或称原边），与负载相联的绕组称为二次绕组（也叫副绕组或称副边）。为防止变压器内部短路，在绕组与绕组之间、绕组与铁心之间，以及每一绕组的各层之间都必须衬好绝缘。一般小功率变压器绕组多用高强度漆包线绕成，大功率变压器的绕组可以采用有绝缘的扁形铜线或铝线制成，线圈的形式与变压器的结构有关。

变压器工作时，由于存在铜损和铁损，会使变压器发热。为防止变压器工作温度过高而损坏，必须采取冷却散热措施。小型变压器大多采用空气自冷式，在空气中自然冷却。大型变压器通常采用油冷式，把变压器的铁心和绕组全部浸在变压器油（一种矿物油）中，油箱外表装有钢管制成的散热器，靠近铁心处的油受热流动上升，与散热管中的冷油形成自然循环，将变压器内部热量散发出去，这种变压器称为油浸自冷式变压器。

### 5.3.2 变压器的工作原理

1. 电磁关系

变压器的工作原理涉及电路、磁路及其相互间的联系。为了分析方便，分空载和带负载两种情况分别讨论。

变压器的原理图如图 5.3.2 和图 5.3.3 所示。为了便于分析，将两个绕组分别画在闭合铁心的两边。其中接电源的绕组为原边绕组，匝数为 $N_1$，接负载的绕组为副边绕组，匝数为 $N_2$。图中 $i_1$、$e_1$ 及 $e_2$ 的参考方向与主磁通 $\Phi$ 的参考方向之间符合右手螺旋法则。

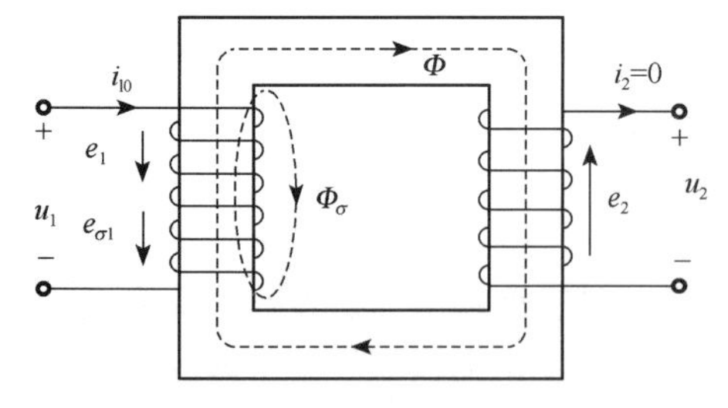


图 5.3.2 变压器空载的原理图

（1）空载运行

变压器的空载运行是指副边开路、不接负载的情况，其原理图如图 5.3.2 所示。

变压器空载运行时，原边电流 $i_1$ 用 $i_{10}$ 表示，$i_{10}$ 称为空载电流，也称为空载励磁电流。铁心中的磁通势 $i_{10}N_1$ 产生主磁通 $\Phi$ 和漏磁通 $\Phi_{\sigma1}$，原、副绕组同时与主磁通 $\Phi$ 交链，根据电磁感应原理，主磁通在原、副绕组中分别产生频率相同的感应电动势 $e_1$ 和 $e_2$。因副边绕组电流 $i_2=0$，空载下副边的端电压 $U_{20}=E_2$。漏磁通 $\Phi_{\sigma1}$ 产生的漏磁通感应电动势为 $e_{\sigma1}$。以上电磁关系可表示为

$$\Phi \to e_1=-N_1\frac{\mathrm{d}\Phi}{\mathrm{d}t}$$

$$u_1 \to i_{10} \to i_{10}N_1 \nearrow \Phi \searrow e_2=-N_2\frac{\mathrm{d}\Phi}{\mathrm{d}t} \to u_{20}=e_2$$

$$i_{10}N_1 \searrow \Phi_{\sigma1} \to e_{\sigma1}=-L_{\sigma1}\frac{\mathrm{d}i_{10}}{\mathrm{d}t}$$

（2）有载运行

图 5.3.3 所示为变压器带负载时的电路。

变压器在有载情况下运行时，副绕组中产生电流 $i_2$，此时原绕组电流 $i_1$ 比空载电流 $i_{10}$ 大很多，而副绕组电流 $i_2$ 由电压 $u_2$ 和负载阻抗 $Z_L$ 决定。副绕组的磁通势 $i_2N_2$ 也产生磁通，其绝大部分也通过铁心而闭合。此时铁心中的主磁通 $\Phi$ 是由原、副绕组的磁通势共同产生的合成磁通。主磁通 $\Phi$ 穿过原、副绕组，在其中产生的感应电动势分别为 $e_1$ 和 $e_2$。原副绕组的磁通势 $i_1N_1$、$i_2N_2$ 还分别产生漏磁通 $\Phi_{\sigma1}$ 和 $\Phi_{\sigma2}$，在各自的绕组中分别产生漏磁电动势 $e_{\sigma1}$ 和 $e_{\sigma2}$。其电磁关系可表示为

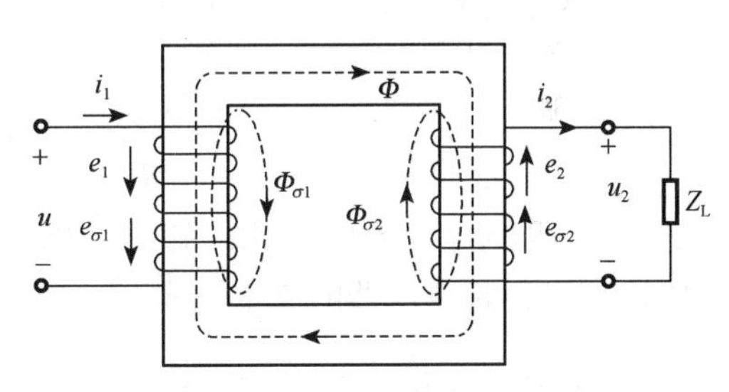


图 5.3.3 变压器有载的原理图

$$u_1 \to i_1 \to i_1N_1 \to \Phi \nearrow e_1=-N_1\frac{\mathrm{d}\Phi}{\mathrm{d}t}$$

$$\Phi \searrow e_2=-N_2\frac{\mathrm{d}\Phi}{\mathrm{d}t} \to i_2 \to i_2N_2 \to \Phi \ (\text{反馈})$$

$$i_1N_1 \downarrow \Phi_{\sigma1} \downarrow e_{\sigma1}=-L_{\sigma1}\frac{\mathrm{d}i_1}{\mathrm{d}t}$$

$$i_2N_2 \downarrow \Phi_{\sigma2} \downarrow e_{\sigma2}=-L_{\sigma2}\frac{\mathrm{d}i_2}{\mathrm{d}t}$$

2. 电压变换作用

在图 5.3.3 中，根据基尔霍夫电压定律，可列出原边电压方程

$$u_1=R_1i_1-e_{\sigma1}-e_1=R_1i_1+L_{\sigma1}\frac{\mathrm{d}i_1}{\mathrm{d}t}+(-e_1) \tag{5.3.1}$$

当 $u_1$ 是正弦电压时，电流、电动势均可视作正弦量，则上式可用相量表示

$$\dot{U}_1=R_1\dot{I}_1-\dot{E}_{\sigma1}-\dot{E}_1=R_1\dot{I}_1+\mathrm{j}X_1\dot{I}_1-\dot{E}_1 \tag{5.3.2}$$

式中，$R_1$ 和 $X_1=\omega L_{\sigma1}$ 分别为原边绕组的电阻和感抗（即漏磁感抗，由漏磁通产生）。

由于电阻 $R_1$ 和感抗 $X_1$（或漏磁通 $\Phi_{\sigma1}$）较小，因而它们两端的电压也较小，与主

磁电动势 $E_1$ 比较，可忽略不计，于是 $\dot{U}_1 \approx -\dot{E}_1$。根据式（5.2.5）可得

$$U_1 \approx E_1 = 4.44 f \Phi_m N_1 \tag{5.3.3}$$

对于副边电路，同样可列出电压方程

$$e_2 = R_2 i_2 - e_{\sigma 2} + u_2 = R_2 i_2 + L_{\sigma 2} \frac{di_2}{dt} + u_2 \tag{5.3.4}$$

用相量表示为

$$\dot{E}_2 = R_2 \dot{I}_2 - \dot{E}_{\sigma 2} + \dot{U}_2 = R_2 \dot{I}_2 + jX_2 \dot{I}_2 + \dot{U}_2 \tag{5.3.5}$$

式中，$R_2$ 和 $X_2 = \omega L_{\sigma 2}$ 分别为副边绕组的电阻和感抗。

同理，电阻 $R_2$ 和感抗 $X_2$（或漏磁通 $\Phi_{\sigma 2}$）也较小，可忽略不计，因此 $\dot{E}_2 \approx \dot{U}_2$，于是得到

$$U_2 \approx E_2 = 4.44 f \Phi_m N_2 \tag{5.3.6}$$

变压器空载时，$I_2 = 0$，$U_2 = U_{20} = E_2 = 4.44 f \Phi_m N_2$（$U_{20}$ 为变压器空载电压），故有

$$\frac{U_1}{U_{20}} \approx \frac{E_1}{E_2} = \frac{N_1}{N_2} = K \tag{5.3.7}$$

式中，$K$ 称为变压器的变比，即原、副边匝数比。改变匝数比，就能改变输出电压。式（5.3.7）是变压器的基本公式。

3. 电流变换作用

当变压器的原边接电源、副边接负载 $Z_L$ 时，原边电流为 $i_1$，铁心中的交变主磁通在副绕组中感应出电动势 $e_2$，由 $e_2$ 又产生 $i_2$ 及磁通势 $i_2 N_2$。

由式（5.2.6）可知，无论变压器空载还是有载，只要电源电压 $U_1$，$N_1$ 及频率 $f$ 一定时，$\Phi_m$ 就是一个确定不变的值。当变压器空载时主磁通由磁通势 $i_{10} N_1$ 产生，此时的 $i_{10}$ 称为空载电流，主要用于励磁。当变压器负载运行时，主磁通由合成磁通势（$i_1 N_1 + i_2 N_2$）产生。由于空载和有载时主磁通 $\Phi_m$ 值相同，因此变压器在空载及有载运行时的磁通势应相等，于是可得磁通势平衡式

$$i_1 N_1 + i_2 N_2 = i_{10} N_1$$

用相量可表示为

$$\dot{I}_1 N_1 + \dot{I}_2 N_2 = \dot{I}_{10} N_1 \tag{5.3.8}$$

由于变压器的空载电流 $i_{10}$ 很小，在变压器接近满载（额定负载）时，一般 $i_{10}$ 约为原绕组额定电流 $i_{1N}$ 的（2～10）%，即 $i_{10} N_1$ 远小于 $i_1 N_1$ 和 $i_2 N_2$。所以可将 $i_{10} N_1$ 忽略，即

$$\dot{I}_1 N_1 \approx -\dot{I}_2 N_2 \tag{5.3.9}$$

其有效值关系为 $I_1 N_1 \approx I_2 N_2$，所以

$$\frac{I_1}{I_2} \approx \frac{N_2}{N_1} = \frac{1}{K} \tag{5.3.10}$$

式（5.3.10）说明了变压器的电流变换作用，当变压器有载运行时，其原绕组和副绕组电流有效值之比近似等于匝数比的倒数。需要指出的是，式（5.3.10）在 $I_2$ 较大

$(I_1 \gg I_{10})$ 时才能成立，在变压器轻载时该式不成立，此时 $I_2$ 必须通过磁通势平衡式进行计算。

**【例 5.3.1】** 图 5.3.4 所示的是一电源变压器，原边绕组额定电压 220V，匝数 $N_1=550$ 匝。副边绕组有两个，空载电压分别为：$U_{20}=36V$；$U_{30}=12V$。试求：

1）两个副边绕组的匝数 $N_2$、$N_3$；

2）当两个副边绕组都接纯电阻负载时（测得两个负载的功率为 $P_2=36W$，$P_3=24W$），一次绕组和两个副边绕组的电流。

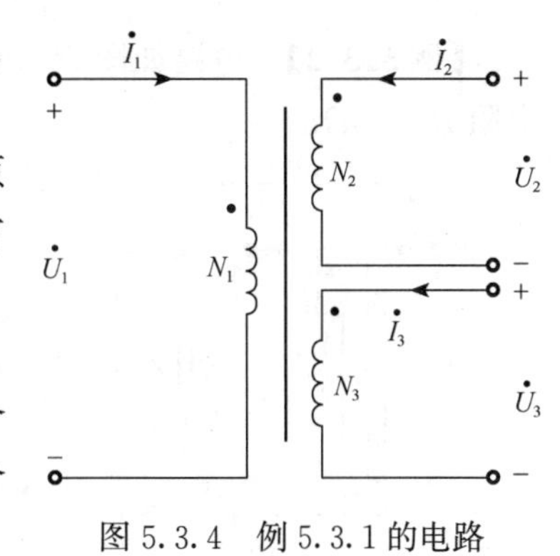


图 5.3.4 例 5.3.1 的电路

**解：**

1）根据式（5.3.7）可以计算出两个副边绕组的匝数为

$$N_2=\frac{U_{20}}{U_1}N_1=\frac{36}{220}\times 550=90(\text{匝})$$

$$N_3=\frac{U_{30}}{U_1}N_1=\frac{12}{220}\times 550=30(\text{匝})$$

2）副边绕组的电流为

$$I_2=\frac{P_2}{U_2}=\frac{36}{36}=1(\text{A})$$

$$I_3=\frac{P_3}{U_3}=\frac{24}{12}=2(\text{A})$$

$\dot{I}_2$ 和 $\dot{I}_3$ 相位相同，根据式（5.3.8）可得 $I_2N_2+I_3N_3\approx I_1N_1$。

求出原边绕组的电流为

$$I_1=\frac{I_2N_2}{N_1}+\frac{I_3N_3}{N_1}=\frac{1\times 90}{550}+\frac{2\times 30}{550}=0.27(\text{A})$$

4. 阻抗变换作用

在电子线路中，当负载与信号源内阻相等时，负载可获得信号源输出的最大功率，此时称为阻抗匹配。若负载与信号源内阻不相等，而负载的阻抗不能随便改变，此时可利用变压器进行阻抗变换，实现阻抗匹配。

图 5.3.5 为变压器实现阻抗匹配的示意图。图中变压器视为理想变压器，其内部阻抗均忽略。

所谓等效，就是输入电路的电压、电流、功率不变。图 5.3.5（a）中负载阻抗 $Z_L$ 接入变压器副边绕组时，有 $|Z_L|=U_2/I_1$，相当于在原边接了一个阻抗 $Z_L'$，即点划线框里的总阻抗可用图 5.3.5（b）中等效阻抗 $Z_L'$ 代替，而 $|Z_L'|=U_1/I_1$。就是说，直接接在电源上的阻抗模 $|Z_L'|$ 和接在变压器副边的阻抗模 $|Z_L|$ 是等效的。所以

$$|Z_L'|=\frac{U_1}{I_1}=\frac{KU_2}{\dfrac{I_2}{K}}=K^2\frac{U_2}{I_2}=K^2|Z_L| \tag{5.3.11}$$

这就是变压器的阻抗变换作用。

【例 5.3.2】 电路如图 5.3.6 所示，信号源电动势 $E=18\text{V}$，内阻 $R_0=100\Omega$，负载电阻 $R_L=4\Omega$。

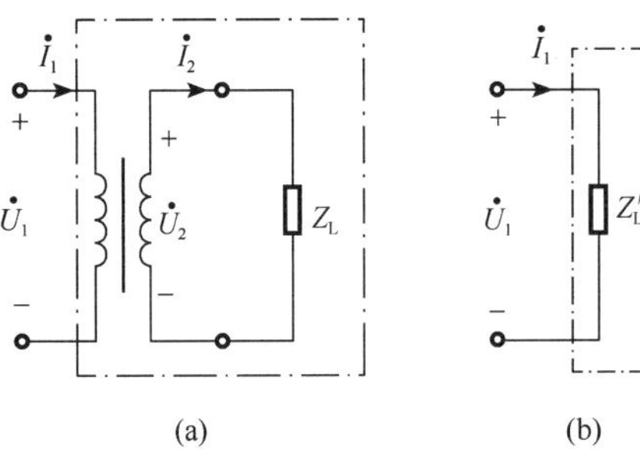


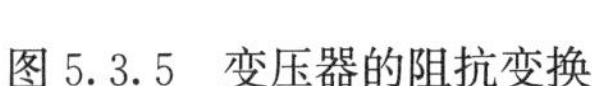

图 5.3.5 变压器的阻抗变换

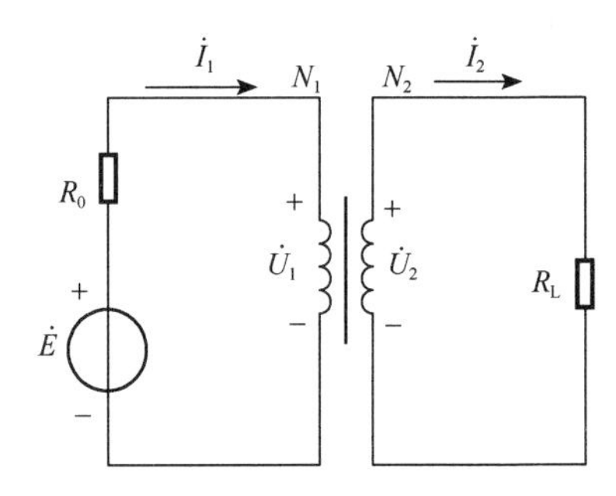

图 5.3.6 例 5.3.2 的电路

1）欲使折算到原边的等效电阻 $R_L'=R_0=100\Omega$，实现阻抗匹配，求变压器的变比和信号源输出的功率；

2）如果将负载与信号源直接相连，求信号源的输出功率。

**解：** 1）当 $R_L'=R_0=100\Omega$ 时，变压器的变比为

$$K=\frac{N_1}{N_2}=\sqrt{\frac{R_L'}{R_L}}=\sqrt{\frac{100}{4}}=5$$

信号源的输出电流为

$$I_1=\frac{E}{R_0+R_L'}=\frac{18}{100+100}=0.09(\text{A})$$

信号源的输出功率为

$$P_0=I_1^2R_L'=0.09^2\times100=0.81(\text{W})$$

2）负载直接接在信号源上，信号源的输出电流为

$$I_1=\frac{E}{R_0+R_L}=\frac{18}{100+4}=0.173(\text{A})$$

信号源输出功率为

$$P_0=I^2R_L=0.173^2\times4=0.12(\text{W})$$

可见，经过阻抗匹配后负载上取得的功率大大提高，原因是满足了最大功率输出的条件。电子线路中，常利用阻抗匹配实现最大输出功率。

### 5.3.3 变压器的外特性和技术参数

根据前面分析可知，当变压器带负载运行而且电源电压 $U_1$ 不变时，负载电流 $I_2$ 增加，原、副绕组阻抗上的压降要随之增加，因而副边绕组的端电压 $U_2$ 会降低。

#### 1. 变压器的外特性

在电源电压 $U_1$ 和负载的功率因数不变的情况下，副边电压 $U_2$ 随 $I_2$ 的变化关系 $U_2=f(I_2)$ 称为变压器的外特性，如图 5.3.7 所示。

对电阻性或电感性负载来说，变压器的外特性是一条稍微向下倾斜的曲线。变压器

外特性的变化情况可用电压调整率来表示。电压调整率是指变压器从空载到额定负载（副边电流等于额定电流）时，副边绕组电压的相对变化量，可表示为

$$\Delta U\%=\frac{U_{20}-U_2}{U_{20}}\times 100\% \tag{5.3.12}$$

一般变压器的绕组电阻及漏磁感抗较小，电压调整率不大，约为5%。

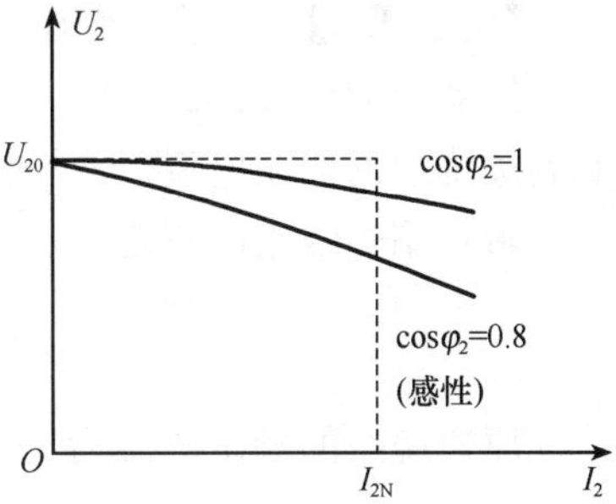

图 5.3.7 变压器的外特性

2. 变压器的效率

变压器并不是百分之百地传递电能。变压器的功率损耗有两部分：铜损（$\Delta P_{Cu}$）与铁损（$\Delta P_{Fe}$）。铜损是原、副绕组中的电流在绕组电阻上产生的损耗，铜损与负载大小（正比于电流平方）有关。铁损是交变的主磁通在铁心中产生的磁滞损耗及涡流损耗，由于变压器工作时，主磁通基本上不变，所以铁损的大小与负载大小无关。变压器的效率为

$$\eta=\frac{P_2}{P_1}=\frac{P_2}{P_2+\Delta P_{Cu}+\Delta P_{Fe}} \tag{5.3.13}$$

式中，$P_2$ 为变压器输出的有功功率；$P_1$ 为输入的有功功率。由于变压器的铜损、铁损较小、效率很高，大型电力变压器的效率可达99%，小型变压器的效率为60%～90%。通常变压器在额定负载的60%～80%时效率最高，任何变压器在轻载时效率都较低。

3. 变压器的技术参数

正确地使用变压器，不仅能保证变压器正常工作，还能使其具有一定的使用寿命。因此，必须了解变压器的技术指标和额定值。

（1）额定电压 $U_{1N}$，$U_{2N}$

$U_{1N}$ 指原边绕组应当施加的正常电压。$U_{2N}$ 指原边为额定电压 $U_{1N}$ 时副边的空载电压。$U_{1N}$，$U_{2N}$ 对三相变压器是指其线电压。变压器带负载运行时因有内阻抗压降，变压器副边的输出额定电压应比负载所需的额定电压高5%～10%。

（2）额定电流 $I_{1N}$，$I_{2N}$

原边额定电流 $I_{1N}$ 是指在 $U_{1N}$ 作用下原边绕组允许通过电流的限额。$I_{2N}$ 指原边为额定电压时，副边绕组允许长期通过的电流限额。

（3）额定容量 $S_N$

额定容量 $S_N$ 指变压器输出的额定视在功率。它表示变压器在额定工作条件下输出最大电功率的能力，单位为V·A（伏安）或kV·A（千伏安）。

单相变压器：$S_N=U_{2N}I_{2N}\approx U_{1N}I_{1N}$

三相变压器：$S_N=\sqrt{3}U_{2N}I_{2N}\approx \sqrt{3}U_{1N}I_{1N}$

（4）额定频率 $f_N$

额定频率 $f_N$ 指电源的工作频率。我国的工业频率是50Hz。

**【例 5.3.3】** 一单相变压器，额定容量 50kV·A，额定电压为 10000V/230V，当该变压器向 $R=0.83\Omega$，$X_L=0.618\Omega$ 的负载供电时，正好满载。试求变压器原边绕组和副边绕组的额定电流，变压器满载时的副边绕组电压和电压调整率。

**解**：副边绕组的额定电流为

$$I_{2N}=\frac{S_N}{U_{2N}}=\frac{50000}{230}=217(\mathrm{A})$$

原边绕组的额定电流为

$$I_{1N}=\frac{S_N}{U_{1N}}=\frac{50000}{10000}=5(\mathrm{A})$$

满载时副边绕组电压为

$$U_2=I_{2N}|Z_2|=I_{2N}\cdot\sqrt{R^2+X_L^2}=217\times\sqrt{0.83^2+0.618^2}=224.5(\mathrm{V})$$

电压调整率为

$$\Delta U\%=\frac{U_{20}-U_2}{U_{20}}\times 100\%=\frac{230-224.5}{230}\times 100\%=2.4\%$$

### 5.3.4 常用变压器

变压器的种类很多，除了前面讨论的双绕组单相变压器外，还有三相变压器以及特殊用途的变压器，比如：可以得到多种不同输出电压的多绕组变压器，实验室里常用的自耦调压器，工业上常用的具有陡峭外特性的电焊变压器，测量用的电压互感器、电流互感器。这些变压器的工作原理与前面讨论的变压器相类似，但又各有自己的特点。

1. 三相变压器

变换三相电压可采用三相变压器。图 5.3.8 和图 5.3.9 分别是三相组式变压器和三相心式变压器示意图。

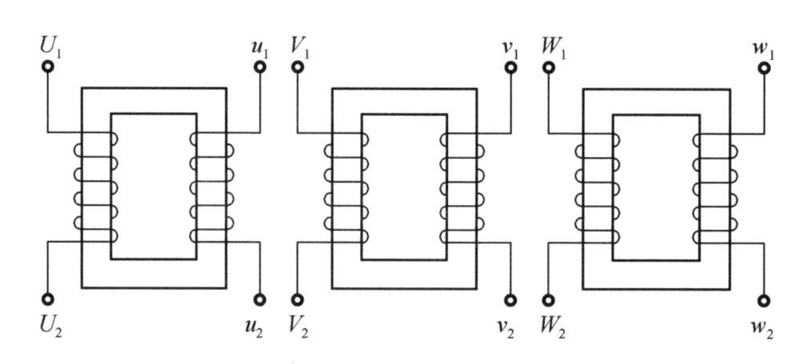


图 5.3.8　三相组式变压器

三相组式变压器，即三单相变压器组，是用三台同样的单相变压器组成。其特点是三相之间只有电的联系，没有磁的联系。根据电源电压和各原绕组的额定电压，可把原绕组和副绕组接成星形或三角形。

三相心式变压器，其特点是三相之间既有电的联系，又有磁的联系。它是使用最广泛的用来变换三相电压的变压器。$U_1U_2$，$V_1V_2$，$W_1W_2$ 分别为三个相的高压绕组，$u_1u_2$，

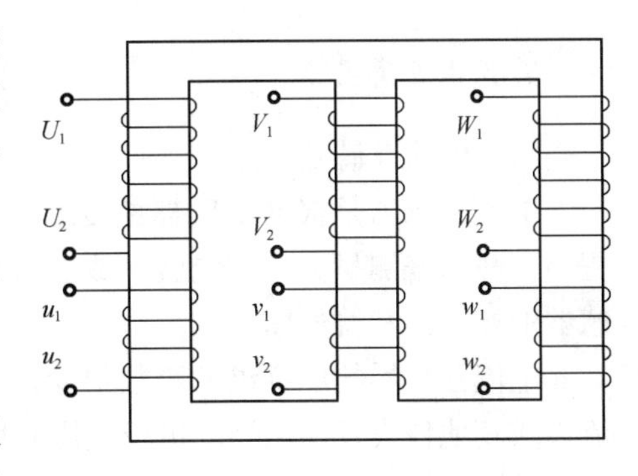

图 5.3.9 三相心式变压器

$v_1v_2$，$w_1w_2$ 分别为三个相的低压绕组。三相变压器的每一相，都相当于一个单独的单相变压器，三相变压器的原、副边绕组可分别接成星形或三角形。

三相电力变压器按我国国家标准规定有以下五种标准联结方式：Y/YN，Y/D，YN/D，Y/Y，YN/Y，分子表示三相高压绕组的接法，分母表示三相低压绕组的接法。星形接法分三线和四线两种，YN 表示三相绕组接成星形并有中线。三角形接法用 D 表示。其中 Y/YN（三相配电变压器）、Y/D（动力供电系统和井下照明）、YN/D（高压、超高压供电系统）三种接法应用最多。

2. 自耦变压器

实验室中常用自耦变压器来平滑地变换交流电压，其电路原理图如图 5.3.10 所示。自耦变压器只有一个绕组，其副绕组是原绕组的一部分，副绕组匝数可调，两者同在一个磁路上，所以自耦变压器的原、副边电压之比与双绕组变压器相同。改变副边绕组的匝数，就可以获得不同的输出电压 $U_2$。原、副边绕组电压之比和电流之比为

$$\frac{U_1}{U_2}=\frac{N_1}{N_2}=K \qquad \frac{I_1}{I_2}=\frac{N_2}{N_1}=\frac{1}{K}$$

单相自耦变压器，其副绕组抽头往往做成能沿线圈自由滑动的触头形式，以达到平滑均匀地调节电压的目的，故又称作自耦调压器，其外形和电路如图 5.3.11 所示。自耦变压器使用中应注意以下几点。

1）与双绕组的变压器相比较，自耦变压器虽然节约了一个独立的副边绕组，但是由于原、副边绕组间有直接的电联系，在不当的接线或公共绕组部分断开的情况下副边会出现高电压，这将危及操作人员的安全。

2）自耦变压器的原边和副边不可接错，否则可能造成电源短路或烧坏变压器。

3）在使用自耦变压器时，副边绕组的输出电压位置应从零开始逐渐调到负载所需电压值。

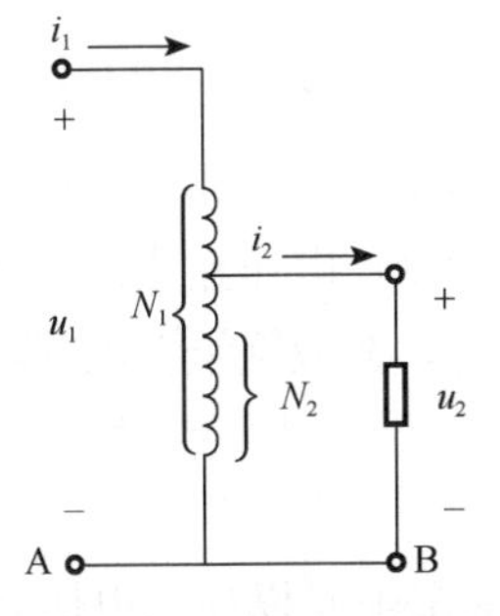

图 5.3.10 自耦变压器原理

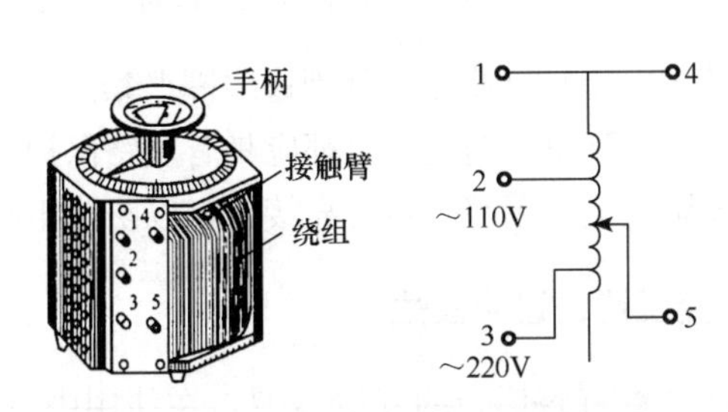

图 5.3.11 自耦调压器外形和电路图

3. 仪用互感器

（1）电流互感器

电流互感器是根据变压器的变流原理制成的，主要是用来扩大测量交流电流的量程。一般用来测量交流大电流，或进行交流高电压下电流的测量。图 5.3.12 是电流互感器的接线图和符号图。

电流互感器的原绕组的匝数很少，串接在被测电路中，副绕组的匝数很多，它与电流表或其他仪表及继电器的电流线圈相联结。

被测电流($I_1$)＝电流表读数($I_2$)$\times N_2/N_1$。

由于电流互感器原绕组匝数 $N_1$ 很少，副边绕组匝数 $N_2$ 很多，所以流过电流表的电流 $i_2$ 很小，所以电流互感器实际上是利用小量程的电流表来测量大电流。电流互感器副边绕组使用的电流表规定为 5A 或 1A。采用电流互感器可以使测量仪表与高压电路断开，以保证人身与设备安全。

尽管电流互感器原绕组匝数很少，但其中流过很大的负载电流，因此磁路中的磁通势 $I_1N_1$、磁路中的磁通都很大。所以使用电流互感器时副绕组绝对不得开路，否则会在副边产生过高的电压而危及操作人员的安全。为安全起见，电流互感器的铁心及副绕组的一端应该接地。

（2）电压互感器

因电压表的量程有限，当要测量交流电路的高电压时可采用电压互感器。电压互感器是一种匝数比较多的仪用变压器，电压互感器的接线图如图 5.3.13 所示。它在低压侧进行测量。

$$被测电压\ (U_1)＝电压表读数\ (U_2)\ \times N_1/N_2$$

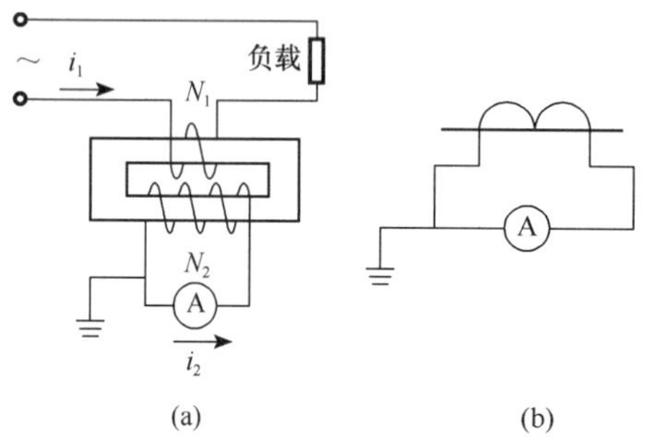


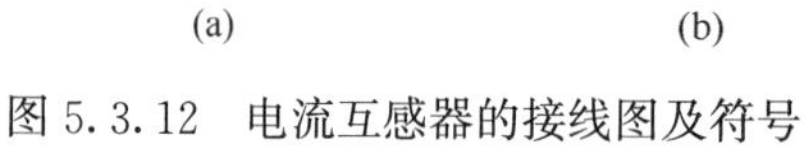
图 5.3.12　电流互感器的接线图及符号

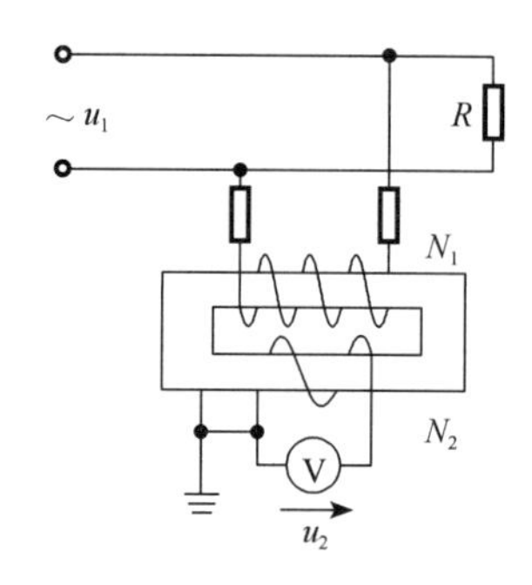


图 5.3.13　电压互感器的接线图

在使用电压互感器时，其副边线圈严禁短路，否则会产生很大的短路电流烧坏电压互感器，因而，其原、副边绕组都应具有短路保护。另为安全起见，电压互感器的铁心、金属外壳及副绕组一端都必须可靠接地，以防绕组间绝缘损坏时，造成绕组上出现高压。

### 5.3.5　变压器绕组的极性

变压器载有磁耦合的互感线圈，在使用中有时需要把绕组串联以提高电压，并联以增大电流，但它们必须按同极性端（又称同名端）规定联结，否则可能将变压器烧毁。

1. 变压器的同极性端（同名端）

当电流流入（或流出）两个线圈时，若产生的磁通方向相同，则两个流入（或流出）端称为同极性端。或者说，当铁心中磁通变化时，在两线圈中产生的感应电动势极性相同的两端为同极性端。显然同极性端与线圈绕向有关，如图 5.3.14 所示，同极性端在图中用符号“•”或“*”表示。

图 5.3.14（a）中两组线圈绕向相同，$U_1$ 与 $u_1$ 是同极性端（同名端）。图 5.3.14（b）中两组线圈绕向相反，$U_1$ 与 $u_2$ 是同极性端（同名端）。

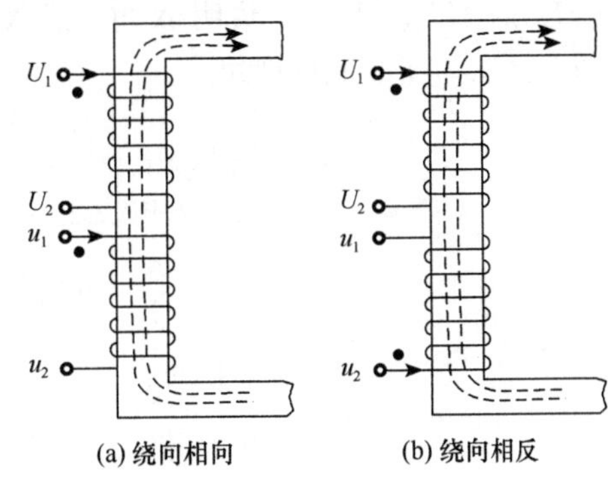

图 5.3.14　变压器绕组的极性

2. 变压器绕组的接法

确定变压器的同极性端是为了能正确地进行变压器绕组的联结。

例如，在图 5.3.15（a）中，若原绕组 1-2 和 3-4 的匝数相同且额定电压都是 110V，而电源电压为 220V 时，则应将 2 与 3 端相联，1 与 4 端接电源，此时两个线圈的电压都是 110V，产生的磁通方向一致，它们共同作用产生额定工作磁通。如果 2 与 4 端相联、从 1 和 3 端接入电源，那么任何瞬间两绕组中产生的磁通都将互相抵消，这时磁路中没有交变磁通，所以线圈中将没有感应电动势，原边绕组中的电流将会很大（只取决于电压和线圈电阻），变压器绕组会迅速发热而烧毁。

当电源电压为 110V 时，图 5.3.15（b）中的变压器应将原绕组 1 与 3 端相联、2 与 4 端相联后，再将两个联结点接入电源。此时两个线圈并联，每个线圈的电压也是 110V，每个绕组中的电流仍为额定值。两个绕组产生的磁通方向一致，它们共同作用产生额定工作磁通。

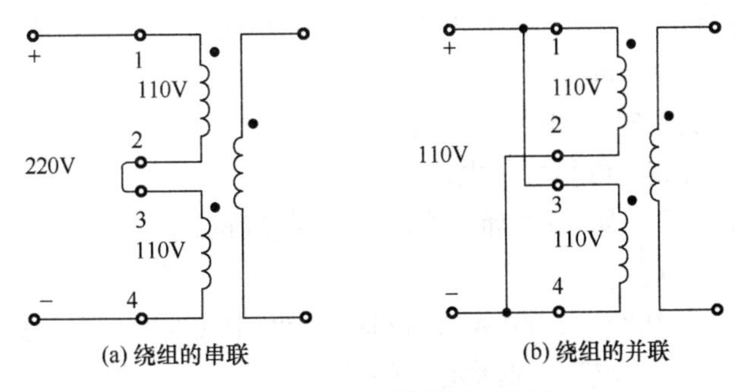

图 5.3.15　变压器绕组的接法

可见，不论电源电压为 220V 还是 110V，只要正确联结绕组，都可以保证磁路中为额定工作磁通，从而使副边绕组中的电压和电流不变。

3. 同极性端的测定方法

变压器绕组的同名端与线圈的绕向有关，当在外观上无法从线圈的绕向辨别同名端

时，可用实验检测的方法测得。用实验法测绕组的极性有交流法和直流法两种。

（1）交流法

交流法测量电路如图 5.3.16（a）所示。把两个线圈的各一端点（X-x）相联，然后在 AX 上加一较低的、适合测量的电压 $u_{AX}$。用交流电压表分别测量 $U_{AX}$、$U_{Aa}$、$U_{ax}$ 的值，若 $U_{Aa}=|U_{AX}-U_{ax}|$，说明 A 与 a 或 X 与 x 为同极性端；若 $U_{Aa}=|U_{AX}+U_{ax}|$，说明 A 与 x 或 X 与 a 是同极性端。

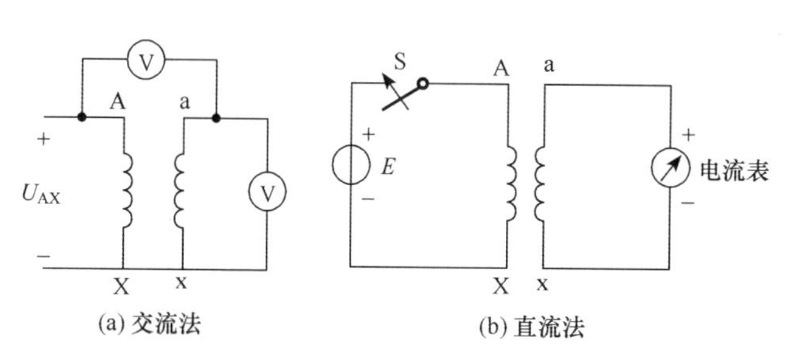


图 5.3.16　变压器同名端测定电路

（2）直流法

直流法测量电路如图 5.3.16（b）所示。将变压器的一个绕组通过开关接直流电压 $E$，另一绕组接电流表。当 S 闭合时，如果电流表正偏，则 A 与 a 为同极性端；如果电流表反偏，则 A 与 x 为同极性端。

## 习　题

5.1.1　在一个铸钢制成的闭合铁心上绕有一个匝数 $N=1000$ 的线圈，其线圈电阻 $R=20\Omega$，铁心的平均长度 $l=50\text{cm}$。若要在铁心中产生 $B=1.2\text{T}$ 的磁感应强度，试问线圈中应加入多大的直流电压？

5.1.2　一个具有闭合的均匀铁心的线圈，其匝数为 500 匝，铁心中的磁感应强度为 0.9T，磁路的平均长度为 45cm，试求：

（1）铁心材料为铸铁时线圈中的电流；

（2）铁心材料为铸钢时线圈中的电流。

5.1.3　有一线圈匝数为 1000 匝，套在铸钢制成的闭合铁心上，铁心的截面积为 $10\text{cm}^2$，长度为 60cm，问：

（1）如果要在铁心中产生 0.001Wb 的磁通，线圈中应通入多大的直流电流？

（2）若线圈中通入 3A 电流，则铁心中的磁通多大？

5.2.1　交流铁心线圈工作在电压 $U=220\text{V}$、频率 $f=50\text{Hz}$ 的电源上。测得电流 $I=3\text{A}$，消耗的功率 $P=100\text{W}$。为了求出此时的铁损，把线圈电压改接成直流 12V 电源上，测得电流值是 10A。试计算线圈的的铜损、铁损和功率因数。

5.2.2　将一铁心线圈接于电压 $U=100\text{V}$、频率 $f=50\text{Hz}$ 的正弦电源上，其电流 $I_1=5\text{A}$，$\cos\varphi_1=0.7$。若将此线圈中铁心抽出，再接于上述电源上，则线圈中 $I_2=10\text{A}$，$\cos\varphi_2=0.05$。试求此线圈在具有铁心时的铜损和铁损。

5.3.1　变压器的二次绕组接上负载时，为什么一次绕组的电流由 $I_{10}$ 增加到 $I_1$？

5.3.2　变压器能否用来传递直流功率？为什么？如把变压器一次侧接到与交流额定电压相等的直流电源上，将会怎样？

5.3.3　有一台变压器额定电压为 220V/110V，原、副边绕组匝数分别为 $N_1=2000$ 匝，$N_2=1000$ 匝。能否为节省铜损，将原、副边绕组匝数减少为 400 匝和 200 匝？

5.3.4　有一台电源变压器，原边绕组有 550 匝，接 220V 电压。它有两个副边绕组，一个电压为 36V，其负载电阻为 4Ω；另一个电压为 12V，负载电阻为 2Ω。试求两个副边绕组的匝数以及变压器原边绕组的电流。

5.3.5　已知信号源的交流电动势 $E=2.4\text{V}$，内阻 $R_0=600\Omega$，通过变压器使信号源与负载完全匹配，若这时负载电阻的电流 $I_L=4\text{mA}$，则负载电阻应为多大？

5.3.6　某单相变压器的额定电压为 10000/230V，接在 10000V 的交流电源上向一电感性负载供电，电压调整率为 4%，求变压器的变比、空载和满载时的副边电压。

5.3.7　在题图 5.01 中，交流信号源的电动势 $E=100\text{V}$，内阻 $R_0=800\Omega$，负载为扬声器，其等效电阻为 $R_L=8\Omega$。试求：

（1）将负载直接与信号源联结时信号源的输出功率；

（2）使扬声器获得最大功率的变压器原副绕组匝数比和信号源输出的功率。

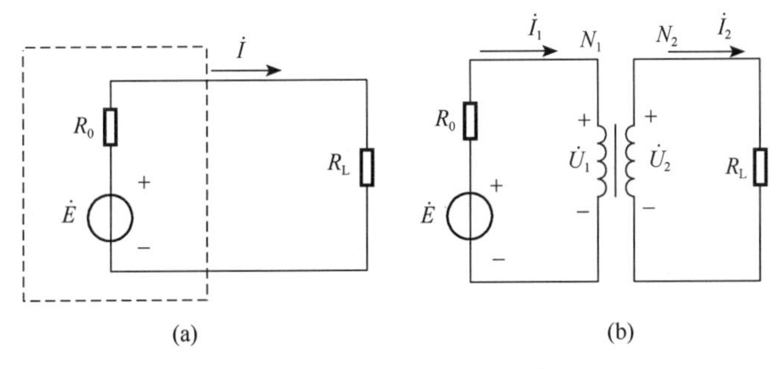


题图 5.01　题 5.3.7 的电路图

5.3.8　一单相照明变压器，额定容量为 10kV·A，额定电压为 3300V/220V，变压器在额定情况下运行。试问：

（1）在副绕组接上 220V/60W 的白炽灯，可接多少盏？

（2）在副绕组接上功率因数为 0.5 的 220V/60W 的日光灯，可接多少盏？

5.3.9　在题图 5.02 中，输出变压器的副绕组有中间抽头，ac 或 bc 端分别可接 8Ω 或 3.5Ω 的扬声器，两者都能达到阻抗匹配。试求两个副绕组的匝数之比。

5.3.10　题图 5.03 所示的变压器原边有两个额定电压为 110V 的绕组。副绕组的电压为 6.3V。试问：

（1）若电源电压是 220V，原绕组的四个接线端应如何正确联结？

（2）若电源电压是 110V，原边绕组要求并联使用，这两个绕组应当如何联结？

（3）在上述两种情况下，原边每个绕组中的额定电流有无不同，副边电压是否有改变？

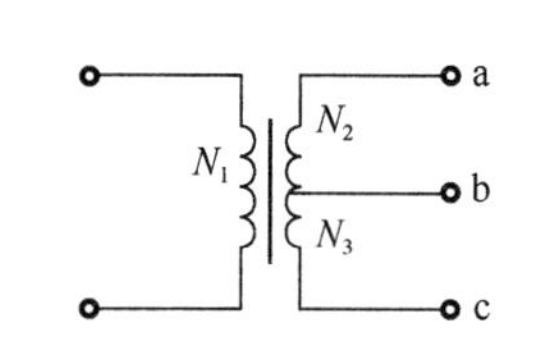

题图 5.02　题 5.3.9 的电路

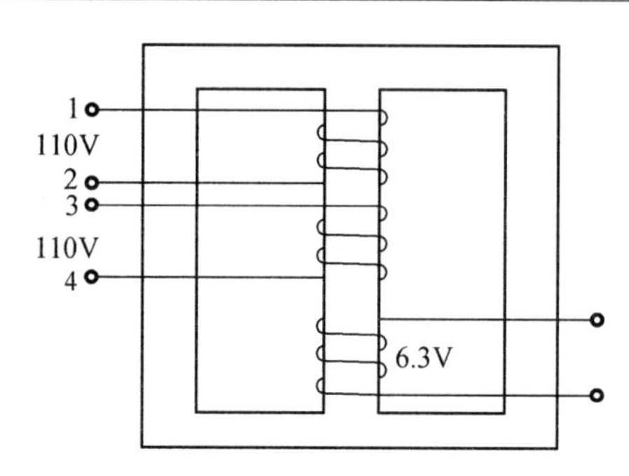

题图 5.03　题 5.3.10 的电路

# 第6章　电　动　机

电动机是把电能转换成机械能的电气设备。按电动机所耗用电能种类的不同，电动机可分交流电动机和直流电动机两大类。交流电动机根据转速的特点又分为异步电动机和同步电动机两类。异步电动机按其转子绕组形式的不同又分为绕线型和笼型两种。每种电动机又有单相和三相之分。

异步电动机具有结构简单、运行可靠、维护方便及价格便宜等优点，被广泛应用于各种机床、起重机、鼓风机、水泵、皮带运输机等设备中。本章主要以三相异步电动机为例，介绍电动机的结构、工作原理、特性及使用方法。对单相异步电动机只作简单介绍。

## 6.1　三相异步电动机结构

三相异步电动机由静止不动的定子和可以旋转的转子两个基本组成部分组成，其构造如图6.1.1所示。

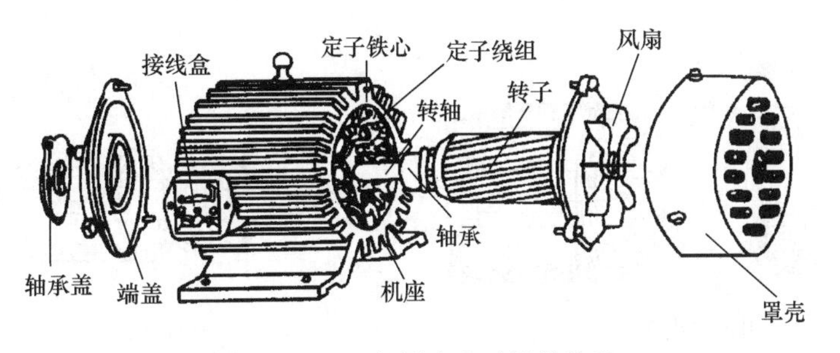


图6.1.1　三相异步电动机的构造

1. 定子

三相异步电动机的定子是电动机的固定部分，它由定子铁心、定子绕组和机座等组成。机座用铸铁或铸钢所制成。定子铁心是电动机磁路的组成部分，由相互绝缘的硅钢片叠成（与变压器铁心一样）一个圆筒，铁心圆筒内表面冲有槽，如图6.1.2（a）所示，用来放置三相对称绕组$U_1U_2$、$V_1V_2$、$W_1W_2$，三相绕组可接成星形或三角形。

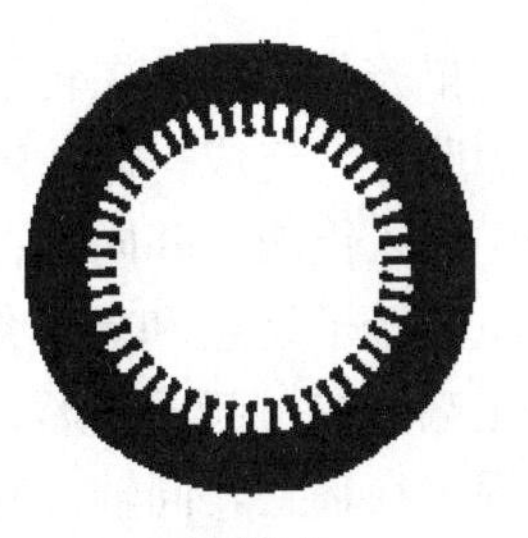

(a) 定子铁心

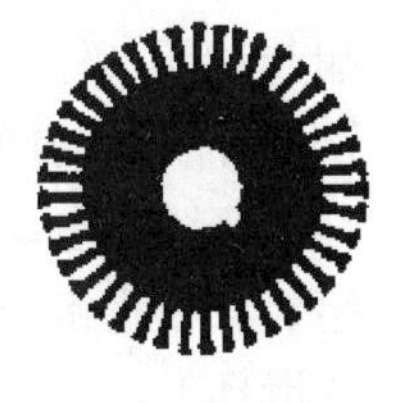

(b) 转子铁心

图6.1.2　定子和转子铁心

三相异步电动机的定子绕组一般采用高强度漆包线绕成。三相绕组的六个出线端

（首端 $U_1$、$V_1$、$W_1$，末端 $U_2$、$V_2$、$W_2$）通过机座的接线盒接到三相电源上。根据铭牌规定，定子绕组可接成星形或三角形。接线盒的布置与联结如图 6.1.3 所示。

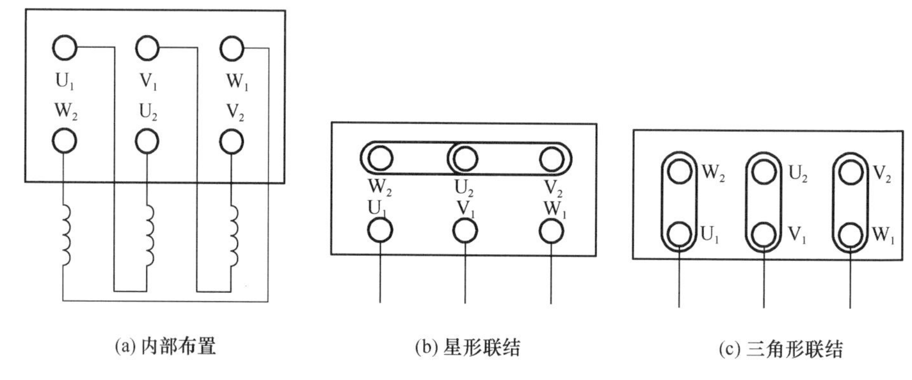


图 6.1.3　接线盒的布置与联结

2. 转子

转子是电动机的旋转部分，由转子铁心、转子绕组、转轴、风扇等组成。

转子铁心是圆柱状，也用硅钢片叠成，外表面有均匀分布的线槽，以放置绕组，如图 6.1.2（b）所示。铁心装在转轴上，轴上加机械负载。

转子绕组根据构造分为笼型和绕线型两种，如图 6.1.4 所示。

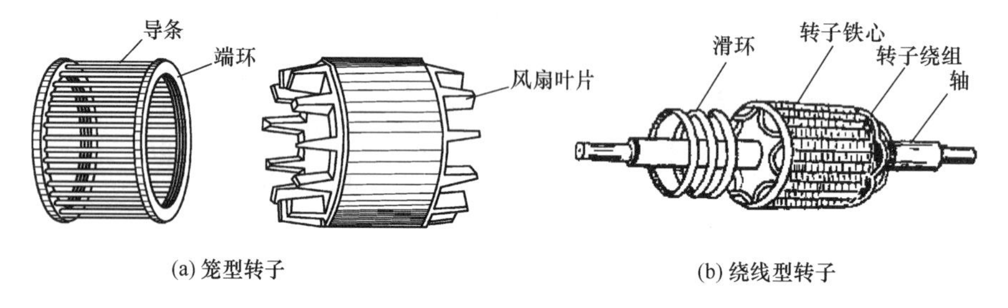


图 6.1.4　异步电动机的转子

笼型转子做成鼠笼状，就是在转子铁心的槽中置入铜条或铝条（称为导条），其两端与端环（称为短路环）连成一体。现在中小型电动机一般都采用铸铝转子，即在转子铁心外表面的槽中浇入铝液，并同时在端环上铸出多片风叶作为散热用的风扇。

绕线型电动机的转子绕组和定子绕组相似，在转子铁心线槽内嵌放对称的三相绕组。三相绕组的尾端接在一起成星形，每相的首端从转子轴中引出，接在三个相互绝缘的滑环上，滑环固定在轴上，同轴一起旋转。在环上用弹簧压着碳质电刷，经过电刷的滑动接触与外接变阻器相接，改变变阻器手柄的位置，可使绕线型三相绕组串联接入变阻器或使之短路以改变转子电阻。

笼型电动机结构简单、价格低廉、工作可靠，不能人为改变电动机的机械特性。

绕线型电动机结构复杂、价格较贵、维护工作量大，转子外加电阻可人为改变电动机的机械特性。

# 6.2 三相异步电动机的转动原理

三相异步电动机是利用定子绕组中通入三相电流在空间所产生的合成旋转磁场与转于导体内的电流相互作用而转动的。

## 6.2.1 异步电动机的模型

图 6.2.1 是异步电动机模型。装有手柄的蹄形磁铁极间放有一个可以自由转动的、由铜条组成的转子，铜条两端分别用铜环连接起来，作为笼型转子。磁极和转子之间没有电气和机械联系，如图 6.2.1（a）所示。

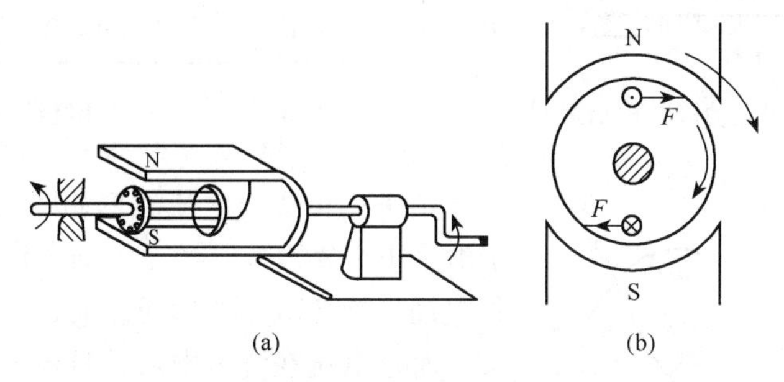


图 6.2.1 异步电动机模型

当转动磁铁摇柄，即磁场 N、S 极受外力作用旋转时，处在这个旋转磁场中的闭合导体因切割磁力线而产生感应电动势，这个电动势的方向可以根据右手定则确定出来，由于转子各导体两端已用金属环短路成闭合通路，在导体中有电动势就会有电流通过，如不考虑导体中电动势与电流之间的相位差，则可认为电流方向与电动势方向相同，此感应电流在磁场中又受到安培力作用，受力方向用左手定则来确定，如图 6.2.1（b）所示。由分析可知，转子将随磁场的旋转而转动，且转子旋转方向与磁场旋转方向一致。若要改变转子旋转方向，只需改变旋转磁场的转动方向即可。

通过上述模型可知，转子之所以能转动，是因为处于旋转磁场中的闭合导体中产生感应电动势和电流，载流导体在磁场中受到电磁力作用的结果，这就是异步电动机的转动原理。

异步电动机正常工作时，转子转速小于旋转磁场转速，即它们之间必须保持一定的差值，故称异步电动机。

## 6.2.2 旋转磁场

1. 旋转磁场的产生

设有三相相同的绕组（每相一组，即 $U_1U_2$、$V_1V_2$、$W_1W_2$）放置在定子槽内，彼此在空间互差 120°，如图 6.2.2 所示。

定子三相绕组接成星形，通入三相交流电流 $i_U$、$i_V$、$i_W$。由于各相绕组的结构相同，它们是一个对称的三相交流电路，如图 6.2.3 所示。取电流由绕组的首端流向绕组的末端为正方向。

$$i_U = I_m \sin\omega t \text{(A)}$$
$$i_V = I_m \sin(\omega t - 120°) \text{(A)}$$
$$i_W = I_m \sin(\omega t + 120°) \text{(A)}$$

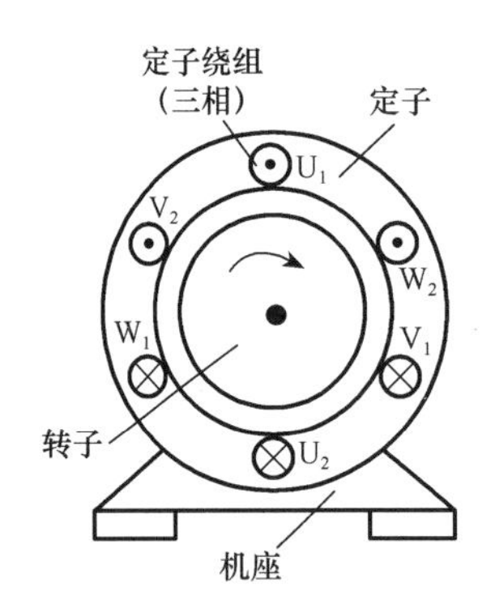


图 6.2.2　三相电动机结构示意图

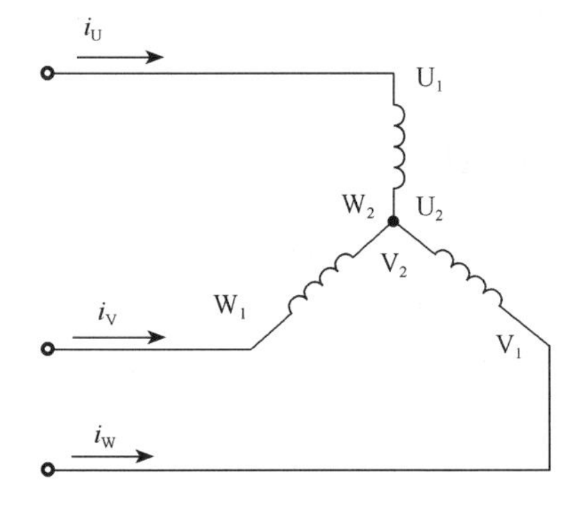


图 6.2.3　定子三相绕组交流电路

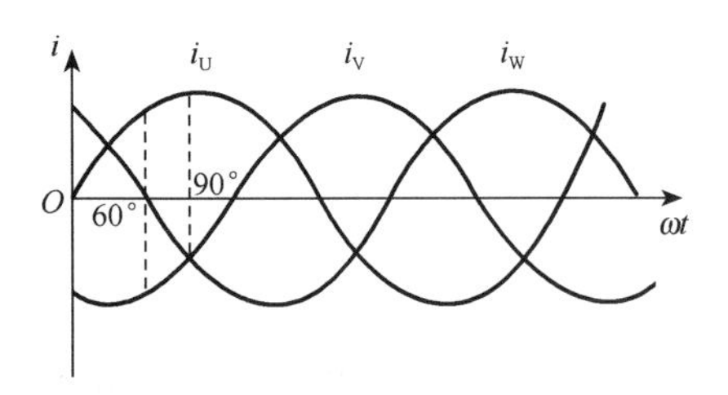


图 6.2.4　定子三相绕组电流波形

定子三相绕组电流波形如图 6.2.4 所示。在电流波形上分别取 $\omega t=0°$、$\omega t=60°$、$\omega t=90°$时刻分析电动机旋转磁场的形成。假定当电流为正（正半波）时，电流在绕组中从首端流向末端，在图上首端用符号“⊗”表示流进纸面，末端用符号“⊙”表示流出纸面，当电流为负值时（即负半波），与之相反。电流流经导线所建立的磁场方向由右手螺旋定则确定。

当 $\omega t=0°$时，$i_U=0$，$i_V$ 为负值，电流从 $V_1V_2$ 相绕组末端 $V_2$ 流向首端 $V_1$，末端 $V_2$ 以⊗表示，首端 $V_1$ 以⊙表示。$i_W$ 为正，电流从 $W_1W_2$ 相绕组首端 $W_1$ 流向末端 $W_2$，$W_1$ 端以⊗表示，$W_2$ 以⊙表示。三相绕组中电流产生合成磁场方向用右手螺旋定则确定，磁力线是自上而下，上面是 N 极，下面是 S 极，产生磁极数等于 2（极对数是 1），如图 6.2.5（a）所示。

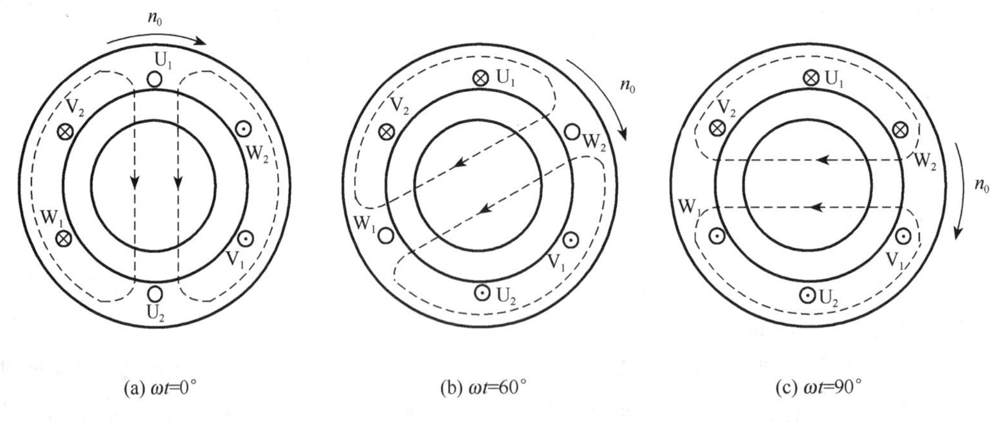


图 6.2.5　三相电流产生的磁场

当$\omega t=60°$时，$i_U$为正值，$i_W=0$，$i_V$为负值。它们产生的合成磁场方向如图 6.2.5（b）所示，仍然是个二极磁场，但合成磁场较$\omega t=0°$时沿顺时针方向在空间旋转了 60°。

同理可得$\omega t=90°$时的合成磁场，如图 6.2.5（c）所示，此时合成磁场方向较$\omega t=60°$时又沿顺时针方向旋转了 30°。

综上所述，当三相对称的定子绕组通入对称的三相电流时，将在电动机中产生合成磁场。合成磁场随电流的变化在空间不断地旋转着，因此又称为旋转磁场。旋转磁场为一对极时，如电流变化电角度为 360°，则合成磁场也在空间旋转 360°。

### 2. 旋转磁场的极数

三相异步电动机的极数就是旋转磁场的极数。旋转磁场的极数和三相定子绕组的安排有关。上述情况（见图 6.2.5）是每相只有一个绕组，三相绕组的首端之间相差 120°，能产生一对磁极，磁极对数用$p$表示，则$p=1$。当每相有两个绕组串联时，其绕组首端之间的相差为 120°/2=60°的空间角，则产生的旋转磁场具有两对极，即$p=2$。如图 6.2.6 所示，分析方法与前面相同。

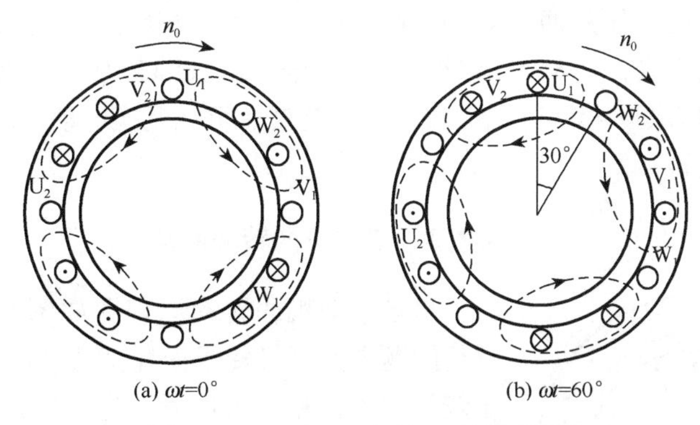


图 6.2.6 四极（两对极）旋转磁场

图 6.2.6 中给出了$\omega t=0°$、$\omega t=60°$两种情况下旋转磁场的变化情况，这是一个四极（极对数为$p=2$）的旋转磁场，N 极与 S 极相间排列。当电流变化电角度为 60°时，合成磁场在空间旋转了 30°。若电流变化电角度为 360°，则合成磁场在空间沿顺时针方向旋转 180°。

### 3. 旋转磁场的转速

根据上面的分析，当正弦电流变化了一个周期时，两极旋转磁场（见图 6.2.5）在空间旋转 360°。若电流的频率为$f_1$，则旋转磁场的转速为每秒$f_1$转。若以$n_0$表示旋转磁场的每分钟转速，则$n_0=60f_1$，即$n_0=3000\text{r/min}$（电源频率$f_1=50\text{Hz}$）。

四极旋转磁场（见图 6.2.6）电流变化一个周期时，旋转磁场在空间只转了半周(180°)。即$p=2$时，其转速为$n_0=60f_1/2=1500\text{r/min}$（$f_1=50\text{Hz}$）。

以此类推，$p$对极的旋转磁场的转速为

$$n_0=\frac{60f_1}{p} \tag{6.2.1}$$

由式（6.2.1）可知，旋转磁场的转速 $n_0$（亦称同步转速）取决于电源频率和电动机的磁极对数 $p$。我国的电源频率为 50Hz，表 6.2.1 给出了不同磁极对数所对应的同步转速。

**表 6.2.1 不同极对数时的同步转速**

| $p$ | 1 | 2 | 3 | 4 | 5 | 6 |
|---|---|---|---|---|---|---|
| $n_0$/(r/min) | 3000 | 1500 | 1000 | 750 | 600 | 500 |

4. *旋转磁场的转向*

旋转磁场的方向是由三相绕组中电流相序决定的，若想改变旋转磁场的方向，只要改变通入定子绕组的电流相序，即将三根电源线中的任意两根对调即可。这时，转子的旋转方向也随之改变。

从图 6.2.5 可以看出，当通入三相绕组 $U_1U_2$、$V_1V_2$、$W_1W_2$ 中电流的相序依次为 $i_U$-$i_V$-$i_W$ 时，旋转磁场的方向是沿绕组首端 $U_1 \rightarrow V_1 \rightarrow W_1$ 的方向旋转，即顺时针旋转。如果把三根电源线中的任意两根对调，则改变了通入三相绕组中电流的相序。例如使 $W_1W_2$ 绕组中通入电流 $i_V$，$V_1V_2$ 绕组中通入电流 $i_W$，$U_1U_2$ 绕组中仍通入电流 $i_U$，此时旋转磁场的方向为 $U_1 \rightarrow W_1 \rightarrow V_1$，即逆时针旋转。可见调换电动机的任意两根电源线就可以使电动机反转。

### 6.2.3 电动机的转动原理

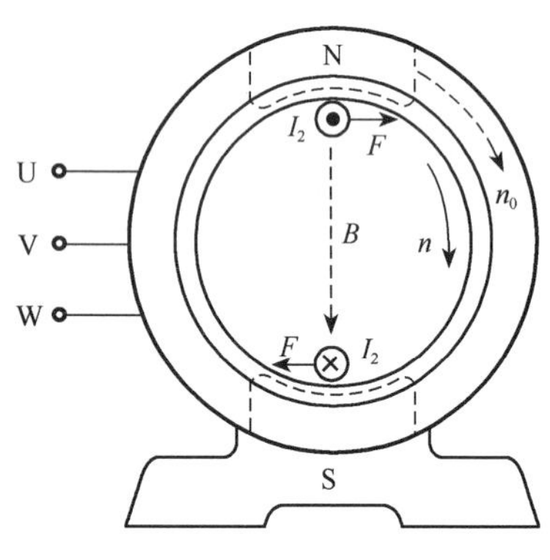


图 6.2.7 异步电动机的转动原理图

异步电动机的转动原理图如图 6.2.7 所示。为了分析问题方便，将转子简化成上下两个导条。三相定子绕组通入三相交流电后，在空间产生的旋转磁场用 N 极和 S 极表示。

设旋转磁场以顺时针方向旋转，转速为 $n_0$，转子导条就以逆时针方向切割磁力线，从而在转子导条中产生感应电动势，其方向由右手定则确定。转子上半部导条中产生的感应电动势方向是从里向外（⊙），转子下半部导条中产生的感应电动势方向是从外向里（⊗）。由于转子导条的两端由端环连通而形成闭合电路，因而在导条中产生了感应电流 $I_2$，其方向与电动势方向一致，该电流处在旋转磁场中将使转子导条受到电磁力 $F$ 的作用，电磁力的方向可根据左手定则确定。作用在上下导条上的一对电磁力形成顺时针方向的转矩，使转子转动起来，转子转速为 $n$。如果旋转磁场反转，转子的转动方向也随之改变，即电动机反转。

电动机转子的转向与旋转磁场相同，但转子的转速不能与旋转磁场的转速相同，它总是小于旋转磁场的转速，即 $n < n_0$。因为，如果两者相等，则转子与旋转磁场之间就没有相对运动，转子导条就不切割磁力线，因而转子电动势、转子电流、电磁力和电磁转矩就不存在了，这样转子就不会继续以 $n_0$ 的转速旋转。因此，转子转速与旋转磁场

转速之间必须保持一定的转速差，即保持异步的关系。这就是异步电动机名称的由来。又因为这种电动机的转动原理是建立在电磁感应基础上的，故又称为感应电动机。

转子转速 $n$ 与旋转磁场的转速 $n_0$ 相差的程度，常用转差率 $s$ 表示。

$$s=\frac{n_0-n}{n_0} \tag{6.2.2}$$

转差率是异步电动机的一个重要物理量，转子转速 $n$ 越接近同步转速 $n_0$，转差率越小，跟随性越好。

在电动机起动瞬间，$n=0$，$s=1$，转差率最大。空载运行时，转子转速最高，转差率最小。额定负载运行时，转子转速较空载要低。一般异步电动机的额定转差率 $s_N$ 很小，通常用百分数表示，一般为（1～9)%。

根据式（6.2.2)，可以得到电动机的转速常用公式

$$n=(1-s)n_0 \tag{6.2.3}$$

**【例 6.2.1】** 在额定工作情况下的三相异步电动机，已知其额定转速为 960r/min，试问电动机的同步转速是多少？有几对磁极对数？转差率是多大？

**解：**异步电动机在额定工作情况下，转子的转速略低于旋转磁场的转速。显然，与电动机额定转速 960r/min 接近的同步转速 $n_0=1000\text{r/min}$，与此对应的极对数是 $p=3$。因此，额定转差率为

$$s_N=\frac{n_0-n_N}{n_0}=\frac{1000-960}{1000}\times 100\%=4\%$$

### 6.2.4　电动机的电路分析

由异步电动机的结构可知，定子绕组和转子绕组是两个相隔离的电路，相当于变压器的原边和副边，只是转子绕组应是短接的，如图 6.2.8 所示。定子和转子每相绕组的匝数分别为 $N_1$ 和 $N_2$。

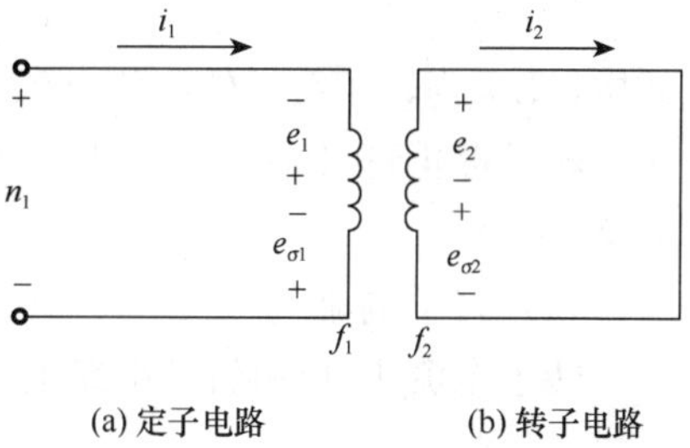

(a) 定子电路　(b) 转子电路

图 6.2.8　三相异步电动机每相等效电路

1. 定子电路

与变压器原绕组电路分析一样，忽略线圈电阻压降和漏磁电动势，可以得出

$$U_1\approx E_1=4.44f_1N_1\Phi_m$$

或

$$\Phi_m\approx\frac{U_1}{4.44f_1N_1} \tag{6.2.4}$$

式中，$f_1$ 为定子感应电动势 $e_1$ 的频率，等于电源频率 $f$；$\Phi_m$ 为每相绕组的磁通最大值，在数值上等于旋转磁场的每极磁通。当每相定子绕组的电压 $U_1$ 和频率 $f_1$ 一定时，旋转磁场的每极磁通量基本不变。

旋转磁场和定子导体间的相对速度为 $n_0$，所以定子感应电动势的频率

$$f_1\approx\frac{pn_0}{60} \tag{6.2.5}$$

2. 转子电路

转子电路的各个物理量都与转速有关。

（1）转子感应电动势频率 $f_2$

定子绕组与旋转磁场间的相对速度固定（$n_0=60f_1/p$），而转子绕组与旋转磁场间的相对速度随转子的转速不同而变化。旋转磁场和转子之间的转速差为（$n_0-n$），所以转子电动势的频率

$$f_2=\frac{n_0-n}{60}p=\frac{n_0-n}{n_0}\frac{n_0p}{60}=sf_1 \tag{6.2.6}$$

可见转子电动势的频率 $f_2$ 与转差率 $s$ 有关，也就是与转速 $n$ 有关。当异步电动机起动时（$n=0$，$s=1$），转子与旋转磁场间的相对运动最大，转速差最大，导条切割磁力线最快，所以此时 $f_2$ 最高，$f_2=f_1$。在额定负载时，$s=(1\sim9)\%$，则 $f_2=0.5\sim4.5\text{Hz}$。

（2）转子感应电动势 $E_2$

转子电动势的有效值

$$E_2=4.44f_2N_2\Phi=4.44sf_1N_2\Phi_{\mathrm{m}} \tag{6.2.7}$$

电动机刚起动时（$n=0$，$s=1$），$f_2$ 最高，转子的感应电动势最大，记作 $E_{20}$。所以转子静止时的感应电动势 $E_{20}=4.44f_1N_2\Phi_{\mathrm{m}}$，转子转动时的感应电动势 $E_2=sE_{20}$。

（3）转子感抗 $X_2$

转子感抗 $X_2$ 与转子频率有关，即

$$X_2=2\pi f_2L_{\sigma2}=2\pi sf_1L_{\sigma2} \tag{6.2.8}$$

式中，$L_{\sigma2}$ 为转子绕组的漏磁电感。

转子静止时（$n=0$，$s=1$），$f_2$ 最高，$X_2$ 最大，此时 $X_{20}=2\pi f_1L_{\sigma2}$。故转子转动时 $X_2=sX_{20}$。

（4）转子电流 $I_2$

转子电流 $I_2$ 可由转子电路电压方程得出。

$$I_2=\frac{E_2}{\sqrt{R_2^2+X_2^2}}=\frac{sE_{20}}{R_2^2+(sX_{20})^2} \tag{6.2.9}$$

式中，$R_2$ 是转子每相电阻（包括该相外接电阻）。可见，转子电流也和转差率 $s$ 有关。$s=0$ 时，$I_2=0$。当 $s$ 增大，即转速降低时，旋转磁场和转子之间的转速差（$n_0-n$）增加，$I_2$ 也增大。电动机刚起动时，$s=1$，$I_2$ 最大。

（5）转子电路的功率因数 $\cos\varphi_2$

转子电路有感抗 $X_2$，$\dot{I}_2$ 比 $\dot{E}_2$ 滞后一个相位角 $\varphi_2$。转子电路的功率因数为

$$\cos\varphi_2=\frac{R_2}{\sqrt{R_2^2+X_2^2}}=\frac{R_2}{\sqrt{R_2^2+(sX_{20})^2}} \tag{6.2.10}$$

$s$ 很小时，$R_2\gg sX_{20}$，$\cos\varphi_2\approx1$。$s$ 较大时，$R_2\ll sX_{20}$，$\cos\varphi_2\propto\frac{1}{s}$。

由以上分析可得，转子电路中各物理量，如电动势、电流、频率、感抗及功率因数都与转差率 $s$ 有关，即与转速 $n$ 有关。

## 6.3　三相异步电动机的转矩与机械特性

电磁转矩是三相异步电动机的重要物理量，机械特性则反映了一台电动机的运行性能。

### 6.3.1　电磁转矩

由电磁力形成的转矩称为电磁转矩，它使转子沿着旋转磁场的转向旋转，从转轴上输出机械功率。

由三相异步电动机的转动原理可知，驱动电动机旋转的电磁转矩是由转子导条中的电流 $I_2$ 与旋转磁场每极磁通 $\Phi_m$ 相互作用而产生的。因此，电磁转矩的大小与 $I_2$ 及 $\Phi_m$ 成正比。由于只有转子电流的有功分量 $I_2\cos\varphi_2$ 与旋转磁场相互作用才能产生电磁转矩，因此异步电动机的电磁转矩与 $\cos\varphi_2$ 成正比。异步电动机的电磁转矩 $T$ 可表示为

$$T = K_T \Phi_m I_2 \cos\varphi_2 \tag{6.3.1}$$

式中，$K_T$ 是与电动机结构有关的常数。结合式（6.2.4）、式（6.2.7）、式（6.2.9）和式（6.2.10），可得电磁转矩公式

$$T = K \frac{sR_2}{R_2^2 + (sX_{20})^2} U_1^2 \tag{6.3.2}$$

式中，$K$ 为把所有常数确定后的比例常数。电磁转矩与定子每相电压 $U_1$ 的平方成正比，所以电源电压的波动将对电动机的电磁转矩产生很大的影响。

### 6.3.2　机械特性曲线

由电磁转矩公式知，当电源电压 $U_1$ 一定，且 $R_2$、$X_{20}$ 都是常数时，电磁转矩 $T$ 只随转差率 $s$ 变化。$T=f(s)$ 曲线就是电动机的转矩特性，如图 6.3.1 所示。转矩特性描述电磁转矩与转差率的关系。

在实际工作中，常用异步电动机的机械特性分析问题。异步电动机的机械特性是指转速与电磁转矩的关系，即 $n=f(T)$ 曲线。将 $T=f(s)$ 曲线中的 $s$ 坐标换成 $n$ 坐标，将 $T$ 轴平移到 $s=1(n=0)$ 处，再将曲线按顺时针方向旋转 90°，即得到如图 6.3.2 所示的机械特性曲线。

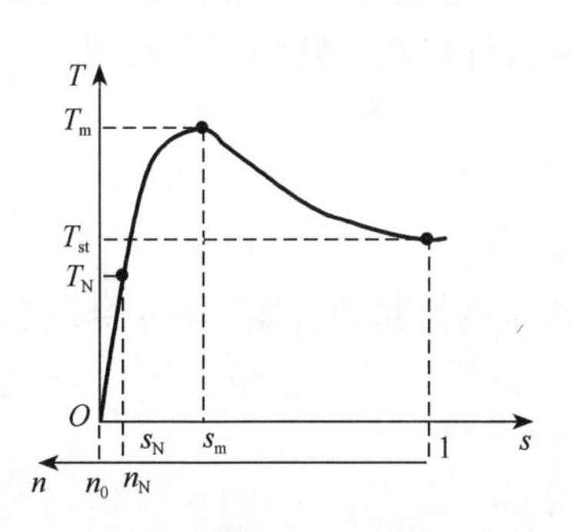

图 6.3.1　三相异步电动机的转矩特性

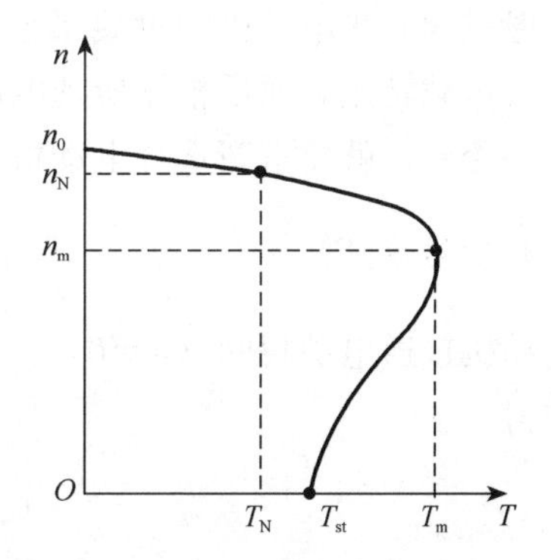

图 6.3.2　三相异步电动机的机械特性

转矩特性和机械特性也统称为机械特性。

1. 额定转矩 $T_N$

电动机的额定转矩是电动机带额定负载时输出的电磁转矩。电动机在等速转动时，电磁转矩 $T$ 必须与负载转矩 $T_2$ 及空载转矩 $T_0$ 相平衡，由机械原理可得

$$T = T_2 + T_0 \tag{6.3.3}$$

由于空载转矩 $T_0$ 很小，常可不计，因此

$$T \approx T_2 = \frac{P_2}{\frac{2\pi n}{60}} \tag{6.3.4}$$

式中，$P_2$ 是电动机轴上输出的机械功率，单位是瓦（W），电动机转速的单位是转每分（r/min），转矩的单位是牛米（N · m）。功率如用千瓦（kW）作单位，则有

$$T = 9550\frac{P_2}{n} \tag{6.3.5}$$

当 $P_2$ 为电动机输出的额定功率 $P_{2N}$，$n$ 为额定转速 $n_N$ 时，由式（6.3.4）计算出的转矩就是电动机的额定转矩 $T_N$。电动机的额定功率和额定转速可从其铭牌上查出。

2. 最大转矩 $T_m$

电动机输出转矩的最大值称为最大转矩 $T_m$（或临界转矩）。$T_m$ 所对应的转差率和转速称为临界转差率 $s_m$ 和临界转速 $n_m$。

$T_m$ 反映了电动机过载能力的极限。负载转矩超过最大转矩时，电动机就带不动负载了，发生了堵转（闷车）现象。闷车后电动机的电流迅速升高到额定电流的 6～7 倍，电动机会严重过热以致烧坏。为避免电动机出现过热情况，不允许电动机在过载情况下长期运行。

电动机最大负载转矩可以接近最大转矩。如果过载时间较短，电动机不至于马上过热，是允许的。因此，最大转矩也表示电动机允许短时过载的能力。通常用过载系数 $\lambda$ 表示电动机的过载能力，定义为 $T_m$ 与 $T_N$ 之比，即

$$\lambda = \frac{T_m}{T_N} \tag{6.3.6}$$

一般三相异步电动机的过载系数为 1.8～2.2。在选用电动机时，必须考虑可能出现的最大负载转矩，而后根据所选电动机的过载系数算出最大转矩，它必须大于最大负载转矩。否则，就要重新选择电动机。

3. 起动转矩 $T_{st}$

电动机接通电源瞬间（$n=0$，$s=1$）的电磁转矩称为起动转矩。将 $s=1$ 代入 $T$ 的公式中得

$$T_{st} = K\frac{R_2 U_1^2}{R_2^2 + X_{20}^2} \tag{6.3.7}$$

可见起动转矩 $T_{st}$ 与 $U_1$、$R_2$、$X_{20}$ 有关，当电源电压降低时，起动转矩明显降低。

电动机的起动转矩必须大于静止时其轴上的负载转矩才能起动。通常用 $T_{st}$ 与 $T_N$ 之比表示异步电动机的起动能力，用 $K_{st}$ 表示，即

$$K_{st}=\frac{T_{st}}{T_N} \tag{6.3.8}$$

一般三相异步电动机的 $K_{st}$ 为 0.8～2。

## 6.4 三相异步电动机的使用

要想正确地使用电动机，必须首先了解电动机的铭牌数据。不当的使用会使电动机的能力得不到充分的发挥，甚至损坏电动机。

### 6.4.1 三相异步电动机的铭牌数据

要正确地使用电动机，必须先了解电动机的技术数据。获得一台电动机的额定数据主要有两种途径：通过电动机的铭牌或查电动机的使用手册。下面以某异步电动机铭牌（见图 6.4.1）为例，说明铭牌上各数据的意义。

三相异步电动机

| 型号 | Y132S-6 | 功　率 | 3kW | 频　率 | 50Hz |
|---|---|---|---|---|---|
| 电压 | 380V | 电　流 | 15.4A | 接　法 | Y |
| 转速 | 960r/min | 功率因数 | 0.76 | 绝缘等级 | B |

年　月　编号　　×××电机厂

图 6.4.1 电动机的铭牌示例

1. 型号

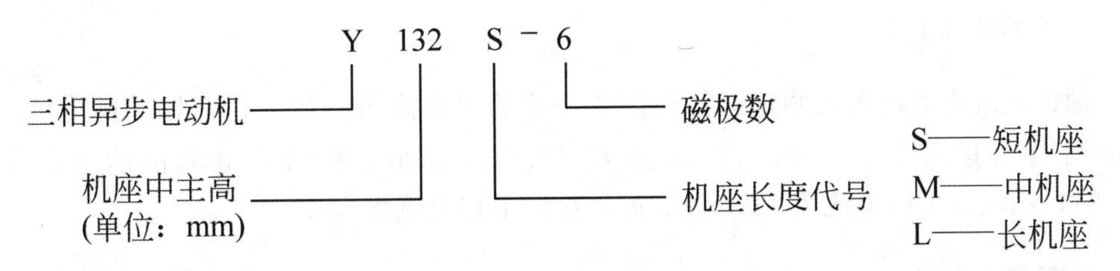


电动机的型号是表示电动机的类型、用途和技术特征的代号。用大写拼音字母和阿拉伯数字组成，各有一定含义。表 6.4.1 列出部分国产异步电动机产品名称代号。

**表 6.4.1 部分国产异步电动机产品名称代号**

| 产品名称 | 新代号 | 汉字意义 | 老代号 |
|---|---|---|---|
| 笼型异步电动机 | Y，Y-L | 异 | J，JO |
| 绕线型异步电动机 | YR | 异绕 | JR，JRO |
| 防爆型异步电动机 | YB | 异爆 | JB，JBS |
| 多速异步电动机 | YD | 异多 | JD，JDO |
| 高起动转矩异步电动机 | YQ | 异起 | JQ，JQO |

表 6.4.1 中 Y、Y-L 系列笼型异步电动机是新产品。Y 系列定子绕组是铜线，Y-L 系列定子绕组是铝线。

2. 额定功率 $P_N$ 与效率 $\eta$

铭牌上的功率是指电动机的额定功率。额定功率是电动机在额定运行状态下，其轴上输出的机械功率，也用 $P_{2N}$ 表示。

电动机输出功率 $P_{2N}$ 与电源输入的功率 $P_{1N}$ 不相等，其差值（$P_{1N}-P_{2N}$）为电动机的损耗，所以电动机的效率为

$$\eta=\frac{P_{2N}}{P_{1N}} \tag{6.4.1}$$

对电源来说电动机为三相对称负载，由电源输入的功率为 $P_{1N}=\sqrt{3}U_N I_N\cos\varphi$，式中的 $\cos\varphi$ 是定子的功率因数。笼型异步电动机在空载或轻载时的 $\cos\varphi$ 很低，为 0.2～0.3。随着负载的增加 $\cos\varphi$ 迅速升高，额定运行时效率为 72%～93%。为了提高电路的功率因数，要尽量避免电动机轻载或空载运行。

3. 额定电压 $U_N$

额定电压指电动机在额定运行时定子绕组上应加的线电压值。它与定子绕组的规定接法有对应关系。例如，铭牌上标示的“电压”和“接法”为“380/220V”和“Y/△”是指电源线电压为 380V 时采用Y联结，电源线电压为 220V 时采用△联结。

一般规定，电动机的运行电压不能高于或低于额定值的 5%。因为在电动机满载或接近满载情况下运行时，电压过高或过低都会使电动机的电流大于额定值，从而使电动机过热。

4. 额定电流 $I_N$

额定电流指电动机在额定运行时定子绕组的线电流值。对于Y/△联结的电机，对应的线电流有两个。例如，Y/△，6.73/11.64A 表示Y联结下电动机的线电流为 6.73A，△联结下线电流为 11.64A，两种接法下相电流均为 6.73A。

5. 额定频率 $f_N$

铭牌上的频率是指定子绕组所加的电源频率。我国工业用电的标准频率为 50Hz。

6. 功率因数 $\cos\varphi_N$

铭牌上的功率因数是指三相异步电动机在额定运行时的功率因数。电动机在额定负载时功率因数为 0.7～0.9。空载时功率因数很低，只有 0.2～0.3。

7. 额定转速 $n_N$

额定转速指电动机在额定电压、额定负载下运行时的转速。

8. 绝缘等级

绝缘等级指电动机绝缘材料能够承受的极限温度等级，分为 A、E、B、F、H 五级。常用绝缘材料的等级及其最高允许温度列于表 6.4.2。

**表 6.4.2 常用绝缘材料的等级及其最高允许温度**

| 绝缘等级 | A | E | B | F | H |
|---|---|---|---|---|---|
| 最高允许温度/℃ | 105 | 120 | 130 | 155 | 180 |

一般电动机采用 E 级绝缘，允许最高温度为 120℃。

**【例 6.4.1】** Y225-4 型三相异步电动机的技术数据为：$U_{1N}=380V$，电源频率 $f_1=50Hz$，三角形接法，定子输入功率 $P_{1N}=48.75kW$，定子电流 $I_{1N}=84.2A$、转差率 $s_N=0.013$，轴上输出转矩 $T_N=290.4N \cdot m$。试求：

1）电动机的转速 $n$；

2）轴上输出的机械功率 $P_{2N}$；

3）功率因数 $\cos\varphi_N$；

4）效率 $\eta_N$。

**解：**

1）从电动机的技术数据可知此电动机为 4 极电动机，磁极对数为 $p=2$，由

$$s=\frac{n_0-n}{n_0}$$

得
$$n=n_0(1-s)=1500\times(1-0.013)=1480(r/min)$$

2）由 $T_N=9550\times\frac{P_{2N}}{n_N}$ 可计算出轴上输出的机械功率：

$$P_{2N}=\frac{T_N n_N}{9550}=\frac{290.4\times1480}{9550}=45(kW)$$

3）由
$$P_{1N}=\sqrt{3}U_L I_L\cos\varphi_N$$

得
$$\cos\varphi_N=\frac{P_{1N}}{\sqrt{3}U_L I_L}=\frac{48.75\times10^3}{\sqrt{3}\times380\times84.2}=0.88$$

4）效率为
$$\eta_N=\frac{P_{2N}}{P_{1N}}=\frac{45}{48.75}=0.923$$

### 6.4.2 三相异步电动机的起动

电动机接通电源开始旋转后转速不断上升直至达到稳定转速，这一过程称为起动。电动机起动性能的优劣，主要表现为起动电流 $I_{st}$ 和起动转矩 $T_{st}$ 的大小。

在电动机接通电源的瞬间，转子尚未转动（$n=0$，$s=1$），旋转磁场以最大的相对速度切割转子绕组，转子绕组中的感应电动势和转子电流都很大。类似于变压器的工作原理，此时定子绕组中的电流相应增大，即起动电流 $I_{st}$ 很大。一般中小型笼型电动机定子起动电流（指线电流）是额定电流的 5～7 倍。

三相异步电动机的起动电流虽然很大，但起动时间很短，而且随着电动机转速的上

升电流迅速减小，故对于容量不大且不频繁起动的电动机，从发热角度考虑影响不大。但是，电动机的起动电流大对线路是有影响的。过大的起动电流会产生较大的线路压降，直接影响接在同一线路上的其他负载的正常工作。例如，使附近的照明灯变暗，使运行中的电动机转速下降甚至停转等。

起动时，转子电流频率高，转子感抗大，转子功率因数很低，因而起动时虽然电流很大，但转矩并不大。

总之，异步电功机起动时存在起动电流大、功率因数低、电磁转矩小的问题，必须采用适当的起动方法解决。

笼型电动机的起动有直接起动和降压起动两种。绕线型电动机可通过外接可变电阻适当增大转子电路电阻，达到提高起动转矩、减小起动电流的目的。

### 1. 直接起动

直接起动就是起动时直接给电动机三相定子绕组加上额定电压，这种起动方式又称全压起动。这种方法简单可靠，起动迅速，不需要专用的起动设备（如图 6.4.2 所示），是小功率异步电动机常采用的起动方法。直接起动时的起动电流较大，因而只有在电网允许的情况下（即起动电流造成电网压降较小，对电网其他设备影响不大），电动机方可采用直接起动的方法。

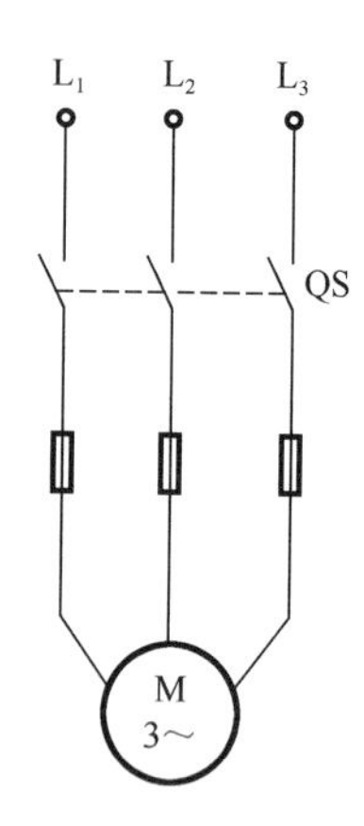

图 6.4.2　电动机的直接起动

一般规定，用户如有独立的电力变压器，则在电动机频繁起动时，电动机容量小于变压器容量的 20%时允许直接起动；如果电动机不频繁起动，其容量小于变压器容量的 30%时允许直接起动。用户如无独立变压器（与照明共用），电动机直接起动时所引起的电源电压下降不应超过 5%。一般来说，30kW 以下的三相笼型电动机允许直接起动。

### 2. 降压启动

如果电动机的容量较大，不满足直接起动条件，则必须采用降压起动。降压起动就是利用起动设备降低电源电压后，加在电动机定子绕组上以减小起动电流，待转速上升到接近额定转速时，再恢复到全压运行。笼型电动机降压起动常用以下两种方法。

（1）星形-三角形（Y-△）换接起动

如果电动机在正常运行时其定子绕组接成三角形，那么在起动时可把它接成星形，等到转速接近额定转速时再换接成三角形。这样，在起动时就把定子每相绕组上的电压降低到正常运行时的 $1/\sqrt{3}$，其起动电流将大大减小。图 6.4.3 分别为Y-△换接起动的原理图和接线图。在图 6.4.3（a）中，当开关 Q 合向“Y起动”位置时，电动机定子绕组接成星形，开始降压起动。待电动机转速增加到接近额定值时，再将 Q 合向“△运行”位置，电动机定子绕组接成三角形，电动机进入全压正常运行。Y-△换接起动常采用星形-三角形起动器实现，其接线图如图 6.4.3（b）所示。

设每相定子绕组的阻抗为 $Z$，电源线电压为 $U_1$，三角形联结时的线电流为 $I_{st\triangle}=$

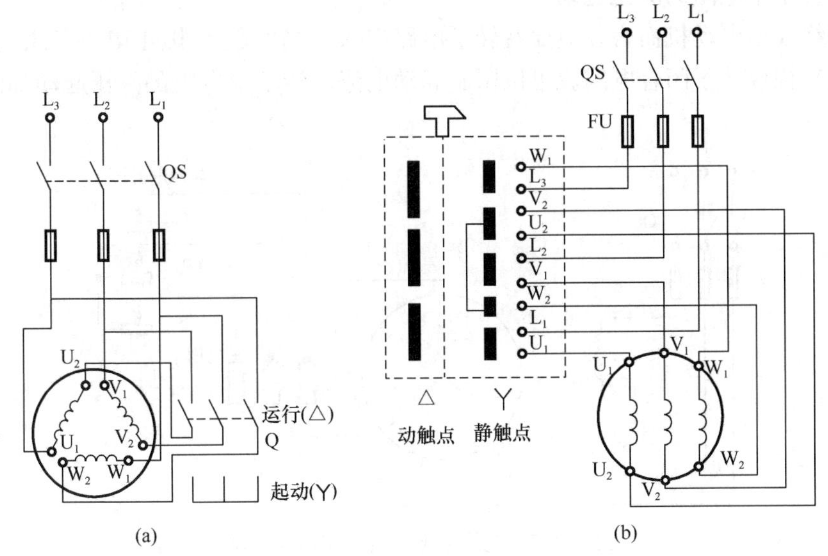


图 6.4.3 Y-△换接起动

$\sqrt{3}\dfrac{U_1}{|Z|}$，星形联结时的线电流为 $I_{stY}=\dfrac{U_1/\sqrt{3}}{|Z|}$，所以$\dfrac{I_{stY}}{I_{st\triangle}}=\dfrac{1}{3}$。可见，用Y-△换接起动时的电流只是三角形起动的 1/3，限制了起动电流。当然，由于电磁转矩与定子绕组电压的平方成正比，所以用Y-△换接起动时的起动转矩也减小为直接起动时的 1/3，即 $T_{stY}=\dfrac{1}{3}T_{st\triangle}$。Y-△换接起动适合于空载或轻载起动的场合。

（2）自耦降压起动

自耦降压起动就是利用自耦变压器将电压降低后加到电动机定子绕组上，当电动机转速接近额定转速时，再加额定电压的降压起动方法，其接线图如图 6.4.4 所示。

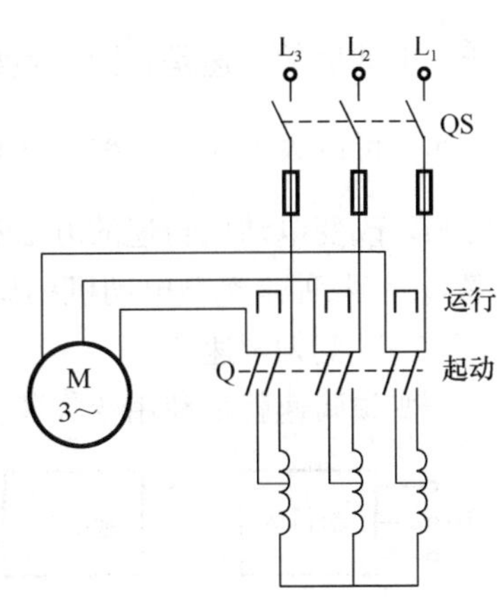


图 6.4.4 自耦降压起动

起动时把 Q 扳到“起动”位置，使三相交流电源经自耦变压器降压后接在电动机的定子绕组上，这时电动机定子绕组得到的电压低于电源电压，因而减小了起动电流，待电动机转速接近额定转速时，再把 Q 从“起动”位置迅速扳到“运行”位置，切除自耦变压器，让定子绕组得到全压。

自耦降压起动时，电动机定子绕组电压降为直接起动时的 $1/K$（$K$ 为变压比），定子电流也降为直接起动时的 $1/K$，而电磁转矩与外加电压的平方成正比，故起动转矩为直接起动时的 $1/K^2$。因此该方法适用于空载或轻载起动。

起动用的自耦变压器专用设备称为补偿器，它通常有几个抽头，可输出不同的电压供用户选用，如电源电压的 80%、60%、40%等。一般补偿器适用于容量较大或正常运行时采用星形联结的笼型异步电动机。

（3）转子串电阻的降压起动

对于绕线型电动机而言，只要在转子电路串入适当的起动电阻 $R_{st}$（三相电阻采用星形联结）构成转子闭合电路就可以限制起动电流。转子串电阻的降压起动如图 6.4.5 所示。

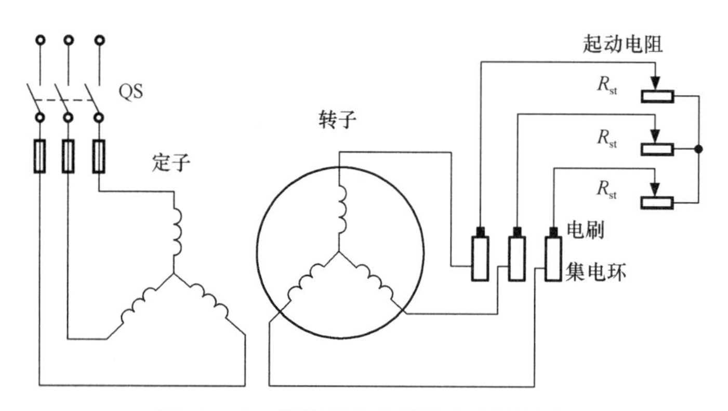


图 6.4.5　绕线型电动机的串电阻起动

绕线型异步电动机起动时，先将转子电路起动变阻器的电阻调到最大值，然后合上电源开关，三相定子绕组加入额定电压，转子便开始转动。随着转速的上升可逐步减小变阻器的电阻，直至接近额定转速值时，外接变阻器被全部从转子电路中切除，转子绕组被短接。绕线型异步电动机起动性能好，适用于起动次数频繁，需要大起动转矩的生产机械。卷扬机、锻压机、起重机及转炉等设备中的电动机起动常用串电阻降压起动。

### 6.4.3　三相异步电动机的调速

电动机的调速是在同一负载下得到不同的转速，以满足生产过程的要求。采用电气调速，可以大大简化机械变速机构。由电动机的转速公式 $n=(1-s)\ n_0=(1-s)\ \dfrac{60f_1}{p}$ 可知，改变电动机转速的方法有三种，即改变电源频率 $f_1$、改变极对数 $p$ 和改变转差率 $s$。前两种是笼型电动机的调速方法，后一种是绕线型电动机的调速方法。

（1）变频调速

变频调速就是利用变频装置改变交流电源的频率来实现调速。变频装置主要由整流器和逆变器两部分组成，如图 6.4.6 所示。整流器先将频率为 $f=50\text{Hz}$ 的三相交流电变为直流电，再由逆变器将直流电变为频率 $f_1$、电压 $U_1$ 都可调的三相交流电，供给电动机。当改变频率 $f_1$ 时，即可改变电动机的转速。

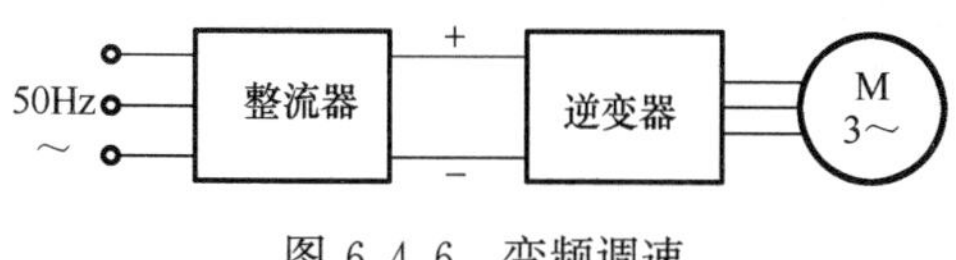


图 6.4.6　变频调速

变频调速可使笼型异步电动机在较宽的范围内实现平滑的无级调速，其频率调节范围一般在 0.5 至几百赫兹，而且调速性能优异，正得到越来越广泛的应用。

（2）变极调速

变极调速是通过改变电动机旋转磁场的极对数 $p$，即改变电动机定子绕组的接线，改变电动机的转速。如图 6.4.7 所示。

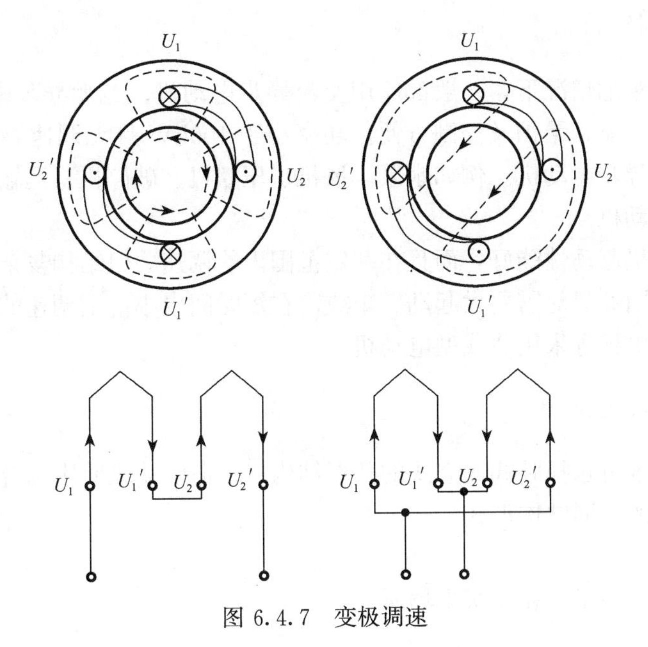

图 6.4.7 变极调速

改变定子绕组的接法只能使极对数成对的变化，因此这种调速方法是有级调速。这种可改变极对数的笼型异步电动机称为多速电动机。

(3) 变转差率调速

改变转差率调速是在不改变同步转速 $n_0$ 条件下的调速，这种调速只适用于绕线型电动机，是通过在转子电路中串入调速电阻（和串入电阻起动电阻相同）来实现调速的。这种调速方法的优点是设备简单、投资少。但由于调速电阻的接入使能量损耗较大，故只能用于调速时间不长、调速范围要求较小的起重设备中。

### 6.4.4 三相异步电动机的选择

三相异步电动机应用十分广泛，选择电动机应以实用、经济、安全为原则，根据生产机械的需要，正确选择容量、类型和外形结构。

1. 功率的选择

选择电动机时首先要合理确定电动机的功率（容量）。若电动机功率选得过小，电动机容易因过载而过早损坏；电动机功率选得过大，则会使设备费用增加，加之电动机在轻载下运行时，其效率、功率因数较低，也很不经济。因而电动机的功率大小是由生产机械决定的。

对于连续运行的电动机，所选电动机的额定功率应等于或略大于生产机械的功率。对于短时工作的电动机，允许在运行中有短暂的过载，故所选电动机的额定功率可等于或略小于生产机械的功率。当电动机功率选择好后，应对其两个能力进行校验：一是起动能力的校验，即电动机的起动转矩 $T_{st}$ 应大于负载起动时的转矩；二是过载能力校验，即电动机的最大转矩 $T_m$ 应大于负载运行过程中可能出现的最大冲力矩。

2. 类型的选择

在无特殊要求的情况下，一般都应用交流异步电动机。笼型异步电动机构造简单、价格便宜、运行可靠、维护及控制方便。功率小于 100kW 且无调速要求的生产机械应尽可能选用笼型异步电动机。例如水泵、风机、压缩机、破碎机、运输机、传送带等都采用笼型异步电动机。

绕线型电动机起动性能好，而且在一定范围内能调速，但结构复杂，维护使用不方便，价格较贵，因此只对需要大起动转矩或需在短时间内小范围调速的生产机械，如起重机、卷扬机、电梯等采用绕线型电动机。

3. 外形结构的选择

根据安装要求可选择卧式或立式的外形结构；根据电动机使用场合（工作环境）不同，选择电动机的不同结构形式。

（1）开启式

通风散热好，用于干燥无灰尘场所。

（2）防护式

有通风孔，可防止砂石从上面掉入电动机内，但不能防尘，适用于干燥、灰土较少的场所。

（3）封闭式

外壳严密封闭，能防止潮气和尘土浸入，在灰尘多、潮湿或含有酸性气体场合使用，工程上常采用封闭式电动机。

（4）防爆式

接线盒、外壳是完全密封的，适用于有爆炸气体的场所。

4. 额定电压和转速的选择

电动机的额定电压应根据电动机功率大小和使用地点的电源电压决定。100kW 以下的应选用额定电压为 380V/220V 的异步电动机，大于 100kW 的大功率异步电动机可以根据当地电源电压考虑采用 3000V 或 6000V 高压电动机。

电动机的额定转速应尽可能接近生产机械的转速，以简化传动机构。通常转速不低于 500r/min。功率相同的异步电动机转速越高，因其极对数少、体积小，价格越便宜。有时选低速电动机还不如购买一台高速电动机，再另配减速器合算。因此从经济、技术比较考虑，一般极对数 $p=2$，同步转速 $n_0=1500\text{r/min}$ 的异步电动机应用较多。

**【例 6.4.2】** 某三相异步电动机铭牌给出的额定数据为：$P_{2N}=13\text{kW}$，$U_{1N}=380\text{V}$，三角形联结，额定转速 $n_N=1460\text{r/min}$，$\cos\varphi_N=0.88$，$\eta_N=0.88$，$T_{st}/T_N=1.3$，$I_{st}/I_N=7.0$，$T_m/T_N=2.0$。试求：

1）电动机定子绕组的额定电流 $I_{1N}$；

2）电动机直接起动电流 $I_{st\triangle}$ 和Y-△换接起动电流 $I_{stY}$；

3）电动机的额定转矩 $T_N$、起动转矩 $T_{st}$ 和最大转矩 $T_m$；

4）若负载转矩 $T_L=0.6T_N$，电动机能否采用Y-△换接起动?

5）如果 $T_L=T_N$，在电动机运行中电源电压降到额定值的70%，电动机能否带动负载?

**解**：1）$I_{1N}=\dfrac{R_{2N}}{\sqrt{3}U_{1N}\cos\phi_N\eta_N}=\dfrac{13\times10^3}{\sqrt{3}\times380\times0.88\times0.88}=25.5(A)$

2）直接起动电流　　$I_{st\triangle}=7I_{1N}=7\times25.5=178.5(A)$

Y-△换接起动电流　　$I_{stY}=\dfrac{1}{3}I_{st\triangle}=\dfrac{1}{3}\times196.5=59.5(A)$

3）
$$T_N=9550\frac{P_{2N}(kW)}{n_N(r/min)}=9550\times\frac{13}{1460}\approx85.0(N\cdot m)$$
$$T_{st}=1.3T_N=1.3\times85.0\approx110.5(N\cdot m)$$
$$T_m=2.0T_N=2.0\times85.0\approx170.0(N\cdot m)$$

4）
$$T_L=0.6T_N\approx51(N\cdot m)$$
$$T_{stY}=\frac{1}{3}T_{st\triangle}=\frac{1}{3}\times110.5=36.8(N\cdot m)$$

因为 $T_{stY}<T_L$，所以不能采用Y-△换接起动。

5）电动机在运行过程中能否拖动负载，可以由其最大转矩是否大于负载转矩判断。当电源电压降到其额定值的70%时，即 $U_1'=0.7U_{1N}$ 时，根据转矩公式，可得$\dfrac{T_m'}{T_m}=\dfrac{U_1'^2}{U_{1N}^2}$，于是，$T_m'=\dfrac{U_1'^2}{U_{1N}^2}T_m=0.49T_m=0.98T_N<T_L$，所以电动机不能带动负载。

电动机因拖不动负载而发生了停车（也称堵转或闷车），电动机定子的电流迅速升高，时间长了电动机会严重过热而烧坏。所以电动机应有失压保护，在电源电压低于一定值时立即断开电源。

## 6.5　单相异步电动机

使用单相交流电源的异步电动机称为单相异步电动机。它的功率一般在750W以下，常用于功率不大的电动工具、电风扇、搅拌机及其他家用电器等方面。

单相异步电动机定子有一个或两个绕相，转子是笼型的。

### 6.5.1　转动原理

单相正弦交流电通入单相定子绕组后，产生一个振幅随时间作正弦变化的脉动磁场。即这个磁场在空间的位置并不移动，只是磁场的大小和方向随时间按正弦规律变化，每一瞬时定子、转子之间的空气隙中各点的磁感应强度按正弦规律分布。

脉动磁场可分解为两个幅值相等（各等于原磁场磁通的1/2）、转速相同（$n_0=n$）、

转向相反的旋转磁场。其中与转子转速方向相同的称为正向旋转磁场，用 $\Phi_+$ 表示，与转子旋转方向相反的称为逆向旋转磁场，用 $\Phi_-$ 表示，如图 6.5.1 所示。

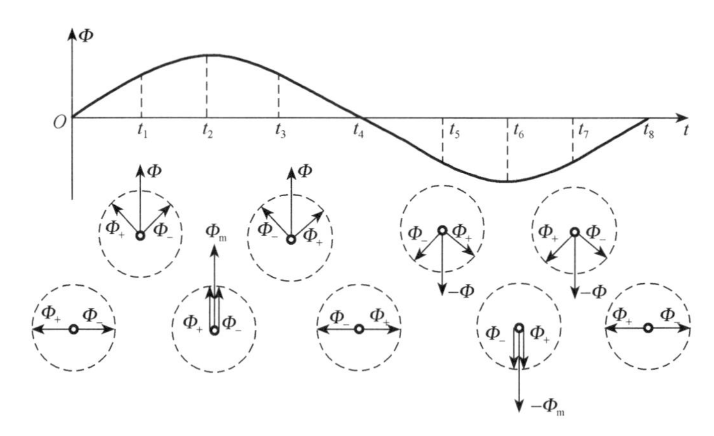


图 6.5.1　脉动磁场

由图 6.5.1 可见，在任何瞬时，合成磁通 $\Phi$ 都等于正向和逆向两磁场的合成磁场，单相异步电动机的电磁转矩是由这两个旋转磁场所产生的电磁转矩 $T_+$ 和 $T_-$ 合成的结果。当电动机静止时，$T_+$ 和 $T_-$ 大小相等、方向相反、相互抵消，因而合成转矩 $T=0$，所以单相异步电动机没有起动转矩，不能自行起动。当电动机起动后，因合成转矩 $T>0$，则单相异步电动机将继续沿着初始方向转动下去。

要使单相异步电动机转动的关键是要产生一个起动转矩，不同类型的单相异步电动机产生起动转矩的方法不同，常采用电容分相和罩极两种方法。它们都采用笼型转子，但定子结构不同。

### 6.5.2　单相异步电动机的类型

1. 电容分相式单相异步电动机

电容分相式单相异步电动机的定子中放置有两个绕组，一个是工作绕组 AA′，另一个是起动绕组 BB′，两个绕组在空间相隔 90°，如图 6.5.2 所示。起动时，BB′绕组与电容 $C$ 串联后，再与工作绕组并联接电源。

工作绕组为感性电路，其电流 $i_A$ 滞后于电源电压 $u$ 一个角度。当选取适当的电容 $C$ 时，可使起动绕组为一容性电路，电流 $i_B$ 超前于电源电压 $u$ 一个角度。可见，适当选择电容器的容量后，使两绕组中的电流 $i_A$、$i_B$ 相位差为 90°，即形成相位差为 90°的两相电流，如图 6.5.3 所示。

参照三相异步电动机旋转磁场形成的分析方法，可以用图 6.5.4 来说明电容分相式单相异步电动机旋转磁场的形成。图 6.5.4 分别给出 $\omega t=0°$，$\omega t=45°$和 $\omega t=90°$三种情况下单相异步电动机的旋转磁场。可见，两相电流所产生的合成磁场也是在空间的旋转。电流的电角度变化了 90°，旋转磁场在空间也转过 90°。在旋转磁场作用下，转子得到起动转矩而转动。

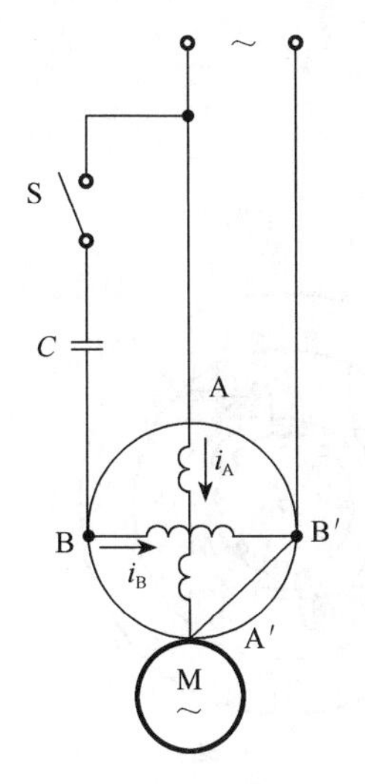


图 6.5.2 电容分相式单相异步电动机

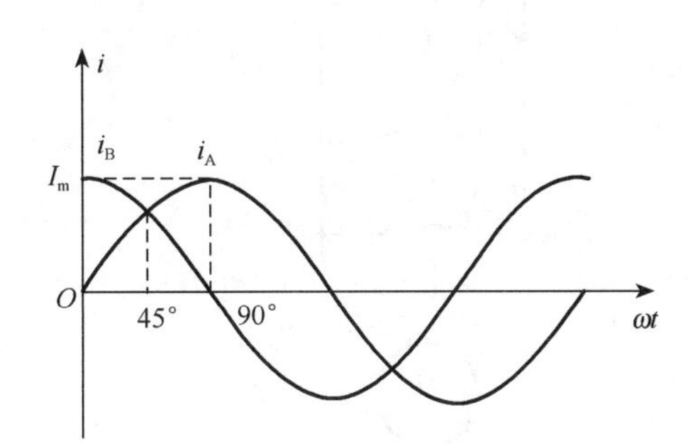


图 6.5.3 两相电流

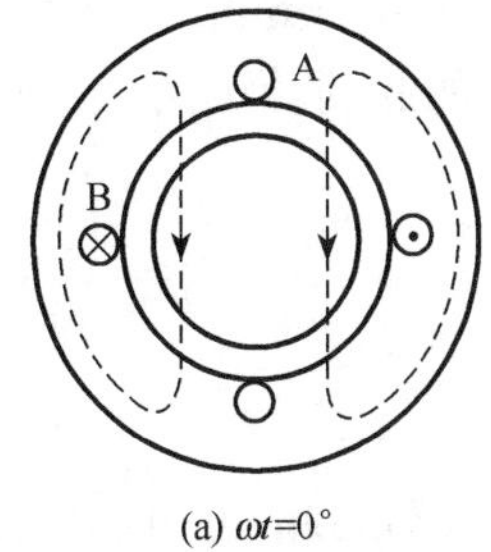


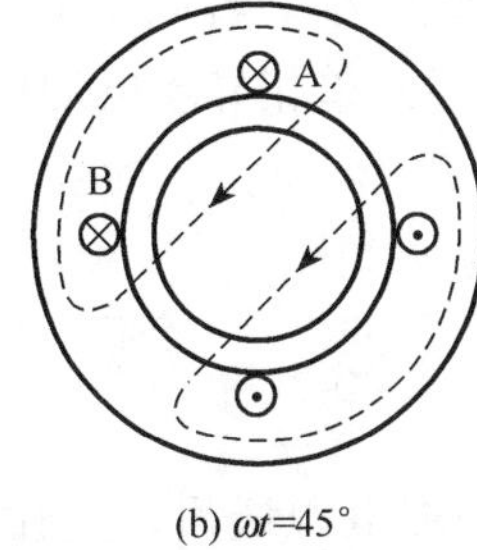


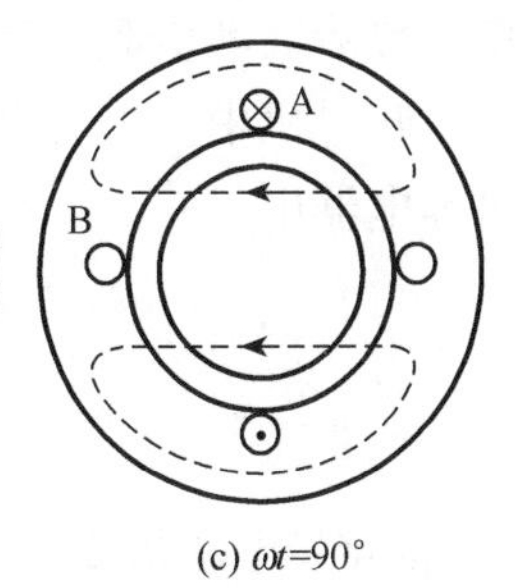


图 6.5.4 两相旋转磁场

单相异步电动机起动后，起动绕组可以留在电路中，也可以在转速上升到一定数值后利用离心开关将其断开。转子一旦转起来，转子导条与磁场间就有了相对运动，转子导条中的感应电流和电动机的电磁转矩就能持续存在，所以起动绕组断开后，电动机仍能继续运转。

单相异步电动机可以正转，也可以反转。图 6.5.5 是既可正转又可反转的单相异步电动机的电路图。图中，利用一个转换开关S使工作绕组与起动绕组实现互换使用，以对电动机进行正转和反转的控制。例如，当S合向1时，BB′为起动绕组，AA′为工作绕组，电动机正转；当S合向2时，AA′为起动绕组，BB′为工作绕组，电动机反转。

2.罩极式单相异步电动机

罩极式单相异步电动机的结构图如图 6.5.6 所示，其定子做成凸极形式，上面绕有单相绕组，在磁极的 1/3 部分套一铜制短路环。

当电流 $i$ 流过定子绕组时，由于定子磁极中穿过短路环的磁通与不穿过短路环的磁通不仅在空间相差一定角度，而且在时间上有相位差（因为短路环中感应电流的阻碍作用)，这两个磁通形成一个由磁极未罩部分向被罩部分（短路环）方向移动的移动磁场，使转子产生起动转矩。

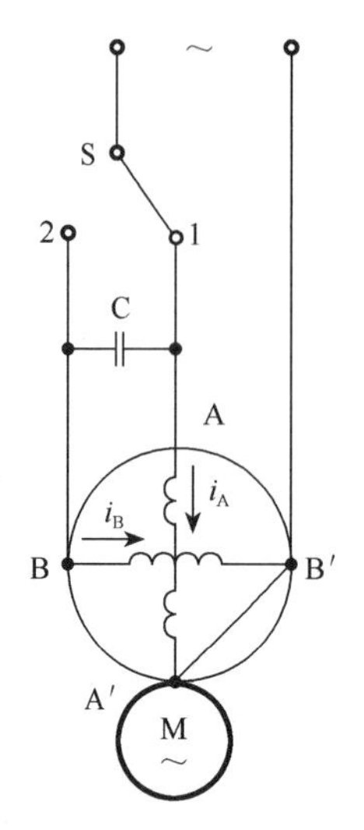


图 6.5.5　可以正反转的单相异步电动机

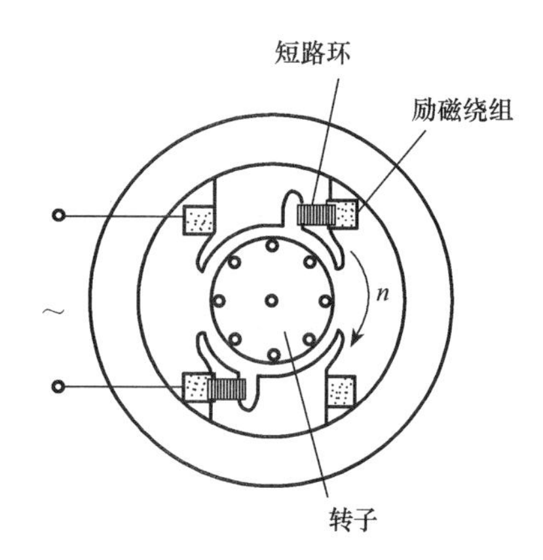


图 6.5.6　罩极式单相异步电动机结构图

罩极式单相异步电动机起动转矩较小，转向不能改变，只适用于空载起动的设备，常用于电风扇、吹风机中。电容分相式单相异步电动机的起动转矩大，转向可改变，故常用于洗衣机等电器中。

# 习　　题

6.2.1　三相异步电动机断了一根电源线后，为什么不能起动？而在运行时断了一根线，为什么能继续转动？这两种情况对电动机有何影响？

6.2.2　一台三相异步电动机，旋转磁场转速 $n_0=1500\text{r/min}$，这台电动机是几极的？在电动机转子转速 $n=0\text{r/min}$ 时和 $n=1460\text{r/min}$ 时，该电动机的转差率 $s$ 分别是多少？

6.2.3　有一台六极三相异步电动机，在 $f=50\text{Hz}$ 的电源上带额定负载运行，其转差率为 0.02，求定子磁场的转速和频率以及转子磁场的频率和转速。

6.2.4　一台四极三相异步电动机，电源频率 $f_1=50\text{Hz}$，额定转速 $n_N=1440\text{r/min}$，计算电动机在额定转速下的转差率 $s_N$ 和转子电流频率 $f_2$。

6.3.1　一台三相异步电动机，额定功率 $P_N=10\text{kW}$，额定转速 $n_N=1450\text{r/min}$，起动能力 $T_{st}/T_N=1.2$，过载系数 $\lambda=1.8$。求：

（1）该电动机的额定转矩；

（2）该电动机的起动转矩；

（3）该电动机的最大转矩。

6.4.1　一台三相异步电动机 $p=3$，额定转速 $n_N=960\text{r/min}$。转子电阻 $R_2=0.02\Omega$，$X_{20}=0.08\Omega$，转子电动势 $E_{20}=20\text{V}$，电源频率 $f_1=50\text{Hz}$。求该电动机在起动时和额定转速下的转子电流 $I_2$。

6.4.2　一台 Y225M-4 型三相异步电动机，定子绕组为△联结，其额定数据为：

$P_{2N}=45\text{kW}$，$n_N=1480\text{r/min}$，$U_{1N}=380\text{V}$，$\eta_N=92.3\%$，$\cos\varphi_N=0.88$，$I_{st}/I_N=7.0$，$T_{st}/T_N=1.9$，$T_m/T_N=2.2$。试求：

（1）额定电流 $I_N$；

（2）额定转差率 $s_N$；

（3）额定转矩 $T_N$，最大转矩 $T_m$ 和起动转矩 $T_{st}$。

6.4.3 一台三相异步电动机，△联结，额定功率 $P_N=10\text{kW}$，额定电压 $U_N=380\text{V}$，功率因数 $\cos\varphi_N=0.87$，额定电流 $I_N=34.6\text{A}$，电源频率 $f_1=50\text{Hz}$，额定转速 $n_N=1450\text{r/min}$。试求：

（1）电动机的极对数 $p$ 和同步转速 $n_0$；

（2）电动机能采用Y-△起动吗？若 $I_{st}/I_N=6.5$，Y-△起动时起动电流多大？

（3）电动机在额定输出时的输入功率 $P_{1N}$ 和效率 $\eta_N$。

# 第 7 章　电气自动控制

应用电动机拖动生产机械，称为电力拖动。应用电力拖动是实现生产过程自动化控制的一个重要前提。为了使电动机按照生产机械的要求运转，必须用一定的控制电器组成控制电路，对电动机进行控制。目前国内外普遍采用由接触器、继电器、按钮开关等有触点电器组成的控制电路，对电动机进行起动、停止、正反转制动以及行程、时间、顺序等控制，称为继电接触器控制，这是一种基本的控制方法。如果再配合其他无触点控制电器、控制电机、电子电路以及可编程序控制器等，则可构成生产机械的现代化自动控制系统。本章主要讨论三相异步电动机的继电接触控制电路。

## 7.1　常用低压控制电器

低压控制电器种类繁多，按动作性质可分为手动电器和自动电器两类。手动电器必须由人工操纵，如闸刀开关、组合开关、按钮等。自动电器是随某些电信号（如电压、电流等）或某些物理量的变化而自动动作的，如继电器、接触器、行程开关等。控制电器还有实现保护功能的保护电器，如熔断器、热继电器等。本节只介绍部分常用的控制电器。

### 7.1.1　闸刀开关

闸刀开关是结构最简单的一种手动电器，它由刀座、手柄、触刀、瓷底（绝缘底板）组成。在低压电路中，用于不频繁接通和分断电路，或用来将电路与电源隔离，因此闸刀开关又称为“隔离开关”。按极数不同，闸刀开关分为单极（单刀）、双极（双刀）和三极（三刀）三种，每种又有单投和双投之别。它的结构和电路图中的符号如图 7.1.1 所示。

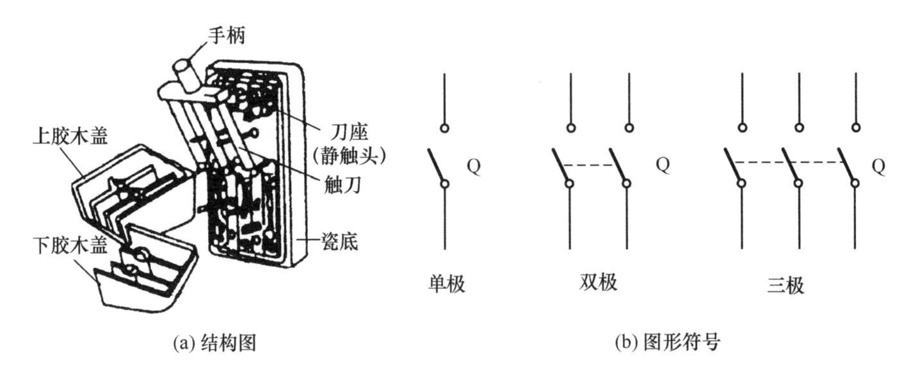


(a) 结构图　　(b) 图形符号

图 7.1.1　闸刀开关

用闸刀开关分断感性电路时，在触刀和静触头之间可能产生电弧。较大的电弧会把触刀和触头灼伤或烧熔，甚至使电源相间短路而造成火灾和人身事故，所以大电流的闸刀开关应设有灭弧罩（胶木盖）。

安装闸刀开关时，应把电源进线接在静触头上，负载接在可动的触刀一侧。这样，当断开电源时触刀就不会带电。闸刀开关一般垂直安装在开关板上，静触头应在上方。

### 7.1.2　组合开关

组合开关又称转换开关，是一种多触点、多位置式可以控制多个回路的控制电器。图 7.1.2（a）是一种组合开关的结构示意图。它有多对静触片分别装在各层绝缘垫板上，静触片与外部的连接是通过接线端子实现的。各层的动触片套在装有手柄的绝缘转动轴上，而且不同层的动触片可以互相错开任意一个角度。转动手柄时，各动触片均转过相同的角度，一些动、静触片相互接通，另一些动、静触片断开。根据实际需要，组合开关的动、静触片的个数可以随意组合。常用的有单极、双极、三极、四极等多种。

在机床电气控制线路中，组合开关常用来作为电源引入开关，也可以用它直接起动和停止小容量笼型电动机或使电动机正反转，局部照明电路也常用它控制。用组合开关起停电动机的接线图如图 7.1.2（b）所示。

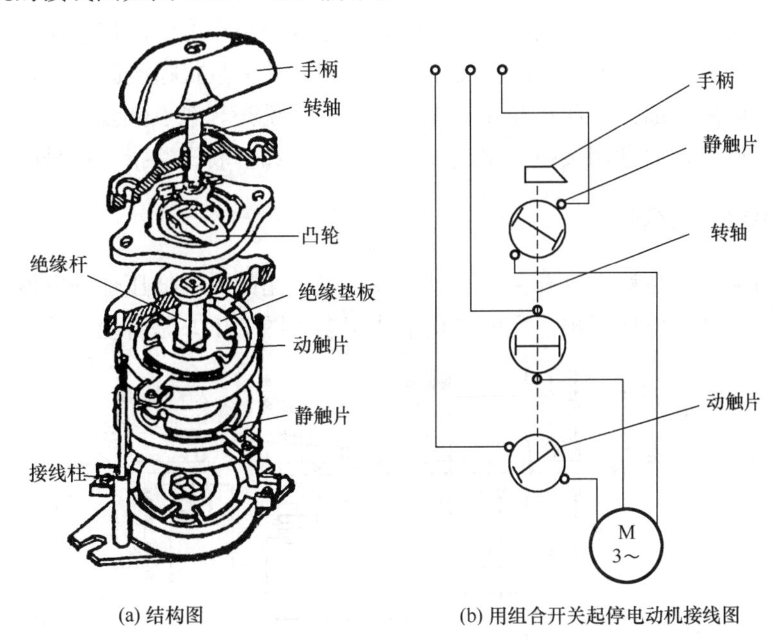


(a) 结构图　(b) 用组合开关起停电动机接线图

图 7.1.2　组合开关

### 7.1.3　按钮开关

按钮开关简称按钮。按钮通常用来接通或断开控制电路，从而控制电动机或其他电气设备的运行。按钮的结构如图 7.1.3 所示，它由按钮帽、动触点、静触点和复位弹簧等构成。按钮按下前的状态称为常态，此时上面的静触点与动触点是接通的，这对触点称为动断触点（常闭触点），而下面的静触点与动触点则是断开的，这对触点称为动合触点（常开触点）。按下按钮帽时，上面的动断触点断开，而下面的动合触点接通。当松开按钮帽时，动触点在复位弹簧的作用下复位，使动断触点和动合触点都恢复原来的状态。

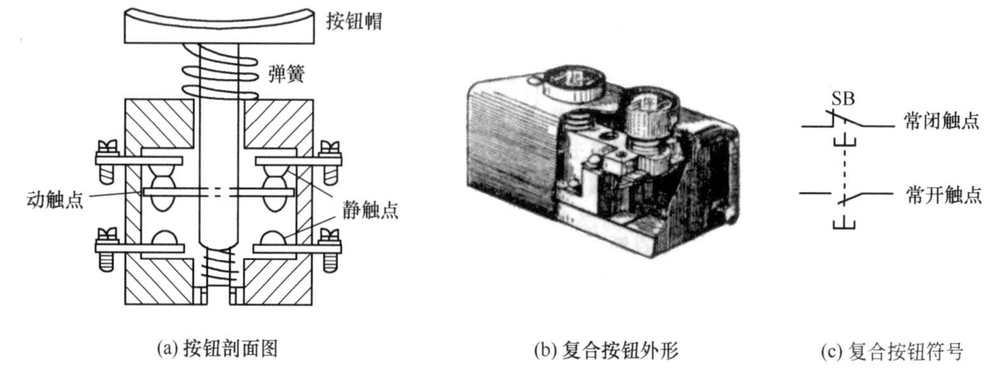


(a) 按钮剖面图　　(b) 复合按钮外形　　(c) 复合按钮符号

图 7.1.3　复合按钮

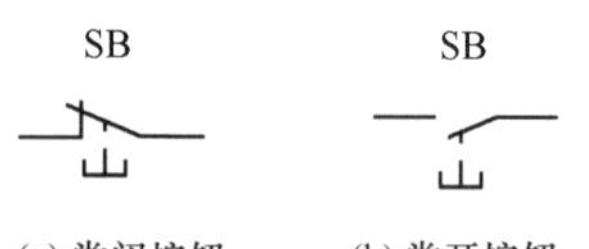


(a) 常闭按钮　　(b) 常开按钮

图 7.1.4　单按钮

既有常闭触点，也有常开触点的按钮称为复合按钮。只具有常闭触点或只具有常开触点的按钮称为单按钮。单按钮符号如图 7.1.4 所示。应注意单按钮与复合按钮符号的区别。

按钮可用于短时接通或切断小电流的控制电路。但它与闸刀开关的作用不同，闸刀开关一旦接通电路，必须在人手拉开刀闸开关后，电路才断开。而按钮接通电路后，人手松开，触点恢复原状（常开触点），电流不再通过触点，故利用按钮可以起发出“接通”和“断开”指令信号的作用。

### 7.1.4　自动空气断路器

自动空气断路器也称空气开关或自动开关，是常用的一种低压保护电器，可实现短路、过载、失压和欠电压保护。它的结构形式很多，图 7.1.5 是自动开关的原理图。

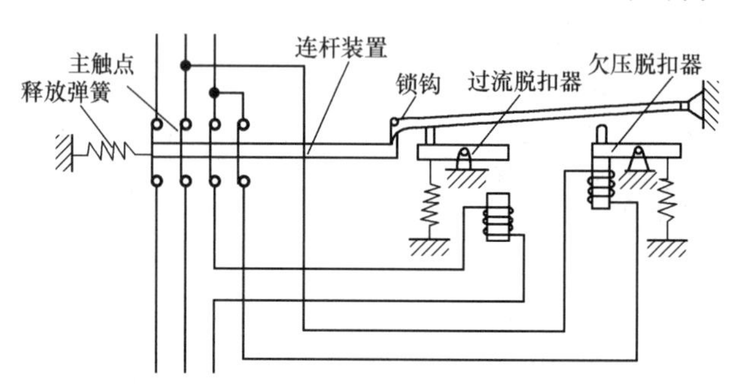


图 7.1.5　自动空气断路器的原理图

主触点通常是由手动的操作机构闭合的。当操作手柄扳到合闸位置时，主触点闭合，负载接通电源，触点连杆被锁钩锁住，使触点保持闭合状态。

自动开关的保护装置是由过电流脱扣器和欠电压脱扣器组成的一套连杆装置，它们都是电磁铁装置。正常情况下，将连杆和锁钩扣在一起，过电流脱扣器的衔铁释放，欠电压脱钩器的衔铁吸合。

一旦发生严重过载或短路故障时，与主电路串联的过流脱扣器电磁铁线圈（图中只画出一相）的电流迅速增加，由此产生的较强电磁吸力将衔铁往下吸而顶开锁扣，使主触点断开从而切断电路。欠电压时的工作恰恰相反。欠电压脱扣器在正常工作时吸住衔铁，主触点闭合，一旦电压严重下降或断电时，衔铁就被释放而使主触点断开。当电源电压恢复正常时，必须重新合闸后才能工作，实现了失压保护。

### 7.1.5　熔断器

熔断器中的熔体（或称熔丝），一般由电阻率较高且熔点较低的合金制成，例如铅锡合金等，或用截面积很小的良导体制成，例如铜、银等。它串接在被保护的电路中，当电路发生短路时，过大的短路电流使熔丝熔断，从而切断电源，达到保护线路和电气设备的目的。熔断器是电路中最常用最有效的短路保护电器。常用的熔断器有管式、嵌入式和螺旋式三种，如图 7.1.6 所示。

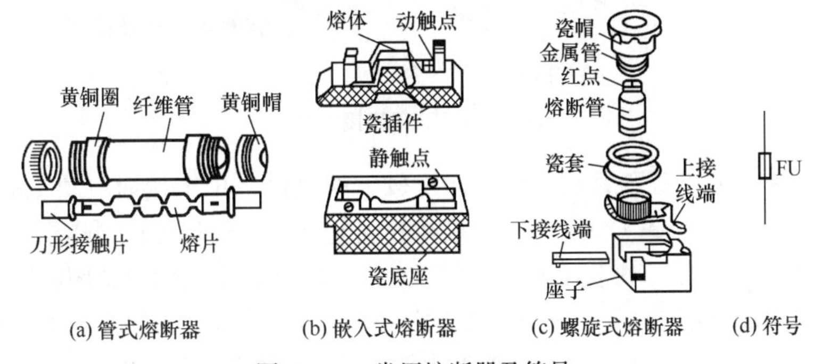


图 7.1.6　常用熔断器及符号

在选用熔断器时，对于恒稳电流的负载，如电热设备、照明设备等，应按熔体的额定电流 $I_{FU}$ 等于或略大于被保护设备的额定电流 $I_N$ 选择，即 $I_{FU} \geqslant I_N$。

对于具有冲击电流的负载，例如异步电动机，它的起动电流比额定工作电流大得多，可提高熔体的额定电流 $I_{FU}$，按 $I_{FU} \geqslant \frac{I_{st}}{2.5}$（$I_{st}$ 为电动机的起动电流）计算确定。而对于频繁起动的电机，则按 $I_{FU} \geqslant \frac{I_{st}}{1.6 \sim 2}$ 计算。

### 7.1.6　交流接触器

接触器是一种利用电磁力操作的电磁开关。依靠电磁力可以带动触点直接接通或断开电动机（或其他电气设备）主电路。电磁铁励磁电流为交流的接触器称为交流接触器。交流接触器的结构和符号如图 7.1.7 所示。

交流接触器主要由电磁铁和触点组两部分组成。电磁铁由静铁心、动铁心和线圈组成，静铁心固定不动，动铁心与动触点连在一起可以移动。当静铁心的吸引线圈通过额定电流时，静、动铁心之间产生电磁吸力，动铁心带动动触点一起移动，电磁铁吸合而带动触点闭合或断开。当线圈断电时，电磁力消失，动铁心在弹簧的作用下带动触点复位，因此接触器可以看做是一个电磁开关。

接触器的触点按线圈未通电时状态可分为常开触点和常闭触点。常开触点在线圈未通电时是断开的，线圈通电后闭合（动合）。常闭触点在线圈未通电时是闭合的，线圈通电后即断开（动断）。根据触点允许通过的电流大小又分为主触点和辅助触点，主触

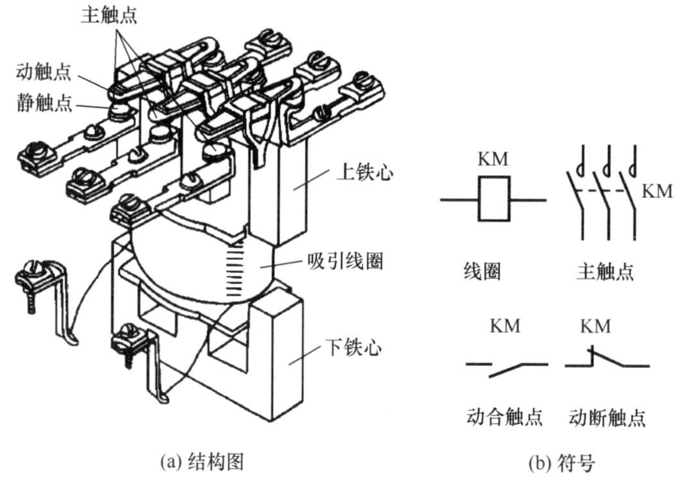

(a) 结构图　　(b) 符号

图 7.1.7　交流接触器

点的接触面积大，并有灭弧装置，允许通过较大的电流，用来接通电动机的电源电路。辅助触点只能通过小电流（小于 5A），接在控制电路中实现各种控制作用。

交流接触器通常有三对常开主触点和两对常开辅助触点及两对常闭辅助触点。接触器线圈的额定电压常有 380V、220V、127V、36V 四个等级，主触点的额定电流有 5A、10A、20A、40A、60A、100A 等，辅助触点的额定电流为 5A。在选用交流接触器时，应注意线圈的额定电压、触点的额定电流和触点的数量。

### 7.1.7　继电器

继电器是用于控制电路和保护电路的电器，它主要用来传递信号，并不直接去操纵主电路。继电器类型很多，工作原理也不相同，但都是在某种物理量（如电压、电流、温度、压力、速度及行程等）的作用下而动作的。当这些物理量达到某一预定数值时，继电器就开始工作，带动触点接通或切断控制电路，从而实现对主电路的控制和保护。

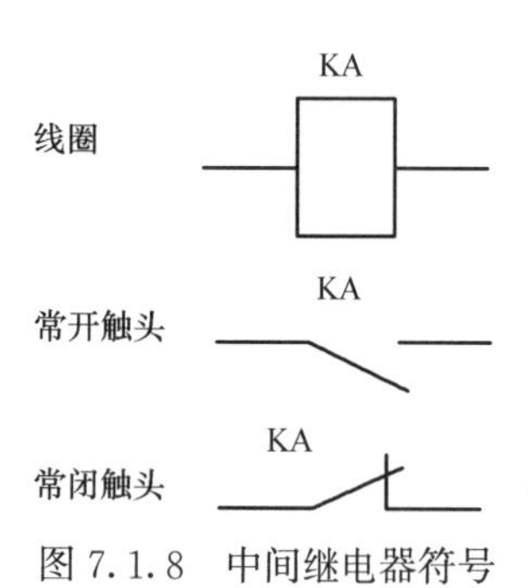

图 7.1.8　中间继电器符号

1. 中间继电器

中间继电器是利用电磁铁的动作原理制成的电磁继电器，其结构与交流接触器基本相同，只是其电磁机构尺寸较小、结构紧凑、触点数量较多。由于中间继电器的触头容量小，所以在电路中通常用来传递信号，把信号同时传给多个有关控制元件或辅助电路，也可直接用来控制小容量电动机或其他电气执行元件。中间继电器触点的额定电流比较小，一般不超过 5A。在选用时，主要是考虑电压等级和常开及常闭触点的数量。中间继电器符号如图 7.1.8 所示。

2. 热继电器

热继电器主要用来对电器设备进行过载保护，使之免受长期过载电流的危害。

图 7.1.9 是热继电器的原理图和符号。

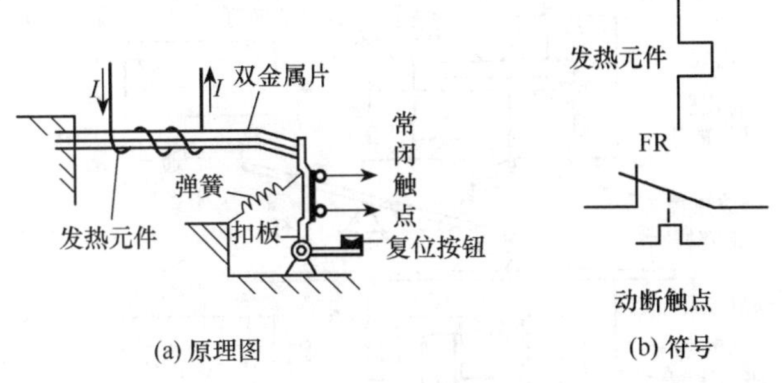

(a) 原理图　(b) 符号

图 7.1.9　热继电器

热继电器是根据电流的热效应原理制成的，主要由发热元件、双金属片、触点及一套传动和调整机构组成。其中发热元件由一段电阻不大的电阻丝或电阻片构成，直接接在电动机的主电路中。双金属片由两个热膨胀系数不同的金属片辗压而成，发热元件绕在双金属片上(两者绝缘)，上层的金属片热膨胀系数小，下层金属片膨胀系数大。当主电路中电流超过容许值一段时间后，发热元件发热使双金属片受热膨胀而向上弯曲，进而与扣板脱离。扣板在弹簧的拉力作用下向左移动，将接在电动机控制电路中的常闭触点断开，接触器线圈断电，从而切断主电路保护电动机。如果要热继电器复位，需按下复位按钮使常闭触点复位。

由于热惯性，当负载过流时，热继电器需一段时间才动作，因而在电动机起动和短时过载时，热继电器是不会动作的，这样可避免不必要的停机。在发生短路时热继电器不能立即动作，所以热继电器不能用作短路保护。

热继电器的主要技术数据是整定电流，即当发热元件中通过的电流超过此值的20%时，热继电器应在 20min 内动作。每种型号的热继电器的整定电流都有一定范围，要根据整定电流选用热继电器，整定电流与电动机的额定电流基本一致。通常用的热继电器有 JR0，JR10 及 JR16 等系列。

3. 时间继电器

时间继电器是一种从得到输入信号（线圈通电或断电）起，经过一段时间延时后才动作的继电器。时间继电器具有延时作用，适用于定时控制，可用于按照所需时间间隔来接通、断开或换接被控制电路。时间继电器按触点延时动作的不同，可分为通电延时型和断电延时型两种类型。按延时机构的不同，时间继电器分为电磁式、空气阻尼式、电动机式、电子式等类型。图 7.1.10 是通电延时的空气阻尼式时间继电器结构示意图。图 7.1.11 为时间继电器的图形符号。

空气式时间继电器由电磁系统、延时机构和触点等部分组成，其触点有瞬时动作和延时动作两种。当线圈通电后，衔铁和托板立即被吸下，但是活塞杆和压杆不能跟着衔铁一起下落，因为活塞杆的上端连着气室中的橡皮膜，当活塞杆在释放弹簧作用下开始向下运动时，橡皮膜随之向下凹，使上气室的气体变得稀薄，而使活塞杆受到阻尼而缓慢下降。经过一段时间后，活塞杆下降到一定位置，通过杠杆推动延时触点动作，使动断触点断开，动合触点闭合，从线圈通电到延时触点动作，这一段时间就是时间继电器的延时时间，通过调节螺钉改变空气室进气孔的气隙大小可改变延时时间的长短。

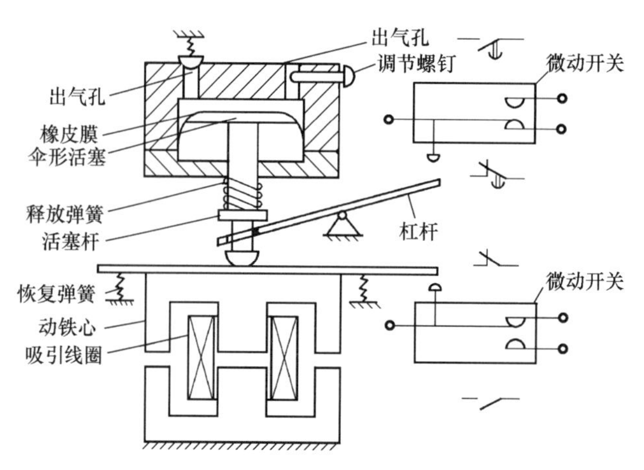


图 7.1.10　通电延时的空气阻尼式时间继电器结构图

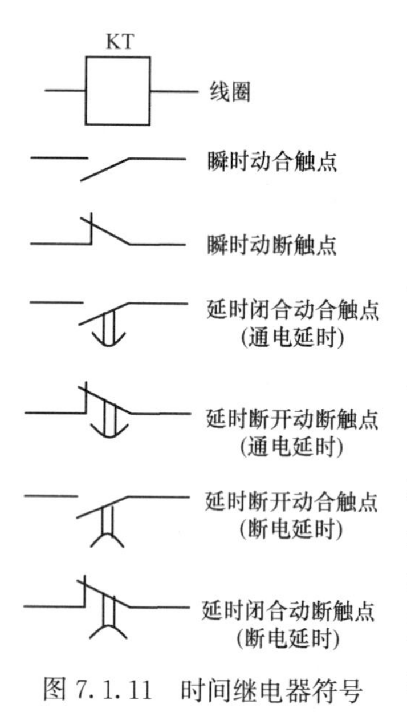


图 7.1.11　时间继电器符号

### 7.1.8　行程开关

需要控制某些机械的行程和位置时，常利用行程开关进行控制。行程开关又称限位开关，它是利用机械部件的位移来切换电路的自动电器，它的结构和工作原理都与按钮相似，只是按钮用手按，而行程开关则是用运动部件上的撞块（或挡板）来撞压的。当撞块压着行程开关时，就像按下按钮一样，使其动断触点断开，动合触点闭合，而当撞块离开时，就如同手松开了按钮，靠弹簧作用使触点复位。图 7.1.12 是行程开关的结构图和符号。常用的行程开关有撞块式（也称直线式）和滚轮式。滚轮式又分为单滚轮式和双滚轮式，其中双滚轮式行程开关无复位弹簧，不能自动复位，它需要运动部件反向运行时撞压，才能复位。

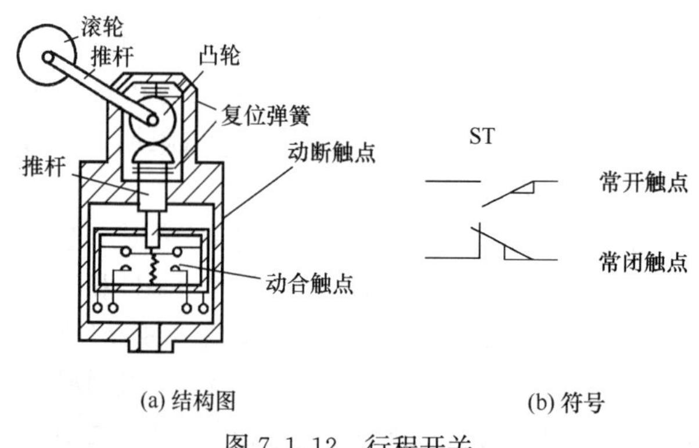


(a) 结构图　　(b) 符号

图 7.1.12　行程开关

部分电动机和电器元件的图形符号见表 7.1.1。

**表 7.1.1　部分电动机和电器元件的图形符号**

| 名称 | | 符号 |
|---|---|---|
| 三相笼型异步电动机 | | M 3～ |
| 刀开关 | | |
| 断路器 | | |
| 按钮 | 动合 | E- |
| | 动断 | E- |
| | 复合 | E- - E- |
| 熔断器 | | |

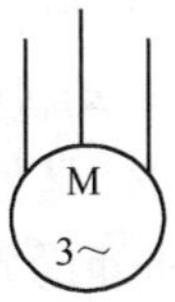

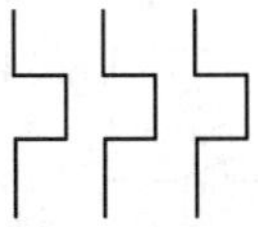

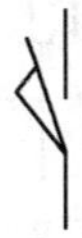

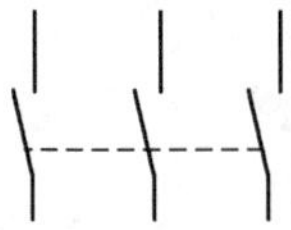

| 名称 | | 符号 |
|---|---|---|
| 热继电器 | 发热元件 | |
| | 动断触点 | |
| 接触器 | 线圈 | |
| | 动合主触点 | |
| | 动合辅助点 | |
| | 动断辅助点 | |

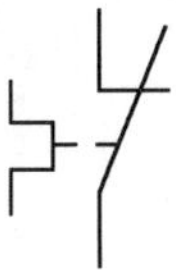

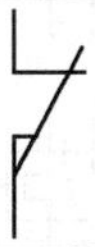

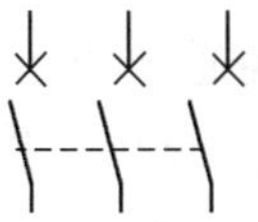

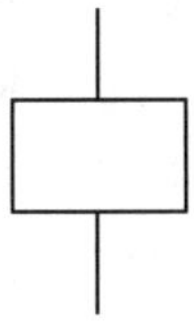

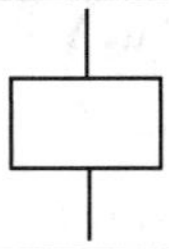

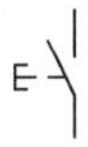

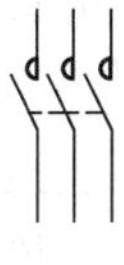

| 名称 | | 符号 |
|---|---|---|
| 行程开关 | 动合触点 | |
| | 动断触点 | |
| 时间继电器 | 线圈 | |
| | 瞬时动作动合触点 | |
| | 瞬时动作动断触点 | |
| | 延时闭合动合触点 | |
| | 延时闭合动断触点 | |
| | 延时断开动合触点 | |
| | 延时断开动断触点 | |

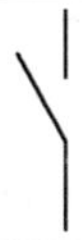

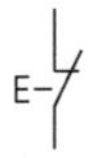

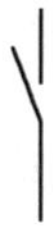

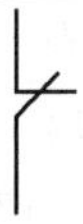

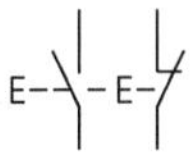

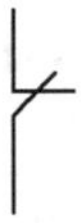

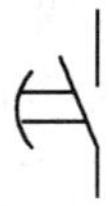

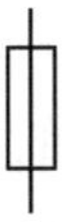

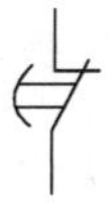

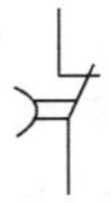

## 7.2　三相异步电动机常用的继电接触控制电路

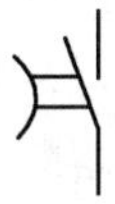

任何复杂的控制电路都是由一些基本的控制电路组成的。

### 7.2.1　直接起动-停止控制电路

图7.2.1是三相异步电动机的直接起动-停止的控制电路。由闸刀开关Q、熔断器

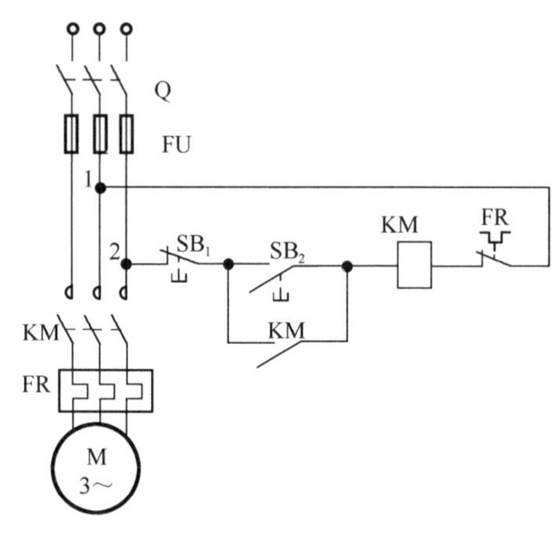

图 7.2.1　电动机直接起停控制电路

FU、接触器 KM、热继电器 FR、笼型电动机 M 组成了主电路。由按钮、接触器线圈 KM、热继电器常闭辅助触点组成控制电路，接在 1、2 两点之间，用于控制电动机的运行。$SB_1$ 是一个按钮的常闭触点，$SB_2$ 是另一个按钮的常开触点。接触器的线圈和辅助常开触点均用 KM 表示。FR 是热继电器的常闭触点。

1. 工作原理

先将闸刀开关 Q 闭合，按下起动按钮 $SB_2$，控制电路中的接触器线圈 KM 通电，主触点 KM 闭合，电动机接通电源运转，与此同时并联在起动按钮 $SB_2$ 上的常开触点 KM 闭合，这样即使松开按钮 $SB_2$，接触器线圈仍然通电，从而保持电动机持续运转。这种依靠接触器自身辅助常开触点使线圈保持通电的作用称为“自锁”，与 $SB_2$ 并联的起自锁作用的辅助触点 KM 称作自锁触点。

按下停止按钮 $SB_1$，接触器线圈 KM 断电，接触器所有触点复位，主触点断开将主电路电源切断，电动机停止运转。

如果在直接起动控制电路中不连接自锁触点 KM，按下起动按钮 $SB_2$ 时，电动机运转，松开时电动机停转，如此按下、松开按钮 $SB_2$，使电动机断续得到电源，控制电路可实现点动控制。

2. 保护措施

为确保电动机正常运行，三相异步电动机起动-停止控制电路还具有短路保护、过载保护和欠压保护等功能。

（1）短路保护

熔断器 FU 在电路中起短路保护作用，当电路一旦发生短路事故时，其熔体立即熔断，可以避免电源中通过短路电流，同时切断主电路，电动机立即停转。

（2）过载保护

热继电器 FR 起着过载保护作用，当电动机在运行过程中长期过载或电源发生断电故障使电动机电流过载时，主电路中热继电器的发热元件 FR 动作使控制电路中的常闭触点 FR 断开，因而接触器线圈断电，其主触点断开，使电动机停转，从而实现过载保护。

（3）失压保护和欠电压保护

当电动机运行时，由于外界原因突然断电后又重新供电，在未加防范的情况下，电动机将自起动，因而可能会造成各种人身或设备事故，对于这种情况应有失压保护或零压保护。当电源电压过低，如低于额定电压的 70%时，电动机处于低压运行，这时定子绕组流过很大的电流，在这种情况下应有欠电压保护。失压保护和欠电压保护是靠接触器本身的电磁机构实现的，当电源因某种原因失压或严重欠电压时，接触器因其线圈电流过小，接触器的衔铁自行释放而使主触点断开，电动机停转。当电源电压恢复正常时，接触器线圈不能自行通电，必须重新按下起动按钮 $SB_2$，电动机才会起动，从而实现失压（零压）和欠电压保护。在图 7.2.1 中，如果将 $SB_2$ 换成不能自动复位的开关，那么即使用了接触器也不能实现失压保护。

### 7.2.2　三相异步电动机正、反转控制电路

在生产过程中，许多生产设备要求能够实现可逆运行，例如机床的进刀退刀、卷扬机提升设备、电动闸门等，都要求电动机能正、反转。

若要改变三相异步电动机的旋转方向，只需将电动机接入三相电源中的任意两根连线对调即可。因此电路中需用两个交流接触器 $KM_F$ 和 $KM_R$ 分别实现电动机的正转和反转，图 7.2.2 就是实现这种控制的电路。在图 7.2.2 中，当正转接触器 $KM_F$ 工作时，电动机正转；当反转接触器 $KM_R$ 工作时，由于调换了两根电源线，所以电动机反转。

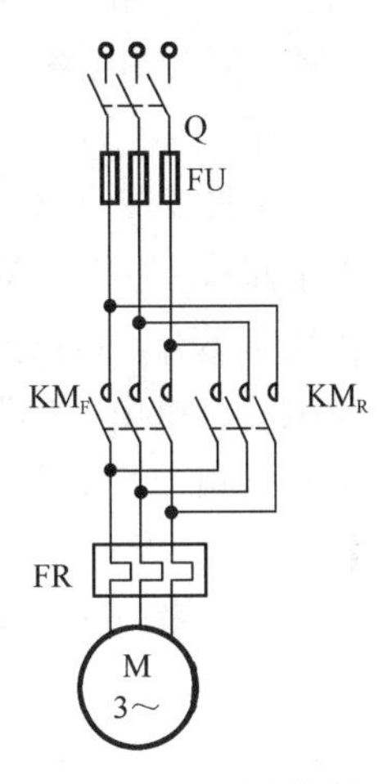

图 7.2.2　两个接触器实现电动机的正反转

如果两个接触器同时工作，将有两根电源线通过它们的主触点而造成电源短路，所以对正反转控制电路要求两个接触器不能同时工作。为此，必须在电路中加上控制环节，确保两个接触器在任何情况下都不会同时吸合，这种控制称为互锁或联锁。

图 7.2.3 所示的是两种有互锁的三相异步电动机正反转控制电路。

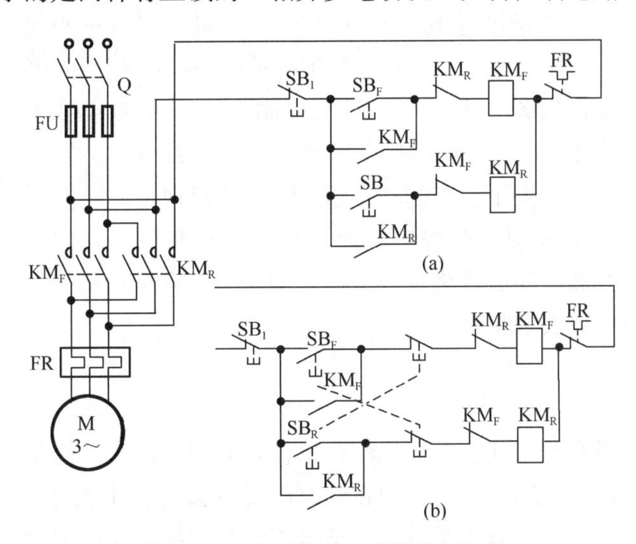

图 7.2.3　电动机的正反转控制电路

在图 7.2.3（a）的控制电路中，为防止正转接触器 $KM_F$ 和反转接触器 $KM_R$ 同时吸合造成电源短路，在控制电路中将正转接触器的常闭辅助触点（动断触点）与反转接触器的线圈串联，而反转接触器的常闭辅助触点与正转接触器的线圈串联，即当一个接触器线圈通电时，用其常闭触点切断了另一个电路，使另一个接触器线圈不能通电，这

种相互制约的作用称为联锁或互锁，这两个常闭触点实现联锁作用，称为联锁（互锁）触点。使用联锁控制后，可以保证在同一时间内只有一个接触器动作，不会造成电源短路。

这样，当正转接触器线圈 $KM_F$ 通电时电动机正转，互锁触点 $KM_F$ 断开了反转接触器 $KM_R$ 线圈的电路，因此，即使误按反转起动按钮 $SB_R$，反转接触器也不能通电；而当反转接触器线圈 $KM_R$ 通电使电动机反转时，互锁触点 $KM_R$ 断开了正转接触器 $KM_F$ 的线圈电路，因此，即使误按正转起动按钮 $SB_F$，正转接触器也不能通电，实现了互锁。

在图 7.2.3（a）的控制电路中，当按下正转起动按钮 $SB_F$ 时，$KM_F$ 吸合，电源经主电路按 U、V、W 相序向电动机供电，电动机正转运行。需电动机反转时，先按下停止按钮 $SB_1$，再按下反转起动按钮 $SB_R$，$KM_R$ 吸合，电源经主电路按 W、V、U 相序向电动机供电，电动机反转运行。

三相异步电动机正反转控制电路的操作和动作次序如下。

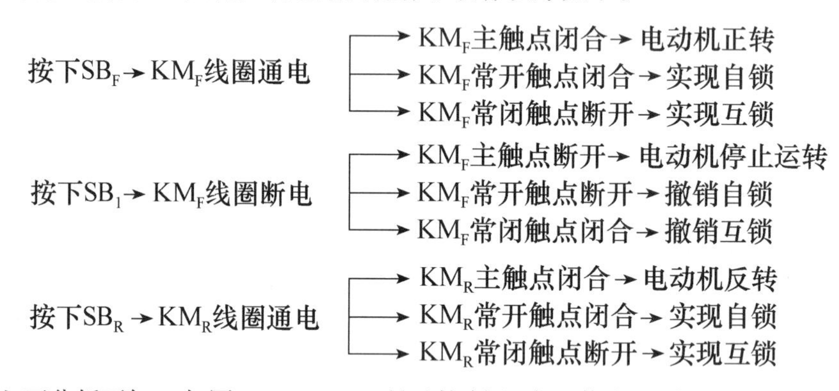


从上面分析可知，如图 7.2.3（a）所示控制电路，若在电动机正转过程中要求反转，必须先按下停止按钮 $SB_1$，使串接在控制反转接触器 $KM_R$ 线圈中的常闭触点 $KM_F$ 闭合，即撤销互锁后，再按下反转起动按钮 $SB_R$，才可使电动机反转，这给操作带来不便。在实际使用中，常采用复合按钮和触点联锁的控制电路，如图 7.2.3（b）所示。图中虚线联接的常开和常闭触点为复合按钮，即利用复合按钮的一对常闭触点分别串接在对方的控制电路中以实现机械联锁。

### 7.2.3 顺序控制

在生产过程中经常要求几台电动机配合工作，其起、停等动作常常有顺序上和时间上的约束。例如，机床主轴电动机必须在油泵电动机起动后才能起动，又如对一台机床的进刀、退刀、工件夹具松开以及自动停车等工序要求按一定顺序完成，这些要求反映了几台电动机或几个动作之间的逻辑关系和顺序关系，按照上述要求实现的控制叫做顺序控制。

图 7.2.4 是两台异步电动机 $M_1$ 和 $M_2$ 的顺序联锁控制电路，该电路可实现 $M_1$ 先起动后 $M_2$ 才能起动，$M_2$ 停车后 $M_1$ 才能停车的控制要求。图 7.2.4（a）是两台电动机主电路，图 7.2.4（b）和（c）是实现控制要求的两种连接电路。下面以图 7.2.4（b）为

例说明电路的控制过程。

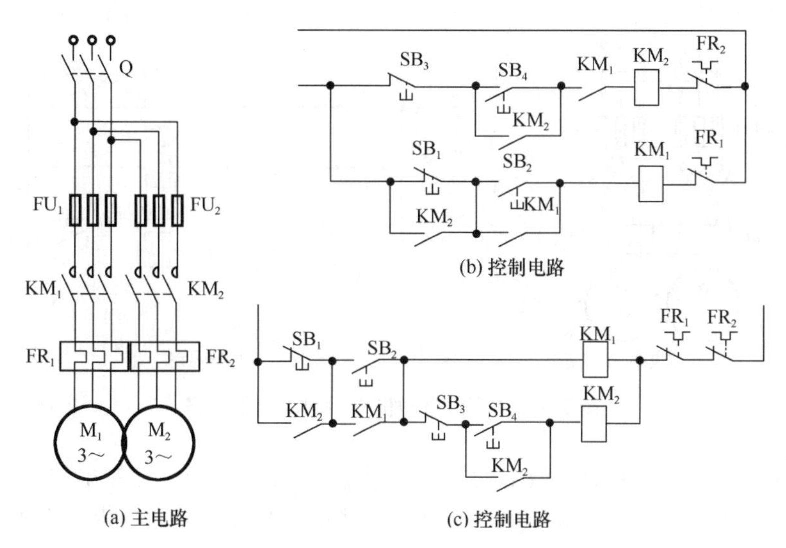


(a) 主电路　(b) 控制电路　(c) 控制电路

图 7.2.4　两台电动机联锁控制

为了确保 $M_1$ 在 $M_2$ 之前起动，在 $KM_2$ 线圈电路中串入了 $KM_1$ 的常开辅助触点。

起动的操作过程为：按下起动按钮 $SB_2$，接触器 $KM_1$ 线圈通电，电动机 $M_1$ 起动运行，同时控制电路中的两个常开辅助触点 $KM_1$ 闭合，一个形成自锁，一个为接触器 $KM_2$ 的线圈通电准备好通路。这时再按下起动按钮 $SB_4$，$KM_2$ 通电并自锁，电动机 $M_2$ 起动运行。如果在按下 $SB_2$ 之前按下 $SB_4$，线圈 $KM_1$ 不通电，$KM_1$ 的常开触点不闭合，即使按下 $SB_4$，线圈 $KM_2$ 也不能通电。所以电动机 $M_2$ 不能先于 $M_1$ 起动，也不能单独起动。

为了确保 $M_2$ 在 $M_1$ 之前停车的顺序，在停止按钮 $SB_1$ 的两端并联一个 $KM_2$ 的常开辅助触点。

停车的操作过程为：先按下 $SB_3$ 使 $KM_2$ 线圈断电，电动机 $M_2$ 停车，$KM_2$ 的常开辅助触点断开。再按下 $SB_1$ 使 $KM_1$ 线圈断电，$M_1$ 才能停止运行。由于只要 $KM_2$ 通电，$SB_1$ 就被短路而失去作用，所以在按下 $SB_3$ 之前按下 $SB_1$，$KM_1$ 和 $KM_2$ 都不会断电。只有先断开与 $SB_1$ 并联的触点 $KM_2$，$SB_1$ 才会起作用。

### 7.2.4　时间控制

在自动化生产线中，常要求按一定的时间间隔起动或关停某些设备。根据延时的要求，对电动机按一定时间间隔进行控制的方式叫做时间控制。利用时间继电器可以实现时间控制。图 7.2.5 是两台电动机按时间先后起动的控制电路。

按下起动按钮 $SB_2$，线圈 $KM_1$ 通电并实现自锁，电动机 $M_1$ 起动运转。与此同时，接通时间继电器 KT，按照预先整定好的延迟时间，经过一段时间后，延时闭合的动合触点 KT 才闭合，接触器 $KM_2$ 线圈通电，电动机 $M_2$ 起动运转。停车时，按下停止按钮 $SB_1$，所有接触器和继电器的线圈都断电，两台电动机都停止运转。

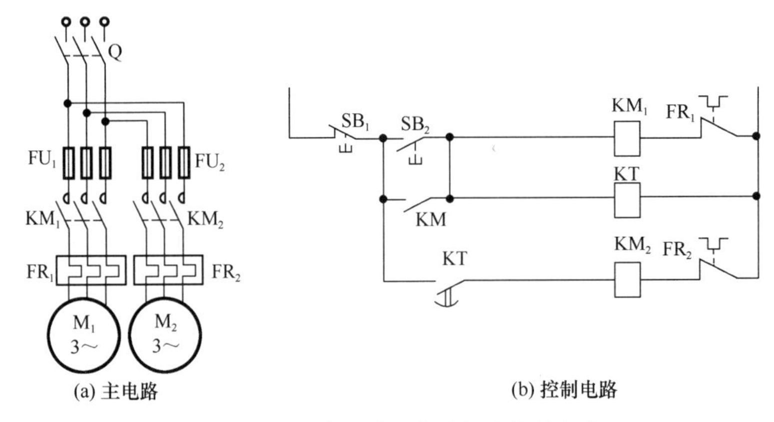


(a) 主电路　　(b) 控制电路

图 7.2.5　两台电动机先后起动控制电路

用时间继电器可以实现笼型电动机Y-△换接起动的控制，控制电路如图 7.2.6 所示。为了控制星形接法起动的时间，图中用了时间继电器 KT 延时断开的动断触点和瞬时闭合的动合触点。图 7.2.6 所示Y-△换接起动控制电路的操作和动作次序如下。

按$SB_2$
- → $KM_1$通电
- → KT 通电
- → $KM_3$通电
- → $KM_2$断电

（Y起动）

—延时→
- → $KM_1$断电
- → $KM_3$断电
- → $KM_2$通电 → $KM_3$通电

（Y-△换接）（△运行）

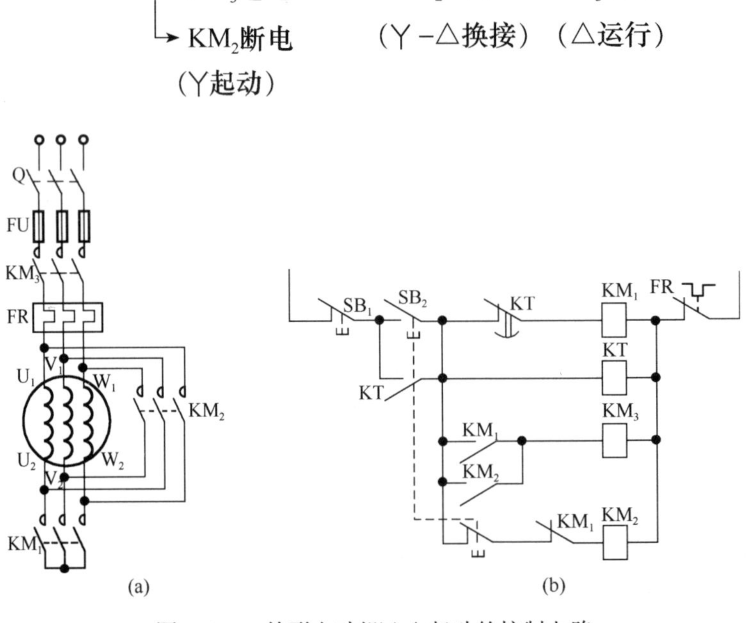


(a)　　(b)

图 7.2.6　笼形电动机Y-△起动的控制电路

图 7.2.6 的控制电路是在 $KM_3$ 断电的情况下进行Y-△换接，这样可以避免由于 $KM_1$ 和 $KM_2$ 换接时可能引起的电源短路；同时在 $KM_3$ 断电，即主电路脱离电源的情况下进行Y-△换接，因而触点间不会产生电弧。

### 7.2.5　行程控制

在生产过程中，若需要控制某些机械的行程和位置时，可以利用行程开关实现。图 7.2.7 所示的是用行程开关控制机床工作台作往复运动的示意图和控制电路。

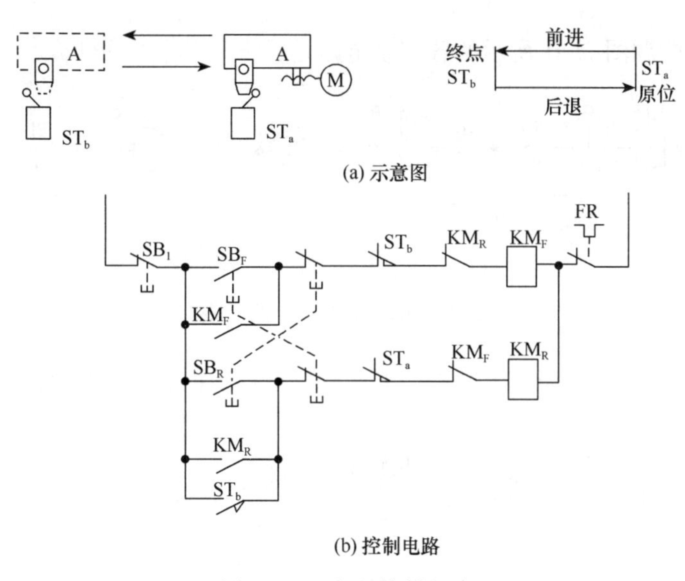


(a) 示意图

(b) 控制电路

图 7.2.7　行程控制电路

图 7.2.7 中行程开关 $ST_a$ 和 $ST_b$ 分别装在工作台的原位和终点，由装在工作台上的挡块撞动。工作台由电动机 M 带动。电动机主电路与图 7.2.2 相同。控制电路如图 7.2.7（b）所示。

电动机在原位时，上挡块将行程开关 $ST_a$ 压下，使串接在反转控制电路中的常闭触点 $ST_a$ 断开。这时即使按下反转按钮 $SB_R$，反转接触器线圈 $KM_R$ 也不会通电，所以在原位时电动机不能反转。当按下正转起动按钮 $SB_F$ 时，正转接触器线圈 $KM_F$ 通电，使电动机正转并带动工作台前进。可见工作台在原位只能前进，不能后退。

当工作台达到终点时，工作台上的撞块压下终点行程开关 $ST_b$，使串接在正转控制电路中的常闭触点 $ST_b$ 断开，电动机停止正转。同时，反转控制电路中的常开触点 $ST_b$ 闭合，使反转接触器线圈 $KM_R$ 得以通电，电动机反转并带动工作台后退。工作台退回原位，撞块压下 $ST_a$，使串接在反转控制电路中的常闭触点 $ST_a$ 断开，反转接触器线圈 $KM_R$ 断电，电动机停止转动，于是工作台自动停在原位。

在工作台前进途中，当按下停止按钮 $SB_1$ 时，线圈 $KM_F$ 断电，电动机停转。再起动时，由于 $ST_a$ 和 $ST_b$ 均不受压，故可以按正转起动按钮 $SB_F$ 使工作台继续前进，也可以按反转起动按钮 $SB_R$ 使工作台后退。同理，在工作台后退途中，也可以进行类似的操作而实现反向运行。

行程开关不仅可用作行程控制，也可用于进行限位、终端保护、自动循环等控制。

# 习　　题

7.1.1　在电动机主电路中既然装有熔断器，为什么还要装热继电器？它们各起什么作用？

7.2.1　判断题图 7.01 所示的各控制电路是否正常工作？为什么？

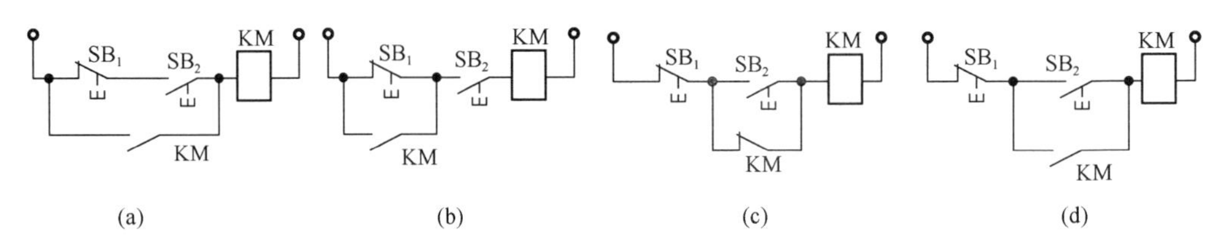


题图 7.01　题 7.2.1 的电路

7.2.2　如题图 7.02 所示电路中，哪些能实现点动控制，哪些不能，为什么？

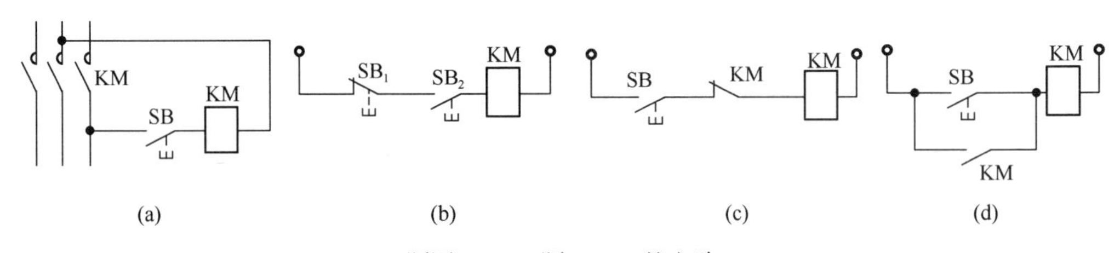


题图 7.02　题 7.2.2 的电路

7.2.3　试画出三相笼型电动机既能连续工作，又能点动工作的控制电路，并简述其控制过程。

7.2.4　试画出可在两地控制一台电动机正反转的控制电路，并简述其控制过程。

7.2.5　题图 7.03 所示的是三相异步电动机Y-△起动控制电路，简述控制电路的控制过程。

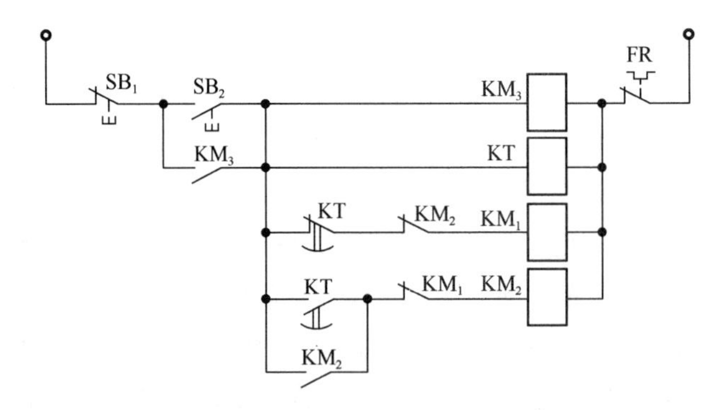


题图 7.03　题 7.2.5 的电路

7.2.6　题图 7.04 是三相异步电动机降压起动的控制电路，简述电路的控制过程。说明电路有哪些保护措施，并指出是各由何种电器实现的。

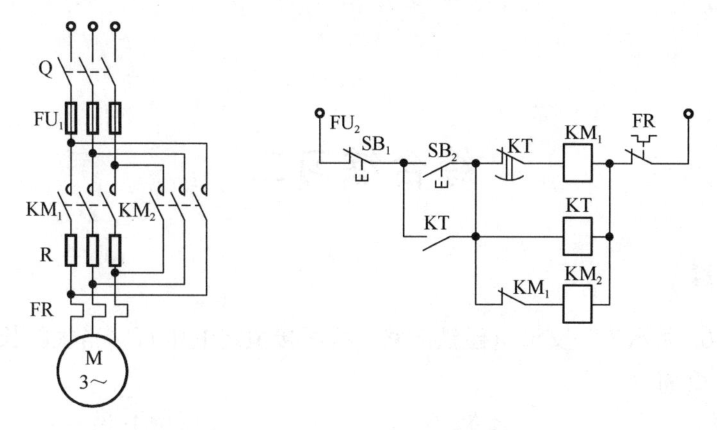


题图 7.04 题 7.2.6 的电路

7.2.7 电动葫芦是一种小型起重设备，它可以方便地移动到需要的场所，题图 7.05 是其控制电路。全部按钮装在一个按钮盒中，操作人员手持按钮盒进行操作。简述其工作过程。

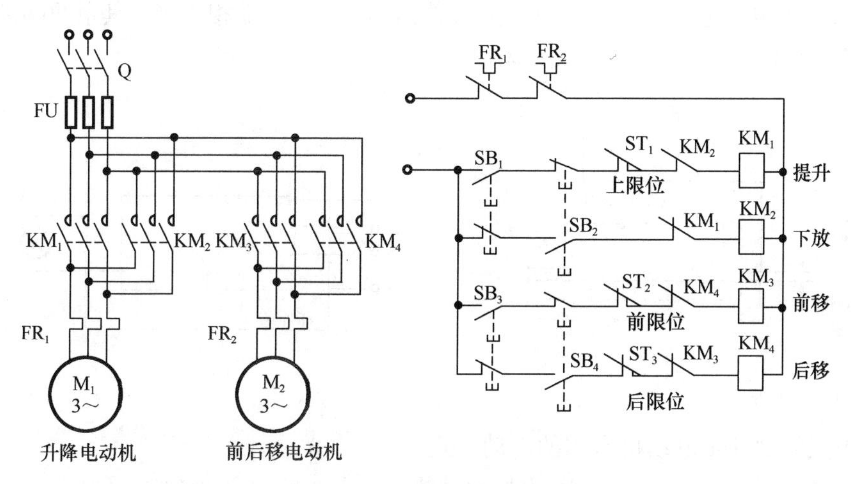


题图 7.05 题 7.2.7 的电路

# 综合练习二

## 一、单项选择题

1. 图 p2.01 所示为一交流电磁铁磁路，线圈接恒定电压 $U$。当气隙长度 $\delta$ 增加时，磁路中的磁通 $\Phi$ 将（　　）。

A. 增大　　B. 减小　　C. 保持不变

2. 两个交流铁心线圈除了匝数不同（$N_1=2N_2$）外，其他参数都相同，若将这两个线圈接在同一交流电源上，它们的电流 $I_1$ 和 $I_2$ 的关系为（　　）。

A. $I_1>I_2$　　B. $I_1<I_2$　　C. $I_1=I_2$

3. 某单相变压器如图 p2.02 所示，两个原绕组的额定电压均为 110V，副绕组额定电压为 6.3V，若电源电压为 220V，则应将原绕组的（　　）端相连接，其余两端接电源。

A. 2 和 3　　B. 1 和 3　　C. 2 和 4

图 p2.01

图 p2.02

4. 小型笼型异步电动机常用的起动方式是（　　）。

A. 降压起动法　　B. 直接起动法　　C. 转子串电阻起动法

5. 在起动重设备时常选用的异步电动机为（　　）。

A. 笼型　　B. 绕线式　　C. 单相

6. 三相异步电动机在只接通了两根电源线的情况下，电动机（　　）。

A. 能起动并正常运行　　B. 起动后低速运行　　C. 不能起动

7. 在电动机的继电器接触器控制电路中，零压保护的功能是（　　）。

A. 防止电源电压降低烧坏电动机

B. 防止停电后再恢复供电时电动机自行起动

C. 实现短路保护

8. 在电动机的继电器接触器控制电路中，热继电器的功能是实现（　　）。

A. 短路保护　　B. 零压保护　　C. 过载保护

9. 在三相异步电动机的正反转控制电路中，正转接触器与反转接触器间的互锁环节功能是（　　）。

A. 防止电动机同时正转和反转

B. 防止误操作时电源短路

C. 实现电动机过载保护

10. 在电动机的继电器接触器控制电路中，自锁环节的功能是（　　）。

A. 具有零压保护　　B. 保证起动后持续运行　　C. 兼有点动功能

11. 在图 p2.03 所示的控制电路中，按下 $SB_2$，则（　　）。

A. $KM_1$，KT 和 $KM_2$ 同时通电，按下 $SB_1$ 后经过一定时间 $KM_2$ 断电

B. $KM_1$，KT 和 $KM_2$ 同时通电，经过一定时间后 $KM_2$ 断电

C. $KM_1$ 和 KT 线圈同时通电，经过一定时间后 $KM_2$ 线圈通电

12. 图 p2.04 所示的控制电路中，具有（　　）保护功能。

A. 短路和过载　　B. 过载和零压　　C. 短路、过载和零压

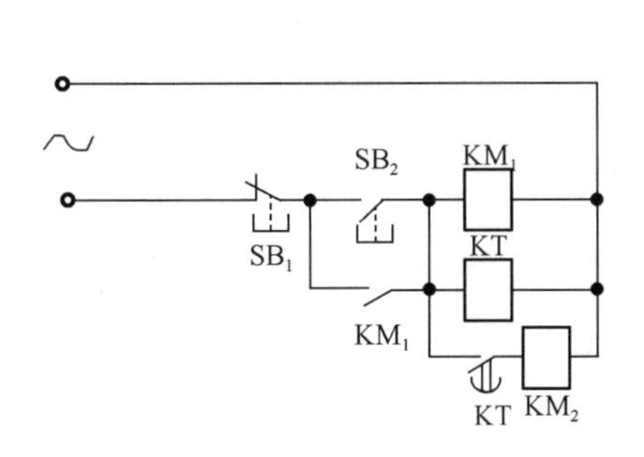


图 p2.03

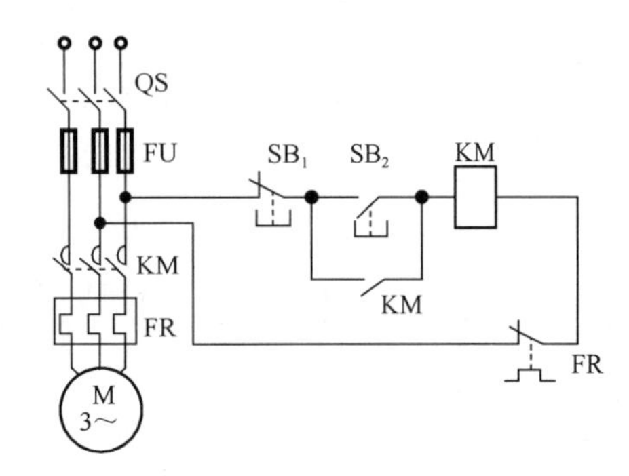


图 p2.04

## 二、正误判断题

1. 理想变压器既不消耗能量，也不储存能量，只是传输能量。（　　）
2. 变压器无论带何性质的负载，当负载电流增大时，输出电压必降低。（　　）
3. 电流互感器运行中副边不允许开路，否则会感应出高电压而造成事故。（　　）
4. 单相异步电动机的磁场是脉振磁场，因此不能自行起动。（　　）
5. 异步机转子电路的频率随转速而改变，转速越高，则频率越高。（　　）
6. 三相异步电动机在满载和空载下起动时，起动电流是一样的。（　　）
7. 刀开关安装时，手柄要向上装。接线时，电源线接在上端，下端接用电器。（　　）
8. 熔断器在电路中既可作短路保护，又可作过载保护。（　　）

## 三、分析计算题

1. 电路如图 p2.05 所示，一交流信号源 $U_s=38.4V$，内阻 $R_0=1280\Omega$，对电阻 $R_L=20\Omega$ 的负载供电，为使该负载获得最大功率。求：

（1）应采用电压变比为多少的输出变压器？

（2）变压器原、副边电压和电流各为多少？

（3）负载 $R_L$ 吸取的功率为多少？

2. 一台三相异步电动机的额定数据如下：$U_N=380V$，$I_N=4.9A$，$f_N=50Hz$，$\eta_N=0.82$，$n_N=2970r/min$，$\cos\varphi_N=0.83$，三角形接法。试问这是一台几极的电动机？在额定工作状态下的转差率、转子电流的频率、输出功率和额定转矩各是多少？

3. 在某台四极三相异步电动机工作时，测得定子电压为380V，电流为10.6A，输入功率为3.5kW，电源频率为50Hz，电动机的转差率为3%，铜损耗为600W，铁损耗为400W，机械损耗为100W。试问这台电动机的效率、功率因数及输出转矩是多少？

4. 试说明图p2.06所示电路的功能和触点$KT_1$，$KT_2$的作用。若电动机的额定电流为20A，应选择多大电流的熔断器FU？

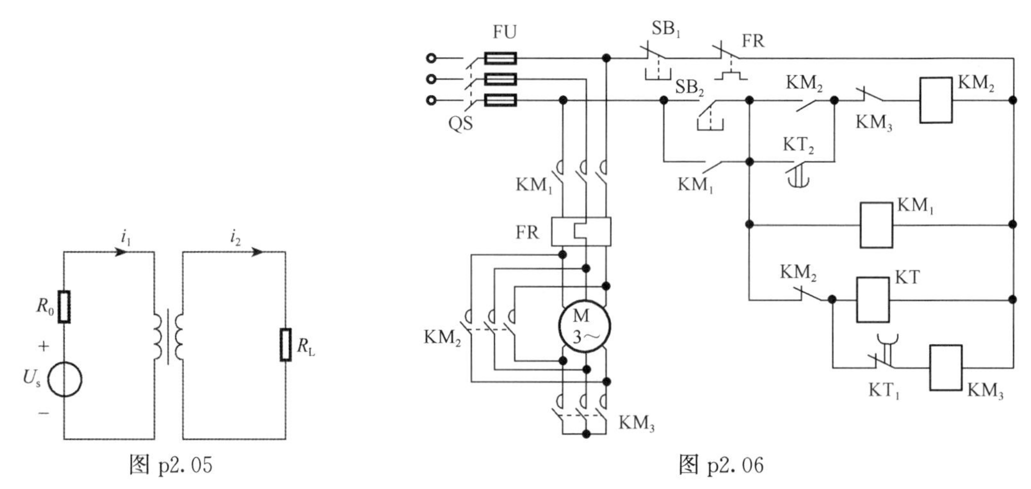


图 p2.05　　　　图 p2.06

5. 请分析图p2.07所示电路的控制功能。

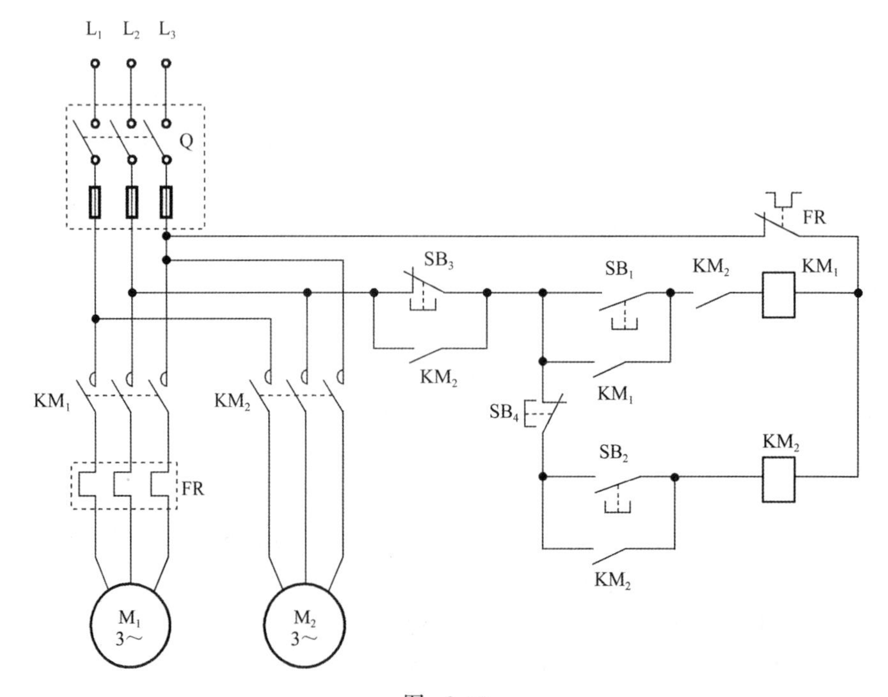


图 p2.07

6. 一个不完整的三相异步电动机正、反转的控制电路如图 p2.08 所示，它具有短路、过载保护功能。请将电路填补完整，并注明图中文字符号所代表的元器件名称。

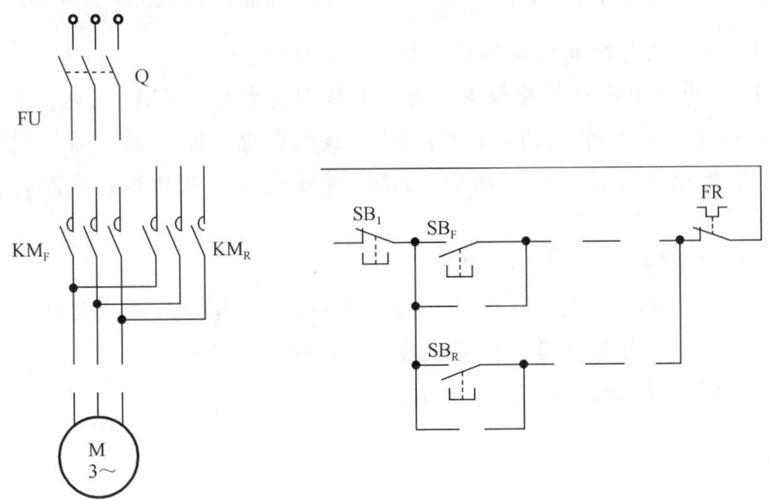


图 p2.08

参考答案

## 一、单项选择题

| 1 | 2 | 3 | 4 | 5 | 6 | 7 | 8 | 9 | 10 | 11 | 12 |
|---|---|---|---|---|---|---|---|---|---|---|---|
| C | B | A | B | B | C | B | C | B | B | C | C |

## 二、正误判断题

| 1 | 2 | 3 | 4 | 5 | 6 | 7 | 8 |
|---|---|---|---|---|---|---|---|
| 对 | 错 | 对 | 对 | 错 | 错 | 对 | 错 |

## 三、分析计算题

1. (1) 变比 $K=\sqrt{\dfrac{R_L'}{R_L}}=\sqrt{\dfrac{R_0}{R_L}}=8$。

(2) 原边电压 $U_1=\dfrac{U_sR_L'}{R_0+R_L'}=19.2\text{V}$，　　副边电压 $U_2=\dfrac{U_1}{K}=2.4\text{V}$。

副边电流 $I_2=\dfrac{U_2}{R_L}=0.12\text{A}$，　　原边电流 $I_1=\dfrac{I_2}{K}=0.015\text{A}$。

(3) $P_L=I_2^2R_L=0.288\text{W}$

2. 电动机的极数为 2，$p=1$，$s_N=\dfrac{n_0-n}{n_0}=0.01$，$f_{2N}=s_Nf_{1N}=0.5\text{Hz}$，

$P_N=\eta_N\sqrt{3}I_NU_N\cos\varphi_N=2195\text{W}$，$T_N=9550\dfrac{P_N}{n_N}=7.06\text{N}\cdot\text{m}$。

3. $P_2=P_1-(P_{Cu}+P_{Fe}+P_m)=2.4\text{kW}$，$\eta=\dfrac{P_2}{P_1}=68.6\%$，$\cos\varphi_N=\dfrac{P_1}{\sqrt{3}UI}=0.5$。

$$n_0=\frac{60f}{p}=1500\text{r/min}，n=(1-s)n_0=1455\text{r/min}，T=9550\frac{P_2}{n_0}=15.75\text{N}\cdot\text{m}。$$

4.（1）本电路为时间控制的Y-△起动控制电路。

（2）$KT_1$ 为常闭延时断开触点，当 KT 线圈通电后，$KM_3$ 通电，电动机接成Y形起动。经过一定时间，$KT_1$ 断开，$KM_3$ 线圈断电。$KT_2$ 为一常开延时动合触点，在 $KT_1$ 断开的同时，$KT_2$ 闭合，$KM_2$ 线圈通电，电动机接成△，完成Y-△起动。

（3）FU 应选电流 $I_{FU}\geqslant 20A$ 的。

5. 电路为 $M_1$ 和 $M_2$ 电动机的顺序起停电路，$M_1$ 起动后才能起动 $M_2$，$M_2$ 停止后才能停止 $M_1$。另外电路还具有短路、过载和零压保护。

6.（1）填补电路如图解 p2.01 所示。

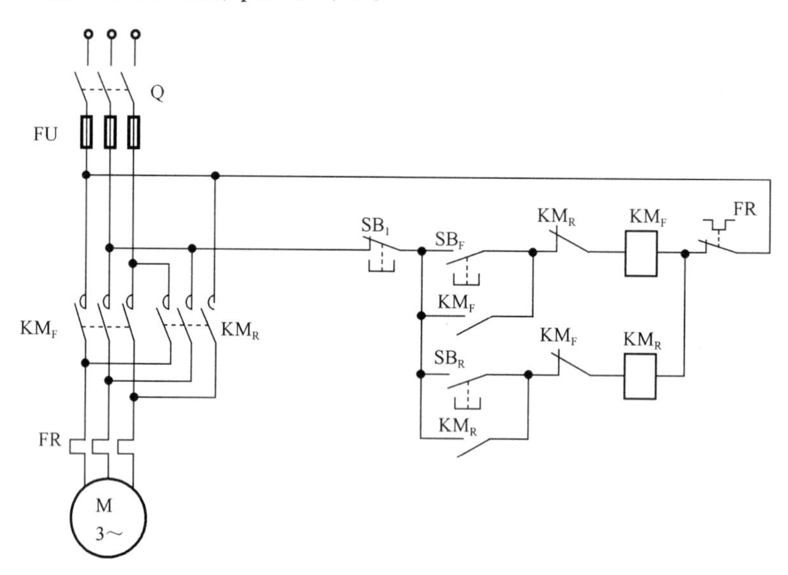


图解 p2.01

（2）元器件名称：闸刀开关 Q，熔断器 FU，热继电器 FR，交流接触器 KM，按钮 SB。

# 第 8 章　常用半导体器件

## 8.1　半导体基础知识

自然界中的物质，根据其导电能力的强弱，可分为导体、绝缘体和半导体。导体的导电能力很强，绝缘体不导电，半导体的导电能力则介于导体与绝缘体之间。

半导体除了导电能力与导体和绝缘体有所不同以外，其导电性能还有以下特点：

1）对温度敏感。半导体导电能力受温度影响大，温度愈高其导电能力愈强，利用这一特性可制造半导体热敏器件。

2）对光照敏感。半导体导电能力随光照影响而变化，光照愈强其导电能力愈强，利用这一特性可制造半导体光敏器件。

3）掺杂后导电能力剧增。在纯净的半导体中掺入微量的杂质（指其他元素），其导电能力会大大增加，利用这一特性，半导体可做成各种不同用途的半导体器件。

半导体的导电机理不同于其他物质，其根本原因是源于半导体物质的内部结构。常用的半导体材料有硅、锗、砷化镓等。

### 8.1.1　本征半导体和杂质半导体

1. 本征半导体

本征半导体就是完全纯净的、具有晶体结构的半导体。以硅为例，含有硅的材料经高纯度的提炼，制成单晶硅。整个晶体内原子都按一定规律整齐地排列，由于硅原子结构中最外层价电子为 4 个，所以在本征半导体的晶体结构中，每个原子的一个价电子与相邻的另一个原子的一个价电子组成一个电子对，从而形成共价键结构，如图 8.1.1 所示。

物体导电能力的大小取决于物体内能参与导电的粒子——载流子的多少。在绝对零度和没有外界影响时，共价键中的价电子被束缚很紧，此时本征半导体中无载流子的存在，这时本征半导体具有绝缘体的性能。当温度升高时，共价键中的价电子因受热而获得能量，其中一些价电子由于获得了足够的能量而挣脱了共价键的束缚成为自由电子，并在原来的位置上留下一个空位，这个空位称为空穴。可见，本征半导体中，自由电子和空穴是成对出现的，如图 8.1.2 所示。半导体中产生电子空穴对的现象称为本征激发。自由电子在运动过程中与空穴相遇时，释放能量并填补空穴，于是一对自由电子、空穴消失了。

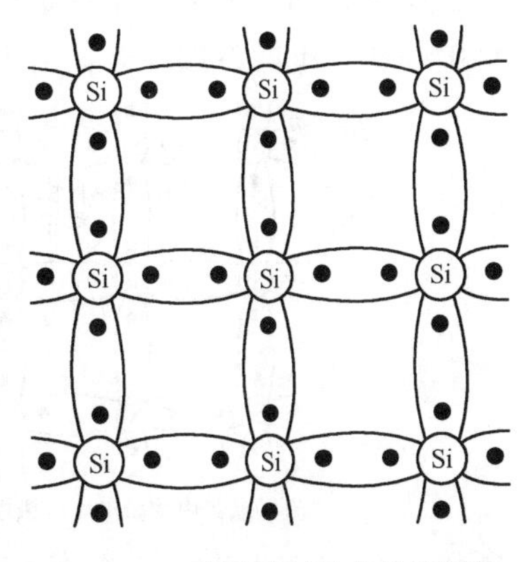

图 8.1.1　硅原子间的共价键结构

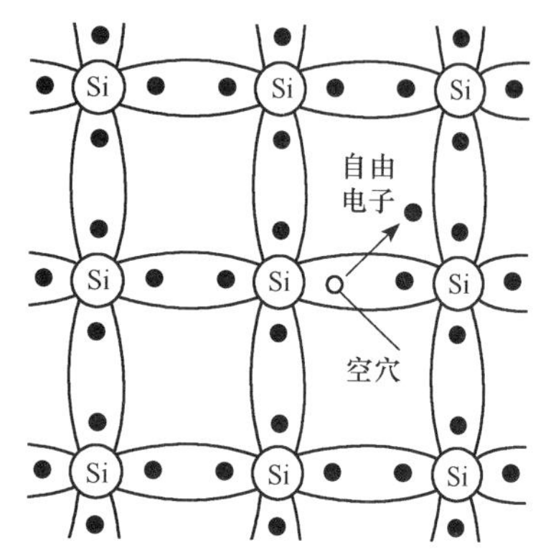

图 8.1.2　自由电子和空穴的产生

这种现象称为复合。在一定的条件下，激发与复合的过程达到动态平衡。本征半导体中的载流子保持一定的浓度。载流子的浓度受温度的影响很大，温度升高，载流子浓度也随之增加。

在一般情况下原子呈中性，当价电子挣脱共价键的束缚成为自由电子后，原子的中性便被破坏，带有空穴的原子因为少了一个电子而带一个正电荷，可以把这个正电荷看成是空穴所带的正电荷。没有电场作用时，自由电子和空穴的运动是随机的，不规则的，因而不会形成电流。在外加电场的作用下，自由电子逆着电场方向运动，形成电子电流；由于空穴的存在，相邻原子中的价电子会填补空穴，同时该原子的共价键中出现另一个空穴，这一空穴又可以由相邻原子中的价电子来递补。可见，价电子填补空穴的运动，就相当于空穴在与价电子运动相反的方向运动，为了区别于自由电子运动，我们把这种运动称为空穴运动，所形成的电流称为空穴电流。

由此看来，半导体中同时存在着自由电子导电与空穴导电。半导体中的总电流为电子电流和空穴电流之和。这是半导体导电方式的最大特点。

### 2. N 型半导体和 P 型半导体

本征半导体中虽然有自由电子和空穴两种载流子，但在常温下，数量都很少，导电能力很低。若在本征半导体中掺入百万分之一的有用杂质，其导电能力将成百万倍增加。掺入有用杂质的半导体叫做杂质半导体。掺入不同性质的杂质可以获得不同类型的半导体。

在本征半导体中掺入微量五价元素，如磷，本征硅晶格中某位置上的硅原子被磷原子替代。磷原子最外层有五个价电子，在与相邻的硅原子组成共价键后多余一个价电子，这个价电子很容易挣脱磷原子核的束缚而成为自由电子，如图 8.1.3 (a) 所示。在这样掺杂后的半导体中，自由电子浓度大大增加，这种半导体主要靠自由电子导电，所以称为电子半导体或 N 型半导体。在 N 型半导体中，自由电子浓度远大于空穴浓度，因而把自由电子叫做多数载流子，简称多子；把空穴叫做少数载流子，简称少子。N 型半导体中的五价杂质原子因失去电子而变成带正电荷的正离子，如图 8.1.3 (b) 所示，正离子不能自由移动，不能参加导电。由于五价杂质原子能够释放自由电子而被称为施主杂质。

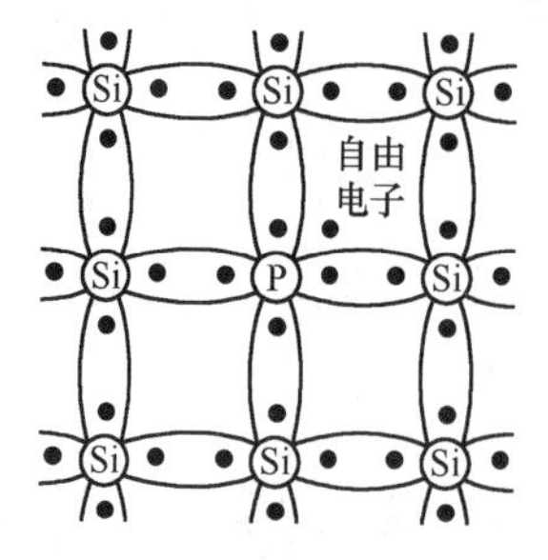

(a) 硅晶体中掺磷出现自由电子

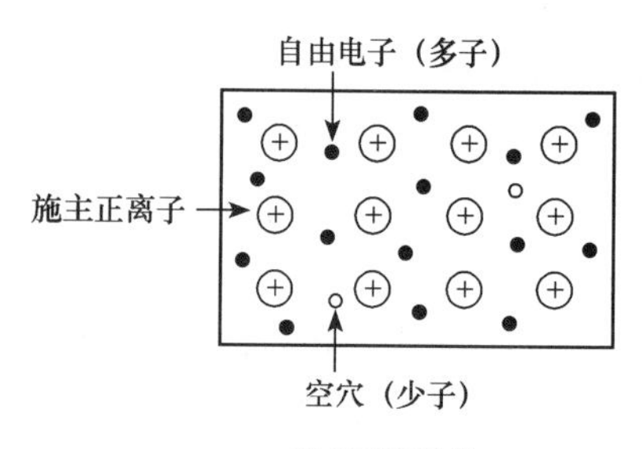

(b) N型半导体

图 8.1.3　N 型半导体的形成

在本征半导体中掺入微量的三价元素，如硼。本征硅晶格中的某些位置上的硅原子被硼原子所替代。硼原子最外层有3个价电子，在与相邻的硅原子组成共价键后因缺少一个电子而形成一个空穴，而邻近原子的价电子很容易填补这个空位，就在原来位置上留下一个空穴，如图8.1.4（a）所示，从而使掺杂后的半导体中空穴的浓度大大增加，这种半导体主要靠空穴导电，所以称之为空穴半导体或P型半导体。在P型半导体中，空穴浓度远大于自由电子浓度，因而把空穴叫做多数载流子，自由电子叫做少数载流子。P型半导体中的三价杂质原子因得到一个电子而变成负离子，如图8.1.4（b）所示，负离子不能自由移动，不能参加导电。由于三价杂质原子能够接受一个电子，故称为受主杂质。

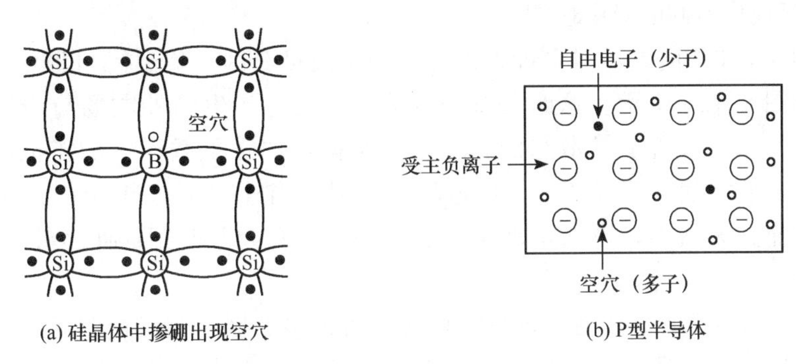


(a) 硅晶体中掺硼出现空穴　　(b) P型半导体

图8.1.4　P型半导体的形成

通过以上分析可知，杂质半导体中多子浓度主要取决于掺入的杂质浓度，而少子浓度主要与本征激发有关，因此受温度的影响很大，这将影响半导体器件的性能。整体上看，杂质半导体保持电中性。

### 8.1.2　PN结

1. PN结的形成

N型或P型半导体的导电能力虽然大大增强，但并不能直接用来制造半导体器件。用专门的制造工艺在同一块半导体晶片上形成N型半导体和P型半导体，在两种半导体的交界处就会形成PN结。PN结是构成各种半导体器件的基础。

在一块半导体晶片的两边经不同掺杂后分别形成P型和N型半导体，如图8.1.5所示。图中㊀代表得到一个电子的带负电的三价杂质离子，㊉代表失去一个电子的带正电的五价杂质离子。在两种半导体的交界面处，由于P区空穴浓度远高于N区，因而空穴从P区向N区扩散，并与N区的电子复合；同样，N区自由电子浓度远高于P区，自由电子从N区向P区扩散，并与P区的空穴复合，形成扩散电流。这样就在两个区的交界面两侧分别留下了不能移动的正负离子，形成了一个空间电荷区，

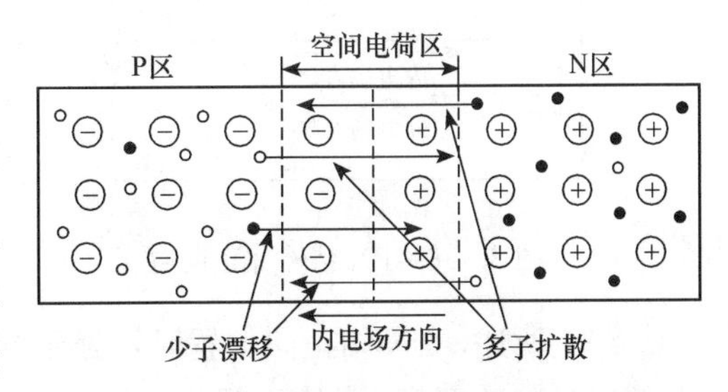


图8.1.5　PN结的形成

由于交界面两侧的空间电荷区一边带正电，一边带负电，在空间电荷区内就会形成一个内电场，其方向由带正电的N区指向带负电的P区，内电场阻碍多数载流子的继续扩散，并推动少数载流子越过空间电荷区，即向对方区域漂移，形成漂移电流。在外界条件不变时，最终载流子的扩散运动和漂移运动达到了平衡。空间电荷区的宽度也就稳定下来，这个空间电荷区就称为PN结。内电场的电压用$U_D$表示，一般只有零点几伏。

2. PN结的导电特性

PN结在没有外加电压作用时呈电中性，当在PN结两端加上不同极性的电压时，PN结便会呈现出不同的导电性能。

给PN结外加正向电压时，即外加电源的正极接P区，负极接N区，也称之为正向偏置，如图8.1.6所示。这时外加电压在PN结上产生的外电场与内电场方向相反，破坏了原来的载流子扩散与漂移运动的平衡，加强了载流子的扩散，削弱了载流子的漂移，使空间电荷区变窄，内电场被削弱，当外加正向电压大于内电场的$U_D$后，扩散电流大大增加，形成了较大的正向电流，PN结处于导通状态，PN结呈现的电阻很低。

给PN结外加反向电压时，即外加电源的负极接P区，正极接N区，也称之为反向偏置，如图8.1.7所示。这时外加电压在PN结上产生的外电场与内电场方向相同，也破坏了原来的平衡，使载流子的扩散难以进行，加强了载流子的漂移，使空间电荷区变宽，内电场被加强。仅有少数载流子的漂移形成很小的反向电流，PN结处于截止状态，PN结呈现的电阻很大。因为少数载流子是热激发产生的，而PN结反向电流是由少数载流子形成的，所以反向电流受环境温度的影响较大。在一定的温度下，由热激发产生的少子数量也是一定的。在外加电压产生的外电场已足以使全部少子参与导电时，反向电流将达到最大值且趋于稳定。在一定的范围内再增加反向电压，少子的数量并不增加，故反向电流不再随反向电压增加而增加，这时的反向电流称为反向饱和电流。

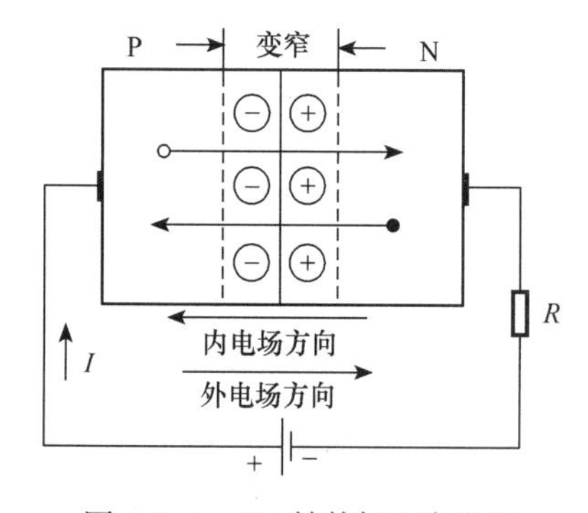


图8.1.6　PN结外加正向电压

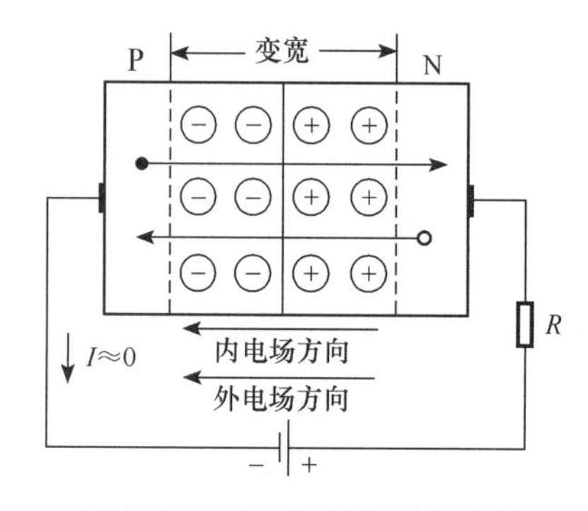


图8.1.7　PN结外加反向电压

综上所述，PN结正向偏置时，处于导通状态，呈低电阻，正向电流大；PN结反向偏置时，处于截止状态，呈高电阻，反向电流小。可见，PN结具有单向导电性。

# 8.2　半导体二极管

## 8.2.1　半导体二极管的结构和类型

半导体二极管是由 PN 结加上电极引出线和管壳而构成。P 区一侧引出的电极称为阳极，N 区一侧引出的电极称为阴极，二极管的图形符号如图 8.2.1（a）所示。

二极管的种类很多，按所用材料来分类，常用的有硅二极管和锗二极管；按结构分类，有点接触型和面接触型，如图 8.2.1（b）、（c）所示；按用途分类，有普通二极管、整流二极管、开关二极管、稳压二极管等。

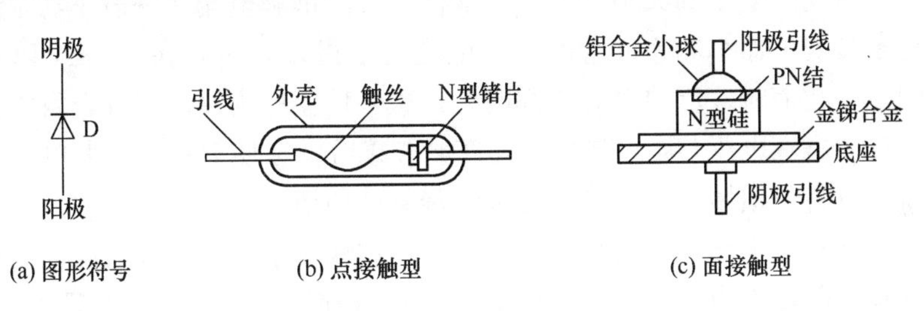


图 8.2.1　半导体二极管

## 8.2.2　二极管的伏安特性和主要参数

二极管的特性常用伏安特性表示，它是指二极管两端的电压和流过管子的电流之间的关系，如图 8.2.2 所示。二极管的本质是一个 PN 结，因此，它也具有单向导电性，其伏安特性可分为正向特性和反向特性两部分。

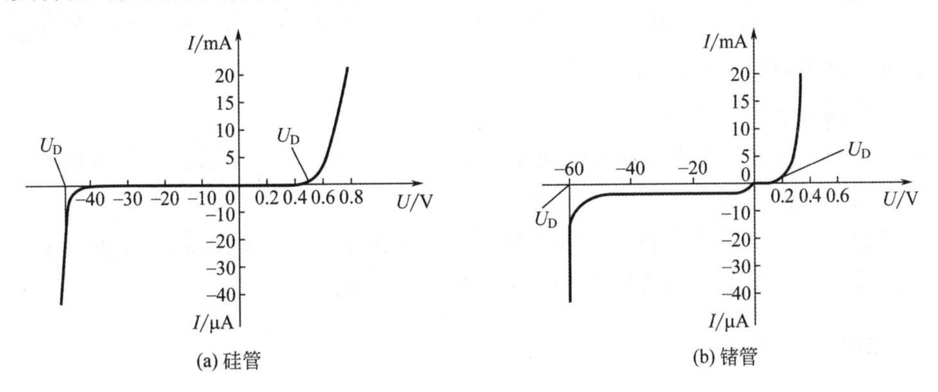


图 8.2.2　二极管的伏安特性

（1）正向特性

正向特性反映了二极管外加正向电压时电压与电流的关系。在正向电压很小时，外电场还不能克服 PN 结内电场对多数载流子扩散运动的阻力，正向电流几乎为零，二极管呈现一个大电阻。当正向电压超过某一数值后，正向电流迅速增加，这一电压称为死区电压 $U_D$，通常硅管为 0.5V，锗管为 0.2V。这时二极管的正向电阻很小。当二极管正向导通后，电流上升较快，但管压降变化不大，硅管的正向压降为 0.6～0.7V，锗管

的正向压降为0.2～0.3V。二极管导通后，其工作点附近的电压微变量$\Delta U_Q$与对应的电流微变量$\Delta I_Q$之比，称为二极管的动态电阻（交流电阻），用$r_d$表示，即$r_d=\frac{\Delta U_Q}{\Delta I_Q}$，由二极管正向特性可知，很小的$\Delta U_Q$会引起很大的$\Delta I_Q$，所以其动态电阻值很小。

二极管的伏安特性对温度很敏感，温度升高时，正向特征曲线向左移。这说明，对应同样大小的正向电流，正向压降随温升而减小。研究表明，温度每升高1℃，正向压降减小约2mV。

（2）反向特性

反向特性反映了二极管外加反向电压时电压与电流的关系。在一定范围内，反向电流基本不变，与反向电压的大小无关，通常称为反向饱和电流。一般小功率锗管的反向电流可达几十微安，而小功率硅管的反向电流要小得多，一般在0.1μA以下。当反向电压增加到一定数值时，反向电流急剧增大，这一现象称为反向击穿，发生击穿时的反向电压称为反向击穿电压$U_{BR}$。普通二极管被击穿后，会使PN结失去单向导电性且不能恢复，而导致管子损坏，使用二极管时应避免这种情况。

当温度升高时，半导体中热激发加强，使少数载流子增多，故反向电流增大，反向特性曲线下移。研究表明，温度每升高10℃，硅管和锗管的反向电流都近似增大一倍。

由伏安特性可知，二极管是一个非线性电阻元件，它的电压和电流之间不是线性比例关系，电阻不是一个常数。

二极管的特性除了用伏安特性曲线表示以外，还可以用一些数据说明。这些数据就是二极管的参数。二极管的参数用来表示二极管性能优劣及其适用范围，它是正确使用二极管、合理设计电路的依据。这些参数可以从半导体手册中查出。

（1）最大整流电流$I_{FM}$

它是指二极管长时间使用时所允许通过的最大正向平均电流。在使用时不能超过此值，否则二极管将因PN结过热而损坏。

（2）最高反向工作电压$U_{RM}$

它是保证二极管不被击穿而允许施加的最高反向电压，通常为反向击穿电压的1/2。

（3）最大反向电流$I_{RM}$

它是指二极管加上最大反向工作电压时的反向电流。反向电流大，说明二极管的单向导电性能差，该参数受温度的影响较大，使用时应加以注意。

### 8.2.3　二极管的应用

由于二极管的伏安特性是非线性的，为了简化分析计算，通常在二极管正常工作范围内将其线性化或理想化。如果二极管正向压降远小于电源电压时，把二极管理想化为一个开关。当外加正向电压时，二极管导通，其管压降和正向电阻为零，二极管相当于短路；当外加反向电压时，二极管截止，反向电流为零，反向电阻为无穷大，二极管相当于开路。如果二极管的正向压降与电源电压相差不大时，二极管正向压降不可忽略，可以用一个直流电压源$U_D$等效正向导通的二极管。当外加正向电压大于$U_D$时，二极管导通，二极管两端电压降为$U_D$；当外加电压小于$U_D$

时，二极管截止。

二极管的应用范围很广，它可用于整流、限幅、检波、元件保护以及在数字电路中作为开关元件。二极管在整流电路和数字电路中的应用将在后面章节中介绍，下面举几个其他方面应用的例子。

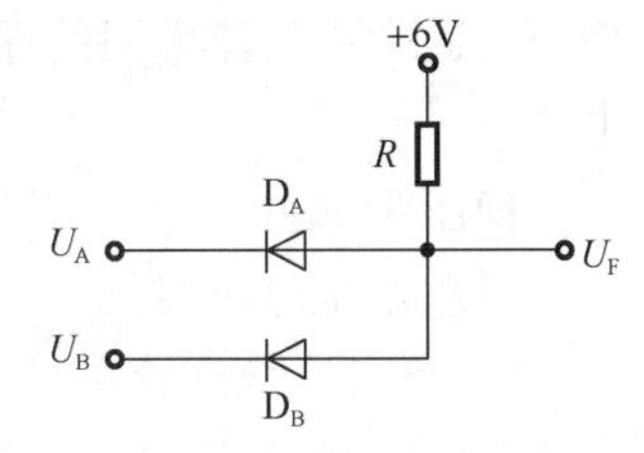

图 8.2.3　例 8.2.1 的电路

**【例 8.2.1】** 图 8.2.3 电路中，$D_A$ 和 $D_B$ 为硅二极管，导通时正向压降为 0.6V，求以下情况下的输出电压 $U_F$。

1）$U_A=U_B=3V$；

2）$U_A=3V$，$U_B=0V$。

**解**：1）二极管 $D_A$ 和 $D_B$ 阳极通过电阻 $R$ 接到 +6V 电源上，其阴极为输入端，此时为 +3V，故两个二极管上的电压是大小相等的正向电压，即有 $D_A$、$D_B$ 同时导通，则有

$$U_F=U_A+U_D=U_B+U_D=3+0.6=3.6(V)$$

2）这时 $U_A>U_B$，即二极管 $D_B$ 上的正向电压大于 $D_A$ 上的正向电压，因而 $D_B$ 优先导通，则有

$$U_F=U_B+U_D=0+0.6=0.6(V)$$

$D_B$ 导通后，起到箝位作用使 $U_F=0.6V$，使得 $D_A$ 承受反向偏置而截止，这时输出端电位 $U_F$ 与输入端电位 $U_A$ 无关，二极管 $D_A$ 起到隔离作用。

**【例 8.2.2】** 在图 8.2.4（a）电路中，设二极管 D 为理想二极管，$u_i=5\sin\omega t$ V，$E=3V$，试画出输出电压 $u_o$ 的波形。

**解**：在 $u_i$ 的正半周，当 $u_i<E$ 时，D 截止，$u_o=u_i$；当 $u_i>E$ 时，D 导通，$u_o=E=3V$。在 $u_i$ 的负半周，$u_i<E$，D 截止，$u_o=u_i$，该电路输出电压正半周的幅度被限制在 $E=3V$，可见是一个限幅电路。

## 8.2.4　稳压二极管

稳压二极管是用特殊工艺制造的二极管，它具有稳定电压的作用，它的图形符号与伏安特性如图 8.2.5 所示。

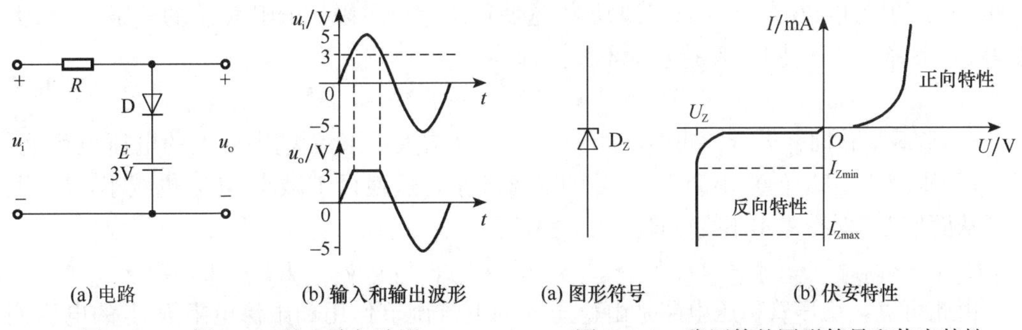

(a) 电路　(b) 输入和输出波形

图 8.2.4　例 8.2.2 的电路与波形

(a) 图形符号　(b) 伏安特性

图 8.2.5　稳压管的图形符号和伏安特性

稳压管的伏安特性与普通二极管的伏安特性相类似，只是其反向击穿特性陡一些。稳压管通常工作在特性陡直的反向击穿区。由伏安特性可见，当稳压管反向击穿后，反

向电流可以在相当大的范围内变化，而稳压管两端的电压变化很小，几乎不变，利用这一特性可以起到稳定电压的作用。这时稳压管两端的电压就称为稳定电压 $U_Z$。只要将反向电流限制在一定范围内，在反向电压去掉后，稳压管能恢复单向导电性，所以稳压管的击穿是可逆的。如果反向电流超过允许范围，稳压管将会发生热击穿而损坏，因此稳压管通常在限流电阻的保护下，工作在反向击穿区，并在稳压管两端得到一个稳定的电压。

稳压管的主要参数有以下几个。

（1）稳定电压 $U_Z$

$U_Z$ 是指当稳压管在正常工作下管子两端的电压。由于制造工艺的分散性，同一型号稳压管的稳压值也略有差异。

（2）稳定电流 $I_Z$

$I_Z$ 是指稳压管正常工作时的参考电流值。电流低于该值时，稳压效果略差；电流大于该值且在允许范围内，稳压效果愈好。

（3）最大整流电流 $I_{Zmax}$

$I_{Zmax}$ 指稳压管正常工作时允许通过的最大反向电流。

（4）动态电阻 $r_Z$

$r_Z$ 是指稳压管在正常工作时端电压的变化量与相应的电流变化量的比值。即

$$r_Z=\frac{\Delta U_Z}{\Delta I_Z} \tag{8.2.1}$$

稳压管的反向击穿特性越陡，则动态电阻越小，稳压性能越好。

（5）电压温度系数 $\alpha_U$

$\alpha_U$ 用来表示环境温度每变化 1℃时稳定电压相对变化的百分数。

（6）最大允许耗散功率 $P_{ZM}$

$P_{ZM}$ 指稳压管不会因 PN 结温度过高而发生热击穿的最大功率，$P_{ZM}=U_Z I_{ZM}$。

用稳压管构成的稳压电路如图 8.2.6 所示。现分析当电源电压或负载发生变化时，电路的稳压过程。

1）电源电压波动时。若 $U_i$ 增加，负载电压 $U_o=U_Z$ 随之增加，由稳压管伏安特性可知，$U_Z$ 的增加会引起 $I_Z$ 的显著增加，这使得 $I$ 增大，限流电阻 $R$ 上的电压 $U_R$ 增大使得 $U_o$ 下降，从而使 $U_o$ 保持基本不变。即

$$U_i\uparrow \rightarrow U_o\uparrow (U_Z\uparrow) \rightarrow I_Z\uparrow\uparrow \rightarrow I\uparrow \rightarrow U_R\uparrow \rightarrow U_o\downarrow$$

2）负载变化时。若 $R_L$ 减小，$I_L$ 增大，$I$ 也增大，限流电阻 $R$ 上的电压也增大，$U_o=U_Z$ 则减小，$U_Z$ 的减小会引起 $I_Z$ 的显著减小，这使得 $I$ 减小，$U_R$ 也减小，$U_o$ 上升，从而使 $U_o$ 保持基本不变。即

$$R_L\downarrow \rightarrow I_L\uparrow \rightarrow I\uparrow \rightarrow U_R\uparrow \rightarrow U_o\downarrow (U_Z\downarrow) \rightarrow I_Z\downarrow\downarrow \rightarrow I\downarrow \rightarrow U_R\downarrow \rightarrow U_o\uparrow$$

由此可见，稳压管稳压电路是由稳压管的电流调节作用和限流电阻 $R$ 上的电压调节作用相互配合实现稳压作用的。

**【例 8.2.3】** 如图 8.2.7 所示电路中，已知 $u_i=10\sin\omega t$ V，稳压管的 $U_Z=5.5$V，正向压降 $U_D=0.7$V，试画出 $u_o$ 的输出波形。

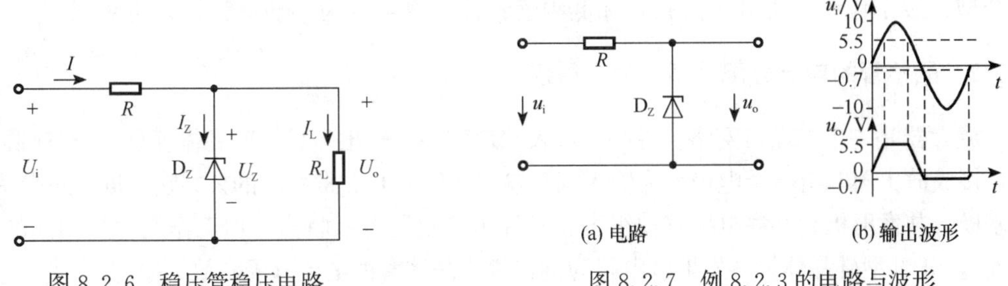


图 8.2.6　稳压管稳压电路

(a) 电路　(b) 输出波形

图 8.2.7　例 8.2.3 的电路与波形

**解**：在 $u_i$ 的正半周，当 $u_i<U_Z$ 时，稳压管尚未击穿，$u_o=u_i$；$u_i\geqslant U_Z$ 时，稳压管反向击穿，$u_o=U_Z=5.5\text{V}$。

在 $u_i$ 的负半周，这时稳压管为正向偏置状态，$|u_i|<U_D$ 时，稳压管尚未正向导通，$u_o=u_i$；当 $|u_i|\geqslant U_D$ 时，稳压管正向导通 $u_o=-U_D=-0.7\text{V}$，该电路为利用稳压管所构成的限幅电路。

# 8.3　晶体三极管

## 8.3.1　晶体管的结构与类型

半导体三极管也称为晶体三极管，简称晶体管。晶体管由两个背靠背的 PN 结组成，从结构上来分类就有 NPN 型和 PNP 型两种。它们的结构示意图和图形符号如图 8.3.1 所示。

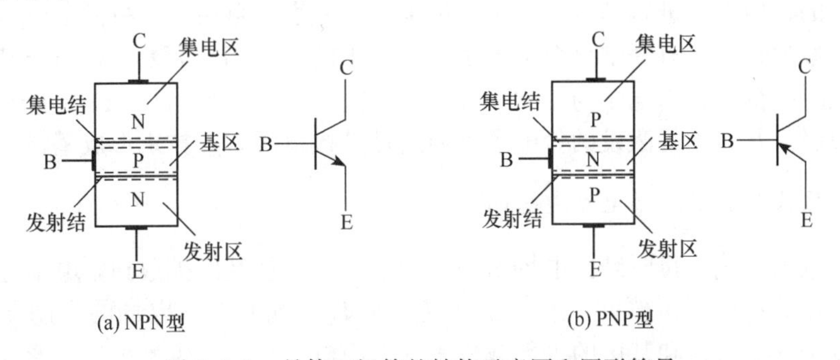


(a) NPN型　(b) PNP型

图 8.3.1　晶体三极管的结构示意图和图形符号

每个晶体管都有三个不同的导电区域，中间的是基区，两侧分别为发射区和集电区，每个导电区上引出的电极分别称为基极 B、发射极 E 和集电极 C。发射区与基区之间的 PN 结称为发射结，集电区与基区之间的 PN 结称为集电结。

晶体管的内部结构具有以下特点：

1）发射区的掺杂浓度远高于集电区掺杂浓度；集电区掺杂浓度大于基区掺杂浓度。

2）基区做得很薄，掺杂浓度最低。

3）集电区比发射区面积大。

这种结构上的特点是晶体管具有电流放大作用的基础。

晶体管的种类很多：按半导体材料可分为硅管和锗管；按制造工艺可分为平面型和合金型；按工作频率可分为高频管和低频管；按功率可分为小功率管和大功率管。

### 8.3.2　晶体管的电流分配关系和放大原理

放大器是一个二端口网络，有一个输入端口和一个输出端口，而晶体管是一个三端器件，接成放大器时有一个电极就为输入端和输出端所共有。按所用的公共端不同，可分为共基极、共发射极和共集电极三种组态。三种组态电路各有特点，但工作原理是相同的。下面以 NPN 型硅晶体管共发射极电路为例，说明晶体管的电流分配和放大原理。

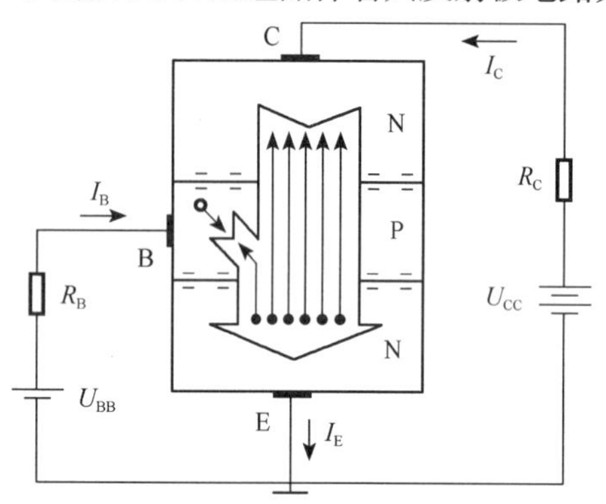


图 8.3.2　晶体三极管中的电流

晶体管内部结构上的特点是它具有放大作用的内部条件，而放大作用的外部条件是发射结要正向偏置，集电结要反向偏置。电路如图 8.3.2 所示。若用 PNP 管，只需将两个电源的极性颠倒过来。

1. 发射区向基区扩散电子

发射结正偏时，发射区的多子（自由电子）扩散到基区，基区中的多子（空穴）也要向发射区扩散，但由于基区掺杂浓度远远小于发射区掺杂浓度，因而可以认为发射极电流 $I_E$ 主要是电子电流。

2. 电子在基区的扩散与复合

发射区的自由电子进入基区后，由于浓度上的差别，自由电子将向集电结方向继续扩散，在扩散过程中，有一部分自由电子与基区中的空穴相遇而复合，由于基区很薄掺杂又少，只有很少的自由电子与空穴复合而形成电流 $I'_B$，绝大部分自由电子都能扩散到集电结边缘。基区中受激发的价电子不断地被基极电源 $U_{BB}$ 拉走形成基极电流 $I_B$。

3. 集电区收集扩散到集电结边缘的电子

由于集电结反偏，集电结内电场增强，面积又大，从基区扩散到集电结边缘的自由电子在该电场的作用下，被拉入集电区形成电流 $I'_C$。同时在该电场的作用下，集电区的少数载流子（空穴）和基区的少数载流子（自由电子）将产生漂移运动形成集—基极反向饱和电流 $I_{CBO}$（图中没有标出），这个电流很小，但受温度影响很大。

晶体管制成后，其基区厚度与载流子浓度是确定的，因此自由电子在基区扩散与复合的比例也是一定的。当加在发射结上的正向电压变化时，由发射区扩散到基区的自由电子数也随之变化，基区中向集电结扩散的自由电子所占比例比复合的大得多，所以 $I_C$ 的变化量 $\Delta I_C$ 也就比 $I_B$ 的变化量 $\Delta I_B$ 大得多，也就是 $I_B$ 的微小变化会引起 $I_C$ 的较大变化，这就是晶体管的电流放大作用。它反映出晶体管基极电流对集电极电流的控制作用。把 $I_C$ 与 $I_B$ 的比值称为晶体管的直流电流放大系数，用 $\bar{\beta}$ 表示，即

$$\bar{\beta}=\frac{I_C}{I_B} \tag{8.3.1}$$

由以上分析可知，晶体管各电极的电流构成如下：

$$I_B = I'_B - I_{CBO}$$

$$I_C = I'_C + I_{CBO} = \bar{\beta}I'_B + I_{CBO} = \bar{\beta}(I_B + I_{CBO}) + I_{CBO} = \bar{\beta}I_B + (1+\bar{\beta})I_{CBO}$$

$$I_E = I_B + I_C = I_B + \bar{\beta}I_B + (1+\bar{\beta})I_{CBO}$$

$$= (1+\bar{\beta})I_B + (1+\bar{\beta})I_{CBO} = (1+\bar{\beta})I_B + I_{CEO} \tag{8.3.2}$$

由以上几式可知，当 $I_B=0$，即基极开路时，有

$$I_E = I_C = I_{CEO} = (1+\bar{\beta})I_{CBO}$$

$I_{CEO}$ 称为集-射极穿透电流，它的大小与 $I_{CBO}$ 有关，受温度影响较大。

由以上分析过程可以看出晶体管中自由电子和空穴两种极性的载流子都参与导电，故称为双极型晶体管。

### 8.3.3　晶体管的特性曲线

晶体管是一个非线性元件，其各极之间电压和电流的关系，通常用伏安特性曲线表示。利用这些特性曲线可以较全面地了解晶体管的工作性能。特性曲线是晶体管内部微观现象的外部表现，从使用角度来看，了解晶体管特性曲线比了解其内部物理过程更为重要。特性曲线可以从半导体器件手册中查到，也可在晶体管特性图示仪上直观地显示出来，还可以用实验的方法来测定。如图 8.3.3 共发射极电路中，基极为输入端，$I_B$ 为基极电流，$U_{BE}$ 为基极和发射极之间的电压，集电极为输出端，$I_C$ 为集电极电流，$U_{CE}$ 为集电极和发射极之间的电压。

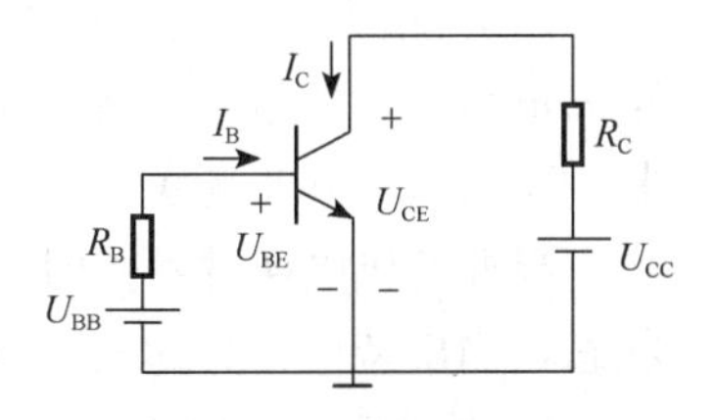


图 8.3.3　晶体管共发射极电路

1. 输入特性曲线

输入特性曲线是指集-射极之间的电压 $U_{CE}$ 为常数时，输入回路中基极电流 $I_B$ 与基-射极电压 $U_{BE}$ 之间的关系曲线，即

$$I_B = f(U_{BE})\big|_{U_{CE}=\text{常数}}$$

由图 8.3.4（a）可知，晶体管的输入特性与二极管的伏安特性相似，也有一段死区，硅管约为 0.5V，锗管约为 0.2V，只有 $U_{BE}$ 大于死区电压后，晶体管的基极电流 $I_B$ 才随 $U_{BE}$ 的增加而明显增加。

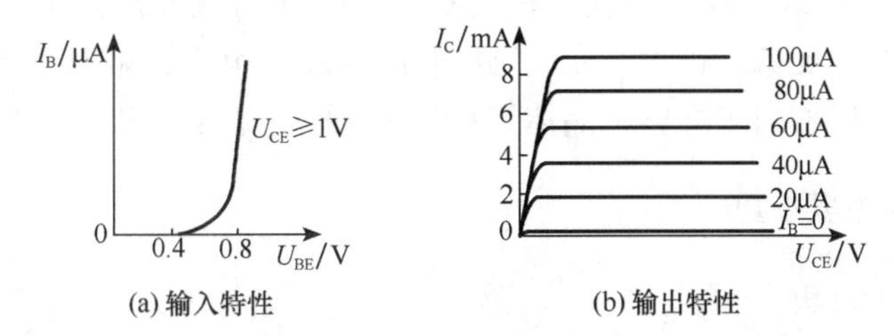


图 8.3.4　晶体管特性曲线

当改变 $U_{CE}$ 时，会得到不同的输入特性，但当 $U_{CE}$≥1V 后，$U_{CE}$ 的改变对输入特性的影响就很小了，也就是在 $U_{CE}$≥1V 后的输入特性基本上是重合的，所以通常只画

出 $U_{CE} \geqslant 1V$ 时的一条输入特性曲线。

2. 输出特性曲线

输出特性曲线是指基极电流 $I_B$ 为常数时，输出回路中集电极电流 $I_C$ 与集-射极电压 $U_{CE}$ 之间的关系曲线，即

$$I_C = f(U_{CE})\big|_{I_B=\text{常数}}$$

由图 8.3.4（b）可知，在不同的 $I_B$ 下有不同的曲线，所以晶体管的输出特性曲线是一簇曲线。$I_B$ 不同时的各条输出特性曲线的形状类似，开始都是陡斜上升，然后弯曲变平，这说明在 $U_{CE}$ 较小时，集电结的反向电压较小，对电子的吸引力还不够大，$I_C$ 随 $U_{CE}$ 的增加而明显增加；当 $U_{CE} \geqslant 1V$ 后，$U_{CE}$ 再增加，$I_C$ 却增加很少，几乎保持不变，表现出恒流特性，这是因为 $I_B$ 在一定时，由发射区扩散到基区的电子数是一定的，在 $U_{CE} \geqslant 1V$ 后，绝大部分电子都被拉入集电区形成 $I_C$，以至于 $U_{CE}$ 再增加，收集的电子数也不会再增加，$I_C$ 也就基本不变。

当 $I_B$ 增大时，相应的 $I_C$ 也增大，曲线上移，而且 $I_B$ 的增量越大，$I_C$ 向上移动的距离也越大，这说明了晶体管的电流放大作用，并且在 $U_{CE} \geqslant 1V$ 后，$I_C$ 仅受 $I_B$ 的控制，而与 $U_{CE}$ 几乎无关。

当外部供电条件不同时，晶体管将工作在三种不同状态，对应于晶体管的三种工作状态，输出特性也分为三个区。

1）饱和区。输出特性曲线陡斜上升和弯曲部分之间的区域为饱和区。此时 $U_{CE} < U_{BE}$，晶体管发射结、集电结均正偏。临界饱和状态时，$U_{CE} = U_{BE}$，集电极临界饱和电流 $I_{CS} = \dfrac{U_{CC} - U_{CES}}{R_C} \approx \dfrac{U_{CC}}{R_C}$，可见这时 $I_C$ 取决于外电路，$I_B$ 再增加，$I_C$ 已不可能再增加，故在饱和区内 $I_C$ 与 $I_B$ 不成比例关系，即 $I_C$ 不再受 $I_B$ 的控制，晶体管失去电流放大作用。饱和时集-射极电压称为饱和压降 $U_{CES}$，硅管约为 0.3V，锗管约为 0.1V，集电极与发射极之间相当于短路，晶体管相当于一个处于闭合状态的开关。

2）放大区。输出特性曲线比较平坦的部分为放大区。这时发射结正偏，集电结反偏。当 $I_B$ 一定时，$I_C = \bar{\beta} I_B$，呈现恒流特性。当 $I_B$ 改变时，较小 $\Delta I_B$ 产生较大 $\Delta I_C$，$\Delta I_C = \bar{\beta} \Delta I_B$，体现出晶体管对信号电流的放大作用。

3）截止区。$I_B = 0$ 的输出特性曲线以下的区域为截止区，此时发射结、集电结均反偏，$I_C = I_{CEO}$。对 NPN 型硅管而言，当 $U_{BE} < 0.5V$ 时就开始截止。但为了得到可靠截止，常把发射结也反偏，即 $U_{BE} \leqslant 0$。此时 $I_C = I_{CEO}$ 很小，可忽略不计，$U_{CE} \approx U_{CC}$，集电极与发射极之间相当于开路，晶体管相当于一个处于断开状态的开关。

### 8.3.4　晶体管的主要参数

（1）电流放大系数 $\bar{\beta}$ 和 $\beta$

在晶体管接成共发射极电路且无输入信号（静态）时，集电极电流 $I_C$ 与基极电流 $I_B$ 的比值称为共发射极直流电流放大系数，用 $\bar{\beta}$ 表示，即 $\bar{\beta} = \dfrac{I_C}{I_B}$。

当加有输入信号（动态）时，集电极电流的变化量 $\Delta I_C$ 与基极电流的变化量 $\Delta I_B$ 的比值称为共发射极交流电流放大系数，用 $\beta$ 表示，即 $\beta=\frac{\Delta I_C}{\Delta I_B}$。

$\overline{\beta}$ 和 $\beta$ 的含义不同，但在特性曲线间距均匀的线性放大区内，两者数值接近，通常认为 $\overline{\beta}=\beta$。

（2）集-基极反向饱和电流 $I_{CBO}$

$I_{CBO}$ 是指发射极开路时，集电结反偏时的电流，它实际上和单个 PN 结的反向电流是一样的，它由少数载流子漂移形成，受温度影响较大。作为晶体管的性能指标，$I_{CBO}$ 越小越好。硅管的 $I_{CBO}$ 比锗管的小，大功率管的 $I_{CBO}$ 数值较大，使用时应予以注意。

（3）穿透电流 $I_{CEO}$

$I_{CEO}$ 是指基极开路时的集电极电流。由于该电流从集电极穿过基区到达发射极，故称为穿透电流。根据晶体管的电流分配关系 $I_{CEO}=(1+\overline{\beta})\ I_{CBO}$，所以 $I_{CEO}$ 也受温度的影响。

（4）集电极最大允许电流 $I_{CM}$

$I_{CM}$ 是指晶体管参数变化不超过允许值时集电极允许的最大电流。当 $I_C>I_{CM}$ 时，其 $\beta$ 值将显著下降。

（5）集-射极反向击穿电压 $U_{(BR)CEO}$

$U_{(BR)CEO}$ 是指基极开路时，加在集电极与发射极之间的最大允许电压。若 $U_{CE}>U_{(BR)CEO}$，会导致晶体管被击穿损坏。

（6）集电极最大允许耗散功率 $P_{CM}$

晶体管工作时集电极耗散功率 $P_C=U_{CE}I_C$，若 $P_C>P_{CM}$，会导致晶体管过热而损坏。

## 8.4　场效应管

场效应管也是一种半导体三极管，其功能与晶体管相似，也可以用作放大元件和开关元件，但工作原理不同于晶体管，它利用外加电压产生的内电场或表面电场控制导电沟道的宽窄，即改变沟道的电阻，从而改变电流的大小。

场效应管分为结型场效应管和绝缘栅场效应管两大类。绝缘栅场效应管又分为增强型和耗尽型两大类，每一类中又分为 N 沟道和 P 沟道两种。这里以 N 沟道增强型绝缘栅场效应管为例。

### 8.4.1　场效应管的基本结构

图 8.4.1 是 N 沟道增强型绝缘栅场效应管示意图。用一块掺杂浓度较低的 P 型半导体为衬底，用扩散的方法在衬底中形成两个高掺杂浓度的 N 型区，并分别引出电极，称为源极 S 和漏极 D，在衬底的表面覆盖一层很薄的二氧化硅绝缘层，在源极与漏极之间的绝缘层上覆盖一层铝片，引出栅极 G。由于栅极与其他电极以及导电沟道之间是绝缘的，所以称为绝缘栅场效应管。由于器件的结构中包括了金属（铝）—氧化物（二氧化硅）—半导体，故又称为金属—氧化物—半导体（Metal-Oxide-Semiconductor）场效

应管，简称 MOS 场效应管，结构图中 B 为衬底引线，通常将它与源极或地相连，有的产品在出厂时已将 B 与 S 连接好，这样的产品只有 3 个引脚；有的产品是让用户使用时自己连接，这样的产品有 4 个引脚。衬底 B 的箭头方向是区别 N 沟道与 P 沟道的标志。

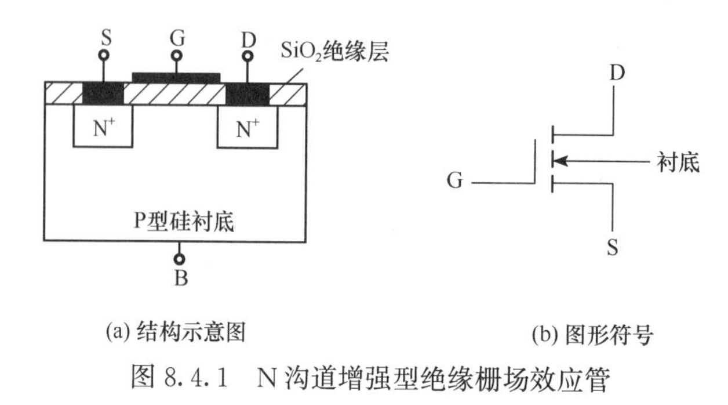


(a) 结构示意图　　(b) 图形符号

图 8.4.1　N 沟道增强型绝缘栅场效应管

### 8.4.2　场效应管的工作原理

由结构图可以看出，源区、衬底、漏区形成了两个背靠背的 PN 结。

当 $U_{GS}=0$ 时，不管漏极与源极之间的电压 $U_{DS}$ 的极性如何，其中总有一个 PN 结是反偏的，漏源之间没有形成导电沟道，漏极电流 $I_D$ 几乎为零。

当栅极与源极之间加有正向电压 $U_{GS}$ 时，如图 8.4.2 所示，相当于以二氧化硅为介质的平板电容器，在栅极经绝缘层到衬底之间形成垂直方向的电场，在该电场的作用下，吸引衬底中的电子到表面层，当 $U_{GS}$ 大于某一数值 $U_{GS(th)}$ 时，就会吸引足够多的电子形成一个电子薄层，即 N 型层，这个由 P 型区转化而来的 N 型层通常称为反型层，反型层沟通了源区和漏区，成为它们之间的导电沟道。将在一定的漏源电压 $U_{DS}$ 下，形成导电沟道所需的 $U_{GS}$ 临界值 $U_{GS(th)}$ 称为开启电压。

导电沟道形成后，在漏极与源极之间加有正向电压 $U_{DS}$ 时（见图 8.4.3），就有电流从导电沟道流过形成漏极电流 $I_D$。$U_{GS}$ 越大，导电沟道越宽，沟道电阻越小，$I_D$ 越大。由此可见栅源电压 $U_{GS}$ 对漏极电流 $I_D$ 的控制作用。这种必须外加栅源电压 $U_{GS}$ 才能形成导电沟道的场效应管称为增强型场效应管。由于此导电沟道是 N 型的，故将这类 MOS 管称为 N 沟道增强型 MOS 管（简称 NMOS 管）。加上漏源电压 $U_{DS}$ 后，由于导电沟道存在电位梯度，所以导电沟道宽窄不均，呈楔形。由于场效应管导通后，只有一种载流子参与导电，所以又称为单极型晶体管。

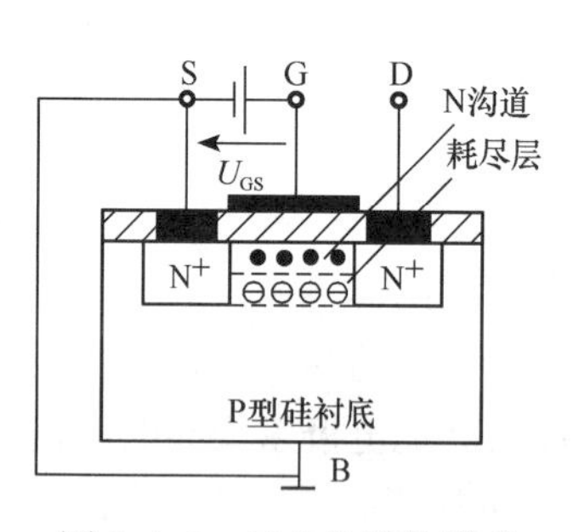


图 8.4.2　导电沟道的形成

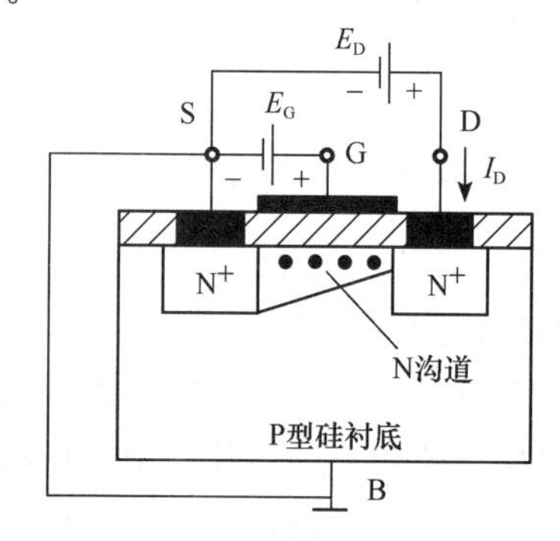


图 8.4.3　场效应管的导通

如果在制造过程中，在二氧化硅绝缘层中掺入大量的正离子，这些正离子所形成的电场使得在源极与漏极之间形成原始导电沟道，即在 $U_{GS}=0$ 时，加上漏源电压 $U_{DS}$ 后，就能产生漏极电流 $I_D$。这种具有原始导电沟道的场效应管称为耗尽型场效应管，其结构与图形符号如图 8.4.4 所示。在增强型场效应管符号中，源极 S 与漏极 D 之间的连线是断开的，表示 $U_{GS}=0$ 时导电沟道没有形成。

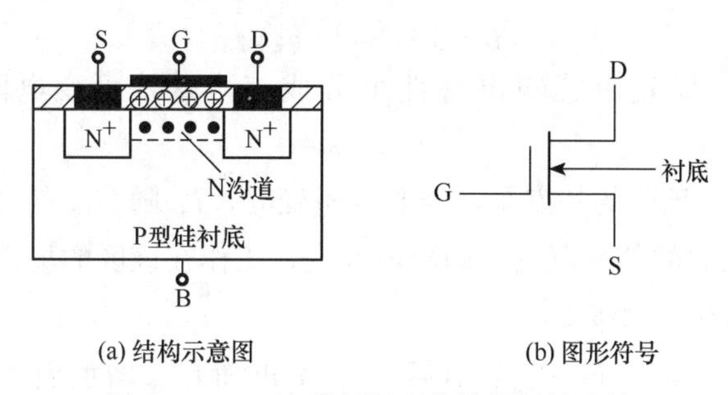


(a) 结构示意图　(b) 图形符号

图 8.4.4　N 沟道耗尽型绝缘栅场效应管

当 MOS 管以 N 型半导体为衬底时，两个高掺杂浓度区为 P 区，源极 S 和漏极 D 分别接在两个 P 型区，在一定的供电条件下可形成 P 型的导电沟道，简记作 PMOS 管。其工作原理同 NMOS 管，只是在使用时两者的电源极性和电流方向相反。

### 8.4.3　场效应管的特性曲线

场效应管的电压、电流关系也可用特性曲线来描述。由于 MOS 管的栅极是绝缘的，栅极电流 $I_G\approx 0$，因而不讨论 $I_G$ 与 $U_{GS}$ 之间的输入特性，只讨论 $I_D$ 与 $U_{DS}$ 和 $U_{GS}$ 之间的输出特性与转移特性。现以 N 沟道增强型场效应管为例，如图 8.4.5 所示。

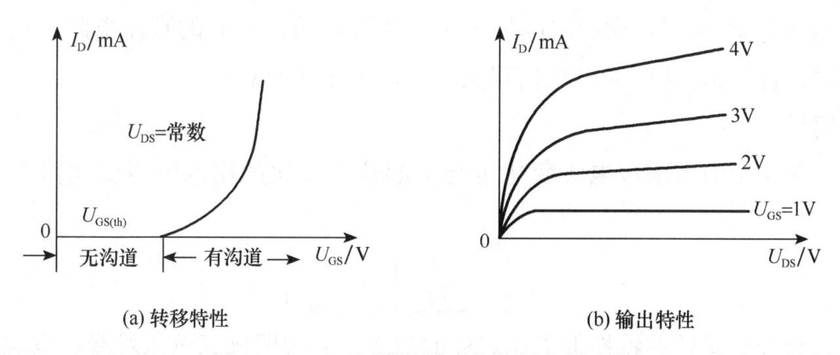


(a) 转移特性　(b) 输出特性

图 8.4.5　N 沟道增强型绝缘栅场效应管

1. 转移特性

转移特性是指在 $U_{DS}$ 一定时，漏极电流 $I_D$ 与栅源电压 $U_{GS}$ 之间的关系。即

$$I_D=f(U_{GS})\big|_{U_{DS}=\text{常数}}$$

所谓转移特性，就是输入电压 $U_{GS}$ 对输出电流 $I_D$ 的控制特性。在 $0<U_{GS}<U_{GS(th)}$

的范围内，漏源之间的沟道尚未联通，$I_D \approx 0$，只有在 $U_{GS} > U_{GS(th)}$ 时，$I_D$ 随 $U_{GS}$ 变化而变化。即场效应管为电压控制电流器件。

2. 输出特性

输出特性是指在 $U_{GS}$ 一定时，漏极电流 $I_D$ 与漏源电压 $U_{DS}$ 之间的关系。即

$$I_D = f(U_{DS})\big|_{U_{GS}=\text{常数}}$$

与晶体管类似，场效应管输出特性可分成三个区：可变电阻区、恒流区和截止区。

1）可变电阻区。该区的特点是，当 $U_{GS}$ 不变时，$I_D$ 随 $U_{DS}$ 的增大而线性增大；当 $U_{GS}$ 改变时，特性曲线的斜率改变，即阻值改变，工作在该区的场效应管相当于一个受栅源电压 $U_{GS}$ 控制的可变电阻。

2）恒流区。在 $U_{GS}$ 大于一定数值后，$I_D$ 不再随 $U_{DS}$ 增加而增加，表现出恒流特性，但 $I_D$ 仍受 $U_{GS}$ 控制，$U_{GS}$ 增加，$I_D$ 将增加。这个区域也叫做放大区。场效应管用作放大元件时就工作在该区。

3）截止区。该区对应于 $U_{GS} \leqslant U_{GS(th)}$ 的情况，此时由于没有形成导电沟道，$I_D \approx 0$，管子处于截止状态。这个区域和横轴几乎重合，图 8.4.5 中未画出。

### 8.4.4 场效应管的主要参数

（1）开启电压 $U_{GS(th)}$

该参数是增强型场效应管的参数。对 N 沟道管而言，$U_{GS(th)}$ 为正值；对 P 沟道管而言，$U_{GS(th)}$ 为负值。

（2）直流输入电阻 $R_{GS}$

它是指在 $U_{DS}=0$ 时，栅源之间加一定电压时，栅源极间的直流电阻。由于栅源极间为绝缘层，$I_G \approx 0$，所以 $R_{GS}$ 数值很大，一般大于 $10^9\,\Omega$。

（3）跨导 $g_m$

在 $U_{DS}$ 为常数时，漏极电流变化量与引起这个变化的栅源电压变化量之比称为跨导，即

$$g_m = \frac{\Delta I_D}{\Delta U_{GS}}\bigg|_{U_{DS}=\text{常数}}$$

可见，跨导就是转移特性上工作点处的斜率。它表明栅源电压对漏极电流的控制能力，也反映了场效应管的放大能力。

（4）漏极最大允许电流 $I_{DM}$

$I_{DM}$ 是指场效应管工作时所允许的最大漏极电流。

（5）漏极最大耗散功率 $P_{DM}$

指管子工作时所允许的最大耗散功率，$P_{DM}=U_{DS}I_{DM}$。当耗散功率超过此值时，会使管子温度过高而损坏。

# 习　题

8.2.1　判断题图 8.01 电路中的二极管工作状态并计算 $U_{ab}$，设二极管是理想的。

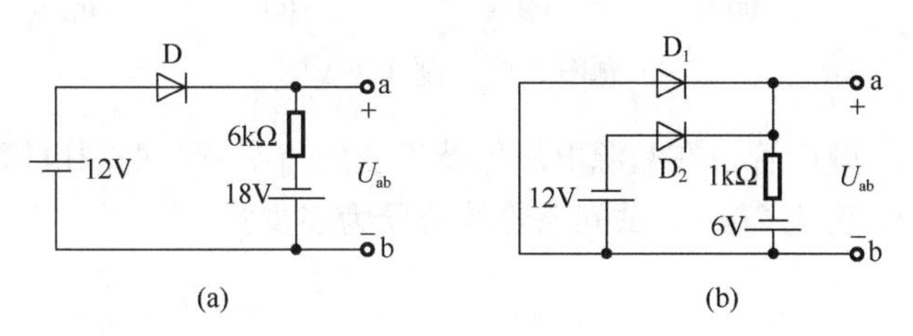


题图 8.01　题 8.2.1 图

8.2.2　题图 8.02 电路中，$E=5V$，$u_i=10\sin\omega t$ V，二极管的正向压降可忽略不计，试分别画出输出电压 $u_o$ 的波形。

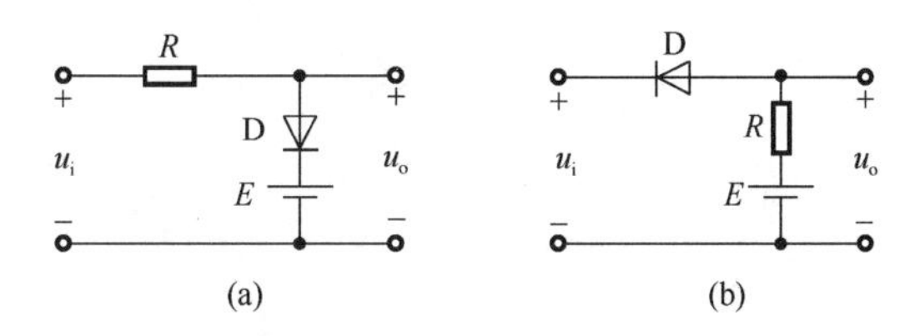


题图 8.02　题 8.2.2 图

8.2.3　现有两个稳压管 $D_{Z1}$ 和 $D_{Z2}$，其稳定电压分别为 4.5V 和 9.5V，正向压降都是 0.5V，求题图 8.03 各电路中的输出电压 $U_o$。

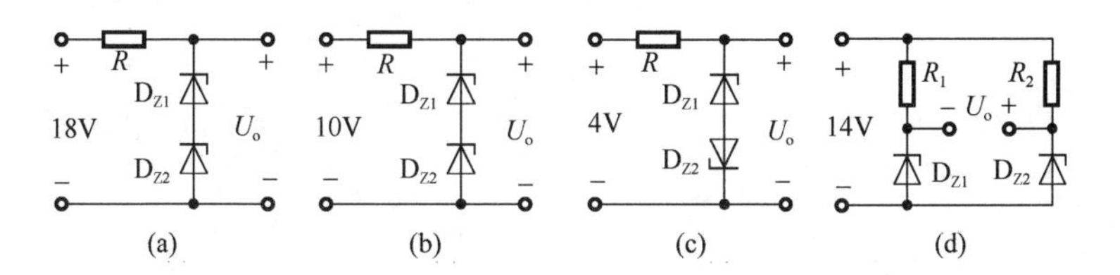


题图 8.03　题 8.2.3 图

8.2.4　题图 8.04 电路中，$E=20V$，$R_1=900\Omega$，$R_2=1100\Omega$，稳压管稳定电压 $U_Z=10V$，最大稳定电流 $I_{ZM}=8mA$。试求稳压管中通过的电流 $I_Z$ 是否超过 $I_{ZM}$？如果超过怎么办？

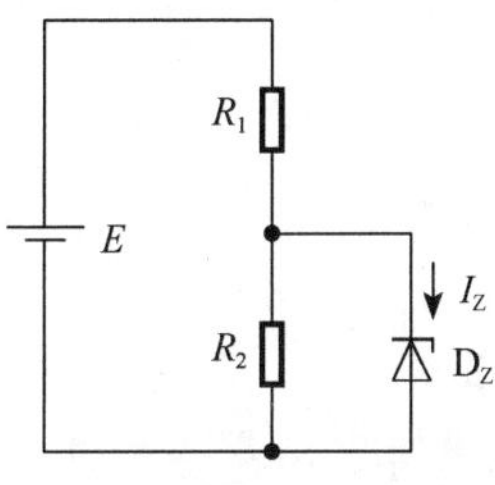


题图 8.04　题 8.2.4 图

8.3.1　分析题图 8.05 电路中各硅晶体管的工作状态（放大、饱和、截止或损坏）。

8.3.2　测得某放大电路中的晶体管的三个电极 A、B、C 对地电位分别为 $U_A=-9V$，$U_B=-6V$，$U_C=-6.3V$，试分析 A、B、C 中哪个是基极 b、发射极 e、集电极 c，并说明此晶体管是 NPN 管还是 PNP 管，是硅管还是锗管？

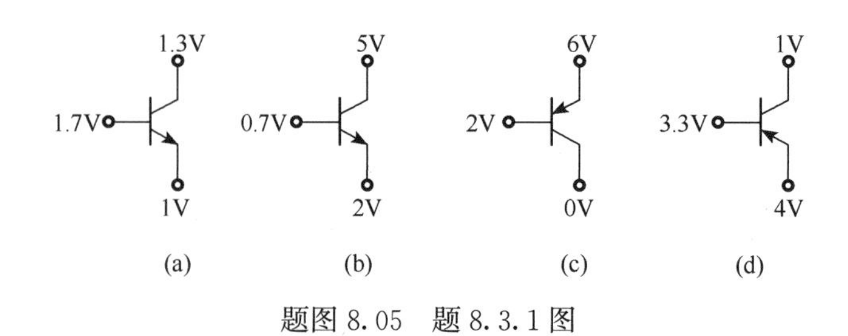


题图 8.05　题 8.3.1 图

8.4.1　有一场效应管，在漏源电压保持不变的情况下，栅源电压 $U_{GS}$ 变化 3V 时，相应的漏极电流 $I_D$ 变化 2mA，试问该管的跨导为多少？

# 第 9 章　基本放大电路

放大电路的功能是将微弱的电信号（电压、电流）加以放大，在输出端输出一个与输入信号波形相同而幅度增大了的信号。以晶体管（或场效应管）为核心元件组成的基本放大电路是构成各种复杂电子电路的基本单元。

放大电路的性能指标是衡量放大电路品质优劣的标准，也是分析和设计放大电路的依据。放大电路的主要性能指标有电压放大倍数、输入电阻、输出电阻、通频带、非线性失真等。

## 9.1　共发射极放大电路

### 9.1.1　放大电路的组成及工作原理

图 9.1.1 中点划线框内是一个单管共发射极放大电路。放大电路的输入端接信号源。信号源向放大电路提供的电信号可以由其他物理量转化而来，对于放大电路而言，可以把信号等效为电压源或电流源（图中以电压源为例，$R_S$ 为信号源内阻）。放大电路的输出端接有负载，负载既可以是某些设备、器件，也可以是下一级放大电路，这里用一个电阻来等效代替。

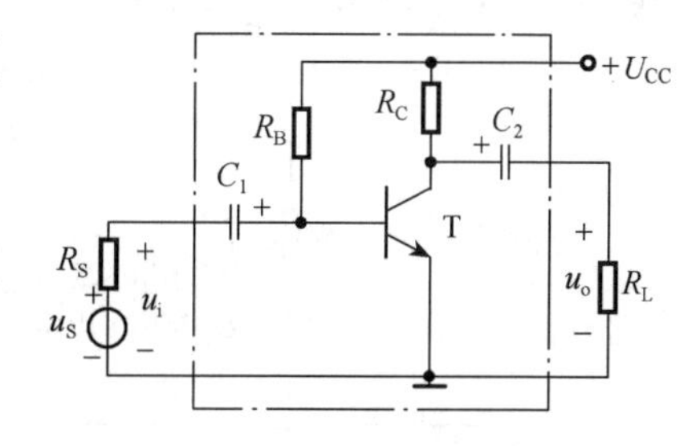


图 9.1.1　基本交流放大电路

晶体管用 T 来表示，它是放大电路的核心，当输入信号 $u_i$ 引起晶体管基极电流的变化时，从而引起集电极电流的变化，以基极电流控制集电极电流以致在负载上得到一个放大了的信号。由此可见，放大电路的作用是针对变化的信号量而言，信号放大所增加的能量是由直流电源提供的，实质上晶体管在这里起一个能量转换控制元件的作用。

集电极电源 $U_{CC}$ 为晶体管提供偏置电压使晶体管工作在放大区，并为放大电路提供放大所需的能量。

集电极负载电阻 $R_C$ 可以将集电极电流的变化转化成 $R_C$ 上电压降的变化，使晶体管集-射极电压随之变化，并传送到负载上输出。可见，通过 $R_C$ 可以实现把晶体管的电流放大作用转换为放大电路的电压放大作用。

基极偏置电阻 $R_B$ 与电源配合使晶体管有一个合适的工作状态。改变 $R_B$ 就可以调整基极电流的大小。

$C_1$、$C_2$ 为隔直耦合电容。$C_1$ 隔断了信号源与放大电路的直流联系，同时也将输入信号传送到晶体管的基极。$C_2$ 隔断了放大电路与负载间的直流联系，同时也将放大电路的输出信号传送给负载。因为 $C_1$、$C_2$ 的容量都很大，对交流信号的容抗很小，使信

号在电容上的压降小到可以忽略不计。由此可见，这样的放大电路是一个交流放大电路，不能放大直流信号。

在电子电路中，通常把公共端接“地”，并作为参考零电位，实际上它并不是真正接到大地的地电位，所以电路中各点的电位就是该点与“地”参考点的电压。

放大电路的分析分为静态分析和动态分析。分析时可用不同的符号来表示不同性质的电量。大写字母加大写下标，如 $I_B$、$I_C$ 和 $U_{CE}$ 等代表直流分量；小写字母加小写下标，如 $i_b$、$i_c$ 和 $u_{ce}$ 等代表交流分量瞬时值；小写字母加大写下标，如 $i_B$、$i_C$ 和 $u_{CE}$ 等代表总的瞬时值，即直流分量与交流分量的和。

放大电路在没有输入信号时的工作状态称为静态。此时电源 $U_{CC}$ 经 $R_B$ 给发射结加上了正向偏置电压，经 $R_C$ 给集电结加上了反向偏置电压，晶体管处于放大状态，晶体管各极电流和极间电压都是直流量。

放大电路在加有输入信号时的工作状态称为动态。放大电路的实际输入信号并非单一频率的正弦波，但这些信号可以看成是由许多不同幅值、不同频率的正弦波叠加而成的，所以在对放大电路进行性能分析和测试时，通常用正弦波作为输入信号。

放大电路的输入端加入正弦信号后，如图 9.1.2 所示，电路中的各电压和电流都会在原来静态值的基础上叠加一个交流分量。输入信号 $u_i$ 由 $C_1$ 耦合到晶体管发射结两端，即 $u_{be}=u_i$，其交、直流总量为

$$u_{BE}=U_{BE}+u_{be}=U_{BE}+u_i$$

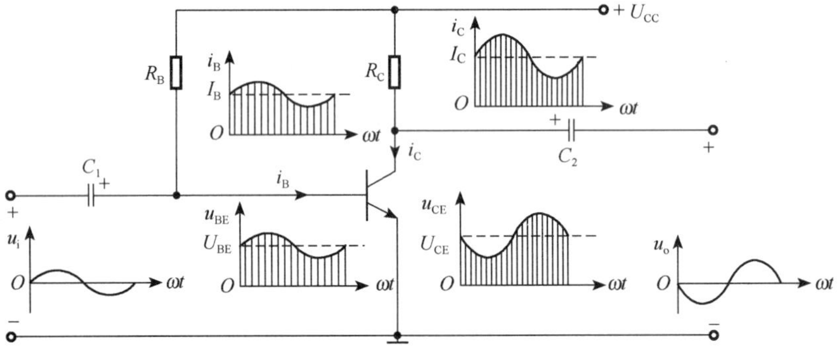

图 9.1.2　信号的放大过程

由晶体管输入特性可知，$u_{BE}$ 的变化将引起基极电流 $i_B$ 的变化，即产生基极信号电流 $i_b$，故有

$$i_B=I_B+i_b$$

基极电流的变化必然引起集电极电流的变化，由此产生集电极信号电流 $i_c$，故有

$$i_C=I_C+i_c=\beta I_B+\beta i_b$$

集电极电流的变化使得集-射极瞬时管压降随之变化，在负载开路的情况下，则

$$\begin{aligned}u_{CE}&=U_{CC}-i_C R_C=U_{CC}-(I_C+i_c)R_C=(U_{CC}-I_C R_C)-i_c R_C\\&=U_{CE}+(-i_c R_C)=U_{CE}+u_{ce}\end{aligned}$$

由此可见集电极信号电流 $i_c$ 流经 $R_C$，引起电压降 $i_c R_C$ 的变化，即 $u_{ce}=-i_c R_C$，这里可以看出，通过集电极电阻 $R_C$ 把晶体管的电流放大作用（$i_c=\beta i_b$）转化为 $u_{R_C}=$

$i_c R_C$，并反映在管子极间电压上，即把电流放大作用转化为电压放大作用。通过 $C_2$ 的耦合，信号电压 $u_{ce}$ 作为放大电路的输出电压送给负载，即 $u_o = u_{ce} = -i_c R_C$。输出信号 $u_o$ 与输入信号 $u_i$ 的相位是相反的。

### 9.1.2　放大电路的分析

1. 静态分析

静态分析就是分析当信号 $u_i = 0$ 时放大电路的直流工作情况，以确定晶体管各电极电压和电流的静态值，即确定静态值 $U_{BE}$、$I_B$、$I_C$、$U_{CE}$。静态时，在晶体管的输入特性和输出特性上所对应的工作点称为静态工作点，用 $Q$ 来表示。静态值是与静态工作点相对应的，换句话说，静态分析的目的就是要确定放大电路的静态工作点。静态分析的主要方法有估算法和图解法。

（1）估算法

由于 $C_1$、$C_2$ 对直流相当于开路。故图 9.1.1 所示的放大电路的直流通路如图 9.1.3 所示。

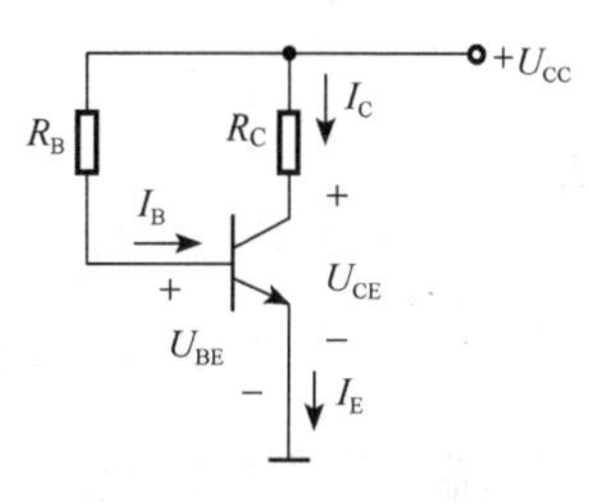


图 9.1.3　图 9.1.1 放大电路的直流通路

晶体管工作在放大状态时，发射结正偏，$U_{BE}$ 为 0.6～0.7V，基本为常数。由此再计算其余几个静态值。由基尔霍夫定律写出输入回路电压方程：

$$U_{BE} = U_{CC} - I_B R_B \tag{9.1.1}$$

即

$$I_B = \frac{U_{CC} - U_{BE}}{R_B}$$

由于 $U_{BE} \ll U_{CC}$，在近似计算中，有

$$I_B \approx \frac{U_{CC}}{R_B} \tag{9.1.2}$$

$$I_C = \beta I_B \tag{9.1.3}$$

由基尔霍夫定律写出输出回路电压方程为

$$U_{CE} = U_{CC} - I_C R_C \tag{9.1.4}$$

**【例 9.1.1】**　在图 9.1.1 电路中，若 $U_{CC} = 12\text{V}$，$R_C = 4\text{k}\Omega$，$R_B = 300\text{k}\Omega$，$\beta = 37.5$，试求放大电路的静态值。

**解**：由式（9.1.2）可得

$$I_B \approx \frac{U_{CC}}{R_B} = \frac{12}{300} = 0.04(\text{mA}) = 40(\mu\text{A})$$

$$I_C = \beta I_B = 37.5 \times 0.04 = 1.5(\text{mA})$$

$$U_{CE} = U_{CC} - I_C R_C = 12 - 1.5 \times 4 = 6(\text{V})$$

（2）图解法

图解法是根据电路参数和晶体管的输入特性、输出特性通过作图的方法来得到放大电路的静态值。

输入回路的电压方程 $U_{BE} = U_{CC} - I_B R_B$ 描述的 $I_B$ 与 $U_{BE}$ 的关系是一条直线，即

$$I_B = -\frac{U_{BE}}{R_B} + \frac{U_{CC}}{R_B}$$

直线的斜率为$-\dfrac{1}{R_B}$，与基极偏置电阻 $R_B$ 有关，故该直线称为直流偏置线。同时，$I_B$ 与 $U_{BE}$ 的关系也要满足晶体管的输入特性 $I_B = f(U_{BE})$，所以输入回路的静态值应由这两条线的交点所确定。把直流偏置线 $I_B = -\dfrac{U_{BE}}{R_B} + \dfrac{U_{CC}}{R_B}$ 画到输入特性的坐标平面内（它可以由两个特殊点来确定：当 $I_B = 0$ 时，$U_{BE} = U_{CC}$；当 $U_{BE} = 0$ 时，$I_B = \dfrac{U_{CC}}{R_B}$），该直线与晶体管输入特性交于 $Q$ 点，由 $Q$ 点对应的坐标值可得到静态值 $U_{BE}$ 和 $I_B$。如图 9.1.4（a）所示。

输出回路的电压方程 $U_{CE} = U_{CC} - I_C R_C$ 描述的 $I_C$ 与 $U_{CE}$ 的关系也是一条直线，即

$$I_C = -\frac{U_{CE}}{R_C} + \frac{U_{CC}}{R_C}$$

直线的斜率为$-\dfrac{1}{R_C}$，与集电极负载电阻 $R_C$ 有关，故该直线也称为直流负载线，同样，$I_C$ 与 $U_{CE}$ 的关系也要满足晶体管对应于 $i_B = I_B$ 的那条输出特性，$I_C = f(U_{CE})\big|_{I_B=\text{常数}}$，因而输出回路的静态值也应由这两条线的交点所确定。把直流负载线 $I_C = -\dfrac{U_{CE}}{R_C} + \dfrac{U_{CC}}{R_C}$ 画到输出特性的坐标平面内（它也可以由两个特殊点来确定：当 $I_C = 0$ 时，$U_{CE} = U_{CC}$；当 $U_{CE} = 0$ 时，$I_C = \dfrac{U_{CC}}{R_C}$），该直线与 $i_B = I_B$ 所对应的那条输出特性交于 $Q$ 点，由 $Q$ 点所对应的坐标值可以得到静态值 $U_{CE}$ 和 $I_C$，如图 9.1.4（b）所示。

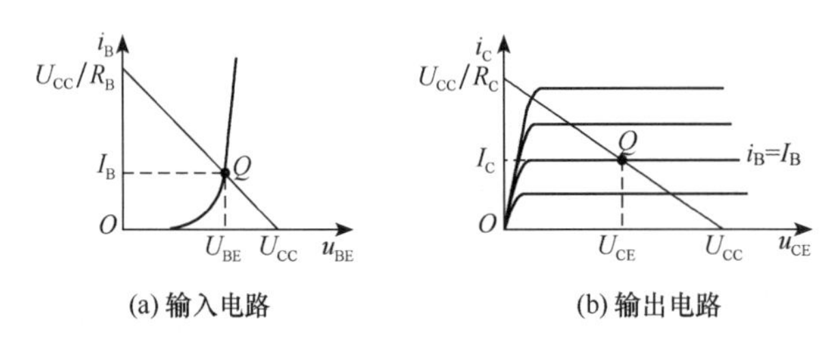


图 9.1.4　放大电路静态时的图解分析

由于在输入特性上作图既不方便也不很精确，因此采用图解法时也往往先估算出 $I_B$ 的值，再在输出特性上作图得到 $I_C$ 和 $U_{CE}$ 的值。

由以上分析可知，静态工作点与电路参数有关，静态工作点对放大电路工作性能影响甚大，一般设置在输出特性放大区的中部，可以得到较大的电压放大倍数，并且非线性失真较小。当放大电路的静态工作点不合适需要调整时，通常是通过调整基极偏置电阻 $R_B$ 来实现的。

2. 动态分析

动态分析就是在静态值确定后分析信号的传输情况，考虑的是电压与电流的交流分

量。动态分析的主要任务是分析计算放大电路的电压放大倍数、输入电阻和输出电阻，分析非线性失真、频率特性等性能指标。动态分析的基本方法是微变等效电路法和图解法。

（1）微变等效电路法

当放大电路的输入信号较小时，晶体管的电压电流都在静态工作点附近的一个小范围内变化，考虑到晶体管的特性曲线在放大区部分近似直线，因而可以将晶体管线性化处理，用一个线性的电路模型来等效代替晶体管。这样就可以像处理线性电路那样来处理晶体管放大电路，这就是微变等效电路分析法。

由图 9.1.5（a）所示的晶体管的输入特性可知，在输入信号很小时，$\Delta U_{BE}$ 和 $\Delta I_B$ 可认为是小信号 $u_{be}$ 和 $i_b$，在静态工作点 $Q$ 附近可看成是一段直线，晶体管输入回路的电压与电流呈线性关系，因而可以用一个等效的动态电阻 $r_{be}$ 来表示两者的关系，即

$$r_{be}=\left.\frac{\Delta U_{BE}}{\Delta I_B}\right|_{U_{CE}=常数}=\left.\frac{u_{be}}{i_b}\right|_{U_{CE}=常数}$$

$r_{be}$ 称为晶体管输入电阻，它表示图 9.1.6（a）所示晶体管的输入特性，其等效电路如图 9.1.6（b）所示。对于常用的低频小功率管通常用下式来估算 $r_{be}$：

$$r_{be}=200+(1+\beta)\frac{26(\mathrm{mV})}{I_E(\mathrm{mA})}(\Omega) \tag{9.1.5}$$

式中，$I_E$ 为放大电路静态时晶体管发射极电流。

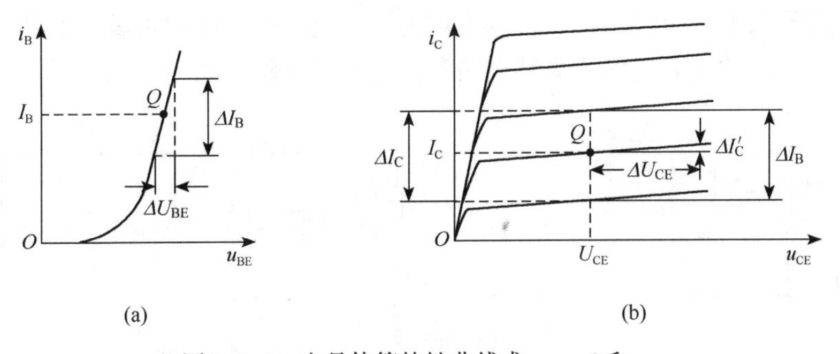


图 9.1.5　由晶体管特性曲线求 $r_{be}$、$\beta$ 和 $r_{ce}$

晶体管工作在放大区时，$I_C$ 基本上受 $I_B$ 控制，$I_C$ 随 $I_B$ 变化而变化，在小信号条件下，当 $U_{CE}$ 为常数时，$\Delta I_C$ 与 $\Delta I_B$ 之比为晶体管的电流放大系数

$$\beta=\left.\frac{\Delta I_C}{\Delta I_B}\right|_{U_{CE}=常数}=\left.\frac{i_c}{i_b}\right|_{U_{CE}=常数} \tag{9.1.6}$$

因此，晶体管的输出回路可以用一个等效的受控电流源 $i_c=\beta i_b$ 来代替，它反映了晶体管的电流控制作用。

晶体管输出特性的放大区虽然比较平坦，但并不完全与横轴平行，当 $U_{CE}$ 增加时，$I_C$ 还稍有增加，即 $\Delta I_C'$ 与 $\Delta U_{CE}$ 有关，在静态工作点 $Q$ 附近，$\Delta U_{CE}$ 与 $\Delta I_C'$ 可以认为是小信号 $u_{ce}$ 和 $i_c$。通常把 $I_B$ 不变时，$\Delta U_{CE}$ 与 $\Delta I_C'$ 之比称为晶体管的输出电阻 $r_{ce}$，如图 9.1.5（b）所示，即

$$r_{ce}=\left.\frac{\Delta U_{CE}}{\Delta I_C'}\right|_{I_B=常数}=\left.\frac{u_{ce}}{i_c}\right|_{I_B=常数} \tag{9.1.7}$$

如果把晶体管的输出回路看作电流源，$r_{ce}$ 就是电流源的内阻，这样就得到了晶体管的微变等效电路，如图 9.1.6（b）所示。

由晶体管的输出特性可知，$U_{CE}$ 变化时，对 $I_C$ 影响很小，也就是说，晶体管的输出电阻 $r_{ce}$ 数值很大，分流作用极小，可忽略不计，通常可简化为晶体管微变等效电路，如图 9.1.6（c）所示。

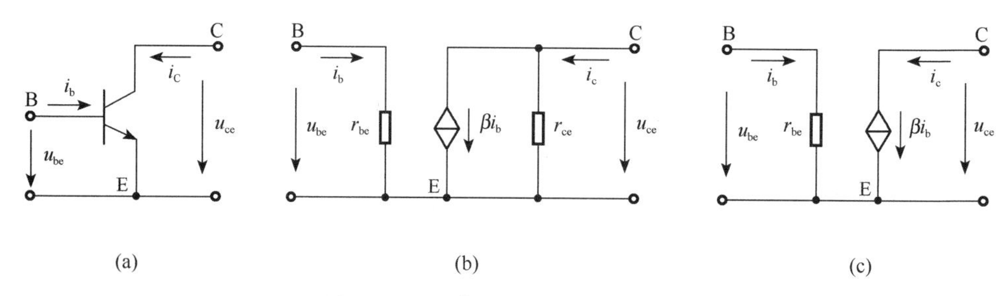


图 9.1.6　晶体管及其微变等效电路

放大电路的动态分析，关心的是信号的传输。只研究放大电路中的交流分量时的电路，也就是信号源单独作用时的电路称为放大电路的交流通路。因而画放大电路交流通路时应将电路中直流电源的电动势和电容短路。然后将交流通路中的晶体管用其微变等效电路来替代，即可得到放大电路的微变等效电路。当信号源提供的输入信号电压为正弦量时，微变等效电路中的各电压、电流均为正弦量，所以可用相量来表示。由此可以作出图 9.1.1 所示的放大电路的交流通路和微变等效电路，如图 9.1.7 所示。

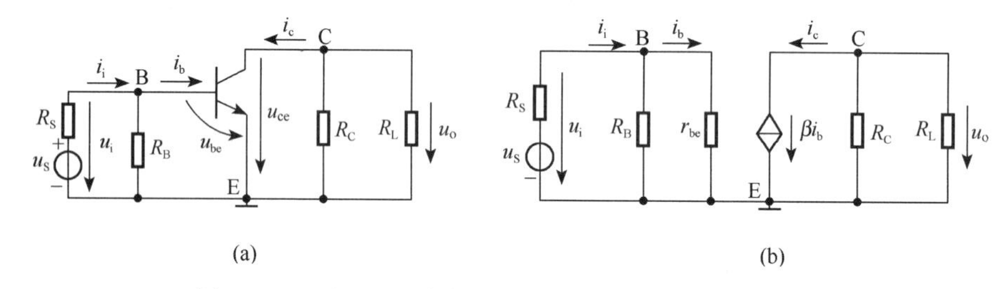


图 9.1.7　图 9.1.1 放大电路的交流通路和微变等效电路

根据放大电路的微变等效电路，可以对放大电路的性能指标作定量分析。

1）电压放大倍数。电压放大倍数是放大电路的一个重要性能指标。它表示放大电路放大信号电压的能力。它定义为输出电压变化量与输入电压变化量之比，用 $A_u$ 表示。当输入信号为正弦量时，有

$$A_u=\frac{\dot{U}_o}{\dot{U}_i} \tag{9.1.8}$$

由图 9.1.7（b）所示的微变等效电路可知

$$\dot{U}_i=\dot{I}_b r_{be}$$

$$\dot{U}_o=-\dot{I}_c(R_C//R_L)=-\beta\dot{I}_b(R_C//R_L)=-\beta\dot{I}_b R_L'$$

式中，$R_L'$ 为等效负载电阻，$R_L'=\dfrac{R_C R_L}{R_C+R_L}$。

则有
$$A_u=\frac{\dot{U}_o}{\dot{U}_i}=-\frac{\beta\dot{I}_b R'_L}{\dot{I}_b r_{be}}=-\frac{\beta R'_L}{r_{be}} \tag{9.1.9}$$

当输出端空载时，即 $R_L=\infty$，则
$$A_u=-\frac{\beta R_C}{r_{be}} \tag{9.1.10}$$

以上电压放大倍数表达式中的负号表示输出电压与输入电压相位相反。电压放大倍数与晶体管的 $\beta$ 和 $r_{be}$ 有关，也与集电极负载电阻 $R_C$ 和负载电阻 $R_L$ 有关，放大电路接有负载 $R_L$ 时，$|A_u|$下降。

2）输入电阻。输入电阻定义为放大电路输入电压变化量与输入电流变化量之比，用 $r_i$ 表示，当输入信号为正弦量时，有
$$r_i=\frac{\dot{U}_i}{\dot{I}_i} \tag{9.1.11}$$

由图 9.1.7（b）所示的微变等效电路可知
$$\dot{I}_i=\dot{I}_R+\dot{I}_b=\frac{\dot{U}_i}{R_B}+\frac{\dot{U}_i}{r_{be}}=\dot{U}_i\left(\frac{1}{R_B}+\frac{1}{r_{be}}\right)$$

则有
$$r_i=\frac{\dot{U}_i}{\dot{I}_i}=\frac{\dot{U}_i}{\dot{U}_i\left(\frac{1}{R_B}+\frac{1}{r_{be}}\right)}=\frac{1}{\frac{1}{R_B}+\frac{1}{r_{be}}}=R_B//r_{be} \tag{9.1.12}$$

当 $R_B \gg r_{be}$ 时，$r_i \approx r_{be}$，但应注意 $r_i$ 与 $r_{be}$ 定义不同，不要混淆。$r_i$ 越大，放大电路向信号源索取的电流越小，这可以减小信号源的负担，而且放大电路输入端得到的信号电压 $\dot{U}_i$ 也越大，因此在信号源为电压源时，希望 $r_i$ 的数值大一些。

3）输出电阻。对负载而言，放大电路就相当于是一个信号源。而信号源的内阻就是从放大电路的输出端向放大电路看过去的等效电阻。

由于微变等效电路中含有受控源，在计算输出电阻时比较烦琐。一个方法是采用“加压求流法”，即令：信号源的 $\dot{E}_S=0$，保留内阻，将放大电路的负载开路，在放大电路的输出端外加一电压 $\dot{U}$，求出在 $\dot{U}$ 的作用下流入放大电路的电流 $\dot{I}$，则放大电路的输出电阻
$$r_o=\frac{\dot{U}}{\dot{I}} \tag{9.1.13}$$

对图 9.1.7 所示的微变等效电路，用加压求流法计算 $r_o$ 的等效电路如图 9.1.8 所示。

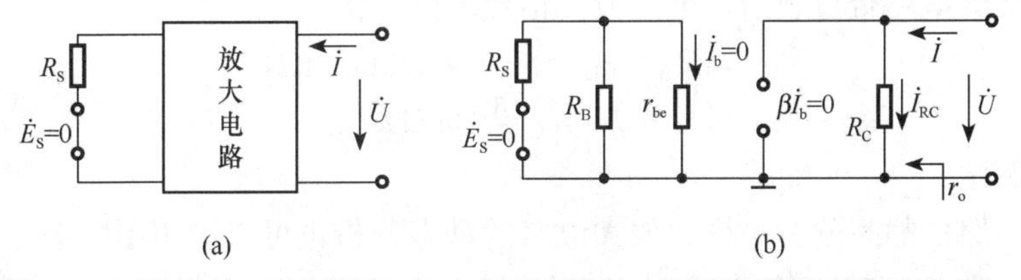


图 9.1.8　计算图 9.1.1 放大电路输出电阻的等效电路

由于 $\dot{U}_i=0$（$\dot{E}_S=0$），故 $\dot{I}_b=0$，因而受控电流源 $\beta\dot{I}_b=0$，相当于开路，则 $\dot{I}=\dfrac{\dot{U}}{R_C}$，所以

$$r_o=\frac{\dot{U}}{\dot{I}}=\frac{\dot{U}}{\dfrac{\dot{U}}{R_C}}=R_C \tag{9.1.14}$$

另一个方法是求出输出端的开路电压 $\dot{U}_{OC}$ 和短路电流 $\dot{I}_{SC}$，则有

$$r_o=\frac{\dot{U}_{OC}}{\dot{I}_{SC}} \tag{9.1.15}$$

用实验的方法也可求得输出电阻，在放大电路空载和带负载两种情况下，测出空载输出电压 $U_{OC}$ 和有载输出电压 $U_{OL}$，则有

$$r_o=\left(\frac{\dot{U}_{OC}}{\dot{U}_{OL}}-1\right)R_L \tag{9.1.16}$$

放大电路作为负载的信号源，当负载希望获得稳定的信号电压时，其内阻 $r_o$ 的数值应尽量小些，这样输出电压受负载影响不大，输出电压稳定性好，放大电路带负载的能力强。

**【例 9.1.2】** 某交流电压放大电路如图 9.1.1 所示，已知 $U_{CC}=12\text{V}$，$R_C=4\text{k}\Omega$，$R_B=300\text{k}\Omega$，$R_L=6\text{k}\Omega$，晶体管的 $\beta=40$。

1）试求静态值 $I_B$，$I_C$ 和 $U_{CE}$；

2）计算电压放大倍数 $A_u$、输入电阻 $r_i$ 和输出电阻 $r_o$。

**解**：1）$I_B=\dfrac{U_{CC}-U_{BE}}{R_B}\approx\dfrac{U_{CC}}{R_B}=\dfrac{12}{300}=0.04(\text{mA})\ =40(\mu\text{A})$

$$I_E\approx I_C=\beta I_B=40\times0.04=1.6(\text{mA})$$

$$U_{CE}=U_{CC}-I_CR_C=12-1.6\times4=5.6(\text{V})$$

2）$$r_{be}=200+(1+\beta)\frac{26}{I_E}=200+41\times\frac{26}{1.6}=866(\Omega)=0.866(\text{k}\Omega)$$

放大电路空载时的电压放大倍数为

$$A_u=-\frac{\beta R_C}{r_{be}}=-\frac{40\times4}{0.866}=-184.8$$

放大电路有载时的电压放大倍数为

$$A_u=-\frac{\beta R_L'}{r_{be}}=-\frac{40\times\dfrac{4\times6}{4+6}}{0.866}=-110.9$$

可见，放大电路带负载后，电压放大倍数下降。

$$r_i=R_B//r_{be}\approx r_{be}=0.866(\text{k}\Omega)$$

$$r_o=R_C=4(\text{k}\Omega)$$

（2）图解法

与放大电路的静态分析一样，放大电路的动态分析也可以应用图解法。

当放大电路加有输入信号 $u_i$ 时，电路中的各电压和电流都会在原来静态值的基

础上叠加一个交流分量。按照信号的传输过程为

$$u_i \to u_{be} \to i_b \to i_c \to u_{ce} \to u_o$$

由晶体管的输入特性，可以画出 $u_{BE}$ 与 $i_B$ 的波形，如图 9.1.9 所示，可见，在输入信号 $u_i$ 的变化范围内，工作点 $Q$ 也在 $Q_1 \sim Q_2$ 的范围内移动，对应 $u_i$ 的每一个值，可以得到相应的 $u_{BE}$ 和 $i_B$ 的值。

由晶体管的输出特性，可以画出 $i_C$ 与 $u_{CE}$ 的波形，如图 9.1.10 所示。

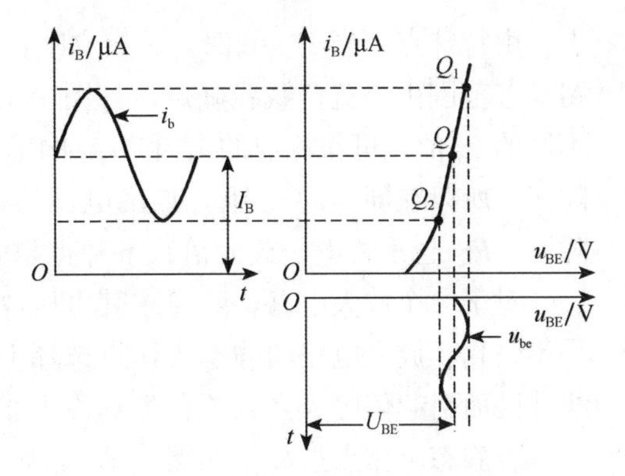


图 9.1.9　放大电路输入电路的图解

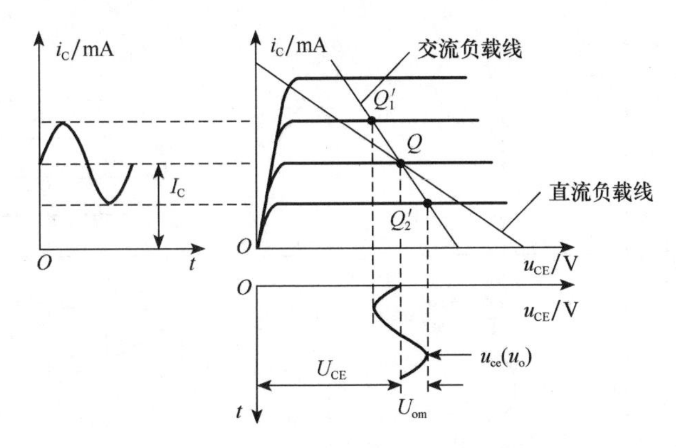


图 9.1.10　放大电路输出电路的图解

放大电路接有负载 $R_L$ 时，放大电路的直流通路不变，$R_L$ 对静态值没有影响。放大电路的交流通路如图 9.1.7 (a) 所示，集电极电流中的交流信号分量 $i_c$ 不仅流过 $R_L$，也流过 $R_C$，此时 $R_C$ 与 $R_L$ 为并联关系，把 $R_L' = R_C // R_L$ 称为放大电路的等效交流电阻，显然交流负载与直流负载不再相等，可见

$$u_{ce} = -i_c R_L' = -i_{RC} R_C$$

因而有

$$\begin{aligned} u_{CE} &= U_{CC} - i_C R_C = U_{CC} - (I_C + i_{RC}) R_C = (U_{CC} - I_C R_C) - i_{RC} R_C \\ &= U_{CE} + u_{ce} = U_{CE} - i_c R_L' \end{aligned}$$

由于交流分量 $i_c = i_C - I_C$

则
$$u_{CE} = U_{CE} - (i_c - I_C) R_L' = (U_{CE} + I_C R_L') - i_C R_L'$$

或
$$i_C = -\frac{u_{CE}}{R_L'} + \frac{U_{CE} + I_C R_L'}{R_L'}$$

它确定了集电极瞬时电流 $i_C$ 与集-射极瞬时电压 $u_{CE}$ 之间的关系，这是一条斜率为 $-\dfrac{1}{R_L'}$ 的直线，斜率由交流负载电阻 $R_L'$ 所决定，故称为交流负载线。由于瞬时值 $i_C$、$u_{CE}$ 是在静态值的基础上变化，当 $u_i = 0$ 时，$i_c = 0$，$u_{ce} = 0$，$i_C = I_C$，$u_{CE} = U_{CE}$，所以 $i_C$、$u_{CE}$ 在变化过程中必然经过静态工作点 $Q$，即交流负载线与直流负载线相交于 $Q$

点。由特殊点，当 $i_C=0$ 时，$u_{CE}=(U_{CE}+I_C R_L')$ 和 $Q$ 点便可确定交流负载线。放大电路动态范围由交流负载线确定，如图中工作点在交流负载线上 $Q_1'\sim Q_2'$ 之间变化，对于不同的 $i_B$ 值，可得相应的 $i_C$ 和 $u_{CE}$ 的值。由于 $R_L'<R_C$，故交流负载线比直流负载线陡些，所以在同样的 $u_i$ 下，输出电压的幅值比空载时减小，接负载后电压放大倍数下降了。$R_L$ 越小，电压放大倍数下降得越多。

对于一个放大电路，除要求其电压放大倍数尽可能大之外，还要求放大电路输出信号不失真。放大电路的静态工作点选择不当或输入信号过大，都会使动态工作点进入非线性区而引起信号失真，这种失真称为非线性失真。

若静态工作点过高，如图 9.1.11 所示的 $Q_1$ 点，在输入信号 $u_i$ 的正半周，晶体管进入饱和区，使 $i_C$ 和 $u_{CE}$ 波形失真，这种失真称为饱和失真。

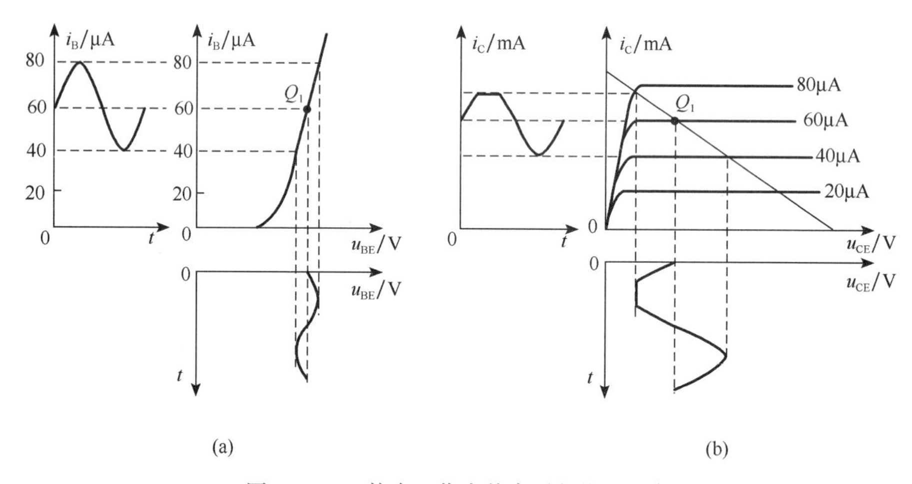


图 9.1.11　静态工作点偏高引起饱和失真

若静态工作点过低，如图 9.1.12 所示的 $Q_2$ 点，在输入信号 $u_i$ 的负半周，晶体管进入截止区，使 $i_B$、$i_C$ 和 $u_{CE}$ 的波形失真，这种失真称为截止失真。

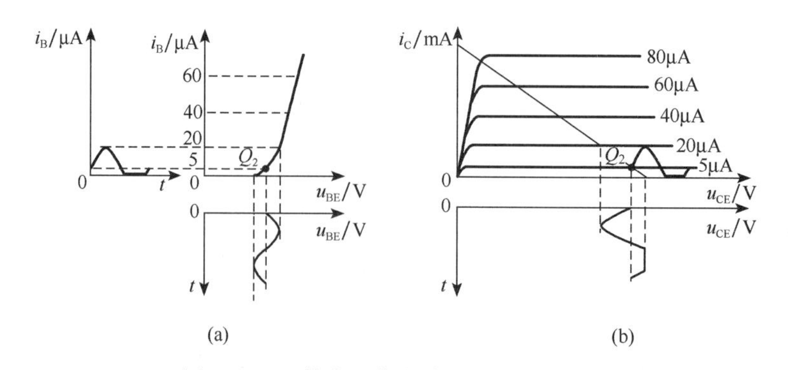


图 9.1.12　静态工作点偏低引起截止失真

图解法比较直观、全面，但作图误差较大，费时费力，所以在小信号放大电路中，主要采用微变等效电路分析法。

### 9.1.3　放大电路中静态工作点的稳定

由前面的讨论可知，放大电路的静态工作点对其性能有重要的影响，静态工作点不仅要选取合适，而且要保持稳定。

静态工作点是直流负载线与对应于静态基极电流的那一条晶体管输出特性的交点，对于图 9.1.1 所示的基本放大电路，当电源电压 $U_{CC}$ 和集电极负载电阻 $R_C$ 确定后，放大电路的静态工作点就由基极偏置电流 $I_B$ 来确定，$I_B=\frac{U_{CC}-U_{BE}}{R_B}\approx\frac{U_{CC}}{R_B}$。可见，在电路参数一定时，$I_B$ 是固定的，故称为固定偏置放大电路。该电路结构简单，调试方便。但是当外部条件发生变化时，电路的静态工作点难以稳定，甚至会使放大电路无法正常工作。

影响静态工作点的因素很多，如电源波动、电路参数变化、更换晶体管、环境温度变化等，但影响最大的是温度的变化。温度变化时，晶体管的参数也发生变化。如温度升高时，引起 $U_{BE}$ 的下降、$\beta$ 和 $I_{CBO}$ 的增大，在固定偏置的电路中，$I_B=\frac{U_{CC}-U_{BE}}{R_B}$，$I_C=\beta I_B+(1+\beta)\ I_{CBO}$，即 $I_C$ 受晶体管参数的影响。由此可见，温度升高后晶体管参数的变化将导致 $I_C$ 的增大，在输出特性上表现为特性曲线的间隔增大，如图 9.1.13 所示，虚线表示温度升高后的特性曲线，在其他条件不变时，忽略 $I_B$ 受温度的影响，$I_B$ 不变，直流负载线也不变，但在温度升高后，静态工作点从 $Q$ 点移到 $Q'$点，工作范围从 $Q_1\sim Q_2$ 变为 $Q_1'\sim Q_2'$，从而进入饱和区而产生失真。

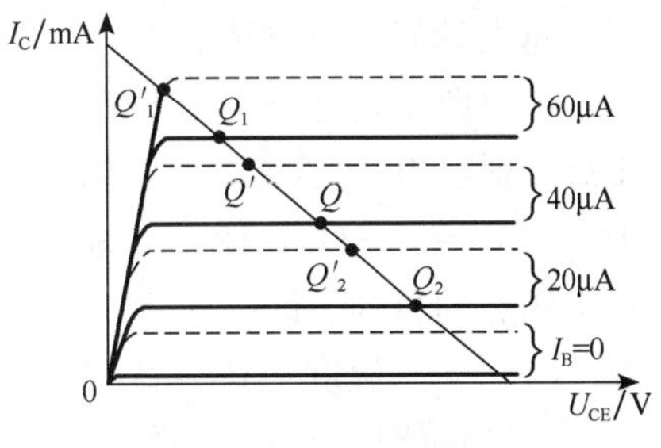


图 9.1.13　温度对静态工作点的影响

由于温度变化造成静态工作点漂移，并且集中表现在 $I_C$ 的变化。由此可见，要使工作点稳定，应设法在温度变化时，保持 $I_C$ 稳定不变。

稳定静态工作点的放大电路有很多种，图 9.1.14 是一种常用的分压式偏置电路。$R_{B1}$、$R_{B2}$ 组成分压电路，适当选取 $R_{B1}$、$R_{B2}$，使

$$I_2 \gg I_B \tag{9.1.17}$$

则有

$$I_1 \approx I_2 \approx \frac{U_{CC}}{R_{B1}+R_{B2}} \tag{9.1.18}$$

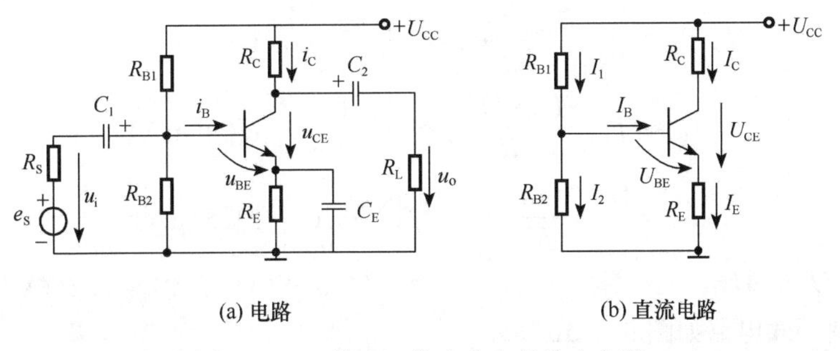


(a) 电路　　(b) 直流电路

图 9.1.14　静态工作点稳定的放大电路

$$U_B \approx \frac{R_{B2}}{R_{B1}+R_{B2}}U_{CC} \tag{9.1.19}$$

可见，基极电压 $U_B$ 与晶体管参数无关，不受温度影响。

$$I_C \approx I_E = \frac{U_B - U_{BE}}{R_E} \tag{9.1.20}$$

若满足 $U_B \gg U_{BE}$

则有

$$I_C \approx I_E \approx \frac{U_B}{R_E} \tag{9.1.21}$$

由式（9.1.21）可见，该电路 $I_C$ 主要由外电路的参数来确定，与晶体管的参数几乎无关，故 $I_C$ 不受温度影响，静态工作点得以稳定。因此，该放大电路要使静态工作点稳定，必须满足 $I_2 \gg I_B$，$U_B \gg U_{BE}$ 两个条件，但考虑到其他技术指标，$I_2$ 和 $U_B$ 并不是越大越好，通常选取 $I_2=$（5～10）$I_B$，$U_B=$(5～10) $U_{BE}$。

该电路稳定静态工作点的物理过程为：当 $I_C$ 由于某原因增大时，$I_E$ 也相应增大，于是发射极电压 $U_E=I_ER_E$ 也增大。由于基极电压 $U_B$ 由 $R_{B1}$、$R_{B2}$ 的分压电路所固定，则有 $U_{BE}=U_B-U_E$，使 $U_{BE}$ 减小，从而引起 $I_B$ 减小，抑制了 $I_C$ 的增大，达到稳定静态工作点的目的。即

$$\text{温度上升} \rightarrow I_C\uparrow \rightarrow I_E\uparrow \rightarrow U_E\uparrow \rightarrow U_{BE}\downarrow \rightarrow I_B\downarrow \rightarrow I_C\downarrow$$

该电路能稳定静态工作点的实质是在基极电位不随温度变化的条件下引入了直流电流负反馈，$R_E$ 是反馈元件，它把输出电流 $I_C$ 的变化转换成电压 $U_E$ 的变化，并回送到输入回路来控制 $U_{BE}$ 的变化，达到抑制 $I_C$ 变化、稳定 $I_C$ 的目的。

在交流工作状态时，$C_E$ 对交流信号可视为短路，因而发射极电阻 $R_E$ 上没有交流压降，所以 $R_E$ 对交流信号不起负反馈作用，不会影响交流电压放大倍数，因此 $C_E$ 也称为发射极交流旁路电容。

**【例 9.1.3】** 图 9.1.14（a）所示电路中，已知：$U_{CC}=12\text{V}$，$R_{B1}=30\text{k}\Omega$，$R_{B2}=10\text{k}\Omega$，$R_C=4\text{k}\Omega$，$R_E=2.2\text{k}\Omega$，$R_L=4\text{k}\Omega$，$C_1=C_2=20\mu\text{F}$，$C_E=100\mu\text{F}$，晶体管的 $\beta=50$，$U_{BE}=0.6\text{V}$。

1）试计算静态值 $I_B$、$I_C$ 和 $U_{CE}$；

2）画出微变等效电路；

3）计算 $A_u$、$r_i$、$r_o$。

**解：** 1）

$$U_B \approx \frac{R_{B2}}{R_{B1}+R_{B2}}U_{CC} = \frac{10}{30+10}\times 12 = 3(\text{V})$$

$$I_C \approx I_E = \frac{U_B - U_{BE}}{R_E} = \frac{3-0.6}{2.2} = 1.09(\text{mA})$$

$$I_B = \frac{I_C}{\beta} = \frac{1.09}{50} = 0.0218(\text{mA}) = 21.8(\mu\text{A})$$

$$U_{CE} \approx U_{CC} - I_C(R_C+R_E) = 12 - 1.09\times(4+2.2) = 5.24(\text{V})$$

2）微变等效电路如图 9.1.15 所示。

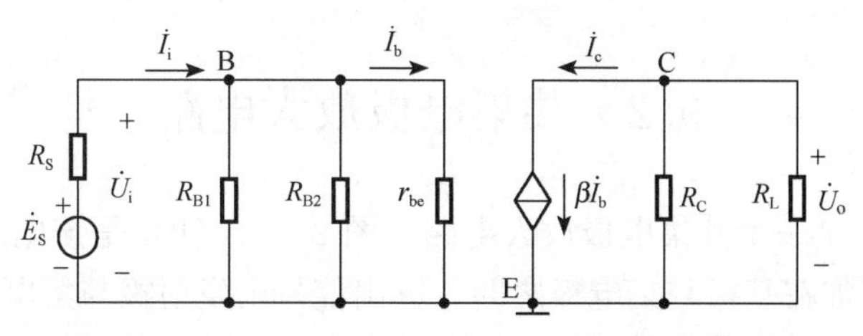


图 9.1.15　图 9.1.14（a）放大电路的微变等效电路

3)
$$r_{be}=200+(1+\beta)\frac{26}{I_E}=200+51\times\frac{26}{1.09}=1420(\Omega)=1.42(k\Omega)$$

$$A_u=-\frac{\beta R'_L}{r_{be}}=-\frac{50\times\frac{4\times4}{4+4}}{1.42}=-70.4$$

$$r_i=R_{B1}//R_{B2}//r_{be}=30//10//1.42=1.19(k\Omega)$$

$$r_o=R_C=4(k\Omega)$$

**【例 9.1.4】** 把例 9.1.3 中的 $R_E$ 分为 $R_{E1}$ 和 $R_{E2}$ 两部分，其中 $R_{E1}=200\Omega$，$R_{E2}=2k\Omega$，$C_E$ 并接在 $R_{E2}$ 两端，如图 9.1.16 所示，电路中其他参数值不变，试画出微变等效电路，计算 $A_u$、$r_i$、$r_o$。

**解：** 本题的直流通路与例 9.1.3 电路直流通路相同，因而静态值与 $r_{be}$ 这里不再计算，完全相同。

电路的微变等效电路如图 9.1.17 所示。

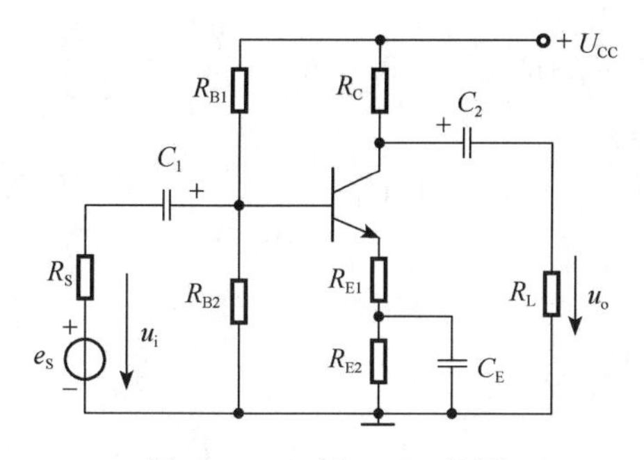


图 9.1.16　例 9.1.4 的图

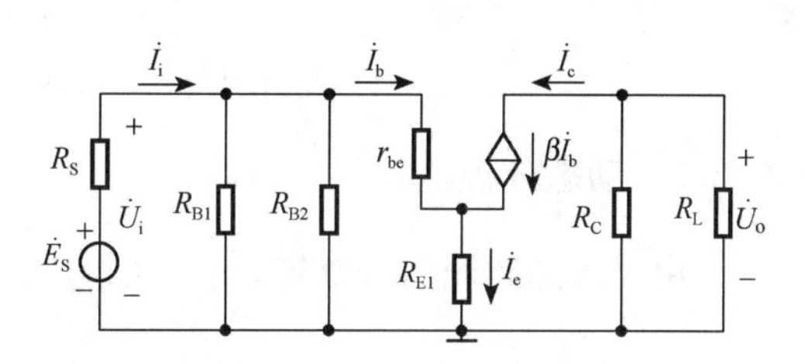


图 9.1.17　图 9.1.16 电路的微变等效电路

由微变等效电路可知

$$\dot{U}_i=\dot{I}_b r_{be}+\dot{I}_e R_{E1}=\dot{I}_b r_{be}+(1+\beta)\dot{I}_b R_{E1}=\dot{I}_b[r_{be}+(1+\beta)R_{E1}]$$

$$\dot{U}_o=-\dot{I}_c R'_L=-\beta\dot{I}_b R'_L$$

$$A_u=\frac{\dot{U}_o}{\dot{U}_i}=\frac{-\beta\dot{I}_b R'_L}{\dot{I}_b[r_{be}+(1+\beta)R_{E1}]}=-\frac{\beta R'_L}{r_{be}+(1+\beta)R_{E1}}=-\frac{50\times\frac{4\times4}{4+4}}{1.42+51\times0.2}=-8.6$$

由于
$$r'_i=r_{be}+(1+\beta)R_{E1}=1.42+51\times0.2=11.62(k\Omega)$$

则有
$$r_i=R_{B1}//R_{B2}//r'_i=30//10//11.62=4.56(k\Omega)$$

$$r_o=R_C=4(k\Omega)$$

# 9.2　共集电极放大电路

图 9.2.1（a）是一个共集电极放大电路，图 9.2.1（b）是该电路的交流通路。由此可见，输入信号加在基极与集电极之间，输出信号由发射极与集电极之间输出，集电极成为输入回路和输出回路的公共端，故称为共集电极电路。由于信号从发射极输出，所以又称为射极输出器。

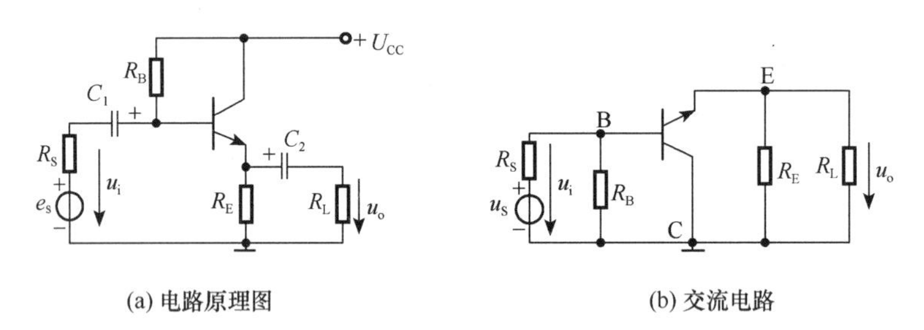


(a) 电路原理图　　(b) 交流电路

图 9.2.1　共集电极放大电路

## 9.2.1　静态分析

共集电极放大电路的直流通路如图 9.2.2 所示，由

$$U_{CC}=I_BR_B+U_{BE}+I_ER_E=I_BR_B+U_{BE}+(1+\beta)I_BR_E$$

得出

$$I_B=\frac{U_{CC}-U_{BE}}{R_B+(1+\beta)R_E} \tag{9.2.1}$$

$$I_C=\beta I_B$$

$$U_{CE}=U_{CC}-I_ER_E=U_{CC}-(1+\beta)I_BR_E \tag{9.2.2}$$

## 9.2.2　动态分析

由交流通路画出微变等效电路如图 9.2.3 所示。

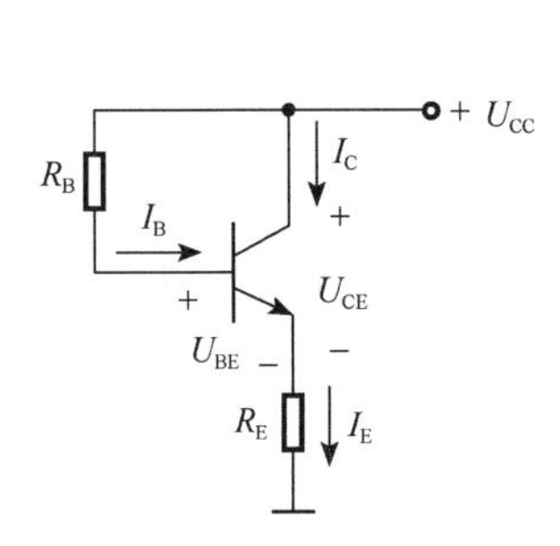


图 9.2.2　图 9.2.1 电路的直流通路

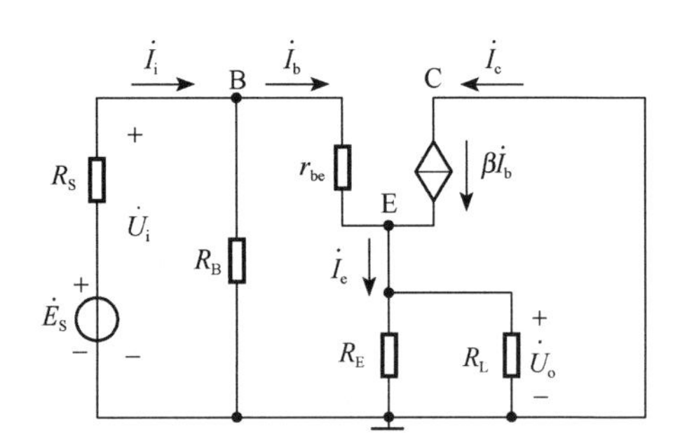


图 9.2.3　图 9.2.1 电路的微变等效电路

1. 电压放大倍数

由微变等效电路可知：

$$\dot{U}_o = \dot{I}_e (R_E // R_L) = (1+\beta)\dot{I}_b R'_L$$

$$\dot{U}_i = \dot{I}_b r_{be} + \dot{I}_e R'_L = \dot{I}_b r_{be} + (1+\beta)\dot{I}_b R'_L$$

$$\dot{A}_u = \frac{\dot{U}_o}{\dot{U}_i} = \frac{(1+\beta)\dot{I}_b R'_L}{\dot{I}_b r_{be} + (1+\beta)\dot{I}_b R'_L} = \frac{(1+\beta)R'_L}{r_{be} + (1+\beta)R'_L} \tag{9.2.3}$$

从上式可以看出：

1）$A_u > 0$，说明输出电压与输入电压同相。

2）$A_u < 1$，说明输出电压小于输入电压，电路没有电压放大作用，但因 $\dot{I}_e > \dot{I}_b$，仍有电流放大作用和功率放大作用。

3）由于 $(1+\beta)\ R'_L \gg r_{be}$，因此 $A_u \approx 1$，即输出电压近似等于输入电压，并且两者同相，所以输出电压跟随输入电压的变化而变化，输出波形与输入波形相同，因而该电路又称为射极跟随器。

2. 输入电阻

$$r'_i = \frac{\dot{U}_i}{\dot{I}_b} = r_{be} + (1+\beta)R'_L \tag{9.2.4}$$

$$r_i = R_B // r'_i = R_B // [r_{be} + (1+\beta)R'_L] \tag{9.2.5}$$

由此可见，共集电极放大电路的输入电阻比共射极放大电路的输入电阻要大得多，而且共集电极放大电路的输入电阻与负载电阻有关。

3. 输出电阻

共集电极放大电路的输出电阻可以用加压求流法来求得。将图 9.2.3 微变等效电路中的信号源短路，保留内阻 $R_s$。在输出端去掉负载 $R_L$，外加一电压 $\dot{U}$，如图 9.2.4 所示，外加电压 $\dot{U}$ 在 $r_{be}$ 中产生的电流为 $\dot{I}_b$，其参考方向由发射极 E 指向基极 B，与图 9.2.3 中的相反，因此受控源 $\beta\dot{I}_b$ 的参考方向也随之改变。

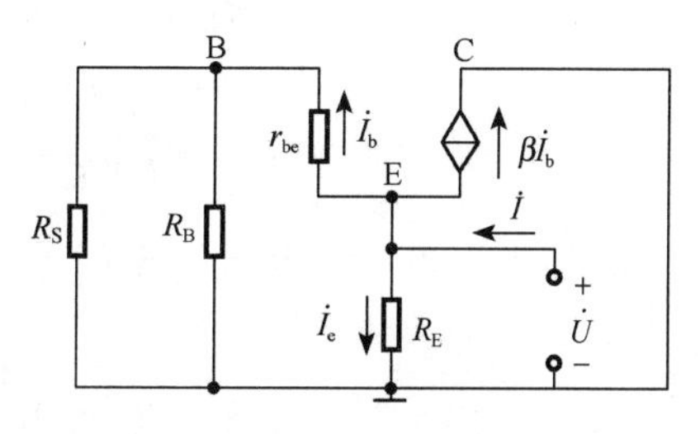

图 9.2.4　输出电阻的等效电路

$$\dot{I}_b = \frac{\dot{U}}{(R_S // R_B) + r_{be}} = \frac{\dot{U}}{R'_S + r_{be}}$$

其中

$$R'_S = R_S // R_B$$

$$\dot{I} = \dot{I}_b + \beta\dot{I}_b + \dot{I}_e = (1+\beta)\dot{I}_b + \dot{I}_e = \frac{(1+\beta)\dot{U}}{R'_S + r_{be}} + \frac{\dot{U}}{R_E}$$

$$r_o = \frac{\dot{U}}{\dot{I}} = \frac{\dot{U}}{\dfrac{(1+\beta)\dot{U}}{R'_S + r_{be}} + \dfrac{\dot{U}}{R_E}} = \frac{1}{\dfrac{(1+\beta)}{R'_S + r_{be}} + \dfrac{1}{R_E}}$$

即

$$r_o = \frac{R'_S + r_{be}}{1+\beta} // R_E$$

通常有
$$R_E \gg \frac{R'_S + r_{be}}{1+\beta} \text{ 以及 } \beta \gg 1$$

因而有
$$r_o \approx \frac{R'_S + r_{be}}{\beta} \tag{9.2.6}$$

可见，共集电极放大电路的输出电阻是很小的，而且与电源内阻有关。

综上所述，共集电极放大电路的特点是电压放大倍数小于 1 而近似等于 1，输出电压与输入电压同相，输入电阻高，输出电阻低。共集电极放大电路在电子技术中应用广泛，利用它的特点，常用作多级放大电路的输入级、输出级和中间级。多级放大电路用于放大电压信号时，利用共集电极放大电路输入电阻高的特点，用作多级放大电路的输入级，可减小放大电路对信号源的影响。因为共集电极放大电路的输出电阻低，输出电压稳定，带负载能力强，所以共集电极放大电路也常用作多级放大电路的输出级。当共集电极放大电路作为中间级接在两级共发射极放大电路之间时，它的高输入电阻可以减小对前级放大电路的影响，提高前级放大电路的电压放大倍数；对后级放大电路而言，由于它的输出电阻低，正好与输入电阻低的共发射极放大电路相配合，起到阻抗变换作用。

**【例 9.2.1】** 图 9.2.1 所示的射极输出器中，$U_{CC}=20\text{V}$，$R_B=200\text{k}\Omega$，$R_E=3.9\text{k}\Omega$，晶体管 $\beta=60$，$U_{BE}=0.6\text{V}$，信号源内阻 $R_S=1\text{k}\Omega$，负载 $R_L=2\text{k}\Omega$，试求：

1）静态值；

2）$A_u$、$r_i$ 和 $r_o$。

**解：** 1）
$$I_B=\frac{U_{CC}-U_{BE}}{R_B+(1+\beta)R_E}=\frac{20-0.6}{200+61\times 3.9}=0.0443(\text{mA})$$
$$I_E=(1+\beta)I_B=61\times 0.0443=2.7(\text{mA})$$
$$U_{CE}=U_{CC}-I_E R_E=20-2.7\times 3.9=9.47(\text{V})$$

2）
$$r_{be}=200+(1+\beta)\frac{26}{I_E}=200+61\times\frac{26}{2.7}=787(\Omega)=0.787(\text{k}\Omega)$$

$$A_u=\frac{(1+\beta)R'_L}{r_{be}+(1+\beta)R'_L}=\frac{61\times\frac{3.9\times 2}{3.9+2}}{0.787+61\times\frac{3.9\times 2}{3.9+2}}=0.99$$

$$r_i=R_B//[r_{be}+(1+\beta)R'_L]=200//\left(0.787+61\times\frac{3.9\times 2}{3.9+2}\right)=57.8(\text{k}\Omega)$$

$$r_o=\frac{R'_S+r_{be}}{\beta}=\frac{\frac{1\times 200}{1+200}+0.787}{60}=0.0297(\text{k}\Omega)=29.7(\Omega)$$

## 9.3　多级放大电路

在放大电路输入信号比较微弱时，为将信号电压放大到具有足够的幅值和能够提供负载工作所需的功率，常把若干个单级放大电路串接起来，组成多级放大电路。多级放大电路中级与级之间的连接称为耦合。常见的耦合方式有阻容耦合和直接耦合。

### 9.3.1　阻容耦合放大电路

图 9.3.1 为两级阻容耦合放大电路，第一级的输出信号通过耦合电容 $C_2$ 送到第二级输入电阻上，故称为阻容耦合。阻容耦合电路只能放大交流信号。

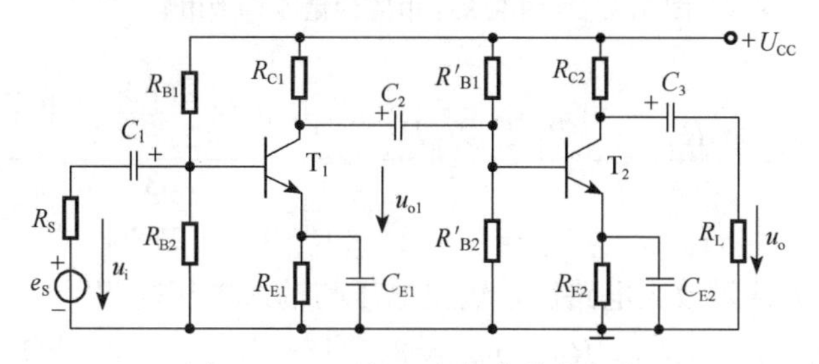

图 9.3.1　两级阻容耦合放大电路

1. 电路分析

由于电容的隔直作用，阻容耦合电路的前、后两级的直流工作状态互不影响，因而阻容耦合多级放大电路中的静态分析与前面介绍的单级放大电路静态分析相同。动态分析时，因耦合电容交流容抗很小，忽略其交流压降，第一级放大电路的输出电压 $U_{o1}$ 就是第二级放大电路的输入电压 $U_{i2}$，那么每级的电压放大倍数为

$$A_{u1}=\frac{\dot{U}_{o1}}{\dot{U}_{i}}$$

$$A_{u2}=\frac{\dot{U}_{o}}{\dot{U}_{i2}}=\frac{\dot{U}_{o}}{\dot{U}_{o1}}$$

两级放大电路的电压放大倍数为

$$A_{u}=\frac{\dot{U}_{o}}{\dot{U}_{i}}=\frac{\dot{U}_{o1}}{\dot{U}_{i}}\times\frac{\dot{U}_{o}}{\dot{U}_{o1}}=A_{u1}A_{u2} \tag{9.3.1}$$

可见，多级放大电路的电压放大倍数等于每级放大电路电压放大倍数的乘积。在计算各级电压放大倍数时，必须注意：后级的输入电阻就是前级的负载电阻；前级的输出电阻就是后级的信号源内阻。多级放大电路的输入电阻通常就是第一级放大电路的输入电阻，多级放大电路的输出电阻通常就是最后一级放大电路的输出电阻。将每级放大电路的微变等效电路串接起来就是多级放大电路的微变等效电路。

**【例 9.3.1】**　图 9.3.1 两级放大电路中，已知 $R_{B1}=30\text{k}\Omega$，$R_{B2}=15\text{k}\Omega$，$R_{C1}=3\text{k}\Omega$，$R_{E1}=3\text{k}\Omega$，$R'_{B1}=20\text{k}\Omega$，$R'_{B2}=10\text{k}\Omega$，$R_{C2}=2.5\text{k}\Omega$，$R_{E2}=2\text{k}\Omega$，$R_L=5\text{k}\Omega$，晶体管 $\beta_1=\beta_2=40$，$r_{be1}=1.1\text{k}\Omega$，$r_{be2}=0.83\text{k}\Omega$，求两级放大电路的电压放大倍数、输入电阻和输出电阻。

**解：** 该电路的微变等效电路如图 9.3.2 所示。

$$R'_{L1}=R_{C1}//r_{i2}=R_{C1}//R'_{B1}//R'_{B2}//r_{be2}=3//20//10//0.83\approx 0.6(\text{k}\Omega)$$

$$A_{u1}=-\frac{\beta_1 R'_{L1}}{r_{be1}}=-\frac{40\times 0.6}{1.1}\approx -22$$

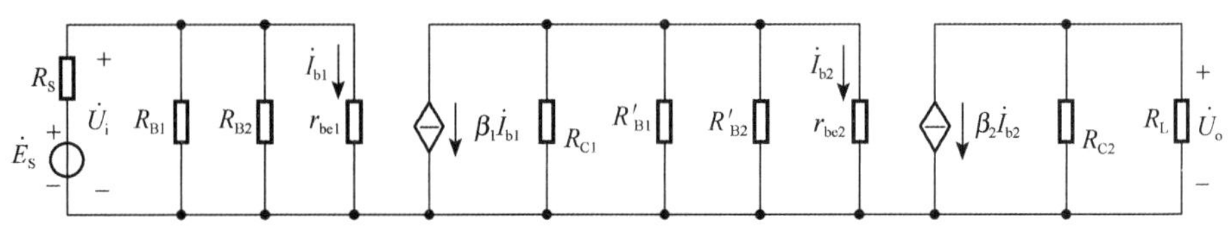

图 9.3.2　图 9.3.1 电路的微变等效电路

$$A_{u2}=-\frac{\beta_2 R'_{L2}}{r_{be2}}=-\frac{\beta_2(R_{C2}//R_L)}{r_{be2}}=-\frac{40\times\dfrac{2.5\times5}{2.5+5}}{0.83}=-80$$

$$A_u=A_{u1}A_{u2}=(-22)\times(-80)=1760$$

可见，经过两级共射放大电路后，输出电压与输入电压同相。

$$r_i=r_{i1}=R_{B1}//R_{B2}//r_{be1}=30//15//1.1=0.99\ (\text{k}\Omega)$$

$$r_o=R_{C2}=2.5(\text{k}\Omega)$$

2. 阻容耦合放大电路的幅频特性

以上的讨论中没有涉及信号的频率问题，是把信号当作是单一频率的正弦波。实际上输入信号常常是一个包含许多谐波的非正弦波，由于放大电路中存在着级间耦合电容、旁路电容和晶体管的结电容等，它们的容抗随频率不同而变化，这就使得放大电路的电压放大倍数也随频率的变化而变化。把放大电路的电压放大倍数的模与频率的关系称为幅频特性。图 9.3.3 所示为单级阻容耦合放大电路的幅频特性。

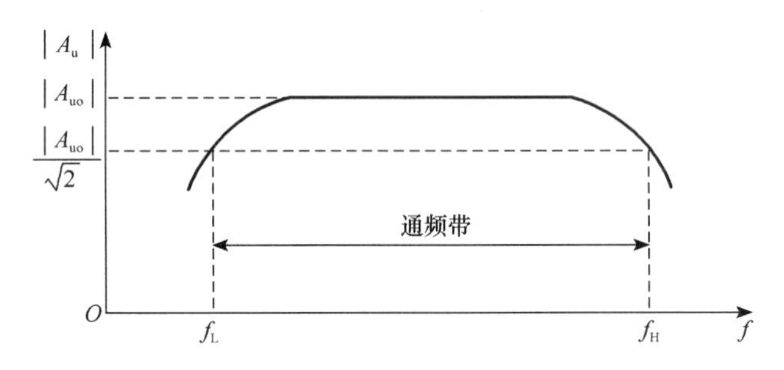


图 9.3.3　单级阻容耦合放大电路的幅频特性

在中间一段频率范围内，电路中的电容所起的分压、分流作用可以忽略，电压放大倍数（用$|A_{uo}|$表示）最大，通常把这段频率范围称为中频区；随着频率的降低或升高，电压放大倍数$|A_u|$都要减小。当频率降低到使得$|A_u|=\dfrac{|A_{uo}|}{\sqrt{2}}$时，所对应的频率称为低频截止频率或下限截止频率，用 $f_L$ 表示；反之当频率升高到使得$|A_u|=\dfrac{|A_{uo}|}{\sqrt{2}}$时，所对应的频率称为高频截止频率或上限截止频率，用 $f_H$ 表示；这两个频率之间的频率范围称为放大电路的通频带。

当信号频率较低时，由于耦合电容和旁路电容的容量较大，其容抗增大，分压作用不能忽略，结果使电压放大倍数减小，因而阻容耦合放大电路不仅不能放大直流信号，而且也不适合用来放大频率很低即变化缓慢的信号。

晶体管的结间电容和电路分布电容容量较小，当信号频率较高时，其容抗减小，不可视为开路，相当于与负载并联，使放大倍数减小。

多级放大电路的通频带比单级放大电路的通频带窄。

### 9.3.2　直接耦合放大电路

信号源与放大电路、各级放大电路之间，放大电路与负载之间直接连接起来的方式称为直接耦合方式。由于没有耦合电容，直接耦合放大电路具有良好的低频特性，即在低频段电压放大倍数并不降低，是下限频率为零的放大电路，展宽了通频带。直接耦合放大电路解决了阻容耦合放大电路不能放大直流信号和低频信号的问题。但直接耦合放大电路也带来了两个主要问题：一个是前、后级静态工作点互相影响的问题，一个是零点漂移问题。

图 9.3.4 所示为两级直接耦合放大电路。由图可见，前级集电极电位等于后级基极电位，前级的集电极电阻又是后级的偏置电阻，该电路由于 $U_{CE1}=U_{BE2}=0.7V$ 使得第一级放大电路的静态工作点接近饱和区，第二级放大电路静态工作点会进入饱和区，不能正常工作。因此为了让直接耦合放大电路能正常工作，必须同时考虑各级的静态工作点的合理设置。对上面的电路而言，解决方法有多种，通常采用适当提高后级发射极电位的方法，如在 $T_2$ 管的射极电路中串接一个电阻 $R_{E2}$ 或若干二极管。如图 9.3.5 所示。

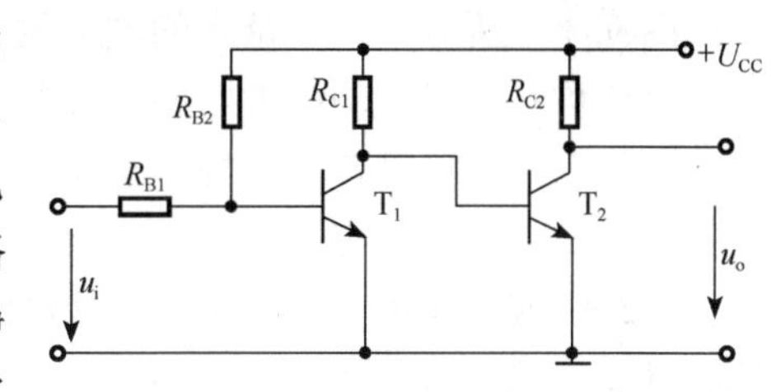

图 9.3.4　两级直接耦合放大电路

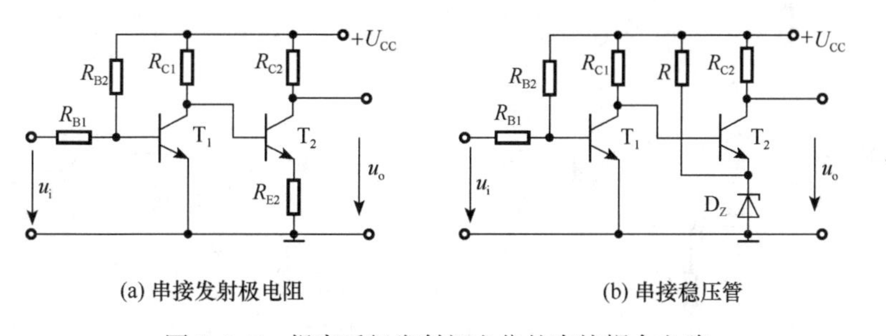

图 9.3.5　提高后级发射极电位的直接耦合电路

一个理想的直接耦合放大电路，当输入电压为零时，其输出电压也应为零。但实际上，此时电路输出端的电压会出现缓慢而无规则的变化，输出电压偏离静态值，这种现象称为零点漂移。为了衡量零点漂移的程度，通常将输出电压漂移的数值，除以放大电路总电压放大倍数，即把输出漂移电压折合到输入端来衡量，称为输入端等效漂移电压。显然，只有输入端等效漂移电压比输入信号小许多时，放大后的有用信号才能被很好地区分出来。例如某放大电路的输出漂移电压为 1V，其放大倍数为 1000 倍，那么输入端等效漂移电压为 1mV，因此，输入信号电压若小于 1mV，则会被漂移电压完全淹没，使放大电路不能正常工作。

引起零点漂移的原因很多，如晶体管参数的变化、电源电压的波动、电路元件参数的

变化等，最主要的是温度对晶体管参数的影响而造成静态工作点的波动，这与前面讨论过的静态工作点的不稳定的原因是相同的。在多级直接耦合放大电路中，第一级的漂移要被后面放大电路逐级放大，可见第一级的漂移对放大电路的影响最为严重。由此可见，克服零点漂移是直接耦合放大电路要解决的主要问题，最常用的方法是采用差动放大电路。

# 9.4　差动放大电路

差动放大电路是模拟集成电路中广泛采用的基本电路，用作多级放大电路的输入级，可以很好地抑制零点漂移。

## 9.4.1　差动放大电路组成

图 9.4.1 所示是一个基本的差动放大电路，简称差放。这是一个射极耦合差动放大电路（或称长尾式差动放大电路），图中两管通过射极电阻 $R_E$ 和 $U_{EE}$ 耦合。负电源 $U_{EE}$ 一方面为三极管提供合适的静态工作点；另一方面用来补偿电阻 $R_E$ 上的直流压降，避免管压降 $U_{CE}$ 下降过多导致输出信号变化的范围过小。该电路由两个对称的单管共射放大电路组成，晶体管 $T_1$ 和 $T_2$ 的特性相同。电路结构对称，电路的参数也对称，即 $R_{B1}=R_{B2}=R_B$，$R_{C1}=R_{C2}=R_C$。

差动放大电路有两个输入端和两个输出端。两个输入端由两个三极管的基极引出，输入信号分别为 $u_{i1}$ 和 $u_{i2}$。两个输出端由两个三极管的集电极引出，输出信号分别为 $u_{o1}$ 和 $u_{o2}$。差放输入输出也可以用图 9.4.2 表示。

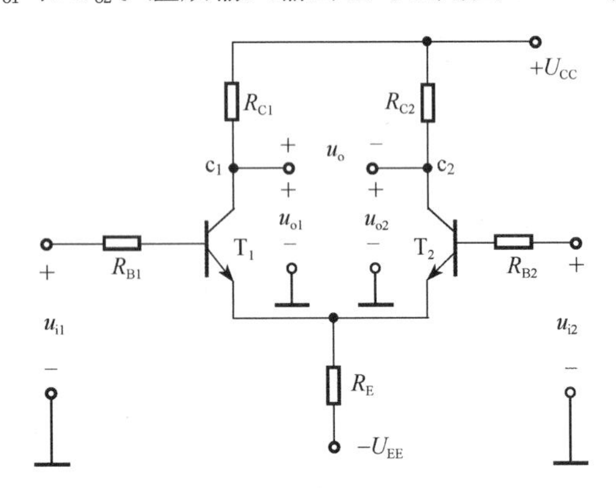

图 9.4.1　差动放大电路的基本形式

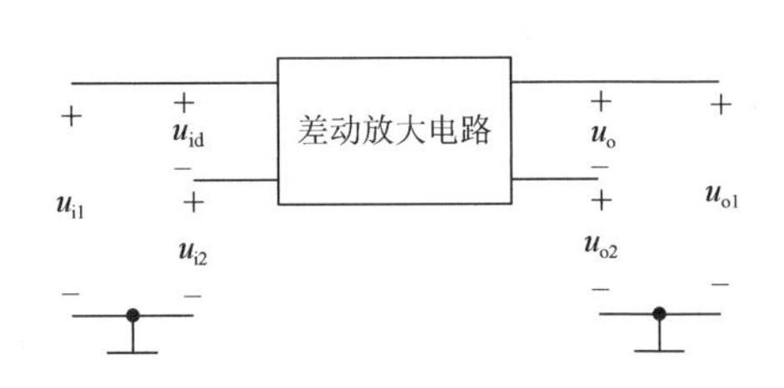


图 9.4.2　差动放大电路输入输出结构图

### 1. 差模信号和共模信号

差动放大电路两个输入端信号 $u_{i1}$ 和 $u_{i2}$ 之差称为差模信号，用 $u_{id}$ 表示。

$$u_{id}=u_{i1}-u_{i2} \tag{9.4.1}$$

差动放大电路两个输入端信号的算术平均称为共模信号，用 $u_{ic}$ 表示。

$$u_{ic}=\frac{1}{2}(u_{i1}+u_{i2}) \tag{9.4.2}$$

当用差模信号 $u_{id}$ 和共模信号 $u_{ic}$ 表示两个输入端信号时，可得

$$\begin{cases} u_{i1}=u_{ic}+\frac{1}{2}u_{id} \\ u_{i2}=u_{ic}-\frac{1}{2}u_{id} \end{cases} \tag{9.4.3}$$

可见，两输入端信号 $u_{i1}$ 和 $u_{i2}$ 中的共模信号大小相等，相位相同；差模信号大小相等，相位相反。差模信号相当于两个输入端信号中不同的部分。共模信号相当于两个输入端信号中相同的部分，电路中的干扰是同时作用于两个输入端的，相当于共模信号。

**【例 9.4.1】** 在图 9.4.1 所示差动放大电路中，已知输入电压 $u_{i1}=9\text{mV}$，$u_{i2}=3\text{mV}$。求共模信号 $u_{ic}$ 和差模信号 $u_{id}$。

**解：** 利用式（9.4.2）和式（9.4.1）把输入电压 $u_{i1}$、$u_{i2}$ 分解为共模分量 $u_{ic}$ 和差模分量 $u_{id}$，分别为

$$u_{ic}=\frac{1}{2}(u_{i1}+u_{i2})=\frac{1}{2}\times(9+3)=6(\text{mV})$$

$$u_{id}=u_{i1}-u_{i2}=9-3=6(\text{mV})$$

*2. 差动放大电路的输出*

图 9.4.1 所示电路有两种输出方式。从 $c_1$ 端（或 $c_2$ 端）对地输出为单端输出，输出电压 $u_{o1}$（或 $u_{o2}$）；从 $c_1$ 端和 $c_2$ 端之间输出为双端输出，输出电压 $u_o=u_{o1}-u_{o2}$。

差模输入电压 $u_{id}$ 和共模输入电压 $u_{ic}$ 被放大后的输出为差模输出电压 $u_{od}$ 和共模输出电压 $u_{oc}$。

差动放大电路的差模电压放大倍数为

$$A_{ud}=\frac{u_{od}}{u_{id}} \tag{9.4.4}$$

共模电压放大倍数为

$$A_{uc}=\frac{u_{oc}}{u_{ic}} \tag{9.4.5}$$

在差模信号和共模信号同时存在时，输出电压是 $u_{od}$ 和 $u_{oc}$ 的叠加，即

$$u_o=u_{od}+u_{oc}=A_{ud}u_{id}+A_{uc}u_{ic} \tag{9.4.6}$$

### 9.4.2　差动放大电路抑制零点漂移的原理

在图 9.4.1 所示电路中，因为电路对称，当温度变化或电源电压波动时，都将使两个集电极电流产生变化，且变化趋势相同。其效果相当于在两个输入端加入了共模信号 $u_{ic}$，所以可以用对共模信号的抑制能力来反映电路对零点漂移的抑制能力。

共模信号对两个三极管的作用是相同的，$i_{e1}=i_{e2}=i_e$，所以流过 $R_E$ 的共模信号电流是 $i_{e1}+i_{e2}=2i_e$。对每一个三极管而言，可视为在射极接入电阻 $2R_E$，如图 9.4.3 所示。

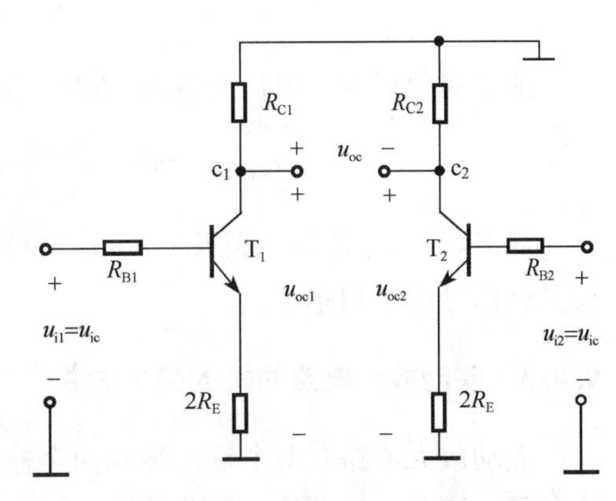


图 9.4.3　共模信号交流通路

如采用双端输出方式，由于电路对称，共模信号产生的 $u_{oc1}=u_{oc2}$，因而 $u_{oc}=u_{oc1}-u_{oc2}=0$，即输出的共模电压为零。双端输出时的共模电压放大倍数 $A_{uc}=\dfrac{u_{oc}}{u_{ic}}=0$。

说明差动放大电路共模信号有很强的抑制作用，也就能很好地抑制零点漂移。共模电压放大倍数也反映了电路抑制零漂的能力。

在实际工作中，常常需要对地输出，即采用单端输出方式，这时的输出 $u_{oc1}=u_{oc2}\neq 0$，漂移依然存在。但由于电路中射极接入 $R_E$，从而限制每个管子的温漂范围，进一步减小整个电路的零点漂移。它抑制零漂的原理如下。

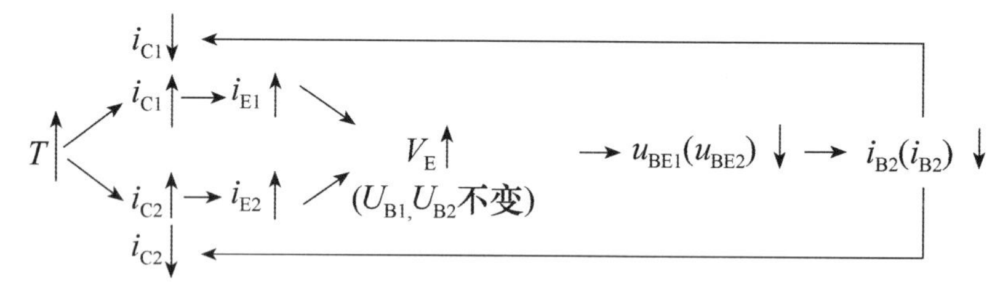


这一过程类似于分压式射极偏置电路的温度稳定过程。所以，即使电路处于单端输出方式时，仍有较强的抑制零漂能力。显然 $R_E$ 越大，抑制零漂的效果越好，但是在 $U_{CC}$ 一定时，过大的 $R_E$ 会影响静态工作点和电压放大倍数，为此在电路中增加负电源 $U_{EE}$，以补偿 $R_E$ 两端的直流压降。

单端输出时，比如在图 9.4.3 中 $c_1$ 端输出，输出电压为 $u_{oc1}$，可求出共模放大倍数

$$A_{uc1}=\frac{u_{oc1}}{u_{ic}}=-\frac{\beta R_L'}{R_B+r_{be}+(1+\beta)2R_E} \tag{9.4.7}$$

从式（9.4.7）可以看出，由于 $R_E$ 的接入，使得共模电压放大倍数下降很多，即对零漂有很强的抑制能力。

对差动放大电路来说，差模信号是有用信号，共模信号则是需要抑制的。因此要求差放电路的差模放大倍数尽可能大，而共模放大倍数尽可能小。为了衡量差放电路放大差模信号和抑制共模干扰的能力，引入共模抑制比作为技术指标，用 $K_{CMR}$ 表示。其定义为差模电压放大倍数与共模电压放大倍数之比，即

$$K_{CMR}=\left|\frac{A_{ud}}{A_{uc}}\right| \tag{9.4.8}$$

或用对数形式（单位为分贝，dB）表示：

$$K_{CMR}=20\lg\left|\frac{A_{ud}}{A_{uc}}\right|=20\lg|A_{ud}|-20\lg|A_{uc}| \tag{9.4.9}$$

显然，$K_{CMR}$ 值越大越好。$K_{CMR}$ 值越大，表明差放电路分辨差模信号的能力越强，受共模信号的影响越小。

### 9.4.3　差动放大电路的输入输出方式

差动放大电路有两个输入端和两个输出端，可以根据不同需要接入信号源和引出输出信号。因此，差动放大电路共有 4 种输入输出方式。

### 1. 双端输入双端输出

双端输入是指输入信号由两个输入端之间输入，即差模输入，$u_{id}=u_{i1}-u_{i2}$。双端输出是指输出信号由两个输出端之间输出，即 $u_o=u_{o1}-u_{o2}$。电路如图 9.4.4 所示。

因为输入端是差模信号，所以 $u_{i1}=-u_{i2}=\frac{1}{2}u_{id}$。电路的电压放大倍数为差模电压放大倍数

$$A_{ud}=\frac{u_o}{u_{id}}=\frac{u_{o1}-u_{o2}}{u_{i1}-u_{i2}}=\frac{2u_{o1}}{2u_{i1}}=A_{u1}=-\frac{\beta R_L'}{R_B+r_{be}} \tag{9.4.10}$$

式（9.4.10）说明，差动放大电路的差模电压放大倍数等于单管的电压放大倍数，是以双倍的元器件换取抑制零漂的能力。空载时（$R_L\to\infty$），$R_L'=R_C$；当输出端 $c_1$ 和 $c_2$ 间接入 $R_L$ 时，$R_L'=R_C//\frac{R_L}{2}$。

该电路的差模输入电阻 $r_{id}$ 和输出电阻 $r_{od}$ 分别为

$$r_{id}=2(R_B+r_{be}) \tag{9.4.11}$$

$$r_{od}\approx 2R_C \tag{9.4.12}$$

根据以上分析，输入端信号之差（$u_{i1}-u_{i2}$）为零时，输出为零；输入端信号之差不为零时，才有输出。因此电路被称为差动放大电路。

### 2. 双端输入单端输出

单端输出是指输出信号由某一端对地输出，当负载必须接地时，应采用单端输出方式。双端输入单端输出电路如图 9.4.5 所示。信号从 $T_1$ 的集电极输出，$u_o=u_{o1}$，差模电压放大倍数为

$$A_{ud1}=\frac{u_{o1}}{u_{id}}=\frac{u_{o1}}{2u_{i1}}=\frac{1}{2}A_{u1}=-\frac{1}{2}\frac{\beta R_L'}{R_B+r_{be}} \tag{9.4.13}$$

式（9.4.13）中，$R_L'=R_C//R_L$。式中负号说明 $u_{o1}$ 与 $u_{id}$ 反相。

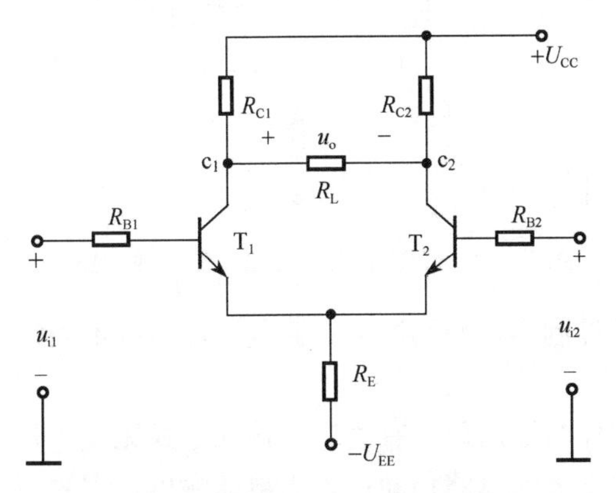

图 9.4.4　双端输入双端输出的差放电路

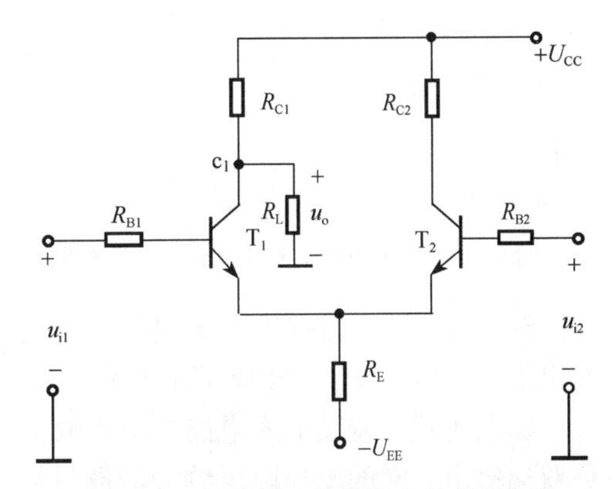

图 9.4.5　双端输入单端输出的差放电路

该电路的差模输入电阻 $r_{id}$ 和输出电阻 $r_{od}$ 分别为

$$r_{id}=2(R_B+r_{be}) \tag{9.4.14}$$

$$r_{od}\approx R_C \tag{9.4.15}$$

如果从 $T_2$ 管输出，差模电压放大倍数

$$A_{ud2}=\frac{u_{o2}}{u_{id}}=\frac{u_{o2}}{-2u_{i2}}=-\frac{1}{2}A_{u2}=+\frac{1}{2}\frac{\beta R_L'}{R_B+r_{be}} \tag{9.4.16}$$

与式（9.4.13）形式类似，但没有负号。$u_{o2}$ 的相位与 $u_{o1}$ 相反，与 $u_{id}$ 相同。

### 3. 单端输入双端输出

单端输入则是指输入信号由电路的某一输入端接入，电路的另一输入端接地，例如 $u_i$ 加在 $T_1$ 管输入端，$T_2$ 管的输入端接地。于是，$u_{i1}=u_i$，$u_{i2}=0$。当信号源需接地时，应采用单端输入方式。单端输入双端输出电路如图 9.4.6 所示。单端输入时

差模信号 $$u_{id}=u_{i1}-u_{i2}=u_{i1}=u_i$$

共模信号 $$u_{ic}=\frac{u_{i1}+u_{i2}}{2}=\frac{1}{2}u_i$$

当忽略电路对共模信号的放大作用时，则单端输入就可等效为双端输入情况，故单端输入双端输出电路的指标计算与双端输入双端输出相同。

这种接法的特点是把单端输入的信号转换成双端输出，作为下一级的差动输入，适用于负载两端任何一端都不接地的情况。

### 4. 单端输入单端输出

单端输入单端输出电路如图 9.4.7 所示。同样，该电路的指标计算与双端输入单端输出相同。

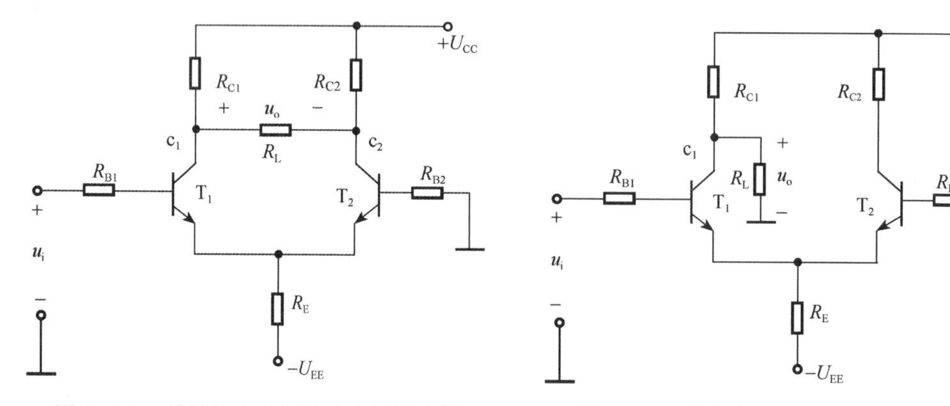


图 9.4.6　单端输入双端输出的差放电路　　图 9.4.7　单端输入单端输出的差放电路

这种接法比单管基本放大电路具有更强的抑制零点漂移能力，而且可以根据不同的输出端，得到与 $u_{id}$ 同相或反相关系。

综上所述，差动放大电路的电压放大倍数仅与输出形式有关，与输入形式无关。若是双端输出，它的差模电压放大倍数与单管基本放大电路相同；若为单端输出，它的差模电压放大倍数是单管基本电压放大倍数的一半。

## 9.5　功率放大电路

多级放大电路的输出级带有负载，既要输出较大的电压信号，又要输出较大的电流信号，以保证所需的输出信号功率来驱动负载。这类以输出功率为主要技术指标的放大电路称为功率放大电路。

由于功率放大电路主要考虑的是输出功率，因而输出电压、输出电流都有足够大的幅度，于是直流电源供给的功率也大，所以效率也是功率放大电路的一个重要指标。效率定义为负载得到的信号功率与电源供给的直流功率之比，即

$$\eta=\frac{P_{\mathrm{o}}}{P_{\mathrm{E}}}\times 100\% \tag{9.5.1}$$

可见要提高效率，可以在相同输出功率的条件下，尽量减小放大电路本身的能量损耗。功率放大电路是在大信号下工作，使晶体管接近极限运用状态，容易产生非线性失真。由此可见，功率放大电路要研究的主要问题就是在不超过晶体管极限参数的前提下，如何来获得尽可能大的输出功率、尽可能高的效率和尽可能小的非线性失真。因此电路形式的选择、放大电路工作状态的选择以及分析方法等都是从这个基本点出发的。

在前面介绍的放大电路中，静态工作点 $Q$ 大致处在交流负载线的中点，晶体管在整个信号周期内都处于放大状态，这种状态称为甲类工作状态，如图 9.5.1（a）所示，该状态下静态工作点较高，$I_{\mathrm{C}}$ 较大，$I_{\mathrm{av}}\approx I_{\mathrm{C}}$，$P_{\mathrm{E}}=U_{\mathrm{CC}}I_{\mathrm{C}}$，电源供给的直流功率为定值且较大，静态时，电源供给的直流功率全部消耗掉，动态时，只有一部分转化为有用的输出功率，因而效率很低。由此可见，要提高效率，应设法减小静态功耗，即减小静态电流 $I_{\mathrm{C}}$，使静态工作点沿负载线下移，便可得到甲乙类工作状态，如图 9.5.1（b）所示，当移至 $I_{\mathrm{C}}=0$ 时，晶体管只在输入信号的半个周期内处于放大状态，另半个周期处于截止状态，这种状态称为乙类工作状态，如图 9.5.1（c）所示，甲乙类工作状态和乙类工作状态会产生严重的失真，为了解决提高效率和减小失真的矛盾，可采用互补对称功率放大电路。

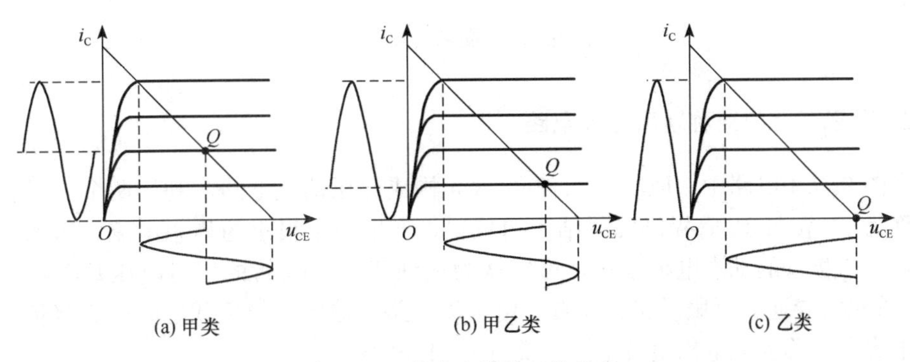


图 9.5.1　放大电路的工作状态

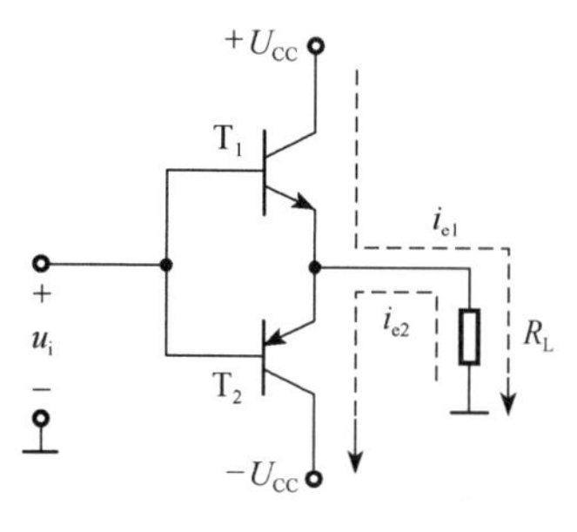

图 9.5.2　乙类互补对称功率放大电路

### 9.5.1　乙类互补对称功率放大电路

图 9.5.2 电路中，$T_1$ 为 NPN 管，$T_2$ 为 PNP 管，两管特性相同。静态时，$U_{BE1}=U_{BE2}=0$，两管均截止。动态时，在 $u_i$ 正半周，两管基极电位上升，$T_1$ 管发射结正向偏置，$T_2$ 管发射结反向偏置，故 $T_1$ 管导通，$T_2$ 管截止，$T_1$ 管的发射极电流 $i_{e1}$ 流过负载 $R_L$；在 $u_i$ 负半周，两管基极电位下降，$T_1$ 管发射结反向偏置，$T_2$ 管发射结正向偏置，故 $T_1$ 管截止，$T_2$ 导通，$T_2$ 管的发射极电流 $i_{e2}$ 流过负载 $R_L$。由此可见，在输入信号的整个周期内，两个管子轮流导通，各产生一个半波电流，分别在正负半周以相反的方向流过 $R_L$，在 $R_L$ 上得到一个完整的输出信号，电路中两个管子交替导通，互相补充、工作状态对称，所以称之为互补对称功率放大电路。该电路工作在乙类状态，效率较高，但是输出波形有失真，这是由于晶体管输入特性的死区电压所造成的，在输入信号电压小于死区电压时，管子截止，该区域内输出为零，这种现象称为交越失真，如图 9.5.3 所示。为了避免交越失真，可采取措施抬高静态工作点，让管子在静态时处于临界导通状态，即工作在甲乙类状态。

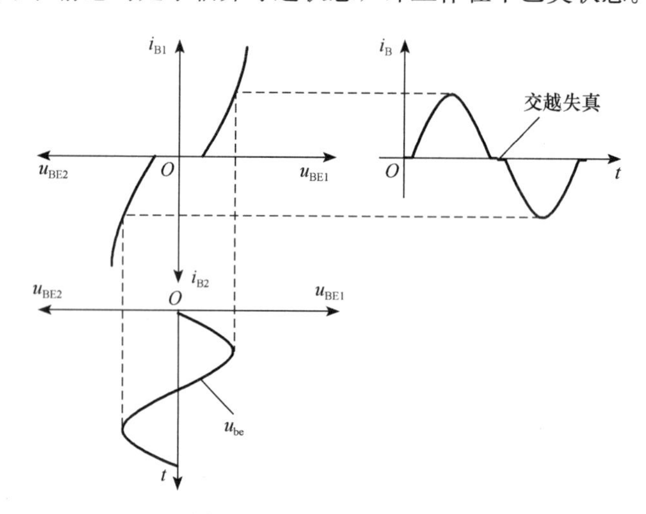

图 9.5.3　交越失真的产生

### 9.5.2　甲乙类互补对称功率放大电路

在图 9.5.4 电路中，$R_{B1}$、$D_1$、$D_2$、$R_{B2}$ 构成分压偏置电路，利用两个二极管的正向压降为 $T_1$ 管和 $T_2$ 管提供发射结正向偏置，产生一个很小的静态电流，当加入输入信号后，二极管的动态电阻很小，可以认为加到 $T_1$ 和 $T_2$ 管的信号电压基本相等，$T_1$ 管 $T_2$ 管轮流导通，克服了交越失真。由于该电路的输出端与负载之间是直接耦合，无耦合电容，故称为无输出电容电路，简称 OCL 电路。

OCL 电路中采用双电源，但在一些较简单的电路中，可以用一个大电容 $C$ 代替负电源 $U_{CC}$，电路如图 9.5.5 所示。

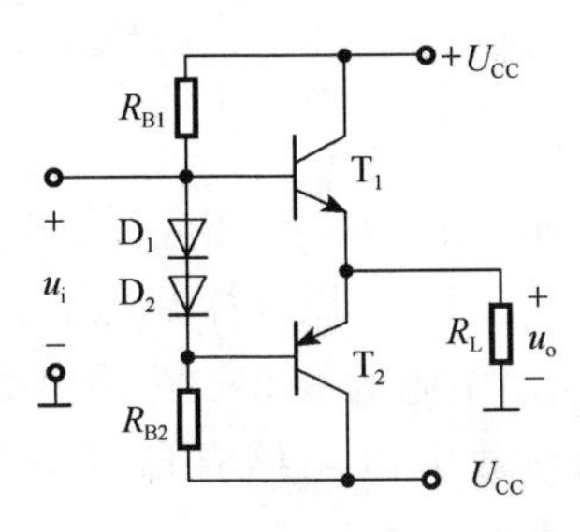


图 9.5.4　无输出电容甲乙类互补对称功率放大电路

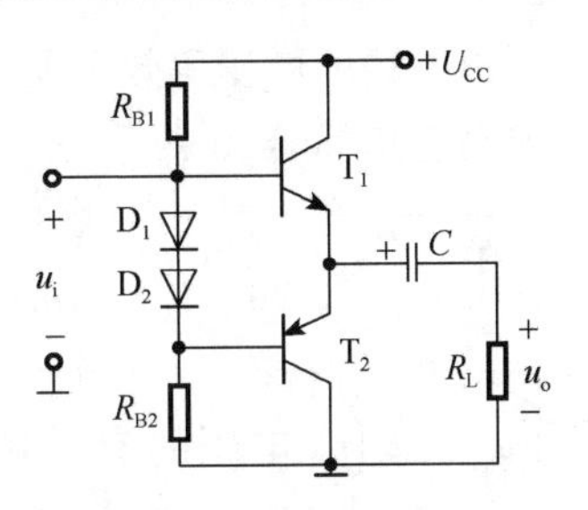


图 9.5.5　无输出变压器甲乙类互补对称功率放大电路

静态时，$U_C = |U_{CE1}| = |U_{CE2}| = \frac{1}{2}U_{CC}$。

动态时，在 $u_i$ 的正半周，$T_1$ 导通，$T_2$ 截止，$U_{CC}$ 通过 $T_1$ 对 $C$ 充电，$R_L$ 中通过电流 $i_{e1}$；在 $u_i$ 的负半周，$T_1$ 截止，$T_2$ 导通，电容 $C$ 充当电源。通过 $T_2$ 向 $R_L$ 放电，$R_L$ 中通过电流 $i_{e2}$。这种电路与负载之间是用电容耦合的，称为无输出变压器电路，简称 OTL 电路。

## 习　　题

9.1.1　有一放大电路，接至 $U_s = 12\text{mV}$，$R_s = 1\text{k}\Omega$ 的信号源上，输入电压 $U_i = 10\text{mV}$，空载输出电压为 1.5V，带上 5.1kΩ 的负载时，输出电压下降至 1V。求该放大电路的空载和有载时的电压放大倍数、输入电阻、输出电阻。

9.1.2　判断题图 9.01 中各电路能否放大交流信号？为什么？

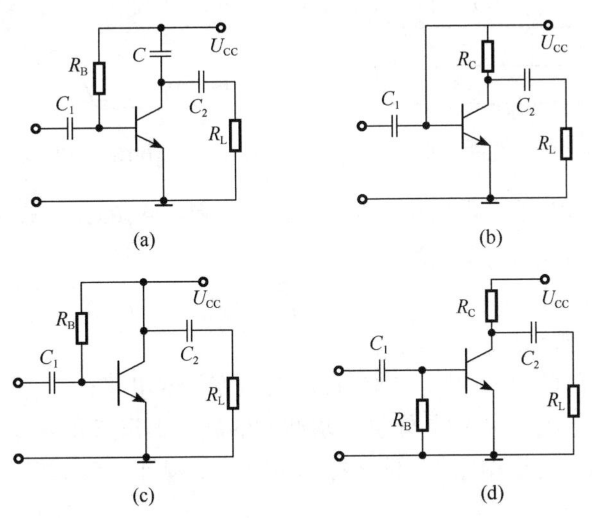


题图 9.01　题 9.1.2 图

9.1.3　电路如题图 9.02 所示，已知 $U_{CC} = 12\text{V}$，$R_C = 4\text{k}\Omega$，$R_B = 300\text{k}\Omega$，$R_L = 4\text{k}\Omega$，晶体管 $\beta = 40$。

(1) 求静态值 $I_B$、$I_C$ 和 $U_{CE}$；

（2）画出电路的微变等效电路；

（3）求动态指标 $A_u$、$r_i$ 和 $r_o$。

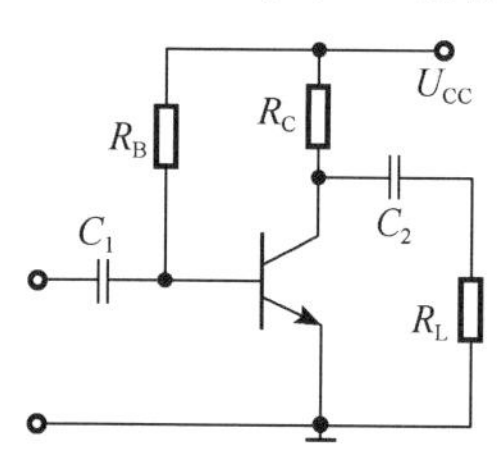


题图 9.02　题 9.1.3 图

9.1.4　电路如题图 8.07 所示，若 $U_{CC}=12V$，晶体管的 $\beta=20$，$I_C=1mA$，今要求空载时 $|A_u|\geqslant100$，试计算 $R_C$、$R_B$ 和 $U_{CE}$。

9.1.5　已知某放大电路的输出电阻为 3.3kΩ，输出端的开路电压的有效值 $U_{OC}=2V$，试问该放大电路接有负载电阻 $R_L=5.1k\Omega$ 时，输出电压将下降到多少？

9.1.6　电路如题图 9.02 所示，晶体管的输出特性及交、直流负载线如题图 9.03 所示。

（1）求电源电压 $U_{CC}$、静态值 $I_B$、$I_C$ 和 $U_{CE}$；

（2）求 $R_B$、$R_C$、$R_L$ 和 $\beta$；

（3）将负载电阻 $R_L$ 增大，对交、直流负载线会产生什么影响？

（4）若不断加大输入电压的幅值，该电路首先出现什么性质的失真？如何调节电路参数消除该失真？

（5）不失真最大输入电压峰值为多少？

9.1.7　题图 9.02 所示电路中，输入正弦信号如题图 9.04（a）所示，问输出波形分别为题图 9.04（b）和（c）所示时，各产生了什么失真？怎样才能消除失真？

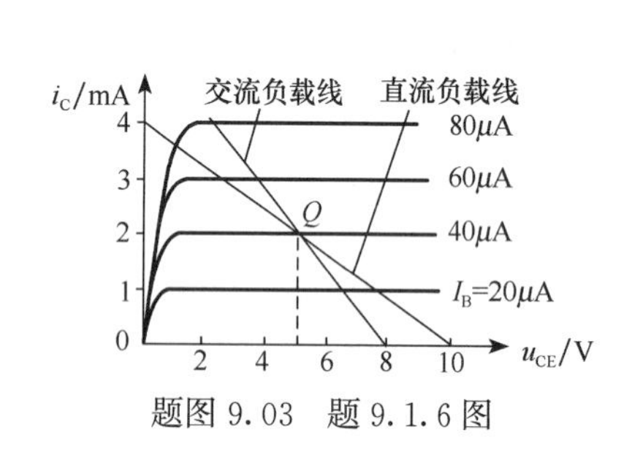


题图 9.03　题 9.1.6 图

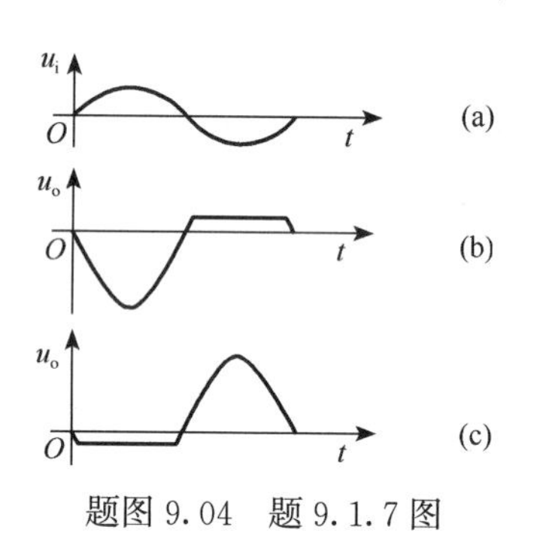


题图 9.04　题 9.1.7 图

9.1.8　题图 9.05 所示电路中，$R_{B1}=20k\Omega$，$R_{B2}=10k\Omega$，$R_C=R_E=2k\Omega$，$R_L=4k\Omega$，$U_{CC}=12V$，$U_{BE}=0.7V$，$\beta=50$。

（1）求静态工作点；

（2）求 $A_u$、$r_i$ 和 $r_o$；

（3）求不接电容 $C_E$ 时的 $A_u$，画出此时的微变等效电路；

（4）若更换一个 $\beta=100$ 的晶体管，求此时的静态工作点和 $A_u$。

9.1.9　题图 9.05 所示电路，试选择 A 增大、B 减小、C 不变（包括基本不变）三种情形之一填空。

（1）要使静态工作电流 $I_C$ 减小，则 $R_{B1}$ 应________；

（2）$R_{B1}$ 在适当范围内增大，则电压放大倍数________，输入电阻________，输出电阻________；

（3）$R_E$ 在适当范围内增大，则电压放大倍数________，输入电阻________，输出

电阻________；

(4) 从输出端开路到接上 $R_L$，静态工作点将________，交流输出电压幅度将________；

(5) $U_{CC}$ 减小时，直流负载线的斜率________。

9.1.10　电路如题图 9.06 所示，$R_{B1}=45\text{k}\Omega$，$R_{B2}=15\text{k}\Omega$，$R_C=R_L=6\text{k}\Omega$，$R_{E1}=200\Omega$，$R_{E2}=2.2\text{k}\Omega$，$U_{CC}=12\text{V}$，$U_{BE}=0.6\text{V}$，$\beta=50$。

(1) 求静态工作点；

(2) 求 $A_u$、$r_i$ 和 $r_o$；

(3) 当 $U_i=10\text{mV}$ 时，求输出电压 $U_o$。

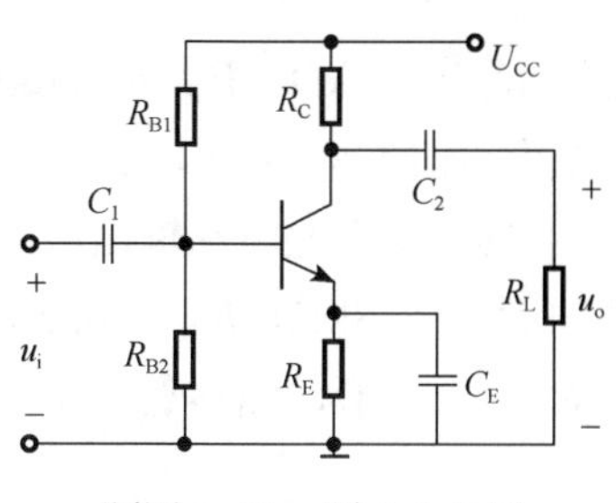


题图 9.05　题 9.1.8 图

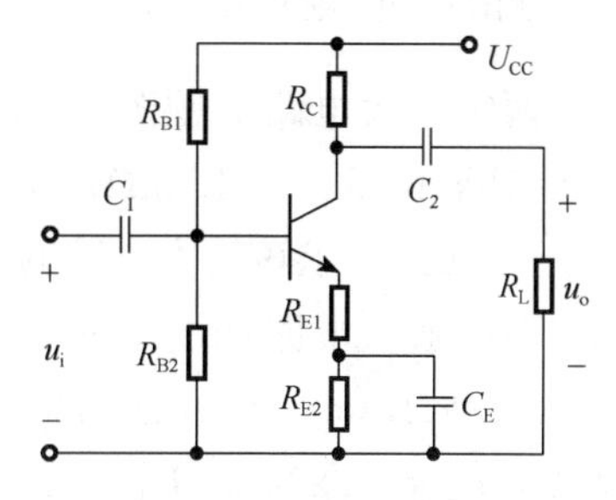


题图 9.06　题 9.1.10 图

9.1.11　放大电路如题图 9.07 所示，已知 $U_{CC}=15\text{V}$，$R_{B1}=R_{B2}=22\text{k}\Omega$，$R_C=1\text{k}\Omega$，晶体管 $\beta=60$，$U_{BE}=0.7\text{V}$，稳压管稳定电压 $U_Z=6\text{V}$，动态电阻 $r_z$ 忽略不计。

(1) 求静态工作点；

(2) 求 $A_u$、$r_i$ 和 $r_o$。

9.2.1　电路如题图 9.08 所示，已知 $U_{CC}=12\text{V}$，$R_B=200\text{k}\Omega$，$R_E=2\text{k}\Omega$，$R_L=2\text{k}\Omega$，晶体管 $\beta=60$，$U_{BE}=0.6\text{V}$，信号源内阻 $R_S=100\Omega$。

(1) 求静态值；

(2) 画出微变等效电路；

(3) 求 $A_u$、$r_i$ 和 $r_o$。

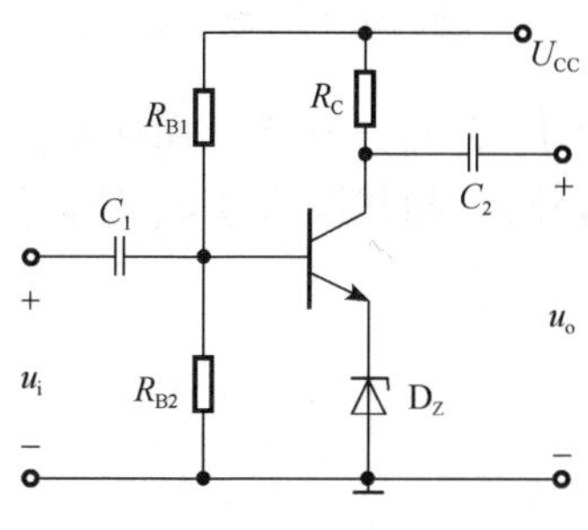


题图 9.07　题 9.1.11 图

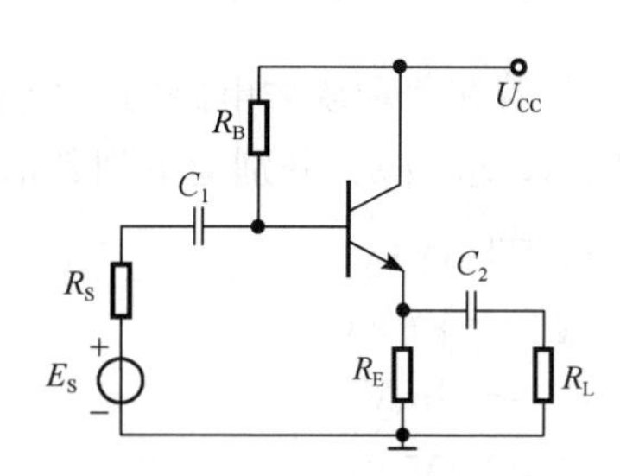


题图 9.08　题 9.2.1 图

9.2.2　电路如题图 9.09 所示，已知 $R_{B1}=100\text{k}\Omega$，$R_{B2}=30\text{k}\Omega$，$R_E=1\text{k}\Omega$，晶体管 $\beta=50$，$r_{be}=1\text{k}\Omega$，信号源内阻 $R_S=50\Omega$。求 $A_u$、$r_i$ 和 $r_o$。

9.2.3　电路如题图 9.10 所示，已知 $R_C=2\text{k}\Omega$，$R_E=2\text{k}\Omega$，晶体管 $\beta=30$，$r_{be}=$

1kΩ，画出该电路的微变等效电路，推导出由集电极输出和由发射极输出时的电压放大倍数，求当 $U_i$=1mV 时的 $U_{o1}$ 和 $U_{o2}$。

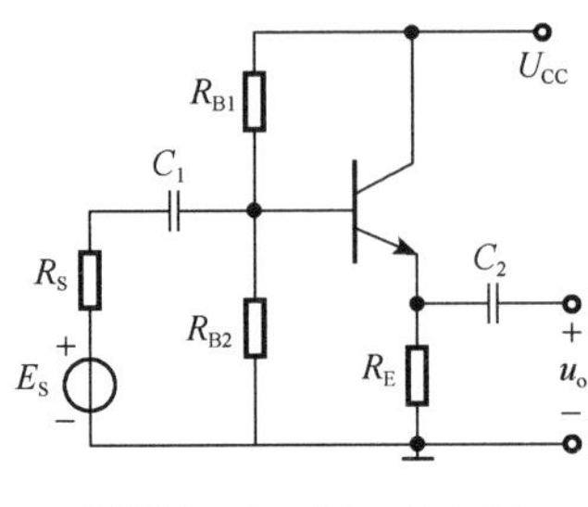


题图 9.09　题 9.2.2 图

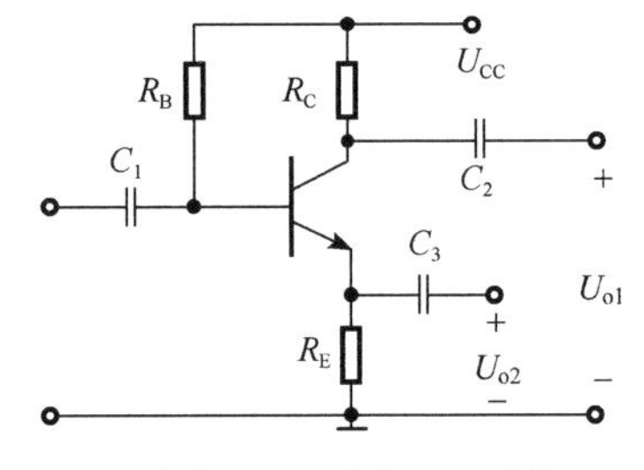


题图 9.10　题 9.2.3 图

9.3.1　两级放大电路如题图 9.11 所示，已知 $R_{B1}$=56kΩ，$R_{E1}$=5.6kΩ，$R_{B2}$=20kΩ，$R_{B3}$=10kΩ，$R_{E2}$=1.5kΩ，$R_C$=3kΩ，晶体管的 $\beta_1=40$，$\beta_2=50$，$r_{be1}$=1.7kΩ，$r_{be2}$=1.1kΩ，求该放大电路的总电压放大倍数、输入电阻和输出电阻。

9.3.2　两级放大电路如题图 9.12 所示，已知 $R_{B1}$=33kΩ，$R_{B2}$=8.2kΩ，$R''_{E1}$=0.39kΩ，$R'_{E1}$=3kΩ，$R_{C1}$=10kΩ，$R_{E2}$=5.1kΩ，$R_L$=5.1kΩ，晶体管的 $\beta_1=\beta_2=40$，$r_{be1}$=1.37kΩ，$r_{be2}$=0.89kΩ，$U_{CC}$=20V。

（1）计算各级电路的静态值（计算 $U_{CE1}$ 时忽略 $I_{B2}$）；

（2）画出微变等效电路；

（3）计算 $A_{u1}$、$A_{u2}$ 和 $A_u$。

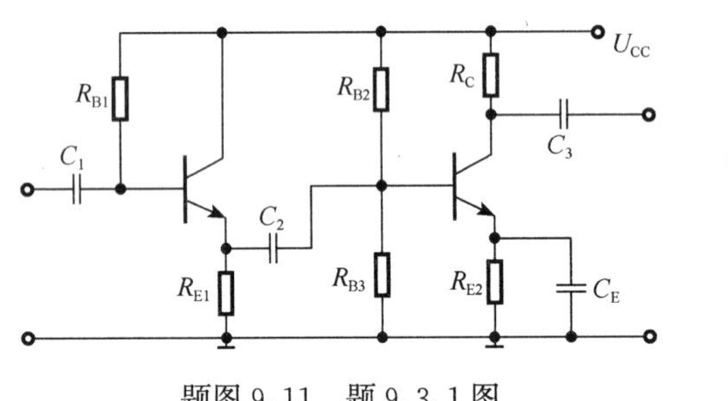


题图 9.11　题 9.3.1 图

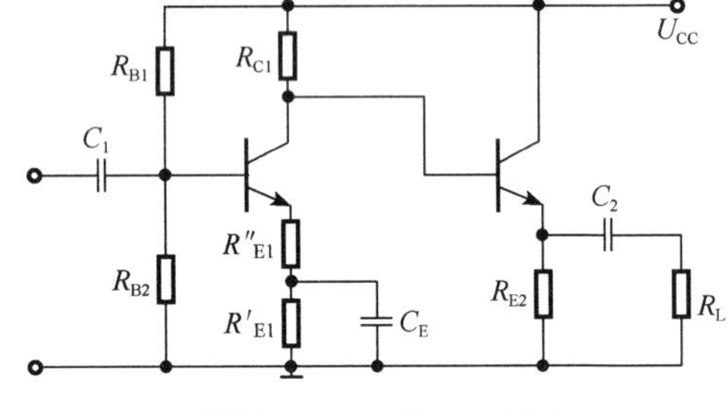


题图 9.12　题 9.3.2 图

9.4.1　若在差动放大电路的一个输入端上加上信号 $u_{i1}$=4mV，而在另一个输入端加入信号 $u_{i2}$，求当 $u_{i2}$ 分别为下列各值时的差模信号 $u_{id}$ 和共模信号 $u_{ic}$ 的数值。

（1）$u_{i2}$=4mV；

（2）$u_{i2}$=−4mV；

（3）$u_{i2}$=−6mV；

（4）$u_{i2}$=6mV。

9.4.2　图 9.4.1 所示的差动放大电路中 $R_E$ 的作用是什么？它对共模输入信号和差模输入信号有何影响？

9.5.1　题图 9.13 所示电路是什么电路？电路中哪些元件是用来克服交越失真的？输入电压为正弦波，动态时若出现交越失真，应调整哪个电阻？如何调整？

9.5.2　题图 9.14 所示电路是什么电路？$T_4$ 和 $T_5$ 管是如何连接的？起什么作用？静态时，$U_A=0$，这时，$T_3$ 管的集电极电位 $U_{C3}$ 应调到多少？设各管的 $U_{BE}=0.6V$。

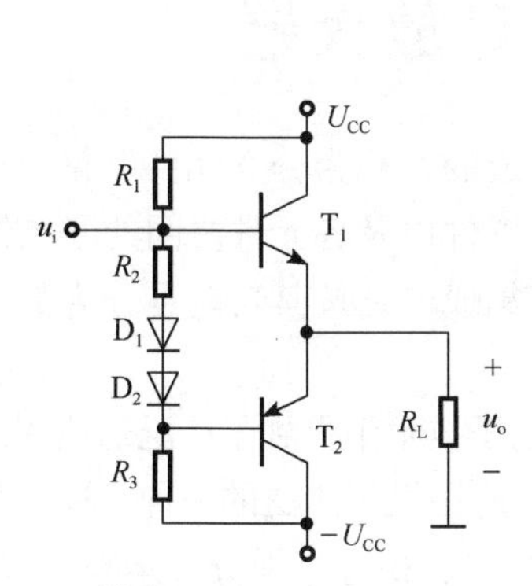


题图 9.13　题 9.5.1 图

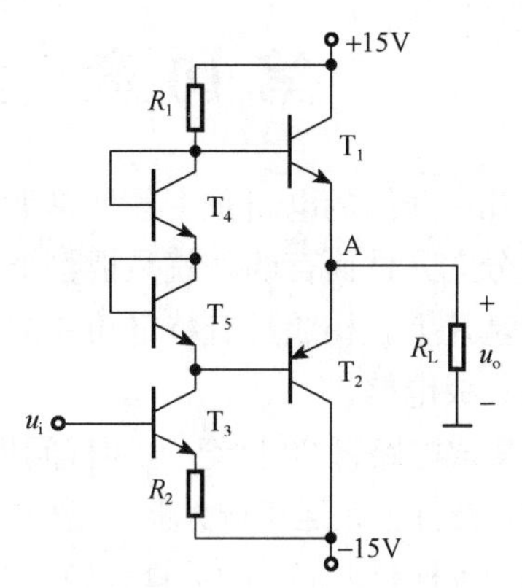


题图 9.14　题 9.5.2 图

# 第 10 章　集成运算放大器

前面几章介绍的电路是由各种单个元件连接组成的，称为分立元件电路。集成电路是相对于分立元件而言的，就是把整个电路中的元器件以及各元件之间的联结制作在一块半导体基片上，构成具有特定功能的电子电路。集成电路按其功能可分为数字集成电路和模拟集成电路。

模拟集成电路自 20 世纪 60 年代问世以来，在电子技术中得到了广泛的应用。其中最主要的代表器件就是运算放大器，是模拟集成电路中应用极为广泛的一种。运算放大器在最初多用于各种模拟信号的运算（如比例、加法、减法、积分、微分等运算），故称运算放大器，简称集成运放。随着集成技术的发展，运算放大器的应用已远远超出了模拟运算的范围，广泛应用于信号的处理和测量、信号的产生和转换以及自动控制等诸多方面。同时，许多具有特定功能的模拟集成电路也在电子技术领域中得到了广泛的应用。

本章主要介绍集成运放的组成、性能指标、反馈方式以及集成运放在信号运算、信号处理和信号产生等方面的应用。

## 10.1　集成运算放大器概述

运算放大器是一种具有很高电压放大倍数的多级直接耦合放大电路。早期的运算放大器是由分立元件组成的，它首先用于模拟计算机进行多种数学运算，因而得名。随着半导体集成工艺的发展，出现了集成运算放大器。由于采用集成工艺，和分立元件组成的具有同样功能的电路相比，集成运放具有体积小、重量轻、成本低等优点，而且实现了元件、电路和系统的统一，大大提高了设备的可靠性和稳定性。

### 10.1.1　集成运放的基本组成

集成运算放大器有很多种类型，不同类型的集成运放用途不同，其内部电路也不一样。但不管内部结构如何，集成运放都是由四个基本部分组成：输入级、中间级、输出级和偏置电路。如图 10.1.1 所示。

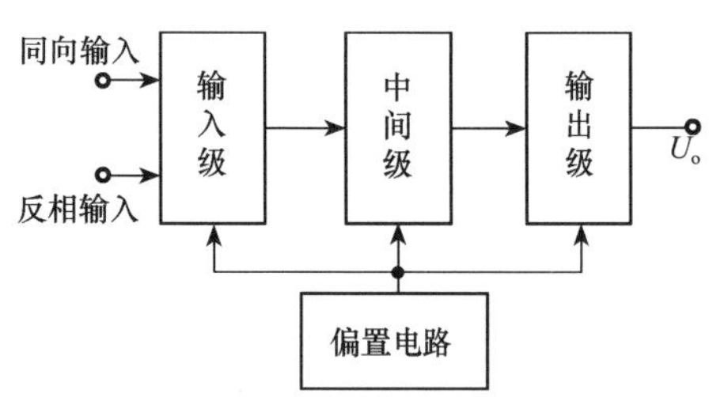

图 10.1.1　集成运放的组成

输入级是集成运放的关键部分，要求具有较高的输入电阻，能减小零点漂移和抑制干扰信号，常采用差动式放大电路。

中间级的主要作用是使集成运放获得高的电压放大倍数，因此又称电压放大级。中间级常采用一级或多级共射放大电路。

输出级与负载相接，要求具有较低的输出电阻以提高带负载能力，一般由射级输出

器或互补射级输出器（功放电路）组成。

偏置电路的作用是为各级提供合适的工作电流（偏置电流）。

集成运放实质上是具有高电压放大倍数的多级放大电路，前一级与后一级之间通过适当的方式联结（级间耦合），使前一级的输出信号有效地传送到后一级。多级放大电路常见的级间耦合方式有阻容耦合、直接耦合和变压器耦合。变压器耦合和阻容耦合这两种耦合方式都只能传递交流信号，不能传递变化缓慢的交流信号或直流信号。同时由于在集成电路工艺中难以制造出电感元件和大容量的电容元件，因而集成运放电路中主要采用直接耦合方式。

直接耦合电路结构简单，可用来放大缓慢变化的信号或直流信号，但存在零点漂移问题。在多级直接耦合放大电路中，抑制零点漂移的关键在第一级。因为输入级的漂移会因直接耦合而被逐级放大，以致影响整个放大电路的工作。抑制零点漂移的有效措施之一就是采用差动放大电路（简称差放），因此集成运放采用差动放大电路作为输入级。

### 10.1.2　集成运放的工作原理

集成运放的种类较多，有通用型，还有为适应不同需要而设计的专用型，如高速型、高阻型、高压型、大功率型、低功耗型、低漂移型等。

1. 电路结构和工作原理

图 10.1.2 所示电路是一个三级直接耦合放大电路。

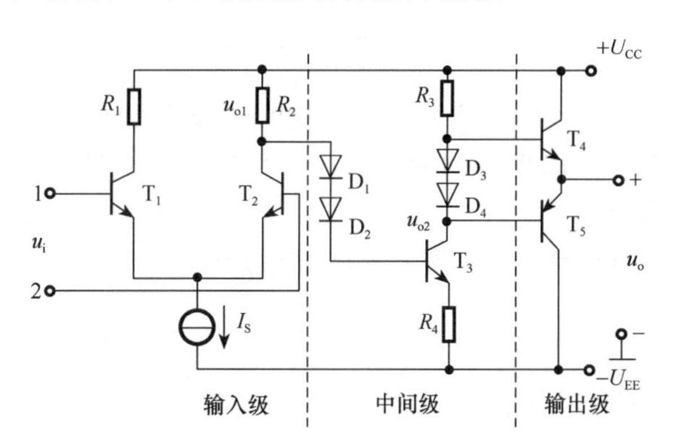


图 10.1.2　集成运放原理电路图

为抑制零点漂移，第一级采用了差动放大电路，由晶体管 $T_1$ 和 $T_2$、电阻 $R_1$ 和 $R_2$、恒流源 $I_S$ 组成双端输入单端输出的差动放大电路，1、2 两端为输入端，输出端为 $T_2$ 的集电极，电路以恒流源 $I_S$ 代替 $R_E$，利用恒流源极大的动态电阻对零点漂移和共模信号产生强烈的抑制作用。为提高放大倍数，中间级采用共射放大电路，由 $T_3$、$R_3$、$R_4$ 组成，$D_1$、$D_2$ 用于直流电位的转移。输出级为功率放大电路，为提高此电路的带负载能力，由 $T_4$、$T_5$、$D_3$、$D_4$ 组成互补对称放大电路。

当输入信号 $u_i=0$ 时，输出信号 $u_o=0$。

当输入信号 $u_i$ 加在输入端 1 而输入端 2 接地时，第一级为单端输入单端输出的差

动放大电路，其输出 $u_{o1}$ 与输入 $u_i$ 同相，经第二级共射放大电路的放大后，输出 $u_{o2}$ 与输入 $u_{o1}$ 反相，第三级互补对称射级输出电路的输出 $u_o$ 与输入 $u_{o2}$ 同相，所以运放的输出 $u_o$ 与输入 $u_i$ 反相。因此称输入端 1 为反相输入端。同理，如果输入信号 $u_i$ 加在输入端 2 而输入端 1 接地时，那么运放的输出 $u_o$ 与输入 $u_i$ 同相，因此称输入端 2 为同相输入端。

实际的集成运放内部电路比图 10.1.2 所示的原理电路要复杂得多，但工作原理相似。对于使用者来说，需要掌握的是集成运放的特性和使用方法。

2. 外形和符号

集成运算放大器是一种集成器件，它的外形通常有三种形式：圆壳式、扁平式、双列直插式，如图 10.1.3 所示。前两种形式的集成运放现已很少使用。目前常用的是双列直插式。双列直插式有 8、10、12、14、16 引脚等种类，各种型号集成运放的引脚数目和作用是不一样的，使用时可查阅有关手册，辨认引脚，以便正确连线。

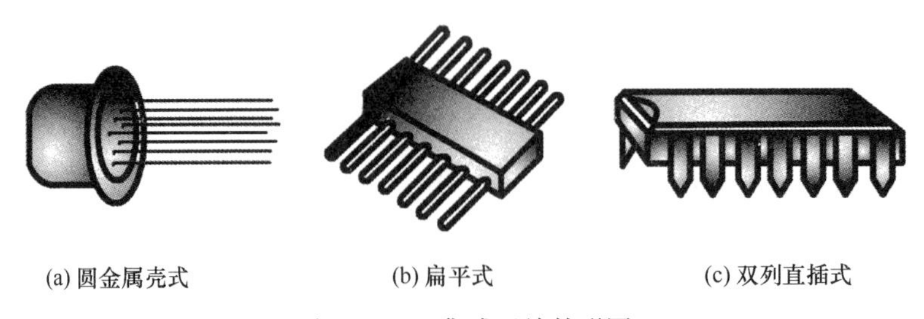

(a) 圆金属壳式　　(b) 扁平式　　(c) 双列直插式

图 10.1.3　集成运放外形图

下面以 F007（CF741）为例来介绍集成运放的引脚排列和功能。F007 属于国产第二代集成运放，引脚排列如图 10.1.4 所示。它有 8 个引出端（引脚），图中所标数字为引脚编号，具体功能如下：

1 和 5 为外接调零电位器（通常为 10kΩ）的两个端子。

2 为反向输入端。

3 为同向输入端。

4 为负电源端。接−15V 电源。

6 为输出端。

7 为正电源端。接+15V 电源。

8 为空脚。

运算放大器的电路符号如图 10.1.5 所示。图 10.1.5（a）是国家新标准规定的符号；图 10.1.5（b）是曾用符号。从处理信号的观点出发，不必标出所有的引脚。画电路时，通常只画出输入和输出端，输入端标“+”号表示同相输入端，标“−”号表示反相输入端。

国家标准规定的符号中，右侧“+”端为输出端，信号由此端对地之间输出，输出信号用 $u_o$ 表示。左侧“−”端为反相输入端，当信号由此端对地输入时，输出信号与输入信号反相，所以此端称为反相输入端，反相输入端的电位用 $u_-$ 表示。此种输入方式称为反相输入。左侧“+”端为同相输入端，当信号由此端对地输入时，输出信号与输入信号同相位，所以此端称为同相输入端，同相输入端的电位用 $u_+$ 表示，此种输入方式称为同相输入。当两输入端都有信号输入时，则称为差动输入方式。

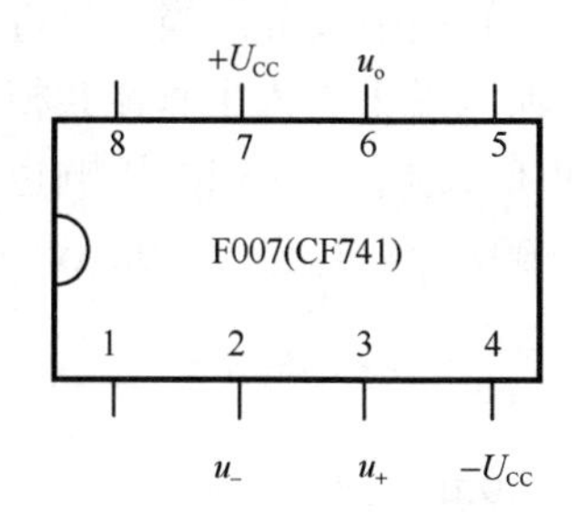

图 10.1.4　F007 引脚排列图

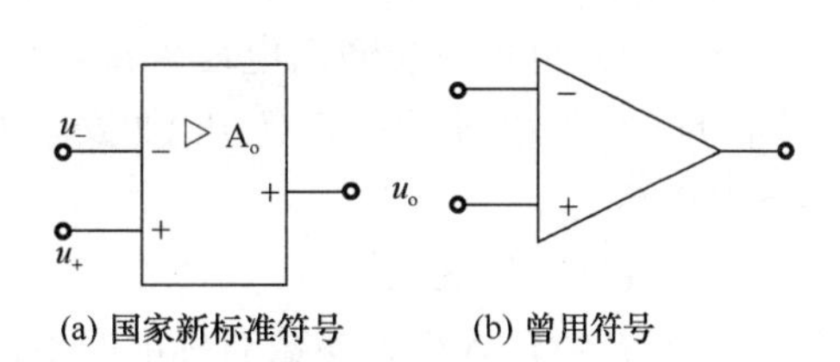

图 10.1.5　集成运放的电路符号

### 10.1.3　集成运放的特性

在实际应用中，集成运放可视为高电压放大倍数、低漂移的放大器。为了合理使用集成运放，必须了解它的特性。下面介绍集成运放的主要参数、电压传输特性和理想特性。

1. 集成运放的主要参数

集成运放的性能可以用一些参数来表征，为了正确选择使用集成运放，应了解这些参数的意义。下面介绍集成运放的主要参数。

（1）开环电压放大倍数 $A_{uo}$

开环电压放大倍数是指运放输出端和输入端之间无外加回路（称开环），输出端开路时的输出电压与两输入端之间的信号电压之比。通常用分贝（dB）表示，定义为

$$A_{uo}=20\lg\frac{u_o}{u_i}(\text{dB}) \tag{10.1.1}$$

对于集成运放而言，希望 $A_{uo}$ 大，且稳定。$A_{uo}$ 越大，集成运放的性能越好。目前常用的集成运放 $A_{uo}$ 值为 80～140dB，性能较好的集成运放 $A_{uo}$ 值可以达到 140dB（$10^7$ 倍）以上。

（2）最大输出电压 $U_{OM}$

$U_{OM}$ 为能使输出和输入保持不失真关系的最大输出电压。一般略低于电源电压。F007 最大输出电压约为±13V。

（3）输入失调电压 $U_{IO}$

输入电压为零时，$U_{IO}$ 为使放大器输出电压为零，在输入端所需要加入的补偿电压。它的大小反映了电路的不对称程度和调零的难易。$U_{IO}$ 一般在毫伏级，其值越大，电路的对称性越差。

（4）输入失调电流 $I_{IO}$

$I_{IO}$ 指集成运放两输入端静态电流之差，即 $I_{IO}=|I_{B1}-I_{B2}|$。它是由输入级差分对管不对称所致，$I_{IO}$ 值越小越好。

（5）输入偏置电流 $I_{IB}$

$I_{IB}$ 指集成运放两输入端静态电流的平均值，即 $I_{IB}=\frac{1}{2}(I_{B1}+I_{B2})$。

$I_{IB}$ 相当于输入电流的共模成分。而 $I_{IO}$ 相当于输入电流的差模成分。当它流过信号电阻 $R_S$ 时，其上的直流压降就相当于在集成运放的两个输入端上引入了直流共模和差模电压，因此也将引起输出电压偏离零值。显然，$I_{IB}$ 和 $I_{IO}$ 越小，它们的影响也越小。$I_{IB}$ 的数值通常为零点几微安，$I_{IO}$ 则更小。F007 的 $I_{IB}=200\text{nA}$，$I_{IO}$ 为 50～100nA。

（6）共模抑制比 $K_{CMR}$

$K_{CMR}$ 是衡量输入级各参数对称度的指标。一般为 70～130dB。

（7）最大差模输入电压 $U_{idmax}$

$U_{idmax}$ 指运放两输入端之间所能承受的最大电压值。超过此值，将会使得输入级的三极管发射结击穿，从而使运算放大器性能下降甚至损坏。F007 为±30V。

（8）最大共模输入电压 $U_{icmax}$

$U_{icmax}$ 指集成运放所能承受的最大共模输入电压。超过此值，共模抑制比下降，运放将不能正常工作。

集成运放还有其他的参数，如差模输入电阻、共模输入电阻、静态功耗等，这里不再一一介绍，实际使用时可查阅有关手册。

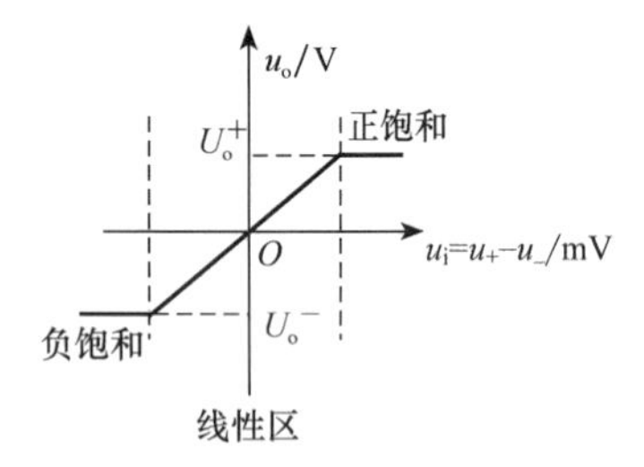


图 10.1.6 集成运放的电压传输特性

2. 集成运放的电压传输特性

集成运放的电压传输特性是指开环应用时输出电压与输入电压的关系曲线。典型集成运放的电压传输特性如图 10.1.6 所示。从运放的电压传输特性可以看出，集成运放有两个工作区：线性区和饱和区。

当运放工作在线性区时，输出信号和输入信号之间满足线性关系：

$$u_o=A_{uo}(u_+-u_-) \tag{10.1.2}$$

式中，$A_{uo}$ 为开环电压放大倍数；$u_+$ 和 $u_-$ 为运放两输入端对地电压。由于 $A_{uo}$ 很大，所以运放开环工作时线性区很窄。

当运放工作在饱和区时，输出信号和输入信号之间无线性关系，输出只有两个稳定状态：当 $u_+>u_-$ 时，输出电压 $u_o$ 为正饱和 $U_o^+$；当 $u_+<u_-$ 时，输出电压 $u_o$ 为负饱和 $U_o^-$。$U_o^+$ 和 $U_o^-$ 的绝对值分别小于正、负电源电压值。

3. 集成运放的理想特性

集成运放的应用电路各种各样，在分析其工作原理时，为了使问题简化，常常将集成运放视为理想器件，将其各项技术指标理想化，各种指标中几个重要指标理想化的情况如下：

1）开环电压放大倍数 $A_{uo}\to\infty$。

2）开环差模输入电阻 $r_{id}\to\infty$。

3）开环输出电阻 $r_o\to 0$。

4）共模抑制比 $K_{CMR}\to\infty$。

5）失调电压、失调电流及它们的温漂均为零。

实际运算放大器的上述技术指标接近理想条件。因此，若无特别说明，后面对运算放大器的分析均认为集成运放是理想的，由此所产生的误差并不大，在工程上是允许的。这样可以使分析过程大大简化。

理想运放的电路符号和电压传输特性如图 10.1.7 和图 10.1.8 所示。

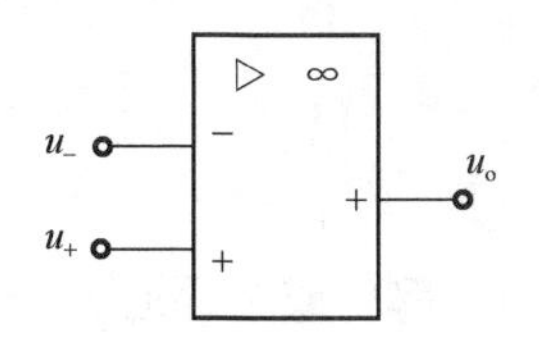

图 10.1.7 理想运放的电路符号

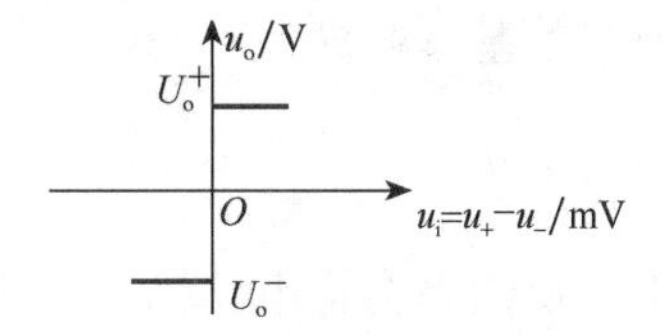

图 10.1.8 理想运放的电压传输特性

根据上述理想化条件，可以得出集成运放在线性区运用时的两个重要依据：虚短和虚断。

（1）虚短

由式（10.1.2）可知，在线性区集成运放的输入信号电压为 $u_i=u_+-u_-=\dfrac{u_o}{A_{uo}}$，由于理想运放 $A_{uo}\to\infty$，而输出电压 $u_o$ 又是一个有限值，因此有

$$u_+-u_-\approx 0$$

即

$$u_+\approx u_- \tag{10.1.3}$$

此式表明理想运放两输入端间的电压为零，即两个输入端电位相等，好像短接在一起，但实际上又不是短接在一起，所以称“虚短”。

若运放的同相输入端接地（$u_+=0$），则反相输入端近似等于地电位（$u_-=u_+=0$），称为“虚地”。

（2）虚断

由于理想运放的 $r_{id}\to\infty$，所以可以认为反相输入端和同相输入端的输入电流均为零，即

$$i_-=i_+=0 \tag{10.1.4}$$

式（10.1.4）表明集成运放的两个输入端的电流可视为零，好像输入端与运放断开一样，但不是真正断开，故称为“虚断”。

式（10.1.3）和式（10.1.4）是分析运算放大器线性应用时的两个重要依据。

线性应用是指运算放大器工作在线性区，主要用以实现对各种模拟信号进行比例、加法、减法、积分、微分等数学运算，以及有源滤波、采样保持等信号处理工作。由于开环电压放大倍数 $A_{uo}$ 很高，集成运放开环工作时线性区很窄。因此，为了保证运放处于线性工作区，通常都要引入深度负反馈。

# 10.2　放大电路中的负反馈

在电子电路中，反馈技术的应用极为广泛。在放大电路中采用负反馈，可以改善放大电路性能，因而实用的放大电路几乎都采用负反馈。引入负反馈的放大电路称作负反馈放大电路。负反馈不仅是改善放大电路性能的重要手段，而且也是电子技术和自动调节原理中的一个基本概念。本节将讨论负反馈的概念，负反馈放大电路的类型，负反馈对放大电路性能的影响，以及负反馈的分析方法。

## 10.2.1　反馈的基本概念

1.反馈的定义

电路中的反馈是指将电路输出信号（电压或电流）的一部分或全部通过一定的电路（反馈电路）送回到输入回路，与输入信号一同控制电路的输出。可用图 10.2.1 所示的框图来表示。

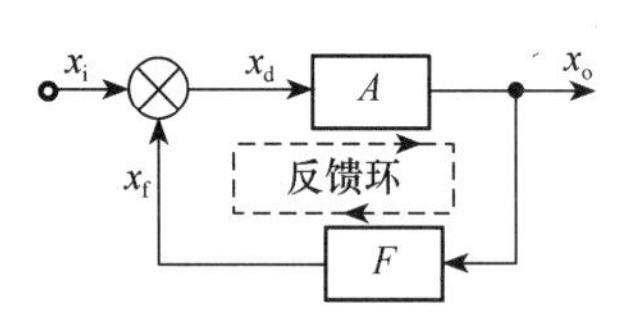


图 10.2.1　反馈放大电路框图

在图 10.2.1 中，$x$ 表示信号，可以表示电压信号，也可以表示电流信号，箭头方向表示信号的传输方向。$x_i$、$x_f$、$x_d$ 和 $x_o$ 分别表示输入信号、反馈信号、净输入信号和输出信号。

框 $A$ 表示基本放大电路，指未加反馈的单级、多级放大电路或集成运算放大器，是信号正向传输的通路。

框 $F$ 表示反馈电路，是信号反向传输的通路，可由电阻、电容、电感或半导体器件等组成。

符号⊗表示比较环节。通过反馈电路送回到输入端的反馈信号 $x_f$ 和输入信号 $x_i$ 在这里进行比较（叠加），得到净输入信号 $x_d$。

基本放大电路 $A$ 和反馈电路 $F$ 构成一个闭合环路，称为闭环。这种带有反馈电路的放大电路称为反馈放大电路，而未引入反馈的基本放大电路称为开环放大电路。它们均如箭头所示单方向传递信号。

2.反馈的分类

（1）正反馈和负反馈

根据反馈极性的不同，可以分为正反馈和负反馈。

若反馈信号 $x_f$ 削弱了原输入信号 $x_i$，使放大电路的放大倍数 $A_f$ 减小，为负反馈。负反馈广泛应用于一般放大电路中，用以改善电路的性能。若引回的反馈信号 $x_f$ 加强了原输入信号 $x_i$，使放大电路的放大倍数 $A_f$ 增大，则为正反馈，正反馈常用于振荡电路中。

（2）直流反馈和交流反馈

根据反馈信号的交直流性质，可以将反馈分为直流反馈和交流反馈。

若反馈到输入回路的信号是直流成分，称为直流反馈。直流负反馈主要用于稳定静态工作点。如具有旁路电容的共射极放大电路的射极电阻。

若反馈到输入回路的信号是交流成分，则称为交流反馈。交流负反馈主要用于改善放大电路的性能。

很多反馈电路既起直流反馈作用，又起交流反馈作用。

（3）电压反馈和电流反馈

根据输出端反馈电路采样信息的不同，可以将反馈分为电压反馈和电流反馈。

若反馈信号取自输出电压，或与输出电压成正比，称为电压反馈。也可以说电压反馈是将输出电压的一部分或全部按一定方式反馈回输入端。

若反馈信号取自输出电流，或与输出电流成正比，则称为电流反馈。也可以说电流反馈是将输出电流的一部分或全部按一定方式反馈到输入回路。

（4）串联反馈和并联反馈

根据反馈电路与信号源在放大电路输入端联结方式的不同，可以将反馈分为串联反馈和并联反馈。

若反馈信号以电压形式反馈回到输入端，并与输入电压叠加得到净输入电压，称为串联反馈。从电路结构上看，反馈电路与基本放大电路的输入端串接在输入回路。

若反馈信号以电流形式反馈回到输入端，与输入电流叠加得到净输入电流，则称为并联反馈。从电路结构上看，反馈电路与基本放大电路的输入端并接在输入回路。

### 3. 负反馈放大电路的一般表达式

由于在放大电路中主要是采用负反馈，所以本节仅讨论负反馈。负反馈放大电路可用如图 10.2.2 所示的框图表示。

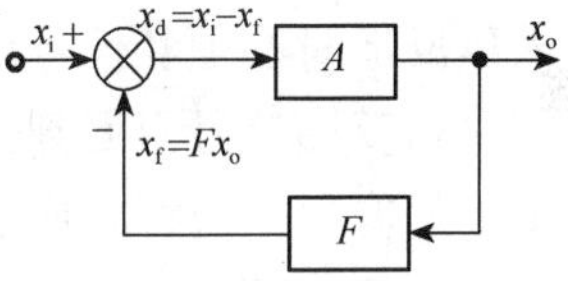

图 10.2.2 负反馈放大电路框图

图 10.2.2 中的正、负号表示 $x_f$ 和 $x_i$ 极性相反，因此基本放大电路的净输入信号可表示为

$$x_d = x_i - x_f \tag{10.2.1}$$

未引入反馈时，基本放大电路的放大倍数称开环放大倍数，用 $A_o$ 表示，则

$$A_o = \frac{x_o}{x_d} \tag{10.2.2}$$

反馈信号 $x_f$ 取自输出信号 $x_o$，其关系用反馈系数 $F$ 表示，定义为

$$F = \frac{x_f}{x_o} \tag{10.2.3}$$

引入反馈后，反馈放大电路的放大倍数称闭环放大倍数，用 $A_f$ 表示，则

$$A_f = \frac{x_o}{x_i} \tag{10.2.4}$$

因为电路中各信号 $x_i$、$x_f$、$x_d$ 和 $x_o$ 可能是电压，也可能是电流，故以上各式中的 $F$、$A_o$ 和 $A_f$ 在不同的反馈电路中具有不同的量纲，有电压放大倍数、电流放大倍数，也有互阻放大倍数和互导放大倍数。因此，$A_o$ 和 $A_f$ 不一定是电压放大倍数。

综合式（10.2.1）～式（10.2.4），可推导出

$$A_f=\frac{x_o}{x_i}=\frac{x_o}{x_d+x_f}=\frac{A_o x_d}{x_d+Fx_o}=\frac{A_o}{1+A_oF}$$

$$A_f=\frac{A_o}{1+A_oF} \tag{10.2.5}$$

式（10.2.5）是反馈放大电路的基本关系式，也是分析反馈问题的出发点。

放大电路引入负反馈后，使得净输入信号 $x_d$ 减小，从而使闭环放大倍数下降，$|A_f|<|A_o|$，即 $\left|\frac{A_o}{1+A_oF}\right|<|A_o|$，所以 $|1+A_oF|>1$。$(1+A_oF)$ 的大小直接影响闭环放大倍数的大小，$(1+A_oF)$ 越大，$|A_f|$ 越小，反馈越强烈。可见，$(1+A_oF)$ 是一个表示负反馈强弱程度的物理量，称为反馈深度。反馈深度不仅表示了闭环放大倍数下降的程度，而且负反馈放大电路一系列性能指标的变化都与之有关，它是反馈电路定量分析的基础。

当 $|1+A_oF|\gg 1$ 时，称为深度负反馈，此时有

$$A_f=\frac{A_o}{1+A_oF}\approx\frac{1}{F} \tag{10.2.6}$$

式（10.2.6）表明，在深度负反馈条件下，闭环放大倍数 $A_f$ 取决于反馈系数 $F$，与开环放大倍数 $A_o$ 无关。因为反馈电路多由电阻、电容等器件组成，工作稳定，所以深度负反馈下放大电路工作稳定。

4.放大电路中为何引入不同类型的负反馈

反馈电路在输入端要和信号源相联结，在输出端要和负载相联结，因此放大电路引入负反馈时必须和信号源及负载匹配。

当反馈信号引回到输入端时，要根据信号源来决定联结方式以获得较大的信号。如果信号源是电流源，应引入并联负反馈；如果信号源是电压源，则应引入串联负反馈。

在输出端，要根据负载的需求来决定反馈信号的采样信息以得到稳定的输出信号。如果负载需要稳定的工作电压，应引入电压负反馈，使输出电压保持稳定；如果负载需要稳定的工作电流，则应引入电流负反馈，使输出电流保持稳定。

由以上分析可知，根据反馈电路在输出端的采样和在输入端的联结，可将放大电路中的负反馈分为四种类型：串联电压负反馈、串联电流负反馈、并联电压负反馈和并联电流负反馈。

### 10.2.2　负反馈放大电路的分析

很多情况下，放大电路中交、直流反馈同时存在。放大电路中引入负反馈是为了改善其动态性能，直流负反馈多为稳定工作点而设置，因此，这里主要讨论的是交流负反馈。

（1）反馈极性的判别

反馈极性的判别常采用“瞬时极性法”。首先将反馈网络与放大电路的输入端断开，任意设定输入信号的瞬时极性为正或为负，习惯上设定为正，用符号⊕和⊖表示极性的正负，然后沿反馈环路从基本放大电路的输入到输出，再经反馈电路回到输入；逐步标出该瞬时电路中有关各点的信号极性，确定反馈信号的瞬时极性，最后根据反馈信号对

输入信号的作用（削弱或增强）确定反馈极性。如果削弱输入信号，使净输入信号下降，为负反馈。反之，如果加强输入信号，使净输入信号增加，则为正反馈。

(2) 反馈方式的判别

1) 电反馈和电流反馈的判别。

在输出回路，根据反馈信号的采样来判断是电压反馈或电流反馈。一种简便方法是：将被采样的输出端短路（令 $u_o=0$），若反馈信号消失，说明反馈信号取自输出电压，为电压反馈，否则为电流反馈。或者将输出端开路（令 $i_o=0$），若反馈信号消失，则为电流反馈，否则为电压反馈。

2) 串联反馈和并联反馈的判别。

在输入回路，反馈信号和输入信号在输入端若以电压加减形式出现，即 $u_d=u_i-u_f$，为串联反馈；若以电流加减形式出现，即 $i_d=i_i-i_f$，则为并联反馈。或根据电路结构判断：若反馈信号和输入信号接在放大器的同一端点，为并联反馈，否则为串联反馈。

负反馈放大电路分析步骤如下：

① 判断有无反馈，即找出反馈网络（一般由电阻元件和电容元件组成）；

② 判断反馈的极性；

③ 若是负反馈，判断反馈的类型；

④ 分析计算。

下面结合具体电路，分别对四种类型的负反馈放大电路进行分析。

### 1. 串联电压负反馈

图 10.2.3 (a) 所示是一个由理想运放组成的放大电路，输入信号加在同相输入端。分析步骤如下。

(1) 判断有无反馈

判断电路中有无反馈就是要找出反馈网络。在图 10.2.3 (a) 所示电路中，电阻 $R_f$ 两端分别与输入、输出回路相联结，因此存在反馈，反馈网络由 $R_1$ 和 $R_f$ 组成。

(2) 判断反馈的极性

用瞬时极性法判断反馈极性。假设输入电压 $u_i$ 在某一瞬时的极性为正，用⊕表示，它加在运放的同相输入端，所以输出电压 $u_o$ 与 $u_i$ 同相，其瞬时极性为正，通过电阻 $R_f$ 和 $R_1$ 引回到反相输入端的反馈电压 $u_f$ 的极性也为正。在输入回路中，可以得到净输入电压 $u_d=u_i-u_f$。可见，净输入电压减小了，由此判断 $R_f$ 引入的是负反馈。

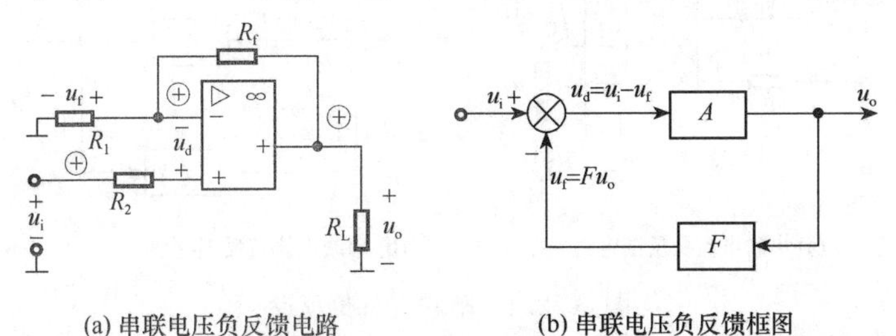


(a) 串联电压负反馈电路　(b) 串联电压负反馈框图

图 10.2.3　串联电压负反馈

也可以这样理解：输入信号的极性为正时，反馈信号的极性也为正，它抵消了输入信号的作用，因此是负反馈。

（3）判断反馈的类型

在输入回路判断反馈联结方式。由上述结果知：$u_d = u_i - u_f$。由此可见，反馈信号为电压 $u_f$，它和输入信号 $u_i$ 以电压相减形式出现，可以判断是串联反馈。或者从电路结构上看，反馈端与输入端不在同一端，即反馈电路与输入端串接在输入回路，是串联反馈。

在输出回路判断反馈采样方式。由理想运放“虚断”的结论可知 $i_- = 0$，因此电阻 $R_f$ 和 $R_1$ 构成串联分压关系，易得 $u_f = \dfrac{R_1}{R_1 + R_f} u_o$，可见反馈信号 $u_f$ 取自输出电压 $u_o$，是电压反馈。或者将输出端交流短路，即令 $u_o = 0$，则 $R_f$ 在输出端直接接地，反馈信号消失，$u_f = 0$，所以是电压反馈。

综合以上分析，可以判断图 10.2.3（a）所示的电路是串联电压负反馈电路，可用如图 10.2.3（b）所示的框图来表示。

（4）电路的分析计算

电路引入电压负反馈后，稳定了输出电压，使其受负载变动的影响减小。例如当输入电压 $u_i$ 一定时，若负载变化引起输出电压变化，电路通过负反馈的自动调节作用使输出电压趋于稳定。其调节过程如下：

$$R_L \downarrow \rightarrow u_o \downarrow \rightarrow u_f \downarrow \rightarrow u_d \uparrow$$
$$u_o \uparrow \leftarrow$$

由上述分析，可以得出图 10.2.3（a）电路中的反馈系数 $F = \dfrac{u_f}{u_o} = \dfrac{R_1}{R_1 + R_f}$。闭环放大倍数 $A_f = \dfrac{u_o}{u_i}$，为电压放大倍数，可写成 $A_{uf}$。因此，该电路的闭环电压放大倍数可以直接根据式（10.2.6）得到

$$A_{uf} = \frac{1}{F} = 1 + \frac{R_f}{R_1}$$

2. 串联电流负反馈

由理想运放组成的同相输入放大电路如图 10.2.4（a）所示。

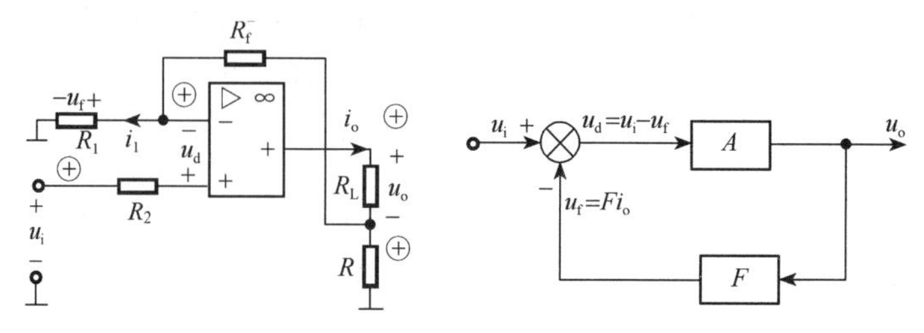


(a) 串联电流负反馈电路　　(b) 串联电流负反馈框图

图 10.2.4　串联电流负反馈

该电路是含反馈的放大电路，反馈电路由 $R_1$ 和 $R_f$ 组成。

假设输入电压 $u_i$ 在某一瞬时的极性为正，沿着环路标出电路中各信号的瞬时极性，得出输出电压 $u_o$ 和输出电流 $i_o$ 的极性均为正，因此通过电阻 $R_f$ 和 $R_1$ 引回到反相输入端的反馈电压 $u_f$ 的极性也为正，净输入电压 $u_d=u_i-u_f$ 减小，说明了 $R_f$ 引入的是负反馈，同时也反映了反馈电压 $u_f$ 和输入电压 $u_i$ 的串联关系，是串联负反馈。

根据“虚断”，$i_-=0$，得出电阻 $R_f$ 和 $R_1$ 串联，然后与电阻 $R$ 并联形成分流关系，$R_f$ 和 $R_1$ 串联的电流为 $i_1=\dfrac{R}{R_1+R_f+R}i_o$，所以 $u_f=R_1i_1=\dfrac{R_1R}{R_1+R_f+R}i_o$。由此可见，反馈电压正比于输出电流，所以是电流反馈。

根据以上分析，可以判断图 10.2.4（a）所示为串联电流负反馈电路，可用图 10.2.4（b）所示的框图表示。

电路引入电流负反馈后能使输出电流保持稳定，使其受负载变动的影响减小。例如当输入电压 $u_i$ 一定时，若负载变化引起输出电流变化，电路通过负反馈的自动调节作用使输出电流趋于稳定。其调节过程如下：

$$R_L\uparrow\rightarrow i_o\downarrow\rightarrow u_f\downarrow\rightarrow u_d\uparrow\rightarrow i_o\uparrow$$

图 10.2.4（a）所示电路的反馈系数 $F=\dfrac{u_f}{i_o}=\dfrac{R_1R}{R_1+R_f+R}$，闭环放大倍数 $A_f=\dfrac{i_o}{u_i}$。

由“虚断”可得：$u_+=u_i$，$u_-=u_f$。由“虚短”可知 $u_-=u_+$，所以 $u_i=u_f=\dfrac{R_1R}{R_1+R_f+R}i_o$。而 $u_o=R_Li_o$，故该电路的闭环电压放大倍数为

$$A_{uf}=\frac{u_o}{u_i}=\frac{R_Li_o}{u_f}=\frac{R_1+R_f+R}{R_1R}R_L$$

**【例 10.2.1】** 分立元件放大电路如图 10.2.5（a）所示。试判断电路中的反馈类型。

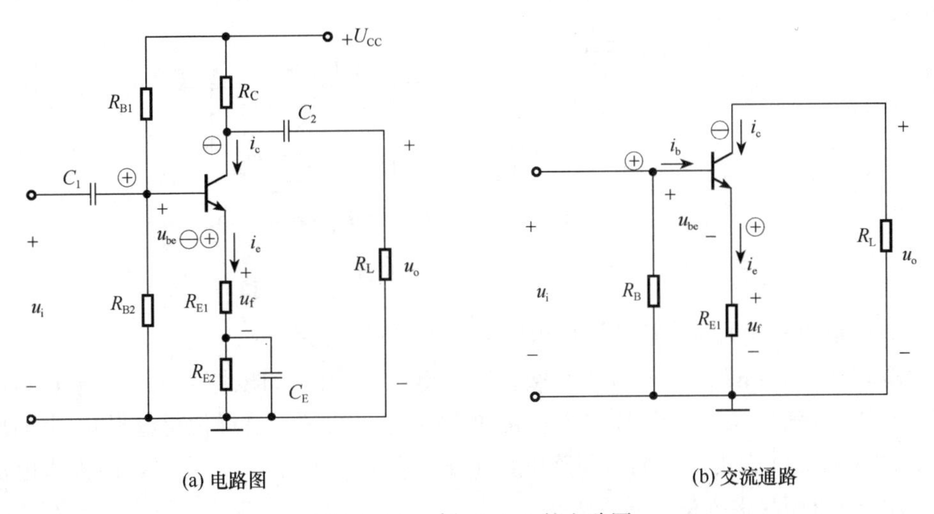


图 10.2.5　例 10.2.1 的电路图

**解：** 该电路是一个分压偏置的共射极放大电路，也是工作点稳定电路。

电路中射极电阻 $R_{E1}$ 和 $R_{E2}$ 是输出回路和输入回路的共有元件，构成反馈电路。其

中 $R_{E2}$ 上接有旁路电容，对交流分量不存在反馈，只对直流信号产生反馈。而 $R_{E1}$ 对直流和交流信号均有反馈。先分析交流反馈。

反馈极性的判断，仍采用瞬时极性法。在如图 10.2.5（b）所示的交流通路中，输入信号为正时，各极电流均增大，集电极交流电位下降，瞬时极性为负（与输入反相）。而 $R_{E1}$ 上电压增大，发射极交流电位上升，瞬时极性为正。$R_{E1}$ 上电压为反馈电压 $u_f$，故三极管的净输入电压 $u_{be}=u_i-u_f$ 减小，因此是负反馈。

发射极的电阻 $R_{E1}$ 将输出回路的电流 $i_e$ 送回到输入回路中去，反馈信号以电压形式串接在输入回路中，$u_{be}=u_i-u_f$，是串联负反馈。或者从电路结构上看，反馈端与输入端分别接在三极管的射极和基极，是串联反馈。

$R_{E1}$ 上电压为反馈电压 $u_f$，因 $u_f=R_{E1}i_e\approx R_{E1}i_c$，反馈电压正比于输出电流 $i_c$，所以是电流反馈。或将输出端短路（即令 $u_o=0$），这时仍有电流流过 $R_{E1}$，反馈仍存在，所以是电流反馈。

综合以上分析，可以判断图 10.2.5（a）电路中电阻 $R_{E1}$ 引入了串联电流负反馈。

对于直流分量，参照上述分析过程，电阻 $R_{E1}$ 和 $R_{E2}$ 也引入了串联电流负反馈。发射极电阻对直流分量产生的负反馈过程表示如下：

$$T\uparrow\rightarrow I_C\uparrow\rightarrow(R_EI_E)\uparrow\rightarrow U_{BE}\downarrow\rightarrow I_B\downarrow\rightarrow I_C\downarrow$$

实际上这种直流负反馈的过程就是它稳定静态工作点的过程，所以直流负反馈是起稳定工作点的作用。

### 3. 并联电压负反馈

由理想运放组成的反相输入放大电路如图 10.2.6（a）所示，同相端经电阻 $R_2$ 接地。

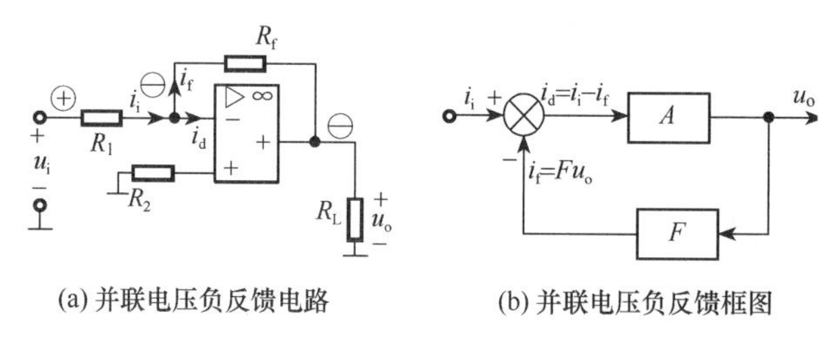


图 10.2.6　并联电压负反馈

该电路是含反馈的放大电路，由电阻 $R_f$ 构成反馈电路。

用瞬时极性法判断反馈的极性。假设输入电压 $u_i$ 瞬时的极性为正，用⊕表示，它加在运放的反相输入端，所以输出电压 $u_o$ 的瞬时极性为负，这样使得电阻 $R_f$ 上的反馈电流 $i_f$ 的瞬时极性为正。在输入回路中，净输入电流 $i_d=i_i-i_f$。可见，净输入电流减小了，由此判断 $R_f$ 引入的是负反馈。

也可以这样理解：输入信号的极性为正时，反馈的作用使同一端点为负，故削弱了输入信号的作用，为负反馈。

在输入回路中，净输入电流 $i_d=i_i-i_f$。由此可见，反馈信号为电流 $i_f$，它和输入

信号 $i_i$ 以电流相减形式出现，可以判断是并联反馈。或者从电路结构上看，反馈端与输入端在同一端，反馈电路与输入端并联在输入回路，是并联反馈。

由理想运放“虚短”的结论可得 $u_-=u_+=0$，此时也称“虚地”。于是 $i_f=\frac{u_- - u_o}{R_f}=-\frac{1}{R_f}u_o$，可见反馈电流取自输出电压，所以是电压反馈。

根据以上分析，可以判断图 10.2.6（a）所示电路为并联电压负反馈电路，可用图 10.2.6（b）所示的框图表示。

该电路的反馈系数 $F=\frac{i_f}{u_o}=-\frac{1}{R_f}$，闭环放大倍数 $A_f=\frac{u_o}{i_i}$。

由运放“虚地”和“虚断”的结论，可以得出：$u_i=R_1i_i$，$i_i=i_f$，$u_o=-R_fi_f$，于是闭环电压放大倍数为

$$A_{uf}=\frac{u_o}{u_i}=\frac{-R_fi_f}{u_i}=\frac{-R_fi_f}{R_1i_i}=-\frac{R_f}{R_1}$$

**【例 10.2.2】** 分立元件放大电路如图 10.2.7 所示。试判断电路中的反馈类型。

**解：** 该电路是一个共发射极基本放大电路，在基极和集电极间接入电阻 $R_B$ 引入反馈。

用瞬时极性法判断反馈的极性。输入信号为正时，电流增大，集电极交流电位下降，瞬时极性为负（与输入反相）。所以输出电压 $u_o$ 的瞬时极性为负，这样使得反馈电阻 $R_B$ 上的反馈电流 $i_f$ 的瞬时极性为正。在输入回路中，净输入电流 $i_b=i_i-i_f$。可见，净输入电流减小了，由此判断 $R_B$ 引入的是负反馈。

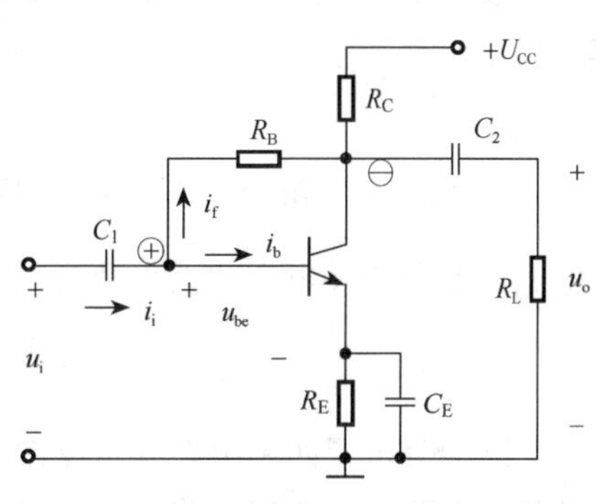

图 10.2.7　例 10.2.2 的电路图

在输入回路中，净输入电流 $i_b=i_i-i_f$。由此可见，反馈信号为电流 $i_f$，它和输入信号 $i_i$ 以电流相减形式出现，可以判断是并联负反馈。或者从电路结构上看，反馈端与输入端都接在晶体管的基极，是并联反馈。

由于 $u_{be}\ll u_o$，反馈电流 $i_f=\frac{u_{be}-u_o}{R_B}\approx-\frac{1}{R_B}u_o$，可见反馈电流取自输出电压，所以是电压反馈。或者按电路结构特点，从输出回路看，该电路反馈的引出端与电压输出端是三极管同一极，故为电压反馈。

根据以上分析，可以判断图 10.2.7 所示电路为并联电压负反馈电路。

4. 并联电流负反馈

电路如图 10.2.8（a）所示。输入信号由运放的反相端输入，同相端经电阻 $R_2$ 接地。

在图 10.2.8（a）所示放大电路中，电阻 $R_f$ 两端分别与反相输入端和输出端相联结，它和电阻 $R$ 一起构成反馈网络。

假定输入信号的瞬时极性为正，沿反馈环路标出电路中各电压的极性和电流的方

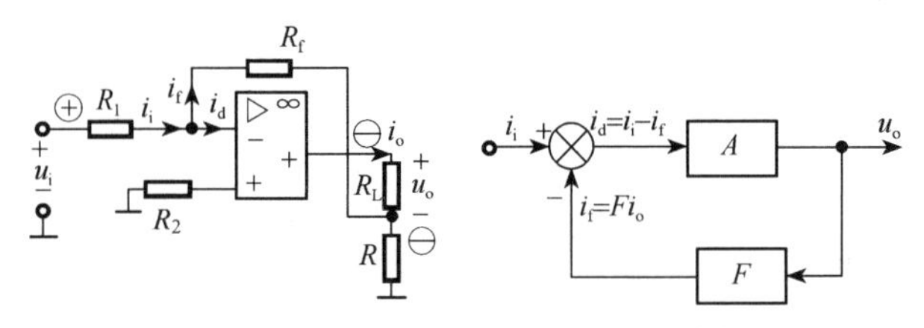

(a) 并联电流负反馈电路　　(b) 并联电流负反馈框图

图 10.2.8　并联电流负反馈

向。在输入端，可以得出净输入电流 $i_d=i_i-i_f$，与图 10.2.6（a）所示电路的输入端情况相同，这是一个并联负反馈。

根据理想运放“虚短”的结论可知 $u_-=u_+=0$，所以 $R_f$ 与 $R$ 形成分流关系，即 $i_f=-\dfrac{R}{R_f+R}i_o$，可见反馈电流取自输出电流，所以是电流反馈。

根据以上分析，可以判断该电路为并联电流负反馈电路，用框图表示为图 10.2.8（b）。

该电路的反馈系数 $F=\dfrac{i_f}{i_o}=-\dfrac{R}{R_f+R}$，闭环放大倍数 $A_f=\dfrac{i_o}{i_i}=-\left(1+\dfrac{R_f}{R}\right)$。

由“虚短”和“虚断”的结论，得出：$i_i=i_f=-\dfrac{R}{R_f+R}i_o$，$u_i=R_1i_i$。而 $u_o=R_Li_o$，所以闭环电压放大倍数为

$$A_{uf}=\frac{u_o}{u_i}=\frac{R_Li_o}{R_1i_i}=-\frac{R_L}{R_1}\left(1+\frac{R_f}{R}\right)$$

以上分析了四种组态的负反馈放大电路，它们由单级集成运放构成或是单管分立元件放大电路。从上述电路分析，可以总结出如下的放大电路中反馈类型的判别方法：

1）反馈电路直接从输出端引出的，是电压反馈；从负载电阻 $R_L$ 的靠近“地”端引出的，是电流反馈。

2）输入信号和反馈信号分别加在两个输入端，是串联反馈；加在同一个输入端上的，是并联反馈。

3）对串联反馈，输入信号和反馈信号的极性相同时，是负反馈；极性相反时，是正反馈。

4）对并联反馈，输入信号和反馈信号的极性相反时，是负反馈；极性相同时，是正反馈。

晶体管、场效应管及集成运算放大器各端子的瞬时极性关系如图 10.2.9 所示。

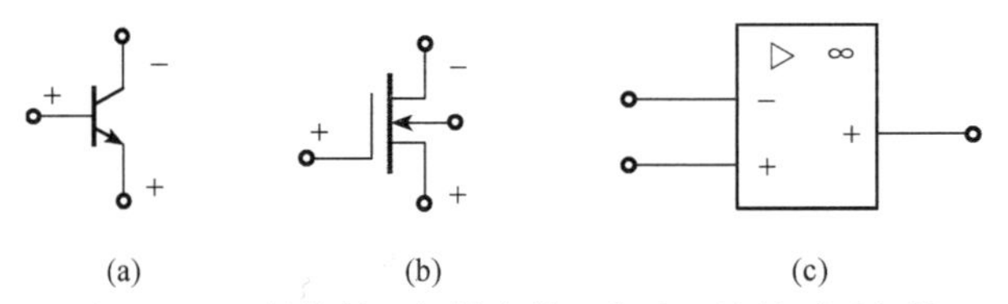
(a)　(b)　(c)

图 10.2.9　晶体管、场效应管和集成运放的瞬时极性

在多级放大电路中，往往包含本级反馈和级间反馈多个反馈环节，反馈方式各不相同，要逐个加以判断。

【例 10.2.3】 判断由三个集成运放（$A_1$、$A_2$、$A_3$）组成的放大电路中的反馈类型。电路如图10.2.10所示。指出电路中的反馈并判断反馈类型。

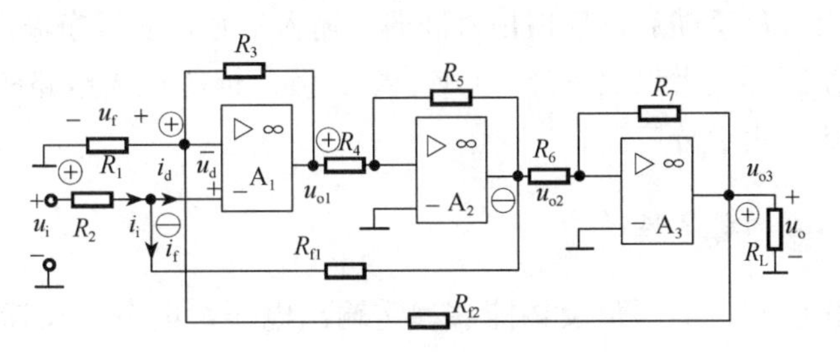


图 10.2.10　例 10.2.3 的电路图

**解：** 图10.2.10所示电路由三个运放组成三级放大电路。每一级都引入了局部反馈，第一级、第二级、第三级的反馈元件分别为 $R_3$、$R_5$、$R_7$。而 $R_{f1}$ 构成第二级与第一级之间的级间反馈电路，$R_{f2}$ 与 $R_1$ 一起构成第三级与第一级之间的级间反馈电路。

用瞬时极性法标出电路中各电压的极性和电流的方向。对于各级局部反馈，可以利用前述电路的结论，直接作出判断。第一级为串联电压负反馈，第二级、第三级均为并联电压负反馈。

对于 $R_{f1}$ 引入级间的反馈，因输入信号和反馈信号均加在 $A_1$ 的同相输入端上，所以是并联反馈。因输入信号和反馈信号的极性相反，使净输入电流 $i_d=i_i-i_f$ 减小，所以是负反馈。因反馈电路直接从运算放大器 $A_2$ 的输出端引出，所以是电压反馈。$R_{f1}$ 引入并联电压负反馈。

而对于 $R_{f2}$ 与 $R_1$ 引入的级间反馈，因输入信号和反馈信号分别加在同相输入端和反相输入端上，所以是串联反馈。因输入信号和反馈信号的极性相同，使净输入电压 $u_d=u_i-u_f$ 减小，所以是负反馈。因反馈电路直接从运算放大器 $A_3$ 的输出端引出，所以是电压反馈。$R_{f2}$ 引入串联电压负反馈。

【例 10.2.4】 分立元件放大电路如图10.2.11所示。试判断电路中电阻 $R_f$ 引入的反馈类型。

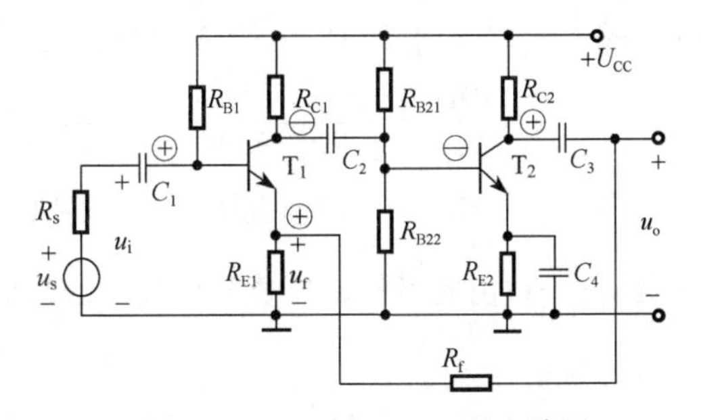


图 10.2.11　例 10.2.4 的电路图

**解：** 这是一个两级 $RC$ 耦合放大电路，两级均为共射极放大电路。

用瞬时极性法判别其极性。设输入信号瞬时极性为正，经两级反相后 $u_o$ 也是正，经 $R_f$、$R_{E1}$ 分压后使 $T_1$ 管的射极电压也上升，削弱了输入信号的作用，所以是负反馈。

在输入回路中，输入信号 $u_i$ 和反馈信号 $u_f$ 是串联的，$u_{be1}=u_i-u_f$，故是串联反馈。

该电路输出电压 $u_o$ 通过电阻 $R_f$ 和 $R_{E1}$ 分压后送回到第一级放大电路的输入回路。当 $u_o=0$ 时，反馈电压 $u_f$ 就消失了，所以是电压反馈。

综上所述，$R_f$ 引入的是串联电压负反馈。

### 10.2.3　负反馈对放大电路性能的影响

放大电路中引入负反馈后，反馈信号削弱了输入信号，使得净输入信号减小，导致输出信号减小而使闭环放大倍数下降，$|A_f|<|A_o|$。但是放大电路的各种性能指标却得以改善，故它的应用十分广泛。

1. 提高放大倍数的稳定性

通过前面分析已知，电压负反馈能够稳定输出电压，电流负反馈能够稳定输出电流。这样在输入信号一定的情况下，放大电路输出受电路参数变化、电源电压波动和负载电阻改变的影响较小，即提高了放大倍数的稳定性。

由式（10.2.5），$A_f=\dfrac{A_o}{1+A_oF}$，将 $A_f$ 对 $A_o$ 求导可得

$$\frac{dA_f}{dA_o}=\frac{(1+A_oF)-A_oF}{(1+A_oF)^2}=\frac{1}{(1+A_oF)^2} \tag{10.2.7}$$

常用放大倍数的相对变化来衡量放大倍数的稳定性。将式（10.2.7）改写成下式

$$dA_f=\frac{dA_o}{(1+A_oF)^2}$$

将上式与式（10.2.5）相除后得到放大倍数的相对变化为

$$\frac{dA_f}{A_f}=\frac{1}{1+A_oF}\frac{dA_o}{A_o} \tag{10.2.8}$$

式（10.2.8）表明，引入负反馈后，$A_f$ 的相对变化量仅为 $A_o$ 相对变化量的 $\dfrac{1}{1+A_oF}$，即放大倍数的稳定性提高了（$1+A_oF$）倍。

**【例 10.2.5】** 某负反馈放大电路，其 $A_o=10^4$，反馈系数 $F=0.01$。如由于某些原因，使 $A_o$ 变化了 $\pm10\%$，求闭环放大倍数 $A_f$ 的相对变化量。

**解：** 由式（10.2.8）可得 $A_f$ 的相对变化量为

$$\frac{dA_f}{A_f}=\frac{1}{1+A_oF}\frac{dA_o}{A_o}=\frac{1}{1+10^4\times0.01}\times(\pm10\%)\approx\pm0.1\%$$

即 $A_o$ 变化 $\pm10\%$ 的情况下，$A_f$ 只变化 $\pm0.1\%$。$A_f$ 的相对变化量仅为 $A_o$ 相对变化量的 $\dfrac{1}{100}$。由此可见，只要开环放大倍数足够高，就可通过引入负反馈获得闭环放大倍数的稳定性。

2. 扩展通频带

通频带是放大电路的技术指标，某些放大电路要求有较宽的通频带。引入负反馈是展宽频带的有效措施之一。

图 10.2.12 是某放大电路引入负反馈前后的幅频特性。$f_L$ 和 $f_{Lf}$ 分别为引入负反馈前后的下限截止频率，而 $f_H$ 和 $f_{Hf}$ 分别为引入负反馈前后的上限截止频率。对于集

成运放（直接耦合电路）来说，下限截止频率 $f_L=0$。未引入负反馈时放大电路的通频带 $BW_o=f_H-f_L$。引入负反馈后，中频段开环放大倍数 $A_o$ 较高，反馈强烈，闭环放大倍数 $A_f$ 下降较多，而在低频段和高频段放大倍数较低，反馈较弱，放大倍数下降程度减小，因此幅频特性变平坦，使得 $f_{Lf}<f_L$，$f_{Hf}>f_H$，负反馈放大电路的通频带 $BW_f=f_{Hf}-f_{Lf}$，显然 $BW_f>BW_o$。故放大电路引入负反馈能够展宽频带。

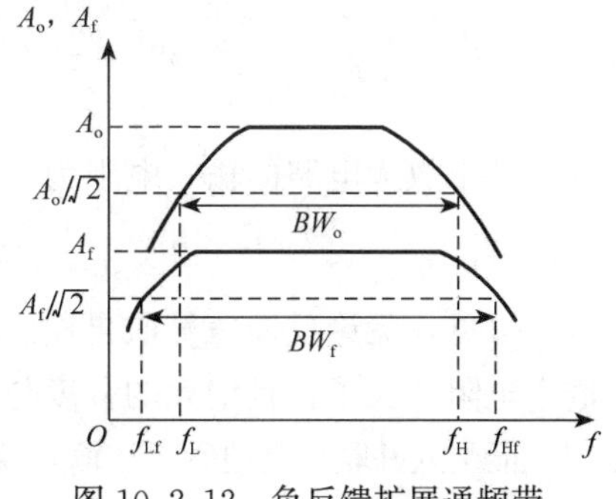

图 10.2.12　负反馈扩展通频带

3. 减小非线性失真

由于放大电路中含有非线性器件，会使输出波形产生非线性失真。

假定原放大电路产生了非线性失真，如图 10.2.13（a）所示，输入为正、负对称的正弦波，输出是正半周大、负半周小的失真波形。加入负反馈以后，输出端的失真波形反馈到输入端，与输入波形叠加以后就会导致净输入信号成正半周小、负半周大的波形。此波形经放大以后，使得输出端的正、负半周波形之间的差异减小，从而减小了放大电路输出波形的非线性失真。图 10.2.13（b）描绘了负反馈改善失真的过程。

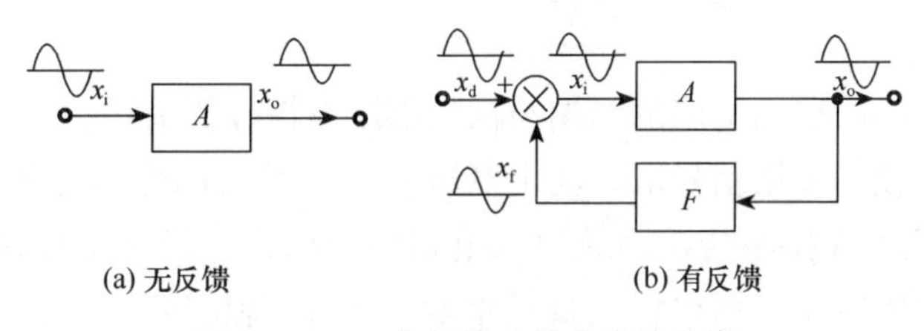

图 10.2.13　负反馈改善非线性失真

需要指出的是，负反馈只能减小本级放大器所产生的非线性失真，而对输入信号本身存在的非线性失真，负反馈是无能为力的。

4. 对输入电阻和输出电阻的影响

放大电路引入负反馈后，由于反馈电路的接入，势必对放大电路的输入、输出电阻产生影响。反馈类型和反馈深度不同，影响程度也不相同。

（1）输入电阻

负反馈对放大电路输入电阻的影响取决于反馈网络在输入端的联结方式。

引入串联负反馈后，负反馈放大电路的输入电阻为 $r_{if}=\dfrac{u_i}{i_i}$。

利用式（10.2.2）和式（10.2.3）可得

$$u_i=u_d+u_f=u_d+Fu_o=u_d+FA_ou_d$$

于是

$$r_{if}=\frac{u_i}{i_i}=\frac{u_d+FA_o u_d}{i_i}=(1+FA_o)\frac{u_d}{i_i}$$

基本放大电路的输入电阻为 $r_i=\frac{u_d}{i_i}$，将此式代入上式，得出

$$r_{if}=(1+FA_o)r_i \tag{10.2.9}$$

可见，无论反馈信号取自输出电流还是输出电压，引入串联负反馈后，放大电路的输入电阻增大了，且增大的程度与反馈深度（$1+A_oF$）有关。

而引入并联负反馈后，在输入端有 $i_i=i_d+i_f$，同样可利用式（10.2.2）和式（10.2.3）得出

$$i_i=i_d+i_f=i_d+Fi_o=i_d+FA_oi_d$$

于是

$$r_{if}=\frac{u_i}{i_i}=\frac{i_d}{i_d+i_f}=\frac{i_d}{i_d+FA_oi_d}=\frac{1}{1+FA_o}\frac{u_d}{i_i}$$

基本放大电路的输入电阻为 $r_i=\frac{u_i}{i_d}$，将此式代入上式，得出

$$r_{if}=\frac{1}{1+FA_o}r_i \tag{10.2.10}$$

可见，无论反馈信号取自输出电流还是输出电压，引入并联负反馈后，放大电路的输入电阻减小了，且减小的程度也与反馈深度（$1+A_oF$）有关。

（2）输出电阻

负反馈对放大电路输出电阻的影响与输出端反馈信号的采样有关。

对于电压负反馈，反馈信号取自输出电压 $u_o$，负反馈的作用是使 $u_o$ 趋于稳定，即使负载变化，$u_o$ 仍可保持不变，因此放大电路的输出特性接近恒压源的特性，所以电压负反馈使输出电阻减小。而电流负反馈能够使 $i_o$ 保持稳定，因此放大电路的输出特性接近恒流源的特性，所以电流负反馈使输出电阻增大。负反馈对放大电路输出电阻影响的程度同样与反馈深度（$1+A_oF$）有关。

可以推出引入电压负反馈时放大电路输出电阻为

$$r_{of}=\frac{1}{1+FA_o}r_o \tag{10.2.11}$$

而引入电流负反馈时放大电路输出电阻为

$$r_{of}=(1+FA_o)r_o \tag{10.2.12}$$

以上两式中，$r_o$ 和 $r_{of}$ 分别表示基本放大电路的输出电阻和负反馈放大电路的输出电阻。

综上所述，引入适当的负反馈，能够改善放大电路某些方面的性能，是因为反馈网络将电路的输出量引回到输入端，与输入量进行比较，从而随时对输出量进行调整。引入负反馈的一般的原则是：

1）要稳定直流量（静态工作点），应引入直流负反馈。

2）要改善交流性能，应引入交流负反馈。

3）要稳定输出电压，应引入电压负反馈；要稳定输出电流，需引入电流负反馈。

4）要提高输入电阻，引入的是串联负反馈；要减小输入电阻，则引入并联负反馈。

放大电路的性能改善程度与反馈深度（$1+A_oF$）有关。一般说来，（$1+A_oF$）的值越大，负反馈越深，改善的效果越显著。这些改善都是以牺牲放大倍数为代价的。（$1+A_oF$）也不能无限制地增加，否则容易产生不稳定现象（自激振荡），使放大电路无法进行放大。这是实际运用中应注意的问题。

## 10.3　集成运放在信号运算方面的应用

由于开环电压放大倍数 $A_{uo}$ 很高，集成运放开环工作时线性区很窄。因此，为了保证运放处于线性工作区，通常都要引入深度负反馈。集成运放引入适当的负反馈，可以使输出和输入之间满足某种特定的函数关系，实现特定的模拟运算。当反馈电路为线性电路时，可以实现比例、加法、减法、积分、微分等运算。

### 10.3.1　比例运算电路

1. 反相输入比例运算

反相输入比例运算电路如图 10.3.1 所示。输入信号经 $R_1$ 加到反相输入端，同相输入端通过 $R_2$ 接地。$R_2$ 为平衡电阻，其作用是保持运放输入级电路的对称性，一般取 $R_2=R_1//R_f$。反馈电阻 $R_f$ 跨接在输出端与反相输入端之间，形成深度并联电压负反馈。

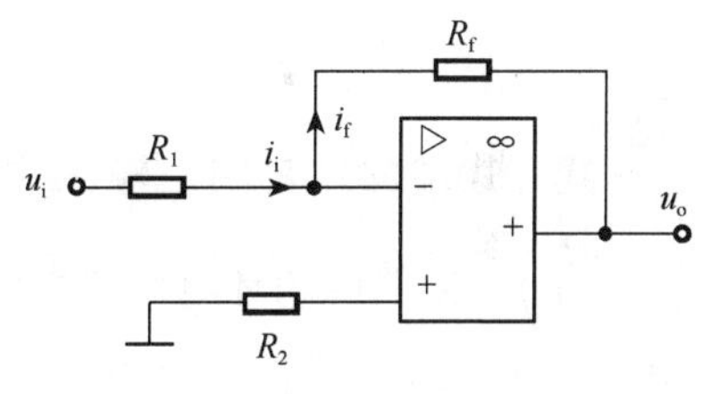

图 10.3.1　反相比例运算电路

利用集成运放工作在线性区的“虚断”和“虚短”的结论，可得

$$i_f=i_i，\ u_-=u_+=0$$

再由图 10.3.1 电路可得出

$$i_i=\frac{u_i-u_-}{R_1}=\frac{u_i}{R_1}，\ i_f=\frac{u_--u_o}{R_f}=-\frac{u_o}{R_f}$$

所以

$$u_o=-\frac{R_f}{R_1}u_i \tag{10.3.1}$$

式（10.3.1）表明，该电路的输出电压与输入电压之间是比例运算关系，比例系数为$\left(-\frac{R_f}{R_1}\right)$，“−”号表示输出电压和输入电压相位相反。因此，该电路又称反相放大器，其闭环电压放大倍数为

$$A_{uf}=-\frac{R_f}{R_1} \tag{10.3.2}$$

若取 $R_f=R_1$，则 $u_o=-u_i$，$A_{uf}=-1$。此时，电路为反相器（倒相器）。

反相输入比例运算电路由于采用了并联负反馈，所以输入电阻减小为

$$r_{if}=\frac{u_i}{i_i}=R_1$$

在输出端采用了电压负反馈，又使其输出电阻减小

$$r_{of}\approx 0$$

反相比例运算电路 $u_-\approx u_+\approx 0$，所以运放共模输入信号 $u_{IC}\approx 0$，对集成运放 $K_{CMR}$ 的要求较低。

2. 同相输入比例运算

同相输入比例运算电路如图 10.3.2 所示。输入信号经 $R_2$ 加到同相输入端，反相输入端通过 $R_1$ 接地。反馈电阻 $R_f$ 仍然接在输出端与反相输入端之间，形成深度串联电压负反馈。与图 10.3.1 电路一样，$R_2$ 为平衡电阻，取 $R_2=R_1//R_f$。
由“虚短”和“虚断”可得

$$u_-=u_+=u_i,\quad i_-=i_+=0$$

由电路图可得出

$$u_-=\frac{R_1}{R_1+R_f}u_o,\quad u_+=u_i$$

所以

$$u_o=\left(1+\frac{R_f}{R_1}\right)u_+=\left(1+\frac{R_f}{R_1}\right)u_i \tag{10.3.3}$$

式（10.3.3）表明，输出电压和输入电压之间是比例运算关系，比例系数为 $\left(1+\frac{R_f}{R_1}\right)$。电路的闭环电压放大倍数为

$$A_{uf}=1+\frac{R_f}{R_1} \tag{10.3.4}$$

同相比例运算电路引入的是串联电压负反馈，所以输入电阻很高，输出电阻很低。该电路中 $u_-=u_+=u_i$，运放的两输入端受共模电压作用。因此，选择运放时应使其参数 $U_{icmax}$ 大于 $u_i$。

若取 $R_f=0$（短接）或 $R_1\to\infty$（断开），则 $u_o=u_i$，$A_{uf}=1$。此时电路称为电压跟随器，如图 10.3.3 所示。其作用类似于射极输出器，利用其输入高电阻、输出低电阻的特点作为缓冲和隔离电路。

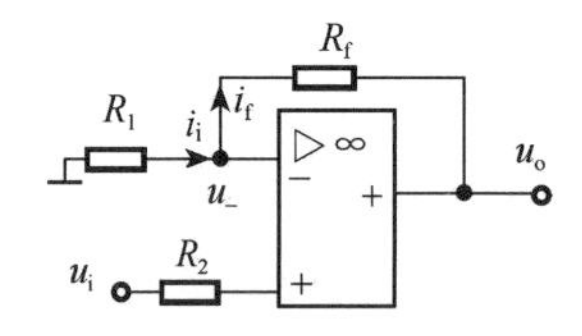


图 10.3.2　同相比例运算电路

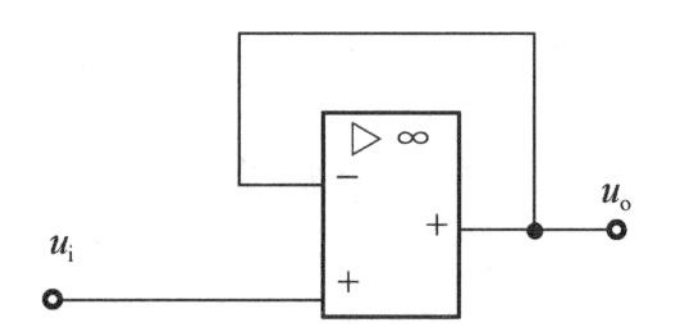


图 10.3.3　电压跟随器电路

**【例 10.3.1】** 有理想运放构成的运算电路如图 10.3.4 所示，求电路所实现的运算关系。

**解：** 该电路是同相输入，输入信号经 $R_2$ 和 $R_3$ 加到同相输入端，反相输入端通过 $R_1$ 接地。

由于“虚断”，$i_+=0$，所以 $R_2$ 与 $R_3$ 是串联，$u_i$ 被 $R_2$ 和 $R_3$ 分压后，同相端的实际输入电压为

$$u_+=\frac{R_3}{R_2+R_3}u_i$$

由于“虚短”，$u_-=u_+$，由电路图可列出

$$u_-=\frac{R_1}{R_1+R_f}u_o,\quad u_+=\frac{R_3}{R_2+R_3}u_i$$

所以

$$u_o=\left(1+\frac{R_f}{R_1}\right)\frac{R_3}{R_2+R_3}u_i$$

此式表明该电路的输出电压和输入电压之间是比例运算关系，这是一个同相比例运算电路。比例系数为$\left(1+\frac{R_f}{R_1}\right)\frac{R_3}{R_2+R_3}$。

### 10.3.2 加法运算电路

图 10.3.5 所示的是两个信号的加法运算电路。输入信号 $u_{i1}$ 和 $u_{i2}$ 均由反相端输入，其中平衡电阻 $R_3$ 为 $R_3=R_1//R_2//R_f$。

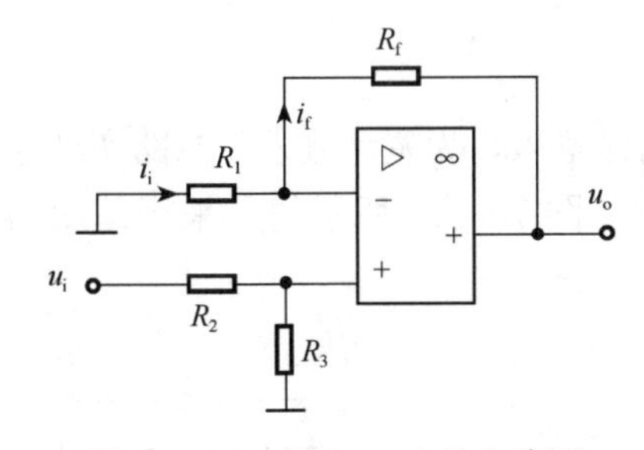


图 10.3.4　例 10.3.1 的电路图

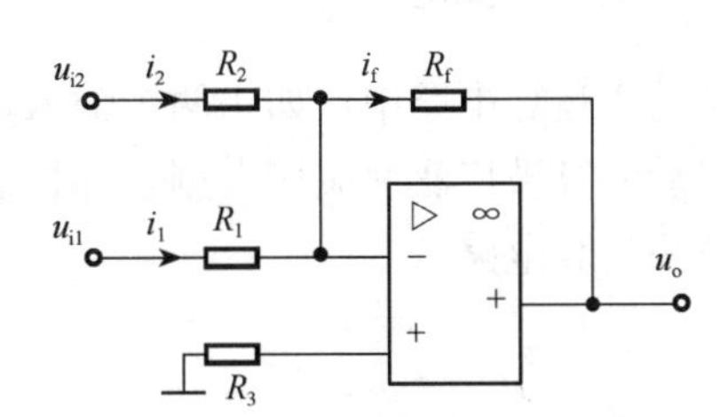


图 10.3.5　反相加法运算电路

由“虚断”和“虚短”可得

$$i_f=i_1+i_2,\quad u_-=u_+=0$$

由图 10.3.5 所示电路可列出

$$i_1=\frac{u_{i1}}{R_1},\quad i_2=\frac{u_{i2}}{R_2},\quad i_f=-\frac{u_o}{R_f}$$

所以

$$-\frac{u_o}{R_f}=\frac{u_{i1}}{R_1}+\frac{u_{i2}}{R_2}$$

$$u_o = -\left(\frac{R_f}{R_1}u_{i1} + \frac{R_f}{R_2}u_{i2}\right) \tag{10.3.5}$$

式（10.3.5）表明，$u_{i1}$ 和 $u_{i2}$ 之间是按不同比例相加的运算关系。

若取 $R_1 = R_2$，则

$$u_o = -\frac{R_f}{R_1}(u_{i1} + u_{i2}) \tag{10.3.6}$$

当 $R_1 = R_2 = R_f$ 时，$u_o = -(u_{i1} + u_{i2})$。所以该电路为一个反相加法电路。

图中画出两个输入端，实际上可以根据需要增加输入端的数目，实现多个信号的加法运算。

若将两个输入信号从同相端加入，则可得到同相加法电路。但由于同相输入引入共模信号，同时由于运算关系和平衡电阻的选取比较复杂，所以一般很少采用。

**【例 10.3.2】** 在图 10.3.6 所示电路中，已知 $R_1 = R_2$，$R_4 = R_5$，求电路所实现的运算关系。

**解**：该电路第一级为反相输入的加法运算电路，其输出电压为

$$u_{o1} = -\frac{R_2}{R_1}u_{i1} - \frac{R_2}{R_1}u_{i2} = -(u_{i1} + u_{i2})$$

第二级为由反相比例放大器构成的反相器，根据前述讨论可得

$$u_o = -\frac{R_5}{R_4}u_{o1} = -u_{o1} = u_{i1} + u_{i2}$$

该电路是由反相的加法运算电路和反相比例运算两级电路实现的同相加法运算电路，避免了同相输入引入共模信号。由于集成运放的输出电阻很小，所以多级级连时，前级与后级基本不会相互影响，电路调节非常方便。

### 10.3.3 减法运算电路

在基本运算电路中，如果两个输入端都有信号输入，为差动输入，电路实现差动运算。差动运算被广泛地应用在测量和控制系统中。图 10.3.7 所示的是采用差动输入方式的减法运算电路。

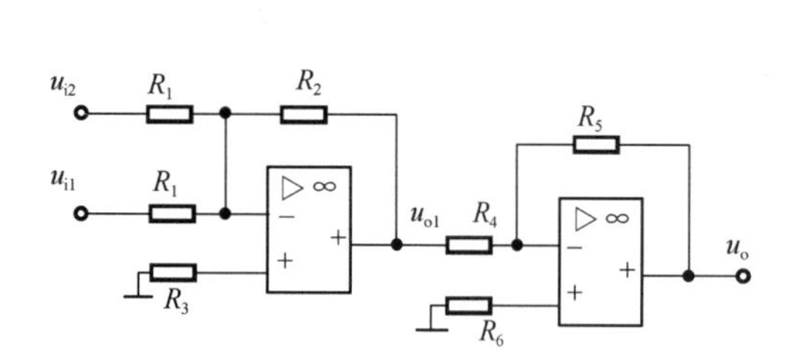


图 10.3.6　例 10.3.2 的电路图

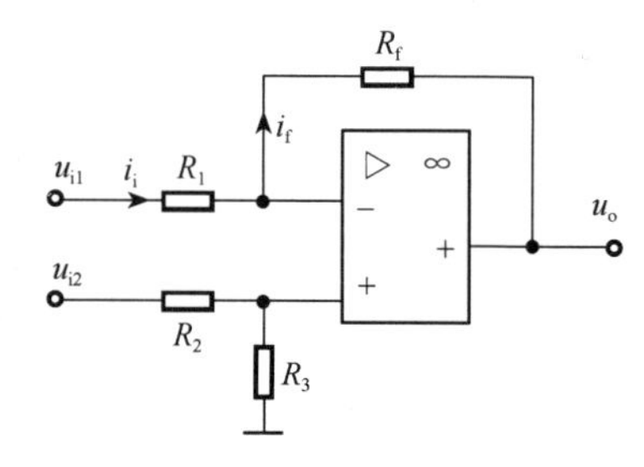


图 10.3.7　减法运算电路

两输入信号 $u_{i1}$ 和 $u_{i2}$ 分别加到运放的反相端和同相端，输出电压仍然由 $R_f$ 送回到反相端。为了使两输入端平衡以提高共模抑制比，一般取 $R_1 = R_2$，$R_f = R_3$。采用叠加原理进行分析。

$u_{i1}$ 单独作用时，$u_{i2}$ 端接地，利用比例运算结论可求出

$$u'_o=-\frac{R_f}{R_1}u_{i1}$$

$u_{i2}$ 单独作用时，$u_{i1}$ 端接地。此时 $u_{i2}$ 不是直接接到同相输入端，而是经 $R_2$ 和 $R_3$ 分压后接到同相输入端，因此

$$u_+=\frac{R_3}{R_2+R_3}u_{i2}$$

利用例 10.3.1 的结论得

$$u''_o=\left(1+\frac{R_f}{R_1}\right)u_+=\left(1+\frac{R_f}{R_1}\right)\frac{R_3}{R_2+R_3}u_{i2}$$

根据叠加原理，$u_{i1}$ 和 $u_{i2}$ 共同作用时，$u_o=u'_o+u''_o$，所以

$$u_o=-\frac{R_f}{R_1}u_{i1}+\left(1+\frac{R_f}{R_1}\right)\frac{R_3}{R_2+R_3}u_{i2}$$

若取 $R_1=R_2$，$R_f=R_3$，则

$$u_o=\frac{R_f}{R_1}(u_{i2}-u_{i1}) \tag{10.3.7}$$

式（10.3.7）表明，输出电压与输入电压之差成比例，是比例减法运算。

若取 $R_1=R_2=R_3=R_f$，则电路就成为减法器。

$$u_o=u_{i2}-u_{i1} \tag{10.3.8}$$

图 10.3.7 电路要求电阻必须对称，其输入电阻也不够高。为了提高输入电阻，可用两个运放组成同相输入串联型差动运算电路，如图 10.3.8 所示。

图 10.3.8 电路由两个运放组成。第一级为同相输入比例运算，其输出为

$$u_{o1}=\left(1+\frac{R_2}{R_1}\right)u_{i1}$$

第二级是差动运算电路，因此

$$u_o=-\frac{R_1}{R_2}u_{o1}+\left(1+\frac{R_1}{R_2}\right)u_{i2}=\left(1+\frac{R_2}{R_1}\right)(u_{i2}-u_{i1})$$

由于两个运放都采用同相输入，因此该电路的输入电阻很高。

另外利用反相加法电路也可以实现减法运算，如图 10.3.9 所示。该电路第一级为由反相比例运算电路构成的反相器，$u_{o1}=-u_{i1}$，第二级为反相加法器，根据前述讨论可得

$$u_o=-(u_{o1}+u_{i2})=-(-u_{i1}+u_{i2})=u_{i1}-u_{i2}$$

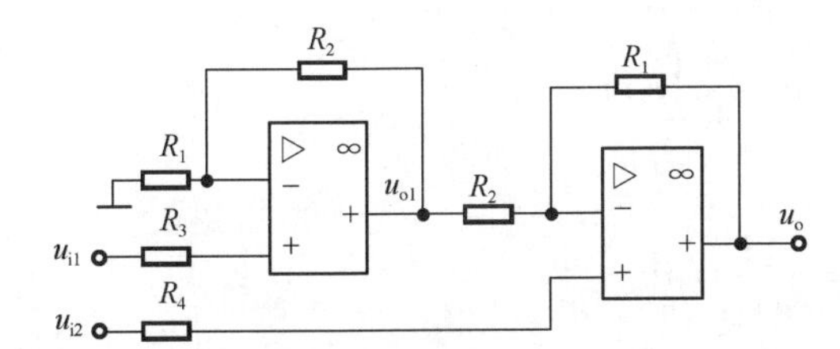

图 10.3.8　同相输入的减法运算

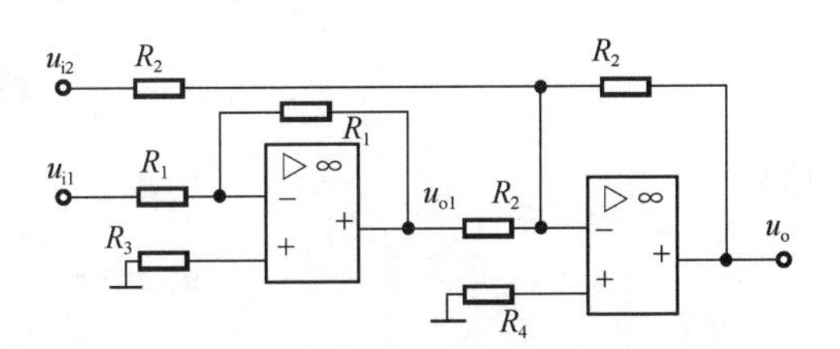

图 10.3.9　用反相加法器构成减法运算电路

**【例 10.3.3】** 在如图 10.3.10 所示电路中，稳压管稳定电压 $U_Z=6V$，电阻 $R_1=10k\Omega$，电位器 $R_f=10k\Omega$，试求调节 $R_f$ 时输出电压 $u_o$ 的变化范围，并说明改变电阻 $R_L$ 对 $u_o$ 有无影响。

**解：** 本题电路由一个同相输入比例运算电路和一个稳压电路组成，同相输入比例运算电路的输入电压从稳压管两端取得，即 $u_i=U_Z$。

根据同相输入比例运算电路的电压传输关系，得

$$u_o=\left(1+\frac{R_f}{R_1}\right)u_i=\left(1+\frac{R_f}{R_1}\right)U_Z$$

由上式可知输出电压 $u_o$ 与负载电阻 $R_L$ 无关，所以改变电阻 $R_L$ 对 $u_o$ 没有影响。

当 $R_f=0$ 时，有

$$u_o=\left(1+\frac{R_f}{R_1}\right)U_Z=\left(1+\frac{0}{10}\right)\times 6=6(V)$$

当 $R_f=10k\Omega$ 时，有

$$u_o=\left(1+\frac{R_f}{R_1}\right)U_Z=\left(1+\frac{10}{10}\right)\times 6=12(V)$$

所以，调节 $R_f$ 时输出电压 $u_o$ 可在 6～12V 范围内变化。

### 10.3.4 积分运算电路

图 10.3.11 所示为积分运算电路。与反相比例运算电路结构相似，只是用电容 $C$ 代替电阻 $R_f$ 作为反馈元件。

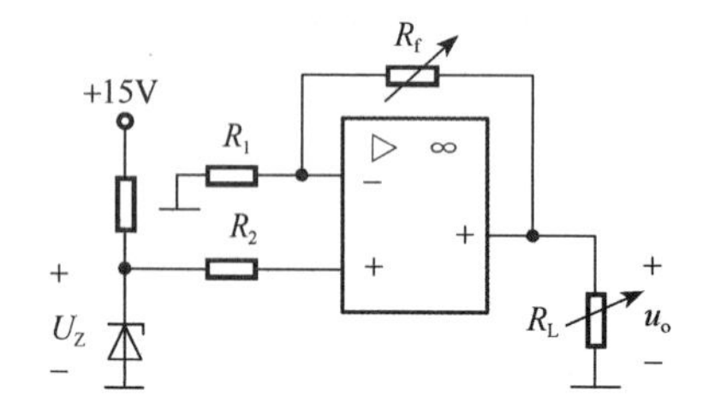


图 10.3.10　例 10.3.3 的电路图

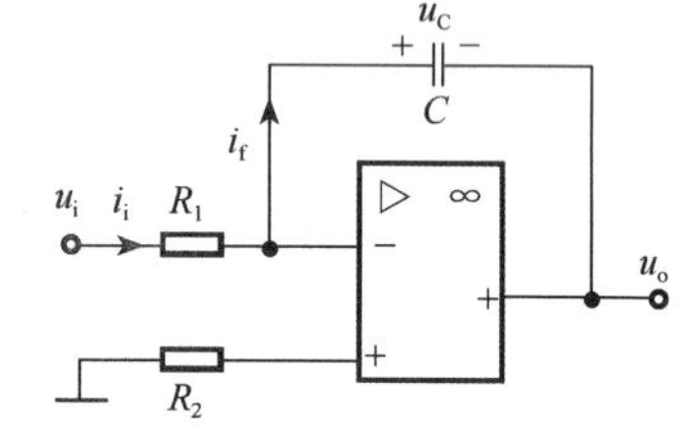


图 10.3.11　积分运算电路

利用“虚断”和“虚地”，由电路图可得

$$i_f=i_i=\frac{u_i}{R_1},\quad u_o=-u_C$$

电容上的电压 $u_C$ 和电流 $i_f$ 的关系为

$$i_f=C\frac{du_C}{dt} \text{ 或 } u_C=\frac{1}{C}\int i_f dt$$

所以

$$u_o=-u_C=-\frac{1}{C}\int i_f dt$$

$$u_o=-\frac{1}{R_1C}\int u_i dt \tag{10.3.9}$$

式（10.3.9）表明输入、输出信号之间是积分运算的关系。

当积分电路的输入信号是阶跃电压（$U_i$）时，$i_i$ 为常数，电容以恒流充电，输出电压为 $u_o=-\frac{U_i}{R_1C}t$，$u_o$ 随时间线性减少，直到负饱和 $U_o^-$ 为止，波形如图 10.3.12 所示。如果输入信号是方波，则可在输出端得到一个三角波，波形如图 10.3.13 所示。因此，积分电路除用于运算外，还具有波形变换的功能。

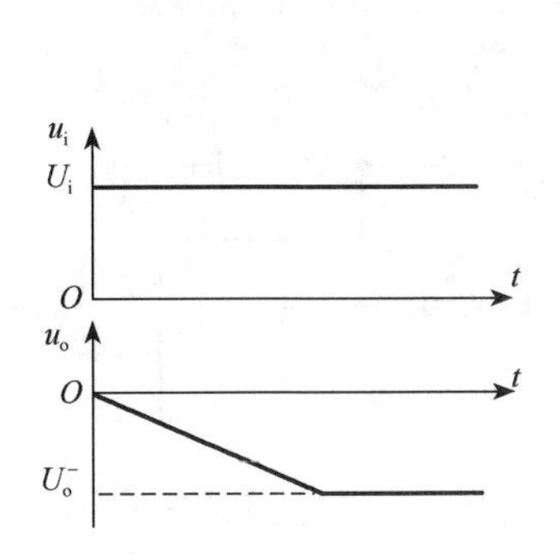


图 10.3.12　积分电路阶跃响应

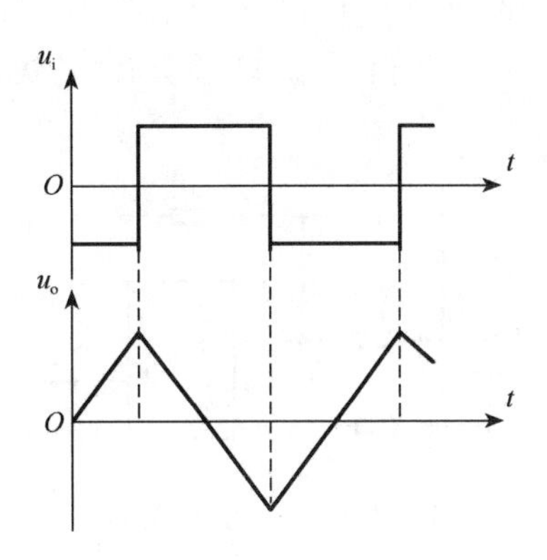


图 10.3.13　积分电路实现波形变换

### 10.3.5　微分运算电路

如果将积分电路中电容 $C$ 与电阻 $R_1$ 位置对调，则得到如图 10.3.14 所示的微分运算电路。

利用运放“虚断”和“虚地”的概念，由图 10.3.14 所示电路得出

$$u_C=u_i$$

$$i_f=i_i=C\frac{\mathrm{d}u_C}{\mathrm{d}t}$$

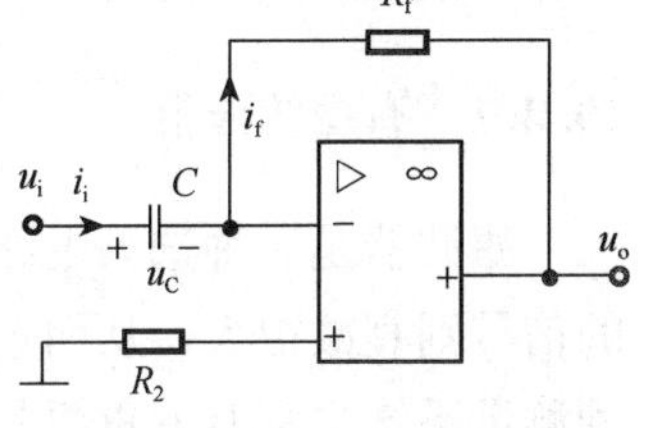


图 10.3.14　微分运算电路

故

$$u_o=-R_fi_i=-R_fC\frac{\mathrm{d}u_i}{\mathrm{d}t} \tag{10.3.10}$$

式（10.3.10）表明，输入信号、输出信号之间是微分运算关系。

当输入信号是阶跃电压（$U_i$）时，输出则为尖脉冲。如图 10.3.15 所示。微分电路的应用也很广泛，在脉冲数字电路中，常用作波形变换，将矩形波变换成尖顶脉冲。

在自动控制系统中，比例运算、积分运算和微分运算经常组合起来完成某些调节功能。如比例-积分调节器（PI 调节器，电路如图 10.3.16 所示）、比例-微分调节器（PD 调节器，电路如图 10.3.17 所示）及比例-积分-微分调节器（PID 调节器，电路如图 10.3.18 所示）。在常规调节中，比例运算、积分运算常用来保证系统的稳定性和提高调节精度，而微分运算则用来加速过渡过程。

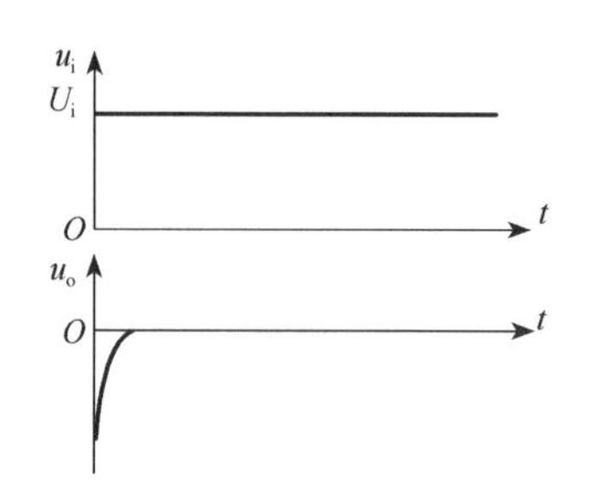


图 10.3.15　微分电路阶跃响应

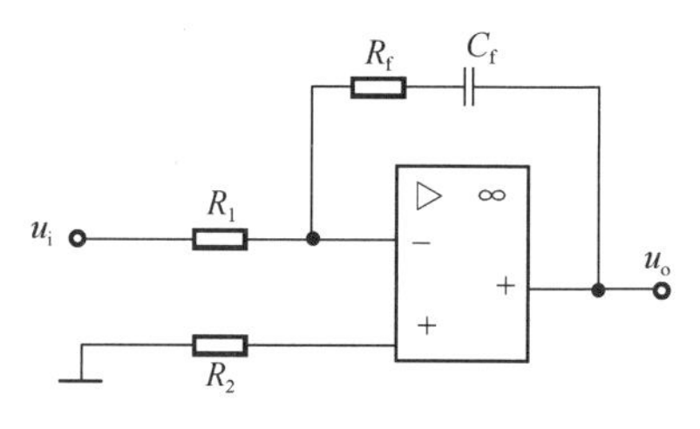


图 10.3.16　PI 调节器

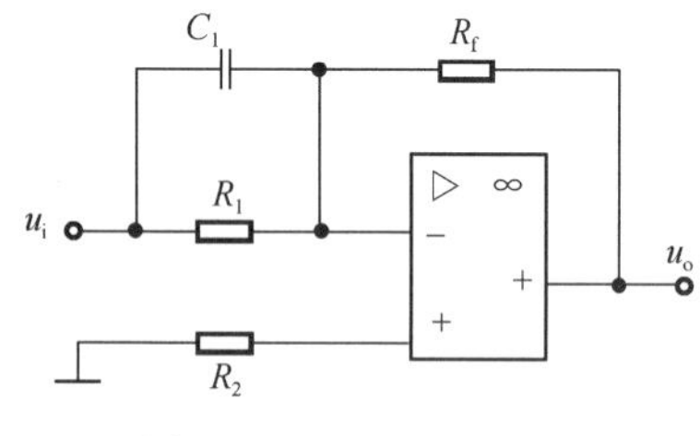


图 10.3.17　PD 调节器

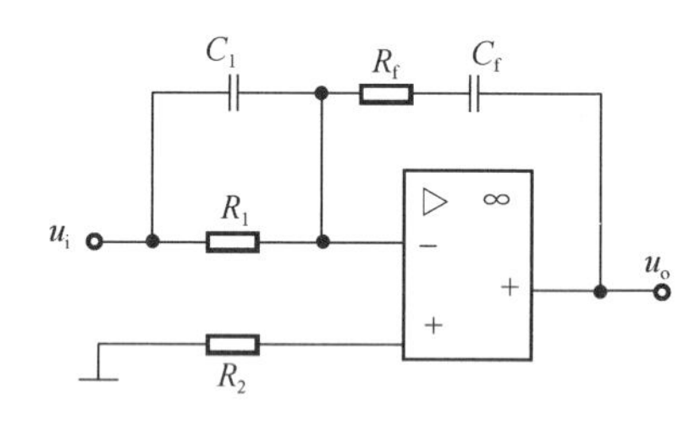


图 10.3.18　PID 调节器

## 10.4　集成运放在信号处理方面的应用

在电路系统中，常需要对信号进行各种处理，如滤波、电压比较、采样保持等。本节介绍集成运放作为有源滤波器和电压比较器的应用。

### 10.4.1　有源滤波器

滤波器是一种选频电路，它能使频率在选定范围内的信号顺利通过，而超出此范围的信号则衰减很大，从而选出有用信号，抑制无用信号。在无线电通信、自动控制和各种测量系统中都有着重要的应用。滤波器有模拟滤波器和数字滤波器之分，这里主要讨论模拟滤波器。

按构成滤波电路元件的性质可将滤波器分为无源滤波器和有源滤波器。无源滤波器是由无源元件电阻 $R$ 和电容 $C$ 构成。无源滤波器无放大作用，带负载能力差。由有源器件运算放大器与 $RC$ 电路组成的滤波器称为有源滤波器。与无源滤波器比较，有源滤波器有放大作用。同时，因集成运放输入电阻高、输出电阻低的特性，使滤波器的输出与输入之间有良好的隔离，便于级联，提高了带负载能力。有源滤波器还具有体积小、效率高、特性好等一系列优点，因而得到了广泛的应用。

滤波器可通过的频率范围为通带，不能通过的频率范围为阻带。通带和阻带的界限频率称为截止频率。根据所选择频率的范围，滤波器可分为低通、高通、带通、带阻等类型。低通滤波器只允许低频率的信号通过，高通滤波器只允许高频率的信号通过，带通滤波器允许某一频率范围内的信号通过，带阻滤波器只允许某一频率范围之外的信号通过，而该频率范围内的信号衰减很大。

1. 低通滤波器

图 10.4.1（a）是一个低通滤波电路。它由一阶 $RC$ 低通滤波电路和同相输入的集成运放组成。设输入信号 $u_i$ 是频率为 $\omega$ 的正弦电压，可用向量 $\dot{U}_i$ 表示。

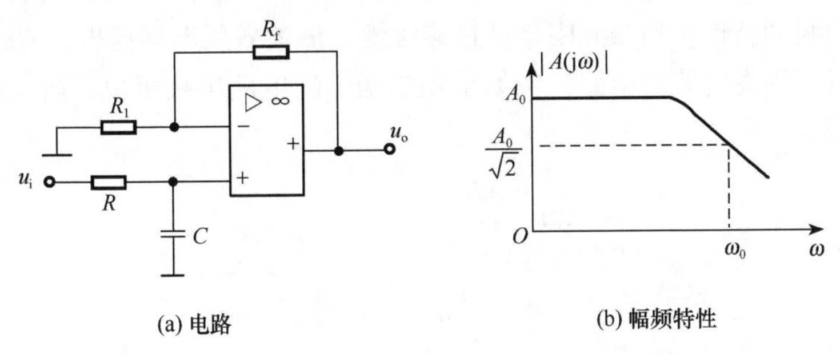


图 10.4.1　一阶低通滤波电路

由图 10.4.1（a）可得输入输出关系

$$\dot{U}_o=\left(1+\frac{R_f}{R_1}\right)\dot{U}_+$$

$$\dot{U}_+=\frac{\frac{1}{j\omega C}\dot{U}_i}{R+\frac{1}{j\omega C}}=\frac{1}{1+j\omega RC}\dot{U}_i$$

滤波器输出电压与输入电压之比称为电路的传递函数，它是频率的函数。可表示为

$$A(j\omega)=\frac{\dot{U}_o}{\dot{U}_i}=\left(1+\frac{R_f}{R_1}\right)\frac{1}{1+j\omega RC}$$

令 $A_0=1+\frac{R_f}{R_1}$，$\omega_0=\frac{1}{RC}$，则上式可以写成

$$A(j\omega)=\frac{A_0}{1+j\frac{\omega}{\omega_0}} \tag{10.4.1}$$

式（10.4.1）为一阶低通滤波电路的频率特性，它反映了电路对不同频率信号的放大能力。式中 $\omega_0$ 称为截止角频率，$A_0$ 为通频带电压增益。

电压增益幅值随频率变化的关系称为幅频特性。可用下式表示

$$|A(j\omega)|=\frac{A_0}{\sqrt{1+\left(\frac{\omega}{\omega_0}\right)^2}} \tag{10.4.2}$$

一阶低通滤波电路的幅频特性如图 10.4.1（b）所示。

当 $\omega<\omega_0$ 时，$|A(j\omega)|=A_0=1+\frac{R_f}{R_1}$。

当 $\omega=\omega_0$ 时，$|A(j\omega)|=\frac{A_0}{\sqrt{2}}$，其传递函数的幅值恰好下降 3dB，所以 $\omega_0$ 为该低通

滤波器截止角频率。

当 $\omega > \omega_0$ 时，$|A(j\omega)|$ 下降，逐渐衰减至零，因此 $0 \sim \omega_0$ 的频率范围内为通带，高于 $\omega_0$ 的频率段为阻带。

由此可以看出，有源低通滤波器允许低频段的信号通过，阻止高频段的信号通过。

理想情况下，$\omega > \omega_0$ 时 $|A(j\omega)|$ 应很快衰减至零，但从图 10.4.1（b）看，一阶低通滤波电路的幅频特性从通带到阻带的过渡缓慢，滤波效果不够理想。为获得较好的滤波效果，可以采用高阶滤波电路。例如采用二级 $RC$ 电路串接组成二阶低通滤波电路，如图 10.4.2 所示。

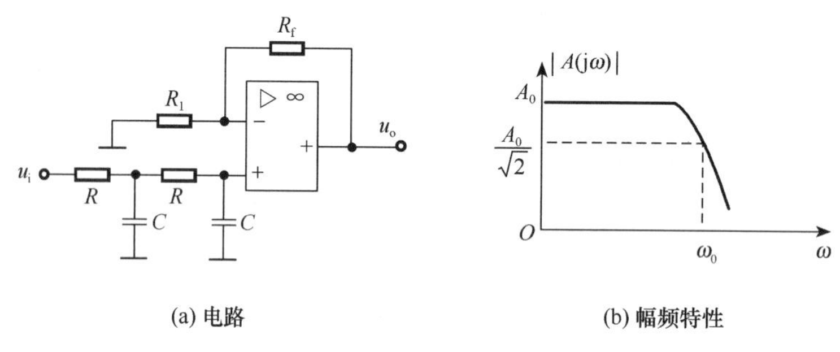


(a) 电路　　(b) 幅频特性

图 10.4.2　二阶低通滤波电路

2. 高通滤波器

将低通滤波电路中 $R$ 和 $C$ 的位置对调就变为高通滤波电路。图 10.4.3（a）是一个一阶 $RC$ 高通滤波电路。

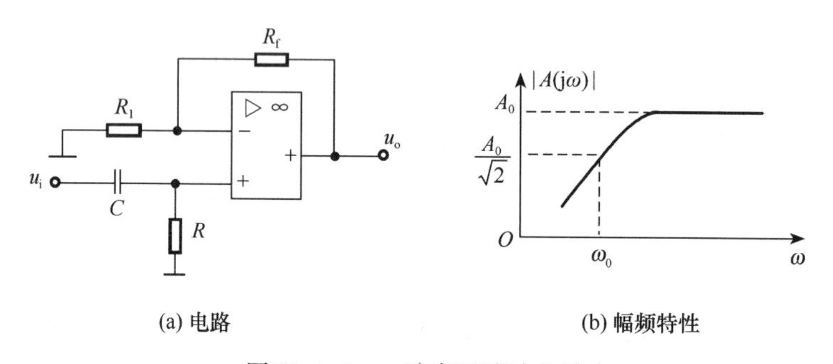


(a) 电路　　(b) 幅频特性

图 10.4.3　一阶高通滤波电路

由图 10.4.3（a）可知

$$\dot{U}_+ = \frac{R}{R+\dfrac{1}{j\omega C}}\dot{U}_i = \frac{1}{1-j\,\dfrac{1}{\omega RC}}\dot{U}_i$$

$$\dot{U}_o = \left(1+\frac{R_f}{R_1}\right)\dot{U}_+ = \frac{1}{1-j\,\dfrac{1}{\omega RC}}\dot{U}_i$$

电路的传递函数可表示为

$$A(\mathrm{j}\omega)=\frac{\dot{U}_{\mathrm{o}}}{\dot{U}_{\mathrm{i}}}=\left(1+\frac{R_{\mathrm{f}}}{R_1}\right)\frac{1}{1-\mathrm{j}\dfrac{1}{\omega RC}}$$

令 $A_0=1+\dfrac{R_{\mathrm{f}}}{R_1}$，$\omega_0=\dfrac{1}{RC}$，则上式可以写成

$$A(\mathrm{j}\omega)=\frac{A_0}{1-\mathrm{j}\dfrac{\omega_0}{\omega}} \tag{10.4.3}$$

式（10.4.3）中 $\omega_0$ 为截止角频率，$A_0$ 为通带电压增益。一阶高通滤波电路的幅频特性为

$$|A(\mathrm{j}\omega)|=\frac{A_0}{\sqrt{1+\left(\dfrac{\omega_0}{\omega}\right)^2}} \tag{10.4.4}$$

幅频特性曲线如图 10.4.3（b）所示。0～$\omega_0$ 的频率范围内为阻带，高于 $\omega_0$ 的频率段为通带。与一阶低通滤波电路的幅频特性类似，一阶高通滤波电路从阻带到通带的过渡缓慢，也可以采用高阶滤波电路获得较理想的滤波效果。

3. 带通和带阻滤波器

根据以上对低通和高通滤波电路的分析，比较两者的幅频特性，我们不难发现，如果将低通滤波电路和高通滤波电路串联即可构成带通滤波器，条件是低通滤波电路的截止角频率 $\omega_{\mathrm{H}}$ 要大于高通滤波电路的截止角频率 $\omega_{\mathrm{L}}$，两者覆盖的通带即为带通滤波器的通带。带通滤波器原理框图和理想幅频特性如图 10.4.4 所示。

如果将低通滤波电路和高通滤波电路并联，并使低通滤波电路的截止角频率 $\omega_{\mathrm{L}}$ 小于高通滤波电路的截止角频率 $\omega_{\mathrm{H}}$，即构成带阻滤波器。带阻滤波器原理框图和理想幅频特性如图 10.4.5 所示。

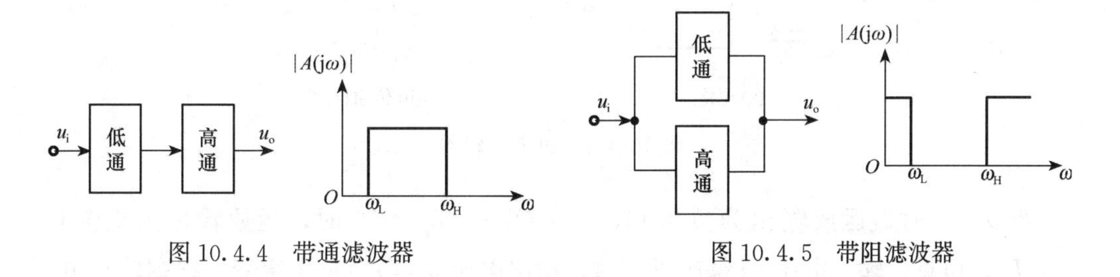


图 10.4.4　带通滤波器　　图 10.4.5　带阻滤波器

## 10.4.2　电压比较器

电压比较器的主要功能是对两个电压进行比较，并可判断出其大小。由于集成运放的开环电压放大倍数极高，两个输入端之间只要有微小电压，运放便进入非线性区，输出为饱和值。当运放工作在饱和区时，若 $u_+>u_-$，输出电压 $u_{\mathrm{o}}$ 为正饱和 $U_{\mathrm{o}}{}^+$；若 $u_+<u_-$，输出电压 $u_{\mathrm{o}}$ 为负饱和 $U_{\mathrm{o}}{}^-$。因此，若将运放的两个输入端分别接输入电压和参考电压，

并使其工作在开环状态，便可根据输出电压的正负判断输入电压和参考电压的大小关系，即构成了电压比较器。电压比较器在测量、通信和波形变换等方面应用广泛。

1.基本电压比较器

图 10.4.6（a）所示的是一个比较器电路。在电路中，运放处于开环工作状态，反相输入端加被比较信号 $u_i$，$u_- = u_i$；同相输入端接参考电压 $U_R$，$u_+ = U_R$。

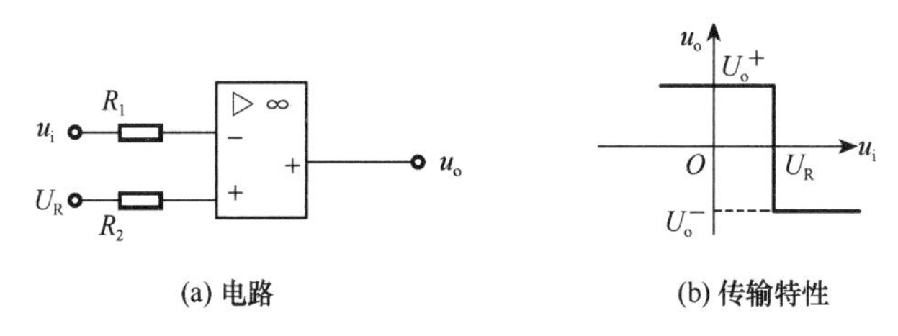


(a) 电路　　(b) 传输特性

图 10.4.6　基本电压比较器

当 $u_i > U_R$ 时，运放输出为负饱和，$u_o = U_o^-$。

当 $u_i < U_R$ 时，运放输出为正饱和，$u_o = U_o^+$。

可见，在 $u_i = U_R$ 处输出电压 $u_o$ 发生跃变。因此，可以根据输出电压 $u_o$ 的值来比较输入电压 $u_i$ 和参考电压 $U_R$ 之间的大小。

图 10.4.6（b）为基本电压比较器的传输特性。

2.过零比较器

图 10.4.7（a）所示的比较器电路中，运放处于开环工作状态，反相输入端加被比较信号 $u_i$；同相输入端接地，因此 $u_+ = 0$，为参考电压。

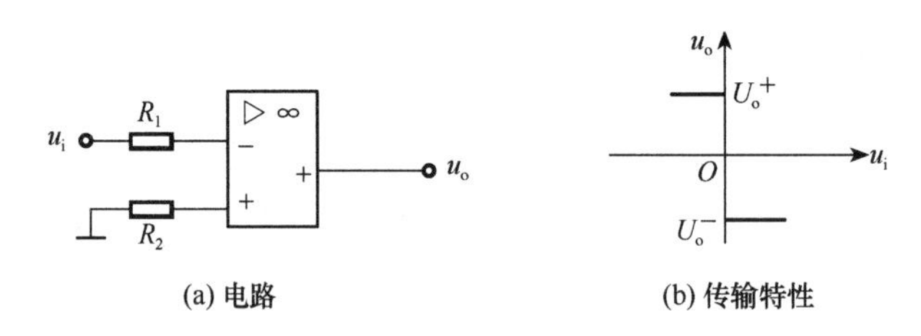


(a) 电路　　(b) 传输特性

图 10.4.7　过零比较器

当 $u_i > 0$ 时，运放输出为负饱和，$u_o = U_o^-$；当 $u_i < 0$ 时，运放输出为正饱和，$u_o = U_o^+$。可见，输入电压 $u_i$ 每次过零时，输出电压 $u_o$ 都会发生突变。根据输出电压 $u_o$ 的状态即可判断输入电压 $u_i$ 是大于零还是小于零，故称过零比较器。图 10.4.7（b）为过零比较器的传输特性。

利用电压比较器可实现信号的波形变换。例如在图 10.4.6（a）所示的电路中，若输入信号为一正弦波，则输出为一矩形波，矩形波的宽度受参考电压 $U_R$ 的控制，而幅值为运放的正、负饱和值。波形如图 10.4.8 所示。而过零比较器则可以将输入的正弦波变换为方波输出。波形如图 10.4.9 所示。

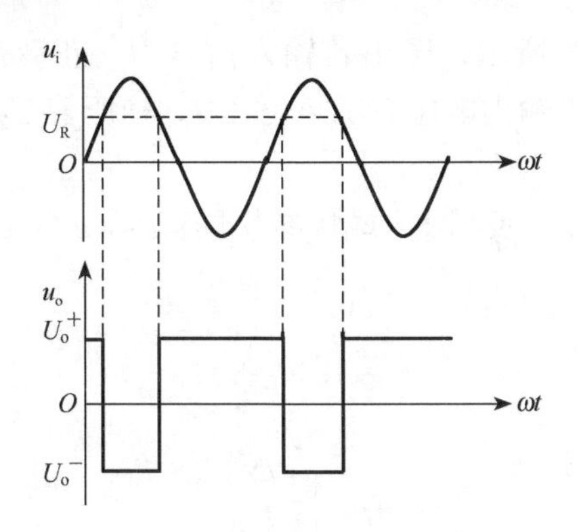


图 10.4.8　电压比较器实现波形变换

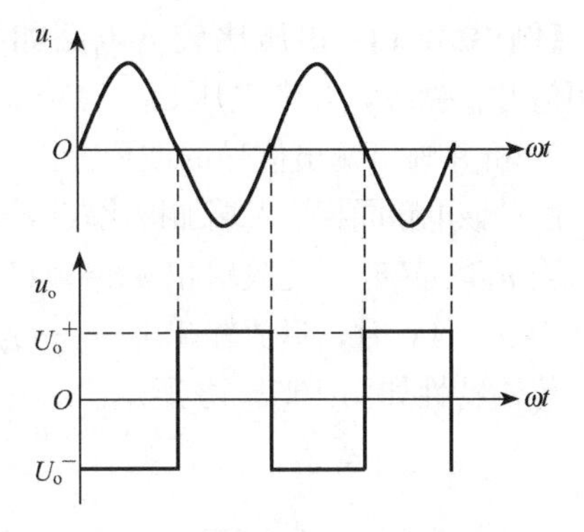


图 10.4.9　过零比较器对正弦波形的变换

### 3. 有限幅的比较器

有时为了和后级电路（如数字电路）匹配，比较器的输出电压必须限制在某一特定值。常采用的方法是在比较器的输出端与“地”之间接稳压管进行限幅，如图 10.4.10（a）所示的电路。

图 10.4.10（a）电路中，在输出端接入稳压管 $D_Z$，稳压值为 $U_Z$，$U_D$ 为稳压管的正向压降。当 $u_i>0$ 时，运放输出为 $-U_D$；当 $u_i<0$ 时，运放输出为 $+U_Z$。该电路称为单向限幅的过零比较器，其传输特性如图 10.4.10（b）所示。如果忽略稳压管的正向压降，则运放的输出电压被限制在 0 和 $+U_Z$ 之间。

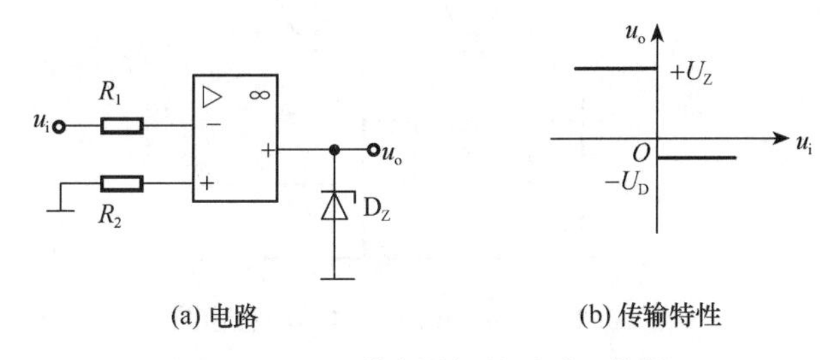


图 10.4.10　单向限幅的过零比较器

如果在比较器电路的输出端接入双向稳压管 $D_Z$，电路如图 10.4.11（a）所示，忽略稳压管的正向压降，则运放的输出电压被限制在 $+U_Z$ 和 $-U_Z$ 之间。该电路为双向限幅的过零比较器，其传输特性如图 10.4.11（b）所示。

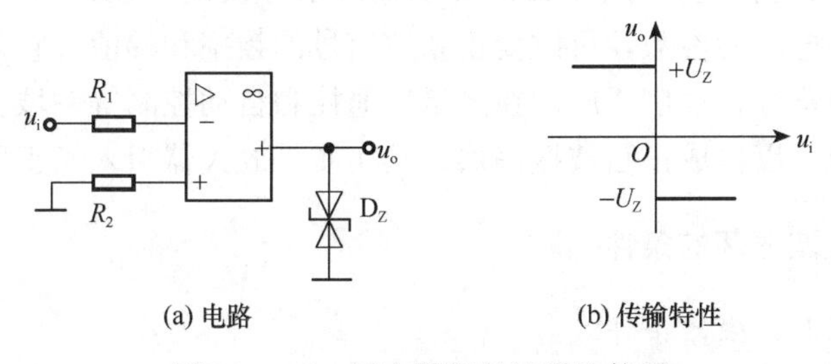


图 10.4.11　双向限幅的过零比较器

**【例 10.4.1】** 电压比较器电路如图 10.4.12 所示，图中若输入信号为一正弦波，其幅值 $U_{im}=8V$，参考电压 $U_R=4V$，运放的最大输出电压 $U_{OM}=\pm 12V$，稳压管 $U_Z=6V$。分析并画出输出信号的波形。

**解：** 该电路同相输入端加被比较信号 $u_i$，$u_+=u_i$；反相输入端接参考电压 $U_R$，$u_-=U_R$。

当 $u_i>4V$ 时，运放输出 $u_o=+U_Z=+6V$。

当 $u_i<4V$ 时，运放输出 $u_o=-U_Z=-6V$。

传输特性如图 10.4.13 所示。

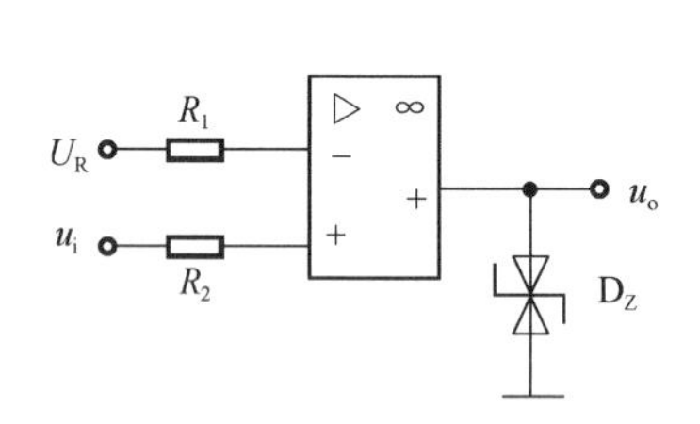


图 10.4.12　例 10.4.1 的电路图

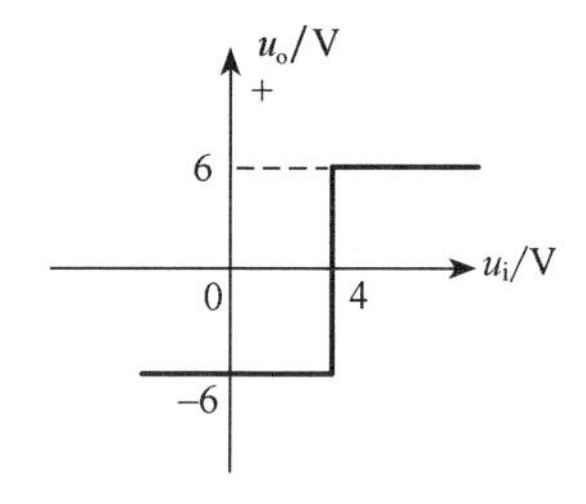


图 10.4.13　例 10.4.1 电路的电压传输特性

若输入信号为一正弦波，则输出为一矩形波。波形如图 10.4.14 所示。

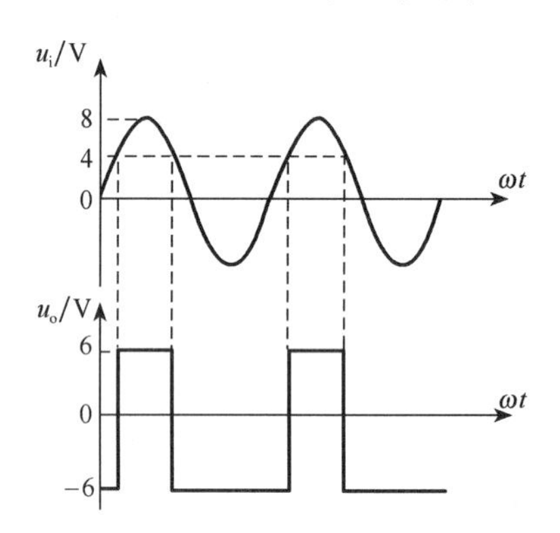


图 10.4.14　例 10.4.1 电路的波形图

# 10.5　集成运放在信号产生方面的应用

实际应用中有各种类型的信号产生电路，其中正弦波振荡器是应用十分广泛的一种信号产生电路。正弦波振荡电路是无需外加输入信号便能自动产生正弦交流信号的电路，通过调整振荡电路的参数，可改变正弦波信号的频率和幅值。它是无线电通信、广播系统的重要组成部分，也广泛应用在测量、遥控和自动控制等领域。

利用集成运放可以构成正弦波振荡器，其实质是放大器引入了正反馈。

## 10.5.1　产生正弦波振荡的条件

### 1. 自激振荡及其产生的条件

所谓自激振荡是指在不外加信号的条件下，内部电路能够产生一定频率和幅度的信

号输出的现象。在负反馈放大电路中，自激振荡使电路不能稳定工作，是有害的，必须设法消除，而信号产生电路则是利用自激振荡工作的。为使反馈放大电路转化为振荡器，应人为地引入正反馈，使之产生自激振荡。可以用图 10.5.1 来说明振荡电路建立振荡的条件。

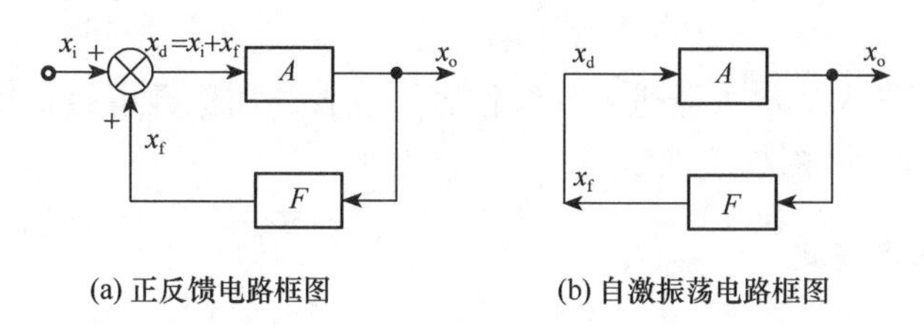


图 10.5.1　正反馈和自激振荡电路框图

在图 10.5.1（a）所示的正反馈放大电路中，若输入端接入一正弦信号，各信号和参数可用相量表示为

$$\dot{X}_d = \dot{X}_i + \dot{X}_f$$

$$\dot{X}_o = A\dot{X}_d$$

$$\dot{X}_f = F\dot{X}_o$$

若使 $\dot{X}_f = \dot{X}_d$，即二者大小相等，相位相同，则反馈信号可以代替外加输入信号，即使撤去外加信号，放大电路仍能保持输出不变。如图 10.5.1（b）所示。这时，放大器无外加输入信号，却能输出一定的交流信号，变成了自激振荡器。可见，自激振荡必须满足

$$AF = 1 \tag{10.5.1}$$

式（10.5.1）称为自激振荡的条件。它是复数形式，其中：$A = |A|\angle\varphi_A$，是放大电路的放大倍数；$F = |F|\angle\varphi_F$，是反馈电路的反馈系数。$\varphi_A$ 为 $\dot{X}_o$ 与 $\dot{X}_d$ 的相位差，$\varphi_F$ 为 $\dot{X}_f$ 与 $\dot{X}_o$ 的相位差。因此，式（10.5.1）也可以用幅值条件和相位条件分别表示。

（1）幅值条件

$$|AF| = 1 \tag{10.5.2}$$

（2）相位条件

$$\varphi_A + \varphi_F = 2n\pi (n = 0，1，2，\cdots) \tag{10.5.3}$$

幅值条件要求反馈信号的幅值等于输入信号的幅值，保证反馈有足够的强度；而相位条件要求反馈信号与输入信号同相，则保证了是正反馈。

上述幅值条件和相位条件只是维持等幅自激振荡的条件，要建立自激振荡还要满足起振条件。

### 2. 起振条件

振荡电路不需要输入信号，在起振时靠电路中的噪扰信号，如电源接通时产生的噪声和瞬态扰动，在电路的输入端造成一个微弱的输入信号，这个微弱的输入信号经正反

馈放大电路的反复放大，产生振荡。实际上，电路在刚接通电源时，由于 $\dot{X}_d$、$\dot{X}_o$ 和 $\dot{X}_f$ 均很小（甚至等于零），按式（10.5.2）的条件，电路只能维持这个初始状态而不能起振。只有在 $|AF|>1$ 的情况下，即 $X_f>X_d$ 时，经过多次放大—正反馈—再放大的循环，使电路的振幅逐渐增大，振荡器才能起振。因此，起振的幅值条件为

$$|AF|>1 \tag{10.5.4}$$

随着振幅逐渐增大，放大器进入非线性区，或者外加稳幅电路，使得 $A$ 逐渐减小，最后达到 $|AF|=1$，振幅趋于稳定。

3. 振荡的建立和稳定

在振荡器中，作为激励信号的噪扰电压是非正弦信号，含有各种谐波成分，这样在振荡器输出端得到的也是非正弦信号。为了使振荡器输出单一频率的正弦信号，振荡电路还必须具有选频性，即只对一个特定频率的信号满足自激振荡条件。选择合适的选频网络，使其固有频率与所要输出的信号频率相等，从而使选频网络发生谐振，则被选频率的信号具有最大输出，其他频率的信号被衰减。

振荡器的选频网络可以由 $RC$ 电路组成，也可以由 $LC$ 电路组成。$RC$ 选频网络一般用于低频振荡电路，称为 $RC$ 振荡器。$LC$ 选频网络一般用于高频振荡电路，称为 $LC$ 振荡器。实际正弦波振荡电路中，选频网络又兼正反馈网络。

自激振荡建立的过程中，振幅达到最大时要受到电路非线性因素的限制，使其正弦波形失真。为了限制振幅的过度增大，使其稳定在需要的值，就要引入负反馈，这就是稳幅电路。

### 10.5.2 *RC* 正弦波振荡电路

1. 正弦波振荡电路组成

根据以上分析可知，正弦波振荡电路由放大器、正反馈网络、选频网络、稳幅环节等部分组成。$RC$ 正弦波振荡电路的组成如图 10.5.2 所示。集成运放 $A$ 是基本放大器，$RC$ 串并联网络构成选频网络兼正反馈网络，$R_1$ 和 $R_f$ 组成负反馈网络作为稳幅环节。

2. $RC$ 串并联网络的选频特性

在图 10.5.2 所示正弦波振荡电路中，$RC$ 串并联网络构成的选频网络如图 10.5.3 所示。由图 10.5.3 电路，不难得到

$$Z_1=R+\frac{1}{\mathrm{j}\omega C},\quad Z_2=\frac{R\,\dfrac{1}{\mathrm{j}\omega C}}{R+\dfrac{1}{\mathrm{j}\omega C}}$$

故

$$F=\frac{\dot{U}_f}{\dot{U}_o}=\frac{Z_2}{Z_1+Z_2}=\frac{1}{3+\mathrm{j}\left(\omega RC-\dfrac{1}{\omega RC}\right)} \tag{10.5.5}$$

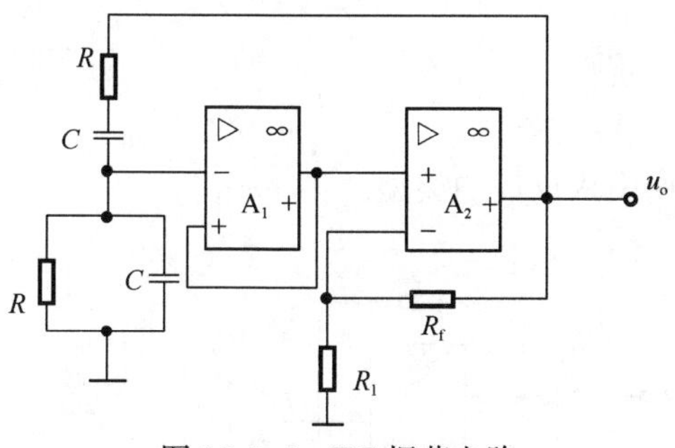

图 10.5.2　RC 振荡电路

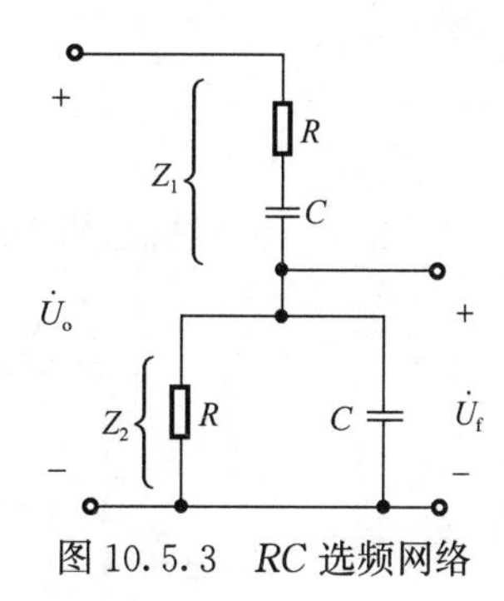

图 10.5.3　RC 选频网络

令 $\omega_0=\dfrac{1}{RC}$，则

$$F=\frac{1}{3+\mathrm{j}\left(\dfrac{\omega}{\omega_0}-\dfrac{\omega_0}{\omega}\right)}$$

当 $\omega=\omega_0$ 时，上式变为

$$F=\frac{1}{3}=\frac{1}{3}\angle 0^\circ \tag{10.5.6}$$

此时选频网络发生谐振，$\varphi_F=0$，电路呈阻性，具有最大输出。只有 $\omega=\omega_0$ 的信号被选中，其他信号则被衰减，这就是选频网络的特点。$\omega_0$ 称为选频网络的固有频率。

3. *RC* 正弦振荡电路分析

图 10.5.2 所示的振荡电路中，集成运放采用同相输入方式，其闭环电压放大倍数为

$$A=1+\frac{R_f}{R_1}=\left(1+\frac{R_f}{R_1}\right)\angle 0^\circ \tag{10.5.7}$$

(1) 相位条件

由式 (10.5.7) 可知放大电路的相位移 $\varphi_A=0^\circ$。由式 (10.5.6) 可知，当 $\omega=\omega_0$ 时，选频网络的相位移 $\varphi_F=0^\circ$。故 $\varphi_A+\varphi_F=0$，满足自激振荡的相位条件。

(2) 幅值条件

由式 (10.5.6) 可知选频网络的 $F=\dfrac{1}{3}$，只要使放大电路的放大倍数 $A=3$，就满足幅值条件。由式 (10.5.7) 可知，放大倍数 $A=1+\dfrac{R_f}{R_1}$，所以应使 $R_f=2R_1$。实际电路中，考虑到起振条件 $|AF|>1$，一般选 $R_f$ 略大于 $2R_1$。

(3) 振荡频率

根据选频网络的固有频率，振荡电路的输出频率为 $\omega_0=\dfrac{1}{RC}$，或 $f_0=\dfrac{1}{2\pi RC}$。通过改变 $R$ 和 $C$ 的值，可获得不同频率的信号。

# 习　　题

10.2.1　试判断题图 10.01 所示各电路所引入反馈的类型。

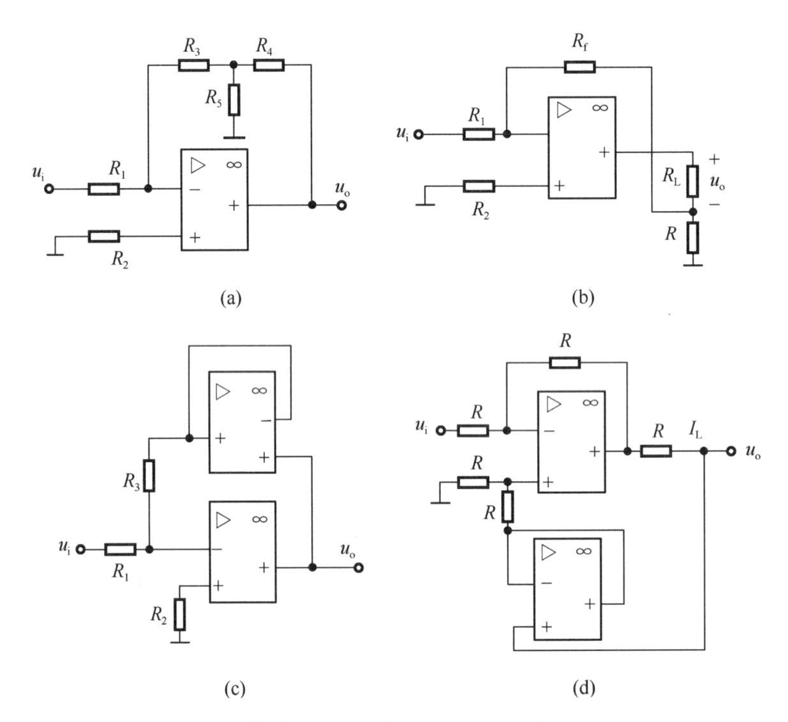


题图 10.01　题 10.2.1 的电路

10.2.2　试判断题图 10.02 所示电路引入的极间反馈是正反馈还是负反馈？并判断反馈类型。

10.2.3　在放大电路中，如何引入反馈满足以下要求？

（1）要求稳定静态工作点；

（2）减小电路从信号源索取的电流，增大带负载能力；

（3）从信号源获得更大的电流，并稳定输出电流；

（4）稳定输出电压。

10.2.4　有一反馈电路开环放大倍数 $A=10^5$，反馈网络的反馈系数为 $F=0.1$，反馈类型为并联电压负反馈，试计算：

（1）引入反馈后，输入电阻和输出电阻如何变化？

（2）闭环放大倍数稳定性提高了多少倍？若 $\frac{dA}{A}$ 为 25%，问 $\frac{dA_f}{A_f}$ 为多少？

10.3.1　电路如题图 10.03 所示。写出输出电压 $u_o$ 的表达式。

10.3.2　电路如题图 10.04 所示。求：

（1）输出电压 $u_o$ 的表达式；

（2）当 $u_{i1}=0.5$V，$u_{i1}=0.3$V 时的输出电压值。

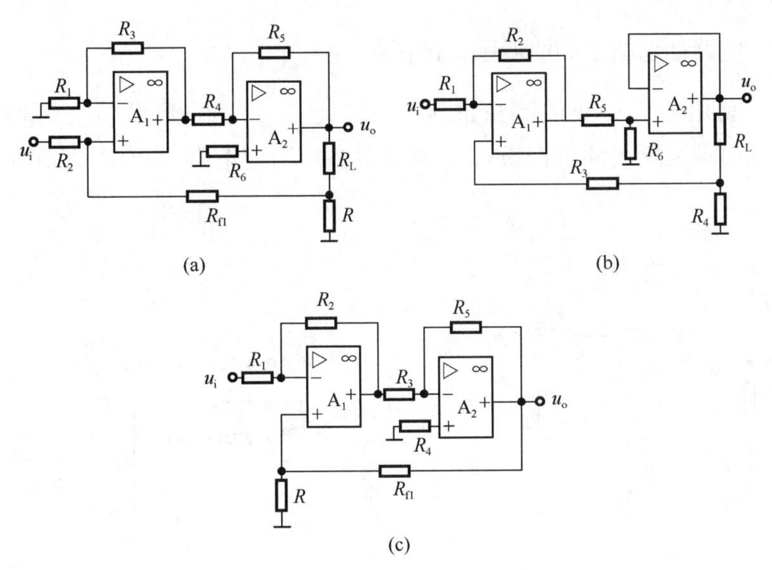


题图 10.02　题 10.2.2 电路

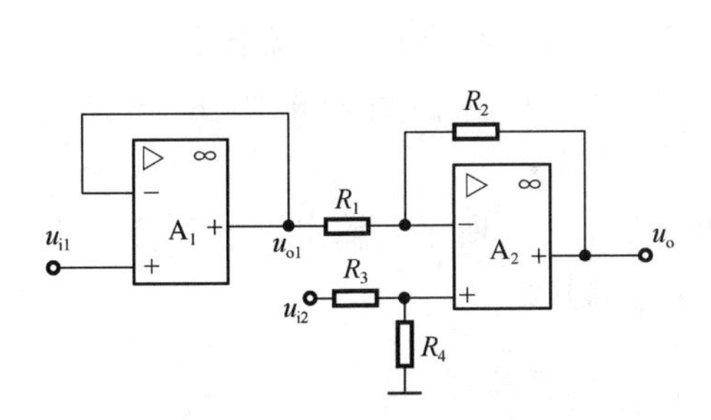


题图 10.03　题 10.3.1 电路

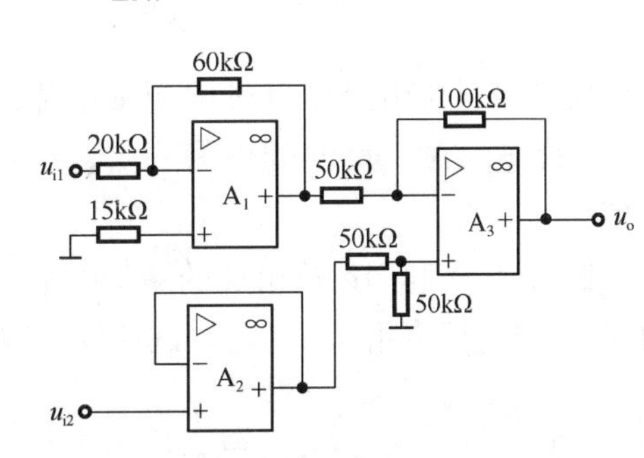


题图 10.04　题 10.3.2 电路

10.3.3　求题图 10.05 所示电路中的输出电压 $u_o$ 的表达式。

10.3.4　写出题图 10.06 所示电路的 $u_o \sim u_i$ 关系式。

10.3.5　写出题图 10.01（a）所示各电路的闭环电压放大倍数 $A_{uf}=u_o/u_i$。

10.3.6　题图 10.01（c）所示电路为提高放大倍数的比例运算电路，由 $R_3$、$R_4$、$R_5$ 组成 T 形网络代替 $R_f$。试求该电路的电压放大倍数 $A_{uf}=u_o/u_i$。

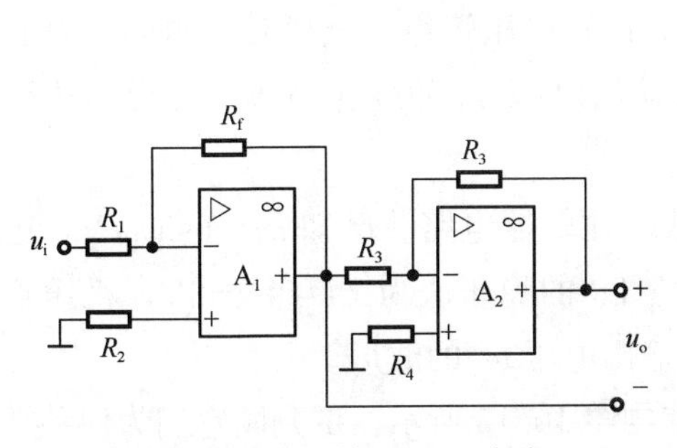


题图 10.05　题 10.3.3 电路

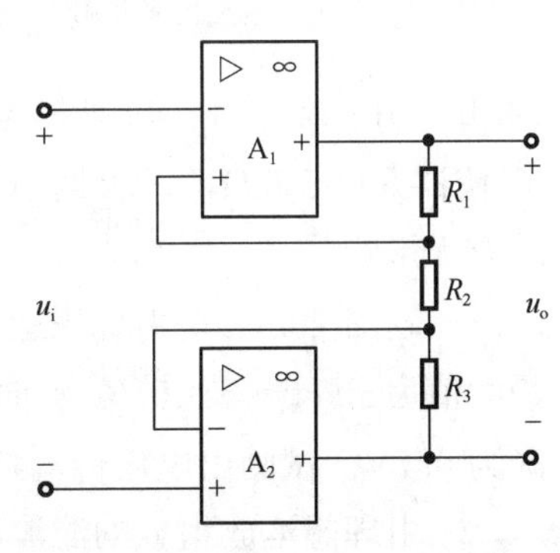


题图 10.06　题 10.3.4 电路

10.3.7　电路如题图 10.07 所示，试证明 $I_L=\frac{u_i}{R_L}$。

10.3.8　利用运放组成的测量电压电路如题图 10.08 所示。电压量程为 0.5V、5V、50V，输出端电压表满量程为 5V。试计算各档对应电阻 $R_1\sim R_3$ 的阻值。

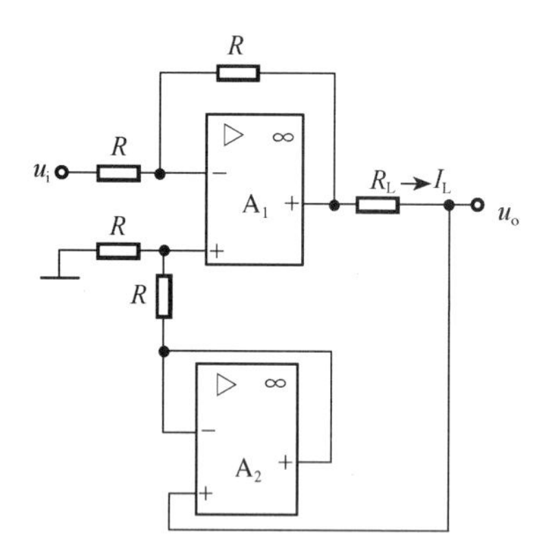


题图 10.07　题 10.3.7 电路

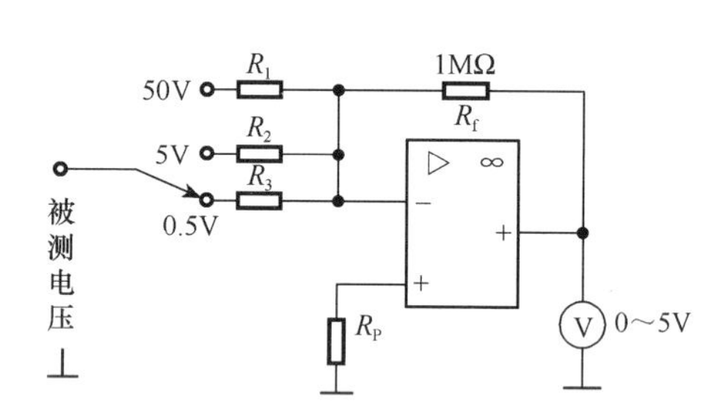


题图 10.08　题 10.3.8 电路

10.3.9　利用运放组成的测量电流电路如题图 10.09 所示。电流量程为 5mA、0.5mA、50μA，输出端电压表满量程为 5V。试计算各档对应电阻 $R_1\sim R_3$ 的阻值。

10.3.10　利用运放组成的测量电阻电路如题图 10.10 所示。输出端电压表满量程为 5V。当电压表指示 5V 时，试计算被测电阻 $R_x$ 的阻值。

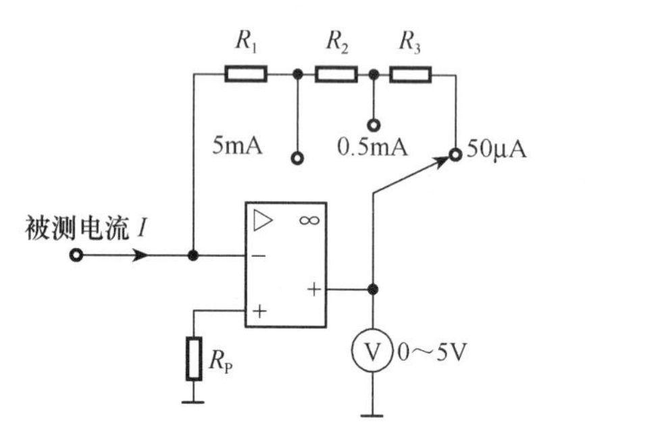


题图 10.09　题 10.3.9 电路

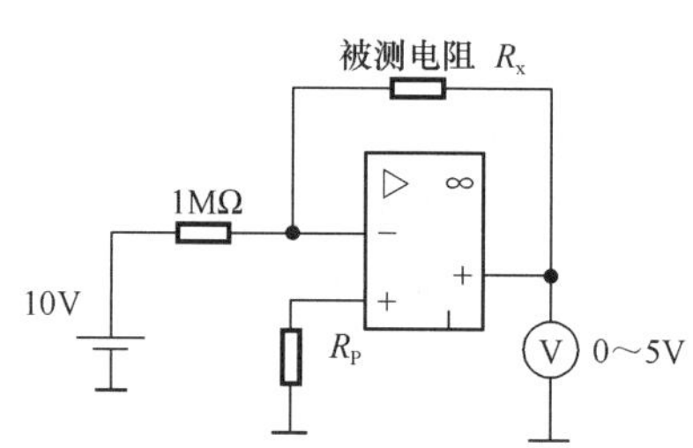


题图 10.10　题 10.3.10 电路

10.3.11　在如题图 10.11 所示电路中，已知稳压管稳定电压 $U_Z=6$V，电阻 $R_1=10\text{k}\Omega$，电位器 $R_f=10\text{k}\Omega$，试求调节 $R_f$ 时输出电压 $u_0$ 的变化范围，并说明改变电阻 $R_L$ 对 $u_o$ 有无影响。

10.4.1　题图 10.12 是由理想运放组成的比较器电路。已知 $u_i=6\sin\omega t$V，运放输出电压最大值为 $\pm U_{om}=\pm 15$V，双向稳压管 $D_Z$ 的稳压值为 $\pm U_Z=\pm 8$V，稳压管正向导通压降为 0.7V。试画出电压传输特性和输出电压 $u_o$ 的波形。

10.4.2　由理想运放组成的滤波电路如题图 10.13 所示。试判断它们为何种类型的滤波电路，并求出各电路的通带电压增益 $A_{uf}$ 和截止频率 $f$。

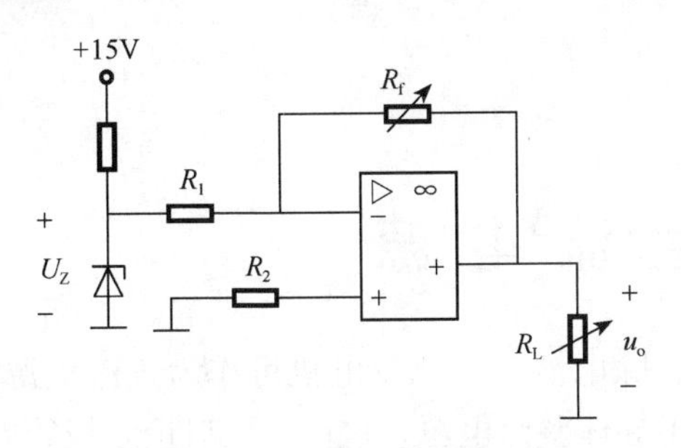


题图 10.11　题 10.3.11 电路

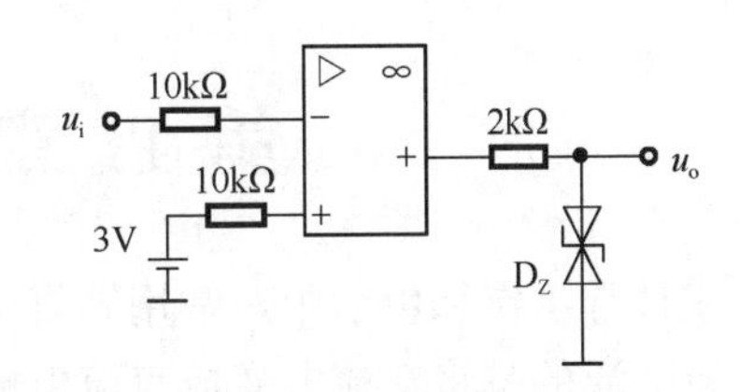


题图 10.12　题 10.4.1 电路

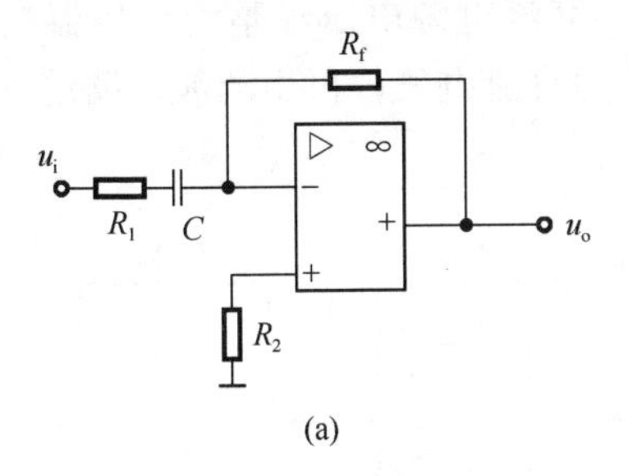


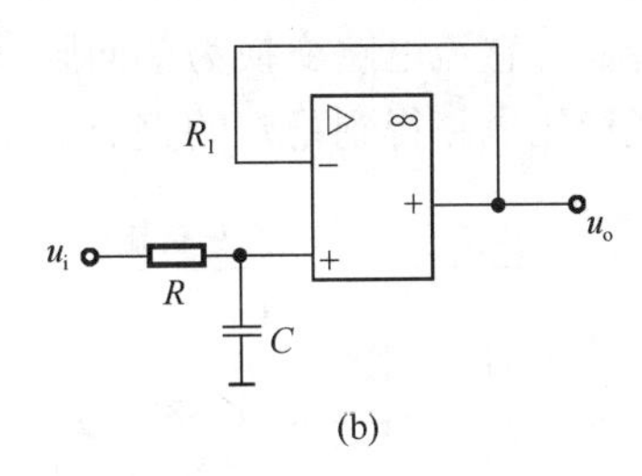


题图 10.13　题 10.4.2 电路

10.5.1　在题图 10.14 所示正弦波振荡电路中，已知 $C=0.01\mu F$，要使振荡频率 $f$ 为 1000Hz，试选择 $RC$ 选频网络中电阻 $R$ 的值。

10.5.2　由两级运放构成的正弦波振荡电路如题图 10.15 所示，根据相位平衡条件已完成电路的连接。

(1) 试标出各级运放的同相输入端和反相输入端；

(2) 若 $R=24k\Omega$，$C=0.033\mu F$，计算电路的振荡频率 $f$。

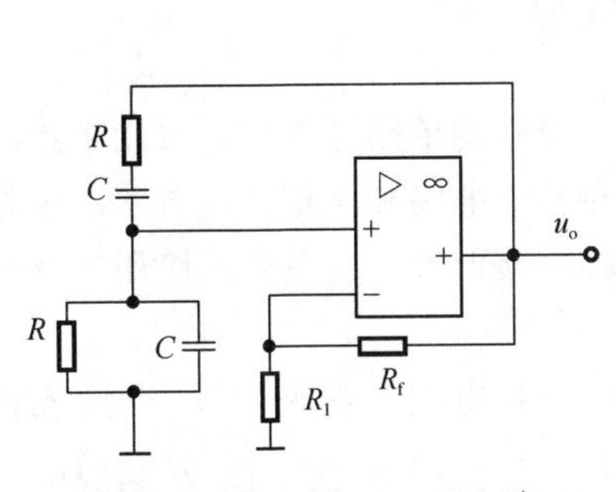


题图 10.14　题 10.5.1 电路

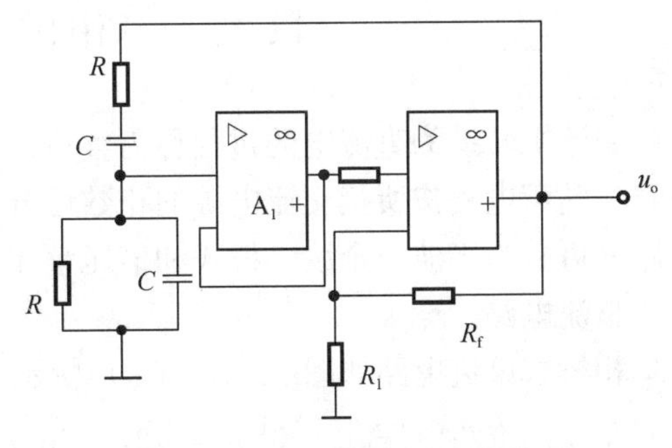


题图 10.15　题 10.5.2 电路

# 第 11 章　直 流 电 源

在日常工作和生活中，常用到直流电源。除电池和直流发电机可作为直流电源外，应用最广泛的是将交流电变成直流电的各种半导体整流电源。这里主要讨论二极管整流电源。

图 11.0.1 为直流稳压电源的原理框图。交流电源电压经整流变压器变换为整流所需要的电压，通过整流电路变换为单向脉动的直流电压，再由滤波电路滤除其中的交流分量，最后经稳压电路得到稳定的直流电压。

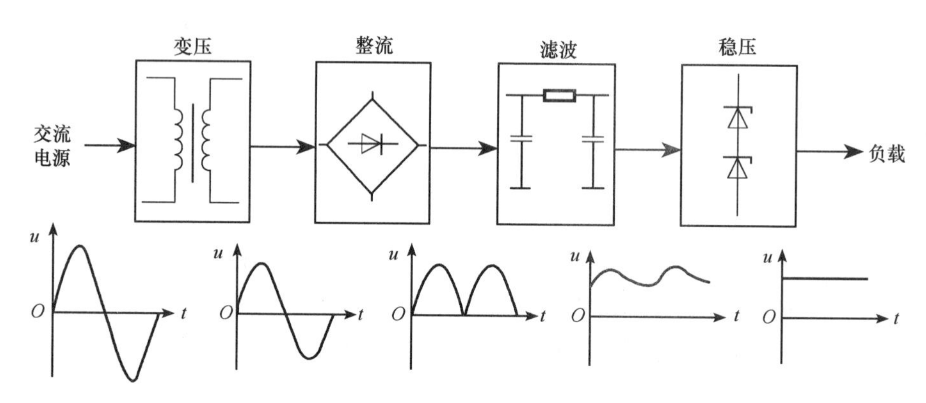


图 11.0.1　直流稳压电源的原理框图

## 11.1　单相桥式整流电路

将交流电转换为直流电的过程称为整流。利用二极管的单向导电性，可用来组成整流电路。整流电路按所接交流电源的相数可分为单相整流电路和三相整流电路。单相整流电路又可分为半波、全波、桥式和倍压整流等几种电路形式。这里介绍应用广泛的单相桥式整流电路。

单相桥式整流电路如图 11.1.1（a）所示。变压器将电网交流电压 $u_1$ 变换成整流电路所需要的交流电压 $u_2$，设 $u_2=\sqrt{2}U_2\sin\omega t$，四只整流二极管 $D_1$～$D_4$ 联结成电桥的形式，故称为桥式整流电路，$R_L$ 是负载电阻。

在 $u_2$ 的正半周（a 点为正，b 点为负），二极管 $D_1$、$D_3$ 处于正向偏置而导通，$D_2$、$D_4$ 处于反向偏置而截止，电流的通路为 a→$D_1$→$R_L$→$D_3$→b，忽略二极管的正向压降，负载上的压降为 $u_o=u_2$。

在 $u_2$ 的负半周（a 点为负，b 点为正），二极管 $D_1$、$D_3$ 处于反向偏置而截止，$D_2$、$D_4$ 处于正向偏置而导通，电流的通路为 b→$D_2$→$R_L$→$D_4$→a，忽略二极管的正向压降，负载上的压降为 $u_o=u_2$。

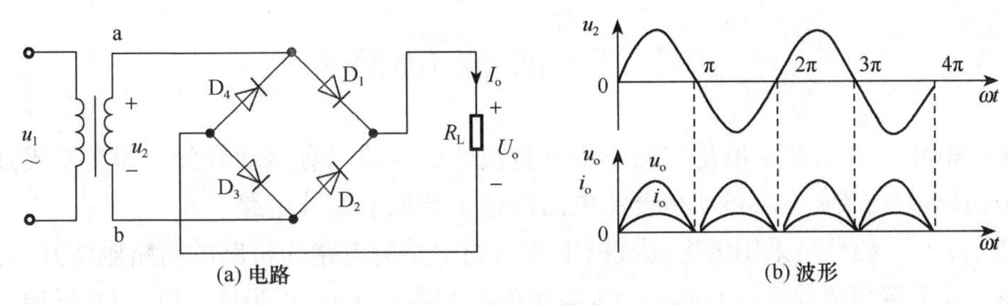


图 11.1.1 单相桥式整流电路

可见在单相桥式整流电路中，在交流电源的一个周期内，流经负载电阻 $R_L$ 的电流方向不变，负载上电压与电流的波形为一全波单向脉动直流电压和电流，如图 11.1.1（b）所示。负载电压的平均值，即直流电压为

$$U_o = \frac{1}{\pi}\int_0^{\pi} u_o \mathrm{d}(\omega t) = \frac{1}{\pi}\int_0^{\pi}\sqrt{2}U_2\sin\omega t\,\mathrm{d}(\omega t) = \frac{2\sqrt{2}}{\pi}U_2 = 0.9U_2 \tag{11.1.1}$$

负载电流的平均值，即直流电流为

$$I_o = \frac{U_o}{R_L} = 0.9\frac{U_2}{R_L} \tag{11.1.2}$$

由于每个二极管只在半个周期内导通，所以流过每个二极管的电流平均值是负载电流的一半，即

$$I_D = \frac{1}{2}I_o = 0.45\frac{U_2}{R_L} \tag{11.1.3}$$

二极管截止时所承受的最高反向电压为

$$U_{DRM} = \sqrt{2}U_2 \tag{11.1.4}$$

根据式（11.1.3）和式（11.1.4），可选择整流二极管。

**【例 11.1.1】** 有一单相桥式整流电路，负载电阻 $R_L = 300\Omega$，若要输出 36V 的直流电压，试选择整流二极管。

**解：** 输出电流的平均值为

$$I_o = \frac{U_o}{R_L} = \frac{36}{300} = 120(\text{mA})$$

流过二极管的平均电流为

$$I_D = \frac{1}{2}I_o = 60(\text{mA})$$

由 $U_o = 0.9U_2$，得

$$U_2 = \frac{U_o}{0.9} = \frac{36}{0.9} = 40(\text{V})$$

二极管承受的最高反向电压为

$$U_{DRM} = \sqrt{2}U_2 = \sqrt{2}\times 40 = 56.6(\text{V})$$

查半导体手册可知，选用 2CP12 可满足要求，其最大整流电流为 100mA，最大反向电压为 100V。

## 11.2　滤 波 电 路

整流电路的输出电压虽是方向不变的直流电压，但仍有脉动成分，即交流成分，为了减小输出电压的脉动，必须在整流电路的输出端加上滤波电路。

图 11.2.1（a）是采用电容滤波的电路（图中整流电路为桥路的简略画法），它在整流电路的输出端与负载之间并联一个大容量的电容器。在 $u_2$ 正半周，$D_1$、$D_3$ 导通，在给负载提供电流的同时也给电容充电，如果忽略二极管的正向压降，可见 $u_C=u_o=u_2$，电容压降 $u_C$ 基本上随变压器副边电压 $u_2$ 上升，当充电电压达到最大值$\sqrt{2}U_2$ 后，$u_2$ 开始下降，电容经负载 $R_L$ 放电，由于 $u_C>u_2$，二极管均截止，负载电流靠电容放电来维持。通常放电时间常数 $\tau=R_LC$ 都很大，故放电很慢，直到 $u_2$ 的负半周，当 $|u_2|>u_C$ 时，$D_2$、$D_4$ 导通，电容又重新充电，当充至最大值$\sqrt{2}U_2$ 后，再经 $R_L$ 放电。如此周而复始，可得到输出端的波形如图 11.2.1（b）所示。由此可见，经电容滤波后，输出电压的脉动程度大为减小，平均值有所提高。输出电压的平均值即直流电压可按下式估算。

$$U_o=1.2U_2 \tag{11.2.1}$$

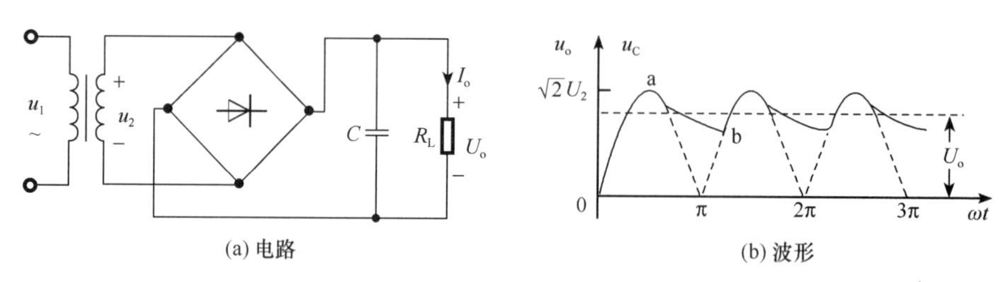


(a) 电路　　(b) 波形

图 11.2.1　单相桥式整流滤波电路

采用电容滤波时，输出电压的大小和脉动程度与放电时间常数 $\tau=R_LC$ 有关，$\tau$ 大，输出电压就平滑些，一般要求：

$$R_LC \geqslant (3\sim5)\frac{T}{2} \tag{11.2.2}$$

$T$ 为电源交流电压的周期。采用电容滤波后，整流管的导通时间缩短，小于$\dfrac{T}{2}$，在平均电流相同的情况下，流经整流管的电流幅值增大。所以在选择二极管时，对电流参数要留有较大的余量。

**【例 11.2.1】** 如图 11.2.1 所示的电路中，$R_L=200\Omega$，电源的频率 $f=50\text{Hz}$，要求输出电压 $U_o=36\text{V}$，选择滤波电容器。

**解**：由 $U_o=1.2U_2$，得

$$U_2=\frac{U_o}{1.2}=\frac{36}{1.2}=30(\text{V})$$

电容器两端可能加上的最大直流工作电压就是变压器副边电压的最大值，与二极管承受的最高反向电压相同，即电容器的耐压应大于$\sqrt{2}U_2=42\text{V}$。由 $R_LC\geqslant(3\sim5)\dfrac{T}{2}$，

取 $R_{\mathrm{L}}C=5\times\frac{T}{2}$，则

$$C=\frac{5\times\frac{T}{2}}{R_{\mathrm{L}}}=\frac{\frac{5}{2\times50}}{200}=250(\mu\mathrm{F})$$

可选用耐压为50V、容量为250μF的电容器。

电容滤波电路简单，但输出电压受负载变化影响较大，即带负载能力较差，所以电容滤波电路适用于输出电压高、输出电流小、负载变化不大的场合。

除电容滤波外，常用的还有电感滤波电路、$LC$ 滤波电路、π形 $LC$ 滤波电路、π形 $RC$ 滤波电路等。

## 11.3　稳压电路

整流滤波电路输出电压会随交流电源电压的波动、负载的变化而变化，要得到稳定的输出电压还需加上稳压电路。稳压电路通常可分为并联稳压、串联稳压、集成稳压电路。

由稳压管构成的稳压电路是最简单的一种并联稳压电路，其输出电压不可调，如图11.3.1所示。经整流滤波所得到的直流电压 $U_{\mathrm{I}}$，再经过限流电阻 $R$ 和稳压管 $\mathrm{D_Z}$ 构成的稳压电路接到负载 $R_{\mathrm{L}}$ 上。该稳压电路工作原理的分析在前面8.2.4节稳压管部分中介绍过，这里不再重复。

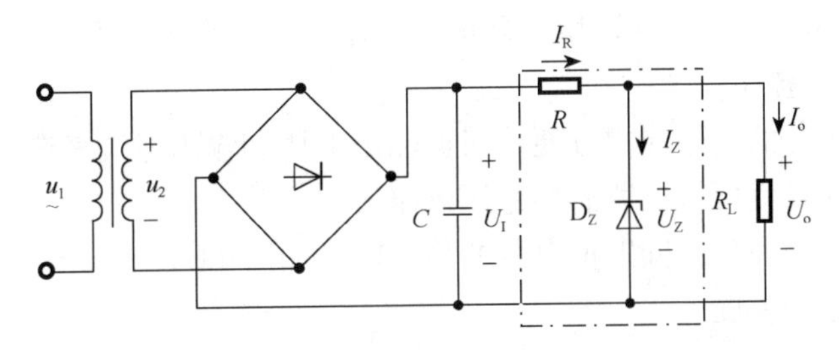


图11.3.1　单相桥式整流、滤波、稳压电路

随着半导体技术的发展，集成稳压器得到迅速发展。将功能较为完善的稳压电路制作在一块芯片上就构成了集成稳压器。它具有体积小、重量轻、使用方便、可靠性高、价格低等优点，得到了广泛的应用。集成稳压器的种类较多，下面仅介绍使用较多的三端集成稳压器。

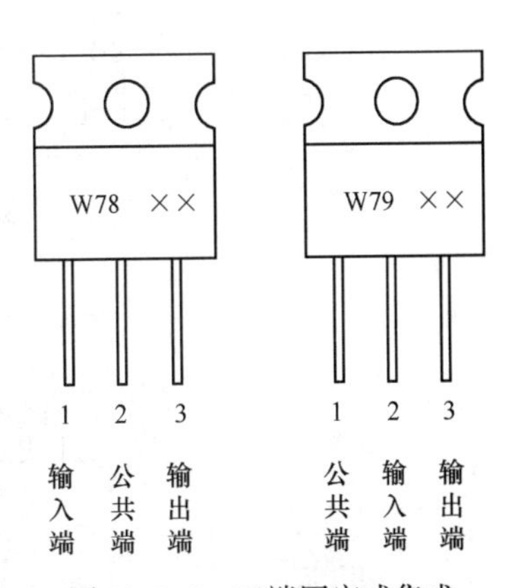


图11.3.2　三端固定式集成稳压器外形图

三端集成稳压器因有输入端、输出端和公共端三个引出端而得名，如图11.3.2所示。它有正电压输出的W7800和负电压输出的W7900两大系列。输出电压有5V、6V、8V、9V、12V、15V、18V、24V等不同电压规格，型号的后二位数值表示输出电压值，如W7815的输出电压为15V，W7909的输出电压为－9V。除了固定输出的集成稳压器外，还有输出电压可调的三端可调稳

压器。稳压器使用时输入端和输出端各接有电容器 $C_i$ 和 $C_o$，用来减小输入输出电压的脉动和改善负载的瞬态响应。$C_i$ 一般在 0.1～1μF 之间，如 0.33μF；$C_o$ 可用 1μF，如图 11.3.3 所示。

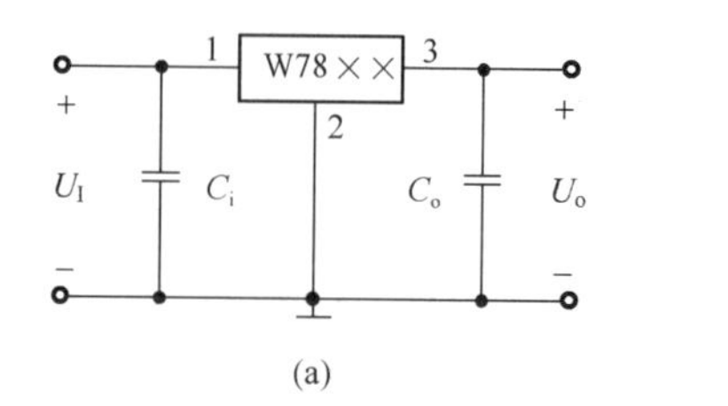


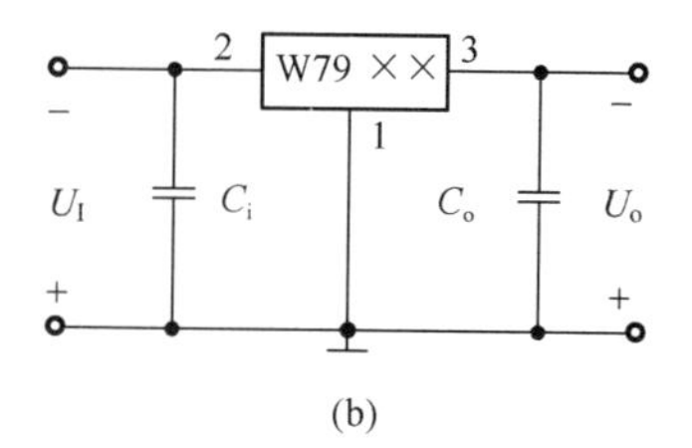


图 11.3.3 三端固定式集成稳压器的接法

集成稳压器的主要参数有：

1）输出电压 $U_o$。即集成稳压器的稳定输出电压。

2）电压调整率 $S_U$。又称稳压系数，用输出电压的相对变化量与对应的输入电压的相对变化量之比来表示，即

$$S_U = \left.\frac{\dfrac{\Delta U_o}{U_o}}{\dfrac{\Delta U_I}{U_I}}\right|_{\Delta I_o=0} \times 100\%$$

3）最小电压差 $(U_I - U_o)_{min}$。为维持稳压所需要的 $U_I$ 与 $U_o$ 之差的最小值。

4）最大输入电压 $U_{IM}$。保证稳压器正常工作的最大输入电压。

5）最大输出电流 $I_{oM}$。

三端集成稳压器的使用非常方便，根据输出电压和输出电流来选择稳压器型号，再配上适当的散热片，就可接成所需的稳压电路。

输出固定正电压和输出固定负电压的稳压电路如图 11.3.4 和图 11.3.5 所示，实际应用时要注意电容的极性。

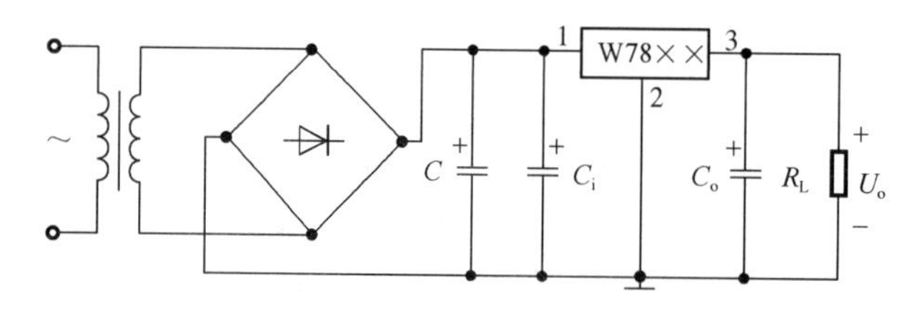


图 11.3.4 输出固定正电压的电路

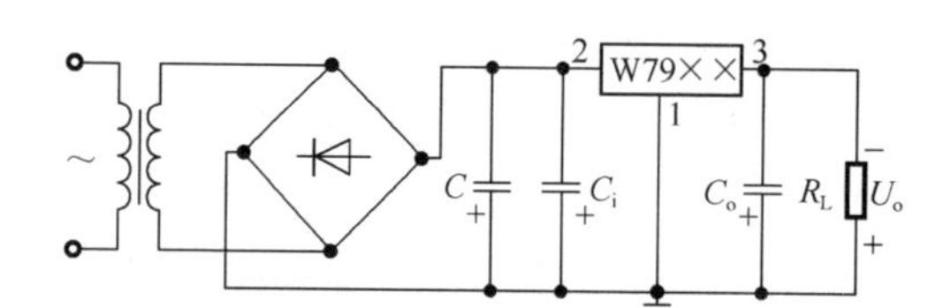


图 11.3.5 输出固定负电压的电路

同时输出正、负电压的电路如图 11.3.6 所示。

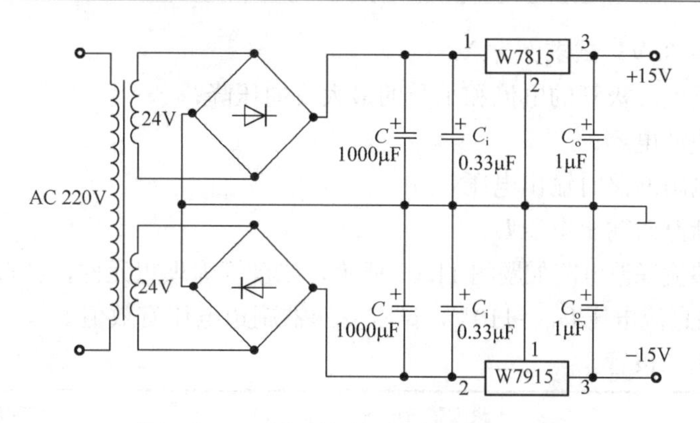


图 11.3.6　同时输出正、负电压的电路

当所需的输出电压高于集成稳压器固定输出电压时，可采用图 11.3.7 所示电路来提高输出电压。可见，电阻 $R$ 两端电压为稳压器的固定输出电压，稳压电路的输出电压为

$$U_o = U_{\times\times} + U_Z$$

输出电压可调的稳压电路如图 11.3.8 所示，其中运放接成同相跟随器，同相输入端接电位器的滑动端，使电路的输出电压可调节。由电路可知，电阻 $R_1$ 上的电压为集成稳压器的固定输出电压 $U_{\times\times}$，即

$$U_{R_1} = U_{\times\times} = \frac{R_1}{R_1 + R_2} U_o$$

则

$$U_o = \left(1 + \frac{R_2}{R_1}\right) U_{\times\times}$$

可见用电位器来调整电阻 $R_2$ 与 $R_1$ 的比值，便可调节输出电压 $U_o$ 的大小。

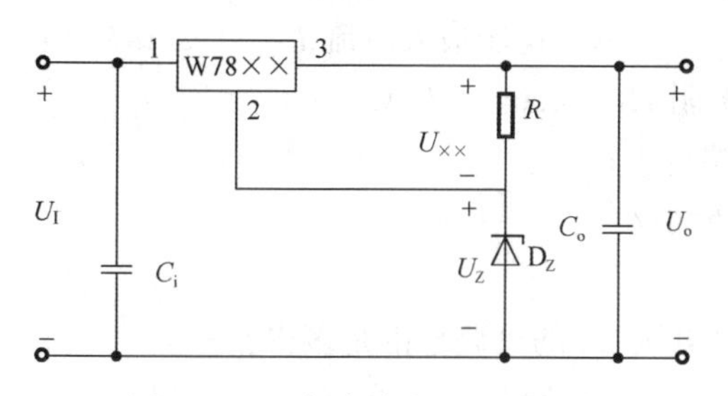


图 11.3.7　提高输出电压的电路

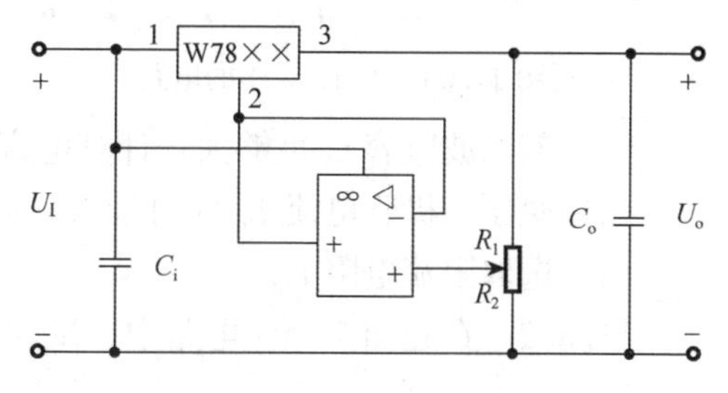


图 11.3.8　输出电压可调的电路

# 习　题

11.1.1　题图 11.01 中，已知 $R_L = 80\Omega$，直流电压表 V 的读数为 110V，试求：

（1）直流电流表 A 的读数；

（2）整流电流的最大值；

（3）交流电压表 $V_1$ 的读数。二极管的正向压降忽略不计。

11.2.1　一桥式整流滤波电路，已知电源频率 $f = 50\text{Hz}$，负载电阻 $R_L = 100\Omega$，输

出直流电压 $U_o=30V$。试求：

(1) 流过整流二极管的电流和承受的最大反向压降；

(2) 选择滤波电容；

(3) 负载电阻断路时输出电压 $U_o$；

(4) 电容断路时输出电压 $U_o$。

11.2.2　整流滤波电路如题图 11.02 所示，二极管为理想元件，已知负载电阻 $R_L=55\Omega$，负载两端直流电压 $U_o=110V$，试求变压器副边电压有效值 $U_2$，并在下表中选出合适型号的整流二极管。

| 型号 | 最大整流电流平均值/mA | 最高反向峰值电压/V |
|---|---|---|
| 2CZ12C | 3000 | 200 |
| 2CZ11A | 1000 | 100 |
| 2CZ11B | 1000 | 200 |

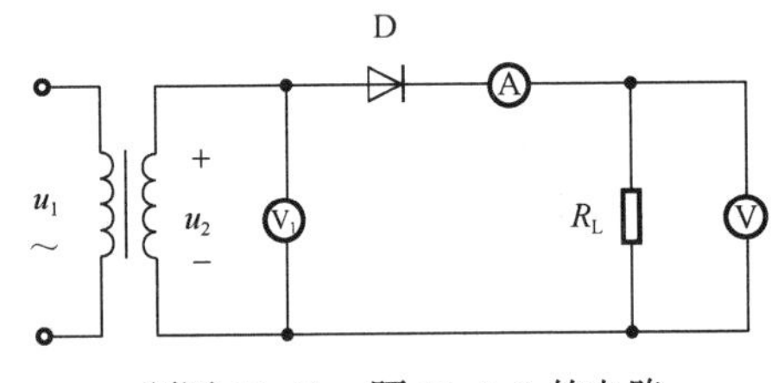


题图 11.01　题 11.1.1 的电路

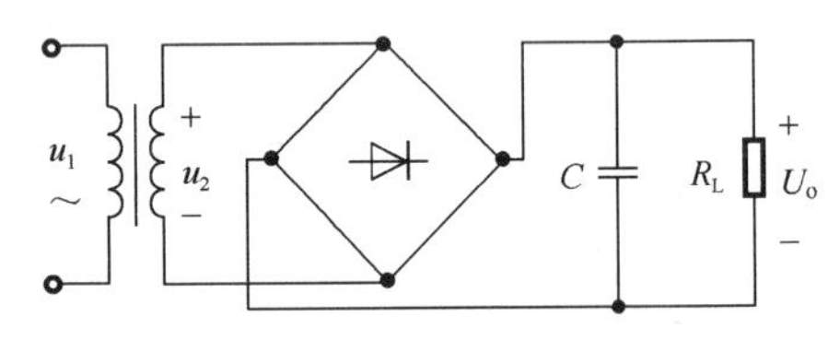


题图 11.02　题 11.2.2 的电路

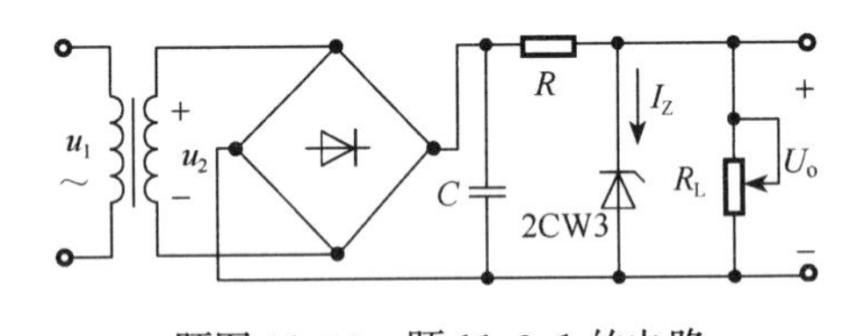


题图 11.03　题 11.3.1 的电路

11.3.1　题图 11.03 电路中，已知变压器副边电压有效值 $U_2=20V$，稳压二极管 2CW3 的稳压值 $U_Z=10V$，稳压最小电流 $I_{Zmin}=5mA$，稳压最大电流 $I_{Zmax}=26mA$，负载电阻 $R_L=400\sim1000\Omega$。

(1) 若滤波电容 $C$ 足够大，计算电容两端电压；

(2) 稳压二极管电流 $I_Z$ 何时最大，何时最小?

(3) 选取限流电阻 $R$。

11.3.2　在题图 11.04 电路中，试求输出电压 $U_o$ 的可调范围是多少?

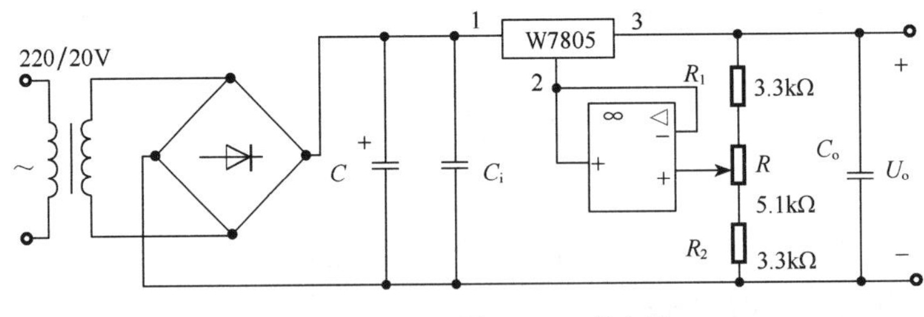


题图 11.04　题 11.3.2 的电路

11.3.3　整流滤波电路如题图 11.05 所示，二极管是理想元件，电容 $C=500\mu F$，负载电阻 $R_L=5k\Omega$，开关 $S_1$ 闭合、$S_2$ 断开时，直流电压表 V 的读数为 141.4V，求：

(1) 开关 $S_1$ 闭合、$S_2$ 断开时，直流电流表A的读数；

(2) 开关 $S_1$ 断开、$S_2$ 闭合时，直流电流表A的读数；

(3) 开关 $S_1$、$S_2$ 均闭合时，直流电流表A的读数（设电流表、电压表为理想的）。

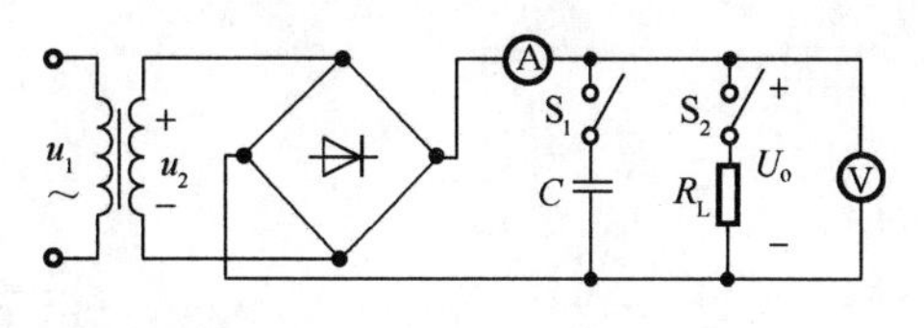


题图 11.05 题 11.3.3 的电路

# 综合练习三

## 一、单项选择题

1. P 型和 N 型半导体中多数载流子分别是（　　）。

A. 电子、电子　　B. 空穴、空穴　　C. 电子、空穴　　D. 空穴、电子

2. 图 p3.01 电路中的二极管为理想二极管，电路的输出电压为（　　）。

A. 0　　B. 4V　　C. 8V　　D. 12V

3. 稳压管的稳压性能是利用 PN 结的（　　）。

A. 单向导电特性　　B. 正向导电特性　　C. 反向击穿特性　　D. 反向截止特性

4. 测得电路中某晶体管三个电极的直流电位如图 p3.02 所示，该晶体管工作在（　　）。

A. 放大状态　　B. 饱和状态　　C. 倒置状态　　D. 截止状态

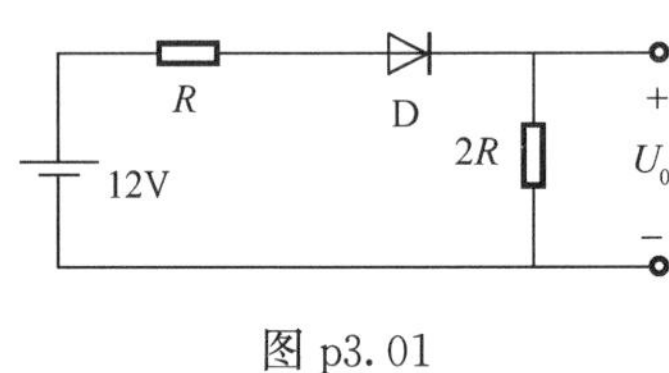


图 p3.01

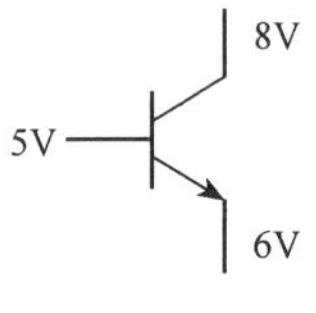


图 p3.02

5. 射极输出器是（　　）放大电路。

A. 电压　　B. 共发射极　　C. 共基极　　D. 共集电极

6. 电路如图 p3.03（a）所示，输入波形、输出波形如图 p3.03（b）所示，可判断放大电路产生的失真是（　　）。

A. 饱和失真　　B. 截止失真　　C. 交越失真　　D. 频率失真

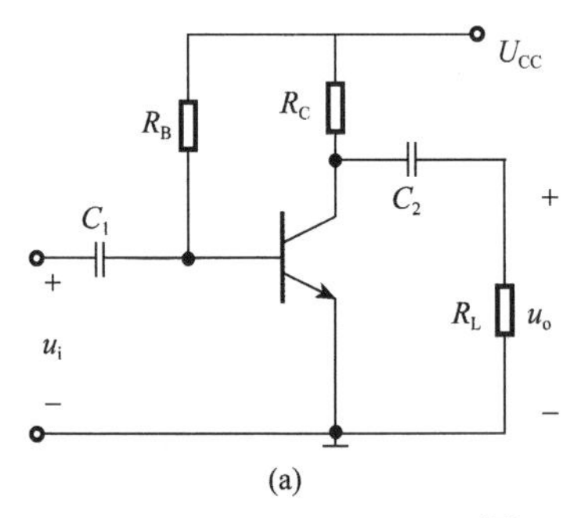


$u_i$　0　T/2　T　t

$u_o$　0　T/2　T　t

(b)

图 p3.03

7. 若差动放大电路两输入端电压分别为 $u_{i1}=10\text{mV}$，$u_{i2}=6\text{mV}$，则 $u_{id}$ 和 $u_{ic}$ 分别为（　　）。

A. 4mV，2mV　　B. 2mV，8mV　　C. 4mV，8mV　　D. 2mV，4mV

8. 差动放大电路的作用是（　　）。

A. 差模信号、共模信号都放大　　B. 放大共模信号，抑制差模信号

C. 差模信号、共模信号都抑制　　D. 放大差模信号，抑制共模信号

9. 对集成运算放大器中间级的主要要求是（　　）。

A. 足够高的电压放大倍数　　B. 足够大的带负载能力

C. 足够小的输入电阻

10. 要实现 $u_o=-10\dfrac{du_i}{dt}$ 运算，应选用（　　）。

A. 积分运算电路　　B. 微分运算电路

C. 同相加法运算电路　　D. 减法运算电路

11. 如要减小放大电路的输入电阻和输出电阻，则应当引入（　　）。

A. 并联电压负反馈　　B. 串联电压负反馈

C. 串联电流负反馈　　D. 并联电流负反馈

12. 桥式全波整流电路中流过每个二极管的电流平均值为（　　）。

A. $\dfrac{I_0}{4}$　　B. $\dfrac{I_0}{2}$　　C. $I_0$　　D. $2I_0$

## 二、正误判断题

1. P 型半导体中不能移动的杂质离子带负电，说明 P 型半导体呈负电性。（　　）
2. 放大电路中的输入信号和输出信号的波形总是反相关系。（　　）
3. 放大电路中的所有电容器，起的作用均为通交隔直。（　　）
4. 基本放大电路通常都存在零点漂移现象。（　　）
5. 设置静态工作点的目的是让交流信号叠加在直流量上全部通过放大器。（　　）
6. 电压比较器的输出电压只有两种数值。（　　）
7. 集成运放不但能处理交流信号，也能处理直流信号。（　　）
8. 积分运算电路中的电容器接在电路的反相输入端。（　　）

## 三、分析计算题

1. 图 p3.04 所示电路，二极管正向压降为 0.7V，求 $U_X$ 和 $U_Y$ 的值。

2. 图 p3.05 所示电路，已知晶体管 $\beta=100$，$r_{be}=1\text{k}\Omega$，$U_{BE}=0.6\text{V}$，$U_{CC}=12\text{V}$，$R_C=3\text{k}\Omega$。

（1）现已测得晶体管压降 $U_{CE}=6\text{V}$，求基极偏置电阻 $R_B$；

（2）若 $R_B$ 调到 0 时，会发生什么情况？

（3）求空载时的电压放大倍数 $A_u$、输入电阻 $r_i$ 和输出电阻 $r_o$；

（4）若测得有载时输入电压与输出电压的有效值分别为 1mV 和 100mV，求负载电阻 $R_L$。

+10V R $U_Y$ D $U_X$ 2R

图 p3.04

3. 图 p3.06 所示电路，已知 $R_1=25\text{k}\Omega$，$R_2=20\text{k}\Omega$，$R_f=100\text{k}\Omega$，写出运放 $A_1$ 和 $A_2$ 的输出电压表达式，并说明运放 $A_1$ 和 $A_2$ 各构成的是什么电路？

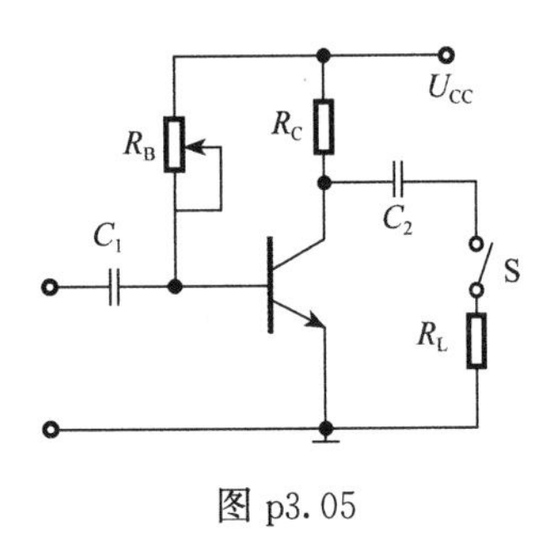


图 p3.05

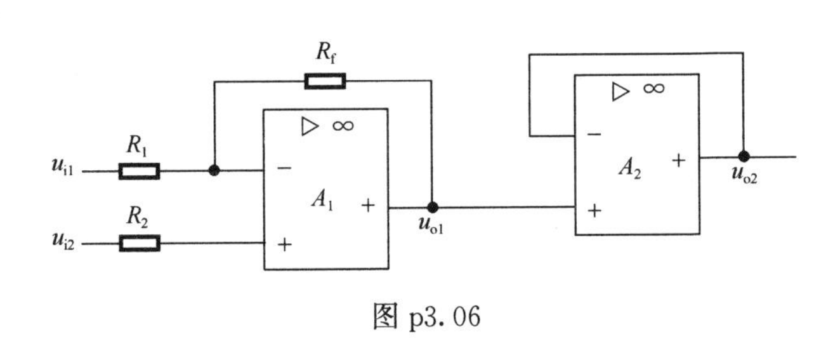


图 p3.06

4. 图 p3.07 所示电路，电阻 $R_1=R_2=R_f=10\text{k}\Omega$，输入电压 $u_i=1\text{V}$。

(1) A 点悬空，求 $u_o$；

(2) A 点与 B 点连接，求 $u_o$；

(3) A 点与 C 点连接，求 $u_o$。

5. 分析图 p3.08 所示电路，写出输出电压的表达式。

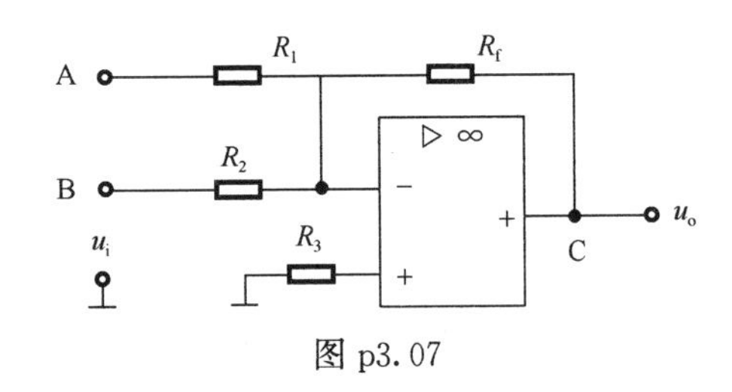


图 p3.07

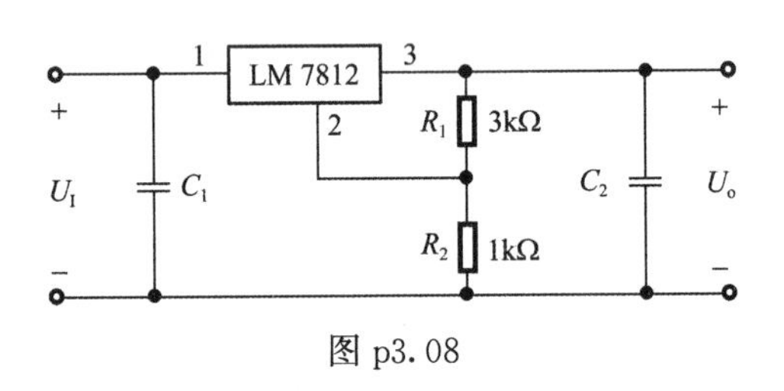


图 p3.08

## 参考答案

### 一、单项选择题

| 1 | 2 | 3 | 4 | 5 | 6 | 7 | 8 | 9 | 10 | 11 | 12 |
|---|---|---|---|---|---|---|---|---|---|---|---|
| D | C | C | D | D | A | C | D | A | B | A | B |

### 二、正误判断题

| 1 | 2 | 3 | 4 | 5 | 6 | 7 | 8 |
|---|---|---|---|---|---|---|---|
| 错 | 错 | 对 | 对 | 对 | 对 | 对 | 错 |

### 三、分析计算题

1. 二极管导通，$U_X=\dfrac{10-0.7}{3R}\times 2R=6.2\text{V}$，$U_Y=U_X+0.7=6.9\text{V}$。

2. (1) $I_C=\dfrac{U_{CC}-U_{CE}}{R_C}=2\text{mA}$，$I_B=\dfrac{I_C}{\beta}=0.02\text{mA}$，$R_B=\dfrac{U_{CC}-U_{BE}}{I_B}=570\text{k}\Omega$；

(2) 当 $R_B=0$ 时，晶体管工作在饱和区，电路没有放大作用；

(3) $A_u=-\dfrac{\beta R_C}{r_{be}}=-300$，$r_i=R_B//r_{be}\approx 1\text{k}\Omega$，$r_o=R_C=4\text{k}\Omega$；

(4) 由$A_u=-\frac{\beta R_L'}{r_{be}}=\frac{U_o}{U_i}=-100$得$R_L'=1k\Omega$，$R_L'=\frac{R_C R_L}{R_C+R_L}$，故$R_L=1.5k\Omega$。

3. 运放$A_1$构成的是减法运算电路，$u_{o1}=\left(1+\frac{R_f}{R_1}\right)u_{i2}-\frac{R_f}{R_1}u_{i1}=5u_{i2}-4u_{i1}$；

运放$A_2$构成的是电压跟随器电路，$u_{o2}=u_{o1}=5u_{i2}-4u_{i1}$。

4. (1) $u_o=-\frac{R_f}{R_2}u_i=-1V$；　(2) $u_o=-\left(\frac{R_f}{R_1}u_i+\frac{R_f}{R_2}u_i\right)=-2V$；

(3) $u_o=-\frac{R_f//R_1}{R_2}u_i=-0.5V$。

5. 三端集成稳压器 LM7812 稳压电路，$U_{32}=12V$，$U_o=U_{32}+U_{R2}=\left(1+\frac{R_2}{R_1}\right)U_{32}=16V$。

# 第12章　数字电路基础

数字电路是处理数字信号的电路，其主要作用是实现一定的逻辑功能。电路以输入信号反映条件，以输出信号反映结果，电路的输入和输出之间存在确定的逻辑关系。因此，数字电路又称为逻辑电路。

## 12.1　数字信号

电子电路中的工作信号分两种：模拟信号和数字信号。

模拟信号是指时间和数值上都是连续变化的信号，传输、处理模拟信号的电路称为模拟电路。

数字信号是指时间和数值上都是不连续变化的信号，即数字信号具有离散性，传输、处理数字信号的电路称为数字电路。

在数字电路中，信号是脉冲的。脉冲是一种跃变信号且持续时间短暂，可短至几个微秒（$\mu$s）甚至几个纳秒（ns），$1\text{ns}=10^{-9}\text{s}$。图12.1.1（a）是最常见的矩形波和尖顶波，但实际波形并不如此理想，如实际的矩形波如图12.1.1（b）所示。

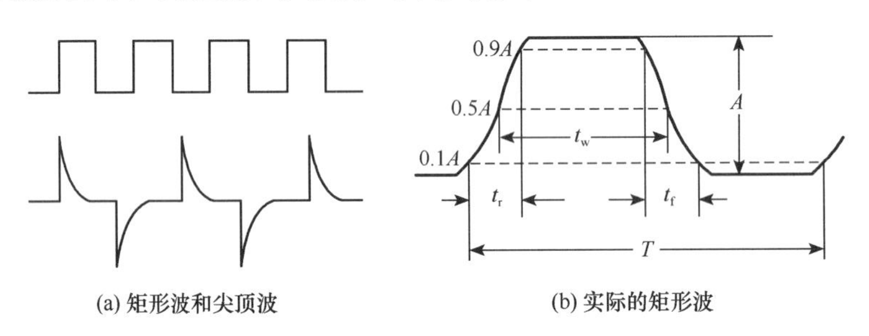


(a) 矩形波和尖顶波　　(b) 实际的矩形波

图12.1.1　脉冲信号

下面以图12.1.1（b）的矩形波为例，介绍脉冲信号的一些主要参数。

1）脉冲幅度$A$：脉冲信号变化的最大值。

2）脉冲上升时间$t_r$：从脉冲幅度的10%上升到90%所需的时间。

3）脉冲下降时间$t_f$：从脉冲幅度的90%下降到10%所需的时间。

4）脉冲宽度$t_w$：从上升沿的脉冲幅度的50%到下降沿的脉冲幅度的50%所需的时间，这段时间也称为脉冲持续时间。

5）脉冲周期$T$：周期性脉冲信号相邻两个脉冲波形相位相同点之间的时间间隔。

6）脉冲频率$f$：每秒钟周期性脉冲出现的次数，$f=\dfrac{1}{T}$。

7）占空比$Q$：脉冲宽度与脉冲周期的比值，$Q=\dfrac{t_w}{T}$。

# 12.2 数制与码制

## 12.2.1 数制

数制即计数体制，它是按照一定规则表示数值大小的计数方法。进位计数制是最常用的一种计数体制，其计数规律是当低位计满数时由低位向高位进位。数制包括多位数中每一位数的构成方法以及进位规则两个内容。日常生活中，人们采用的是十进制，数字电路中常用的是二进制，有时也用八进制和十六进制。

1. 十进制

构成十进制数的每一位数采用了十个数字，即0、1、2、3、4、5、6、7、8、9。定义构成每位数的数字个数为基数，十进制数的基数为10。计数体制是以基数来命名的。十进制数的计数规律是“逢十进一”。

在进位计数制中，当某个数字处于不同位置时，它所代表的数值是不同的。如888.8这个数中，小数点左边第一位代表个位，它的数值是8或$8\times10^0$；小数点左边第二位代表十位，它的数值是$8\times10^1$；小数点左边第三位代表百位，它的数值是$8\times10^2$；而小数点右边第一位代表十分位，它的数值是$8\times10^{-1}$。因此，该数可以写为

$$888.8=8\times10^2+8\times10^1+8\times10^0+8\times10^{-1}$$

可见，尽管都是数字8，但位置不同，其数值就不同。每位的数值等于该位上的数字乘以一个固定常数，这些固定常数称为位权值，或简称为权。

建立了基数和位权这两个概念，对于任何一个十进制数$N$，均可写成按权展开式。

$$(N)_{10}=\sum_{i=-m}^{n-1}d_i\times10^i \tag{12.2.1}$$

式中，$n$为整数部分的位数；$m$为小数部分的位数；$d$是基数中的某一个数字。

2. 二进制

在数字电路中，应用最广的是二进制。显然，二进制数的基数为2，即二进制数的每位数上可用数字只有0和1两个数字，且计数规律是由低位向高位遵守“逢二进一”的规则。对于任何一个二进制数$N$，其按权展开式为

$$(N)_2=\sum_{i=-m}^{n-1}d_i\times2^i \tag{12.2.2}$$

二进制数的运算十分简便，其运算规则为

| | | |
|---|---|---|
| 加法规则 | 0+0=0 | 0+1=1 |
| | 1+0=1 | 1+1=0（进位为1） |
| 减法规则 | 0−0=0 | 0−1=1（借位为1） |
| | 1−0=1 | 1−1=0 |
| 乘法规则 | 0×0=0 | 0×1=0 |
| | 1×0=0 | 1×1=1 |

除法规则　　$0\div1=0$　　$1\div1=1$

二进制数的特点是只有 0 和 1 两个数字，这正好和数字电路的两个状态相对应，因而容易用数字电路实现二进制数；二进制数的运算规则简单，电路实现简单易行、可靠，并且存储和传送也方便；可用一个逻辑变量表示一位二进制数，这样，在逻辑运算中就可以使用逻辑代数这一数学工具；二进制数的缺点是书写位数较长，不便记忆和阅读。为此，在数字系统中，常采用八进制数和十六进制数，以弥补二进制数的不足。

3. 八进制

构成八进制数的每一位数采用了八个数字，即 0、1、2、3、4、5、6、7，基数为 8。其计数规律是由低位向高位遵守“逢八进一”的规则。对于任何一个八进制数 $N$，其按权展开式为

$$(N)_8=\sum_{i=-m}^{n-1}d_i\times8^i \tag{12.2.3}$$

4. 十六进制

十六进制数的基数为 16，构成十六进制数的每一位数有 0、1、2、3、4、5、6、7、8、9、A、B、C、D、E、F 共 16 个数字符号。其计数规律是由低位向高位遵守“逢十六进一”的规则。对于任何一个十六进制数 $N$，其按权展开式为

$$(N)_{16}=\sum_{i=-m}^{n-1}d_i\times16^i \tag{12.2.4}$$

### 12.2.2 数制转换

由于在计算机和其他数字系统中普遍采用二进制，而人们习惯于使用十进制。所以在信息处理中，必须首先将十进制数转换成计算机能加工和处理的二进制数，然后再将二进制数的处理结果转换成十进制数。另外，为了便于书写和阅读二进制数，又引入了八进制和十六进制，所以也存在二进制数和八进制数、十六进制数之间的转换。下面介绍几种常用的转换方法。

1. 十进制数转换成二进制数

十进制数转换成二进制数时，应对整数和小数部分分别进行转换，然后再将转换结果合并。

整数部分的转换采用“除 2 取余”的方法，即把十进制整数 $N$ 除以 2，取出余数 0 或 1 作为相应二进制整数的最低位；把得到的商再除以 2，再取余数 0 或 1 作为二进制整数的次低位；依此类推，重复上述过程，直至商为 0，所得余数 0 或 1 为二进制整数的最高位；即可得到与十进制整数 $N$ 所对应的二进制整数部分。

小数部分的转换采用“乘 2 取整”的方法，即把十进制小数 $N$ 乘以 2，取其整数 0

或 1 作为二进制小数的最高位；然后再将乘积的小数部分再乘以 2，再取其整数 0 或 1 作为二进制小数的次高位；依此类推，重复上述过程，直至小数部分为 0 或达到所要求的精度。应注意的是，有的十进制小数不能用有限位的二进制小数精确表示，这时只能根据精度要求，求出相应的二进制数近似表示。一般当要求二进制数取 $m$ 位小数时，可求出 $m+1$ 位，然后对最低位作“0 舍 1 入”处理。

**【例 12.2.1】** 将 $(21.125)_{10}$ 转换成二进制数。

**解**：整数部分

|  | 余数 | |
|---|---|---|
| 2⌊21 | | |
| 2⌊10 | 1 | （最低位） |
| 2⌊5 | 0 | |
| 2⌊2 | 1 | |
| 2⌊1 | 0 | |
| 0 | 1 | （最高位） |

小数部分

| | | |
|---|---|---|
| $0.125\times2=0.250$ | 取出整数 0 | （最高位） |
| $0.250\times2=0.500$ | 取出整数 0 | |
| $0.500\times2=1.000$ | 取出整数 1 | （最低位） |

所以有　$(21.125)_{10}=(10101.001)_2$

2. 十进制数转换成八进制数

十进制数转换成八进制数与十进制数转换成二进制数的方法类似。

整数部分：用“除 8 取余”的方法进行转换，先余为低，后余为高。

小数部分：用“乘 8 取整”的方法进行转换，先整为高，后整为低。

**【例 12.2.2】** 将 $(207.25)_{10}$ 转换成八进制数。

**解**：整数部分

|  | 余数 | |
|---|---|---|
| 8⌊207 | | |
| 8⌊25 | 7 | （最低位） |
| 8⌊3 | 1 | |
| 0 | 3 | （最高位） |

小数部分

$0.25\times8=2.00$　取出整数 2

所以有　$(207.25)_{10}=(317.2)_8$

十进制数转换成八进制数，也可以先将十进制数转换成二进制数，再通过该二进制数将其转换成对应的八进制数。

3. 十进制数转换成十六进制数

十进制数转换成十六进制数与十进制数转换成二进制数的方法类似。

整数部分：用“除 16 取余”的方法进行转换，先余为低，后余为高。

小数部分：用“乘 16 取整”的方法进行转换，先整为高，后整为低。

**【例 12.2.3】** 将（1023.5）$_{10}$ 转换成十六进制数。

**解：** 整数部分

|  | 余数 | |
|---|---|---|
| 16 \| 1023 | | |
| 16 \| 63 | 15 | （最低位） |
| 16 \| 3 | 15 | |
| 0 | 3 | （最高位） |

小数部分

$0.5\times16=8.0$　　取出整数 8

所以有　$(1023.5)_{10}=(3FF.8)_{16}$

十进制数转换成十六进制数，也可以先将十进制数转换成二进制数，再通过该二进制数将其转换成对应的十六进制数。

4. 二进制数转换成十进制数

二进制数转换成十进制数非常简单，只需将二进制数表示成按权展开式，并按十进制数的运算法则进行计算，所得结果即为该数对应的十进制数。

**【例 12.2.4】** 将（11011.01）$_2$ 转换成十进制数。

**解：**

$$\begin{aligned}(11011.01)_2&=1\times2^4+1\times2^3+0\times2^2+1\times2^1+1\times2^0+0\times2^{-1}+1\times2^{-2}\\&=16+8+2+1+0.25\\&=(27.25)_{10}\end{aligned}$$

5. 二进制数转换成八进制数

由于 $2^3=8$，所以 1 位八进制数所能表示的数值恰好等于 3 位二进制数所能表示的数值，即八进制中的基本数字符号 0～7 正好和 3 位二进制数中的 8 种取值 000～111 相对应。因此，二进制数与八进制数之间的转换可以按位进行。

二进制数转换成八进制数时，以小数点为界，将二进制数的整数部分从低位开始，小数部分从高位开始，每 3 位一组，头尾不足 3 位的补 0，然后将每组 3 位二进制数转换为 1 位八进制数。最后，顺序写出对应的八进制数。

**【例 12.2.5】** 将（1010011100.10111）$_2$ 转换成八进制数。

**解：**

| 001 | 010 | 011 | 100. | 101 | 110 |
|---|---|---|---|---|---|
| 1 | 2 | 3 | 4. | 5 | 6 |

所以有　$(1010011110.10111)_2=(1234.56)_8$

6. 二进制数转换成十六进制数

二进制数转换成十六进制数与二进制数转换成八进制数的方法类似。将二进制数的整数部分从低位开始，小数部分从高位开始，每 4 位一组，头尾不足 4 位的补 0，然后将每组 4 位二进制数转换为 1 位十六进制数。最后，顺序写出对应的十六进制数。

**【例 12.2.6】** 将 $(1101110.11011)_2$ 转换成十六进制数。

**解：**　0110　1110.　1101　1000

　　　　6　　E.　　D　　8

所以有　$(1101110.11011)_2=(6E.D8)_{16}$

### 12.2.3　码制

不同的数码不仅可以表示数量的不同大小，还可以表示不同的事物，这些数码称为代码。在数字系统中，任何数据和信息都要用二进制代码表示。二进制中只有两个数码 0 和 1，如有 $n$ 位二进制数，它有 $2^n$ 种不同的组合，即可代表 $2^n$ 种不同的信息。指定用某个二进制代码组合去代表某一信息的过程叫做编码。由于这种指定是任意的，所以存在多种多样的编码方案。这里介绍几种常用的编码。

1. 十进制数的二进制编码

用 4 位二进制数码表示 1 位十进制数的编码，称为 BCD 码（二-十进制码）。

1 位十进制数有 0～9 共 10 个数码，而 4 位二进制数码有 16 个组态，指定其中的任意 10 种组态来表示十进制的 10 个数码，因此 BCD 码的编码方案有很多，常用的有 8421 码、5421 码、2421 码和余 3 码等，如表 12.2.1 所示。

**表 12.2.1　几种常见的 BCD 码**

| 十进制数 | 8421 码 | 5421 码 | 2421 码 | 余 3 码 |
|---|---|---|---|---|
| 0 | 0000 | 0000 | 0000 | 0011 |
| 1 | 0001 | 0001 | 0001 | 0100 |
| 2 | 0010 | 0010 | 0010 | 0101 |
| 3 | 0011 | 0011 | 0011 | 0110 |
| 4 | 0100 | 0100 | 0100 | 0111 |
| 5 | 0101 | 1000 | 1011 | 1000 |
| 6 | 0110 | 1001 | 1100 | 1001 |
| 7 | 0111 | 1010 | 1101 | 1010 |
| 8 | 1000 | 1011 | 1110 | 1011 |
| 9 | 1001 | 1100 | 1111 | 1100 |

8421 码是最常用的一种 BCD 码，它是一种有权码，其 4 位二进制码的权值从高到低依次为 8、4、2、1。它选取了 4 位自然二进制码 16 个组合中的前 10 个组合，即 0000～1001，分别用来表示 0～9 这 10 个十进制数，称为有效码；其余的 6 个组合 1010～1111 不用，称为无效码。8421BCD 码与十进制数之间的转换只需直接按位转换即可。如

$$(509.38)_{10}=(0101\quad 0000\quad 1001.\quad 0011\quad 1000)_{8421BCD}$$

$$(0001\quad 0010\quad 0000\quad 1000.\quad 0111\quad 0110)_{8421BCD}=(1208.76)_{10}$$

5421 码和 2421 码都是有权码，其 4 位二进制码的权值从高到低依次为 5、4、2、1

和 2、4、2、1。5421 码和 2421 码与十进制数之间的转换同样是按位进行的。应注意，这两种码的编码方案都不是唯一的，表 12.2.1 中给出的是其中一种方案。

余 3 码是一种无权码，它由 8421 码加上 0011 形成，由于它的每个字符编码比相应的 8421 码多 3，故称为余 3 码。余 3 码与十进制数之间的转换也是按位进行的，如

$$(25.83)_{10}=(0101\quad 1000.\quad 1011\quad 0110)_{余3码}$$

$$(1010\quad 0111.\quad 0100\quad 1100)_{余3码}=(74.19)_{10}$$

2. 可靠性编码

代码在产生和传输过程中，难免发生错误。为减少错误发生，或者在发生错误时能迅速地发现和纠正，工程应用中普遍采用了可靠性编码。利用该技术编出的代码叫可靠性代码。格雷码和奇偶校验码是其中最常用的两种。

格雷码有多种编码形式，但所有的格雷码都有两个显著的特点：一是相邻性，二是循环性。相邻性是指任意两个相邻的代码间仅有一位组态不同；循环性是指首尾两个代码也具有相邻性。因此，格雷码也称循环码。表 12.2.2 列出了典型的格雷码与十进制码及二进制码的对应关系。

**表 12.2.2　典型格雷码与十进制码及二进制码的对应关系**

| 十进制码 | 二进制码 | 格雷码 | 十进制码 | 二进制码 | 格雷码 |
|---|---|---|---|---|---|
| 0 | 0000 | 0000 | 8 | 1000 | 1100 |
| 1 | 0001 | 0001 | 9 | 1001 | 1101 |
| 2 | 0010 | 0011 | 10 | 1010 | 1111 |
| 3 | 0011 | 0010 | 11 | 1011 | 1110 |
| 4 | 0100 | 0110 | 12 | 1100 | 1010 |
| 5 | 0101 | 0111 | 13 | 1101 | 1011 |
| 6 | 0110 | 0101 | 14 | 1110 | 1001 |
| 7 | 0111 | 0100 | 15 | 1111 | 1000 |

在代码产生和传输工程中，应用格雷码可以避免一些错误发生。例如，在计算机中有时要求按自然规律计数。若累加计数从 5 到 6，即从 0101 计数到 0110，可见最低两位都要改变。如果这两位的变化不是同时发生的（通常情况也是如此），那么在计数过程中，就可能短暂地出现 0111（次低位先改变）或 0100（最低位先改变）两种代码。虽然这种误码出现的时间是短暂的，但有时却是不能允许的。如果采用格雷码，只需完成 0111 到 0101 的转换，即将次低位的 1 变为 0，就可以顺利完成从 5 到 6 的计数，从而避免了误码的出现。

二进制信息在传输、处理过程中会产生一些错误，即有的 1 错成 0，有的 0 错成 1。奇偶校验码是一种能够检验出这种差错的可靠性编码。奇偶校验码由信息位和校验位两部分组成。信息位是要传输的原始信息本身，可以是位数不限的一组二进制代码；校验位仅有一位，是根据规定算法求得并添加在信息位后面。奇偶校验码分奇校验和偶校验

两种，当信息位和校验位中 1 的总个数为奇数则为奇校验；当信息位和校验位中 1 的总个数为偶数则为偶校验。以奇校验为例，校验位产生的规则是：若信息位中有奇数个 1，校验位为 0；若信息位中有偶数个 1，校验位为 1。而偶校验正好相反。也就是说，通过调节校验位的 0 或 1 使传输出去的代码中 1 的个数恒为奇数或偶数。表 12.2.3 列出了与 8421 码对应的奇偶校验码。

**表 12.2.3　8421 码的奇偶校验码**

| 十进制码 | 采用奇校验的 8421 码 | | 采用偶校验的 8421 码 | |
|---|---|---|---|---|
| | 信息位 | 校验位 | 信息位 | 校验位 |
| 0 | 0000 | 1 | 0000 | 0 |
| 1 | 0001 | 0 | 0001 | 1 |
| 2 | 0010 | 0 | 0010 | 1 |
| 3 | 0011 | 1 | 0011 | 0 |
| 4 | 0100 | 0 | 0100 | 1 |
| 5 | 0101 | 1 | 0101 | 0 |
| 6 | 0110 | 1 | 0110 | 0 |
| 7 | 0111 | 0 | 0111 | 1 |
| 8 | 1000 | 0 | 1000 | 1 |
| 9 | 1001 | 1 | 1001 | 0 |

采用奇偶校验码进行信息传输时，在发送端由编码器根据信息位编码产生奇偶校验位，形成奇偶校验码发往接收端；接收端对收到的奇偶校验码进行校验，即检查奇偶校验码中 1 的个数，判断信息是否出错。这种奇偶校验码只能发现错误，但不能确定是哪一位出错，而且只能发现代码的 1 位出错，不能发现 2 位或更多位出错。由于 1 位出错的概率远大于 2 位或更多位出错，加之它编码简单、容易实现、传输效率高，因而广泛应用于数字系统中。

## 12.3　逻辑代数基础

数字电路总是体现一定条件下的因果关系，这些因果关系可以用逻辑代数来描述。

逻辑代数中，也用字母来表示变量，这种变量叫做逻辑变量。逻辑变量的取值只有 0 和 1 两种可能，这里的 0 和 1 不再表示数量的大小，只表示两种不同的逻辑状态，也称逻辑 0 和逻辑 1。

在研究事件的因果关系时，决定事件变化的因素称为逻辑自变量，对应事件的结果称为逻辑因变量，以某种形式表示逻辑自变量与逻辑因变量之间的函数关系称为逻辑函数。在数字系统中，逻辑自变量通常就是输入信号变量，逻辑因变量就是输出信号变量。数字电路讨论的重点就是输出变量与输入变量之间的逻辑关系。

逻辑代数中有 3 种基本的逻辑关系，即与逻辑关系、或逻辑关系和非逻辑关系。与之相对应的有 3 种基本逻辑运算，分别是与、或、非逻辑运算。

### 12.3.1　与逻辑

决定某一事件发生的多个条件必须同时具备，事件才能发生，这种因果关系称为与逻辑。在逻辑代数中，与逻辑关系用与运算描述。与运算又称为逻辑乘，其运算符号为“·”，该符号也可以不写出。

实际生活中与逻辑关系的例子很多。如图 12.3.1 所示的串联开关电路，这里要发生的事件是灯亮与否，该事件发生的条件是开关接通与否。显然，仅当两个开关均闭合时，灯才能亮；否则灯灭。

将开关和灯分别用 $A$、$B$ 和 $F$ 表示，并用 0 表示开关断开和灯灭，用 1 表示开关闭合和灯亮，这种用字母表示开关和灯的过程称为设定变量，用二进制代码 0 和 1 表示开关和灯相关状态的过程称为逻辑赋值。经过逻辑赋值得到的反映开关状态和电灯亮灭之间逻辑关系的表格称为真值表，如表 12.3.1 所示。

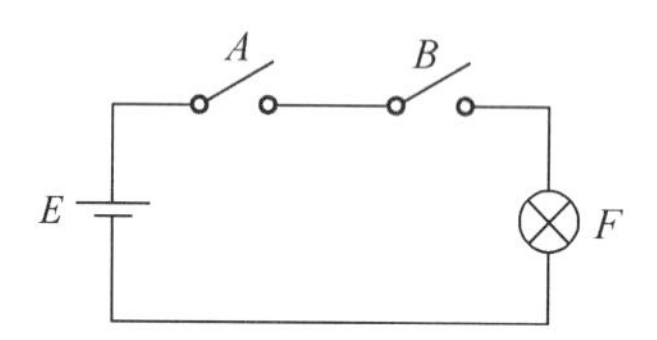

图 12.3.1　串联开关电路

表 12.3.1　与运算真值表

| $A$ | $B$ | $F$ |
|---|---|---|
| 0 | 0 | 0 |
| 0 | 1 | 0 |
| 1 | 0 | 0 |
| 1 | 1 | 1 |

与逻辑关系可以用逻辑表达式表示，写为

$$F = A \cdot B = AB \tag{12.3.1}$$

与运算的运算法则为

$$0 \cdot 0 = 0 \qquad 0 \cdot 1 = 0$$
$$1 \cdot 0 = 0 \qquad 1 \cdot 1 = 1$$

在数字电路中，实现与运算的逻辑电路称为与门。

### 12.3.2　或逻辑

决定某一事件发生的多个条件中，只要有一个或一个以上条件具备，事件就能发生，这种因果关系称为或逻辑。在逻辑代数中，或逻辑关系用或运算描述。或运算又称为逻辑加，其运算符号为“＋”。

或逻辑关系可以用图 12.3.2 所示的并联开关电路来说明。显然，开关中有一个闭合或两个均闭合时，灯亮；开关均断开时，灯灭。

或逻辑关系的真值表如表 12.3.2 所示。

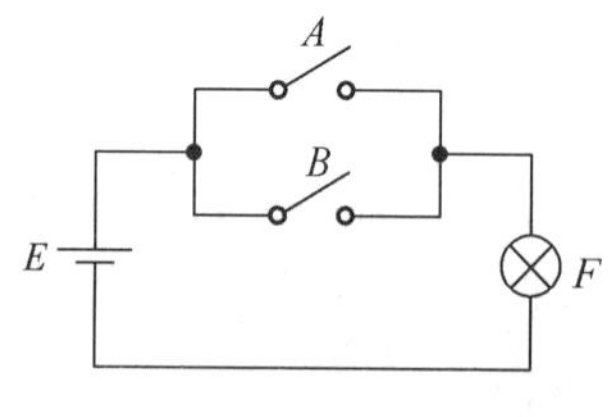

图 12.3.2　并联开关电路

表 12.3.2　或运算真值表

| $A$ | $B$ | $F$ |
|---|---|---|
| 0 | 0 | 0 |
| 0 | 1 | 1 |
| 1 | 0 | 1 |
| 1 | 1 | 1 |

或逻辑关系可以用逻辑表达式表示，写为

$$F = A + B \tag{12.3.2}$$

或运算的运算法则为

$$0+0=0 \qquad 0+1=1$$

$$1+0=1 \qquad 1+1=1$$

在数字电路中，实现或运算的逻辑电路称为或门。

### 12.3.3　非逻辑

决定某一事件发生的条件具备时，事件不发生；条件不具备时，事件发生；即事件的发生取决于条件的否定，这种因果关系称为非逻辑。在逻辑代数中，非逻辑关系用非运算描述。非运算又称为求反运算，其运算符号为“－”，逻辑变量上面的一横表示“非”，也就是“反”的意思，读作“非”或“反”。

非逻辑关系可以用图 12.3.3 所示的开关与电灯并联的电路来说明。显然，开关断开时，灯亮；开关闭合时，灯灭。

非逻辑关系的真值表如表 12.3.3 所示。

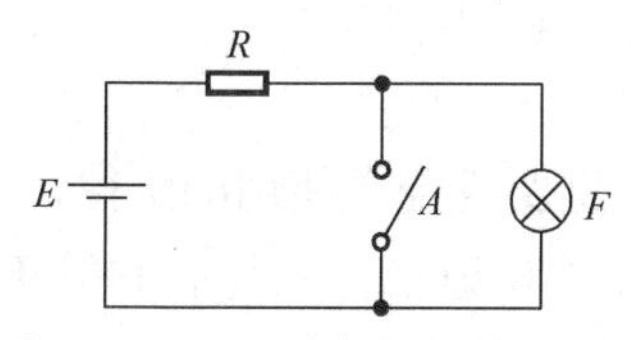

图 12.3.3　开关与电灯并联电路

**表 12.3.3　非运算真值表**

| $A$ | $F$ |
|---|---|
| 0 | 1 |
| 1 | 0 |

非逻辑关系可以用逻辑表达式表示，写为

$$F = \overline{A} \tag{12.3.3}$$

非运算的运算法则为

$$\overline{0}=1 \qquad \overline{1}=0$$

在数字电路中，实现非运算的逻辑电路称为非门。

与、或、非运算是逻辑代数中的 3 种基本运算。除此以外，还有复合逻辑运算，常用的有与非运算、或非运算、与或非运算、异或运算等。这些复合运算都是由与、或、非 3 种基本逻辑运算组合而成。

数字电路是以输入、输出电平的高、低来表示逻辑值 0 和 1 的。若规定以高电平表示逻辑 1，低电平表示逻辑 0，这种规定称为正逻辑；反之，若规定以高电平表示逻辑 0，低电平表示逻辑 1，这种规定称为负逻辑。本书采用的是正逻辑。

## 12.4　逻辑代数的基本定律、公式及其规则

逻辑代数和普通代数一样，作为一个完整的代数系统，它具有用于运算的一些定律、公式和规则。它们为逻辑函数的化简提供了理论依据，又是分析和设计逻辑电路的重要工具。

### 12.4.1 基本定律

1.与常量有关的定律

$$A \cdot 0=0 \qquad A+0=A$$
$$A \cdot 1=A \qquad A+1=1$$

2.与普通代数相似的定律

| | | |
|---|---|---|
| 交换律 | $A \cdot B=B \cdot A$ | $A+B=B+A$ |
| 结合律 | $A \cdot (B \cdot C)=(A \cdot B) \cdot C$ | $A+(B+C)=(A+B)+C$ |
| 分配律 | $A \cdot (B+C)=AB+AC$ | $A+BC=(A+B)(A+C)$ |

3.逻辑代数特有的定律

| | | |
|---|---|---|
| 互补律 | $A \cdot \overline{A}=0$ | $A+\overline{A}=1$ |
| 重叠律 | $A \cdot A=A$ | $A+A=A$ |
| 反演律 | $\overline{AB}=\overline{A}+\overline{B}$ | $\overline{A+B}=\overline{A} \cdot \overline{B}$ |
| 还原律 | $\overline{\overline{A}}=A$ | |

反演律又称摩根定律，它是逻辑代数中一个很重要且经常使用的定律，它提供了一种变换逻辑表达式的简便方法。反演律可以这样表达和记忆：先与后非等于先非后或；先或后非等于先非后与。

### 12.4.2 基本公式

1.吸收律Ⅰ

$$A+\overline{A}B=A+B \qquad A \cdot (\overline{A}+B)=AB$$

在函数表达式中，如果某一项的非是另外一项的部分因子，则该部分因子是多余的，利用吸收律Ⅰ可以消去多余的因子。

2. 吸收律Ⅱ

$$A+AB=A \qquad A \cdot (A+B)=A$$

在函数表达式中，如果某一项是另外一项的部分因子，则包含这个因子的那一项是多余的，利用吸收律Ⅱ可以消去多余的项。

3.扩展的互补律

$$AB+A\overline{B}=A \qquad (A+B)(A+\overline{B})=A$$

在函数表达式中，如果某两项除了公因子之外，其余因子互补，则这两项可合并为一项并等于公因子，利用扩展的互补律，可以合并两项为一项，从而简化表达式。

4. 包含律

$$AB+\overline{A}C+BC=AB+\overline{A}C$$
$$(A+B)(\overline{A}+C)(B+C)=(A+B)(\overline{A}+C)$$

在函数表达式中，如果有两项，一项包含原变量（如 $A$），另一项包含反变量（如 $\overline{A}$），而这两项的其余因子构成了第三项（或为第三项的部分因子），则这第三项是多余的，利用包含律可以消去多余的项。

基本公式的证明常采用真值表法，可以分别作出等式两边的真值表，再检验其结果是否相同。

### 12.4.3　基本规则

逻辑代数有 3 条重要的基本规则，即代入规则、反演规则和对偶规则。这些规则在逻辑运算中十分有用。

1. 代入规则

任何一个含有某变量的逻辑等式，如果将等式中所有出现该变量的位置都代以同一逻辑函数，则该等式仍成立，这一规则称为代入规则。

例如，在反演律表达式 $\overline{AB}=\overline{A}+\overline{B}$ 中，将所有出现变量 $B$ 的位置，用 $Y=BC$ 来替代，则有 $\overline{A\cdot BC}=\overline{A}+\overline{BC}=\overline{A}+\overline{B}+\overline{C}$，依此类推，$\overline{ABCD\cdots}=\overline{A}+\overline{B}+\overline{C}+\overline{D}+\cdots$，此为多个变量的反演律。可见，代入规则扩大了公式的应用范围。

2. 反演规则

对于任何一个逻辑函数 $F$，若将其中所有的“·”变成“+”，“+”变成“·”；“0”变成“1”，“1”变成“0”；原变量变成反变量，反变量变成原变量；并保持原函数中的运算顺序不变，则所得到的逻辑函数就是原函数 $F$ 的反函数 $\overline{F}$。这一规则称为反演规则。

**【例 12.4.1】**　求逻辑函数 $F=(AB+\overline{C})\cdot\overline{CD}$ 的反函数。

**解**：利用反演规则，可求得反函数为

$$\overline{F}=(\overline{A}+\overline{B})\cdot C+\overline{\overline{C}+\overline{D}}$$

应注意：应用反演规则求反函数时，不是一个变量上的反号应保持不变。逻辑代数的运算顺序是，先括号、再逻辑乘、最后逻辑加。

3. 对偶规则

对于任何一个逻辑函数 $F$，若将其中所有的“·”变成“+”，“+”变成“·”；“0”变成“1”，“1”变成“0”；变量保持不变；并保持原函数中的运算顺序不变，则所得到的逻辑函数就是原函数 $F$ 的对偶式 $F'$。这一规则称为对偶规则。

**【例 12.4.2】**　求逻辑函数 $F=AB+\overline{A}C+C(D+E)$ 的对偶式。

**解**：利用对偶规则，可求得对偶式为

$$F' = (A + B)(\overline{A} + C)(C + DE)$$

对偶规则的意义在于：如果两个函数式相等，则它们的对偶式也相等。前面介绍的基本定律和公式中，左右两列等式之间即是利用了对偶规则。显然，利用对偶规则，可以使需要证明的公式数目减少一半。当证明了某两个函数式相等之后，根据对偶规则，它们的对偶式也必然相等。

应用对偶规则时，同样要注意反演规则中提到的两个问题。

## 12.5　逻辑函数的化简

一个逻辑函数可以采用真值表、逻辑表达式、逻辑电路图、时序波形图和卡诺图等表示形式。虽然各种表示形式具有不同的特点，但它们都能表示出输出变量与输入变量之间的逻辑关系，并且可以相互转换。

在分析和设计逻辑电路时，化简逻辑函数是很有必要的。逻辑函数越简单，所设计的电路就越简单；电路越简单，成本越低，稳定性也越高。逻辑函数的化简有三种方法，即公式法、卡诺图法和列表法。这里介绍公式法和卡诺图法。

### 12.5.1　公式化简法

公式化简法是指利用逻辑代数的定律、规则和基本公式对逻辑函数表达式进行化简的方法。这种方法没有固定的步骤与格式可以遵循，主要取决于对逻辑代数中定律、规则和基本公式的熟练掌握及灵活运用的程度。

1. 逻辑函数表达式的形式

任何一个逻辑函数，其表达式的形式并不是唯一的。可以表示成“与或”表达式形式，也可以表示成“或与”表达式形式，还可以表示成其他形式。不同表达式形式之间可以相互转换。

（1）“与或”表达式

“与或”表达式是指由若干个与项进行或运算而构成的表达式。其中每个与项可以是一个或多个变量相与组成，每个变量或以原变量或以反变量形式出现。例如，$\overline{A}$、$B\overline{C}$、$A\overline{B}C$ 均为与项，这三个与项的逻辑或就构成了一个 3 变量逻辑函数的与或表达式，即

$$F = \overline{A} + B\overline{C} + A\overline{B}C$$

与项也被称为积项，或项也被称为和项，故与或表达式又称为“积之和”表达式。

（2）“或与”表达式

“或与”表达式是指由若干个或项进行与运算而构成的表达式，其中每个或项可以是一个或多个变量相或组成，每个变量或以原变量或以反变量形式出现。例如，$A$、$(B+\overline{C})$、$(A+\overline{B}+C)$ 均为或项，这三个或项的逻辑与就构成了一个 3 变量逻辑函数的或

与表达式，即

$$F = A(B+\overline{C})(A+\overline{B}+C)$$

或与表达式又称为“和之积”表达式。

(3) 一般表达式

与或表达式和或与表达式是逻辑函数表达式的两种基本形式。逻辑函数表达式还可以表示成任意的混合形式。如 $F=(A\overline{B}+C)(\overline{A}B+CD)+\overline{C}$，既不是与或表达式也不是或与表达式。

(4) 标准与或表达式

标准与或表达式又称为最小项表达式。也就是说，构成逻辑函数的与项都是最小项。

如果一个具有 $n$ 个变量的函数的与项，它包含全部 $n$ 个变量，其中每个变量或以原变量或以反变量形式出现，且仅出现一次，这样的与项称为最小项。由此可知，$n$ 个变量可以构成 $2^n$ 个最小项。例如，3 个变量 $A$、$B$、$C$ 可以构成 $\overline{A}\overline{B}\overline{C}$、$\overline{A}\overline{B}C$、$\overline{A}B\overline{C}$、$\overline{A}BC$、$A\overline{B}\overline{C}$、$A\overline{B}C$、$AB\overline{C}$、$ABC$ 共 8 个最小项。

为了叙述和书写方便，在变量个数和变量顺序确定之后，通常用 $m_i$ 表示最小项。下标 $i$ 的取值规则是：将最小项中的原变量用 1 表示，反变量用 0 表示，由此得到一个二进制数，与该二进制数对应的十进制数就是下标 $i$ 的值。例如，3 个变量 $A$、$B$、$C$ 构成的最小项 $A\overline{B}\,\overline{C}$ 可用 $m_4$ 表示。表 12.5.1 给出了 3 个变量全部最小项的真值表。

**表 12.5.1　3 个变量全部最小项的真值表**

| $ABC$ 取值 | $m_0$ $\overline{A}\overline{B}\overline{C}$ | $m_1$ $\overline{A}\overline{B}C$ | $m_2$ $\overline{A}B\overline{C}$ | $m_3$ $\overline{A}BC$ | $m_4$ $A\overline{B}\overline{C}$ | $m_5$ $A\overline{B}C$ | $m_6$ $AB\overline{C}$ | $m_7$ $ABC$ | $\sum_{i=0}^{7} m_i$ |
|---|---|---|---|---|---|---|---|---|---|
| 000 | 1 | 0 | 0 | 0 | 0 | 0 | 0 | 0 | 1 |
| 001 | 0 | 1 | 0 | 0 | 0 | 0 | 0 | 0 | 1 |
| 010 | 0 | 0 | 1 | 0 | 0 | 0 | 0 | 0 | 1 |
| 011 | 0 | 0 | 0 | 1 | 0 | 0 | 0 | 0 | 1 |
| 100 | 0 | 0 | 0 | 0 | 1 | 0 | 0 | 0 | 1 |
| 101 | 0 | 0 | 0 | 0 | 0 | 1 | 0 | 0 | 1 |
| 110 | 0 | 0 | 0 | 0 | 0 | 0 | 1 | 0 | 1 |
| 111 | 0 | 0 | 0 | 0 | 0 | 0 | 0 | 1 | 1 |

结合表 12.5.1 不难看出，最小项具有以下性质：

1）任意一个最小项，有且仅有一组变量取值使其值为 1。最小项不同，使其值为 1 的变量取值也不同，如最小项 $A\overline{B}\overline{C}$（$m_4$），只有当 $ABC=100$ 时，其值才为 1，而对 $ABC$ 的其他取值，$m_4$ 均为 0。这就是说，在变量所有的取值组合情况下，最小项的值为 1 的几率最小，最小项由此而得名。

2）相同变量构成的两个不同最小项相与为 0。

3）$n$ 个变量的全部最小项相或为 1。即 $\sum_{i=0}^{2^n-1} m_i = 1$。

4）$n$ 个变量构成的最小项有 $n$ 个相邻最小项。相邻最小项是指除一个变量互为相反外，其他变量形式均相同的最小项。如 3 个变量的最小项 $A\overline{B}C$ 有 3 个相邻最小项，分别为 $\overline{A}\overline{B}C$、$A\overline{B}\overline{C}$、$ABC$。

任何一个逻辑函数都可以用最小项之和的形式来表示，称之为逻辑函数的最小项表达式，或称为标准与或表达式。如一个 3 变量的逻辑函数的标准与或表达式为

$$\begin{aligned} F(A, B, C) &= \overline{A}\overline{B}\overline{C} + \overline{A}BC + A\overline{B}\overline{C} + AB\overline{C} \\ &= m_0 + m_3 + m_4 + m_6 \\ &= \sum m(0, 3, 4, 6) \end{aligned}$$

如果逻辑函数不是以最小项形式给出，可以用互补律 $A+\overline{A}=1$ 将其展成最小项形式。

$$\begin{aligned} F(A, B, C, D) &= ABC + \overline{A}B\overline{D} \\ &= ABC(D + \overline{D}) + \overline{A}B\overline{D}(C + \overline{C}) \\ &= ABCD + ABC\overline{D} + \overline{A}BC\overline{D} + \overline{A}B\overline{C}\overline{D} \\ &= m_{15} + m_{14} + m_6 + m_4 \\ &= \sum m(4, 6, 14, 15) \end{aligned}$$

逻辑函数表达式的形式不是唯一的，但逻辑函数的最小项表达式是唯一的。引入最小项表达式，可以使逻辑函数能与唯一的表达式相对应。

### 2. 逻辑函数的公式法化简

在各种各样的逻辑表达式中，与或表达式和或与表达式是最基本的形式。逻辑函数的化简，通常是指将逻辑函数表达式化简成最简与或表达式。最简与或表达式应满足两个条件：一是表达式中所含的与项个数最少；二是每个与项中所含的变量个数最少。下面主要讨论与或表达式的化简。在公式法化简中，常应用并项法、吸收法、消去法和配项法。

（1）并项法

利用公式 $AB+A\overline{B}=A$，将两个与项合并为一个与项，保留相同因子，消去互为相反的因子。如

$$\begin{aligned} F &= AB + ACD + \overline{A}B + AC\overline{D} \\ &= (A + \overline{A})B + AC(D + \overline{D}) \\ &= B + AC \end{aligned}$$

（2）吸收法

利用公式 $A+AB=A$，消去多余的项。如

$$\begin{aligned} F &= \overline{A}B + \overline{B}C + \overline{A}BC(D + E) \\ &= \overline{A}B[1 + C(D + E)] + \overline{B}C \\ &= \overline{A}B + \overline{B}C \end{aligned}$$

（3）消去法

利用公式 $A+\overline{A}B=A+B$，消去多余的因子。如

$$F=AB+\overline{A}\,\overline{C}+\overline{B}\,\overline{C}$$
$$=AB+(\overline{A}+\overline{B})\overline{C}$$
$$=AB+\overline{AB}\,\overline{C}$$
$$=AB+\overline{C}$$

利用公式 $AB+\overline{A}C+BC=AB+\overline{A}C$，消去多余的项。如

$$F=\overline{A}B\overline{C}+CD+\overline{A}BD$$
$$=\overline{A}B\overline{C}+CD$$

(4) 配项法

利用定律 $A\cdot 1=A$ 和 $A+\overline{A}=1$，从函数式中选取合适的与项，并配上其所缺的合适的一个变量，然后再利用并项、吸收和消去等方法进行化简。如

$$F=\overline{A}B+A\overline{B}+\overline{B}C+B\overline{C}$$
$$=\overline{A}B(C+\overline{C})+A\overline{B}+(A+\overline{A})\overline{B}C+B\overline{C}$$
$$=\overline{A}BC+\overline{A}B\overline{C}+A\overline{B}+A\overline{B}C+\overline{A}\,\overline{B}C+B\overline{C}$$
$$=\overline{A}C(B+\overline{B})+(\overline{A}+1)B\overline{C}+A\overline{B}(1+C)$$
$$=\overline{A}C+B\overline{C}+A\overline{B}$$

以上例子比较简单，而实际应用中遇到的逻辑函数往往比较复杂，化简时应灵活使用所学的定律、规则和公式，综合运用各种方法。

### 12.5.2　卡诺图化简法

#### 1. 逻辑函数的卡诺图

卡诺图是一种最小项方格图，其结构特点是：每一个小方格对应一个最小项，$n$ 个变量的逻辑函数有 $2^n$ 个最小项，因此 $n$ 变量卡诺图中共有 $2^n$ 个小方格；卡诺图上处在几何相邻、首尾相邻、重叠相邻位置上的小方格所代表的最小项为相邻最小项。相邻最小项是指两个最小项中只有一个变量互为反变量，其余变量都相同。卡诺图上变量的排列规律将使最小项的相邻关系能在图形上清晰地反映出来，即在 $n$ 变量的卡诺图中，能在图形上直观、方便地找到每个最小项的 $n$ 个相邻最小项。图 12.5.1 给出了 2 变量、3 变量、4 变量的卡诺图。

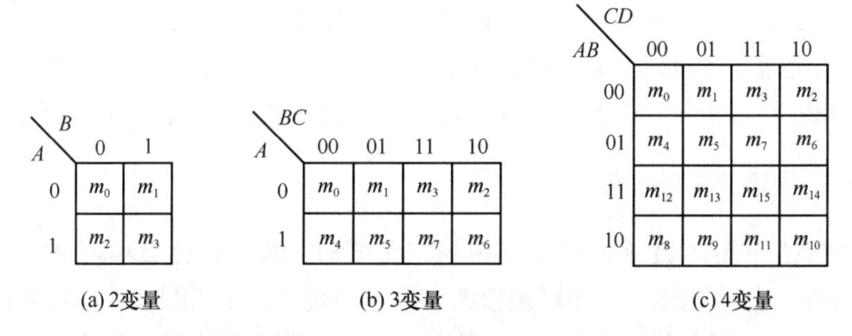


图 12.5.1　2 变量、3 变量、4 变量的卡诺图

因为任何一个逻辑函数都可以表示成最小项表达式的形式，所以可以用卡诺图来表示逻辑函数。如果逻辑函数为最小项表达式形式给出时，只需在卡诺图上找出和表达式中最小项对应的小方格填 1（也称为 1 格），其余的小方格填 0（也称为 0 格），即可得到该函数的卡诺图。这里小方格中的 1 表示逻辑函数中有该最小项，而 0 表示逻辑函数中不存在该最小项。

**【例 12.5.1】** 用卡诺图表示逻辑函数 $F(A,B,C,D)=\sum m(0,2,4,5,8,10)$。

**解：** 在逻辑函数每个最小项对应的卡诺图小方格中填 1，其余的填 0，可得如图 12.5.2 所示的卡诺图。

当逻辑函数为一般与或表达式形式时，可以利用互补律 $A+\overline{A}=1$，先将其转换成最小项表达式，然后再用卡诺图表示。

**【例 12.5.2】** 用卡诺图表示逻辑函数 $F=AB\overline{C}+\overline{A}C\overline{D}$。

**解：** 先将逻辑函数表示成最小项表达式形式，即

$$
\begin{aligned}
F&=AB\overline{C}+\overline{A}C\overline{D}=AB\overline{C}(D+\overline{D})+\overline{A}C\overline{D}(B+\overline{B})\\
&=AB\overline{C}D+AB\overline{C}\overline{D}+\overline{A}BC\overline{D}+\overline{A}\overline{B}C\overline{D}\\
&=m_{13}+m_{12}+m_{6}+m_{2}
\end{aligned}
$$

然后再用卡诺图表示，如图 12.5.3 所示。

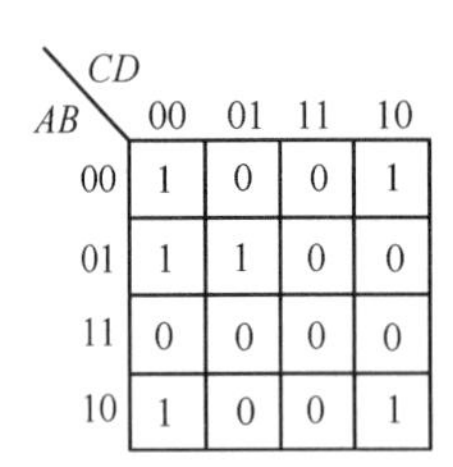

| AB \ CD | 00 | 01 | 11 | 10 |
|---|---|---|---|---|
| 00 | 1 | 0 | 0 | 1 |
| 01 | 1 | 1 | 0 | 0 |
| 11 | 0 | 0 | 0 | 0 |
| 10 | 1 | 0 | 0 | 1 |

图 12.5.2　例 12.5.1 的卡诺图

| AB \ CD | 00 | 01 | 11 | 10 |
|---|---|---|---|---|
| 00 | 0 | 0 | 0 | 1 |
| 01 | 0 | 0 | 0 | 1 |
| 11 | 1 | 1 | 0 | 0 |
| 10 | 0 | 0 | 0 | 0 |

图 12.5.3　例 12.5.2 的卡诺图

对于逻辑函数的一般与或表达式，也可直接用卡诺图表示。

**【例 12.5.3】** 用卡诺图表示逻辑函数 $F=\overline{A}\overline{C}\overline{D}+B\overline{C}\overline{D}+\overline{A}B+BC$。

**解：** 画卡诺图时将变量分成两组，一组放在左边称为行变量，一组放在上面称为列变量。卡诺图中的每个小方格是由行变量和列变量的取值决定，即每个小方格（最小项）等于相应行上和列上的变量相与的结果。

由此可得到该逻辑函数的卡诺图如图 12.5.4 所示。

| AB \ CD | 00 | 01 | 11 | 10 |
|---|---|---|---|---|
| 00 | 1 | 0 | 0 | 0 |
| 01 | 1 | 1 | 1 | 1 |
| 11 | 1 | 0 | 1 | 1 |
| 10 | 0 | 0 | 0 | 0 |

图 12.5.4　例 12.5.3 的卡诺图

2. 逻辑函数的卡诺图化简法

根据定理 $AB+A\overline{B}=A$ 和相邻最小项的定义可知，两个相邻最小项可以合并为一项并消去一个变量。用卡诺图化简逻辑函数的基本原理就是把卡诺图上表征相邻最小项的相邻小方格圈在一起进行合并，达到用一个简单与项代替若干最小项的目的。通常把用来包围那些能由一个简单与项代替若干个最小项的圈称为卡诺圈。

下面以 4 变量卡诺图为例，介绍几种相邻最小项的合并。

(1) 2 个相邻最小项的合并

图 12.5.5 给出了 2 个相邻最小项合并的各种情况。

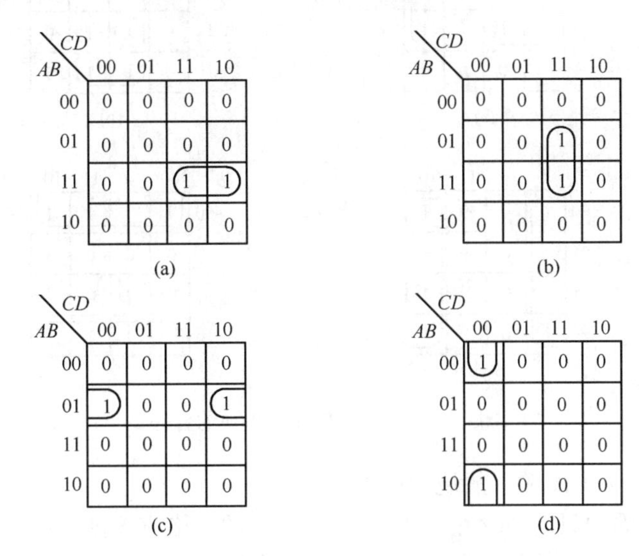

图 12.5.5　2 个相邻最小项的合并

(2) 4 个相邻最小项的合并

图 12.5.6 给出了 4 个相邻最小项合并的各种情况。

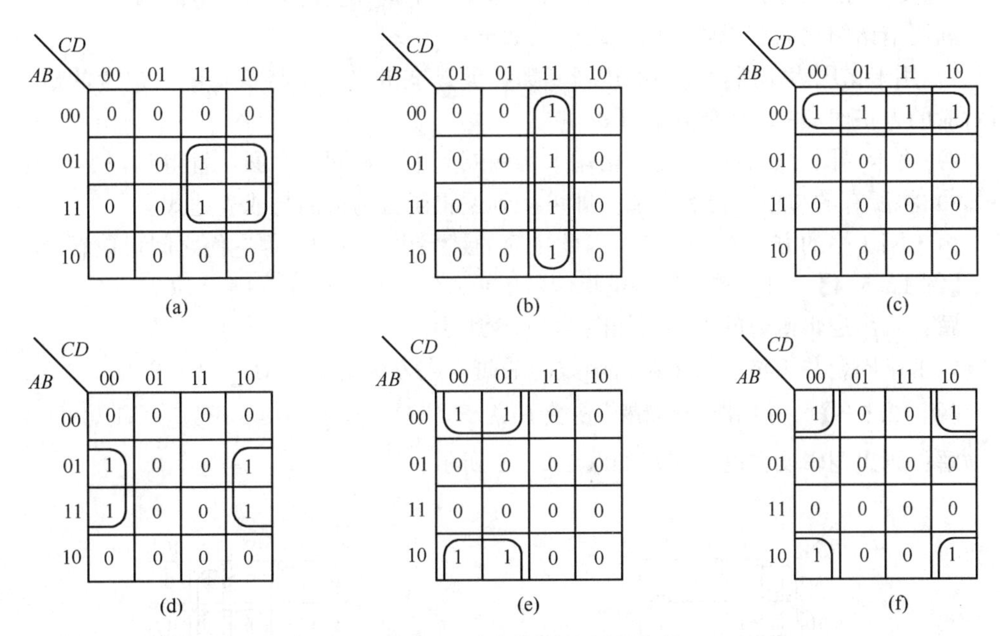

图 12.5.6　4 个相邻最小项的合并

(3) 8 个相邻最小项的合并

图 12.5.7 给出了 8 个相邻最小项合并的情况。

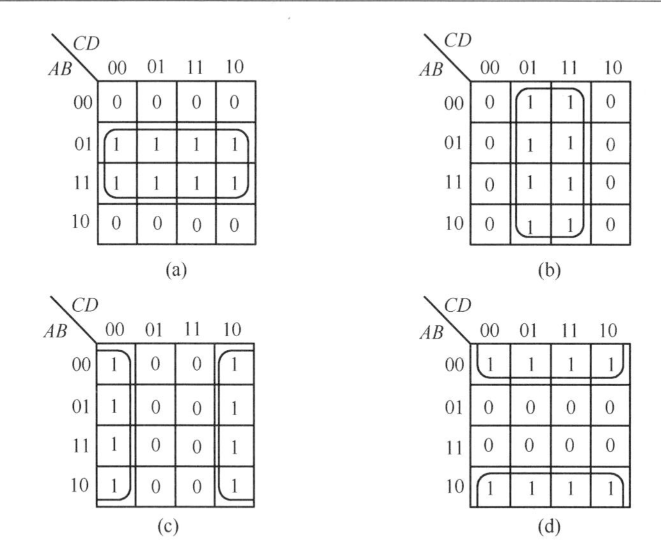


图 12.5.7　8 个相邻最小项的合并

归纳起来，画卡诺圈的一般规律如下：

1）每个卡诺圈中只能包含 $2^i$ 个 1 格，被包含的 1 格应该排成正方形或矩形。

2）应使卡诺圈的个数最少，卡诺圈越少，对应的与项越少。

3）应使卡诺圈尽量大，卡诺圈越大，消去的变量越多。

4）有些 1 格可以多次被圈，但每个卡诺圈中应至少有一个 1 格只被圈过一次。

5）要保证所有的 1 格全部圈完，无相邻项的 1 格独立构成一个卡诺圈。

利用卡诺图化简逻辑函数的一般步骤如下：

1）用卡诺图表示所要化简的逻辑函数，就是在卡诺图中将逻辑函数包含的最小项所对应的方格内填 1，其余方格填 0。

2）将卡诺图中所有填 1 的方格用卡诺圈圈起来，每圈一个圈，就得到一个与项。

3）将所有的与项进行逻辑加，即可得到逻辑函数的最简与或表达式。

由于圈 1 格的方法不止一种，因此化简的结果也就不同，但它们之间可以转换。

**【例 12.5.4】** 用卡诺图化简逻辑函数 $F=\overline{A}\,\overline{C}+AC+A\overline{B}\,\overline{C}\,\overline{D}+\overline{A}BC\overline{D}$。

**解：** 画出逻辑函数的卡诺图如图 12.5.8 所示。

画卡诺圈合并 1 格，写出逻辑函数的最简与或表达式 $F=\overline{A}\,\overline{C}+AC+\overline{B}\,\overline{D}$。

**【例 12.5.5】** 用卡诺图化简逻辑函数 $F(A,B,C,D)=\sum m(0,3,5,6,7,10,11,13,15)$。

**解：** 画出逻辑函数的卡诺图如图 12.5.9 所示。

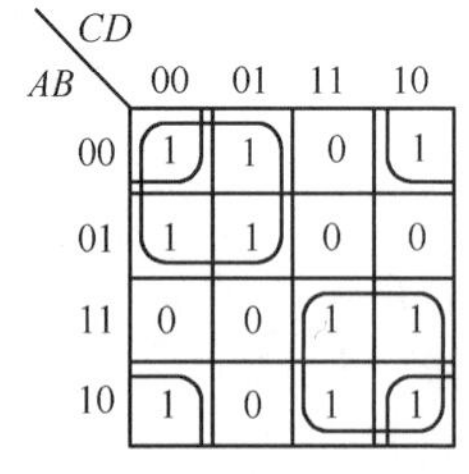


图 12.5.8　例 12.5.4 的卡诺图

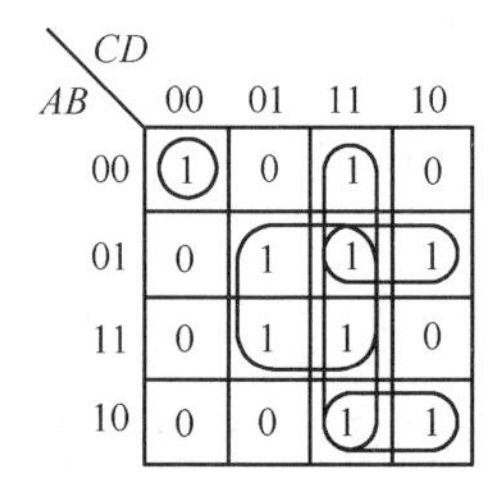


图 12.5.9　例 12.5.5 的卡诺图

画卡诺圈合并 1 格，写出逻辑函数的最简与或表达式

$$F = CD + BD + \overline{A}BC + A\overline{B}C + \overline{A}\,\overline{B}\,\overline{C}\,\overline{D}$$

# 习　　题

12.2.1　将下列二进制数转换成十进制数。

（1）1100110　　（2）0.10101　　（3）1101.101

12.2.2　将下列十进制数转换成二进制数。

（1）83　　（2）21.32　　（3）0.65

12.2.3　将下列二进制数转换成八进制数和十六进制数。

（1）101101　　（2）0.11011　　（3）1101.101

12.2.4　用 8421BCD 码和余 3 码分别表示下列十进制数。

（1）934　　（2）365　　（3）28.17

12.2.5　将下列各组数按从大到小的顺序排列起来。

（1）$(B4)_{16}$　　$(178)_{10}$　　$(10110000)_2$　　$(011\ 11010\ 1000)_{余3码}$

（2）$(360)_{10}$　　$(101101001)_2$　　$(267)_8$　　$(0011\ 0101\ 1001)_{8421BCD}$

12.4.1　用真值表证明等式：

（1）$\overline{A}B + AC + BC = \overline{A}B + AC$

（2）$A\overline{B} + \overline{A}B = (A+B)(\overline{A}+\overline{B})$

12.4.2　利用反演规则和对偶规则求下列函数的反函数和对偶式：

（1）$F = \overline{A}B + C\overline{D}$

（2）$F = \overline{A} + \overline{B} \cdot (C + \overline{D}E)$

（3）$F = (\overline{A} + \overline{B})(A + \overline{B}\,\overline{D}) + \overline{C}$

12.4.3　判断下列各题的对错。

（1）若 $A=B$，则 $AB=A$。　（　）

（2）若 $AB=AC$，则 $B=C$。　（　）

（3）若 $A+B=A+C$，则 $B=C$。　（　）

（4）若 $A+B=A$，则 $B=0$。　（　）

（5）若 $1+B=AB$，则 $A=B=1$。　（　）

（6）若 $A+B=AB$，则 $A=B$。　（　）

（7）若 $A+B=A+C$，且 $AB=AC$，则 $B=C$。　（　）

12.5.1　将下列各式表示成最小项之和的形式。

（1）$F = \overline{A}B + A\overline{B} + CD$

（2）$F = \overline{\overline{A}\ (B + \overline{C})}$

12.5.2　用代数化简法化简下列逻辑函数。

（1）$F = ABC\overline{D} + A\overline{B}\,\overline{D} + B\overline{C}D + AB\overline{C} + \overline{B}\,\overline{D} + B\overline{C}$

（2）$F = A + A\overline{B}\,\overline{C} + \overline{A}CD + \overline{C}E + \overline{D}E$

(3) $F=BC+D+\overline{D}\ (\overline{B}+\overline{C})(AC+B)$

12.5.3 用卡诺图化简法化简下列逻辑函数。

(1) $F=\overline{A}B+ABC+\overline{B}C$

(2) $F=A\overline{D}+A\overline{C}+C\overline{D}+AD$

(3) $F(A, B, C, D)=\sum m(0, 2, 3, 4, 8, 10, 11)$

# 第 13 章　逻辑门和组合逻辑电路

数字电路的基本单元是逻辑门电路，分析工具是逻辑代数，在功能上着重强调电路输入与输出间的因果关系。数字电路按逻辑功能的不同分为组合逻辑电路和时序逻辑电路。

## 13.1　逻辑门电路

所谓门就是一种开关，它能按照一定的条件去控制信号的通过或不通过。门电路的输入和输出之间存在一定的逻辑关系（因果关系），所以门电路又称为逻辑门电路。逻辑电路中用到的基本逻辑关系有与逻辑、或逻辑和非逻辑，相应的逻辑门为与门、或门和非门。门电路内部由二极管、晶体管或场效应管等半导体元件构成，利用半导体元件的开关特性（导通或截止）实现开关作用。

### 13.1.1　基本逻辑门电路

1. 与门电路

实现与逻辑关系的电路称为与门电路，简称与门。

图 13.1.1（a）所示为二极管与门电路，$A$、$B$ 是它的两个输入端，$F$ 是输出端。对于图 12.1.1 所示电路，高电平用“1”表示，低电平用“0”表示。

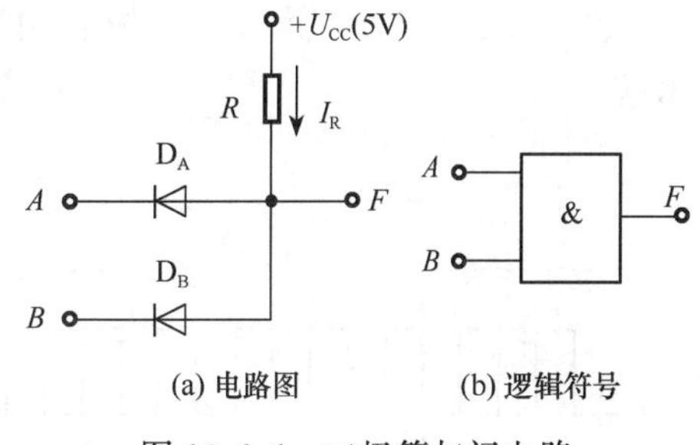

图 13.1.1　二极管与门电路

当输入端 $A$、$B$ 全为高电平“1”时，设两个输入端都在 3V 左右，两个二极管均导通，输出端 $F$ 电位略高于 3V。因此，输出端 $F$ 也是“1”。

当输入端有一个为“0”时，如输入端 $A$ 是低电平 0V，则二极管 $D_A$ 因正向偏置而导通，输出端 $F$ 的电平近似等于输入端 $A$ 的电平，即 $F$ 为“0”。这时二极管 $D_B$ 因承受反向电压而截止。

当输入端 $A$、$B$ 都是低电平“0”时，即两个输入端都在 0V 左右，$D_A$、$D_B$ 均导通，所以输出端 $F$ 为低电平，即 $F$ 为“0”。

若把输入端 $A$、$B$ 看作逻辑变量，$F$ 看作逻辑函数，根据以上分析可知，当 $A$、$B$ 都为“1”时，$F$ 才为“1”，否则，$F$ 为“0”，这正是“与”逻辑关系，此电路称为与门电路。图 13.1.1（b）是它的逻辑符号。

与门的逻辑表达式为

$$F = A \cdot B$$

电路的每一个输入端都有“1”和“0”两种状态，共有四种组合，可用表 13.1.1 完整地列出四种输入、输出逻辑状态。表 13.1.1 为与门真值表，也称为与门逻辑功能状态表。

由输入和输出高、低电平构成的图形称为波形图，与门的波形图如图 13.1.2 所示。

**表 13.1.1　与门真值表**

| $A$ | $B$ | $F$ |
|---|---|---|
| 0 | 0 | 0 |
| 1 | 0 | 0 |
| 0 | 1 | 0 |
| 1 | 1 | 1 |

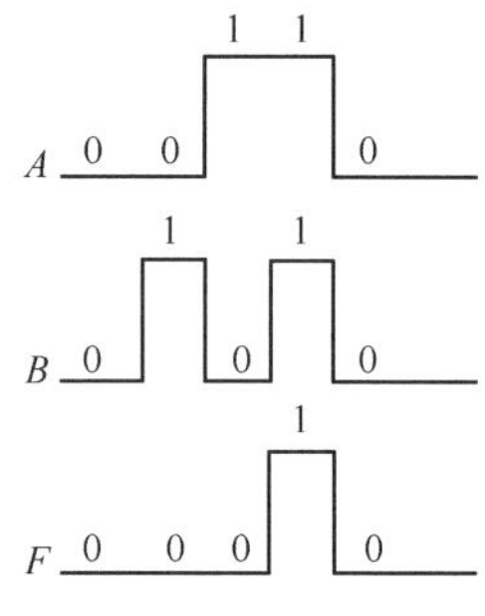

图 13.1.2　与门波形图

利用与门电路，可以控制信号的传送。例如将 $A$ 端作为信号控制端，输入一控制信号，$B$ 端作为信号输入端，送入一个持续的脉冲信号，由与门逻辑关系可知，当 $A=1$ 时，$F=B$，信号可以通过，相当于门被打开；当 $A=0$ 时，$F=0$，信号不能通过，相当于门被封锁。波形如图 13.1.3 所示。

2. 或门电路

图 13.1.4（a）所示为二极管组成的或门电路，图中 $A$、$B$ 是输入端，$F$ 是输出端。

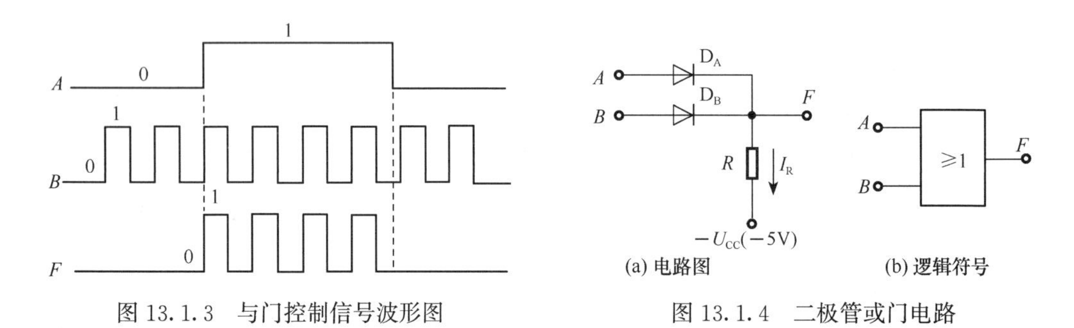

图 13.1.3　与门控制信号波形图　　图 13.1.4　二极管或门电路

$A$、$B$ 两个输入端中只要有一个为“1”，其输出 $F$ 就为“1”。例如，$A$ 端为高电平“1”，而 $B$ 端为低电平“0”时，则二极管 $D_A$ 因承受较高的正向电压而导通，$F$ 端的电位为 $U_A$，此时 $D_B$ 承受反向电压而截止。所以输出端 $F$ 为高电平“1”。

可以分析，只有在输入端 $A$、$B$ 全为“0”时，输出端 $F$ 才为“0”，其余情况输出 $F$ 全为“1”，这是“或”逻辑关系，故称此电路为或门电路。图 13.1.4（b）是它的逻辑符号。

或门的逻辑表达式为

$$F=A+B$$

表 13.1.2 为或门真值表。或门的波形图如图 13.1.5 所示。

**表 13.1.2　或门真值表**

| A | B | F |
|---|---|---|
| 0 | 0 | 0 |
| 1 | 0 | 1 |
| 0 | 1 | 1 |
| 1 | 1 | 1 |

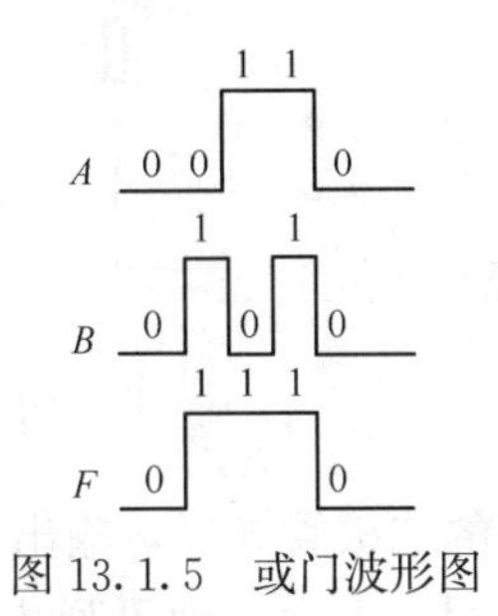

图 13.1.5　或门波形图

3. 非门电路

由三极管可以组成非门电路，其电路组成和逻辑符号如图 13.1.6 所示。图中 $A$ 为输入端，$F$ 为输出端。

当输入端 $A$ 为低电平“0”时，若能满足基极电位 $U_B<0$ 的条件，则三极管可靠截止，输出端 $U_F \approx U_{CC}$，即 $F$ 输出高电平“1”。

当输入端 $A$ 为高电平“1”时，若能满足 $I_B > \dfrac{U_{CC}}{\beta R_C}$ 的条件，则三极管饱和导通，$U_F = U_{ces} \approx 0.3V$，即 $F$ 输出为低电平“0”。

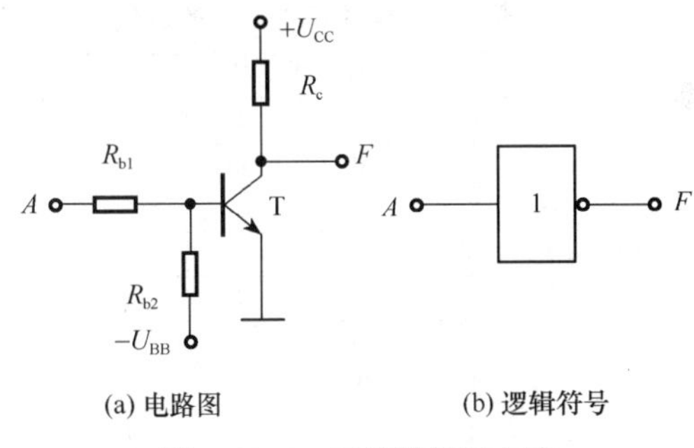

图 13.1.6　三极管非门电路

可见，当 $A$ 为“0”时，$F$ 为“1”；当 $A$ 为“1”时，$F$ 则为“0”，即逻辑“非”。这就是由三极管实现的非门电路。非门的逻辑表达式为

$$F = \overline{A}$$

表 13.1.3 为非门真值表。非门的波形图如图 13.1.7 所示。

**表 13.1.3　非门真值表**

| A | F |
|---|---|
| 1 | 0 |
| 0 | 1 |

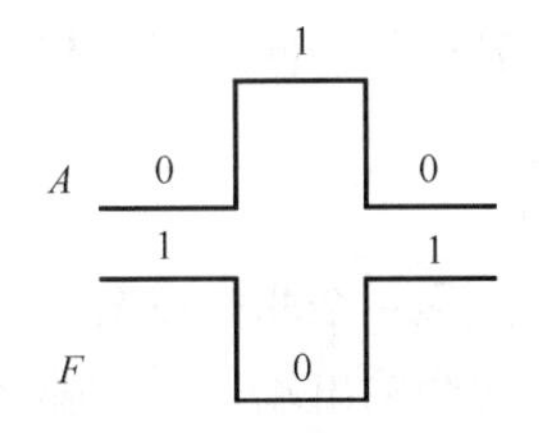

图 13.1.7　非门波形图

**【例 13.1.1】** 二极管门电路如图 13.1.8（a）所示，输入信号 $A$、$B$、$C$ 的高电平为 3V，低电平为 0V。

1）分析输出信号 $F$ 与输入信号 $A$、$B$、$C$ 之间的逻辑关系，列出真值表，并导出逻辑函数的表达式。

2）根据图 13.1.8（b）给出的 $A$、$B$、$C$ 的波形，画出 $F$ 的波形。

**解：** 1）对图 13.1.8（a）所示电路，当输入信号 $A$、$B$、$C$ 都为低电平（0V）时，3 个二极管均导通，输出 $F$ 为低电平（0V）；当输入信号 $A$、$B$、$C$ 中有高电平（3V）

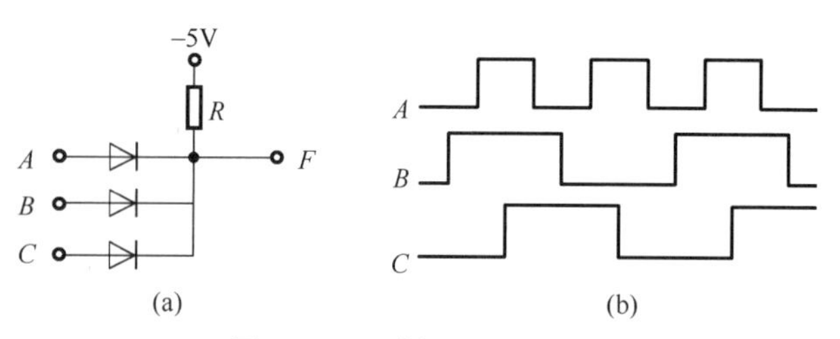


图 13.1.8　例 13.1.1 的图

时，接高电平的二极管导通，输出 $F$ 为高电平（3V），其余二极管截止。设高电平用 1 表示，低电平用 0 表示，则可列出真值表如表 13.1.4 所示。由表 13.1.4 可知，$F$ 与 $A$、$B$、$C$ 之间的关系是：只要 $A$、$B$、$C$ 当中有一个或一个以上是 1 时 $F$ 就为 1，$A$、$B$、$C$ 全为 0 时 $F$ 为 0，满足或逻辑关系，其逻辑表达式表示为 $F=A+B+C$。

2）输出端 $F$ 的波形如图 13.1.9 所示。

**表 13.1.4　例 13.1.1 的真值表**

| $A$ | $B$ | $C$ | $F$ |
|---|---|---|---|
| 0 | 0 | 0 | 0 |
| 0 | 0 | 1 | 1 |
| 0 | 1 | 0 | 1 |
| 0 | 1 | 1 | 1 |
| 1 | 0 | 0 | 1 |
| 1 | 0 | 1 | 1 |
| 1 | 1 | 0 | 1 |
| 1 | 1 | 1 | 1 |

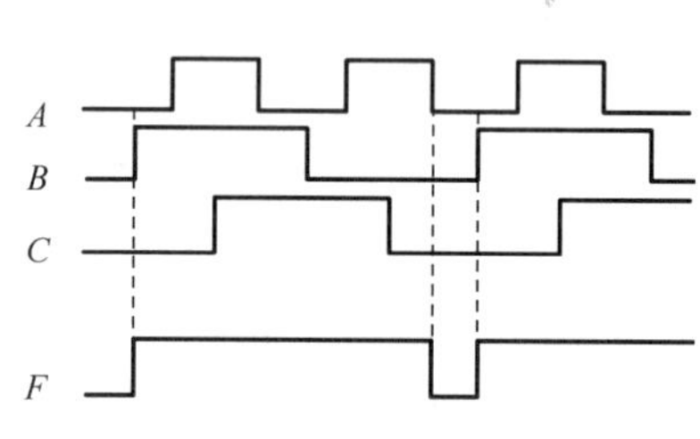


图 13.1.9　例 13.1.1 的波形图

### 13.1.2　复合门

由与门、或门和非门可以组合成其他逻辑门，以丰富逻辑功能。这样组成的逻辑门叫复合门。复合门的逻辑功能可根据基本门的逻辑功能推导得出，常用的复合门有与非门、或非门、异或门、同或门、与或非门等。

1. 与非门

将一个与门和一个非门按图 13.1.10（a）连接，就构成了一个与非门。与非门有多个输入端，一个输出端。二端输入与非门的逻辑符号如图 13.1.10（b）所示。与非门的逻辑表达式为

$$F=\overline{A \cdot B}$$

表 13.1.5 为与非门真值表。

**表 13.1.5　与非门真值表**

| $A$ | $B$ | $F$ |
|---|---|---|
| 0 | 0 | 1 |
| 0 | 1 | 1 |
| 1 | 0 | 1 |
| 1 | 1 | 0 |

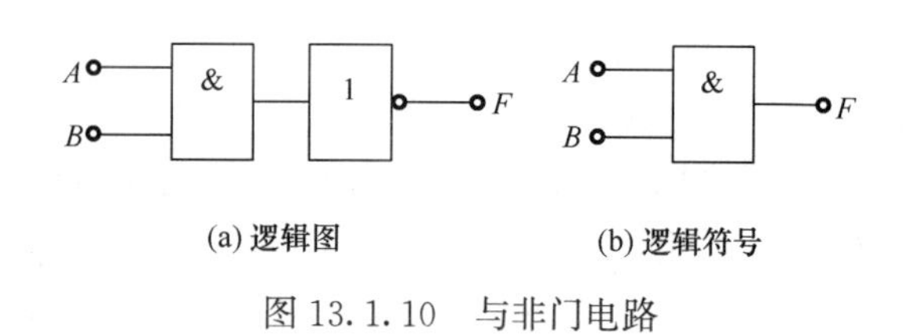


图 13.1.10　与非门电路

2. 或非门

将或门和非门按图 13.1.11（a）连接，就构成了一个或非门。或非门有多个输入端，一个输出端。二端输入或非门的逻辑符号如图 13.1.11（b）所示。或非门的逻辑表达式为

$$F=\overline{A+B}$$

表 13.1.6 为或非门真值表。

**表 13.1.6　或非门真值表**

| $A$ | $B$ | $F$ |
|---|---|---|
| 0 | 0 | 1 |
| 0 | 1 | 0 |
| 1 | 0 | 0 |
| 1 | 1 | 0 |

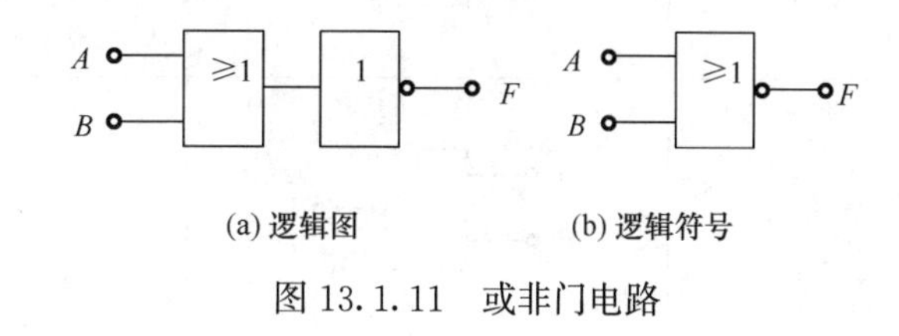

(a) 逻辑图　(b) 逻辑符号

图 13.1.11　或非门电路

3. 与或非门

将与门、或门和非门按图 13.1.12（a）连接，就构成了一个与或非门。与或非门的逻辑符号如图 13.1.12（b）所示。与或非门的逻辑表达式为

$$F=\overline{AB+CD}$$

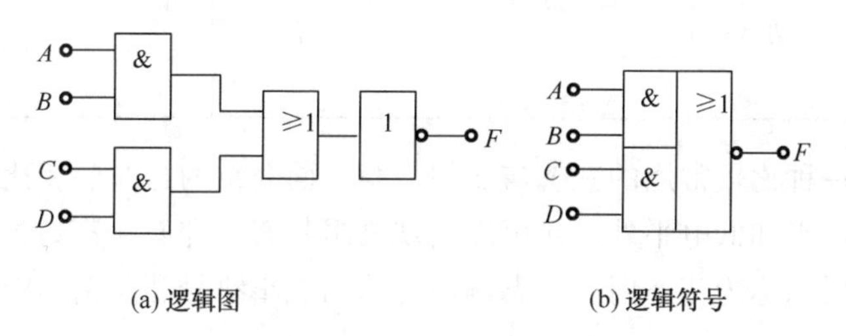

(a) 逻辑图　(b) 逻辑符号

图 13.1.12　与或非门电路

常用逻辑门还有同或门和异或门，其逻辑符号、表达式、真值表和逻辑功能见表 13.1.7。

**表 13.1.7　常用逻辑门**

| 门电路 | 逻辑符号 | 逻辑函数表达式 | 真值表 | 逻辑功能 |
|---|---|---|---|---|
| 与门 | A, B → & → F | $F=A\cdot B$ | $A$ $B$ $F$<br>0 0 0<br>0 1 0<br>1 0 0<br>1 1 1 | 有 0 出 0<br>全 1 出 1 |
| 或门 | A, B → ≥1 → F | $F=A+B$ | $A$ $B$ $F$<br>0 0 0<br>0 1 1<br>1 0 1<br>1 1 1 | 有 1 出 1<br>全 0 出 0 |

续表

| 门电路 | 逻辑符号 | 逻辑函数表达式 | 真值表 | 逻辑功能 |
| --- | --- | --- | --- | --- |
| 非门 | A 1 F | $F=\overline{A}$ | A F<br>0 1<br>1 0 | 1出0<br>0出1 |
| 与非门 | A B & F | $F=\overline{A\cdot B}$ | A B F<br>0 0 1<br>0 1 1<br>1 0 1<br>1 1 0 | 有0出1<br>全1出0 |
| 或非门 | A B ≥1 F | $F=\overline{A+B}$ | A B F<br>0 0 1<br>0 1 0<br>1 0 0<br>1 1 0 | 有1出0<br>全0出1 |
| 异或门 | A B =1 F | $F=A\overline{B}+\overline{A}B$<br>$=A\oplus B$ | A B F<br>0 0 0<br>0 1 1<br>1 0 1<br>1 1 0 | 相异出1<br>相同出0 |
| 同或门 | A B =1 F | $F=AB+\overline{A}\overline{B}$<br>$=\overline{A\oplus B}$ | A B F<br>0 0 1<br>0 1 0<br>1 0 0<br>1 1 1 | 相异出0<br>相同出1 |

此外，还有一种比较常用的三态与非门。与前面介绍的与非门相比，三态与非门输出端除了出现高电平和低电平外，还可以出现高阻状态，即有1态、0态和高阻（即开路）三种状态，所以称为三态门。三态输出与非门逻辑符号和逻辑功能见表13.1.8。

**表13.1.8　三态输出与非门逻辑符号和逻辑功能表**

| 逻辑符号 | 逻辑功能 | |
| --- | --- | --- |
| A B E & ▽ EN F | $E=0$ | $F=$高阻 |
| | $E=1$ | $F=\overline{A\cdot B}$ |
| A B E & ▽ EN F（EN端带小圆圈） | $E=0$ | $F=\overline{A\cdot B}$ |
| | $E=1$ | $F=$高阻 |

三态与非门增加了一个控制端 $EN$，又称使能端。表13.1.8中，上图的三态与非门在控制端 $E=0$ 时，电路输出高阻状态；当控制端信号 $E=1$ 时，电路为与非门功能，故称控制端为高电平有效。表13.1.8下图的三态与非门却相反，其控制端是低电平有效，即 $E=0$ 时，电路为与非门功能；$E=1$ 时，电路输出为高阻状态。在逻辑符号中，用控制端 $EN$ 加小圆圈表示低电平有效，不加小圆圈则表示高电平有效。三态与非门

在信号传输、计算机等数字系统中是一种重要的接口电路。

**【例 13.1.2】** 试用与非门组成非门、与门和或门。

**解：** 由逻辑代数运算法则可知，$F=\overline{A}=\overline{A\cdot A}$。所以，只要将与非门的各个输入端并接在一起作为一个输入端 $A$ 即可，如图 13.1.13（a）所示。当 $A=0$ 时，与非门的各个输入端都为 0，故 $F=1$；当 $A=1$ 时，与非门的各个输入端都为 1，故 $F=0$，实现了非门运算。

同理，由于与逻辑表达式可写成 $F=AB=\overline{\overline{AB}}$，所以只要在与非门后再接一个由与非门组成的非门即可，如图 13.1.13（b）所示。

根据反演律，或逻辑表达式可写成 $F=A+B=\overline{\overline{A+B}}=\overline{\overline{A}\cdot\overline{B}}$，所以用三个与非门即可实现或门，如图 13.1.13（c）所示。

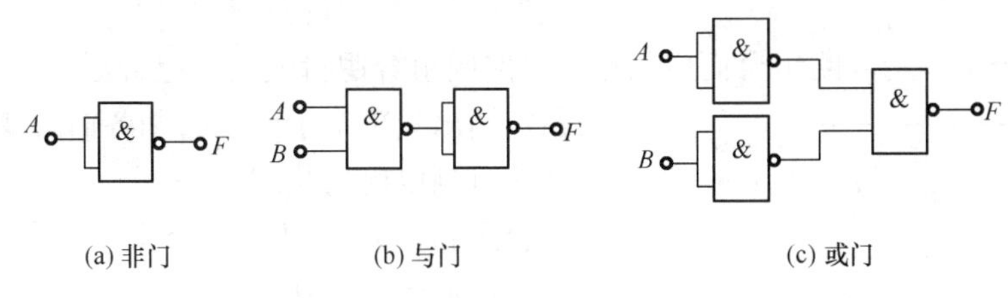


图 13.1.13　例 13.1.2 的图

### 13.1.3　集成逻辑门

各种门电路都有集成电路产品，目前应用较多的是 TTL 型和 CMOS 型，这是根据集成门电路内部组成命名的，由晶体三极管构成的集成门称为 TTL 型，而由场效应管构成的集成门称为 CMOS 型。

在 TTL 门电路中，集成与非门是常用的门电路。一块集成电路可以封装几个与非门电路，各个门的输入和输出端分别通过引线端子（引脚）与外部电路相连。不同型号的集成与非门电路，其输入端个数不同。图 13.1.14 是二输入四与非门 74LS00 的引脚排列图，图 13.1.15 是四输入双与非门 74LS20 的引脚排列图。$NC$ 为空端，$U_{CC}$ 为电源端，$GND$ 为接地端。

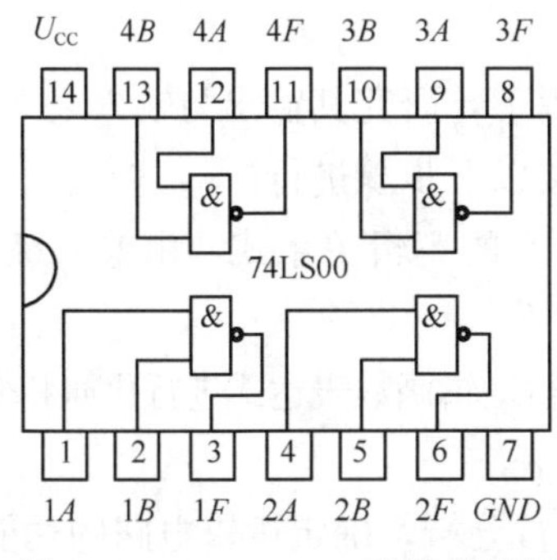


图 13.1.14　74LS00 引脚排列图

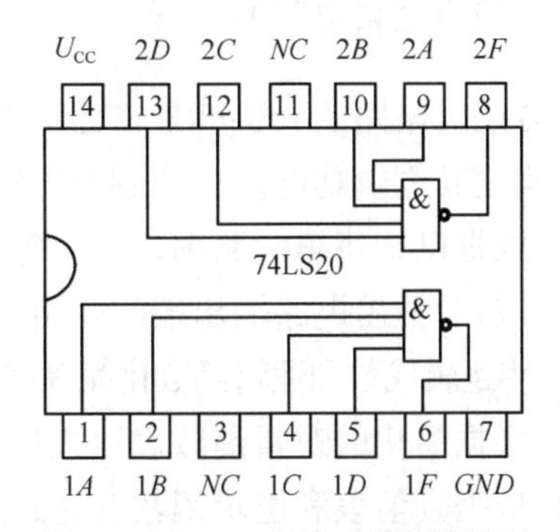


图 13.1.15　74LS20 引脚排列图

集成电路的型号不同，参数和性能也不同，使用时可查阅有关手册。表 13.1.9 给出了常用的 TTL 集成门电路型号。

**表 13.1.9 常用 TTL 集成门电路型号**

| 型号 | 名称 | 型号 | 名称 |
|---|---|---|---|
| 74LS00（CT4000） | 二输入四与非门 | 74LS20（CT4020） | 四输入双与非门 |
| 74LS04（CT4004） | 六反相器 | 74LS27（CT4027） | 三输入三或非门 |
| 74LS08（CT4008） | 三输入四与非门 | 74LS32（CT4032） | 二输入四或门 |
| 74LS11（CT4011） | 三输入与门 | 74LS86（CT4086） | 二输入四异或门 |

# 13.2 组合逻辑电路的分析和设计

由若干个基本门电路组合而成的逻辑电路叫组合逻辑电路。组合逻辑电路在任何时刻的稳定输出只决定于同一时刻各输入变量的取值，与电路该时刻以前的状态无关。

图 13.2.1 组合逻辑电路框图

组合逻辑电路可以有多个输入、多个输出，如图 13.2.1 所示。图中 $a_1$，$a_2$，…，$a_n$ 表示输入变量，$y_1$，$y_2$，…，$y_m$ 表示输出变量。输出与输入的逻辑关系可以用一组逻辑函数表示为

$$\begin{cases} y_1 = f_1(a_1, a_2, \cdots, a_n) \\ y_2 = f_2(a_1, a_2, \cdots, a_n) \\ \qquad \vdots \\ y_m = f_m(a_1, a_2, \cdots, a_n) \end{cases} \tag{13.2.1}$$

也可以用向量函数的形式写成

$$Y = F(A) \tag{13.2.2}$$

本节将运用逻辑代数和逻辑门电路等基本知识，介绍对组合逻辑电路进行分析和设计的方法。

## 13.2.1 组合逻辑电路的分析

组合逻辑电路的分析就是在已知电路结构的前提下，研究其输出与输入之间的逻辑关系，确定其逻辑功能。组合逻辑电路的分析一般按以下步骤进行。

1）根据已知逻辑电路图，写出每个逻辑门输出端的逻辑关系式，由输入级向后逐级递推，最后推出电路输出端的逻辑函数表达式。

2）用逻辑代数和逻辑函数化简等基本知识，对所得逻辑函数表达式进行化简和变换。

3）根据简化的逻辑函数表达式列出相应的真值表。

4）依据真值表和逻辑函数表达式对逻辑电路进行分析，确定逻辑电路的功能。

下面通过举例来说明组合逻辑电路的分析方法。

**【例 13.2.1】** 分析图 13.2.2 所示电路的逻辑功能。

**解：** 1）根据给定的逻辑电路图，从输入到输出写出每个逻辑门的逻辑函数表达式，

得到输出端的逻辑函数表达式。

$$Y_1 = \overline{AB}$$

$$Y_2 = \overline{A \cdot Y_1} = \overline{A \cdot \overline{AB}}$$

$$Y_3 = \overline{B \cdot Y_1} = \overline{B \cdot \overline{AB}}$$

$$Y = \overline{Y_2 \cdot Y_3} = \overline{\overline{A \cdot \overline{AB}} \cdot \overline{B \cdot \overline{AB}}}$$

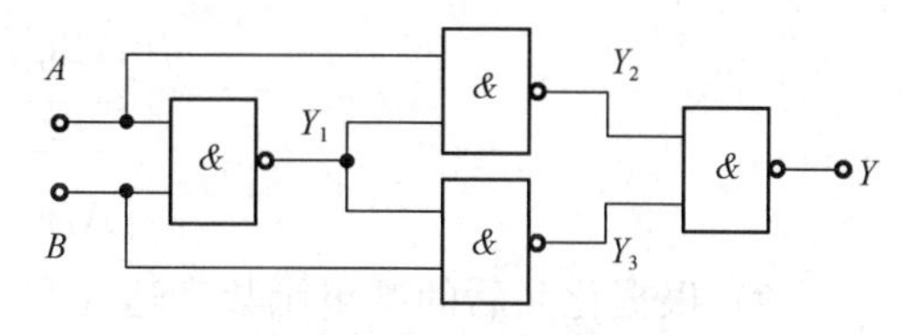


图 13.2.2　例 13.2.1 的电路

2）化简电路输出的逻辑函数表达式，将输出结果化为最简的与或式。用代数化简法化简，过程如下：

$$\begin{aligned} Y &= \overline{\overline{A \cdot \overline{AB}} \cdot \overline{B \cdot \overline{AB}}} \\ &= \overline{\overline{A \cdot \overline{AB}}} + \overline{\overline{B \cdot \overline{AB}}} \\ &= A \cdot \overline{AB} + B \cdot \overline{AB} \\ &= A(\overline{A} + \overline{B}) + B(\overline{A} + \overline{B}) \\ &= A\overline{B} + \overline{A}B \end{aligned}$$

3）根据化简后的逻辑函数表达式列出真值表。该函数的真值表如表 13.2.1 所示。

**表 13.2.1　例 13.2.1 的真值表**

| A | B | Y | A | B | Y |
|---|---|---|---|---|---|
| 0 | 0 | 0 | 1 | 0 | 1 |
| 0 | 1 | 1 | 1 | 1 | 0 |

4）分析逻辑功能。分析真值表可知，当 $A$、$B$ 输入相同时，输出 $Y$ 为 0；$A$、$B$ 输入不同时，输出 $Y$ 为 1。电路实现了异或逻辑运算，所以该逻辑电路叫做异或门电路，可以用表 13.1.7 中的异或逻辑图表示。逻辑表达式也可写成

$$Y = A\overline{B} + \overline{A}B = A \oplus B$$

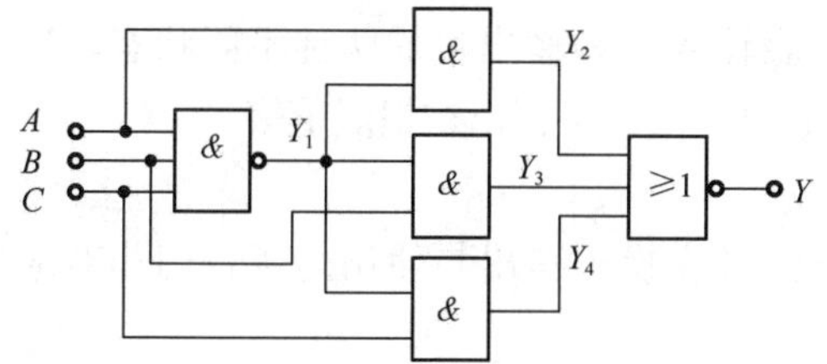


图 13.2.3　例 13.2.2 的电路

**【例 13.2.2】**　分析图 13.2.3 所示电路的逻辑功能。

**解：** 1）根据给定的逻辑电路图，写出逻辑函数表达式。

$$Y_1 = \overline{ABC}$$

$$Y_2 = A \cdot Y_1 = A \cdot \overline{ABC}$$

$$Y_3 = B \cdot Y_1 = B \cdot \overline{ABC}$$

$$Y_4 = C \cdot Y_1 = C \cdot \overline{ABC}$$

$$Y = \overline{Y_2 + Y_3 + Y_4} = \overline{A \cdot \overline{ABC} + B \cdot \overline{ABC} + C \cdot \overline{ABC}}$$

2）化简逻辑输出函数表达式。

$$F = \overline{A \cdot \overline{ABC} + B \cdot \overline{ABC} + C \cdot \overline{ABC}}$$

$$=\overline{\overline{ABC}(A+B+C)}$$

$$=\overline{\overline{ABC}}+\overline{A+B+C}$$

$$=ABC+\overline{A}\,\overline{B}\,\overline{C}$$

3）根据化简后的逻辑函数表达式列出真值表。该函数的真值表如表 13.2.2 所示。

**表 13.2.2　例 13.2.2 的真值表**

| $A$ | $B$ | $C$ | $Y$ | $A$ | $B$ | $C$ | $Y$ |
|---|---|---|---|---|---|---|---|
| 0 | 0 | 0 | 0 | 1 | 0 | 0 | 0 |
| 0 | 0 | 1 | 0 | 1 | 0 | 1 | 0 |
| 0 | 1 | 0 | 0 | 1 | 1 | 0 | 0 |
| 0 | 1 | 1 | 0 | 1 | 1 | 1 | 1 |

4）分析逻辑功能。由真值表可知，当输入 $A$、$B$、$C$ 取值都为“0”或都为“1”时，输出 $Y$ 的值为 1，其他情况下输出 $Y$ 均为“0”。也就是说，当输入一致时输出为“1”，输入不一致时输出为“0”。可见，该电路具有检查输入信号是否一致的逻辑功能，故称该电路为判一致电路。

### 13.2.2　组合逻辑电路的设计

组合逻辑电路的设计就是根据某一具体逻辑问题或某一逻辑功能要求，得到实现该逻辑问题或逻辑功能的逻辑电路。组合逻辑电路的设计一般按以下步骤进行。

1）根据实际逻辑问题的叙述，分析事件的因果关系，确定输入变量和输出变量，定义逻辑状态的含义。以 0、1 两种状态分别代表输入量和输出量的两种不同状态，这项工作叫做逻辑状态赋值。赋值后即可根据给定的因果关系列出逻辑真值表。

2）由真值表写出相关的逻辑函数表达式。

3）根据选定的器件类型将逻辑函数进行化简和变换，写出与使用的逻辑门相对应的最简逻辑函数表达式。

4）按化简和变换后的逻辑函数表达式绘制逻辑电路图。

下面通过例子来说明如何设计常用的组合逻辑电路。

**【例 13.2.3】** 按少数服从多数原则，设计一个三人表决电路。

**解：** 1）根据给定的逻辑要求，确定输入变量和输出变量，定义逻辑状态的含义，列出真值表。

假设用 $A$、$B$、$C$ 分别代表参加表决的三个逻辑变量，函数 $Y$ 表示表决结果。并约定，逻辑变量取值为 0 表示反对，逻辑变量取值为 1 表示赞成；逻辑函数 $Y$ 取值为 0 表示决议被否定，逻辑函数取值为 1 表示决议通过。那么，按照少数服从多数的原则可知，函数和变量的关系是：当三个变量 $A$、$B$、$C$ 中有两个或两个以上取值为 1 时，函数 $Y$ 的取值为 1，其他情况下函数 $Y$ 的取值为 0。因此，可列出该逻辑问题的真值表如表 13.2.3 所示。

表 13.2.3　例 13.2.3 的真值表

| $A$ | $B$ | $C$ | $Y$ | $A$ | $B$ | $C$ | $Y$ |
|---|---|---|---|---|---|---|---|
| 0 | 0 | 0 | 0 | 1 | 0 | 0 | 0 |
| 0 | 0 | 1 | 0 | 1 | 0 | 1 | 1 |
| 0 | 1 | 0 | 0 | 1 | 1 | 0 | 1 |
| 0 | 1 | 1 | 1 | 1 | 1 | 1 | 1 |

2）根据真值表写出函数表达式。

由真值表写表达式时，找出使输出函数为 1 所对应的输入变量组合，若输入变量为“1”，则取输入变量本身（如 $A$），若输入变量为“0”则取其反变量（如 $\overline{A}$）。在一种组合中，各输入变量之间为与（·）的关系。如果输出函数有多个为 1 时，那么所对应的多个输入变量组合之间为或（+）的关系。

由表 13.2.3 所示的真值表，对应于 $Y=1$，可写出函数 $Y$ 的最小项表达式为

$$Y=AB\overline{C}+A\overline{B}C+\overline{A}BC+ABC=\sum m(3,5,6,7)$$

3）化简函数表达式。

将函数的最小项表达式填入卡诺图，利用卡诺图（如图 13.2.4 所示）对逻辑函数进行化简，得最简“与或”表达式为

$$Y=AB+AC+BC$$

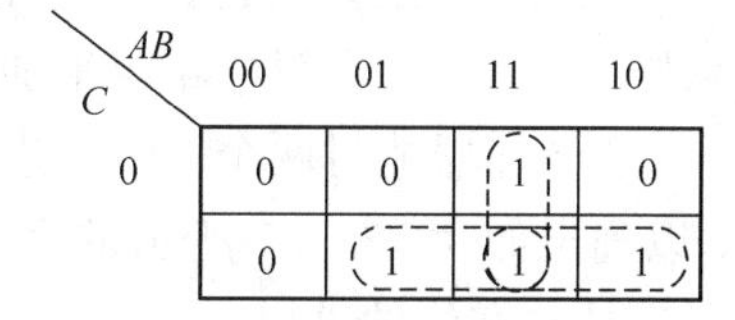

图 13.2.4　例 13.2.3 的卡诺图

4）画出逻辑电路图。由函数表达式，画出实现给定功能的逻辑电路图如图 13.2.5 所示。

**【例 13.2.4】** 如果例 13.2.3 中要求用与非门实现三人表决电路，试画出逻辑电路图。

**解：** 由于该题要求使用“与非”门，故可将例 13.2.3 中化简后的表达式变换成“与非-与非”表达式，即

$$Y=AB+AC+BC=\overline{\overline{AB+AC+BC}}=\overline{\overline{AB}\cdot\overline{AC}\cdot\overline{BC}}$$

由此画出逻辑电路如图 13.2.6 所示。

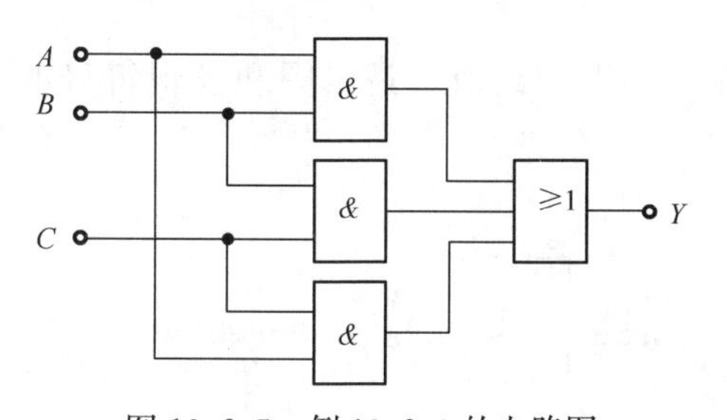

图 13.2.5　例 13.2.3 的电路图

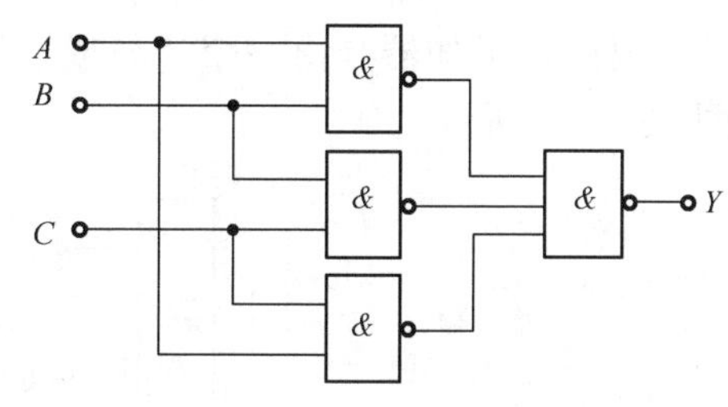

图 13.2.6　例 13.2.4 的电路图

## 13.3　常用组合逻辑模块

随着半导体技术的发展，在一个半导体芯片上集成的电子元件的数目越来越多，按集成电子元件数目的多少可分为小规模集成电路（SSI）、中规模集成电路（MSI）、大规模

集成电路（LSI）和超大规模集成电路（VLSI）。小规模集成电路主要是完成基本逻辑运算的逻辑器件，例如各种门电路和时序逻辑电路中的触发器。中规模集成电路能够完成一定的逻辑功能，如加法器、编码器、译码器、计数器等，通常称为逻辑组件（也称为逻辑功能部件，或称为逻辑模块）。大规模、超大规模集成电路是一个逻辑系统，例如微型计算机中的中央处理器（CPU）、单片微机及大容量的存储器等。

本节将介绍加法器、编码器、译码器、数据分配器、数据选择器、数据比较器等常用的中规模集组合逻辑模块。

### 13.3.1　加法器

在数字系统，尤其是在计算机的数字系统中，二进制加法运算是基本的运算，二进制加法器则是基本的运算单元。能实现二进制加法运算的逻辑电路称为二进制加法器。最基本的加法器是 1 位加法器，1 位加法器按功能不同又分为半加器和全加器。

1. 半加器

两个 1 位的二进制数进行相加运算，若不考虑来自低位的进位时称为半加运算，实现半加运算的逻辑电路叫半加器。

半加器能对两个 1 位二进制数相加而求得和及进位。按二进制加法的运算规则，可以列出如表 13.3.1 所示的半加器真值表。其中 $A_i$、$B_i$ 是两个加数，$S_i$ 是相加的和，$C_i$ 是向高位的进位。

**表 13.3.1　半加器的真值表**

| $A_i$ | $B_i$ | $S_i$ | $C_i$ | $A_i$ | $B_i$ | $S_i$ | $C_i$ |
|---|---|---|---|---|---|---|---|
| 0 | 0 | 0 | 0 | 1 | 0 | 1 | 0 |
| 0 | 1 | 1 | 0 | 1 | 1 | 0 | 1 |

根据半加器真值表，将 $S_i$、$C_i$ 和 $A_i$、$B_i$ 关系写成逻辑表达式为

$$\begin{cases} S_i = \overline{A}_i B_i + A_i \overline{B}_i = A_i \oplus B_i \\ C_i = A_i B_i \end{cases} \tag{13.3.1}$$

因此，半加器是由一个“异或”门和一个“与”门组成。逻辑图和逻辑符号如图 13.3.1 所示。

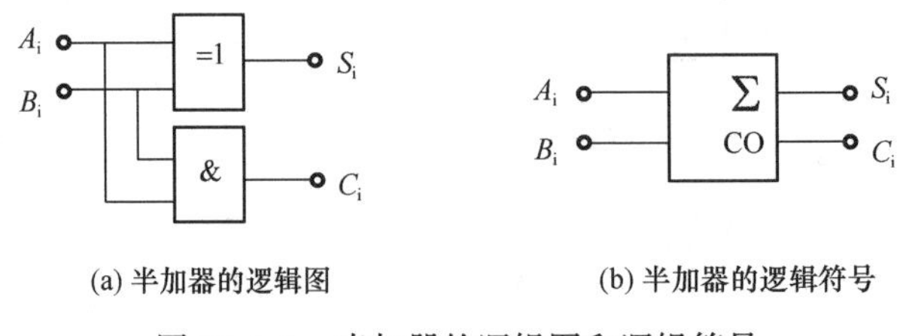


(a) 半加器的逻辑图　　(b) 半加器的逻辑符号

图 13.3.1　半加器的逻辑图和逻辑符号

2. 全加器

所谓“全加”，是指将本位的加数、被加数以及来自低位的进位 3 个数相加。实现

这种运算的电路称为全加器。全加器能对两个 1 位二进制数相加并考虑低位来的进位，求得和及进位。全加器的真值表如表 13.3.2 所示。其中 $A_i$、$B_i$ 是两个加数，$C_{i-1}$ 是低位送来的进位，$S_i$ 是相加的和，$C_i$ 是向高位的进位。

**表 13.3.2　全加器的真值表**

| $A_i$ | $B_i$ | $C_{i-1}$ | $S_i$ | $C_i$ |
|---|---|---|---|---|
| 0 | 0 | 0 | 0 | 0 |
| 0 | 0 | 1 | 1 | 0 |
| 0 | 1 | 0 | 1 | 0 |
| 0 | 1 | 1 | 0 | 1 |
| 1 | 0 | 0 | 1 | 0 |
| 1 | 0 | 1 | 0 | 1 |
| 1 | 1 | 0 | 0 | 1 |
| 1 | 1 | 1 | 1 | 1 |

根据全加器真值表，可以写出全加和 $S_i$ 和进位 $C_i$ 的逻辑表达式。

$$\begin{aligned} S_i &= \overline{A}_i\overline{B}_iC_{i-1} + \overline{A}_iB_i\overline{C}_{i-1} + A_i\overline{B}_i\overline{C}_{i-1} + A_iB_iC_{i-1} \\ &= A_i \oplus B_i \oplus C_{i-1} \end{aligned} \tag{13.3.2}$$

$$\begin{aligned} C_i &= \overline{A}_iB_iC_{i-1} + A_i\overline{B}_iC_{i-1} + A_iB_i\overline{C}_{i-1} + A_iB_iC_{i-1} \\ &= (A_i \oplus B_i)C_{i-1} + A_iB_i \end{aligned} \tag{13.3.3}$$

全加器逻辑图和逻辑符号如图 13.3.2 所示。

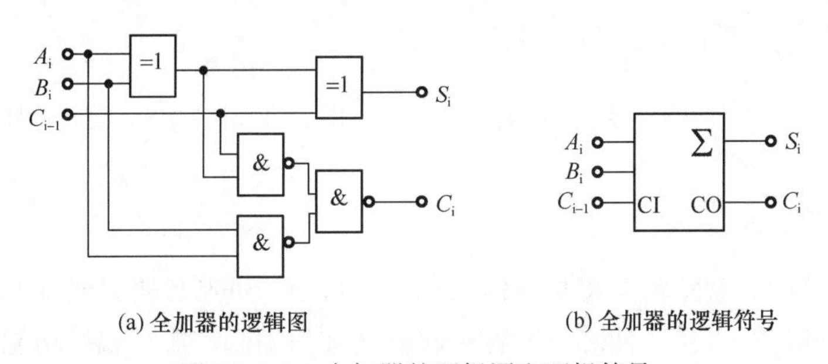


(a) 全加器的逻辑图　　(b) 全加器的逻辑符号

图 13.3.2　全加器的逻辑图和逻辑符号

一个全加器只能完成两个 1 位的二进制数的加法运算，用多个全加器可以实现两个多位的二进制数的加法运算。把 $n$ 个全加器串联起来，低位全加器的进位输出连接到相邻的高位全加器的进位输入，便构成了 $n$ 位的串行进位加法器。图 13.3.3 是 4 个全加器组成的加法器，可以实现两个 4 位二进制数 $A_3A_2A_1A_0$ 与 $B_3B_2B_1B_0$ 相加的运算。其中，$S_3$、$S_2$、$S_1$、$S_0$ 是各位的本位和，$C_3$ 是最高位的进位。由于最低位没有低位进位，所以将最低位进位处接地。

显然，这种加法器每一位的相加结果都必须等到低一位的进位产生以后才能建立起来，它的最大缺点是运算速度慢。但因为串行进位加法器的电路结构比较简单，所以在对运算速度要求不高的设备中仍是一种实用的电路。

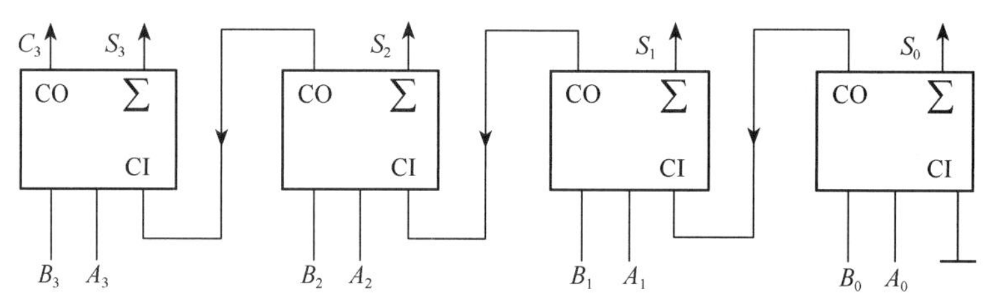


图 13.3.3　4 位逐位进位加法器

3. 中规模集成加法器

全加器可以做成集成芯片，例如 74LS83、74LS283 等。74LS83 是一个 4 位全加器，该器件中各进位不是由前级全加器的进位输出提供的，而是同时形成的，这类 4 位全加器又被称为快速进位（先行进位或超前进位）全加器。74LS83 芯片引脚排列如图 13.3.4 所示，逻辑符号如图 13.3.5 所示。图中 $A_3A_2A_1A_0$ 和 $B_3B_2B_1B_0$ 分别接 4 位二进制被加数和加数，$S_3$、$S_2$、$S_1$、$S_0$ 是各位的本位和，$C_3$ 是最高位的进位。不片接时，74LS83 的 $C_0$ 端应接低电平。

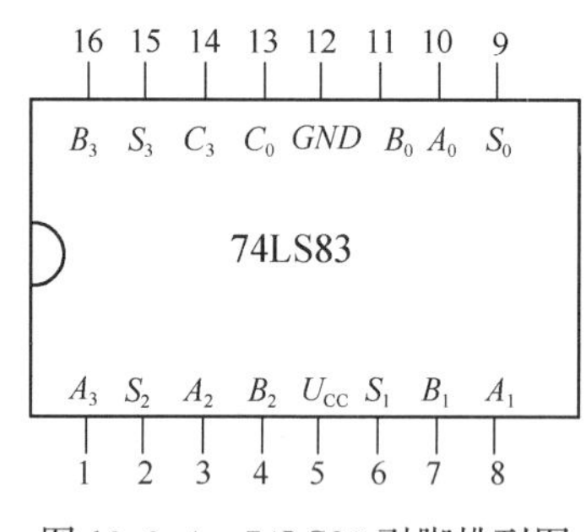


图 13.3.4　74LS83 引脚排列图

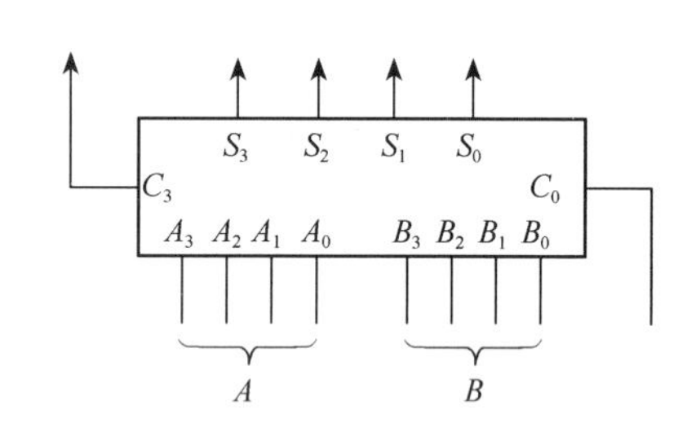


图 13.3.5　74LS83 逻辑符号

## 13.3.2　编码器

在数字系统中，常常需要将某一信息变换为特定二进制代码以便系统识别。把二进制代码按一定的规律编排，使之具有特定的含义称为编码。实现编码功能的组合逻辑电路称为编码器。例如计算机的键盘输入功能就是由编码器组成的，每按下一个键，编码器就将该按键的含义（控制信息）转换成一个计算机能够识别的二进制数，用它去控制机器的操作。常见的有二进制编码器、二-十进制编码器和优先编码器。

1. 二进制编码器

二进制编码器是将被编码信息编成二进制代码的电路。$n$ 位二进制代码有 $2^n$ 个代码组合，最多可以对 $2^n$ 个信息进行编码。例如，3 位二进制代码可对八个对象进行编码，这种编码器通常简称为 8 线-3 线编码器。下面以 8 线-3 线编码电路说明编码器的原理。

把八个输入信号 $I_0 \sim I_7$ 编成对应的 3 位二进制代码输出，三个输出端为 $Y_2$、$Y_1$、$Y_0$，真值表如表 13.3.3 所示，逻辑表达式为

$$\begin{cases} Y_2 = I_4 + I_5 + I_6 + I_7 = \overline{\overline{I}_4 \cdot \overline{I}_5 \cdot \overline{I}_6 \cdot \overline{I}_7} \\ Y_1 = I_2 + I_3 + I_6 + I_7 = \overline{\overline{I}_2 \cdot \overline{I}_3 \cdot \overline{I}_6 \cdot \overline{I}_7} \\ Y_0 = I_1 + I_3 + I_5 + I_7 = \overline{\overline{I}_1 \cdot \overline{I}_3 \cdot \overline{I}_5 \cdot \overline{I}_7} \end{cases} \tag{13.3.4}$$

**表 13.3.3　3 位二进制编码器的真值表**

| 输入 | | | | | | | | 输出 | | |
|---|---|---|---|---|---|---|---|---|---|---|
| $I_7$ | $I_6$ | $I_5$ | $I_4$ | $I_3$ | $I_2$ | $I_1$ | $I_0$ | $Y_2$ | $Y_1$ | $Y_0$ |
| 0 | 0 | 0 | 0 | 0 | 0 | 0 | 1 | 0 | 0 | 0 |
| 0 | 0 | 0 | 0 | 0 | 0 | 1 | 0 | 0 | 0 | 1 |
| 0 | 0 | 0 | 0 | 0 | 1 | 0 | 0 | 0 | 1 | 0 |
| 0 | 0 | 0 | 0 | 1 | 0 | 0 | 0 | 0 | 1 | 1 |
| 0 | 0 | 0 | 1 | 0 | 0 | 0 | 0 | 1 | 0 | 0 |
| 0 | 0 | 1 | 0 | 0 | 0 | 0 | 0 | 1 | 0 | 1 |
| 0 | 1 | 0 | 0 | 0 | 0 | 0 | 0 | 1 | 1 | 0 |
| 1 | 0 | 0 | 0 | 0 | 0 | 0 | 0 | 1 | 1 | 1 |

逻辑图如图 13.3.6 所示。

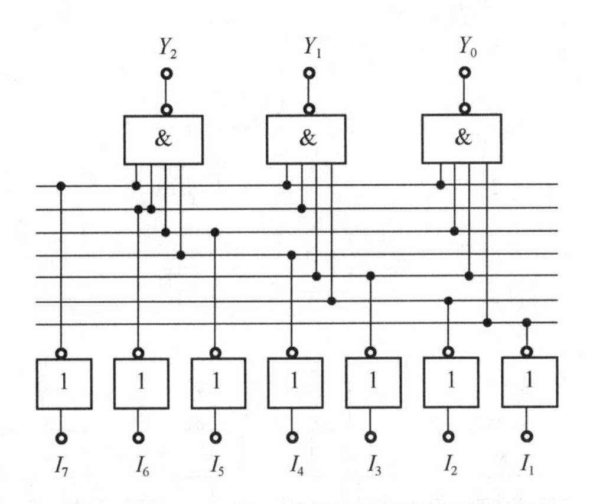


图 13.3.6　3 位二进制编码器的逻辑图

2. 二-十进制编码器

将十进制的十个数码 0～9 编成二进制代码，称为二-十进制编码，这种二-十进制代码简称 BCD 码。实现二-十进制编码的逻辑电路称为二-十进制编码器。

用 4 位二进制代码来表示十进制数码时，因为 4 位二进制代码有十六种代码组合，从中选出十种的方法很多，常用的方法是用前十种代码来表示 0～9 十个数码。由于采用这种编码时，4 位二进制数从高到低各位的权值分别为 8，4，2，1，所以称这种编码为 8421BCD 码。

8421BCD 编码器把十个输入信号编成对应的 4 位二进制代码输出，所以又称为 10 线-4 线编码器。常用的 8421 码编码器的真值表如表 13.3.4 所示，它有十个输入

端 $I_0 \sim I_9$（代表十进制的十个数码 0～9），四个输出端 $Y_3$、$Y_2$、$Y_1$、$Y_0$ 表示 8421BCD 码。

**表 13.3.4　8421 编码器的真值表**

| 输入 | | | | | | | | | | 输出 | | | |
|---|---|---|---|---|---|---|---|---|---|---|---|---|---|
| $I_9$ | $I_8$ | $I_7$ | $I_6$ | $I_5$ | $I_4$ | $I_3$ | $I_2$ | $I_1$ | $I_0$ | $Y_3$ | $Y_2$ | $Y_1$ | $Y_0$ |
| 0 | 0 | 0 | 0 | 0 | 0 | 0 | 0 | 0 | 1 | 0 | 0 | 0 | 0 |
| 0 | 0 | 0 | 0 | 0 | 0 | 0 | 0 | 1 | 0 | 0 | 0 | 0 | 1 |
| 0 | 0 | 0 | 0 | 0 | 0 | 0 | 1 | 0 | 0 | 0 | 0 | 1 | 0 |
| 0 | 0 | 0 | 0 | 0 | 0 | 1 | 0 | 0 | 0 | 0 | 0 | 1 | 1 |
| 0 | 0 | 0 | 0 | 0 | 1 | 0 | 0 | 0 | 0 | 0 | 1 | 0 | 0 |
| 0 | 0 | 0 | 0 | 1 | 0 | 0 | 0 | 0 | 0 | 0 | 1 | 0 | 1 |
| 0 | 0 | 0 | 1 | 0 | 0 | 0 | 0 | 0 | 0 | 0 | 1 | 1 | 0 |
| 0 | 0 | 1 | 0 | 0 | 0 | 0 | 0 | 0 | 0 | 0 | 1 | 1 | 1 |
| 0 | 1 | 0 | 0 | 0 | 0 | 0 | 0 | 0 | 0 | 1 | 0 | 0 | 0 |
| 1 | 0 | 0 | 0 | 0 | 0 | 0 | 0 | 0 | 0 | 1 | 0 | 0 | 1 |

由表 13.3.4，写出逻辑表达式为

$$\begin{cases} Y_3 = I_8 + I_9 = \overline{\overline{I}_8 \overline{I}_9} \\ Y_2 = I_4 + I_5 + I_6 + I_7 = \overline{\overline{I}_4 \overline{I}_5 \overline{I}_6 \overline{I}_7} \\ Y_1 = I_2 + I_3 + I_6 + I_7 = \overline{\overline{I}_2 \overline{I}_3 \overline{I}_6 \overline{I}_7} \\ Y_0 = I_1 + I_3 + I_5 + I_7 + I_9 = \overline{\overline{I}_1 \overline{I}_3 \overline{I}_5 \overline{I}_7 \overline{I}_9} \end{cases} \tag{13.3.5}$$

逻辑图如图 13.3.7 所示。

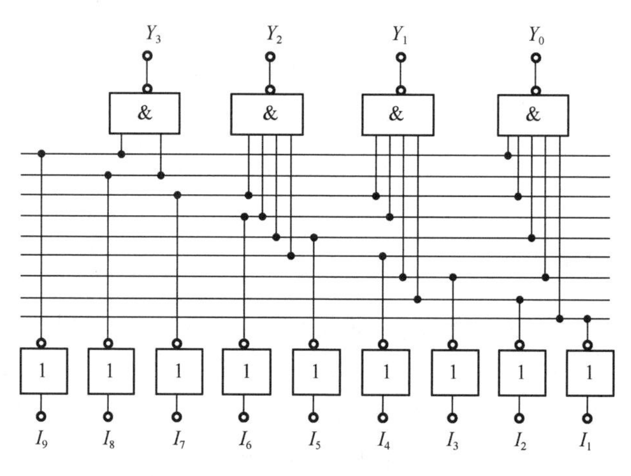


图 13.3.7　8421 码编码器的逻辑图

3. 集成优先编码器

在计算机系统中有许多输入设备，可能出现几台设备同时发出服务请求，这就必须

按预先规定好的顺序允许其中的一个进行操作，即执行操作存在优先级别。优先编码器可以在多个信息同时输入时，识别信号的优先级别并对其进行编码。

集成编码器的种类繁多，如 TTL 优先编码器 74LS147、74LS148 以及 CMOS 优先编码器 74HC147、74HC148 等。

74LS148 是一个 8 线-3 线优先编码器，编码功能如表 13.3.5 所示，输入端和输出端都是低电平有效。74LS148 引脚排列如图 13.3.8 所示。

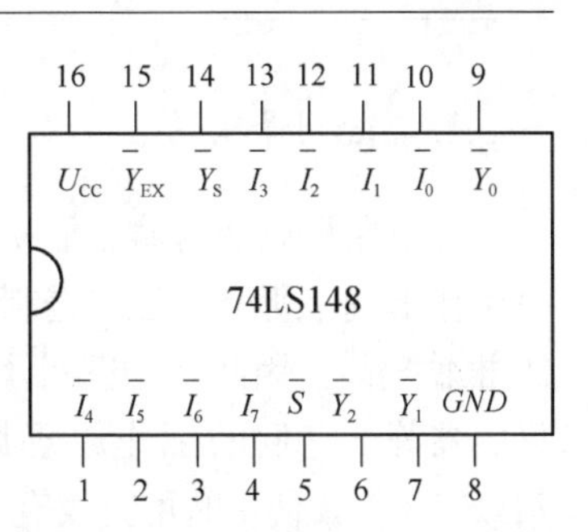


图 13.3.8　74LS148 引脚排列图

**表 13.3.5　74LS148 的功能表**

| 输入 | | | | | | | | | 输出 | | | | |
|---|---|---|---|---|---|---|---|---|---|---|---|---|---|
| $\overline{S}$ | $\overline{I}_7$ | $\overline{I}_6$ | $\overline{I}_5$ | $\overline{I}_4$ | $\overline{I}_3$ | $\overline{I}_2$ | $\overline{I}_1$ | $\overline{I}_0$ | $\overline{Y}_2$ | $\overline{Y}_1$ | $\overline{Y}_0$ | $\overline{Y}_S$ | $\overline{Y}_{EX}$ |
| 1 | × | × | × | × | × | × | × | × | 1 | 1 | 1 | 1 | 1 |
| 0 | 1 | 1 | 1 | 1 | 1 | 1 | 1 | 1 | 1 | 1 | 1 | 0 | 1 |
| 0 | 0 | × | × | × | × | × | × | × | 0 | 0 | 0 | 1 | 0 |
| 0 | 1 | 0 | × | × | × | × | × | × | 0 | 0 | 1 | 1 | 0 |
| 0 | 1 | 1 | 0 | × | × | × | × | × | 0 | 1 | 0 | 1 | 0 |
| 0 | 1 | 1 | 1 | 0 | × | × | × | × | 0 | 1 | 1 | 1 | 0 |
| 0 | 1 | 1 | 1 | 1 | 0 | × | × | × | 1 | 0 | 0 | 1 | 0 |
| 0 | 1 | 1 | 1 | 1 | 1 | 0 | × | × | 1 | 0 | 1 | 1 | 0 |
| 0 | 1 | 1 | 1 | 1 | 1 | 1 | 0 | × | 1 | 1 | 0 | 1 | 0 |
| 0 | 1 | 1 | 1 | 1 | 1 | 1 | 1 | 0 | 1 | 1 | 1 | 1 | 0 |

注：×表示该输入端的输入电平可为任意电平或称无关项。

$\overline{S}$ 为选通输入端，当 $\overline{S}=0$ 时，编码器正常工作，允许编码。而在 $\overline{S}=1$ 时，所有的输出端均被封锁在高电平，编码被禁止。

在 $\overline{S}=0$ 电路正常工作状态下，允许 $\overline{I}_0 \sim \overline{I}_7$ 当中同时有几个输入端同时为低电平即有编码输入信号。优先级别从 $\overline{I}_7$ 至 $\overline{I}_0$ 递降，$\overline{I}_7$ 的优先权最高，$\overline{I}_7$ 的优先权最低。当 $\overline{I}_7=0$ 时，无论其他输入端有无输入信号（表中以×表示），输出端只给出 $\overline{I}_7$ 的编码，即 $\overline{Y}_2\overline{Y}_1\overline{Y}_0=000$，当 $\overline{I}_7=1$，$\overline{I}_6=0$ 时，无论其他输入端有无输入信号，只对 $\overline{I}_6$ 编码，即输出为 $\overline{Y}_2\overline{Y}_1\overline{Y}_0=001$。其余可以依此类推。

$\overline{Y}_S$ 是选通输出端。$\overline{Y}_S=0$ 表示“电路工作，但无编码输入”。

$\overline{Y}_{EX}$ 是扩展输出端。$\overline{Y}_{EX}=0$ 表示“电路工作，而且有编码输入”。

### 13.3.3　译码器

译码是编码的逆过程，是将具有特定含义的二进制代码“翻译”成相应的状态或信息。能实现译码功能的电路称为译码器。译码器的逻辑功能与编码器相反。常用的译码器电路有通用译码器和数字显示译码器两类。

1. 二进制译码器

二进制译码器的输入是 $n$ 位二进制代码，对应有 $2^n$ 种代码组合，每组输入代码对应一个输出端，所以 $n$ 位二进制译码器有 $2^n$ 个输出端。$n$ 位二进制译码器需要 $n$ 根输入线，$2^n$ 根输出线。因此，二进制译码器可分为 2 线-4 线译码器、3 线-8 线译码器、4 线-16 线译码器等，它们的工作原理则是相同的，都有集成电路产品，如 74LS138、74LS139、74LS154 等，使用时可查找有关手册。

74LS138 是一种常用的 3 位二进制集成译码器，输入的是 3 位二进制代码 $A_2A_1A_0$，输出是 8 个译码信号 $\overline{Y}_0 \sim \overline{Y}_7$。表 13.3.6 是 74LS138 的功能表。74LS138 芯片引脚排列和逻辑符号如图 13.3.9 所示。

**表 13.3.6　3 线-8 线译码器 74LS138 的功能表**

| 输入 | | | | | 输出 | | | | | | | |
|---|---|---|---|---|---|---|---|---|---|---|---|---|
| $S_1$ | $\overline{S}_2+\overline{S}_3$ | $A_2$ | $A_1$ | $A_0$ | $\overline{Y}_0$ | $\overline{Y}_1$ | $\overline{Y}_2$ | $\overline{Y}_3$ | $\overline{Y}_4$ | $\overline{Y}_5$ | $\overline{Y}_6$ | $\overline{Y}_7$ |
| 0 | × | × | × | × | 1 | 1 | 1 | 1 | 1 | 1 | 1 | 1 |
| × | 1 | × | × | × | 1 | 1 | 1 | 1 | 1 | 1 | 1 | 1 |
| 1 | 0 | 0 | 0 | 0 | 0 | 1 | 1 | 1 | 1 | 1 | 1 | 1 |
| 1 | 0 | 0 | 0 | 1 | 1 | 0 | 1 | 1 | 1 | 1 | 1 | 1 |
| 1 | 0 | 0 | 1 | 0 | 1 | 1 | 0 | 1 | 1 | 1 | 1 | 1 |
| 1 | 0 | 0 | 1 | 1 | 1 | 1 | 1 | 0 | 1 | 1 | 1 | 1 |
| 1 | 0 | 1 | 0 | 0 | 1 | 1 | 1 | 1 | 0 | 1 | 1 | 1 |
| 1 | 0 | 1 | 0 | 1 | 1 | 1 | 1 | 1 | 1 | 0 | 1 | 1 |
| 1 | 0 | 1 | 1 | 0 | 1 | 1 | 1 | 1 | 1 | 1 | 0 | 1 |
| 1 | 0 | 1 | 1 | 1 | 1 | 1 | 1 | 1 | 1 | 1 | 1 | 0 |

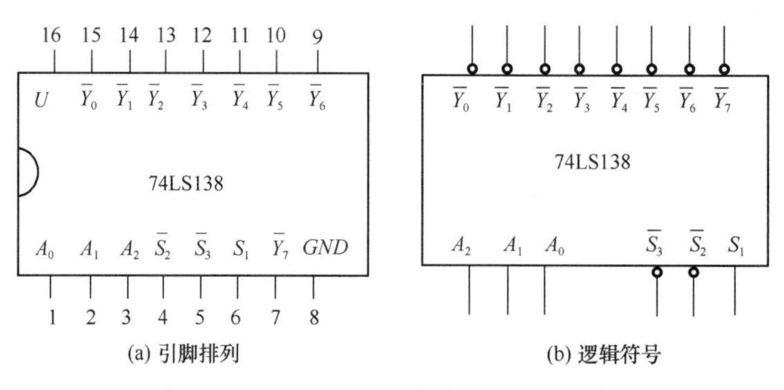


图 13.3.9　74LS138 引脚排列图和逻辑符号

74LS138 有三个使能端 $S_1$、$\overline{S}_2$ 和 $\overline{S}_3$。当 $S_1=1$，$\overline{S}_2+\overline{S}_3=1$ 时，译码器处于工作状态。$S_1=0$，$\overline{S}_2+\overline{S}_3=1$，译码器被禁止，所有的输出端被封锁在高电平，无译码输出。

译码器输出的逻辑表达式为

$$\begin{cases} \overline{Y}_0 = \overline{\overline{A}_2\overline{A}_1\overline{A}_0} = \overline{m}_0 & \overline{Y}_1 = \overline{\overline{A}_2\overline{A}_1 A_0} = \overline{m}_1 \\ \overline{Y}_2 = \overline{\overline{A}_2 A_1\overline{A}_0} = \overline{m}_2 & \overline{Y}_3 = \overline{\overline{A}_2 A_1 A_0} = \overline{m}_3 \\ \overline{Y}_4 = \overline{A_2\overline{A}_1\overline{A}_0} = \overline{m}_4 & \overline{Y}_5 = \overline{A_2\overline{A}_1 A_0} = \overline{m}_5 \\ \overline{Y}_6 = \overline{A_2\overline{A}_1\overline{A}_0} = \overline{m}_6 & \overline{Y}_7 = \overline{A_2 A_1 A_0} = \overline{m}_7 \end{cases} \tag{13.3.6}$$

74LS138 译码器输出 $\overline{Y}_0 \sim \overline{Y}_7$ 是 $A_2$、$A_1$、$A_0$ 这三个变量的全部最小项的非，因此，这种译码器又称为最小项译码器。

利用 3 线-8 线译码器可以扩展成 4 线-16 线译码器、5 线-32 线译码器等。图 13.3.10 是由两片 74LS138 译码器构成的 4 线-16 线译码器连接图。

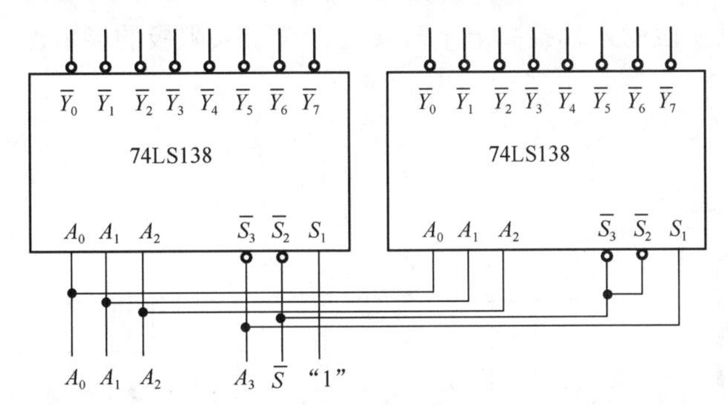

图 13.3.10　两片 74LS138 扩展成的 4 线-16 线译码器连接图

另外，因为译码器每个输出端对应着一个输入变量的最小项，所以可用译码器设计组合逻辑电路。

**【例 13.3.1】** 用 74LS138 译码器和适当的与非门实现全加器的逻辑功能。

**解：** 由全加器的真值表（表 13.3.2），可以写出全加 $S_i$ 和进位 $C_i$ 的逻辑表达式。

$$\begin{aligned} S_i &= \overline{A}_i\overline{B}_i C_{i-1} + \overline{A}_i B_i \overline{C}_{i-1} + A_i\overline{B}_i\overline{C}_{i-1} + A_i B_i C_{i-1} \\ &= m_1 + m_2 + m_4 + m_7 \\ &= \overline{\overline{m_1}\cdot\overline{m_2}\cdot\overline{m_1}\cdot\overline{m_7}} \\ &= \overline{\overline{Y}_1\cdot\overline{Y}_2\cdot\overline{Y}_4\cdot\overline{Y}_7} \end{aligned}$$

$$\begin{aligned} C_1 &= \overline{A}_i B_i C_{i-1} + A_i\overline{B}_i C_{i-1} + A_i B_i\overline{C}_{i-1} + A_i B_i C_{i-1} \\ &= m_3 + m_5 + m_6 + m_7 \\ &= \overline{\overline{m_3}\cdot\overline{m_5}\cdot\overline{m_6}\cdot\overline{m_7}} \\ &= \overline{\overline{Y}_3\cdot\overline{Y}_5\cdot\overline{Y}_6\cdot\overline{Y}_7} \end{aligned}$$

用 74LS138 译码器和与非门构成全加器的逻辑电路如图 13.3.11 所示。

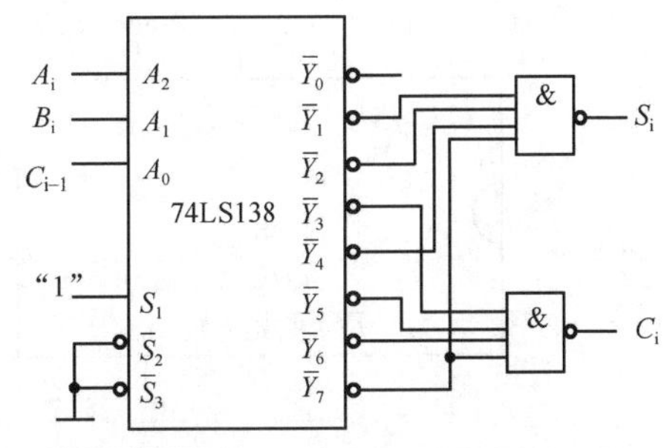

图 13.3.11　例 13.3.1 的图

2. 二-十进制显示译码器

在数字系统中，常常需要将数字量以十进制数码直观地显示出来，这就需要数码显示电路。数码显示电路通常由显示译码器和数字显示器两

部分组成，显示译码器把二-十进制代码通过变换成输出信号再去驱动数码显示器。下面分别对数码显示器和显示译码器的电路结构和工作原理加以简单介绍。

（1）七段数字显示器

七段数字显示器是目前广泛使用的一种数码显示器件，常称为七段数码管。这种数字显示器由七段可发光的字段组合而成。常用的七段数字显示器有半导体数码显示器（LED）和液晶显示器（LCD）等。下面以 LED 显示器为例简述数字显示的原理。

七段 LED 数码显示器是将要显示的十进制数码分成七段，每段为一个发光二极管，利用不同发光段的组合来显示不同的数字，有共阴极和共阳极两种接法，如图 13.3.12 所示。发光二极管 $a\sim g$ 用于显示十进制的十个数字 0～9，$h$ 用于显示小数点。对于共阴极的显示器，某一段输入端接高电平时发光；对于共阳极的显示器，某一段输入端接低电平时发光。

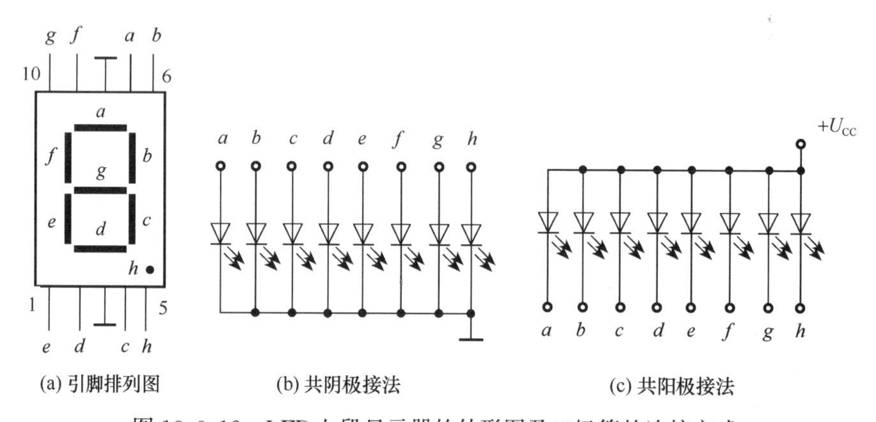


图 13.3.12 LED 七段显示器的外形图及二极管的连接方式

（2）显示译码器

显示器需译码/驱动器配合才能完成其显示功能。显示译码器就是用于驱动数码管显示数字或字符的组合逻辑组件。供 LED 显示器用的显示译码器有多种型号。与共阳极数码管对应的七段译码器输出有效电平为低电平，如 7447、74LS47 和 74LS247 等；与共阴极数码管对应的七段译码器输出有效电平为高电平，如 7448、74LS48 和 74LS248 等。

图 13.3.13 给出七段显示译码器 7448 的引脚排列图，它有四个输入端 $A_3$、$A_2$、$A_1$、$A_0$ 和七个输出端 $Y_a\sim Y_g$，输出端接七段数码管的输入 $a\sim g$。逻辑符号如图 13.3.14 所示。7448 的功能表如表 13.3.7 所示。

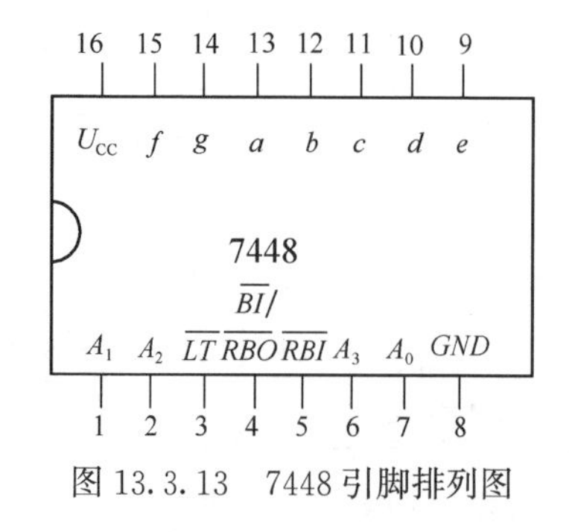


图 13.3.13 7448 引脚排列图

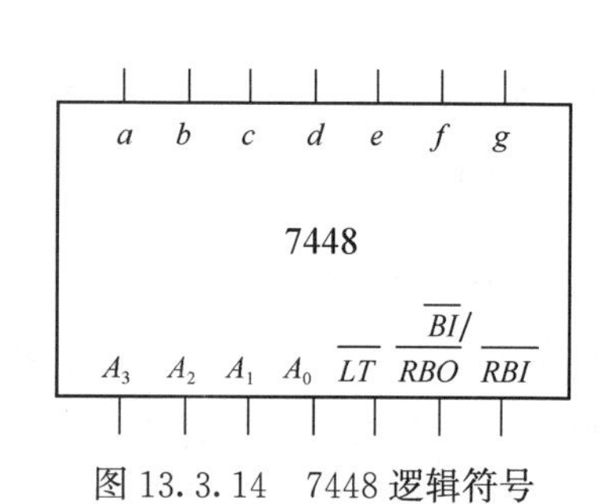


图 13.3.14 7448 逻辑符号

**表 13.3.7　七段显示译码器 7448 的功能表**

| 功能和十进制数 | 输入 | | | | | | $\overline{BI}/\overline{RBO}$ | 输出 | | | | | | | |
|---|---|---|---|---|---|---|---|---|---|---|---|---|---|---|---|
| | $\overline{LT}$ | $\overline{RBI}$ | $A_3$ | $A_2$ | $A_1$ | $A_0$ | | $Y_a$ | $Y_b$ | $Y_c$ | $Y_d$ | $Y_e$ | $Y_f$ | $Y_g$ | 字形 |
| 试灯 | 0 | × | × | × | × | × | 1 | 1 | 1 | 1 | 1 | 1 | 1 | 1 | 8 |
| 灭零 | 1 | 0 | 0 | 0 | 0 | 0 | 0 | 0 | 0 | 0 | 0 | 0 | 0 | 0 | 灭零 |
| 灭灯 | × | × | × | × | × | × | 0 | 0 | 0 | 0 | 0 | 0 | 0 | 0 | 全灭 |
| 0 | 1 | 1 | 0 | 0 | 0 | 0 | 1 | 1 | 1 | 1 | 1 | 1 | 1 | 0 | 0 |
| 1 | 1 | × | 0 | 0 | 0 | 1 | 1 | 0 | 1 | 1 | 0 | 0 | 0 | 0 | 1 |
| 2 | 1 | × | 0 | 0 | 1 | 0 | 1 | 1 | 1 | 0 | 1 | 1 | 0 | 1 | 2 |
| 3 | 1 | × | 0 | 0 | 1 | 1 | 1 | 1 | 1 | 1 | 1 | 0 | 0 | 1 | 3 |
| 4 | 1 | × | 0 | 1 | 0 | 0 | 1 | 0 | 1 | 1 | 0 | 0 | 1 | 1 | 4 |
| 5 | 1 | × | 0 | 1 | 0 | 1 | 1 | 1 | 0 | 1 | 1 | 0 | 1 | 1 | 5 |
| 6 | 1 | × | 0 | 1 | 1 | 0 | 1 | 1 | 0 | 1 | 1 | 1 | 1 | 1 | 6 |
| 7 | 1 | × | 0 | 1 | 1 | 1 | 1 | 1 | 1 | 1 | 0 | 0 | 0 | 0 | 7 |
| 8 | 1 | × | 1 | 0 | 0 | 0 | 1 | 1 | 1 | 1 | 1 | 1 | 1 | 1 | 8 |
| 9 | 1 | × | 1 | 0 | 0 | 1 | 1 | 1 | 1 | 1 | 1 | 0 | 1 | 1 | 9 |
| 10 | 1 | × | 1 | 0 | 1 | 0 | 1 | 0 | 0 | 0 | 1 | 1 | 0 | 1 | [ |
| 11 | 1 | × | 1 | 0 | 1 | 1 | 1 | 0 | 0 | 1 | 1 | 0 | 0 | 1 | ] |
| 12 | 1 | × | 1 | 1 | 0 | 0 | 1 | 0 | 1 | 0 | 0 | 0 | 1 | 1 | u |
| 13 | 1 | × | 1 | 1 | 0 | 1 | 1 | 1 | 0 | 0 | 1 | 0 | 1 | 1 | [ |
| 14 | 1 | × | 1 | 1 | 1 | 0 | 1 | 0 | 0 | 0 | 1 | 1 | 1 | 1 | - |
| 15 | 1 | × | 1 | 1 | 1 | 1 | 1 | 0 | 0 | 0 | 1 | 0 | 0 | 0 | E |

显示译码器 7448 还有三个低电平有效的控制端 $\overline{LT}$、$\overline{RBI}$、$\overline{BI}/\overline{RBO}$，它们在正常工作时均接高电平。

试灯输入端 $\overline{LT}$：用来测试七段数码管的好坏。当 $\overline{LT}=0$，$\overline{BI}/\overline{RBO}=1$ 时，数码管的七段全亮。

灭零输入端 $\overline{RBI}$：用来熄灭不希望显示的零。当 $\overline{RBI}=0$，且 $A_3A_2A_1A_0=0000$ 时，数码管的七段全灭。

灭灯输入/灭零输出 $\overline{BI}/\overline{RBO}$：这是一个双向控制端。作为输入端使用时，只要 $\overline{BI}=0$，数码管的各段全灭，故称为灭灯输入控制端；作为输出端使用时，当 $\overline{LT}=1$，$\overline{RBI}=0$，且 $A_3A_2A_1A_0=0000$ 时，数码管不显示，$\overline{RBO}=0$，用以指示译码器处于灭零状态，故称为灭零输出端。

图 13.3.15 是 7448 译码器直接驱动共阴极数码显示器的电路图。

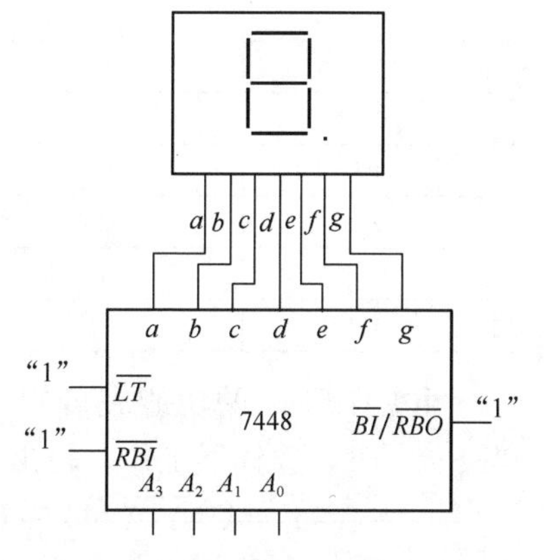


图 13.3.15　7448 译码显示电路

### 13.3.4 数据选择器与数据分配器

在数字系统和计算机中，为了减少传输线，常采用总线技术，即在同一条线上对多路数据进行接收或传送。数据选择器和数据分配器就是实现这种功能的逻辑电路，它们是数字电路中的多路开关。

1. 数据选择器

数据选择器的功能是从多路输入数据中选择一路输出，所以数据选择器又叫多路选择器。据此，有 2 选 1、4 选 1、8 选 1、16 选 1 等不同的数据选择器。

集成数据选择器的规格品种较多，例如四 2 选 1 数据选择器 74LS157、双 4 选 1 数据选择器 74LS153、8 选 1 数据选择器 74LS151 等。

图 13.3.16 和图 13.3.17 分别为 8 选 1 集成数据选择器 74LS151 的引脚排列图和逻辑符号。它有 8 个数据输入端 $D_0 \sim D_8$，3 个地址输入端 $A_0 \sim A_2$，1 选通控制端 $\overline{S}$，两个互补的输出端 $Y$ 和 $\overline{Y}$。功能表如表 13.3.8 所示。

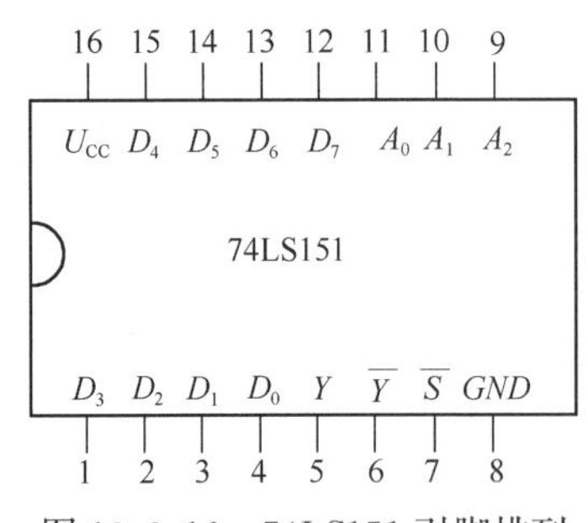


图 13.3.16 74LS151 引脚排列

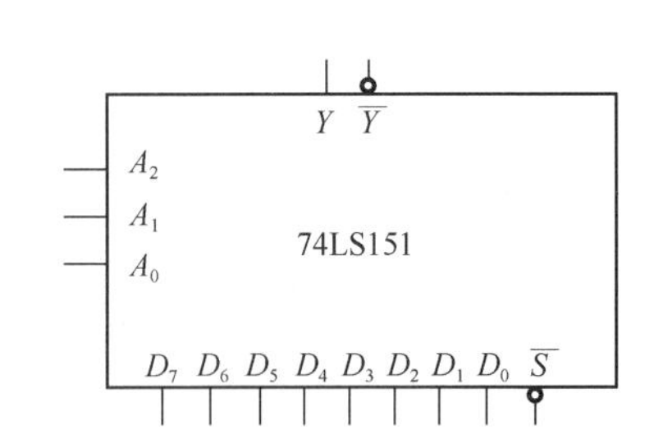


图 13.3.17 74LS151 逻辑符号

**表 13.3.8 74LS151 的功能表**

| 使能 $\overline{S}$ | 选择输入 | | | 输出 |
|---|---|---|---|---|
| | $A_2$ | $A_1$ | $A_0$ | $Y$ |
| 1 | × | × | × | 0 |
| 0 | 0 | 0 | 0 | $D_0$ |
| 0 | 0 | 0 | 1 | $D_1$ |
| 0 | 0 | 1 | 0 | $D_2$ |
| 0 | 0 | 1 | 1 | $D_3$ |
| 0 | 1 | 0 | 0 | $D_4$ |
| 0 | 1 | 0 | 1 | $D_5$ |
| 0 | 1 | 1 | 0 | $D_6$ |
| 0 | 1 | 1 | 1 | $D_7$ |

由 74LS151 的功能表可知，在选控制端 $\overline{S}=1$ 时，输出 $Y=0$，选择器被禁止。当 $\overline{S}=0$ 时，选择器工作，输出 $Y$ 的逻辑表达式为

$$Y = D_0\overline{A}_2\overline{A}_1\overline{A}_0 + D_1\overline{A}_2\overline{A}_1A_0 + D_2\overline{A}_2\overline{A}_1\overline{A}_0 + D_3\overline{A}_2A_1A_0 + D_4A_2\overline{A}_1\overline{A}_0 + D_5A_2\overline{A}_1A_0 + D_6A_2A_1\overline{A}_0 + D_7A_2A_1A_0 \quad (13.3.7)$$

若用地址输入端 $A_0 \sim A_2$ 的最小项用 $m_i$ 表示，则

$$Y = D_0 m_0 + D_1 m_1 + D_2 m_2 + D_3 m_3 + D_4 m_4 + D_5 m_5 + D_6 m_6 + D_7 m_7$$

$$= \sum_{i=0}^{7} m_i D_i \tag{13.3.8}$$

当选择输入为 $n$ 位时，可实现对 $2^n$ 路数据的选择，即 $2^n$ 选 1，它的输出为

$$Y = \sum_{i=0}^{n-1} m_i D_i \tag{13.3.9}$$

数据选择器不仅可以实现数据选择，还可以作为逻辑函数产生器使用，实现某种指定的逻辑函数。

**【例 13.3.2】** 试用 8 选 1 数据选择器 74LS151 产生逻辑函数 $F(A,B,C)=\overline{A}C+A\overline{B}+BC$。

**解：** 首先把已知逻辑函数式变换成最小项表达式

$$F(A,B,C)=\overline{A}C+A\overline{B}+BC$$

$$=\overline{A}\,\overline{B}C+\overline{A}BC+A\overline{B}\,\overline{C}+A\overline{B}C+ABC$$

$$=m_1+m_3+m_4+m_5+m_7$$

可将上式写为 74LS151 的标准式

$$Y=D_1m_1+D_3m_3+D_4m_4+D_5m_5+D_7m_7$$

将输入变量 $A$，$B$，$C$ 分别对应数据选择器的地址输入端 $A_2$，$A_1$，$A_0$，将数据线 $D_1$，$D_3$，$D_4$，$D_5$，$D_7$ 接 1，而式中没有出现的最小项 $m_0$，$m_2$，$m_6$ 所对应的数据输入端 $D_0$，$D_2$，$D_6$ 都接 0，由此可画出该逻辑函数产生器的逻辑图如图 13.3.18 所示。

### 2. 数据分配器

数据分配器能把一个输入数据根据地址选择码分配给多路数据输出中的某一路输出。分配器通常只有一个数据输入端，而有 $M$ 个数据输出端。

数据分配器由译码器改接而成，不单独生产。将译码器的使能端作为数据输入端，二进制代码输入端作为地址信号输入端使用时，则译码器便成为一个数据分配器。例如，可将 74LS138 改接成 1 路-8 路数据分配器，如图 13.3.19 所示。译码器的控制端 $\overline{S}_3$ 和 $\overline{S}_2$ 相连作为分配器的数据输入端 $D$，使能端 $S_1$ 接高电平，译码器根据输入 ABC 的八种组合，将数据 $D$ 分配给八个输出端。

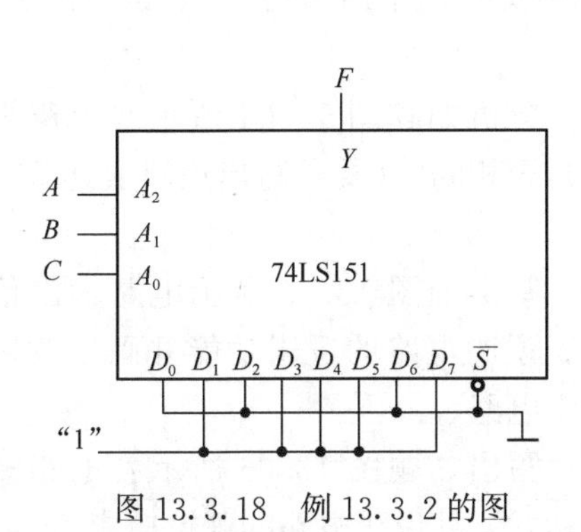


图 13.3.18　例 13.3.2 的图

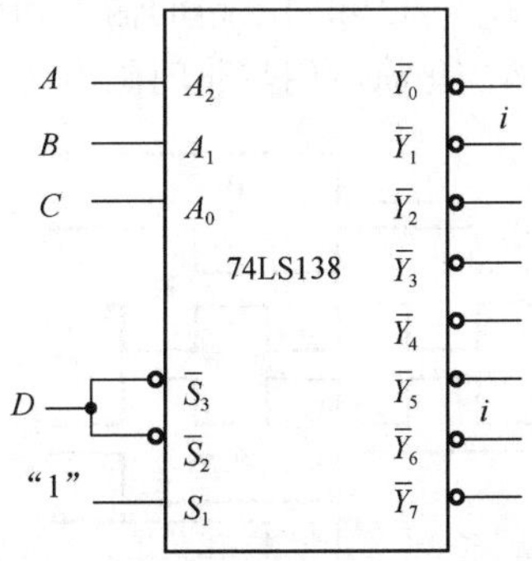

图 13.3.19　74LS138 改接为 8 路分配器

# 习　题

13.1.1　二极管门电路如题图 13.01（a）、（b）所示，输入信号 $A$、$B$、$C$ 的高电平为 3V，低电平为 0V。

（1）分析输出信号 $F_1$、$F_2$ 和输入信号 $A$、$B$、$C$ 之间的逻辑关系，列出真值表，并导出逻辑函数的表达式；

（2）根据题图 13.01（c）给出的 $A$、$B$、$C$ 的波形，画出 $F_1$、$F_2$ 的波形。

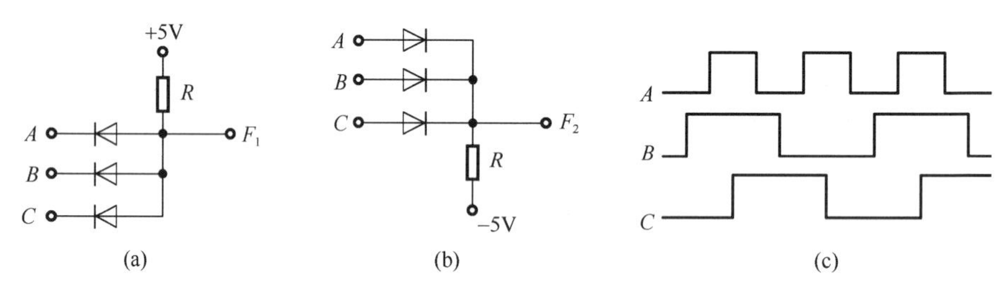


题图 13.01　题 13.1.1 的图

13.1.2　写出如题图 13.02 所示各个电路输出信号的逻辑表达式，并对应 $A$、$B$ 的波形画出各个输出信号的波形。

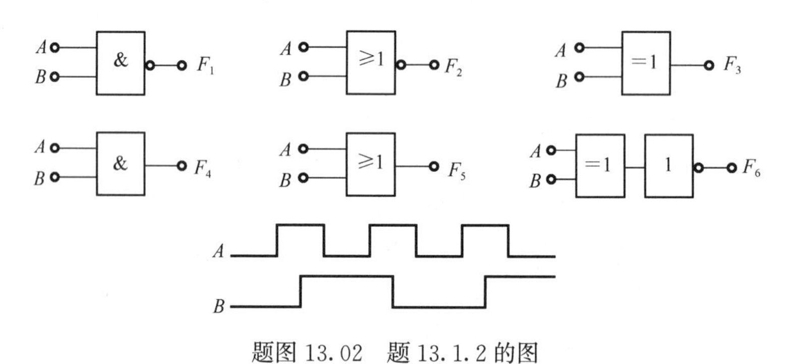


题图 13.02　题 13.1.2 的图

13.1.3　已知门电路的输入和对应的输出波形如题图 13.03 所示。试写出表达式，并将各函数化简后用与非门画出逻辑图。

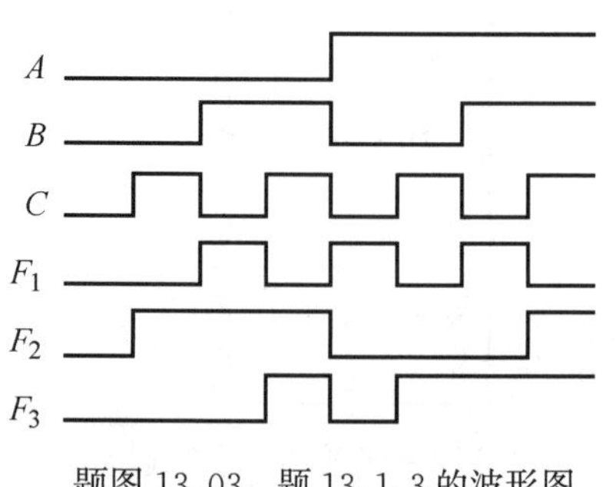


题图 13.03　题 13.1.3 的波形图

13.1.4　分析如题图 13.04 所示两个逻辑电路的逻辑功能是否相同？（要求写出逻辑表达式，列出真值表。）

13.2.1　写出题图 13.05 所示电路输出信号的逻辑表达式，说明电路的逻辑功能并画出改用与非门实现的逻辑电路。

13.2.2　写出如题图 13.06 所示各电路输出信号的逻辑表达式，并说明电路的逻辑功能。

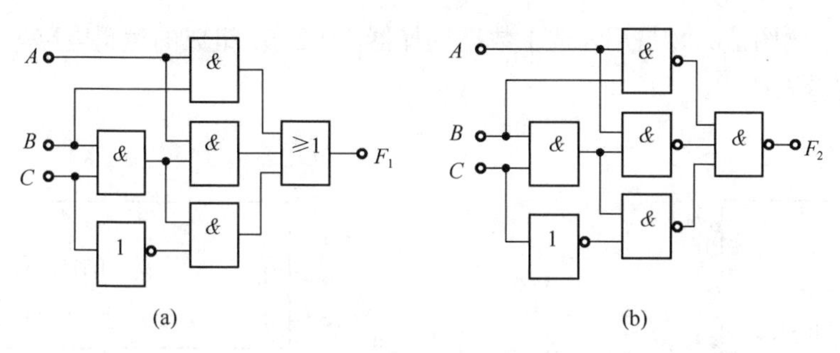

题图 13.04　题 13.1.4 的图

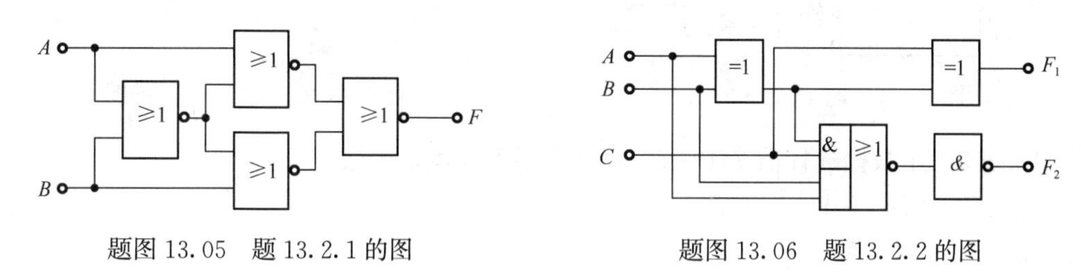

题图 13.05　题 13.2.1 的图　　题图 13.06　题 13.2.2 的图

13.2.3　用异或门设计一个 3 变量奇偶校验电路。当 3 个输入变量中有奇数个 1 时，输出为 1，否则输出为 0。

13.2.4　试用与非门设计一个测试评判电路。有三名评判员，其中 $A$ 为主评判员，$B$ 和 $C$ 为副评判员。在评判时，按照少数服从多数原则，但若主评判员认为不合格，测试不通过。

13.2.5　某工程验收含 4 项验收指标 $A$、$B$、$C$、$D$。规定 $A$、$B$、$C$ 多数合格则验收通过，但前提是 $D$ 必须合格，否则检测验收不能通过。试用与非门设计一个能满足此要求的逻辑电路。

13.2.6　火灾报警系统有三种探测器：烟感、温感和光感。为防止误报，规定只有两种或两种以上探测器发出报警才确认，并启动声光报警设备。试用与非门设计此报警器的控制电路。

13.2.7　试用与非门设计一个数值比较器，输入是两个 1 位二进制数 $A$ 和 $B$，输出是两者的比较结果 $F_1$（$A>B$ 时其值为 1）、$F_2$（$A=B$ 时其值为 1）和 $F_3$（$A<B$ 时其值为 1）。

13.3.1　某工厂有 $A$、$B$、$C$ 三个车间和一个自备电站，站内有两台发电机 $G_1$ 和 $G_2$。$G_1$ 的容量是 $G_2$ 的两倍。若一个车间开工，只需 $G_2$ 运行就能满足要求；若两个车间开工，则只需 $G_1$ 运行即可；若三个车间同时开工，则 $G_1$ 和 $G_2$ 均需运行。试用 3 线-8 线译码器 74LS138 和适当的与非门设计一个控制 $G_1$ 和 $G_2$ 运行的逻辑电路。

13.3.2　用 3 线-8 线译码器 74LS138 和适当的与非门构成一位全减器。设两个减数分别用 $A_i$、$B_i$ 表示，低位来的借位用 $G_{i-1}$ 表示，差用 $W_i$ 表示，向高位的借位用 $W_i$ 表示。

13.3.3　如题图 13.07 所示为用 3 线-8 线译码器 74LS138 和与非门组成的逻辑电路，试写出输出函数 $F$ 的逻辑表达式，列出真值表，并说明电路的逻辑功能。

13.3.4　题图 13.08 是用 8 选 1 数据选择器 74LS151 组成的逻辑电路，试写出输出函数 $F$ 的逻辑表达式。

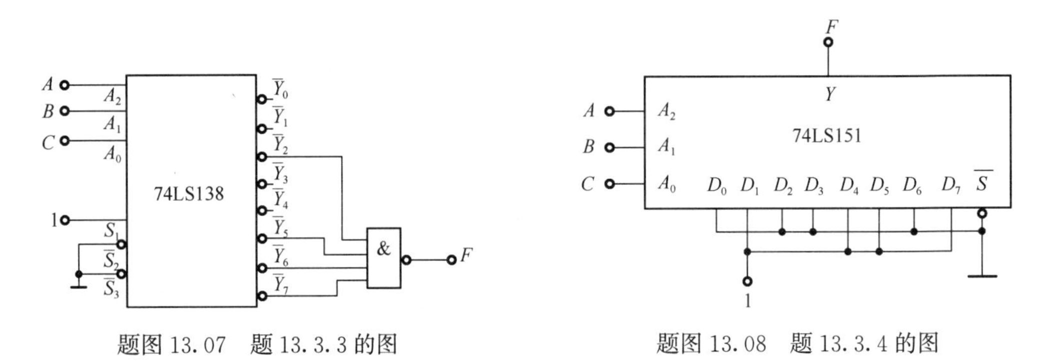


题图 13.07　题 13.3.3 的图　　　　题图 13.08　题 13.3.4 的图

13.3.5　用数据选择器 74LS151 分别实现下列逻辑函数。

（1）$F=\overline{A}\,\overline{B}C+\overline{A}B\overline{C}+A\overline{B}\,\overline{C}+ABC$；

（2）$F=\overline{B}C+AC$。

# 第 14 章　触发器和时序逻辑电路

时序逻辑电路是具有记忆功能的逻辑电路。触发器是组成时序逻辑电路的基本单元电路。本章主要介绍触发器的结构特点、逻辑功能与触发方式；介绍时序逻辑电路分析与设计的一般方法以及一些常用中规模时序逻辑芯片的功能及应用。

## 14.1　触　发　器

触发器的功能特点如下：有两个互补的输出端 $Q$ 和 $\bar{Q}$，具有两个稳定的状态即 0 状态和 1 状态，能存储一位二进制信息；如果外加输入信号为有效电平，触发器将发生状态转换，即可以从一种稳定状态翻转到另一种稳定状态；当输入信号有效电平消失后，触发器保持状态不变，因此说触发器具有记忆功能。

触发器的种类很多，通常按照两个标准进行分类，一是从逻辑功能上分类，有 RS 触发器、JK 触发器、D 触发器和 T 触发器等；二是从结构上分类，有基本触发器、同步触发器、主从触发器和边沿触发器。

为便于对触发器逻辑功能的讨论，先介绍几个术语。

1）信号输入端。如对 RS 触发器来说，信号输入端为 $R$ 和 $S$，对 JK 触发器来说为 $J$ 和 $K$，对 D 触发器来说为 $D$，对 T 触发器来说为 $T$。

2）现态 $Q^n$。触发器在输入信号作用之前所处的原稳定状态（为书写方便，上标 $n$ 也可以不写）。

3）次态 $Q^{n+1}$。触发器在输入信号作用下所处的新的稳定状态。

4）时钟输入端 $CP$。为控制触发器同步工作，在钟控触发器中，通常输入周期性时钟脉冲 $CP$ 作为同步控制信号，只有当 $CP$ 信号到来时，输入信号才能进入触发器，否则对触发器不起作用。

在分析触发器逻辑功能时，常用的分析方法有功能真值表、激励表、特性方程和状态图和时序图等。

1）功能真值表。它以表格的形式表达了在一定的控制输入下，触发器现态 $Q$ 向次态 $Q^{n+1}$ 转换的规律。实际上，就是以次态为逻辑函数，以数据输入和现态为逻辑变量的真值表。

2）激励表。它是表示触发器从现态 $Q$ 向次态 $Q^{n+1}$ 转换所需的输入信号状态的表格。

3）特性方程。用来描述触发器逻辑功能的逻辑函数表达式称为特性方程，或称为状态方程、次态方程。

4）状态图。它是一种描述触发器现态 $Q$ 向次态 $Q^{n+1}$ 转换的规律和输入、输出信号取值关系的图形。

5）时序图。触发器输入信号与其输出信号之间对应关系的工作波形图称为时序图，可直观地说明触发器的特性。

### 14.1.1　基本RS触发器

基本RS触发器可以由两个与非门组成，其逻辑电路和逻辑符号如图14.1.1所示。

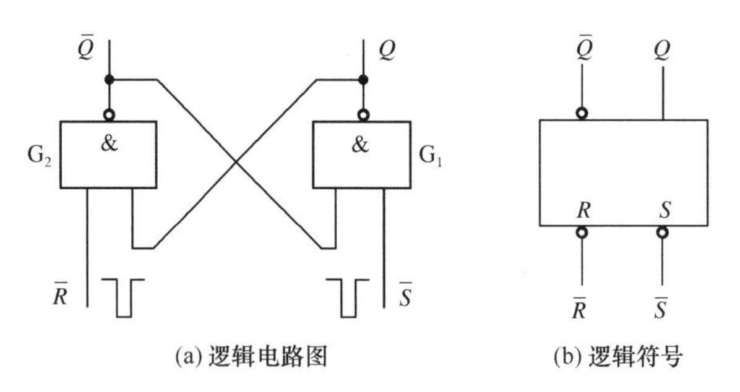


(a) 逻辑电路图　(b) 逻辑符号

图14.1.1　由与非门组成的基本RS触发器

将两个与非门首尾交叉相连，就组成一个基本RS触发器，具有两个输入端（$\overline{R}$和$\overline{S}$），低电平有效；具有两个互补输出端（$Q$和$\overline{Q}$），其输出信号相反，通常规定触发器$Q$端的输出状态为触发器的状态，如$Q=0$，$\overline{Q}=1$时，称触发器处于0状态（简称0态）；$Q=1$，$\overline{Q}=0$时，称触发器处于1状态（简称1态）。

由基本RS触发器的电路可得

$$Q=\overline{\overline{S}\,\overline{Q}} \tag{14.1.1}$$

$$\overline{Q}=\overline{\overline{R}Q} \tag{14.1.2}$$

下面分析基本RS触发器的工作原理。

（1）$\overline{R}=0$，$\overline{S}=1$

根据与非门的逻辑功能并由式（14.1.2）可知，不管触发器现态$Q$为何种状态，$G_2$门的输出$\overline{Q}=1$；因而$G_1$门的输入全为1，输出$Q=0$；触发器为0态即$Q^{n+1}=0$，这种工作过程称作触发器置0，又称复位。由于置0是输入信号$\overline{R}$为有效电平0的结果，因此$\overline{R}$端称作置0端，又称复位端。

（2）$\overline{R}=1$，$\overline{S}=0$

此时不管触发器现态$Q$为何种状态，$G_1$的输出$Q=1$；因而$G_2$门的输入全为1，输出$\overline{Q}=0$；触发器为1态即$Q^{n+1}=1$，这种工作过程称作触发器置1，又称置位。由于置1是输入信号$\overline{S}$为有效电平0的结果，因此$\overline{S}$端叫做置1端，又叫置位端。

（3）$\overline{R}=1$，$\overline{S}=1$

此时输入信号均为无效电平，由式（13.1.1）和式（13.1.2）可知，触发器保持原状态不变，$Q^{n+1}=Q$，即触发器具有记忆功能。

（4）$\overline{R}=0$，$\overline{S}=0$

此时输入信号均为有效电平，$G_1$、$G_2$门的输出均为1，即$Q=\overline{Q}=1$，触发器既非0态又非1态，这违背了触发器的输出$Q$和$\overline{Q}$互补的逻辑约定，这是不允许的；另外当$\overline{R}$、$\overline{S}$输入端的低电平有效触发信号同时消失后（即回到1），触发器的状态是不确定的。因此在实际使用中，应防止$\overline{R}=\overline{S}=0$这种情况的出现，对触发器的输入端加以约束限制，显然基本 RS 触发器输入信号的约束条件是$\overline{R}+\overline{S}=1$。

综上所述，基本 RS 触发器的功能真值表如表 14.1.1 所示。

根据功能真值表可得基本 RS 触发器的特性方程为

$$\begin{cases} Q^{n+1}=S+\overline{R}Q \\ \overline{R}+\overline{S}=1 \end{cases} \tag{14.1.3}$$

**表 14.1.1　基本 RS 触发器功能真值表**

| $\overline{R}$ | $\overline{S}$ | $Q$ | $Q^{n+1}$ | 说明 | $\overline{R}$ | $\overline{S}$ | $Q$ | $Q^{n+1}$ | 说明 |
|---|---|---|---|---|---|---|---|---|---|
| 0<br>0 | 0<br>0 | 0<br>1 | ×<br>× | 禁用 | 1<br>1 | 0<br>0 | 0<br>1 | 1<br>1 | 置 1 |
| 0<br>0 | 1<br>1 | 0<br>1 | 0<br>0 | 置 0 | 1<br>1 | 1<br>1 | 0<br>1 | 0<br>1 | 保持 |

基本 RS 触发器的状态也可用时序图表示，下面通过一道例题说明波形图的画法。

**【例 14.1.1】** 基本 RS 触发器输入信号波形如图 14.1.2 所示，画出输出 $Q$ 和 $\overline{Q}$ 端的波形。

**解：**根据基本 RS 触发器的功能真值表，画出如下波形图。图中阴影部分表示状态不定。

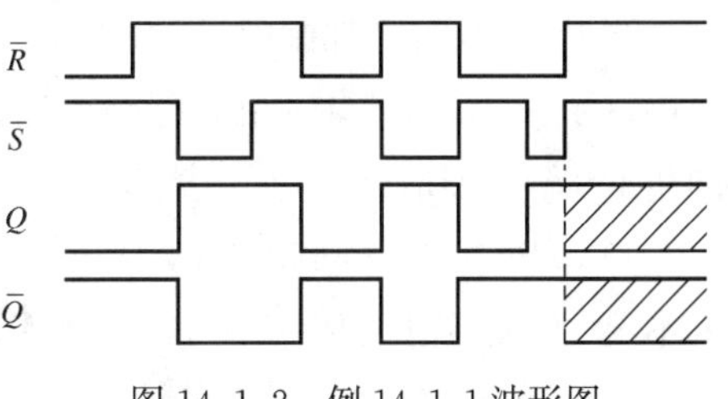

图 14.1.2　例 14.1.1 波形图

### 14.1.2　钟控触发器

基本 RS 触发器的状态无法从时间上加以控制，只要输入端有触发信号，触发器就立即作相应的状态变化。而在实际的数字系统中，往往是由多个触发器组成，这时常常需要各个触发器按一定的节拍同步工作，因此必须给电路加上一个统一的控制信号，用以协调各触发器的同步翻转，这个统一的控制信号叫做时钟脉冲 $CP$。用 $CP$ 作控制信号的触发器称为钟控触发器。

钟控触发器根据逻辑功能可划分为 RS 触发器、JK 触发器、D 触发器和 T 触发器等；根据触发方式的不同可划分为电平触发型和边沿触发型；根据结构特点可划分为同步触发器、主从触发器和边沿触发器。

#### 1. 同步 RS 触发器

同步触发器按逻辑功能可分为 RS、JK、D、T 触发器等，这里只介绍 RS 触发器。

同步 RS 触发器的逻辑电路和逻辑符号如图 14.1.3 所示。$CP$ 是时钟信号输入端，$R$、$S$ 是信号输入端，$\overline{R}_d$、$\overline{S}_d$ 是直接复位、置位端，低电平有效，用来设置触发器所需的初始状态，不作用时，$\overline{R}_d$、$\overline{S}_d$ 均设置为高电平。由于 $\overline{R}_d$、$\overline{S}_d$ 作用时与时钟脉冲 $CP$ 无关，即不需与时钟脉冲 $CP$ 同步，故称为异步输入端。

同步 RS 触发器由四个与非门组成，其中 $G_1$、$G_2$ 门组成基本 RS 触发器，$G_3$、$G_4$

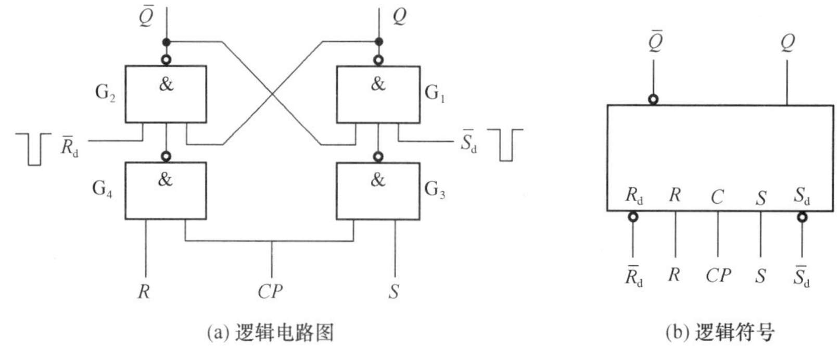


(a) 逻辑电路图　　(b) 逻辑符号

图 14.1.3　同步 RS 触发器

门组成控制电路（或称导引门），输入信号 $R$、$S$ 通过控制门进行传送，$G_3$、$G_4$ 门的输出分别对应于基本 RS 触发器的输入 $\overline{S}$ 和 $\overline{R}$，基本 RS 触发器的输出就是同步 RS 触发器的输出。

当 $CP=0$ 时，控制门 $G_3$、$G_4$ 被封锁，无论输入 $R$、$S$ 如何变化，$G_3$、$G_4$ 门均输出高电平 1，即基本 RS 触发器输入 $\overline{R}=\overline{S}=1$，根据基本 RS 触发器的逻辑功能，此时同步 RS 触发器应保持原来状态不变，即 $Q^{n+1}=Q$。

当 $CP=1$ 时，控制门 $G_3$、$G_4$ 被打开。若 $R=S=0$，$G_3$、$G_4$ 门均输出高电平 1，即基本 RS 触发器输入 $\overline{R}=\overline{S}=1$，同步 RS 触发器保持原来状态不变，$Q^{n+1}=Q$；若 $R=0$，$S=1$，$G_3$ 门输出为 0，$G_4$ 门输出为 1，即基本 RS 触发器输入 $\overline{R}=1$，$\overline{S}=0$，同步 RS 触发器置 1，$Q^{n+1}=1$；若 $R=1$，$S=0$，$G_3$ 门输出为 1，$G_4$ 门输出为 0，即基本 RS 触发器输入 $\overline{R}=0$，$\overline{S}=1$，同步 RS 触发器置 0，$Q^{n+1}=0$；若 $R=S=1$，$G_3$、$G_4$ 门均输出低电平 0，即基本 RS 触发器输入 $\overline{R}=\overline{S}=0$，同步 RS 触发器状态不定，因此这种取值要避免。

综上所述，同步 RS 触发器的功能真值表如表 14.1.2 所示。

**表 14.1.2　同步 RS 触发器功能真值表**

| $R$ | $S$ | $Q$ | $Q^{n+1}$ | 说明 | $R$ | $S$ | $Q$ | $Q^{n+1}$ | 说明 |
|---|---|---|---|---|---|---|---|---|---|
| 0<br>0 | 0<br>0 | 0<br>1 | 0<br>1 | 保持 | 1<br>1 | 0<br>0 | 0<br>1 | 0<br>0 | 置 0 |
| 0<br>0 | 1<br>1 | 0<br>1 | 1<br>1 | 置 1 | 1<br>1 | 1<br>1 | 0<br>1 | ×<br>× | 禁用 |

根据功能真值表可得同步 RS 触发器的特性方程为

$$\begin{cases} Q^{n+1}=S+\overline{R}Q \\ RS=0 \end{cases} \tag{14.1.4}$$

**【例 14.1.2】** 同步 RS 触发器的输入信号波形如图 14.1.4 所示，画出输出 $Q$ 和 $\overline{Q}$ 端的波形。

**解：** 设触发器初始状态为 0，根据同步 RS 触发器的功能真值表，画出如下波形图。图中阴影部分表示状态不定。

由同步 RS 触发器的工作原理可知，在 $CP=1$ 期间，输入信号的多次变化会引起

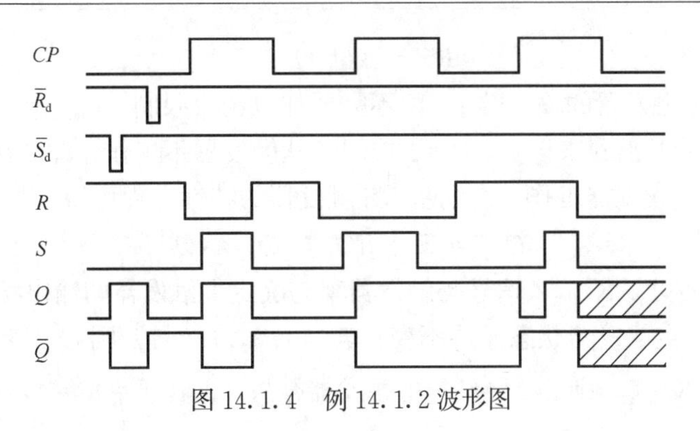

图 14.1.4　例 14.1.2 波形图

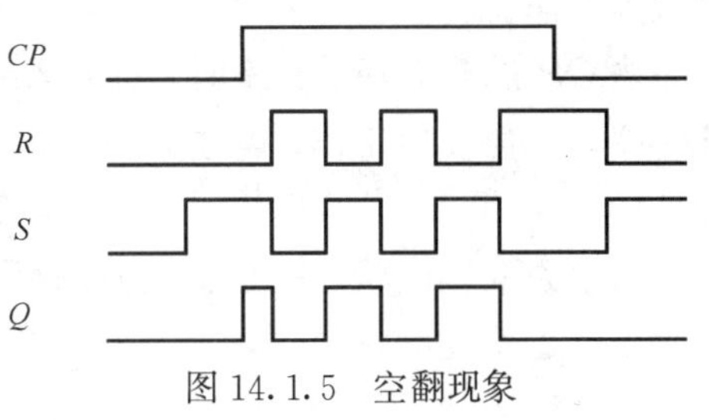

图 14.1.5　空翻现象

触发器状态的多次变化。如果在同一个时钟脉冲作用期间，触发器的状态发生两次或两次以上的翻转，这种现象称为触发器的空翻。波形如图 14.1.5 所示。

触发器的空翻会引起电路工作不正常，应当加以避免。为了解决空翻现象，可在触发器的电路结构上加以改进完善，采用主从触发器和边沿触发器。

2. 主从触发器

主从触发器有主从 RS 触发器、主从 JK 触发器、主从 T 触发器等，这里只介绍主从 JK 触发器。

主从 JK 触发器的逻辑电路和逻辑符号如图 14.1.6 所示。

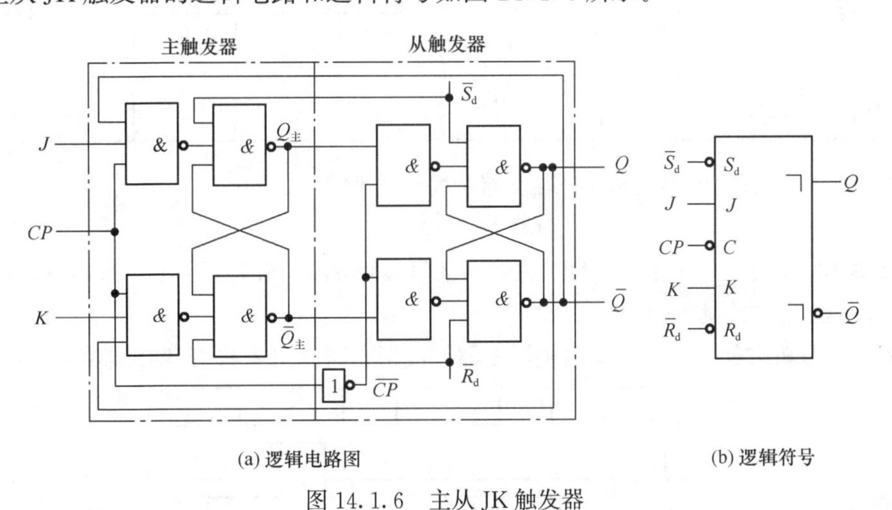

(a) 逻辑电路图　(b) 逻辑符号

图 14.1.6　主从 JK 触发器

主从 JK 触发器内部含有两个同步 RS 触发器，左边的 RS 触发器为主触发器，右边的 RS 触发器为从触发器；主触发器的输出就是从触发器的输入；从触发器的输出就是主从 JK 触发器的输出；主、从触发器的时钟信号控制端通过一个非门联系起来。主触发器的输入端 $R=KQ$，$S=J\overline{Q}$，将其代入 RS 触发器的约束方程，则

$$RS = KQJ\overline{Q} = 0$$

可见主从 JK 触发器的输入端 J、K 不需要加以约束限制。

当 $CP$ 脉冲上升沿到来以及 $CP=1$ 期间，从触发器不工作，即主从 JK 触发器状态保持不变。此时主触发器工作，由同步 RS 触发器的特性方程可得

$$Q_{主}^{n+1} = S + \overline{R}Q = J\overline{Q} + \overline{K}Q \tag{14.1.5}$$

主触发器根据 $J$、$K$ 输入信号与触发器现态决定主触发器的输出状态。若 $J=K=0$，则 $Q_{主}^{n+1}=Q$，主触发器状态保持不变；若 $J=0$，$K=1$，则 $Q_{主}^{n+1}=0$，主触发器被置 0；若 $J=1$，$K=0$，则 $Q_{主}^{n+1}=1$，主触发器被置 1；若 $J=K=1$，则 $Q_{主}^{n+1}=\overline{Q}$，主触发器状态翻转。

当 $CP$ 脉冲下降沿到来时，即 $CP=0$，$\overline{CP}=1$，主触发器不工作，主触发器输出状态不变，从触发器工作，与主触发器状态保持一致，即

$$Q^{n+1} = Q_{主}^{n+1} = J\overline{Q} + \overline{K}Q \tag{14.1.6}$$

从触发器输出状态就是主从 JK 触发器的输出状态，可见主从 JK 触发器具有在 $CP$ 脉冲下降沿触发的特点。

在 $CP=0$ 期间，主触发器不工作，主触发器状态保持不变，从触发器状态也就保持不变，即主从 JK 触发器状态保持不变。

通过以上分析可知，主从 JK 触发器具有保持功能、置 0 功能、置 1 功能和翻转功能，JK 触发器功能齐全，故称为全功能触发器。主从 JK 触发器的功能真值表如表 14.1.3 所示。

**表 14.1.3　主从 JK 触发器功能真值表**

| $J$ | $K$ | $Q$ | $Q^{n+1}$ | 说明 | $J$ | $K$ | $Q$ | $Q^{n+1}$ | 说明 |
|---|---|---|---|---|---|---|---|---|---|
| 0 | 0 | 0 | 0 | 保持 | 1 | 0 | 0 | 1 | 置 1 |
| 0 | 0 | 1 | 1 | | 1 | 0 | 1 | 1 | |
| 0 | 1 | 0 | 0 | 置 0 | 1 | 1 | 0 | 1 | 翻转 |
| 0 | 1 | 1 | 0 | | 1 | 1 | 1 | 0 | |

根据功能真值表可得主从 JK 触发器的特性方程为

$$Q^{n+1} = J\overline{Q} + \overline{K}Q \tag{14.1.7}$$

**【例 14.1.3】** 主从 JK 触发器的输入信号波形如图 14.1.7 所示，画出输出端 $Q$ 的波形，设触发器初始状态为 0。

**解：** 为分析方便，这里先画出主触发器的波形，再画出主从 JK 触发器的输出波形。

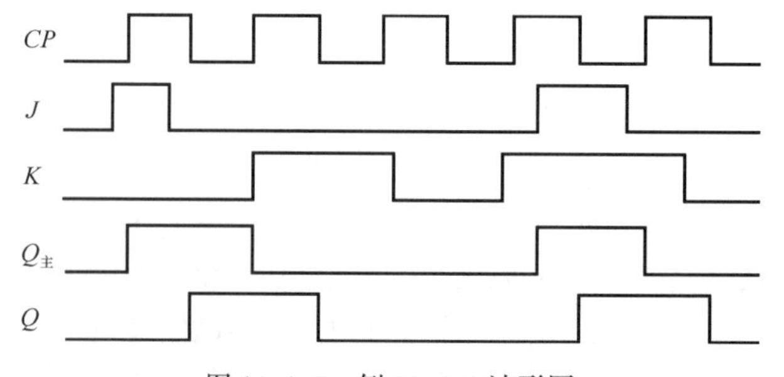


图 14.1.7　例 14.1.3 波形图

通过以上分析可知，主从 JK 触发器的翻转工作过程分为两步。第一步：在 $CP=1$ 期间，主触发器接收输入信号，被置成相应状态，从触发器不工作；第二步：在 $CP$ 脉冲下降沿到来时，主触发器不工作，从触发器按照主触发器状态翻转。在 $CP$ 脉冲上升沿以及 $CP=1$ 期间，如果由于输入信号的变化使主触发器状态发生变化，但是由于从触发器的状态并不发生变化，从触发器的输出作为主触发器的输入将维持主触发器的状态不变。也就是说，主触发器的状态一旦发生变化，那么无论输入信号如何变化，主触发器的状态也不会再发生变化，即主从 JK 触发器的状态不一定能按照此刻输入信号来确定，这种现象称为主从 JK 触发器的一次变化现象。一次变化现象不仅限制了主从 JK 触发器的使用，而且降低了它的抗干扰能力。

### 3. 边沿触发器

主从触发器虽然解决了触发器的空翻现象，但存在一次变化现象，为提高触发器的可靠性，增强抗干扰能力，引出了边沿触发器。边沿触发器是指只在 $CP$ 脉冲上升沿或下降沿时刻，触发器才依据该时刻的输入决定其次态。而在 $CP=0$ 和 $CP=1$ 期间，输入信号的任何变化都不会引起触发器状态的变化，从而大大提高了触发器的抗干扰能力。

边沿触发器的电路形式有多种，如维持阻塞型边沿触发器和利用传输延迟的边沿触发器，它们的边沿触发或控制的特点是相同的。

维持阻塞型触发器有维持阻塞 RS 触发器、维持阻塞 JK 触发器、维持阻塞 D 触发器、维持阻塞 T 触发器等。维持阻塞型触发器的触发特点，是当且仅当时钟脉冲 $CP$ 的上升沿到来时，触发器才接收输入信号并由此确定输出状态，称为上升沿触发。

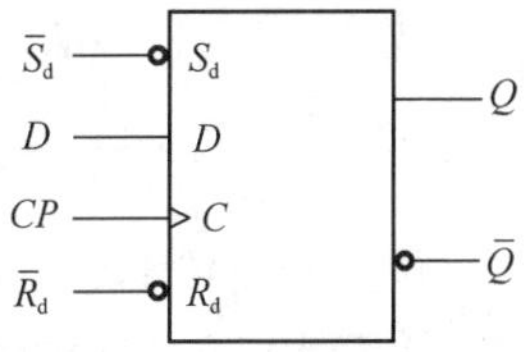

图 14.1.8　维持阻塞 D 触发器逻辑符号

维持阻塞 D 触发器的逻辑符号如图 14.1.8 所示，功能真值表如表 14.1.4 所示。

**表 14.1.4　维持阻塞 D 触发器功能真值表**

| $D$ | $Q$ | $Q^{n+1}$ | 说明 | $D$ | $Q$ | $Q^{n+1}$ | 说明 |
|---|---|---|---|---|---|---|---|
| 0 | 0 | 0 | 置 0 | 1 | 0 | 1 | 置 1 |
| 0 | 1 | 0 | | 1 | 1 | 1 | |

维持阻塞 D 触发器的特性方程为

$$Q^{n+1}=D \tag{14.1.8}$$

**【例 14.1.4】** 维持阻塞 D 触发器的输入信号波形如图 14.1.9 所示，画出输出端 $Q$ 的波形，设触发器初始状态为 0。

**解：** 应注意：对于边沿触发器，当输入信号与 $CP$ 脉冲上升沿或下降沿同时发生变

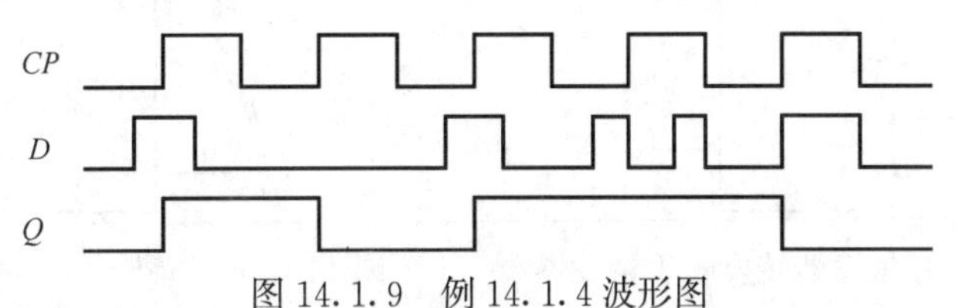


图 14.1.9　例 14.1.4 波形图

化时，若使用与非门组成的边沿触发器，触发器一般按 $CP$ 脉冲上升沿或下降沿到来前瞬间的输入信号确定输出状态。

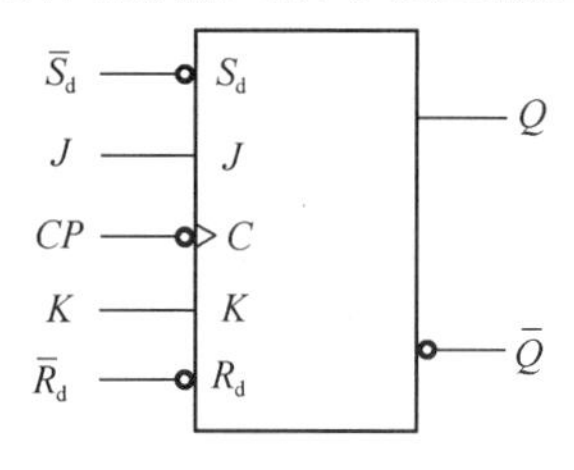


图 14.1.10 利用传输延迟的 JK 触发器逻辑符号

利用传输延迟的边沿触发器有 RS 触发器、JK 触发器、D 触发器、T 触发器等。利用传输延迟的边沿触发器的触发特点，是当且仅当时钟脉冲 $CP$ 的下降沿到来时，触发器才接收输入信号并由此确定输出状态，称为下降沿触发。

利用传输延迟的 JK 触发器（逻辑符号见图 14.1.10）与同步 JK 触发器、主从 JK 触发器、维持阻塞 JK 触发器的逻辑功能相同、特性方程相同，只是电路结构与触发方式有各自的特点，故功能真值表这里不再赘述。

**【例 14.1.5】** 利用传输延迟的 JK 触发器的输入信号波形如图 14.1.11 所示，画出输出端 $Q$ 的波形，设触发器初始状态为 0。

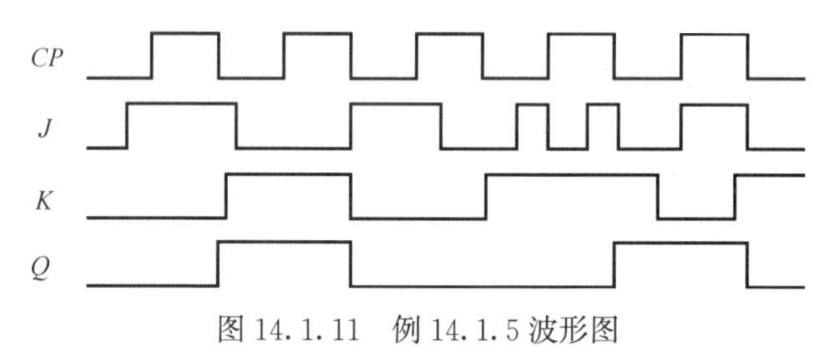


图 14.1.11 例 14.1.5 波形图

**解：** 利用传输延迟的边沿触发器是下降沿触发，画波形时应注意。

实际生产的集成钟控触发器只有 JK 型和 D 型两种，这是因为 JK 触发器的逻辑功能最完善，而 D 触发器对于单端信号输入时使用最方便。在实际工作中，经常需要利用手中现有的触发器完成其他触发器的逻辑功能，即实现触发器功能的相互转换。转换方法十分简单，就是将现有的触发器经过改接或附加一些门电路，便可转换成所要求的逻辑功能的触发器。如将 JK 触发器转换为 T 触发器和 T′触发器。

JK 触发器的特性方程为

$$Q^{n+1}=J\overline{Q}+\overline{K}Q$$

T 触发器的特性方程为

$$Q^{n+1}=T\overline{Q}+\overline{T}Q \tag{14.1.9}$$

比较两式可得 $J=K=T$，即把 JK 触发器的 $J$、$K$ 输入端联结并用 $T$ 表示，则构成了 T 触发器。转换电路如图 14.1.12 所示。T 触发器逻辑符号如图 14.1.13 所示。

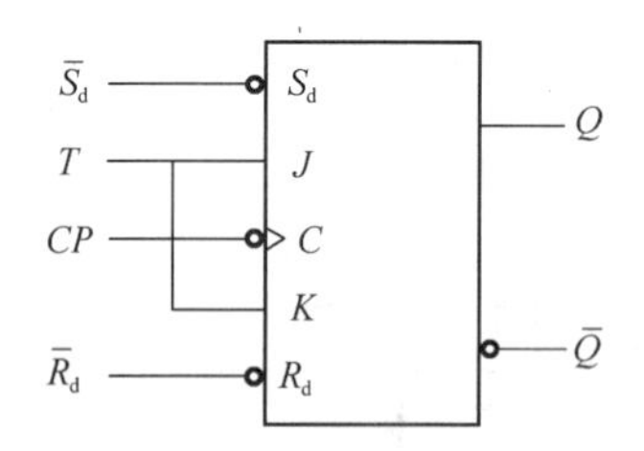


图 14.1.12 JK 触发器转换成 T 触发器

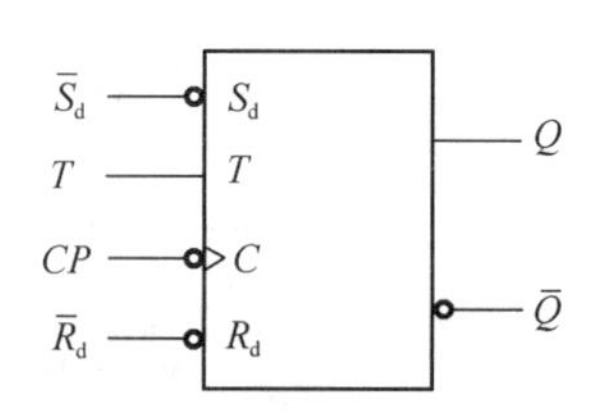


图 14.1.13 下降沿 T 触发器逻辑符号

T 触发器的功能真值表如表 14.1.5 所示。

**表 14.1.5　T 触发器功能真值表**

| $T$ | $Q$ | $Q^{n+1}$ | 说明 | $T$ | $Q$ | $Q^{n+1}$ | 说明 |
|---|---|---|---|---|---|---|---|
| 0 | 0 | 0 | 保持 | 1 | 0 | 1 | 翻转 |
| 0 | 1 | 1 |  | 1 | 1 | 0 |  |

若将 T 触发器的输入 $T=1$，则构成 T′触发器，其特性方程为

$$Q^{n+1}=\overline{Q} \tag{14.1.10}$$

显然，对于 T′触发器，每来一个 $CP$ 脉冲，触发器就翻转一次。故 T′触发器只具有翻转计数功能，常用于计数电路。

## 14.2　时序逻辑电路

时序逻辑电路在任一时刻的输出不仅取决于该时刻电路的输入，而且还与电路原来状态有关，可见时序逻辑电路具有记忆功能。按照时序逻辑电路中所有触发器状态的变化是否同步，时序逻辑电路可分为同步时序逻辑电路和异步时序逻辑电路。若电路中所有触发器的控制信号 $CP$ 都是使用的同一个时钟脉冲，称为同步时序逻辑电路；否则，称为异步时序逻辑电路。

### 14.2.1　时序逻辑电路的分析

时序逻辑电路的分析，就是根据已知的时序逻辑电路，确定该电路所实现的逻辑功能。时序逻辑电路分析步骤如下：

1）根据电路，写出每个触发器的驱动方程（即触发器输入端逻辑函数表达式）、电路的输出方程、每个触发器的时钟方程（即 $CP$ 脉冲逻辑函数表达式），如果是同步时序逻辑电路则可不写时钟方程。

2）将各触发器的驱动方程代入相应触发器的特性方程，得到各触发器的状态方程（即各触发器次态 $Q^{n+1}$ 的逻辑函数表达式）。

3）根据状态方程和输出方程，列出逻辑状态转换真值表或画出状态转换图或画出时序波形图，以直观地反映该时序逻辑电路的状态变化规律。

4）若电路存在着无效状态（即电路未使用的状态），应检查电路能否自启动。

5）文字叙述该时序逻辑电路的逻辑功能。

**【例 14.2.1】** 分析图 14.2.1 所示的时序逻辑电路，设初始状态 $Q_2Q_1Q_0=000$。

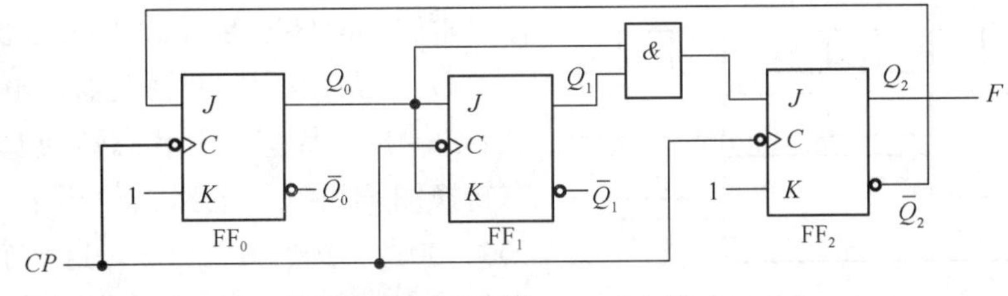


图 14.2.1　例 14.2.1 电路

**解：** 根据电路可知，该电路为同步时序逻辑电路，故不需写出时钟方程。

1）驱动方程为
$$J_0=\overline{Q}_2 \quad K_0=1$$
$$J_1=K_1=Q_0$$
$$J_2=Q_1Q_0 \quad K_2=1$$

输出方程为
$$F=Q_2$$

2）将驱动方程代入 JK 触发器的特性方程中，得到状态方程为
$$Q_0^{n+1}=\overline{Q}_2\overline{Q}_0$$
$$Q_1^{n+1}=\overline{Q}_1Q_0+Q_1\overline{Q}_0=Q_1\oplus Q_0$$
$$Q_2^{n+1}=\overline{Q}_2Q_1Q_0$$

3）根据状态方程和输出方程列出逻辑状态转换真值表如表 14.2.1 所示。

**表 14.2.1　例 14.2.1 电路的逻辑状态转换真值表**

| 态序 | 现态 | | | 次态 | | | 输出 |
|---|---|---|---|---|---|---|---|
| | $Q_2$ | $Q_1$ | $Q_0$ | $Q_2^{n+1}$ | $Q_1^{n+1}$ | $Q_0^{n+1}$ | $F$ |
| 0 | 0 | 0 | 0 | 0 | 0 | 1 | 0 |
| 1 | 0 | 0 | 1 | 0 | 1 | 0 | 0 |
| 2 | 0 | 1 | 0 | 0 | 1 | 1 | 0 |
| 3 | 0 | 1 | 1 | 1 | 0 | 0 | 0 |
| 4 | 1 | 0 | 0 | 0 | 0 | 0 | 1 |
| 5 | 1 | 0 | 1 | 0 | 1 | 0 | 1 |
| 6 | 1 | 1 | 0 | 0 | 1 | 0 | 1 |
| 7 | 1 | 1 | 1 | 0 | 0 | 0 | 1 |

由状态转换真值表画出状态转换图如图 14.2.2 所示，图中椭圆表示触发器的稳定状态，箭头表示在信号作用下状态转移的方向，箭尾、箭头处椭圆内状态分别为触发器现态与次态，箭头旁的标注表示状态转移时的输入、输出条件。

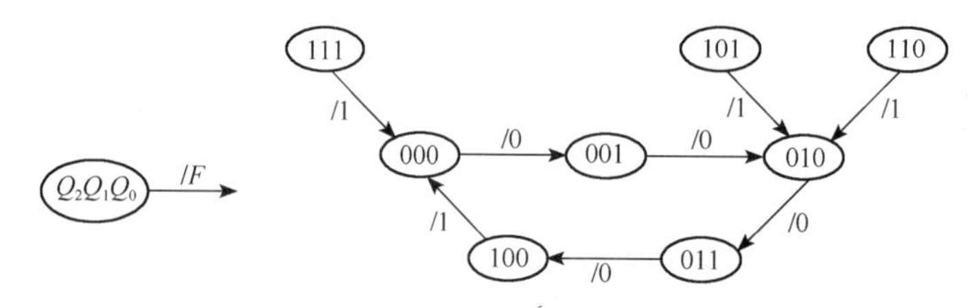


图 14.2.2　例 14.2.1 电路的状态转换图

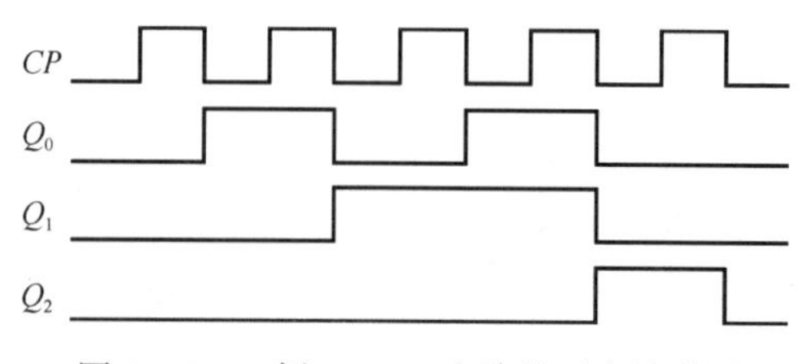


图 14.2.3　例 14.2.1 电路的时序波形图

电路的时序波形图如图 14.2.3 所示。

4）电路用了 3 个触发器，电路应该有 $2^n=2^3=8$ 个状态，由状态转换真值表和状态转换图均可知，电路只使用了 5 个状态：000、001、010、011、100，这 5 个状态称为有效状态。电路在 $CP$ 脉冲作用下，在有效状

态之间的循环，称为有效循环。电路还有 3 个状态（101、110、111）没有使用，这 3 个状态称为无效状态。电路在 $CP$ 脉冲作用下，在无效状态之间的循环，称为无效循环。

所谓电路能够自启动，是指当电源接通或由于干扰信号的影响，电路进入到了无效状态，在 $CP$ 脉冲作用下，电路能够进入到有效循环；否则，电路不能够自启动。

由状态转换真值表和状态转换图可知，电路具有自启动功能。电路由无效状态转换到有效状态过程中的输出 $F=1$ 为无效输出。

5）综合以上分析，电路每经过 5 个时钟脉冲，电路状态循环变化一次，输出端输出一个进位脉冲，所以这个电路具有对时钟信号计数的功能。因此该电路是一个能够自启动的同步五进制加法计数器。

**【例 14. 2. 2】** 分析图 14. 2. 4 所示的时序逻辑电路，设初始状态 $Q_2Q_1Q_0=000$。

**解：** 根据电路可知，该电路为异步时序逻辑电路，分析电路时应写出时钟方程。

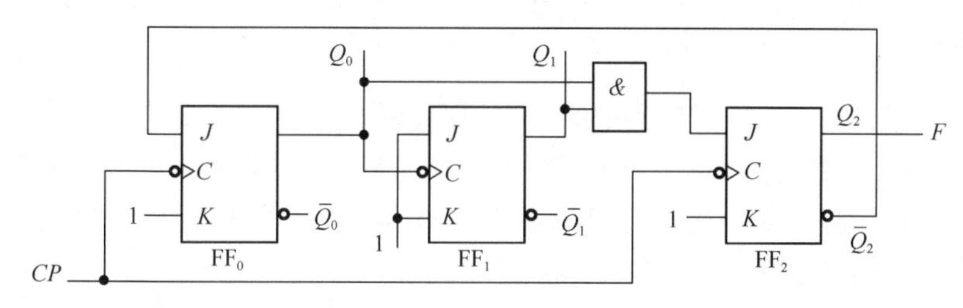


图 14. 2. 4　例 14. 2. 2 电路

1）驱动方程、时钟方程为

$$J_0=\overline{Q}_2 \qquad K_0=1 \qquad CP_0=CP$$
$$J_1=K_1=1 \qquad CP_1=Q_0$$
$$J_2=Q_1Q_0 \qquad K_2=1 \qquad CP_2=CP$$

输出方程为

$$F=Q_2$$

2）将驱动方程代入 JK 触发器的特性方程中，得到状态方程为

$$Q_0^{n+1}=\overline{Q}_2\overline{Q}_0$$
$$Q_1^{n+1}=\overline{Q}_1$$
$$Q_2^{n+1}=\overline{Q}_2Q_1Q_0$$

3）根据状态方程和输出方程列出逻辑状态转换真值表如表 14. 2. 2 所示。应注意：电路中的触发器均为下降沿触发，因此各触发器的状态方程只能在它所对应的时钟脉冲下降沿到来时才成立，若它的时钟脉冲下降沿未到来，触发器状态保持不变。为分析方便，逻辑状态转换真值表中也列出各触发器时钟脉冲的状态。

**表 14. 2. 2　例 14. 2. 2 电路的逻辑状态转换真值表**

| 态序 | 现态 | | | 时钟信号 | | | 次态 | | | 输出 |
|---|---|---|---|---|---|---|---|---|---|---|
| | $Q_2$ | $Q_1$ | $Q_0$ | $CP_2$ | $CP_1$ | $CP_0$ | $Q_2^{n+1}$ | $Q_1^{n+1}$ | $Q_0^{n+1}$ | $F$ |
| 0 | 0 | 0 | 0 | ↓ | ↑ | ↓ | 0 | 0 | 1 | 0 |
| 1 | 0 | 0 | 1 | ↓ | ↓ | ↓ | 0 | 1 | 0 | 0 |
| 2 | 0 | 1 | 0 | ↓ | ↑ | ↓ | 0 | 1 | 1 | 0 |

续表

| 态序 | 现态 | | | 时钟信号 | | | 次态 | | | 输出 |
|---|---|---|---|---|---|---|---|---|---|---|
| | $Q_2$ | $Q_1$ | $Q_0$ | $CP_2$ | $CP_1$ | $CP_0$ | $Q_2^{n+1}$ | $Q_1^{n+1}$ | $Q_0^{n+1}$ | $F$ |
| 3 | 0 | 1 | 1 | ↓ | ↓ | ↓ | 1 | 0 | 0 | 0 |
| 4 | 1 | 0 | 0 | ↓ | 0 | ↓ | 0 | 0 | 0 | 1 |
| 5 | 1 | 0 | 1 | ↓ | ↓ | ↓ | 0 | 1 | 0 | 1 |
| 6 | 1 | 1 | 0 | ↓ | 0 | ↓ | 0 | 1 | 0 | 1 |
| 7 | 1 | 1 | 1 | ↓ | ↓ | ↓ | 0 | 0 | 0 | 1 |

本例电路的状态转换图与时序波形图和例 14.2.1 电路一样，这里不再画出。

4）通过分析可知该电路具有自启动功能。

5）该电路是一个能够自启动的异步五进制加法计数器。

### 14.2.2　寄存器

能够暂时存放一组二进制数码的时序逻辑电路称为寄存器。寄存器是由触发器和门电路组成的，一个触发器就是一个能存放 1 位二进制数码的寄存器，存放 $n$ 位二进制数码就需要 $n$ 个触发器，从而构成 $n$ 位寄存器。寄存器按功能特点分为数码寄存器（也称基本寄存器）和移位寄存器。

#### 1. 数码寄存器

数码寄存器可以接收、暂存和传递数码。它是在时钟脉冲（接收脉冲）$CP$ 作用下，将数据存入对应的触发器。由于 D 触发器的特性方程是 $Q^{n+1}=D$，因此以 D 触发器的 D 输入端作为数据输入端组成寄存器最为方便。下面以 4 位集成数码寄存器 74LS175 为例介绍。

图 14.2.5 是由 4 个边沿 D 触发器构成的 4 位数码寄存器 74LS175 的逻辑电路图。$D_3 \sim D_0$ 是并行数码输入端，$\overline{CR}$ 是清零端，$CP$ 是时钟脉冲输入端，$Q_3 \sim Q_0$ 是并行数码输出端。

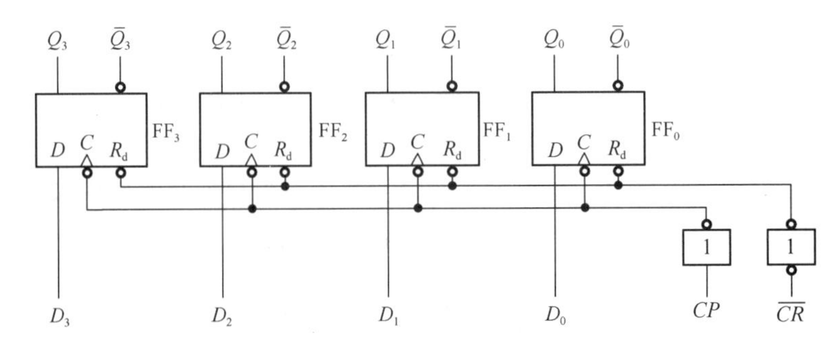


图 14.2.5　74LS175 逻辑图

$\overline{CR}=0$ 时，异步清零，各触发器输出均置 0。

$\overline{CR}=1$ 时，当时钟脉冲 $CP$ 上升沿到来时，数据输入端 $D_3 \sim D_0$ 的数据将并行存入 4 个触发器，$Q_3Q_2Q_1Q_0=D_3D_2D_1D_0$。

在$\overline{CR}$=1、时钟脉冲上升沿以外的期间，寄存器状态不变，即寄存器锁定数据不变，故寄存器也称为锁存器。

74LS175 的功能真值表如表 14.2.3 所示。

**表 14.2.3　74LS175 的功能真值表**

| 输入 | | | | | | 输出 | | | | 说明 |
|---|---|---|---|---|---|---|---|---|---|---|
| $\overline{CR}$ | $CP$ | $D_3$ | $D_2$ | $D_1$ | $D_0$ | $Q_3^{n+1}$ | $Q_2^{n+1}$ | $Q_1^{n+1}$ | $Q_0^{n+1}$ | |
| 0 | × | × | × | × | × | 0 | 0 | 0 | 0 | 清零 |
| 1 | ↑ | $D_3$ | $D_2$ | $D_1$ | $D_0$ | $D_3$ | $D_2$ | $D_1$ | $D_0$ | 置数 |

常用的集成数码寄存器还有 74LS174、74LS273、74LS373 等。

2. 移位寄存器

移位寄存器除具有寄存数码的功能外，还具有移位的功能。移位功能是指在移位脉冲作用下使寄存器所存放的数码向左或向右逐位移动。通过对数码的移位，可以实现数据的串行-并行的相互转换、数值的运算及数据处理等。

移位寄存器按移位方式可分为单向移位（左移或右移）寄存器和双向移位寄存器，按所存放的数据存入、取出的方式可分为串行输入-串行输出移位寄存器、串行输入-并行输出移位寄存器、并行输入-串行输出移位寄存器、并行输入-并行输出移位寄存器。

由 D 触发器构成的四位左移移位寄存器如图 14.2.6 所示。各触发器的输入信号分别为 $D_3=Q_2$、$D_2=Q_1$、$D_1=Q_0$、$D_0=D_L$，$D_L$ 为左移输入信号，在一个移位脉冲信号作用下，寄存器中存放的数码依次向左移动一位。

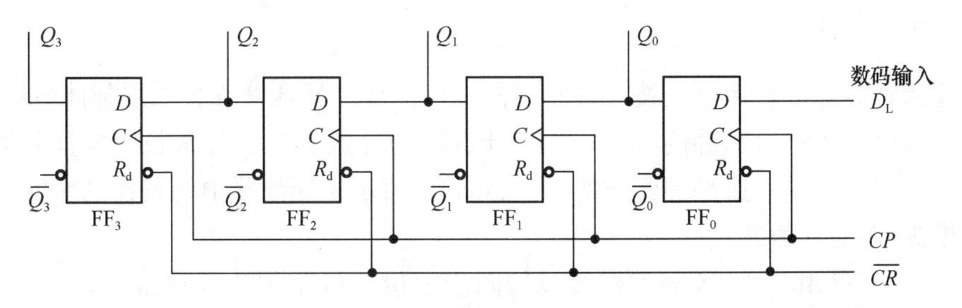


图 14.2.6　四位左移移位寄存器

$\overline{CR}$=0 时，异步清零，各触发器输出均置 0。

$\overline{CR}$=1 时，设需要存放的数码为 $D_L$=1101。当第一个时钟脉冲 $CP$ 上升沿到来时，因为 $D_0=1$，$D_3=D_2=D_1=0$，所以寄存器状态为 0001；当第二个时钟脉冲 $CP$ 上升沿到来时，因为 $D_1=D_0=1$，$D_3=D_2=0$，所以寄存器状态为 0011；当第三个时钟脉冲 $CP$ 上升沿到来时，因为 $D_0=0$，$D_2=D_1=1$，$D_3=0$，所以寄存器状态为 0110；当第四个时钟脉冲 $CP$ 上升沿到来时，因为 $D_0=1$，$D_1=0$，$D_3=D_2=1$，所以寄存器状态为 1101；故经过 4 个时钟脉冲后，完成了数码的存放工作，这时可从触发器的 $Q$ 输出端得到并行的数码输出（串行输入-并行输出方式）；如果再经过 4 个时钟

脉冲，则寄存器存放的四位数码 1101 逐位从 $Q_3$ 端输出（串行输入-串行输出方式）。电路工作状态如表 14.2.4 所示。

**表 14.2.4　图 14.2.6 电路的工作状态表**

| 输入 | | 现态 | | | | 次态 | | | |
|---|---|---|---|---|---|---|---|---|---|
| $D_i$ | $CP$ | $Q_3$ | $Q_2$ | $Q_1$ | $Q_0$ | $Q_3^{n+1}$ | $Q_2^{n+1}$ | $Q_1^{n+1}$ | $Q_0^{n+1}$ |
| 1 | ↑ | 0 | 0 | 0 | 0 | 0 | 0 | 0 | 1 |
| 1 | ↑ | 0 | 0 | 0 | 1 | 0 | 0 | 1 | 1 |
| 0 | ↑ | 0 | 0 | 1 | 1 | 0 | 1 | 1 | 0 |
| 1 | ↑ | 0 | 1 | 1 | 0 | 1 | 1 | 0 | 1 |
| 0 | ↑ | 1 | 1 | 0 | 1 | 1 | 0 | 1 | 0 |
| 0 | ↑ | 1 | 0 | 1 | 0 | 0 | 1 | 0 | 0 |
| 0 | ↑ | 0 | 1 | 0 | 0 | 1 | 0 | 0 | 0 |
| 0 | ↑ | 1 | 0 | 0 | 0 | 0 | 0 | 0 | 0 |

## 14.2.3　计数器

数字电路中使用最多的时序逻辑电路就是计数器。计数器的应用十分广泛，不仅能用于记录时钟脉冲的个数，还可用于分频、定时、产生节拍脉冲和脉冲序列等，并且利用计数器可以实现其他一些时序逻辑电路。

计数器种类很多，按计数脉冲输入方式可分为同步计数器和异步计数器；按计数的进制可分为二进制计数器、十进制计数器和任意进制计数器；按计数器中数值增减趋势不同可分为加法计数器、减法计数器和可逆计数器。

### 1. 二进制计数器

在输入计数脉冲作用下，按二进制规律进行计数的计数器称为二进制计数器。一个计数器所能够计入计数脉冲的数目，称为计数器的计数容量、计数长度或计数器的模。二进制计数器按自然态序循环经历 $2^n$ 个独立状态（$n$ 为计数器中触发器的个数），因此也称为模为 $2^n$ 的计数器。

图 14.2.7 是由三个 JK 触发器组成的同步三位二进制加法计数器，输出 $C$ 为进位信号。

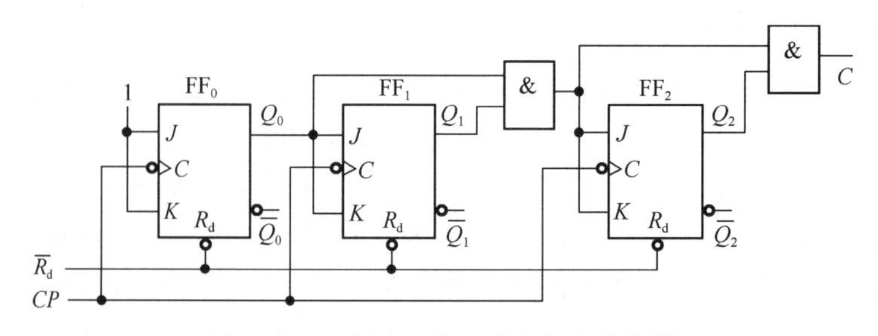


图 14.2.7　同步三位二进制加法计数器

由电路可知，最低位的触发器构成 T′触发器，每输入一个计数脉冲，触发器状态翻转一次；其他触发器均构成 T 触发器，其驱动方程分别为

$$\begin{cases}T_0=J_0=K_0=1\\T_1=J_1=K_1=Q_0\\T_2=J_2=K_2=Q_1Q_0\end{cases}$$

在计数脉冲作用下，它们的翻转发生在各自触发器的 $T_i=1$ 时刻；由此，可得 $n$ 位同步二进制加法计数器的通用驱动方程为

$$T_n=\prod_{i=0}^{n-1}Q_i \tag{14.2.1}$$

图 14.2.7 所示电路的计数过程如下：

计数前应清零，即将每个触发器置 0（复位），使计数器初始状态 $Q_2Q_1Q_0=000$。

当第一个计数脉冲 $CP$ 到来后，最低位触发器 $FF_0$ 的状态由 0 变 1；其他触发器不满足翻转条件，状态保持不变；此时计数器状态 $Q_2Q_1Q_0=001$。

当第二个计数脉冲 $CP$ 到来后，触发器 $FF_0$、$FF_1$ 满足翻转条件而翻转；触发器 $FF_2$ 不满足翻转条件，状态保持不变；此时计数器状态 $Q_2Q_1Q_0=010$。

当第三个计数脉冲 $CP$ 到来后，触发器 $FF_0$ 翻转；其他触发器不翻转，状态保持不变；此时计数器状态 $Q_2Q_1Q_0=011$。

当第四个计数脉冲 $CP$ 到来后，触发器均翻转，计数器状态 $Q_2Q_1Q_0=100$。

当第五个计数脉冲 $CP$ 到来后，触发器 $FF_0$ 翻转；其他触发器不翻转，状态保持不变；此时计数器状态 $Q_2Q_1Q_0=101$。

当第六个计数脉冲 $CP$ 到来后，触发器 $FF_0$、$FF_1$ 翻转；触发器 $FF_2$ 不翻转，状态保持不变；此时计数器状态 $Q_2Q_1Q_0=110$。

当第七个计数脉冲 $CP$ 到来后，触发器 $FF_0$ 翻转；其他触发器不翻转，状态保持不变；此时计数器状态 $Q_2Q_1Q_0=111$。

当第八个计数脉冲 $CP$ 到来后，触发器均翻转，计数器状态 $Q_2Q_1Q_0=000$，计数器恢复到初始状态；此时输出 $C=Q_2Q_1Q_0=1$，产生进位信号；计数器完成一个计数循环。该计数器是模八计数器。该计数器的状态转换表如表 14.2.5 所示。

**表 14.2.5　三位二进制加法计数器状态转换表**

| $CP$ | $Q_2$ | $Q_1$ | $Q_0$ | $Q_2^{n+1}$ | $Q_1^{n+1}$ | $Q_0^{n+1}$ | $C$ |
|---|---|---|---|---|---|---|---|
| 1 | 0 | 0 | 0 | 0 | 0 | 1 | 0 |
| 2 | 0 | 0 | 1 | 0 | 1 | 0 | 0 |
| 3 | 0 | 1 | 0 | 0 | 1 | 1 | 0 |
| 4 | 0 | 1 | 1 | 1 | 0 | 0 | 0 |
| 5 | 1 | 0 | 0 | 1 | 0 | 1 | 0 |
| 6 | 1 | 0 | 1 | 1 | 1 | 0 | 0 |
| 7 | 1 | 1 | 0 | 1 | 1 | 1 | 0 |
| 8 | 1 | 1 | 1 | 0 | 0 | 0 | 1 |

该三位二进制加法计数器的时序波形图如图 14.2.8 所示。

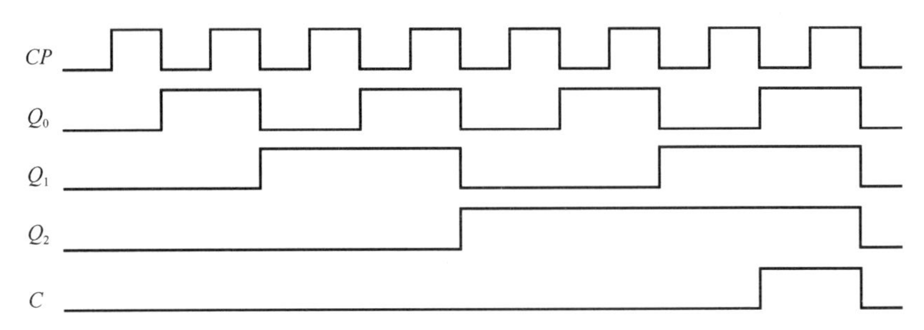


图 14.2.8　图 14.2.7 电路的波形图

由时序波形图可看出，若输入计数脉冲的频率为 $f_{CP}$，则触发器输出端 $Q_0$、$Q_1$、$Q_2$ 的脉冲频率依次为 $\frac{1}{2}f_{CP}$、$\frac{1}{4}f_{CP}$、$\frac{1}{8}f_{CP}$，可见计数器具有分频功能，故也称为分频器。

综上所述，$n$ 位（模 $2^n$）同步二进制加法计数器可由 $n$ 个 T 触发器构成，而每个触发器的驱动方程由式（14.2.1）确定。通过触发器之间逻辑功能的转换方法，T 触发器既可用 JK 触发器构成，也可以用 D 触发器构成。同理，可得 $n$ 位同步二进制减法计数器的通用驱动方程为

$$T_n = \prod_{i=0}^{n-1} \overline{Q}_i \qquad (14.2.2)$$

图 14.2.9 是由三个 JK 触发器组成的异步三位二进制加法计数器，输出 $C$ 为进位信号。

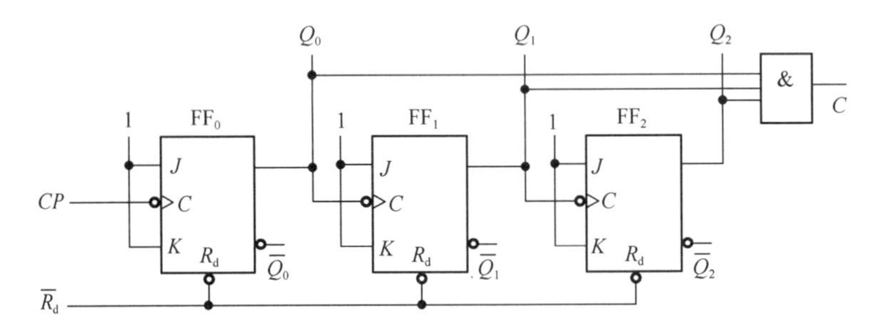


图 14.2.9　异步三位二进制加法计数器

电路中触发器的驱动方程、时钟方程、输出方程分别为

$$J_0 = K_0 = 1$$

$$J_1 = K_1 = 1$$

$$J_2 = K_2 = 1$$

$$CP_0 = CP$$

$$CP_1 = Q_0$$

$$CP_2 = Q_1$$

$$C = Q_2 Q_1 Q_0$$

该电路的结构与工作特点是：每个触发器均构成 T 触发器；最低位触发器 $FF_0$ 的状态在每一个输入计数脉冲 $CP$ 下降沿到来时翻转；相邻高位触发器的时钟脉冲输入端与相邻低位触发器的输出端 $Q$ 相连，因此相邻高位触发器的状态在相邻低位触发器输出端 $Q$ 由 1 变 0 时翻转；当第八个计数脉冲 $CP$ 到来后，触发器均翻转，计数器状态 $Q_2Q_1Q_0=000$，计数器恢复到初始状态；此时输出 $C=Q_2Q_1Q_0=1$，产生进位信号；计数器完成一个计数循环。该计数器的状态转换表和时序波形图与图 14.2.7 电路相同。

2. 十进制计数器

在十进制计数器中，广泛采用的是用四位二进制数表示一位十进制数，即用四位二进制计数器构成一位十进制计数器，通常也称这种计数器为二-十进制计数器，其中使用最多的是 8421BCD 码十进制计数器。与二进制计数器一样，十进制计数器也分为同步十进制加法计数器、减法计数器、可逆计数器。

图 14.2.10 是由四个 JK 触发器组成的 8421BCD 码同步十进制加法计数器。

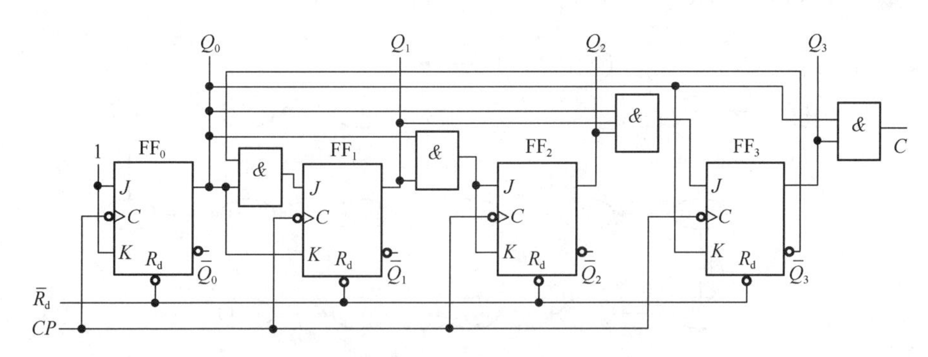


图 14.2.10　同步十进制加法计数器

由电路可列出驱动方程、输出方程分别为

$$J_0=K_0=1$$

$$J_1=\overline{Q}_3Q_0 \qquad K_1=Q_0$$

$$J_2=K_2=Q_1Q_0$$

$$J_3=Q_2Q_1Q_0 \qquad K_3=Q_0$$

$$C=Q_3Q_0$$

将各触发器的驱动方程分别代入 JK 触发器的特性方程中，可得各触发器的状态方程为

$$Q_0^{n+1}=J_0\overline{Q}_0+\overline{K}_0Q_0=\overline{Q}_0$$

$$Q_1^{n+1}=J_1\overline{Q}_1+\overline{K}_1Q_1=\overline{Q}_3\overline{Q}_1Q_0+Q_1\overline{Q}_0$$

$$Q_2^{n+1}=J_2\overline{Q}_2+\overline{K}_2Q_2=\overline{Q}_2Q_1Q_0+Q_2\overline{Q_1Q_0}$$

$$Q_3^{n+1}=J_3\overline{Q}_3+\overline{K}_3Q_3=\overline{Q}_3Q_2Q_1Q_0+Q_3\overline{Q}_0$$

该电路的状态转换表如表 14.2.6 所示。

**表 14.2.6　8421BCD 码同步十进制加法计数器状态转换表**

| $CP$ | $Q_3$ | $Q_2$ | $Q_1$ | $Q_0$ | $Q^{n+1}_3$ | $Q^{n+1}_2$ | $Q^{n+1}_1$ | $Q^{n+1}_0$ | $C$ |
|---|---|---|---|---|---|---|---|---|---|
| 1 | 0 | 0 | 0 | 0 | 0 | 0 | 0 | 1 | 0 |
| 2 | 0 | 0 | 0 | 1 | 0 | 0 | 1 | 0 | 0 |
| 3 | 0 | 0 | 1 | 0 | 0 | 0 | 1 | 1 | 0 |
| 4 | 0 | 0 | 1 | 1 | 0 | 1 | 0 | 0 | 0 |
| 5 | 0 | 1 | 0 | 0 | 0 | 1 | 0 | 1 | 0 |
| 6 | 0 | 1 | 0 | 1 | 0 | 1 | 1 | 0 | 0 |
| 7 | 0 | 1 | 1 | 0 | 0 | 1 | 1 | 1 | 0 |
| 8 | 0 | 1 | 1 | 1 | 1 | 0 | 0 | 0 | 0 |
| 9 | 1 | 0 | 0 | 0 | 1 | 0 | 0 | 1 | 0 |
| 10 | 1 | 0 | 0 | 1 | 0 | 0 | 0 | 0 | 1 |
| 11 | 1 | 0 | 1 | 0 | 1 | 0 | 1 | 1 | 0 |
| 12 | 1 | 0 | 1 | 1 | 0 | 1 | 0 | 0 | 1 |
| 13 | 1 | 1 | 0 | 0 | 1 | 1 | 0 | 1 | 0 |
| 14 | 1 | 1 | 0 | 1 | 0 | 1 | 0 | 0 | 1 |
| 15 | 1 | 1 | 1 | 0 | 1 | 1 | 1 | 1 | 0 |
| 16 | 1 | 1 | 1 | 1 | 0 | 0 | 0 | 0 | 1 |

该电路的状态图如图 14.2.11 所示。

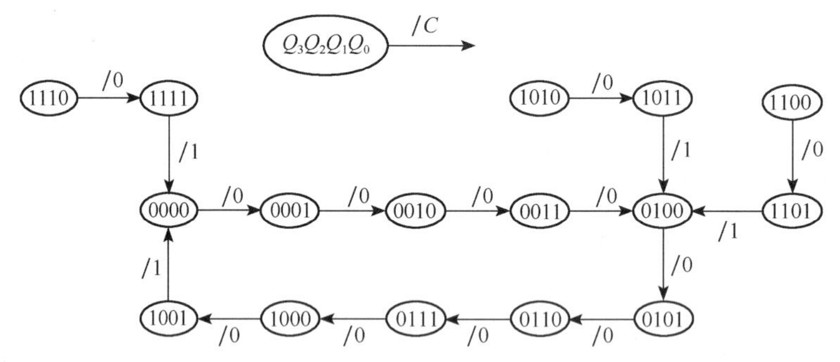


图 14.2.11　8421BCD 码同步十进制加法计数器状态图

由状态转换表和状态图可知，该 8421BCD 码同步十进制加法计数器能够自启动。应注意，在描述计数器逻辑功能时，除二进制计数器外，都要说明其能否自启动。

### 3. 中规模集成计数器

中规模集成计数器种类较多、功能较完善并且可扩展。常用的集成计数器如四位二进制计数器 74LS161、74LS163、74LS191、74LS193 等，十进制计数器 74LS160、74LS162、74LS190、74LS192、74LS290 等。现以 74LS161 为例，介绍其功能特点及其应用。

74LS161 为集成四位同步二进制加法计数器，其引脚图和逻辑符号如图 14.2.12 所示。

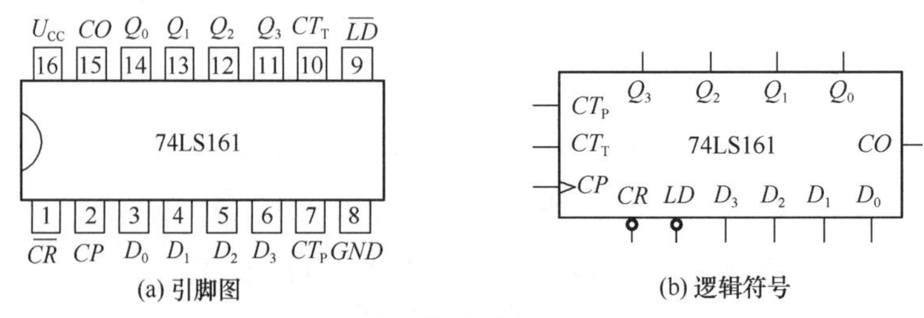


图 14.2.12　集成计数器 74LS161

图中，$CP$ 为计数脉冲输入端，$\overline{CP}$ 为清零端，$\overline{LD}$ 为置数控制端，$CT_P$ 和 $CT_T$ 为计数器工作状态控制端，$D_0 \sim D_3$ 为并行输入数据端，$Q_0 \sim Q_3$ 为计数器状态输出端，$CO$ 为进位信号输出端。

表 14.2.7 为计数器 74LS161 的功能表。由表可知 74LS161 具有以下功能：

1）异步清零。当 $\overline{CR}=0$ 时，计数器清零，此时其他输入信号都不起作用，由时钟触发器的逻辑特性可知，其异步输入端的信号是优先的，$\overline{CR}=0$ 正是通过 $\overline{R}_D=0$ 使各触发器清零的。这一工作又称为计数器的复位。

**表 14.2.7　74LS161 功能表**

| 输入 | | | | | | | | | 输出 | | | | | 说明 |
|---|---|---|---|---|---|---|---|---|---|---|---|---|---|---|
| $\overline{CR}$ | $\overline{LD}$ | $CT_P$ | $CT_T$ | $CP$ | $D_3$ | $D_2$ | $D_1$ | $D_0$ | $Q_3$ | $Q_2$ | $Q_1$ | $Q_0$ | $CO$ | |
| 0 | × | × | × | × | × | × | × | × | 0 | 0 | 0 | 0 | 0 | 异步清零 |
| 1 | 0 | × | × | ↑ | $d_3$ | $d_2$ | $d_1$ | $d_0$ | $d_3$ | $d_2$ | $d_1$ | $d_0$ | | 同步置数 |
| 1 | 1 | 1 | 1 | ↑ | × | × | × | × | $CO=Q_3Q_2Q_1Q_0$ | | | | | 计数 |
| 1 | 1 | 0 | × | × | × | × | × | × | $CO=CT_TQ_3Q_2Q_1Q_0$ | | | | | 保持 |
| 1 | 1 | × | 0 | × | × | × | × | × | | | | | 0 | 保持 |

2）同步置数。当 $\overline{CR}=1$，$\overline{LD}=0$，在 $CP$ 脉冲上升沿到来时，并行输入数据端 $D_0 \sim D_3$ 输入的数据 $d_0 \sim d_3$ 置入计数器，使计数器的状态为 $Q_3Q_2Q_1Q_0=d_3d_2d_1d_0$。

3）加法计数。当 $\overline{CR}=\overline{LD}=1$ 时，若 $CT_P=CT_T=1$，四位二进制加法计数器对输入的计数脉冲 $CP$ 进行加法计数。当第 15 个 $CP$ 脉冲到来后，计数器状态 $Q_3Q_2Q_1Q_0=1111$，同时进位信号 $CO=1$；当第 16 个 $CP$ 脉冲到来后，计数器状态 $Q_3Q_2Q_1Q_0=0000$ 回到初始状态，同时进位信号 $CO=0$，由 1 跳变到 0，计数器向高一位产生下降沿输出信号。

4）保持功能。当 $\overline{CR}=\overline{LD}=1$ 时，若 $CT_P \cdot CT_T=0$，则计数器将保持原来状态不变。对于进位输出有两种情况：如果 $CT_T=0$，则 $CO=0$；如果 $CT_D=1$，则 $CO=Q_3Q_2Q_1Q_0$。

综上所述，计数器 74LS161 是一个具有异步清零、同步置数、保持功能的四位同步上升沿二进制加法计数器。

**【例 14.2.3】** 应用反馈复位法，用 74LS161 构成十进制计数器。

**解：**反馈复位法适用于有异步清零输入端的计数器。十进制计数器有 10 个稳定状态，而 74LS161 有 16 个稳定状态，故有 6 个状态不用。在第 10 个稳定状态出现后，通过门电路产生一个清零信号反馈到清零输入端，使计数器回到初始状态。用 74LS161 构成十进制计数器的状态图如图 14.2.13 所示，在计数器状态 $Q_3Q_2Q_1Q_0=1010$ 时产生清零信号反馈到 $\overline{CR}$ 输入端，使计数器清零 $Q_3Q_2Q_1Q_0=0000$；1010 状态只是瞬间

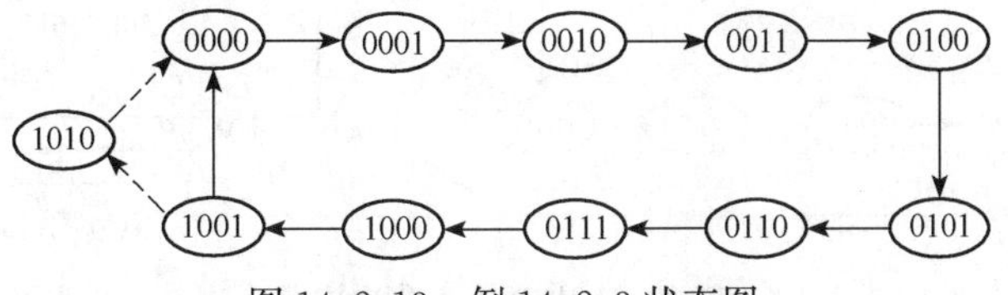

图 14.2.13　例 14.2.3 状态图

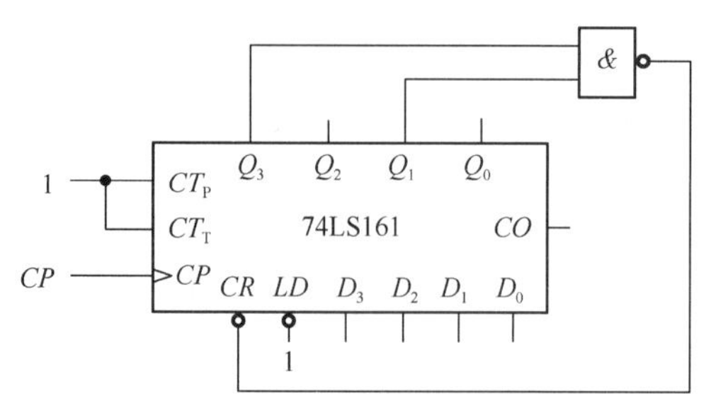


图 14.2.14　例 14.2.3 逻辑图

出现，不是稳定状态，这样就跳过了 1010～1111 六个状态。

用 74LS161 构成十进制计数器的逻辑电路图如图 14.2.14 所示。

由本例可知，用 $M$ 进制计数器（74LS161 为十六进制即四位二进制）采用反馈复位法实现 $N$ 进制计数器（$M>N$），当 $M$ 进制计数器从状态 $S_0$ 开始计数时，若输入的计数脉冲为 $N$ 个，则 $M$ 进制计数器处于 $S_N$ 状态，如果利用 $S_N$ 状态产生一个清零信号反馈到清零输入端，使计数器回到状态 $S_0$，这样就跳过了（$M-N$）个状态，故实现了模为 $N$ 的 $N$ 进制计数器。

**【例 14.2.4】** 应用反馈置数法，用 74LS161 构成十进制计数器。

**解：** 反馈置数法与反馈复位法不同，它是利用集成 $M$ 进制计数器的置数控制端 $\overline{LD}$ 的作用。根据所置入的数据不同，分为置零法、置最大数法、置最小数法。

（1）置零法

计数器从状态 $S_0$ 开始计数，当计数到状态 $S_9$ 时，产生一个置数控制信号 $\overline{LD}=0$，使计数器置零，即回到状态 $S_0$，这样就跳过了 $S_{10}\sim S_{15}$ 6 个状态。其状态图与逻辑图如图 14.2.15 所示。

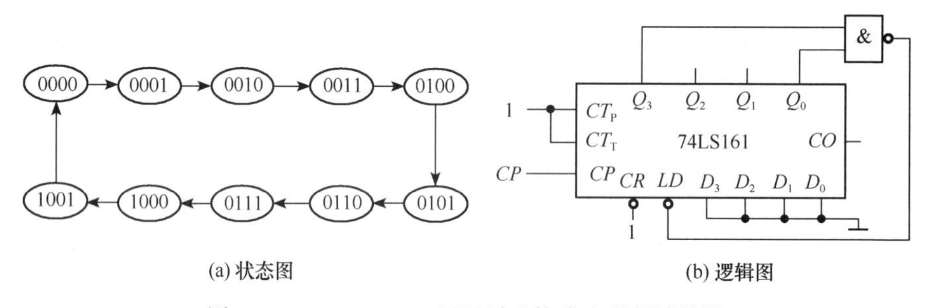


图 14.2.15　74LS161 用置零法构成十进制计数器

（2）置最大数法

计数器从状态 $S_0$ 开始计数，当计数到状态 $S_8$ 时，产生一个置数控制信号 $\overline{LD}=0$，使计数器置入最大数 1111 即进入状态 $S_{15}$，这样就跳过了 $S_9\sim S_{14}$ 6 个状态。其状态图与逻辑图如图 14.2.16 所示。

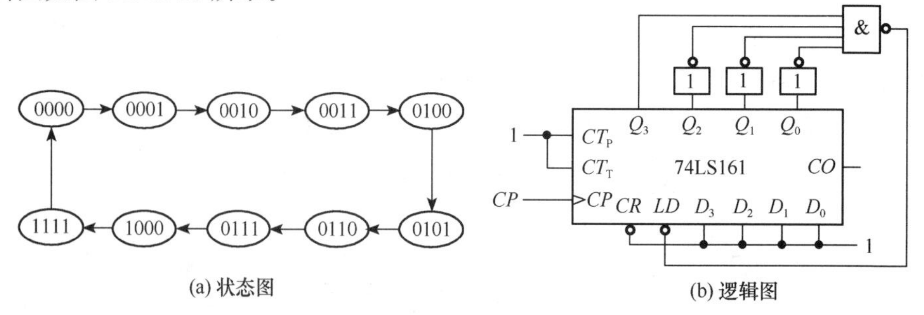


图 14.2.16　74LS161 用置最大数法构成十进制计数器

(3) 置最小数法

计数器从状态 $S_6$ 开始计数，当计数到状态 $S_{15}$ 时，产生一个置数控制信号 $\overline{LD}=0$，使计数器置入最小数 0110 即进入状态 $S_6$，这样就跳过了 $S_0$～$S_5$ 6 个状态。其状态图与逻辑图如图 14.2.17 所示。

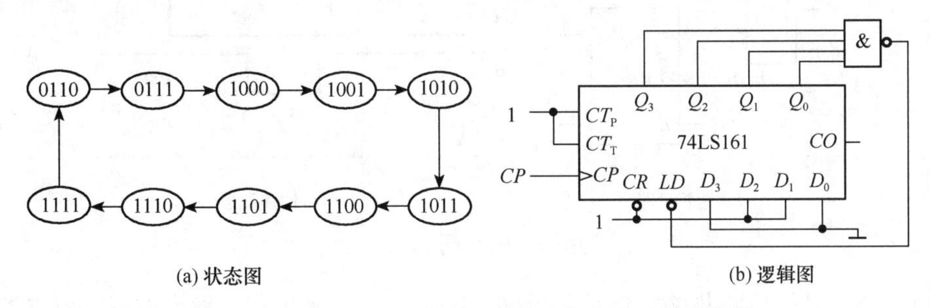


图 14.2.17　74LS161 用置最小数法构成十进制计数器

## 习　　题

14.1.1　基本 RS 触发器输入信号如题图 14.01 所示，试画出 $Q$ 端输出波形。触发器初始状态为 0。

14.1.2　同步 RS 触发器输入信号如题图 14.02 所示，试画出 $Q$ 端输出波形。触发器初始状态为 0。

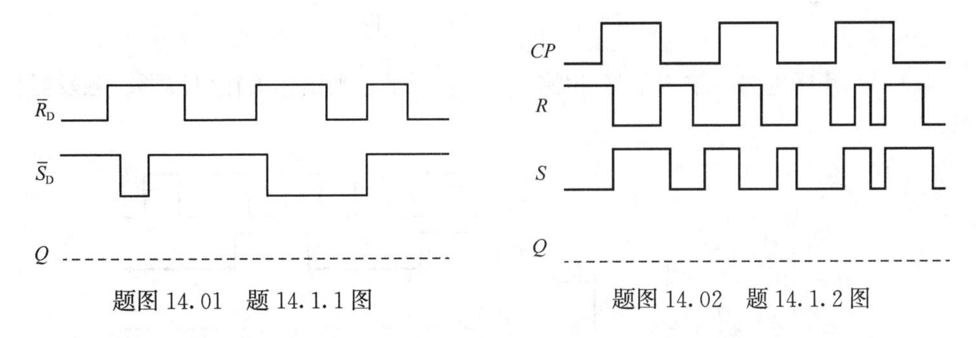


题图 14.01　题 14.1.1 图　　　　题图 14.02　题 14.1.2 图

14.1.3　主从 JK 触发器输入信号如题图 14.03 所示，试画出 $Q$ 端输出波形。触发器初始状态为 0。

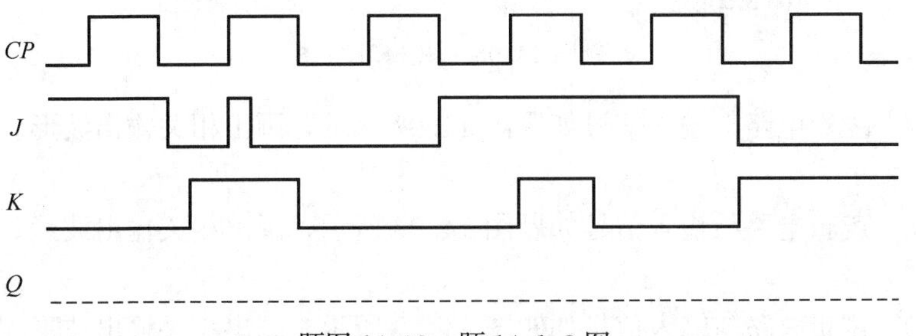


题图 14.03　题 14.1.3 图

14.1.4　逻辑电路与输入信号如题图 14.04 所示，画出相关输出波形。触发器初始状态为 0。

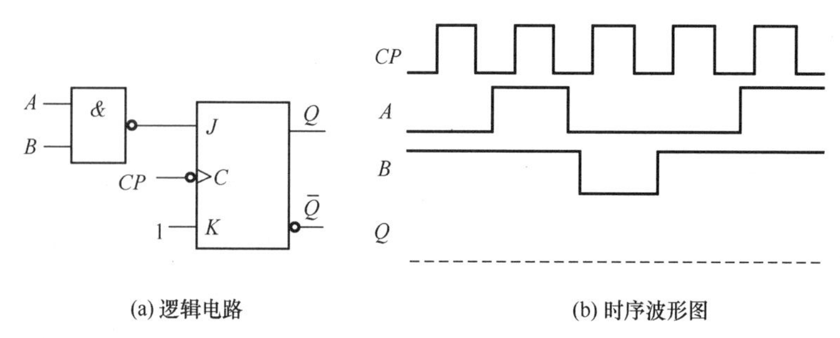


(a) 逻辑电路　　(b) 时序波形图

题图 14.04　题 14.1.4 图

14.1.5　逻辑电路与输入信号如题图 14.05 所示，画出相关输出波形。触发器初始状态为 0。

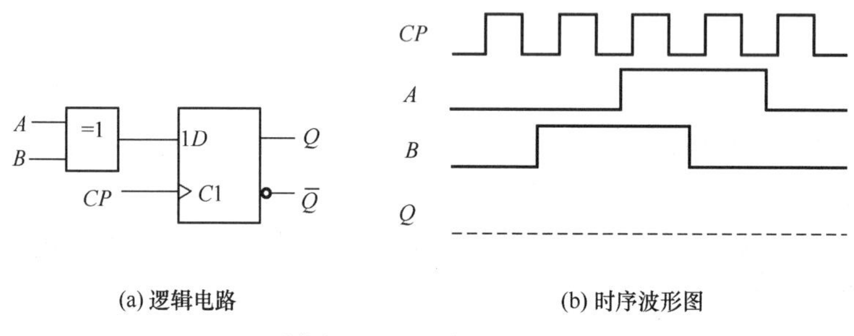


(a) 逻辑电路　　(b) 时序波形图

题图 14.05　题 14.1.5 图

14.1.6　逻辑电路与输入信号如题图 14.06 所示，画出相关输出波形。触发器初始状态为 0。

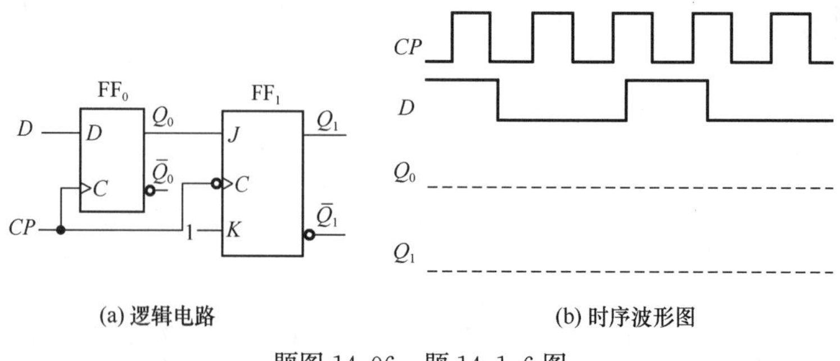


(a) 逻辑电路　　(b) 时序波形图

题图 14.06　题 14.1.6 图

14.1.7　逻辑电路与输入信号如题图 14.07 所示，画出相关输出波形。触发器初始状态为 0。

14.1.8　逻辑电路与输入信号如题图 14.08 所示，画出相关输出波形。触发器初始状态为 0。

14.1.9　逻辑电路与输入信号如题图 14.09 所示，画出相关输出波形。触发器初始状态为 0。

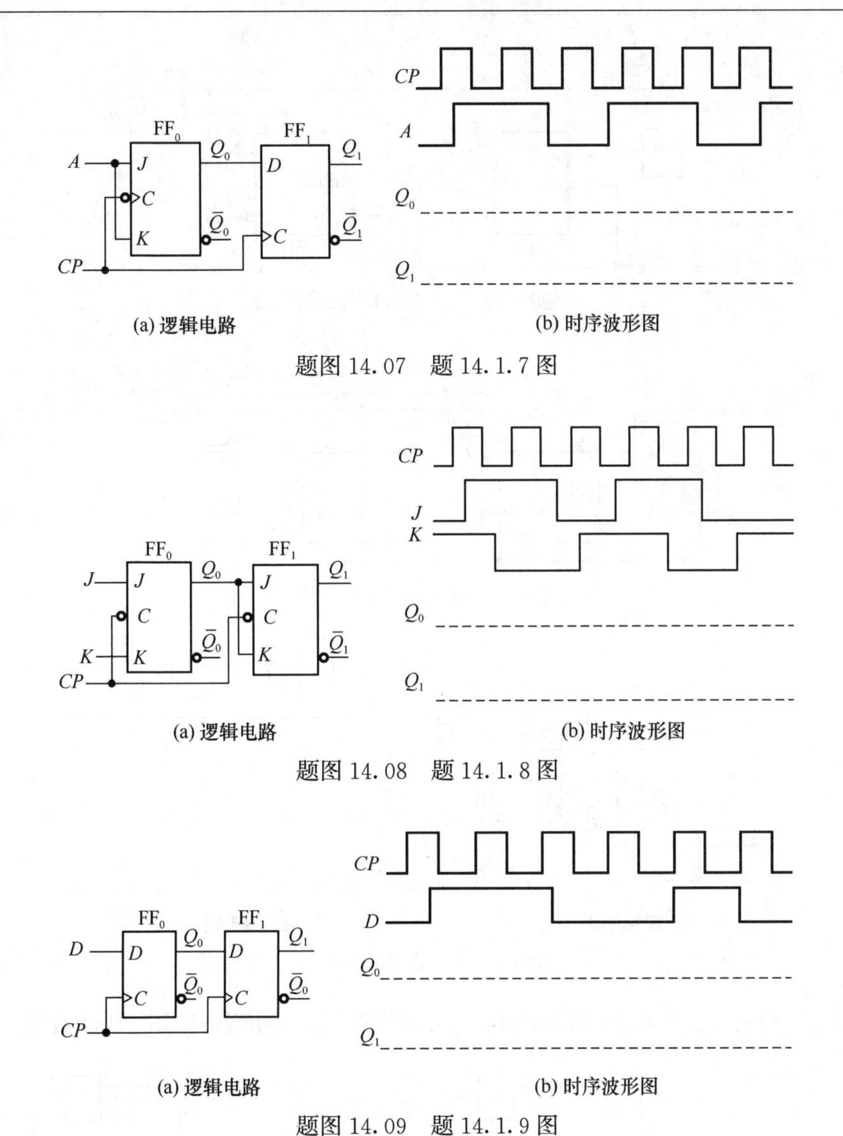


题图 14.07　题 14.1.7 图

题图 14.08　题 14.1.8 图

题图 14.09　题 14.1.9 图

14.2.1　分析题图 14.10 所示电路的逻辑功能。

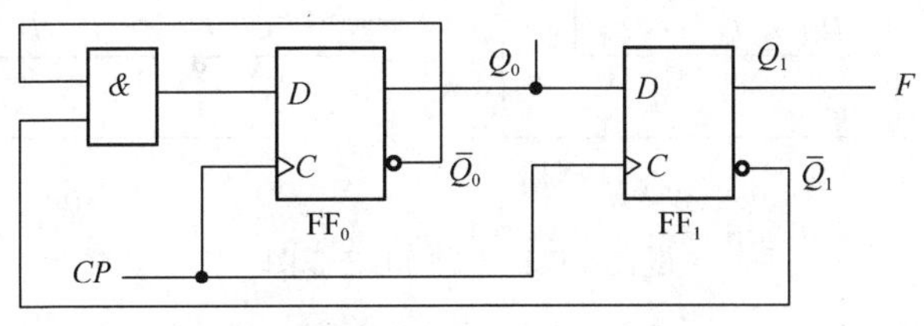


题图 14.10　题 14.2.1 图

14.2.2　分析题图 14.11 所示电路的逻辑功能。

14.2.3　分析题图 14.12 所示电路的逻辑功能。

14.2.4　分析题图 14.13 所示电路的逻辑功能，并画出触发器输出端 $Q_0$、$Q_1$ 的波形。

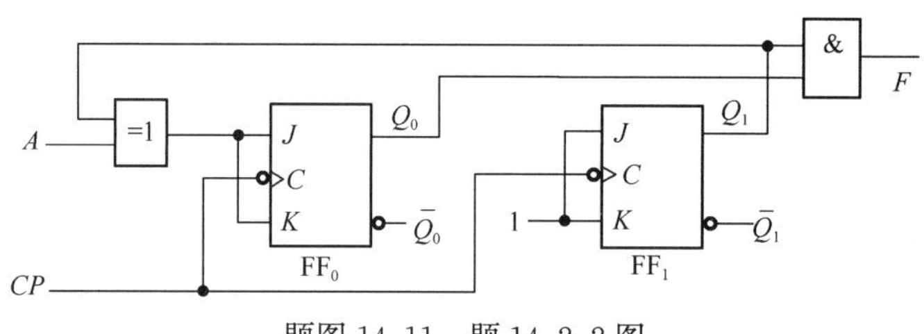


题图 14.11　题 14.2.2 图

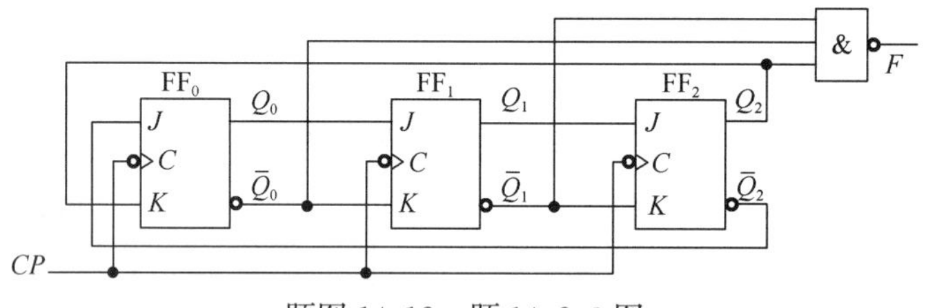


题图 14.12　题 14.2.3 图

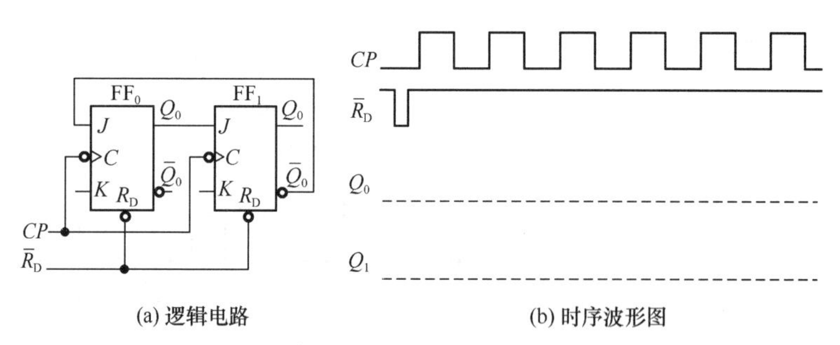


题图 14.13　题 14.2.4 图

14.2.5　分析题图 14.14 所示电路，画出状态图，指出各是几进制计数器。

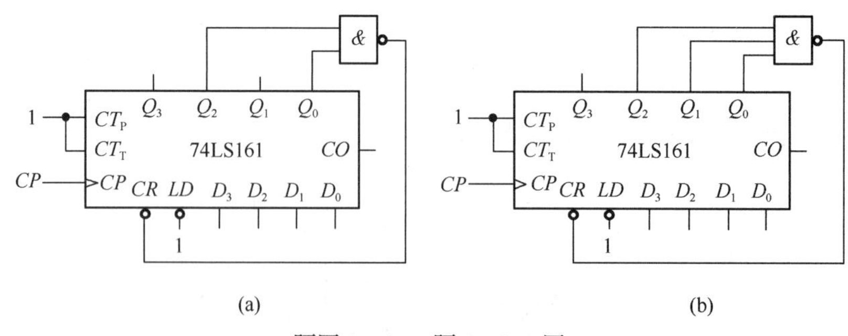


题图 14.14　题 14.2.5 图

14.2.6　分析题图 14.15 所示电路，画出状态图，指出各是几进制计数器。

14.2.7　分析题图 14.16 所示电路，画出状态图，指出各是几进制计数器。

14.2.8　用集成计数器 74LS161 构成七进制计数器。

(1) 用反馈复位法实现；

(2) 用反馈置数法实现。

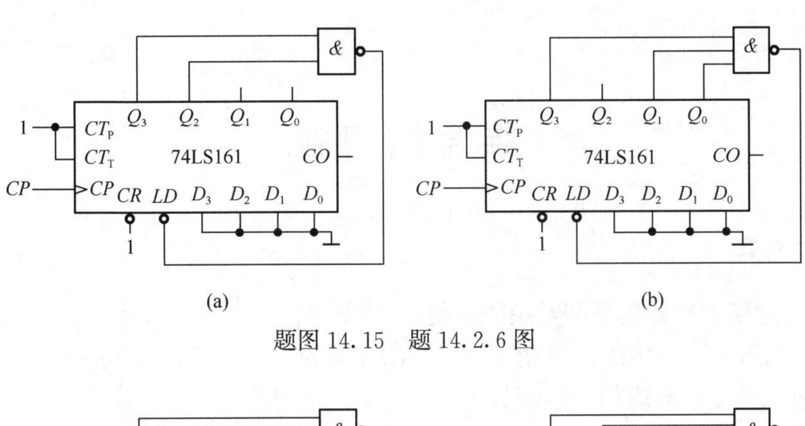


题图 14.15　题 14.2.6 图

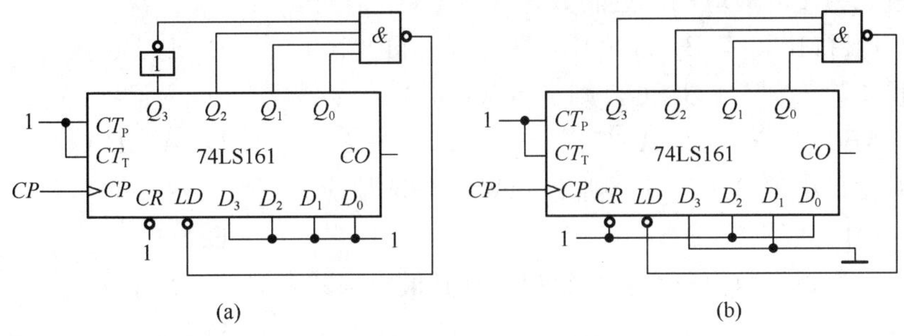


题图 14.16　题 14.2.7 图

# 综合练习四

## 一、单项选择题

1. 数字电路中机器识别和常用的数制是（　　）。
A. 二进制　　B. 八进制　　C. 十进制　　D. 十六进制
2. 十进制数 100 对应的二进制数为（　　）。
A. 1011110　　B. 1100010　　C. 1100100　　D. 11000100
3. 逻辑函数 $F=A+B+C$，则 $\overline{F}=$（　　）。
A. $ABC$　　B. $\overline{ABC}$　　C. $\overline{A}+\overline{B}+\overline{C}$　　D. $\overline{A}\cdot\overline{B}\cdot\overline{C}$
4. 若要使最小项 $\overline{A}BC=1$，则变量 $ABC$ 的取值应为（　　）。
A. 101　　B. 100　　C. 011　　D. 111
5. 若一个逻辑函数由三个变量组成，则其最小项共有（　　）个。
A. 2　　B. 3　　C. 8　　D. 16
6. 一个两输入端的门电路，当输入为 1 和 0 时，输出不是 1 的门是（　　）。
A. 与非门　　B. 或门　　C. 或非门　　D. 异或门
7. 时序逻辑电路中一定包含（　　）。
A. 触发器　　B. 组合逻辑电路　　C. 移位寄存器　　D. 译码器
8. 具有保持、置 0、置 1、翻转功能的触发器是（　　）。
A. RS 触发器　　B. D 触发器　　C. T 触发器　　D. JK 触发器
9. 构成组合逻辑电路的基本单元是（　　）。
A. 寄存器　　B. 触发器　　C. 计数器　　D. 门电路
10. 移位寄存器可分为（　　）。
A. 左移位寄存器　　B. 右移位寄存器
C. 左、右移位和双向移位寄存器　　D. 双向移位寄电器
11. 能完成两个 1 位二进制数以及来自低位进位的求和运算的器件称为（　　）。
A. 半加器　　B. 全加器　　C. 编码器　　D. 译码器
12. 不产生多余状态的计数器是（　　）。
A. 同步预置数计数器　　B. 异步预置数计数器
C. 复位法构成的计数器　　D. 异步置零计数器

## 二、正误判断题

1. 最简与或表达式是指在表达式中与项最少，且变量也最少。（　　）
2. 组合逻辑电路中的每一个门实际上都是一个存储单元。（　　）
3. 编码电路的输入量一定是人们熟悉的十进制数。（　　）

4. 74LS138 集成芯片可以实现任意变量的逻辑函数。 (　　)
5. 使用 3 个触发器构成的计数器最多有 8 个有效状态。 (　　)
6. 时序逻辑电路的输出只取决于输入信号的现态。 (　　)
7. 利用集成计数器芯片的预置数功能可获得任意进制的计数器。 (　　)
8. 同步时序逻辑电路中各触发器的时钟脉冲 $CP$ 不一定相同。 (　　)

## 三、分析计算题

1. 分析图 p4.01 所示电路，写出逻辑表达式、列出真值表、指出其逻辑功能。
2. 用与非门实现图 p4.02 所示卡诺图表示的逻辑函数。

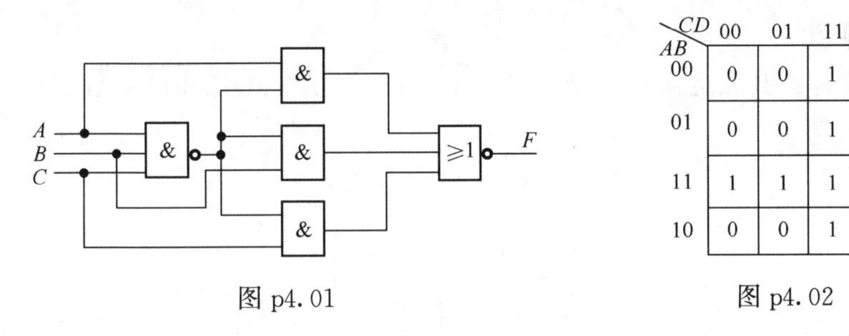


| AB \ CD | 00 | 01 | 11 | 10 |
|---|---|---|---|---|
| 00 | 0 | 0 | 1 | 0 |
| 01 | 0 | 0 | 1 | 1 |
| 11 | 1 | 1 | 1 | 1 |
| 10 | 0 | 0 | 1 | 0 |

图 p4.01　　图 p4.02

3. 用译码器 74LS138 和适当的与非门实现逻辑函数 $F=\overline{B}C+AC$。
4. 逻辑电路与输入信号如图 p4.03 所示，画出相关输出波形。设触发器初始状态为 0。

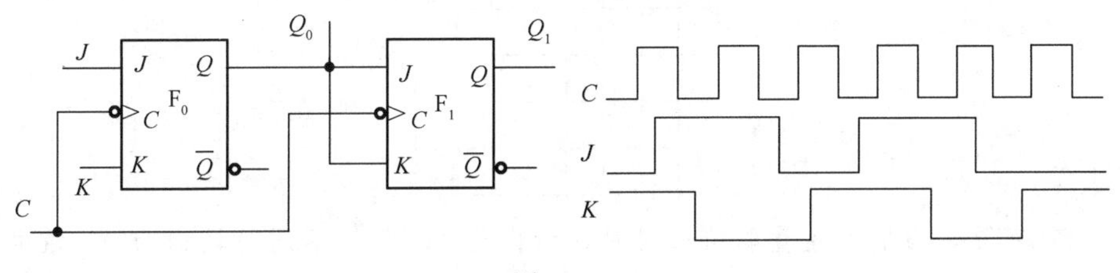


图 p4.03

5. 写出图 p4.04 所示时序逻辑电路的驱动方程、输出方程、状态方程。

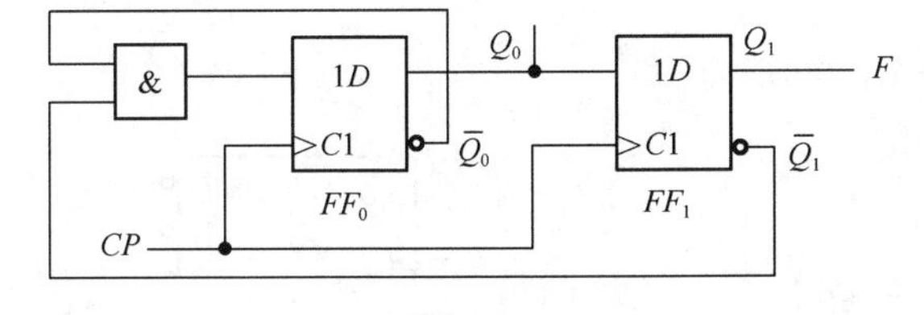


图 p4.04

6. 分析图 p4.05 所示电路的逻辑功能，设初始状态 $Q_1Q_0=00$。

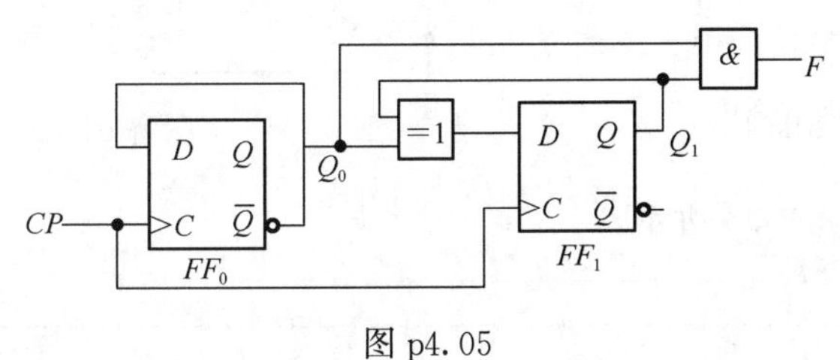


图 p4.05

## 参考答案

### 一、单项选择题

| 1 | 2 | 3 | 4 | 5 | 6 | 7 | 8 | 9 | 10 | 11 | 12 |
|---|---|---|---|---|---|---|---|---|---|---|---|
| A | C | D | C | C | C | A | D | D | C | B | A |

### 二、正误判断题

| 1 | 2 | 3 | 4 | 5 | 6 | 7 | 8 |
|---|---|---|---|---|---|---|---|
| 对 | 错 | 错 | 错 | 对 | 错 | 对 | 错 |

### 三、分析计算题

1. 写出逻辑函数表达式并化简：$F=\overline{A\cdot\overline{ABC}+B\cdot\overline{ABC}+C\cdot\overline{ABC}}=ABC+\overline{A}\cdot\overline{B}\cdot\overline{C}$。

列出真值表：

| $A$ | $B$ | $C$ | $F$ |
|---|---|---|---|
| 0 | 0 | 0 | 1 |
| 0 | 0 | 1 | 0 |
| 0 | 1 | 0 | 0 |
| 0 | 1 | 1 | 0 |
| 1 | 0 | 0 | 0 |
| 1 | 0 | 1 | 0 |
| 1 | 1 | 0 | 0 |
| 1 | 1 | 1 | 1 |

由此可见，当输入变量取值相同时，输出为1；取值不同时输出为0。该电路具有检查输入信号是否一致的功能。

2. $F=AB+BC+CD=\overline{\overline{AB+BC+CD}}=\overline{\overline{AB}\cdot\overline{BC}\cdot\overline{CD}}$，逻辑电路如图解p4.01所示。

3. 电路如图解p4.02所示。

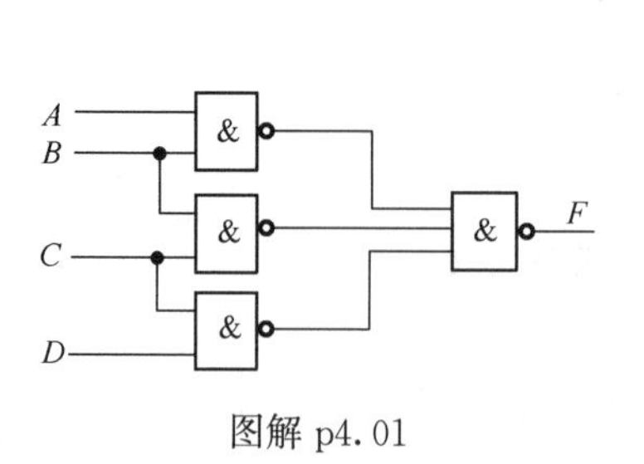


图解 p4.01

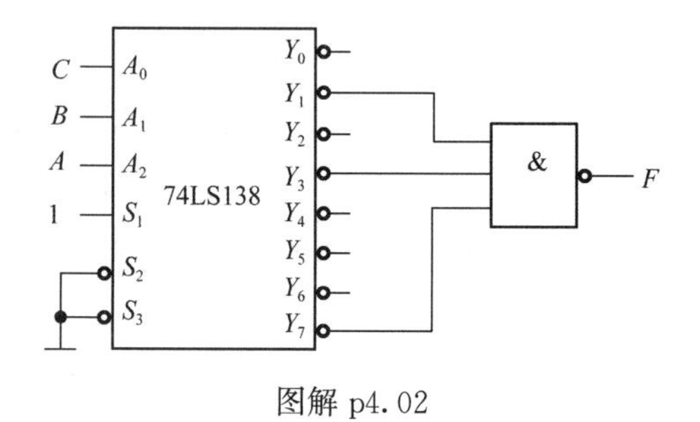


图解 p4.02

4. 波形如图解p4.03所示。

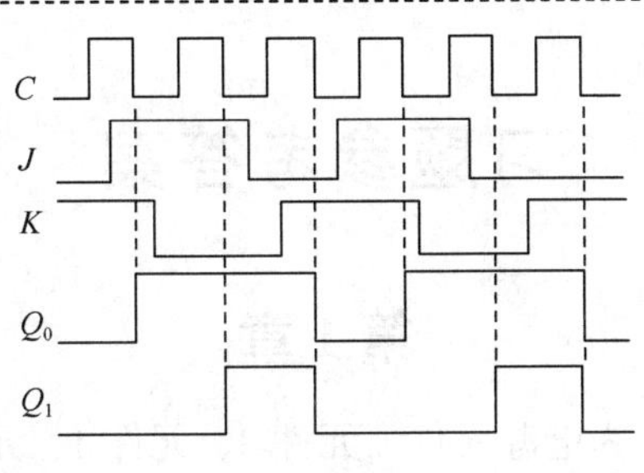

图解 p4.03

5. 驱动方程为：$D_0=\overline{Q_1^n}\cdot\overline{Q_0^n}$，$D_1=Q_0^n$，

输出方程为：$F=Q_1^n$

状态方程为：$Q_0^{n+1}=\overline{Q_1^n}\cdot\overline{Q_0^n}$，$Q_1^{n+1}=Q_0^n$

6. 驱动方程为：$D_0=\overline{Q}_0^n$，$D_1=Q_1^n\oplus Q_0^n$；输出方程为 $F=Q_1^nQ_0^n$

状态方程为：$Q_0^{n+1}=D_0=\overline{Q}_0^n$，$Q_1^{n+1}=Q_1^n\oplus Q_0^n$

根据状态方程和输出方程列出逻辑状态转换真值表：

| $Q_1^n$ | $Q_0^n$ | $Q_1^{n+1}$ | $Q_0^{n+1}$ | $F$ |
|---|---|---|---|---|
| 0 | 0 | 0 | 1 | 0 |
| 0 | 1 | 1 | 0 | 0 |
| 1 | 0 | 1 | 1 | 0 |
| 1 | 1 | 0 | 0 | 1 |

由状态转换真值表可知该电路为同步四进制加法计数器。

# 习题参考答案

## 第 1 章

1.2.1　元件 1、元件 2 为电源元件，元件 3、元件 4、元件 5 为负载元件

1.2.2　$U_{ab}=-250V$；$U_{cd}=25V$；$U_{ef}=200V$；$U_{gh}=25V$

1.2.3　$V_1=10V$，$V_2=7.5V$，$V_3=2.5V$

1.2.4　开关闭合时：$V_a=8V$，$V_b=0V$，$V_c=-4V$

开关断开时：$V_a=9V$，$V_b=3V$，$V_c=-3V$

1.2.5　$V_A=5V$

1.2.6　开关断开时：$V_A=-5.8V$；开关闭合时：$V_A=1.96V$

1.3.1　(a) $u=-10000iV$　(b) $u=-20\dfrac{di}{dt}mV$　(c) $i=10\dfrac{du}{dt}\mu A$

1.3.2　$0\leqslant t\leqslant 4ms$ 时，$i=tmA$，$e_L=-0.2V$，$u=0.2V$；

$4ms\leqslant t\leqslant 6ms$ 时，$i=(-2t+12)mA$，$e_L=0.4V$，$u=-0.4V$

1.4.1　$I_3=-2mA$，$U_3=60V$，元件 3 是电源；

$P_1=90mW$，$P_2=-80mW$，$P_3=-120mW$，$P_{10k\Omega}=90mW$，$P_{20k\Omega}=20mW$，电路功率平衡

1.4.2　$R=4\Omega$；

$P_{14V}=-28W$，$P_{5\Omega}=20W$，$P_R=4W$，$P_{2\Omega}=2W$，$P_{2V}=2W$，功率平衡

1.4.3 (1) $I_N=45.45A$，$E=247.27V$

(2) $I=23.33A$，$U=233.3V$，$P=5442W$

(3) $I=95.1A>I_N$，$U=190.2V$，$P=18088W>P_N$，电源超载，工作不正常

1.4.4　选电阻 (4)

1.4.5　选 (a) 联结电路

1.4.6　(1) $I_N=4A$，$R=12.5\Omega$；　(2) $U_{OC}=52V$；　(3) $I_S=104A$

1.5.1　$I_3=0.31\mu A$，$I_4=9.3\mu A$，$I_6=9.6\mu A$

1.5.2　$I=0.4A$，$U_{ab}=10V$，$U_{ac}=0V$

1.5.3　$U_2=6V$

1.5.4　$E_1=12V$，$R_X=2\Omega$

## 第 2 章

2.1.1　开关断开时：$R=20\Omega$；开关闭合时：$R=20\Omega$

2.1.2　$I=\dfrac{11}{3}A$

2.2.1 $I=\frac{1}{3}A$

2.2.2 $I=-0.5A$

2.2.3 $I=4A$

2.3.1 $I_1=I_4+I_6$，$I_2+I_4=I_5$，$I_S+I_5+I_6=0$，$U_{S1}=I_4R_4+I_5R_5-I_6R_6$，
$U_{S2}=I_1R_1+I_4R_4-I_2R_2$

2.3.2 $I_1=2A$，$I_2=1A$，$I_3=2A$

2.3.3 $I_1=\frac{43}{21}A$，$I_2=\frac{40}{21}A$，$I=\frac{24}{21}A$

2.3.4 $I_2=1A$

2.4.1 $U_{ab}=8V$，$I_1=2A$，$I_2=1A$，$I_3=2A$

2.4.2 $U_{ab}=30V$

2.5.1 $I_2=0.2A$

2.5.2 $U_{ab}=4.5V$

2.5.3 $U_{ab}=\frac{24}{7}V$

2.5.4 $I=2A$

2.5.5 $I=4A$

2.5.6 $U_{ab}=14V$

2.6.1 $I=\frac{1}{3}A$

2.6.2 $I=-0.5A$

2.6.3 $I_2=0.2A$

2.6.4 $I=0.75A$

2.6.5 $I=4A$

2.6.6 $I=0.5A$

# 第3章

3.1.1 (1) $i=2\sqrt{2}\sin(314t-30°)A$，$u=36\sqrt{2}(314t+45°)V$

(3) $I_m=2.8A$，$U_m=50.9V$，$\omega=314rad/s$，$\varphi=\varphi_u-\varphi_i=75°$

3.1.2 $\dot{U}_A=220(\cos0°+j\sin0°)=220e^{j0°}=220\angle0°V$

$\dot{U}_B=220[\cos(-120°)+j\sin(-120°)]=220e^{-j120°}=220\angle-120°V$

$\dot{U}_C=220(\cos120°+j\sin120°)=220e^{j120°}=220\angle120°V$

3.1.3 (1) $A+B=8+j6+5.66-j5.66=13.66-j0.34=13.66\angle1.43°$

(2) $A-B=8+j6-(5.66-j5.66)=2.34+j11.66=11.89\angle78.65°$

(3) $A\times B=10\angle37°\times8\angle-45°=80\angle-8°$

(4) $A\div B=10\angle37°\div8\angle-45°=1.25\angle82°$

3.1.4　$u=220\sqrt{2}\sin\omega t$ V，$\dot{U}=220(\cos 0°+j\sin 0°)=220e^{j0°}=220\angle 0°$ V

$i_1=10\sqrt{2}\sin(\omega t+90°)$ A，$\dot{I}_1=10(\cos 90°+j\sin 90°)=10e^{j90°}=10\angle 90°$ A

$i_2=10\sin(\omega t-45°)$ A，

$\dot{I}_2=5\sqrt{2}[\cos(-45°)+j\sin(-45°)]=5\sqrt{2}e^{-j45°}=5\sqrt{2}\angle -45°$ A

3.1.5　$\dot{I}=4.84\angle 41.9°$ A，$i=4.84\sqrt{2}\sin(100\pi t+41.9°)$ A

3.2.1　$X_L=62.8\Omega$，$I=3.5$A，$Q_L=770$var；$X_L=125\Omega$，$f=100$Hz

3.2.2　$I=20$A，$Q_C=-200$var，$i=20\sqrt{2}\sin(10^6t+150°)$ A

3.2.3　$f=50$Hz 时：$I_R=1$A，$P_R=100$W；$I_L=10$A，$Q_L=1000$var；

$I_C=10$A，$Q_C=-1000$var

$f=1000$Hz 时：$I_R=1$A，$P_R=100$W；$I_L=0.5$A，$Q_L=50$var；

$I_C=200$A，$Q_C=-20000$var

3.2.4　$Z_1$ 为电感元件，$Z_2$ 为电容元件，$Z_3$ 为电阻元件

3.3.1　(1) $R=6\Omega$，$X_L=8\Omega$，$\varphi=53°$，电感性阻抗

(2) $R=25\Omega$，$X=0$，$\varphi=0$，电阻元件

(3) $R=8.55\Omega$，$X_C=23.49\Omega$，$\varphi=-70°$，电容性阻抗

3.3.2　$R=2\Omega$，$L=69.7$mH

3.3.3　$U_{R_1}=103$V，$U_{R_2L}=190$V，$U_{R_1}+U_{R_2L}\neq U$

3.3.4　$U_1=127$V，$U_2=254$V

3.3.5　$R_2=11\Omega$，$X_{C2}=5\Omega$

3.3.6　$\dot{I}_1=3\angle 0°$ A，$\dot{I}_2=2\angle 0°$ A，$\dot{U}=8.49\angle 45°$ V

3.3.7　(1) $I=5$A

(2) $Z_2$ 为电阻时电流表读数最大，$I=7$A

(3) $Z_2$ 为电容时电流表读数最小，$I=1$A

3.3.8　$R=20\Omega$，$X_L=51.25\Omega$，$X_C=6.65\Omega$

3.3.9　$I=10\sqrt{2}$A，$X_L=5\sqrt{2}\Omega$，$R=X_C=10\sqrt{2}\Omega$

3.3.10　$\dot{I}_1=11\angle -60°$ A，$\dot{I}_2=11\angle 0°$ A，$\dot{I}=19\angle -30°$ A，$P=3630$W

3.3.11　$i_1=44\sqrt{2}\sin(314t-53°)$ A，$i_2=22\sqrt{2}\sin(314t-37°)$ A，

$i=65.48\sqrt{2}\sin(314t-47.73°)$ A

3.3.12　(a) $I_0=14.14$A；　(b) $U_0=80$V；　(c) $I_0=2$A；　(d) $U_0=14.14$V；

(e) $I_0=10$A，$U_0=141.4$V

3.4.1　(1) $I_0=0.01$A，$U_C=50$V；(2) $I=9.93\times10^{-4}$A，$U_C=4.49$V

3.4.2　$R=15.7\Omega$，$L=0.1\Omega$

3.4.3　$Z=R+jX=(10\pm j10)\ \Omega$

3.4.4　$U_0=1.8$V

3.4.5　$R=10\Omega$，$C=159\mu$F，$L=0.159$mH，$Q=100$

3.5.1 $C=372\mu F$

并联电容前：$P=20kW$，$S=33.33kVA$，$Q=26.62kvar$

并联电容后：$P=20kW$，$S=22.22kVA$，$Q=9.67kvar$

3.5.2 网络N为电感性，$\cos\varphi=0.45$，$R=20\Omega$，$L=125mH$

3.5.3 $I=5.13A$，$|Z|_2=262\Omega$，$Z_2$ 为电容性负载

3.5.4 $C=102\mu F$，并联电容器后，电动机（即负载）的功率因数不变，电动机中的电流不变，线路电流减小，电路的有功功率不变，电路的无功功率减小。

3.6.1 $u_o=[2.66\sin(\omega t+37°)]V$

3.6.2 $i=[2+2.4\sqrt{2}\sin(314t+37°)]A$，$I_R=3.12A$，$P=39W$

3.7.1 星形连接时：$I_{YL}=15.7A$，$P_Y=10.36kW$

三角形连接时：$I_{\triangle L}=47A$，$P_\triangle=30.93kW$

3.7.2 $I_L=173A$

3.7.3 (1) 三相负载不对称

(2) $\dot{I}_U=22\angle 0°A$，$\dot{I}_V=22\angle -30°A$，$\dot{I}_W=22\angle 30°A$，$\dot{I}_N=60\angle 0°A$

(3) $P=4840W$

3.7.4 应采用星形连接，$P=23.2kW$，$Q=17.5kvar$，$S=29kVA$

# 第4章

4.1.1 $u_R(0_+)=0$，$u_C(0_+)=u_C(0_-)=20V$，$u_L(0_+)=-20V$

$i_R(0_+)=0$，$i_L(0_+)=i_L(0_-)=10mA$，$i_C(0_+)=-20mA$

4.1.2 $u_C(0_+)=6V$，$i_C(0_+)=1.5mA$，$u_L(0_+)=3V$，$i_L(0_+)=3mA$

4.1.3 $u_C(0_+)=\frac{56}{3}V$，$i_C(0_+)=3.5A$，$u_L(0_+)=\frac{28}{3}V$，$i_L(0_+)=\frac{7}{3}A$

4.1.4 $u_C(0_+)=20V$，$i_C(0_+)=-2A$，$u_L(0_+)=0$，$i_L(0_+)=4A$

4.2.1 开关接通时 $\tau=6s$；开关断开时 $\tau=\frac{20}{3}s$

4.2.2 (1) $u_C(0_+)=6V$，$u_C(\infty)=10V$，$i_C(0_+)=0.2A$

(2) 是全响应

(3) $u_C(t)=10-4e^{-5\times10^4 t}V$，$i_C(t)=0.2e^{-5\times10^4 t}A$

4.3.1 由于 $\tau_1<\tau_2$，所以 $i_{L1}$ 增长得快；增长到2A时，$i_{L1}$ 需要 $t_1=0.64s$，$i_{L2}$ 需要 $t_2=1.28s$

4.4.1 $u_C(t)=6-6e^{-\frac{40}{15}t}V$，$i(t)=2+6e^{-\frac{40}{15}t}mA$

4.4.2 $u_C(t)=9e^{-\frac{t}{20}}V$

4.4.3 $u_C(t)=24-6e^{-\frac{t}{1.5}}V$，$i(t)=\frac{8}{3}-\frac{4}{3}e^{-\frac{t}{1.5}}A$

4.4.4 $u_o(t)=8e^{-\frac{t}{0.6}}V$，波形如图解4.01所示。

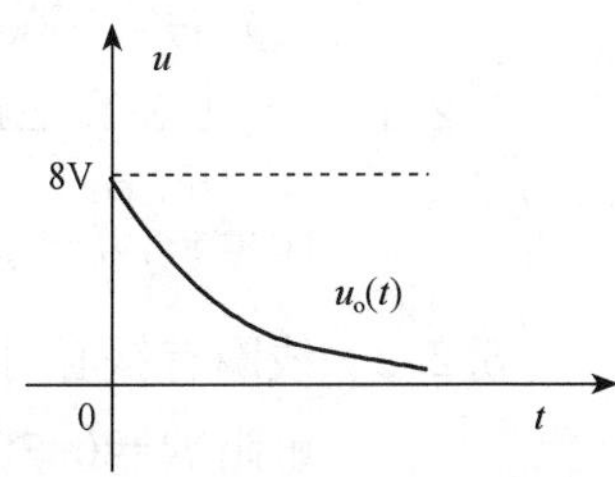


图解 4.01

4.4.5　$t=0\sim1\text{s}$ 时：$u_C(t)=6\ (1-e^{-\frac{t}{10}})\ \text{V}$

$t=10\text{s}\sim20\text{s}$ 时：$u_C(t)=-6+9.792e^{-\frac{t-10}{10}}\text{V}$

$t=20\text{s}\sim\infty$时：$u_C(t)=-2.398e^{-\frac{t-20}{10}}\text{V}$，波形如图解 4.02 所示。

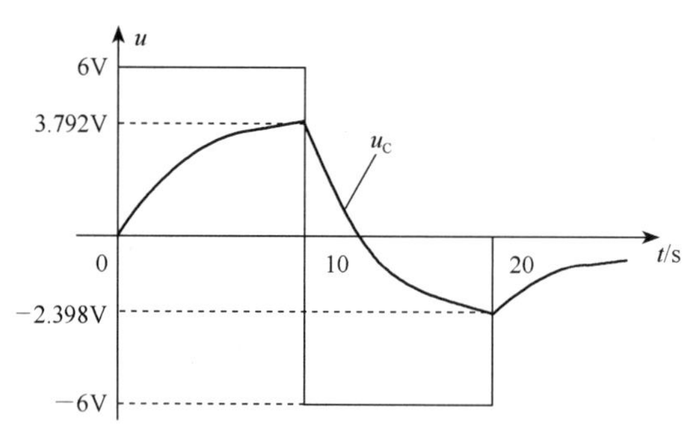


图解 4.02

4.4.6　$u_R(t)=10-\frac{10}{3}e^{-10t}\text{V}$，$i_L(t)=2-\frac{2}{3}e^{-10t}\text{A}$

4.4.7　$i_L(t)=\frac{10}{3}-\frac{4}{3}e^{-2\times10^3t}\text{A}$，$u_L(t)=\frac{16}{3}e^{-2\times10^3t}\text{V}$，$i_3(t)=\frac{2}{9}e^{-2\times10^3t}\text{A}$

4.4.8　(1) $R_1\leqslant\frac{20}{23}\Omega$

(2) $t=6.14\text{s}$

4.4.9　$i(t)=3-2e^{-2.5\times10^3t}\text{A}$，$i_L(t)=3-2e^{-2.5\times10^3t}\text{A}$

4.4.10　$u_C(t)=4e^{-t}\text{V}$ ，$i_L(t)=8-4e^{-0.5\times10^3t}\text{mA}$

## 第 5 章

5.1.1　$I=0.7\text{A}$，$U=RI=14\text{V}$

5.1.2　(1) 当 $B=0.9\text{T}$ 时，$H=9000\text{A/m}$，则 $I=\frac{Hl}{N}=8.1\text{A}$

(2) 当 $B=0.9\text{T}$ 时，$H=500\text{A/m}$，则 $I=\frac{Hl}{N}=0.45\text{A}$

5.1.3　(1) $B=1\text{T}$，$H=700\text{A/m}$，$I=0.42\text{A}$

(2) $H=5000\text{A/m}$，$B=1.6\text{T}$，$\Phi=B\times S=0.0016\text{Wb}$

5.2.1　$R=1.2\Omega$，$\Delta P_{Cu}=RI^2=10.8\text{W}$，$\Delta P_{Fe}=P-\Delta P_{Cu}=89.2\text{W}$

$\cos\varphi=\frac{P}{UI}=\frac{100}{220\times3}=0.15$

5.2.2　线圈有铁心时的功率 $P_1=350\text{W}$，线圈无铁心时的功率 $P_2=50\text{W}$，线圈的电阻 $R=0.5\Omega$，$\Delta P_{Cu}=RI_1^2=12.5\text{W}$，$\Delta P_{Fe}=337.5\text{W}$

5.3.1　因为二次绕组有电流 $I_2$ 后，二次绕组的磁通势 $N_2I_2$ 也要在铁心中产生磁

通。在一次绕组的外加电压（电源电压）不变的情况下，主磁通保持不变，因而电流由 $I_{10}$ 增至 $I_1$。

5.3.2 变压器不能用来传递直流功率。因为直流电流产生的恒定磁通不能在变压器的二次绕组产生感应电势和电流。

把变压器一次侧接到与交流额定电压相等的直流电源上，没有感应电势平衡外加电压，会使励磁电流过大，烧毁一次绕组。

5.3.3 不可以。减少匝数 $N$ 将使 $\Phi_m$ 增大，$B$ 增大，铁损增大，铁心发热。

5.3.4 两个二次绕组的匝数：$N_2=90$，$N_3=30$；$I_1=1.8A$

5.3.5 $R_L=150\Omega$

5.3.6 变比 $K=43.5$，空载时副边电压 $U_{20}=230V$，满载时副边电压 $U_2=220.8V$

5.3.7 （1）负载直接与信号源联结时，信号源输出功率 $P_o=0.123W$

（2）满足最大功率输出时 $K=10$，信号源输出功率 $P_o=3.125W$

5.3.8 （1）接白炽灯 166 盏

（2）接日光灯 83 盏

5.3.9 $\dfrac{N_2}{N_3}=1.29$

5.3.10 （1）将 2 和 3 短接，1 和 4 接 220V 电源。

（2）将 1 和 3 短接，2 和 4 短接，并将短接后的两端接 110V 电源。

（3）在上述两种情况下，原边每个绕组中的额定电流不变，副边电压不变。

# 第 6 章

6.2.1 三相异步电动机断了一根电源线后，三相电源变成了单相电源，由于单相电源所产生的磁场为脉动磁场，所以三相异步电动机不能正常起动。而在运行时断了一根电源线，虽然也为单相运行，但因转子是转动的，脉动磁场对转子导体产生的作用力在两方向上不同，所以电动机仍能继续转动。这两种情况均为过载运行，长时间工作会损坏电动机。

6.2.2 2 对磁极；当 $n=0r/min$ 时，$s_{st}=1$，当 $n=1460r/min$ 时，$s\approx0.027$

6.2.3 定子转速 $n_0=1000r/min$，频率 $f_1=50Hz$；

转子频率 $f_2=1Hz$，转速 $n=980r/min$

6.2.4 $n_0=1500r/min$，$s_N=0.04$，$f_2=2Hz$

6.3.1 （1）$T_N\approx65.9N\cdot m$；　（2）$T_{st}\approx79N\cdot m$；　（3）$T_m\approx118.5N\cdot m$

6.4.1 起动时 $I_{2(st)}=242A$；额定转速时 $I_{2(N)}=40A$

6.4.2 （1）$I_N=84.2A$；　（2）$s_N=0.013$；

（3）$T_N=290.4N\cdot m$，$T_m=638.9N\cdot m$，$T_{st}=551.8N\cdot m$

6.4.3 （1）$p=2$，$n_0=1500r/min$；

（2）能采用 Y-△起动，Y-△起动电流 $I_{stY}=75A$；

（3）$P_{1N}\approx19.81kW$，$\eta_N\approx50.5\%$

# 第 7 章

7.1.1　熔断器只能用作短路保护，不能用作过载保护；而热继电器只能用作过载保护，不能用作短路保护，所以主回路中装设两者是必需的。

7.2.1　(a) 不能。当 KM 线圈得电后，无法进行停止操作。

(b) 能正常实现点动，不能连续运行，自锁触头接错。

(c) 不能。因为在 KM 的线圈中串联有自己的常闭触头。

(d) 能。正常进行启动和停止。

7.2.2　(a) 不能。因为 KM 没有闭合，所以按按钮后，KM 线圈不能得电。

(b) 能。正常实现点动。

(c) 不能。因为在 KM 的线圈中串联有自己的常闭触头。

(d) 不能。因为在起动按钮两端并联常开触头，当 KM 线圈通电时就要产生自锁。

7.2.3　控制电路如图解 7.01 所示。

$SB_2$ 是连续工作的起动按钮。$SB_3$ 是双联按钮，用于点动工作。按下 $SB_3$ 时，KM 通电，主触点闭合，电动机起动。因 $SB_3$ 的常闭触点同时断开，无自锁作用。松开 $SB_3$，KM 断电，电动机停车。

7.2.4　控制电路如图解 7.02 所示。

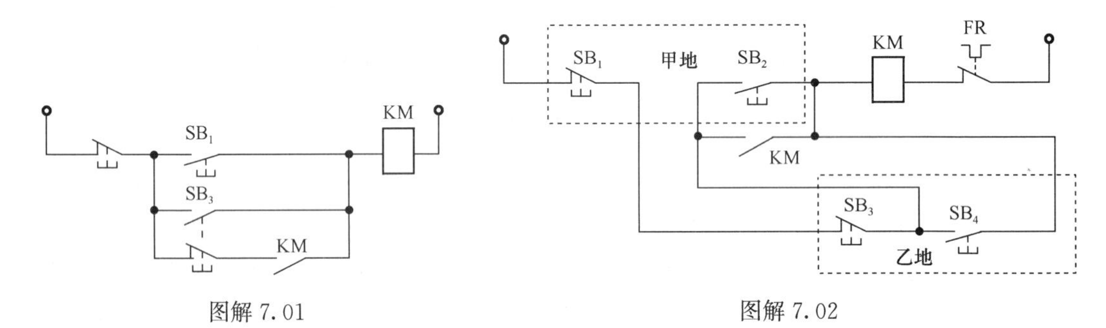


图解 7.01　　　　图解 7.02

在甲地：按 $SB_2$，控制电路电流经过 KH→线圈 KM→$SB_2$→$SB_3$→$SB_1$ 构成通路，线圈 KM 通电，电动机起动。松开 $SB_2$，触点 KM 进行自锁。按下 $SB_1$，电动机停。

在乙地：按 $SB_4$，控制电路电流经过 KH→线圈 KM→$SB_4$→$SB_3$→$SB_1$ 构成通路，线圈 KM 通电，电动机起动。松开 $SB_4$，触点 KM 进行自锁。按下 $SB_3$，电动机停。

7.2.5　Y-△换接起动控制电路的操作和动作次序如下：

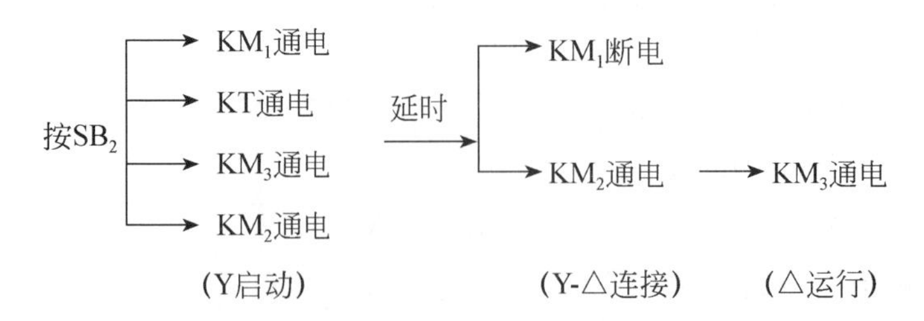

7.2.6

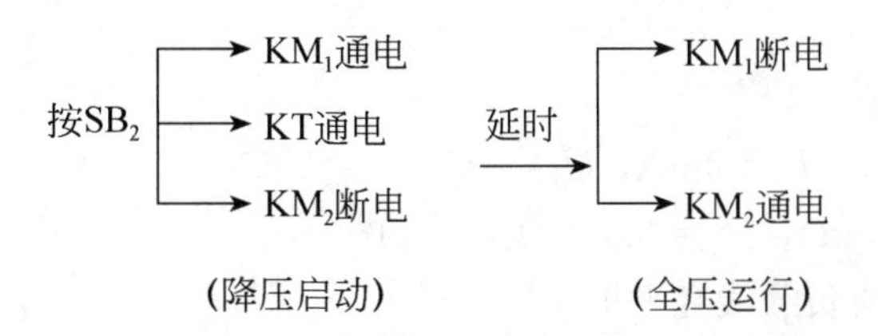


7.2.7 电动机 $M_1$ 和 $M_2$ 均为正反转控制。

按下 $SB_1$，$KM_1$ 通电，电动机 $M_1$ 正转，提升重物，上升中断有限位开关 $ST_1$，可避免发生事故。$M_1$ 上升期间，若按下 $SB_2$，则 $M_1$ 停转。按下 $SB_2$，电动机 $M_1$ 反转，下放重物。

先按下 $SB_3$，$KM_2$ 通电，电动机 $M_2$ 正转，电葫芦前移，前方有限位开关 $ST_2$ 保护。按下 $SB_4$，$KM_4$ 通电，电动机 $M_2$ 反转，电葫芦后移，后方终端有限位开关 $ST_3$ 保护。在电葫芦前移过程中，按下 $SB_4$；或在电葫芦后移过程中，按下 $SB_3$，均可使 $M_2$ 停转。

# 第 8 章

8.2.1 (a) D 导通，$U_{ab}=12V$

(b) $D_1$ 导通、$D_2$ 截止，$U_{ab}=0$

8.2.2 波形如图解 8.01 所示。

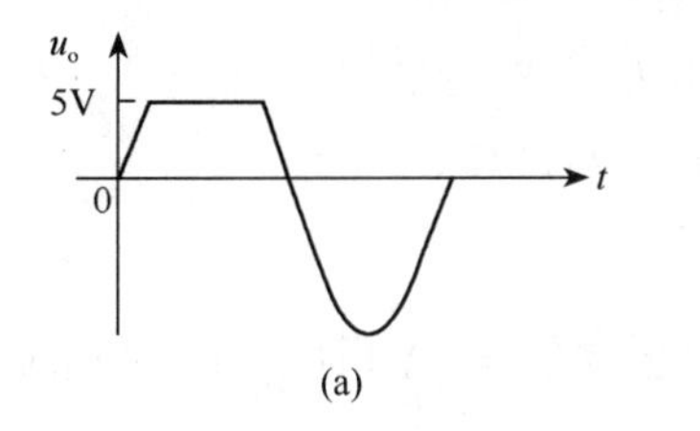


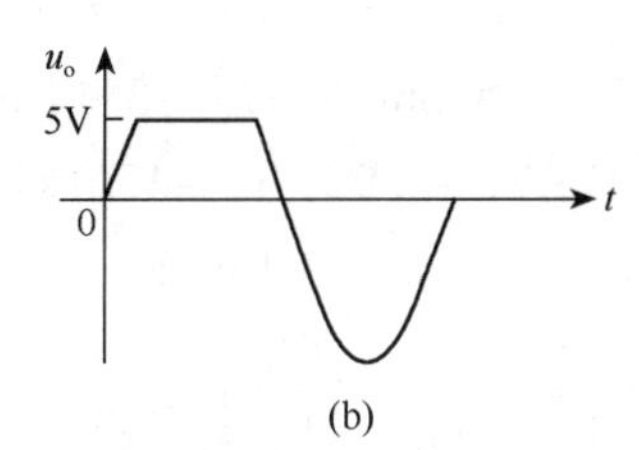


图解 8.01

8.2.3 (a) $U_o=14V$ (b) $U_o=10V$ (c) $U_o=4V$ (d) $U_o=5V$

8.2.4 $I_Z=2.02mA<I_{ZM}$，工作正常；若 $I_Z>I_{ZM}$，可以适当增大 $R_1$ 或减小 $R_2$。

8.3.1 (a) 饱和， (b) 截止， (c) 损坏， (d) 放大

8.3.2 A 为集电极，B 为发射极，C 为基极，PNP 锗管

8.4.1 $g_m=0.67ms$

# 第 9 章

9.1.1 $A_{uc}=150$，$A_u=100$，$r_i=5k\Omega$，$r_o=2.55k\Omega$

9.1.2 (a) 不能放大，直流偏置不合适，(b) 不能放大，直流偏置不合适

(c) 不能放大，输出端交流短路，(d) 不能放大，直流偏置不合适

9.1.3 (1) $I_B=40\mu A$，$I_C=1.6mA$，$U_{CE}=5.6V$

(3) $A_u=-92.4$，$r_i=0.866\text{k}\Omega$，$r_o=4\text{k}\Omega$

9.1.4　$R_B=240\text{k}\Omega$，$R_C=3.73\text{k}\Omega$，$U_{CE}=8.27\text{V}$

9.1.5　$U_{OL}=1.2\text{V}$

9.1.6　(1) $U_{CC}=10\text{V}$，$I_B=40\mu\text{A}$，$I_C=2\text{mA}$，$U_{CE}=5\text{V}$

(2) $R_B=250\text{k}\Omega$，$R_C=2.5\text{k}\Omega$，$R_L=3.75\text{k}\Omega$，$\beta=50$

(3) 直流负载线不变，交流负载线变平坦

(4) 首先出现截止失真，调节 $R_B$ 使 $R_B$ 减小

(5) $U_{im}=34.5\text{mV}$

9.1.7　(b) 图为截止失真，减小 $R_B$；(c) 图为饱和失真，增大 $R_B$

9.1.8　(1) $I_B=32.4\mu\text{A}$，$I_C=1.62\text{mA}$，$U_{CE}=5.52\text{V}$

(2) $A_u=-65.4$，$r_i=0.885\text{k}\Omega$，$r_o=2\text{k}\Omega$

(3) $A_u=-0.65$

(4) $I_B=16.3\mu\text{A}$，$I_C=1.63\text{mA}$，$U_{CE}=5.48\text{V}$，$A_u=-73.7$

9.1.9　(1) 增大；　(2) 减小、增大、不变；　(3) 减小、增大、不变；

(4) 不变、减小；　(5) 不变

9.1.10　(1) $U_B=3\text{V}$，$I_B=19.6\mu\text{A}$，$I_C=0.98\text{mA}$，$U_{CE}=3.768\text{V}$

(2) $A_u=-12.77$，$r_i=5.75\text{k}\Omega$，$r_o=6\text{k}\Omega$

(3) $U_o=127.7\text{mV}$

9.1.11　(1) $I_B=72.7\mu\text{A}$，$I_C=4.36\text{mA}$，$U_{CE}=4.64\text{V}$

(2) $A_u=-106.4$，$r_i=0.536\text{k}\Omega$，$r_o=1\text{k}\Omega$

9.2.1　(1) $I_B=35\mu\text{A}$，$I_C=2.14\text{mA}$，$U_{CE}=7.72\text{V}$

(3) $A_u=0.98$，$r_i=47.1\text{k}\Omega$，$r_o=17.3\Omega$

9.2.2　$A_u=0.98$，$r_i=16\text{k}\Omega$，$r_o=21\Omega$

9.2.3　$A_{u1}=-\dfrac{\beta R_C}{r_{be}+(1+\beta)R_E}=-0.952$，$U_{o1}=|A_{u1}|U_i=0.952\text{mV}$

$A_{u2}=\dfrac{\beta R_C}{r_{be}+(1+\beta)R_E}=0.984$，$U_{o2}=A_{u2}U_i=0.984\text{mV}$

9.3.1　$A_{u1}=0.95$，$A_{u2}=-136.4$，$A_u=-129.58$，$r_i=21.42\text{k}\Omega$，$r_o=3\text{k}\Omega$

9.3.2　(1) $U_{B1}=4\text{V}$，$I_{E1}=1\text{mA}$，$I_{B1}=25\mu\text{A}$，$U_{CE1}=6.61\text{V}$

$U_{B2}=10\text{V}$，$I_{C2}=1.8\text{mA}$，$I_{B2}=45\mu\text{A}$，$U_{CE2}=10.8\text{V}$

(3) $R'_{L1}=9.13\text{k}\Omega$，$A_{u1}=-21$，$R'_{L2}=2.55\text{k}\Omega$，$A_{u2}=0.992$，$A_u=-20.8$

9.4.1　(1) $u_{id}=0$，$u_{ic}=4\text{mV}$；　(2) $u_{id}=8\text{mV}$，$u_{ic}=0$；

(3) $u_{id}=10\text{mV}$，$u_{ic}=-1\text{mV}$；　(4) $u_{id}=-2\text{mV}$，$u_{ic}=5\text{mV}$

9.4.2　电阻 $R_E$ 起到抑制零点漂移和共模输入信号的作用，对差模输入信号没有影响。

9.5.1　电路为互补对称功率放大电路；$R_2$、$D_1$、$D_2$ 用于克服交越失真；动态时若出现交越失真，调整 $R_2$，$R_2$ 阻值适当增大。

9.5.2　电路为互补对称功率放大电路；晶体管 $T_4$、$T_5$ 起二极管的作用，用于克服交越失真；静态时，$U_{C3}=-0.6\text{V}$。

# 第 10 章

10.2.1 （a）并联电压负反馈； （b）并联电流负反馈；
（c）并联电压负反馈；
（d）并联电压负反馈（电阻），串联电压正反馈（运放）

10.2.2 （a）并联电流负反馈； （b）串联电流正反馈；
（c）串联电压负反馈

10.2.3 （1）引入直流负反馈； （2）引入串联电压负反馈；
（3）引入并联电流负反馈； （4）引入电压负反馈

10.2.4 （1）$r_{if}=\dfrac{r_i}{1+FA}\approx r_i\times10^{-4}$，输入电阻减小，是无反馈时电阻值的万分之一。

$r_{of}=\dfrac{r_o}{1+FA}\approx r_o\times10^{-4}$，输出电阻减小，且是无反馈时电阻值的万分之一。

（2）$A_{rf}=\dfrac{A_r}{1+FA}\approx A_r\times10^{-4}$，$\dfrac{dA_f}{A_f}=\dfrac{1}{1+AF}\dfrac{dA}{A}\approx0.0025\%$，放大倍数的稳定性提高了 $10^4$ 倍。

10.3.1 $u_o=-\dfrac{R_2}{R_1}u_{i1}+\left(1+\dfrac{R_2}{R_1}\right)\dfrac{R_4}{R_3+R_4}u_{i2}$

10.3.2 （1）$u_o=6u_{i1}+1.5u_{i2}$；（2）$u_o=3.45\text{V}$

10.3.3 $u_o=u_{o2}-u_{o1}=-u_{o1}-u_{o1}=-2u_{o1}=-2\left(-\dfrac{R_f}{R_1}u_i\right)=\dfrac{2R_f}{R_1}u_i$

10.3.4 $u_o=\dfrac{R_1+R_2+R_3}{R_2}u_i$

10.3.5 $A_{uf}=-\dfrac{R_3}{R_1}$

10.3.6 $A_{uf}=\dfrac{u_o}{u_i}=-\dfrac{R_3R_4+R_3R_5+R_4R_5}{R_1R_5}$

10.3.7 提示：$I_L=\dfrac{u_{RL}}{R_L}=\dfrac{u_{o1}-u_{o2}}{R_L}$，

$u_{o2}=u_{2+}=u_o$，$u_{o1}=-\dfrac{R}{R}u_i+\left(1+\dfrac{R}{R}\right)\dfrac{R}{R+R}u_{o2}=-u_i+u_o$

10.3.8 $R_1=10\text{M}\Omega$，$R_2=1\text{M}\Omega$，$R_3=100\text{k}\Omega$

10.3.9 $R_1=1\text{k}\Omega$，$R_2=9\text{k}\Omega$，$R_3=90\text{k}\Omega$

10.3.10 $R_x=500\text{k}\Omega$

10.3.11 $u_o=-\dfrac{R_f}{R_1}u_i=-\dfrac{R_f}{R_1}U_Z$，所以当 $R_f=0\sim10\text{k}\Omega$ 时，$u_o=0\sim-6\text{V}$

10.4.1 电压传输特性和输出电压波形图分别如图解 10.01 和图解 10.02 所示。

10.4.2 （a）一阶高通滤波电路，$A_{uf}=-\dfrac{R_f}{R_1}$，$f_0=\dfrac{1}{2\pi R_1C}$

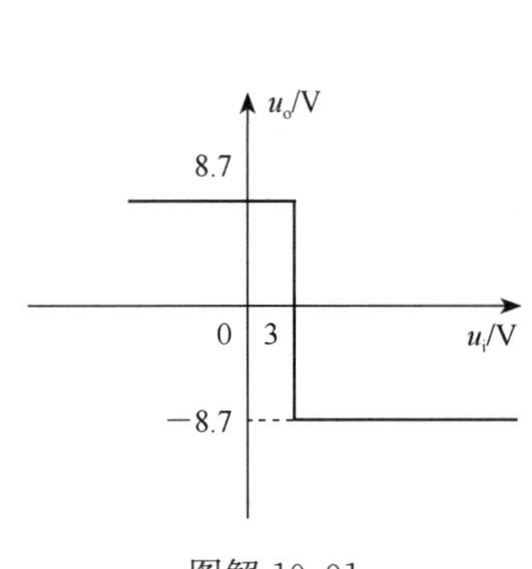

图解 10.01

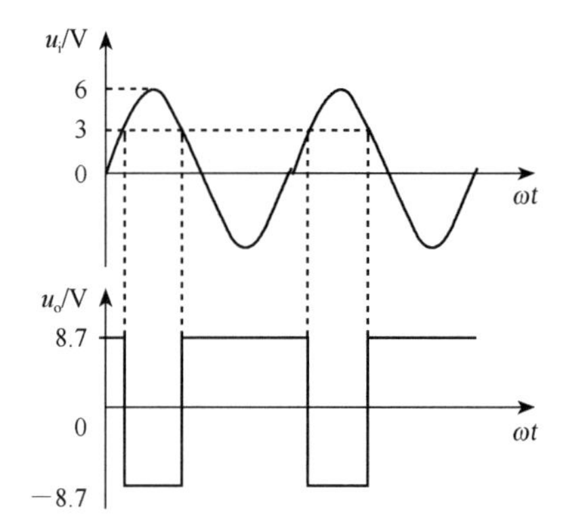

图解 10.02

（b）一阶低通滤波电路，$A_{uf}=1$，$f_0=\dfrac{1}{2\pi RC}$

10.5.1　$R=15.9\text{k}\Omega$

10.5.2　（1）$A_1$ 上“+”下“—”，$A_2$ 上“+”下“—”

（2）$f_0=200\text{Hz}$

# 第 11 章

11.1.1　（1）$I_0=1.375\text{A}$，　（2）$I_m=4.32\text{A}$，

（3）$U=244.4\text{V}$

11.2.1　（1）$I_D=0.15\text{A}$，$U_{DRM}=35.4\text{V}$，　（2）$C=300\sim500\mu\text{F}$，

（3）$U_o=35.4\text{V}$，　（4）$U_o=22.5\text{V}$

11.2.2　$U_2=92\text{V}$，$I_D=1\text{A}$，$U_{DRM}=130\text{V}$，选 2CZ12C

11.3.1　（1）$U_C=24\text{V}$；

（2）$R_L=400\Omega$ 时，$I_Z$ 最小；$R_L=1000\Omega$ 时 $I_Z$ 最大；

（3）$389\Omega<R<467\Omega$

11.3.2　$U_{omax}=17.73\text{V}$；$U_{omin}=6.96\text{V}$

11.3.3　（1）$I_o=0$，（2）$U_o=90\text{V}$，$I_o=18\text{mA}$，（3）$U_o=120\text{V}$，$I_o=24\text{mA}$

# 第 12 章

12.2.1　（1）102　（2）0.65625　（3）13.625

12.2.2　（1）1010011　（2）10101.0101　（3）0.1010

12.2.3　（1）$55_8$、$2D_{16}$　（2）$0.66_8$、$0.D8_{16}$　（3）$15.5_8$、$D.A_{16}$

12.2.4　（1）$100100110100_{8421BCD}$、$110001100111_{余3码}$

（2）$001101100101_{8421BCD}$、$011010011000_{余3码}$

（3）$00101000.00010111_{8421BCD}$、$01011011.01001010_{余3码}$

12.2.5　（1）$(011110101000)_{余3码}>(B4)_{16}>(178)_{10}>(10110000)_2$

（2）$(101101001)_2>(360)_{10}>(001101011001)_{8421BCD}>(267)_8$

12.4.1 (1)

| $A$ | $B$ | $C$ | $\overline{A}B$ | $AC$ | $BC$ | $\overline{A}B+AC+BC$ | $\overline{A}B$ | $AC$ | $\overline{A}B+AC$ |
|---|---|---|---|---|---|---|---|---|---|
| 0 | 0 | 0 | 0 | 0 | 0 | 0 | 0 | 0 | 0 |
| 0 | 0 | 1 | 0 | 0 | 0 | 0 | 0 | 0 | 0 |
| 0 | 1 | 0 | 1 | 0 | 0 | 1 | 1 | 0 | 1 |
| 0 | 1 | 1 | 1 | 0 | 1 | 1 | 1 | 0 | 1 |
| 1 | 0 | 0 | 0 | 0 | 0 | 0 | 0 | 0 | 0 |
| 1 | 0 | 1 | 0 | 1 | 0 | 1 | 0 | 1 | 1 |
| 1 | 1 | 0 | 0 | 0 | 0 | 0 | 0 | 0 | 0 |
| 1 | 1 | 1 | 0 | 1 | 1 | 1 | 0 | 1 | 1 |

(2)

| $A$ | $B$ | $A\overline{B}$ | $\overline{A}B$ | $A\overline{B}+\overline{A}B$ | $A+B$ | $\overline{A}+\overline{B}$ | $(A+B)(\overline{A}+\overline{B})$ |
|---|---|---|---|---|---|---|---|
| 0 | 0 | 0 | 0 | 0 | 0 | 1 | 0 |
| 0 | 1 | 0 | 1 | 1 | 1 | 1 | 1 |
| 1 | 0 | 1 | 0 | 1 | 1 | 1 | 1 |
| 1 | 1 | 0 | 0 | 0 | 1 | 0 | 0 |

12.4.2 (1) $\overline{F}=(A+\overline{B})(\overline{C}+D)$， $F'=(\overline{A}+B)(C+\overline{D})$

(2) $\overline{F}=A[B+\overline{C}(D+\overline{E})]$， $F'=\overline{A}[\overline{B}+C(\overline{D}+E)]$

(3) $\overline{F}=[AB+\overline{A}(B+D)]C$， $F'=[\overline{A}\,\overline{B}+A(\overline{B}+\overline{D})]\overline{C}$

12.4.3 (1) √，(2) ×，(3) ×，(4) ×，(5) √，(6) √，(7) √

12.5.1 (1) $F=\sum m(4,5,6,7,8,9,10,11,15)$，

(2) $F=\sum m(1,4,5,6,7)$

12.5.2 (1) $F=B\overline{C}+\overline{B}\,\overline{D}$，(2) $F=A+CD+E$，(3) $F=B+D+AC$

12.5.3 (1) $F=C+\overline{A}B$，(2) $F=A+C\overline{D}$，(3) $F=\overline{B}\,\overline{D}+\overline{B}C+\overline{A}\,\overline{C}\,\overline{D}$

# 第 13 章

13.1.1

(1)

真值表

| $A$ | $B$ | $C$ | $F_1$ |
|---|---|---|---|
| 0 | 0 | 0 | 0 |
| 0 | 0 | 1 | 0 |
| 0 | 1 | 0 | 0 |
| 0 | 1 | 1 | 0 |
| 1 | 0 | 0 | 0 |
| 1 | 0 | 1 | 0 |
| 1 | 1 | 0 | 0 |
| 1 | 1 | 1 | 1 |

真值表

| $A$ | $B$ | $C$ | $F_2$ |
|---|---|---|---|
| 0 | 0 | 0 | 0 |
| 0 | 0 | 1 | 1 |
| 0 | 1 | 0 | 1 |
| 0 | 1 | 1 | 1 |
| 1 | 0 | 0 | 1 |
| 1 | 0 | 1 | 1 |
| 1 | 1 | 0 | 1 |
| 1 | 1 | 1 | 1 |

$$F_1 = ABC \qquad\qquad F_2 = A + B + C$$

（2）波形如图解 13.01 所示。

13.1.2 $F_1 = \overline{AB}$

$F_2 = \overline{A + B}$

$F_3 = A \oplus B = \overline{A}B + A\overline{B}$

$F_4 = AB$

$F_5 = A + B$

$F_6 = \overline{A \oplus B} = \overline{A}\overline{B} + AB$

波形如图解 13.02 所示。

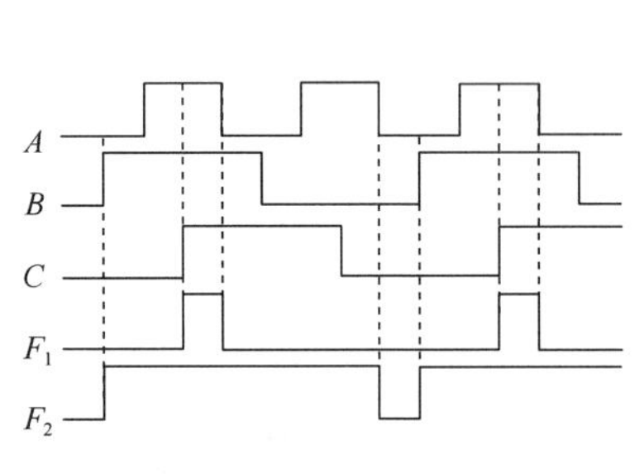

图解 13.01

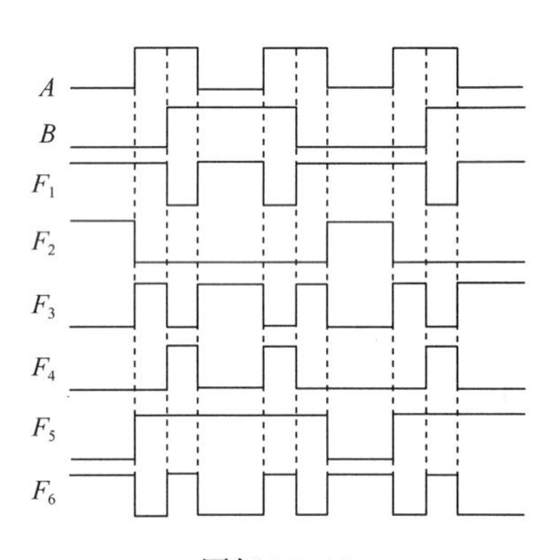

图解 13.02

13.1.3 $F_1 = A\overline{C} + B\overline{C} = \overline{\overline{A\overline{C}} \cdot \overline{B\overline{C}}}$，$F_2 = \overline{A}C + \overline{A}B + BC = \overline{\overline{\overline{A}C} \cdot \overline{\overline{A}B} \cdot \overline{BC}}$

$F_3 = AB + AC + BC = \overline{\overline{AB} \cdot \overline{AC} \cdot \overline{BC}}$，逻辑电路如图解 13.03 所示。

13.1.4 $F_1 = AB$， $F_2 = AB$， 两个电路逻辑功能相同。

真值表

| $A$ | $B$ | $C$ | $F_1$ | $F_2$ |
|---|---|---|---|---|
| 0 | 0 | 0 | 0 | 0 |
| 0 | 0 | 1 | 0 | 0 |
| 0 | 1 | 0 | 0 | 0 |
| 0 | 1 | 1 | 0 | 0 |
| 1 | 0 | 0 | 0 | 0 |
| 1 | 0 | 1 | 0 | 0 |
| 1 | 1 | 0 | 1 | 1 |
| 1 | 1 | 1 | 1 | 1 |

13.2.1 $F = AB + \overline{A}\,\overline{B} = \overline{\overline{AB} \cdot \overline{\overline{A}\,\overline{B}}}$， 同或功能。逻辑电路如图解 13.04 所示。

13.2.2 $F_1 = A \oplus B \oplus C = \overline{A}\overline{B}C + \overline{A}B\overline{C} + A\overline{B}\overline{C} + ABC$

$F_2 = (A \oplus B)C + AB = (\overline{A}B + A\overline{B})C + AB = AB + BC + CA$

该电路为全加器。

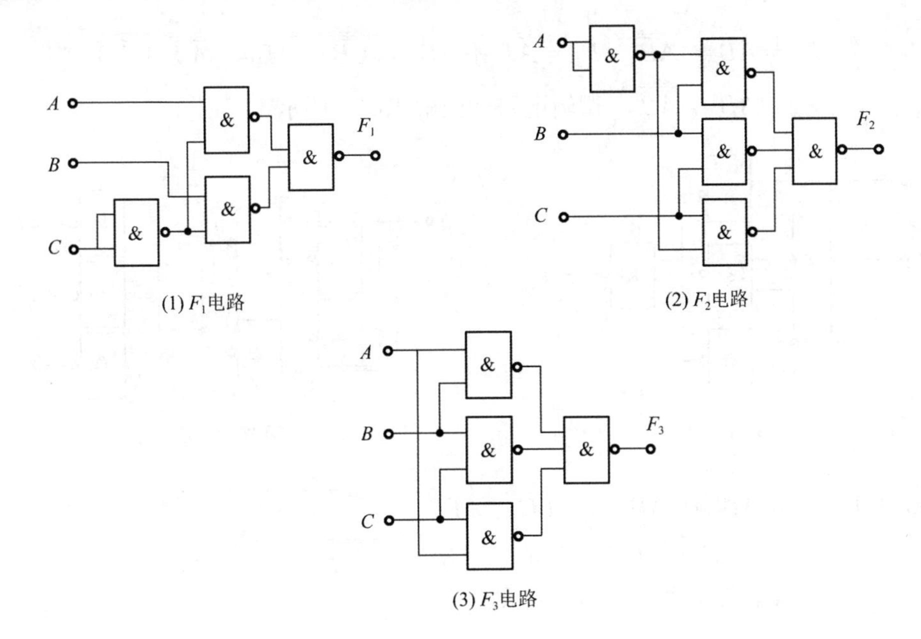


(1) $F_1$电路　　(2) $F_2$电路

(3) $F_3$电路

图解 13.03

13.2.3　$F=\overline{(A\oplus B)}C+(A\oplus B)\overline{C}=A\oplus B\oplus C$，逻辑电路如图解 13.05 所示。

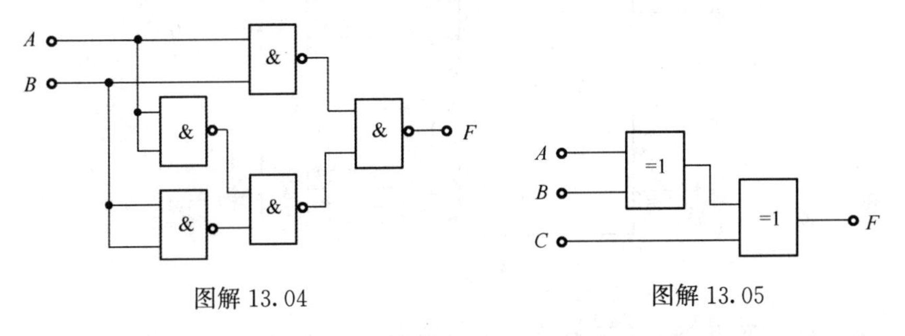


图解 13.04　　图解 13.05

13.2.4　$F=AC+AB=\overline{\overline{AB}\cdot\overline{AC}}$，逻辑电路如图解 13.06 所示。

13.2.5　$F=AB\overline{C}D+A\overline{B}CD+\overline{A}BCD+ABCD=\overline{\overline{BCD}\cdot\overline{ACD}\cdot\overline{ABD}}$

逻辑电路如图解 13.07 所示。

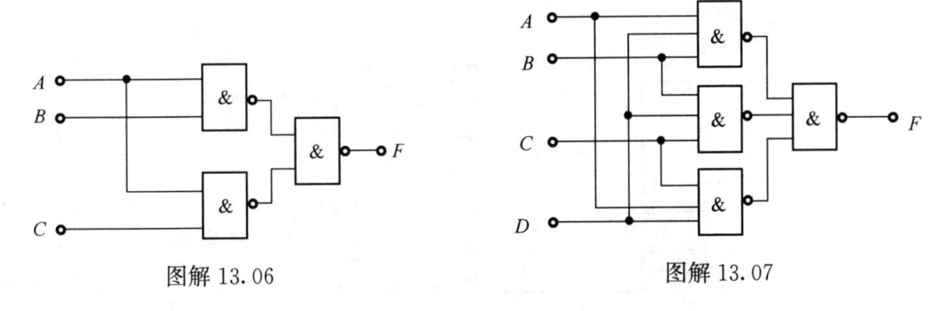


图解 13.06　　图解 13.07

13.2.6　分别用 $A$、$B$、$C$ 代表烟感、温感和光感三种探头。

$F=\overline{A}BC+A\overline{B}C+AB\overline{C}+ABC=\overline{\overline{AB}\cdot\overline{BC}\cdot\overline{AC}}$，逻辑电路如图解 13.08 所示。

13.2.7　$F_1=A\overline{B}=\overline{\overline{A\overline{B}}}$，$F_2=\overline{A}\,\overline{B}+AB=\overline{\overline{\overline{A}\,\overline{B}+AB}}=\overline{\overline{\overline{A}\,\overline{B}}\cdot\overline{AB}}$，

$F_3=\overline{A}B=\overline{\overline{\overline{A}B}}$，逻辑电路如图解 13.09 所示。

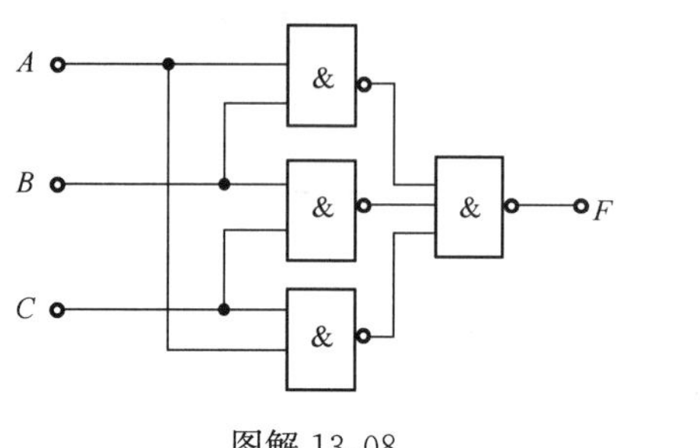


图解 13.08

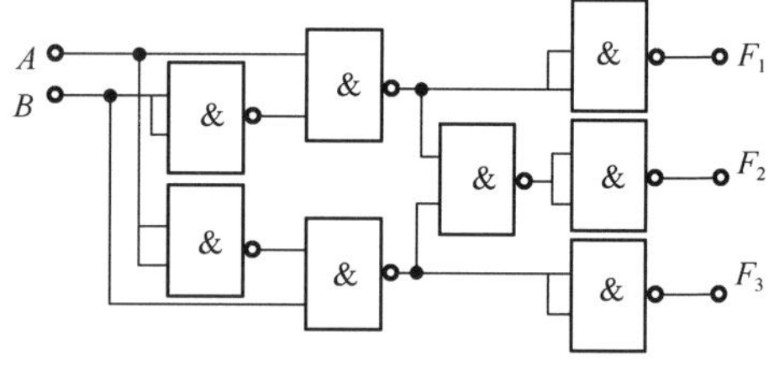


图解 13.09

13.3.1　$G_1=\overline{A}BC+A\overline{B}C+AB\overline{C}+ABC=\overline{\overline{Y}_3\cdot\overline{Y}_5\cdot\overline{Y}_6\cdot\overline{Y}_7}$

$G_2=\overline{A}\,\overline{B}C+\overline{A}B\overline{C}+A\overline{B}\,\overline{C}+ABC=\overline{\overline{Y}_1\cdot\overline{Y}_2\cdot\overline{Y}_4\cdot\overline{Y}_7}$

逻辑电路如图解 13.10 所示。

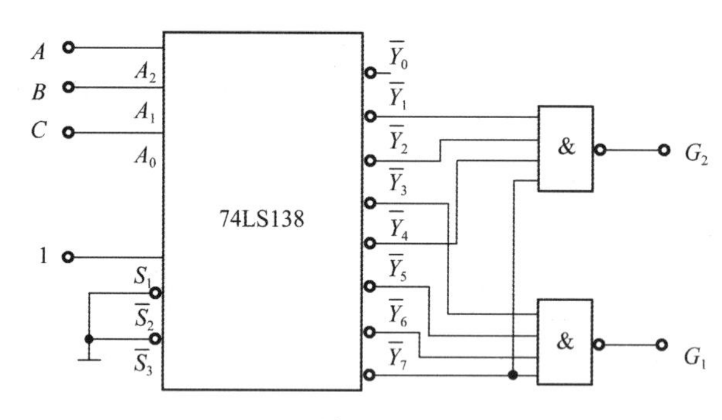


图解 13.10

13.3.2　$W_i=\overline{A}_i\overline{B}_iG_{i-1}+\overline{A}_iB_i\overline{G}_{i-1}+A_i\overline{B}_i\overline{G}_{i-1}+A_iB_iG_{i-1}=\overline{\overline{Y}_1\overline{Y}_2\overline{Y}_4\overline{Y}_7}$

$G_i=\overline{A}_i\overline{B}_iG_{i-1}+\overline{A}_iB_i\overline{G}_{i-1}+\overline{A}_iB_iG_{i-1}+A_iB_iG_{i-1}=\overline{\overline{Y}_1\overline{Y}_2\overline{Y}_3\overline{Y}_7}$

逻辑电路如图解 13.11 所示。

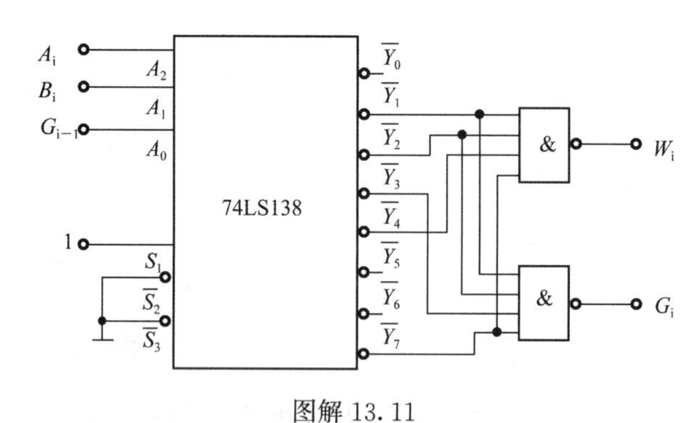


图解 13.11

13.3.3　$Y=AB\overline{C}+A\overline{B}C+\overline{A}BC+ABC$

真值表

| A | B | C | F |
|---|---|---|---|
| 0 | 0 | 0 | 0 |
| 0 | 0 | 1 | 1 |
| 0 | 1 | 0 | 0 |
| 0 | 1 | 1 | 1 |
| 1 | 0 | 0 | 0 |
| 1 | 0 | 1 | 1 |
| 1 | 1 | 0 | 1 |
| 1 | 1 | 1 | 1 |

该电路为三人表决电路。

13.3.4　$Y=\overline{A}\ \overline{B}C+A\overline{B}\ \overline{C}+A\overline{B}C+ABC$

13.3.5　(1) $F=\overline{A}\overline{B}C+\overline{A}B\overline{C}+A\overline{B}\overline{C}+ABC$，

(2) $F=\overline{B}C+AC=\overline{A}\overline{B}C+A\overline{B}C+ABC$

逻辑电路如图解 13.12 所示。

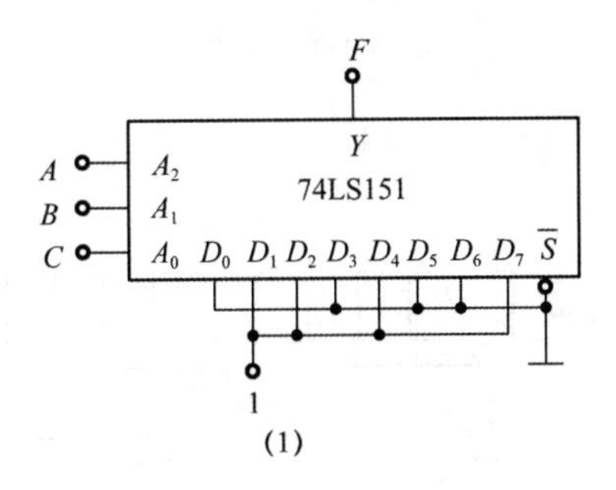


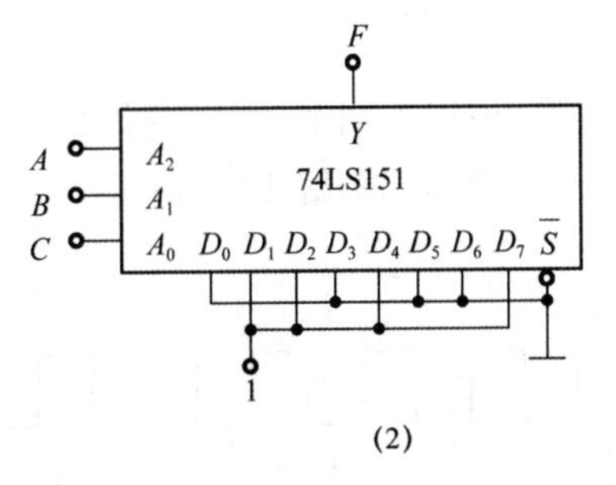


图解 13.12

# 第 14 章

14.1.1　波形如图解 14.01 所示。

14.1.2　波形如图解 14.02 所示。

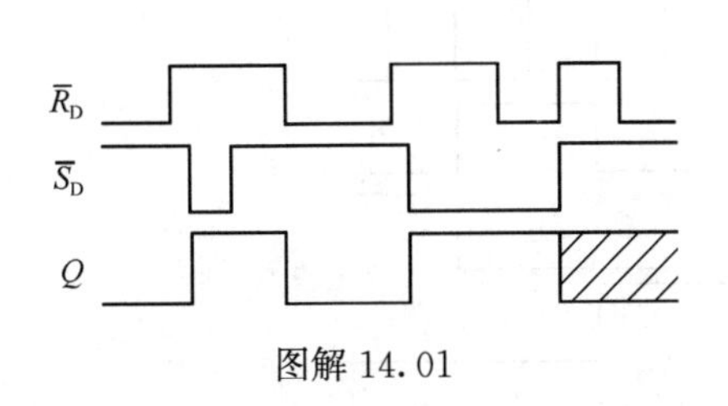


图解 14.01

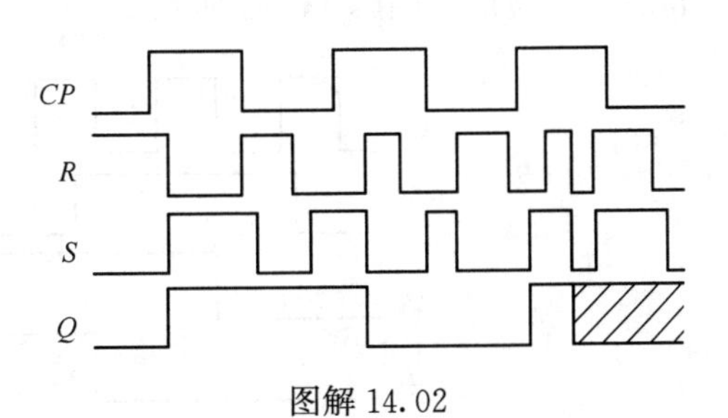


图解 14.02

14.1.3　波形如图解 14.03 所示。

14.1.4　波形如图解 14.04 所示。

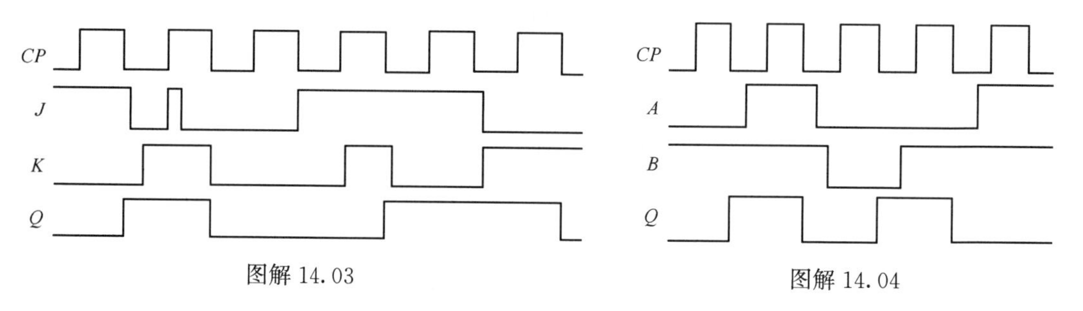


图解 14.03　　　　图解 14.04

14.1.5　波形如图解 14.05 所示。

14.1.6　波形如图解 14.06 所示。

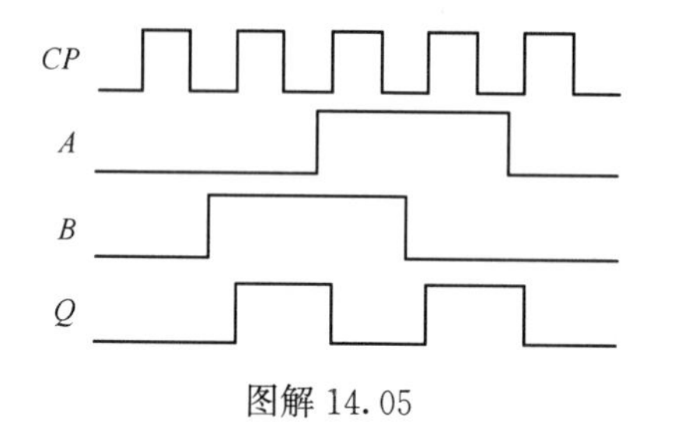


图解 14.05

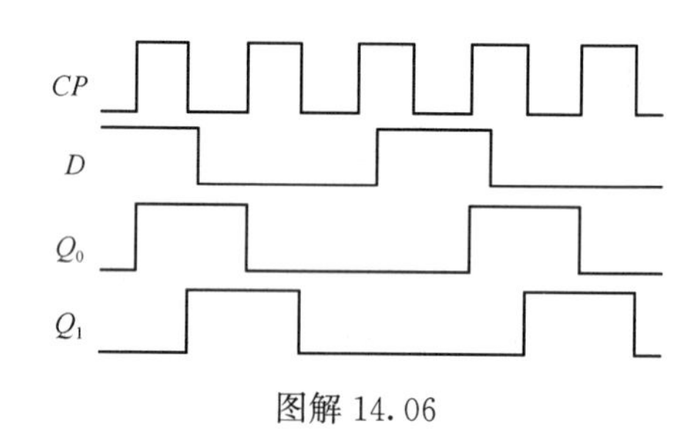


图解 14.06

14.1.7　波形如图解 14.07 所示。

14.1.8　波形如图解 14.08 所示。

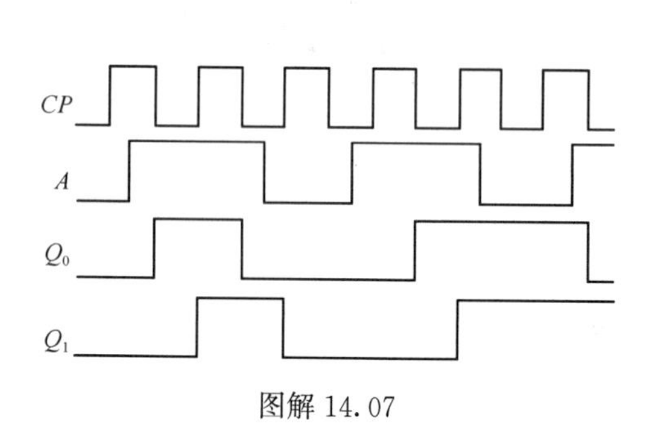


图解 14.07

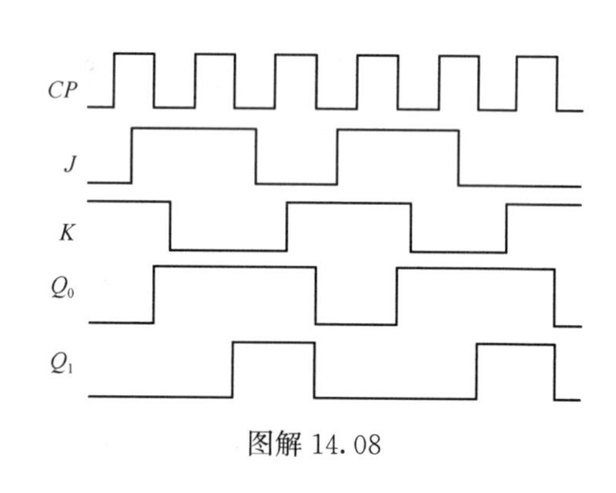


图解 14.08

14.1.9　波形如图解 14.09 所示。

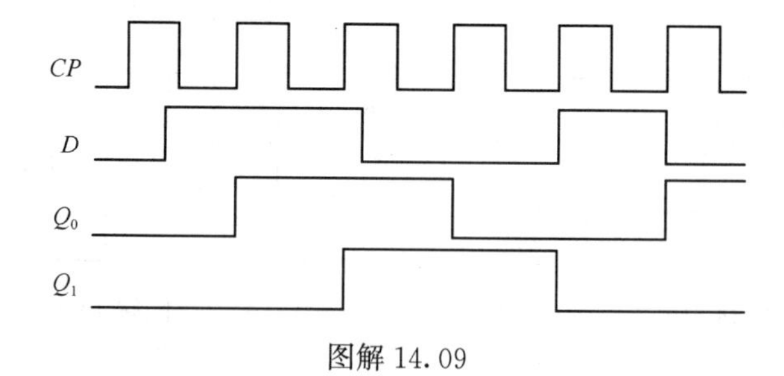


图解 14.09

14.2.1　具有自启动功能的三进制加法计数器。

14.2.2 状态可逆的四进制计数器。

14.2.3 没有自启动功能的六进制计数器。

14.2.4 波形如图解 14.10 所示。

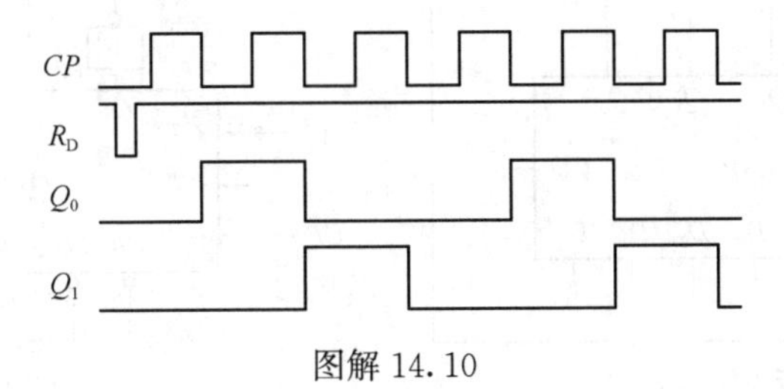


图解 14.10

具有自启动功能的三进制加法计数器。

14.2.5 状态图如图解 14.11 所示。

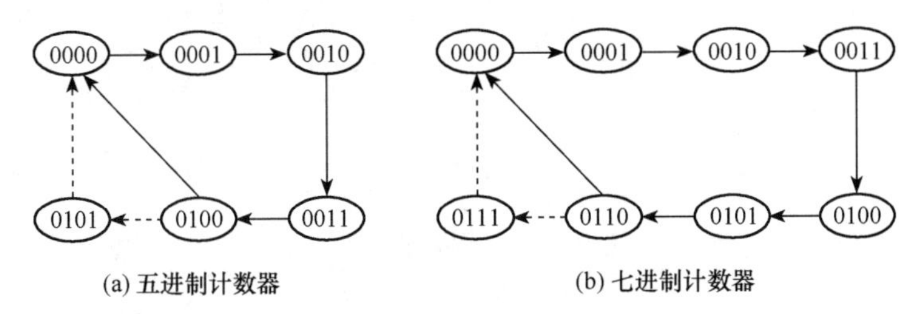


(a) 五进制计数器 (b) 七进制计数器

图解 14.11

14.2.6 状态图如图解 14.12 所示。

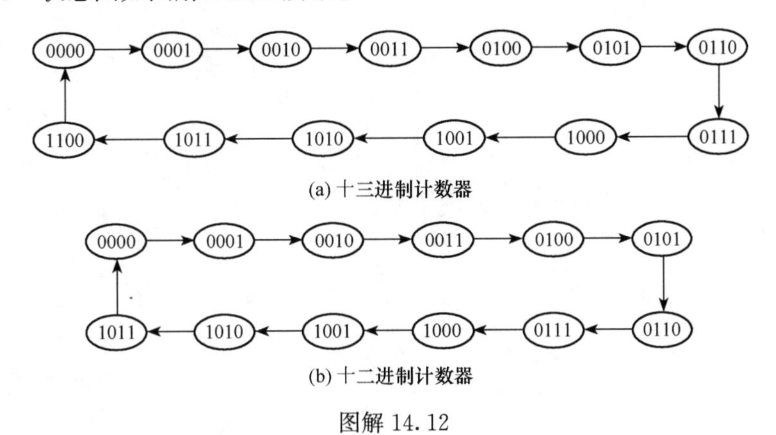


(a) 十三进制计数器

(b) 十二进制计数器

图解 14.12

14.2.7 状态图如图解 14.13 所示。

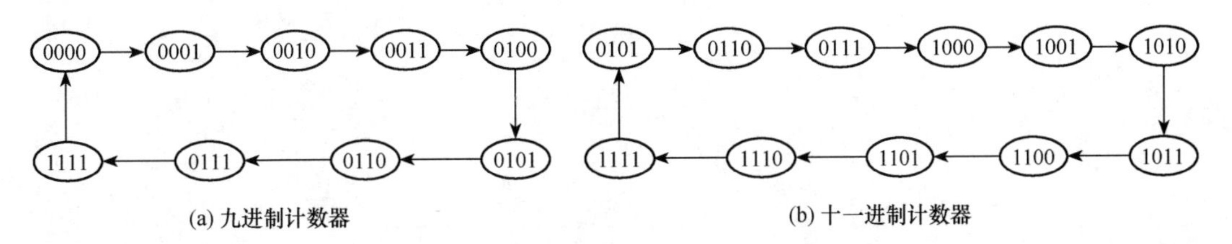


(a) 九进制计数器 (b) 十一进制计数器

图解 14.13

14.2.8　电路如图解 14.14 所示。

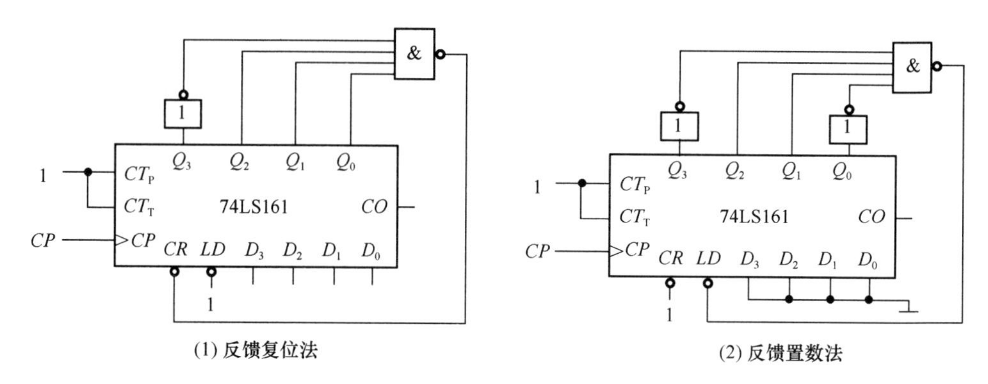


(1) 反馈复位法　　(2) 反馈置数法

图解 14.14

# 参考文献

康华光.2006.电子技术基础（模拟部分）[M].5版.北京：高等教育出版社.
康华光.2006.电子技术基础（数字部分）[M].5版.北京：高等教育出版社.
林红，周鑫霞.2007.模拟电路基础 [M].北京：清华大学出版社.
刘桂芬，刘静.2010.电工学简明教程 [M].北京：北京邮电大学出版社.
刘国林.2005.电工学 [M].北京：人民邮电出版社.
欧阳星明.2005.数字逻辑 [M].2版.武汉：华中科技大学出版社.
秦曾煌.2004.电工学（上）[M].6版.北京：高等教育出版社.
秦曾煌.2004.电工学（下）[M].6版.北京：高等教育出版社.
邱关源.1999.电路 [M].4版.北京：高等教育出版社.
史仪凯.2014.电工技术（电工学Ⅰ）[M].3版.北京：科学出版社.
唐介.2009.电工学（少学时）[M].3版.北京：高等教育出版社.
王宗江，张虹.2007.数字电子技术 [M].南京：南京大学出版社.
魏红，张畅.2016.电工电子学 [M].2版.北京：科学出版社.
周理，陈佳新.2015.电工电子技术 [M].北京：人民邮电出版社.
朱承高，贾学堂，郑益慧.2004.电工学概论 [M].北京：高等教育出版社.